ディスクロージャー

軍と政府の証人たちにより暴露された
現代史における最大の秘密

DISCLOSURE

スティーブン・M・グリア 医学博士 編著
廣瀬保雄 訳

MILITARY AND GOVERNMENT
WITNESSES REVEAL
THE GREATEST SECRETS
IN MODERN HISTORY

STEVEN M. GREER M.D.

ナチュラルスピリット

ディスクロージャー

軍と政府の証人たちにより暴露された
現代史における最大の秘密

“独自の空軍，独自の海軍，独自の資金調達機構，そして独自の国益を追求する能力を持ち，あらゆる抑制と均衡の束縛を受けず，法そのものからも自由な，陰の政府が存在する”

上院議員　ダニエル・K・イノウエ

“政府の様々な評議会において我々は，それが意図されたものであるか否かにかかわらず，軍産複合体による不当な影響力の支配を警戒しなければなりません。根拠のない権力が台頭し，破滅的な力をふるうという危険性が存在し，これからも存続するでしょう。この複合体の重圧が，我々の自由と民主的なプロセスを危機に陥れることを許してはなりません。何事も当然のことと考えるべきではないのです。用心深く見識のある市民のみが，平和的な方法と目的とによって，この国防という巨大な産業と軍事の機構に適切な網をかぶせ，安全と自由を共に繁栄させることができるのです”

大統領　アイゼンハワー，1961年1月

DISCLOSURE
by Steven M. Greer, MD

献　辞

本書を妻のエミリーと私たちの四人の娘に捧げる。彼女たちの愛情，助けと支えがなければ，この大変な事業が企てられることはなかったし，ましてや完遂されることもあり得なかっただろう。

また本書を，普遍的平和のために各地で働くすべての善良な人々に捧げる——平和がなければ，人類の未来はないのだから……

編集者からの重要な声明

本書の予備版は，一般報道機関への緊急公開に備えるために短期間で編集された。この仕事が始められた際の異常な状況を知ることは，読者にとって有益であろう。

1993年，私はプロジェクト・スターライトとして知られるCSETI（地球外知性体研究センター）後援の活動を始めた。この取り組みは，UFOに関連した事件およびプロジェクトに関する軍と政府関係の直接証人たちに加え，一般への公開に使用する証拠類を確認することを意図していた。1993年以降，我々はCIA（中央情報局）長官ジェームズ・ウルジー，国防総省上級将校，そして主要議員の面々といった人々を含む，クリントン政権のメンバーに対して背景説明をすることに相当な時間と資源を費やした。1997年4月，そのような政府と軍関係の証人十数人がワシントンD.C.に集められ，国会議員，国防総省当局者などに背景説明を行なった。我々はそこで，この問題についての公開公聴会を開くことを強く要請したが，積極的な反応はなかった。

1998年に我々は，ビデオを撮影して編集し，UFOに関連した事件やプロジェクトに関する100人を超す数の軍と政府関係の証人たちを組織するために，資金を集めてこの公開手続きを‘民営化’することに着手した。我々の試算では，これを世界規模で行なうためには200万ドルから400万ドルが必要になりそうだった。2000年8月までに集まったのはそのたった5パーセントだけだったが，我々は先に進むことにした。というのも，これ以上遅らせることはこの問題の深刻さを考えれば，分別を欠いていると思われたからである。そして，我々はその8月から証言記録保存プロジェクトを開始し，これらの証人への面接取材内容を放送に耐える品質のデジタルビデオにするために，世界中を駆けめぐり始めた。資金難のため，2000年8月から同年12月までの間，この活動の大部分は私自身と他の数人のボランティアにより行なわれた。

この証言に基づく多部構成暴露ドキュメンタリーの制作は，十分な資金が得られないため，現在まで延期されたままになっている。

2000年12月後半から，私は自宅で90ギガバイトの容量を持つ1台のデュアルG4マッキントッシュと1台のデジタルビデオデッキを使い，120時間を超す証言生ビデオの編集を始めた。私は医者であって，編集者ではないことを言っておかなければならない。それでも，2000年12月の後半から2001年3月下旬までに，120時間の証言は，まず選ばれた33時間の証言に縮減され，さらに18時間の厳選された証言になった。その選ばれた33時間の証言は録音テープにダビングされ，文字に起こされて約1,200頁の証言文書になった。2001年の3月から4月初めにかけて，私はこれらの証言文書を編集し，読み易い形にした。それが本書に収録されている。

これは大変厳しい時間と資金の制約の中で行なわれたことを強調しておかなければならない。週に7日，毎日ほとんど18時間の作業をした。私は‘救急科’は何てタフかと思ったものだ！

こうしたことを言うのは，ただ読者に，これらの証言文書や他の資料の中に多分に誤りが含まれているであろうことを理解してもらいたいがためである。それらの中には氏名の間違いなどもあるだろうが，それは証言の音声テープから音だけを頼りに綴りを書いたからである。これらについては前もってお詫びしておきたい。後日，本書が改訂されるときには，これらの間違いも修正されるだろう。

証言文書は，文の長さ，文法上の問題，読み易さについてのみ変更が加えられた。私は証言の意味を変えることだけはしないように，常に気を配った。括弧［ ］の中で述べていることは，意味を明確にするためである。括弧［ ］の中の斜体文字（*本訳書ではゴシック体。以下，*の付いた括弧内は訳注）は私による注釈であり，その後に私のイニシャル，SGが付されている。

本書では，我々が入手した公文書のほんの一部だけを使用した。各部の末尾に添付されている文書は，全体としてその部で述べられた情報に関連するものである。

これらの資料は，もうお分かりのように，我々がデジタルビデオテープに記録した内容の氷山の一角にすぎない。つまり，100人を超える証人による120時間を超える証言から，我々は33時間分だけを文字に起こし，さらにその半分に満たない部分を資料として編集した。加うるに，その全記録には，今日までに確認された400人以上の証人の中の100人による証言だけが含まれているのである。

この証言を読む際に思い出してほしいことは，これはほんの始まりだということである。その後はあなたにかかっている。速やかに，この問題について議会，大統領，そして他の国々の指導者たちに公聴会の開催を呼びかけ，要請することである。これらの証人は，彼らが経験し，ここで述べられたことを宣誓の上で公式に証言するために，召喚されることを歓迎している。実際，最も衝撃的な証言は，公になるのを待っているのである。なぜなら，最も深部の情報源は，公式な議会公聴会により保護されるまで，名乗り出るのを拒んでいるからである。

さて，最後に次のことを述べておきたい。これまでに証言を提供した証人たちは，並外れて勇気ある人たちである——私には英雄に思える。彼らが名乗り出るにあたっては大変な個人的危険が伴った。何人かの証人は，脅迫され，恫喝を受けてきた。すべての証人が，この問題につきまとう，昔から変わらぬ嘲笑の危険にさらされている。誰一人，その証言の見返りを受けた者はいない。証言は，人類の利益のために無償，無条件で提供された。私は個人として，ここで彼らに感謝すると共に，心から最高の尊敬と報恩の念を表したい。

どうか，この努力と彼らの犠牲を無駄にしないよう，お願いする。その真実のすべてが公開され，今は隠蔽されているそれらの地球を救う技術が解放され，それによって人類が宇宙の多くの人々の一員としてその進化の新しい段階に移行することができるように，この問題を国民，メディア，そして我々の選ばれた代表者たちの前に提示することに力を貸してほしい。

注意：本書は重要な直接証人の証言に焦点を当てている。我々は数千の政府文書，数百の写真，ごく一部の着陸事件資料，その他を入手している。しかし，それらをこの長さの一冊の本に含めることは不可能である。これらの資料は，科学界や議会からの真面目な要求があれば提供されるだろう。

2001年4月5日

スティーブン・M・グリア，医師

# 謝　辞

過去10年間に，非常に多くの人々がこの仕事に寄与した。その名前の一部を挙げるだけで一冊の本ができるほどである。この仕事を支援し，連絡網を形成し，献身を示してくれた世界中の何千人もの CSETI（地球外知性体研究センター）支持者たちに対して，感謝の意を表したい。彼らの助けがなければ，このプロジェクトは決して生まれることも，その使命を果たすこともなかった。

特に妻のエミリーと私たちの四人の娘には，これまで長年にわたって彼女たちから受けた愛情，献身，および支援に対して感謝を捧げる。エミリーは何年もの間，疲れも忘れて裏方として働いてくれた。それは常に控えめで真心のこもったものだった。この惑星に彼女のような人は二人といない。ありがとう，ありがとう。

私の家族は他の多くの面で犠牲にもなった――私がこの仕事を続けている間，彼女たちは数百万ドルの収入を失い，多くの面で最も犠牲になった。私がこのプロジェクトを始めたのであって，彼女たちではない。このような活動を忍耐強く支えてくれる医師の妻がどれだけいるだろうか？　しかし，賭けるものが人類だと知ったとき，我々は他のどういう行動をとれたというのか？　私の家族の無条件の愛情と支援がなければ，この事業は企画されることすらなかっただろう。

以下の一覧表はほんの一部にすぎない。ここには非常に多くの人々の困難な仕事と献身が反映されており，恩義は彼らのすべてにある。すべての軍と政府関係の証人たち，そして私の有能な助手である西海岸のリンダ・ウィリッツとD.C. 地区のデビー・フォックに特別の謝意を表する。

ARS NOVA
Shari Adamiak
Major-General Vasily Alexeyev
Eric Anderson
Colin Andrews
Lt. Col. Dwynne Arneson
Maurizio Baiata
Msgr. Corrado Balducci
Stephen Bassett
Dr. Tom Bearden, Lt. Col.
Dr. Fred Bell
Harland Bentley
Cmd. Graham Bethune
Sgt. Robert Blazina
Don Bockelman
Gildas Bourdais
Shell Boyd
Dr. Jan Bravo
Bob and Teri Brown
Lt. Col. Charles Brown
David Browning
John Callahan
Sgt. Stoney Campbell
Franklin Carter
Astronaut Gordon Cooper
Col. Philip Corso, Sr.
Philip Corso, Jr.
Anthony and Patricia Craddock
Gordon Creighton
Prof. Paul Czysz
Neil Daniels
Col. Ross Dedrickson
Glen Dennis
Janet Donovan
Gerry Eitner
Maj. George Filer, III
Deborah Foch
Lt. Frederick Marshall Fox
James Fox
Stanton Friedman
Alan Godfry
Emily Greer
A.H.
Dr. Richard Haines
David Hamilton
Donna Hare
Paola Harris
Lt. Walter Haut
Michael Hesemann
Joe Heilig
Lord Hill-Norton
Jean Houston
Joel Howard
Dorothy and Burl Ives
Prof. Robert Jacobs
Don Johnson
Miles Johnston
Harry A. Jordan
Kevin Kachikian
Miki Kaipaka
Enrique Kolbeck
James Kopf
Marian Kramer
Alice Ladas
Kelly and Peter Lakin
Dr. Paul LaViolette
Prof. Ted Loder
Attorney Stephen Lovekin

Ted Mallon
Dr. Eugene Mallove
Jaime Mausson
Rosemary May
John Maynard
Mark McCandlish
Merle Shane McDow
Denise McKenzie
Cmd. Will Miller
Astronaut Edgar Mitchell
Robert Mitchell
Sgt. Dan Morris
Jordan Pease
Donald Phillips
Dr. Roberto Pinotti
Antonio Pinto
Capt. Massimo Poggi
Nick Pope
Sgt. Leonard Pretko
Rhiannon Pruett
Dr. H. E. Puthoff
Nick Redfern
Capt. Lori Rehfeldt
Lawrence Rockefeller
Dr. Carol Rosin
Ron Russell
Capt. Robert Salas
Daniel Sheehan, Esq.
Gary Shrieves
Fred Smith
Michael Smith
Peter Sorenson
Sgt. Chuck Sorrells
Ralph Steiner
Sgt. Clifford Stone
Jeff Thill
Fred Threlfall
Daniel Munoz Tovar
Capt. Bill Uhouse
Paul Utz
Lt. Robert Walker
Larry Warren
Dr. Alfred Webre
Dotha Welbourne
LC Jonathan Weygandt
Lt. Col. John Williams
Dan Willis
Linda Willitts
Karl Wolfe
Lt. Col. Joe Wojtecki
Dr. Robert Wood
Sandra Wright

ディスクロージャー　目次

第一部

全体像

第二部

レーダー／パイロットの事例

第三部

SAC（戦略空軍）／ NUKE（核兵器）

第四部

政府部内者／NASA／深部の事情通

第五部
技術／科学

第一部

全体像

- 環境，世界平和，世界の貧困と人類の未来に対する意味
- 認められざるもの――どのようにして秘密は維持されるのか
- 秘密の存在を語る証言
- 証人たちの重要性
- 重要人物と証人による発言の引用
- 宇宙飛行士　エドガー・ミッチェルの証言
- モンシニョール・コラード・バルドゥッツィの証言
- 第一部の関連文書

環境，世界平和，世界の貧困と人類の未来に対する意味

概　要

大部分の人々にとり，我々がこの宇宙で孤独なのかそうでないのかは，哲学的な物思いにすぎない――学問的にはともかく，日常生活においての重要性は何もない。人類以外の知的生命体が現に我々を訪問しつつあるということを示す証拠さえ，地球温暖化，過酷な貧困，戦争の脅威といった世界に住む多くの人々にとっては無関係に思える。人類の長期的未来に対する現実的な課題に直面するとき，UFO 問題，地球外知性体，政府の秘密プロジェクトなどは取るに足らぬ添え物にすぎない。そうではないか？　いや間違っている！　破滅的なまでに間違っている。

この後の頁で提示される証拠と証言は，以下のことを確実に示している：

◆我々は進歩した地球外文明の訪問を実際に受けつつあり，これまでも受けてきた。

◆これは米国など多くの国において最も秘密にされ，区画化されてきた計画である。

◆これらのプロジェクトは，アイゼンハワー大統領が 1961 年に警告したように，米国や英国，その他の国々で法の監視と統制を逃れてきた。

◆情報機関などにより地球外輸送機（ETV）と呼ばれている地球外起源の進歩した宇宙機が，少なくとも 1940 年代以来，おそらくは 1930 年代頃から，撃墜され，回収され，研究されている。

◆これらの物体の研究により（そしてニコラ・テスラの時代に遡る，人類によるそれに関連した技術革新から），エネルギーの発生と推進力の分野で重要な技術上の大発見が行なわれた。それらの技術は新しい物理学を応用し，化石燃料や電離放射を必要とせずに無限のエネルギーを発生させる。

◆最高度の極秘プロジェクトが，完全に機能する反重力推進装置と新しいエネルギー発生システムを所有している。それらは，もし公開され平和的に用いられるなら，欠乏も貧困も環境破壊もない，新しい文明を人類にもたらすだろう。

これらの主張を信じない人は，軍と政府関係の多数の証人による証言を注意深く読むべきである。それらの内容は，明確に上記の事実を立証している。これらの申し立てが暗示しているその広大かつ深遠な意味を考えるとき，その主張を受け入れる人もそうでない人も，すべての人々がこの問題の真実を確かめるために議会公聴会の開催を要求すべきである。まさしく人類の未来が，それにかかっているからだ。

環境に対する意味

人類は，現在は秘密にされているエネルギー発生と反重力推進の装置を実際に所有しており，それらは，現在用いられているエネルギーと輸送システムのあらゆる形態を完全かつ永久に無用のものとすることができる。我々は，公開された議会公聴会で以上のことを立証できる組織内部の事情通と科学者たちを確認している。それらの装置は空間中の電磁気と，いわゆるゼロポイント・エネルギーと呼ばれる状態に作用し，いかなる汚染物質をも発生させずに巨大なエネルギーを生み出す。本質的にこのようなシステムは，遍在する量子真空エネルギー状態，つまり，あらゆるエネルギーと物質が生じる基底エネルギー状態を利用してエネルギーを発生する。すべての物質とエネルギーを支えるのはこの基底エネルギー状態であり，特別な電磁気回路と仕掛けを使えば，我々を取り巻く周囲の空間／時間から巨大なエネルギーを引き出すことが可能なのである。これらはいわゆる永久機関ではないし，熱力学の法則にも反しない。ただ我々の周囲に遍在するエネルギー場に作用して，エネルギーを発生するのである。

このことは，これらのシステムが燃焼させる燃料も，分裂または融合させる原子も必要としないことを意味する。これらのシステムは，発電所も送電線も，また膨大な建設費を要する関連設備も使わずに発電し，インドや中国，アフリカ，ラテンアメリカなどの奥地に電力を供給する。これらのシステムは，必要な場所にありさえすればよい。どこにでも据え付け可能で，必要なエネルギーを生み出す。本質的にこの技術は，我々が直面している大部分の環境問題に対する最終的な解決策となる。

このような発見が環境にもたらす恩恵は数え上げることすら難しいが，幾つかを列挙する：

◆石油，石炭，ガスはエネルギー源として不要になり，これらの燃料の輸送や使用による空気と水の汚染がなくなる。石油流出，地球温暖化，大気汚染による病気，酸性雨などは10年から20年以内に解消することができるし，またそうしなければならない。

◆資源枯渇と化石燃料資源の争奪がもたらす地政学的な緊張は終わるだろう。

◆空気，水の両方において，産業排出をゼロまたはゼロに近づける技術はすでにある。しかし大量のエネルギーを消費するため，完全に適用するには費用がかかり過ぎると考えられる。さらに，それらは大量のエネルギーを消費するものであり，今日のエネルギーシステムは世界の空気汚染の大部分を発生させていることから，環境への逆効果となるときがすぐにやってくる。この方程式は，もし産業が大量のフリーエネルギー（燃料不要，他のエネルギー発生装置よりも廉価なもののみ）を利用できるようになれば，劇的に変わる。また，それらのシステムは汚染を発生しない。

◆エネルギーを大量に消費する再生利用（リサイクル）は，繰り返すが，固形廃棄物を処理するためのエネルギーが無料かつ豊富にあるために，完全実施されるだろう。

◆エネルギーに依存し環境を汚染している今の農業は，きれいで汚染を発生しないエネルギーを利用するものへと変化するだろう。

◆砂漠化の進行は食い止められ，世界の農業は脱塩施設により活性化されるだろう。現在このような施設はエネルギーを大量に消費し，また高い建設費がかかる。しかし，一度これらの汚染を発生しない新エネルギーシステムが使えるようになれば，費用効率のよいものになるだろう。

◆航空輸送，トラック輸送，都市間輸送システムは，新しいエネルギーと推進技術によるものに取って代わられるだろう（反重力システムは，地表面上を無音で移動することを可能にする)。汚染は発生せず，エネルギーにかかる費用が無視できることから，経費は大幅に下がるだろう。さらに，都市部での大量輸送には，無音かつ効率的な都市間移動を提供するこれらのシステムが利用できるだろう。

◆ジェット機，トラック，その他の輸送形態による騒音公害は，これらの無音装置の利用により解消されるだろう。

◆それぞれの家庭，職場，工場が自らに必要なエネルギー発生装置を持つことにより，公共施設は不要になるだろう。つまり，暴風雨による被害で停電を起こしがちな見苦しい送電線は，過去のものとなるだろう。しばしば破裂や漏洩により土壌や水を汚染する地下のガス管も，すべて不要になるだろう。

◆原子力発電所は閉鎖され，その跡地を浄化する技術が利用可能になるだろう。核廃棄物を無害化する秘密の技術は，すでに存在する。

理想郷だろうか？　そうではない。なぜなら，人間社会は常に不完全だからだ。だが，多分今日のそれよりはましだろう。これらの技術は事実である——私はそれらを見たことがある。反重力は現実であり，フリーエネルギーもまたそうである。これは空想やでっち上げではない。これを不可能だと言う人々を信じてはならない：彼らは，ライト兄弟が空を飛ぶことは決してないと言った人々の知的末裔なのだ。

今日の人類文明は，全世界を滅ぼす能力を持つに至った。我々はもっとうまくやれるし，またそうしなければならない。これらの技術は実在するので，環境と人類の未来について懸念を持つ人なら誰でも，これらの技術が公開され，秘密を解かれ，安全に応用されるように，緊急公聴会の開催を求めるべきだ。

社会と世界の貧困に対する意味

上記のことから，現在秘密にされているこれらの技術によれば，人類文明が真に持続可能なものへと到達できることは明らかだ。言うまでもなく，我々は近未来に起きる社会，環境，技術の，まさしく人類史上最大の変革について語っているのである。私はこのような情報公開に伴って否応なしに生じるであろう，全世界に及ぶあらゆる変化を軽視するものではない。半生をかけてこの問題に取り組んできた私は，その変化がどれほどのものか，よく理解している。

人類はこの宇宙で唯一の存在でも最も進化した存在でもない，という事実の判明はさておき，この公開により人類は有史以来最大の危機と好機に直面することになる。もし何もしなければ，我々の文明は環境的，経済的，地政学的，および社会的に崩壊する。10年から20年の間に，化石燃料と石油の需要は供給を遙かに追い越すだろう。そうなると，そこに繰り広げられるのは石油の最後の一滴を求めて相争うマッド・マックスの荒廃した世界である。地政学的および社会的な崩壊が，環境の激変よりも早く起きる可能性が高い。

これら新技術の公開は，我々に新しい持続可能な文明を与えるだろう。世界の貧困は，我々の生きているうちに解消するだろう。新しいエネルギーと推進システムの出現により，地球上で欠乏に苦しむ場所はなくなるだろう。砂漠にさえも花が咲くだろう……

貧困地域で農業，輸送，建設，製造，電化のために豊富で無料に近いエネルギーを利用できるようになれば，人間が達成できる物事に限界はなくなる。信じがたいような貧困と飢餓が世界に存在する一方で，この状態を完全に覆し得る秘密の技術を上から押し隠している状況は，馬鹿げており，腹立たしくさえある。では，なぜこれらの技術を解放しないのか？　社会的，経済的，および地政学的秩序が大きく改変されるというのがその理由である。私がこれまでに会ったどの深部の事情通も，これは人類が経験したことのない大きな変化であることを強調する。問題は，極度の秘密保持の理由が馬鹿げたことではなく，その意味するものがあまりにも深遠で遠大なことにある。もともと，このようなプロジェクトの統制者たちは変化を好まない。そして我々はここで，人類史上最大の経済的，技術的，社会的，および地政学的変化について語っている。それゆえに，我々の文明が忘却に向かって突き進んでいても，現状維持が守られているのだ。

だが，この理屈では我々は産業革命を起こすことはなかったし，ラダイト(*19 世紀初頭のイギリスで機械化に反対した熟練労働者たちの組織）は今日までこの世界を支配しただろう。

経済的混乱を最小限にとどめ，新しい社会と経済の現実へと容易に移行するために，国際的努力が必要である。我々にはこれができるし，またしなければならない。一部の石油，エネルギー，および経済部門の特別利益団体は影響を受けなければならないが，同時に温情をもって扱われる必要がある。彼らの権力と帝国が崩壊するのを見たい者はいない。石油とガスの販売に大きく依存している国々は，経済の多角化，安定化，および新しい経済秩序へ移行するための支援を必要とするだろう。

米国，ヨーロッパ，そして日本もまた，新しい地政学的現実に適応する必要があるだろう。現在貧困と人口過剰にあえいでいる国々が技術的にも経済的にも劇的に発展するにつれ，彼らは世界の中で相応の地位を要求するだろうし，また獲得するだろう。そうなって然るべきだ。しかし国際社会は，先進諸国と第三世界の地政学的和解が，発展よりも新興勢力による好戦的で破壊的な振る舞いを引き起こす可能性に対して，防護策をとる必要があるだろう。

特に米国は，その力でもって先導する必要がある。ただし，支配に向かう今の傾向は避けなければならない。指導力の発揮と支配は同じではない。その違いを我々が早く学べば学ぶほど，世界は一層よくなるだろう。支配と覇権を伴わない国際的な指導力というものは可能である。米国は，この問題でまさに求められる指導力を示すつもりなら，両者の違いを認識する必要がある。

これらの技術は，字義どおりにも比喩的にも力を分散するがゆえに，苦難と貧困の中で生活している数十億の人々を，新しい豊かな世界へと導くだろう。

そして，経済と技術の発展により教育が盛んになり，出生率は下がるだろう。社会の教育水準が向上して繁栄が進み，技術が進歩し，また女性が社会で男性と対等の役割を担うにつれて出生率が下がり，人口が安定することはよく知られている。これは世界の文明と人類の未来にとりよいことである。

どの村も汚染なしに電化が進み，農業はきれいで無料のエネルギーにより活性化し，輸送費用が下がると，貧困は劇的に世界から消滅するだろう。もし今行動を起こせば，2030年までには今日の我々が知る世界の貧困は事実上消滅できるだろう。我々に必要なのは，これらの変化を受け入れる勇気と，人類を安全に平和裏に新時代へと導く知恵だけである。

世界平和と安全保障に対する意味

数年前，私はこの問題について元上院外交委員会議長のクレイボーン・ペル上院議員と議論していた。彼は，1950年代からずっと連邦議会にいたが，この問題については一度も説明されたことがなかったと明かした。私は，これらの闇のプロジェクトの性質上，我々の指導者の大部分はこの問題についてのいかなる決定からも外されてきた，実に恥ずべきことですと言った。私はこうも言った。“ペル上院議員，あなたが外交委員会の議長だった全期間を通して，あなたは究極の外交問題を扱う機会を奪われていたのですよ……” そして頭上の星々を指さした。彼は言った。“グリア博士，残念だがあなたの言うことが正しいようだ……”

ペル上院議員，ジミー・カーター大統領，その他の国際的指導者など，我々の卓越した外交官と長老たちが，特に，また意図的に，この問題から遠ざけられてきたことは事実である。これは世界平和にとり直接的な脅威である。秘密の真空地帯の中で，人民にも，人民の代表にも，国連にも，他の合法的などの組織にも監督されずに，世界平和に直接的脅威を与える作戦が実行されてきたのだ。

互いに見知らぬ，共謀の機会を持たない，軍の複数の証人たちによって補強されている証言は，米国と他の国々がこれらのETV（地球外輸送機）に攻撃をしかけ，そのうちの幾つかは撃墜に至らしめたことを明らかにするだろう。私が国連事務総長ブトロス・ガリの夫人に述べたように，もしこれに10パーセントの真実でもあるとするなら，これは人類史において世界平和に対する最終的な脅威となる。

そのような作戦行動について直接の知識を持っている，信頼すべき多くの軍と航空宇宙当局者に個人的に面接取材をした結果，私はこのことが実際に行なわれたのだと確信している。なぜか？　これらの未知の輸送機が無許可で我々の領空にいたからであり，我々が彼らの技術を獲得したかったからである。これらの物体から人類が実際に脅威を受けたとは，これまで誰も主張していない。明らかなことは，恒星間航行を当たり前に行なう能力を獲得したいかなる文明も，もしそれが彼らの意図であったなら，我々の文明を瞬時に終焉させることができたということである。いまだに我々が地球の大気を自由に呼吸しているという事実が，これらのET文明が敵意を持っていないことを示す十分な証拠である。

我々はまた，いわゆるスターウォーズ（または米国本土ミサイル防衛システム）計画が，実際にはETVが地球に接近，または大気圏に侵入したときにそれらを追跡し，標的にし，破壊する兵器システムの配置展開という，闇のプロジェクトのための口実であったという情報を得ている。他ならぬウェルナー・フォン・ブラウンが死の床で，そのような構想が事実であり，また狂気じみていることを警告した。それに何の効力もないことは明らかである（ウェルナー・フォン・ブラウンの元代弁者であったキャロル・ロジンの証言を見よ)。

まさに，方向を変えなければ，向かっている所で終わりになる，である。

秘密の兵器庫に隠されている兵器——熱核兵器よりも遙かに恐ろしい種類の兵器——をもってしても，生存のための戦争に勝つ可能性はない。それにもかかわらず，密かに人類の名で，我々の未来を危険に陥れる行動がとられてきたのである。全面的な，ありのままの公開のみが，この状況を修正することができる。そのことの緊急性を言葉で伝えることは，私には不可能だ。

10年間，私は一人の救急医として働き，どんな物でも武器になり得ることを見てきた。英知と平和なよき未来——可能なただ一つの未来——への願望によって導かれなければ，どんな技術も闘争の道具となる。国連にも，米国政府にも，英国政府にも，合法的などの組織にも答えない極秘プロジェクトは，人類の名でこのような行動を続けることは許されない。

極度の秘密がもたらす大きな危険性とは，それが自由で開かれた意見の交換に扉を閉ざした，密閉されたシステムをつくるということである。そのような環境では，どれほど重大な過ちも起きる可能性があることは容易に理解できる。たとえば，ここに掲載した証言が示すように，これらのETVは我々が最初の核兵器を開発し，宇宙に進出し始めてからその出現が頻繁になった。この中の信頼できる軍関係者による多数の証言によれば，これらの物体がICBM（大陸間弾道ミサイル）の上を舞い，さらにはそれらを無力化した複数の事例があった。

閉鎖的な軍事的視野の中では，これに憤慨し，反撃体制をとり，物体の撃墜を試みることになるかもしれない。実際，これが通常の反応だったのだろう。しかし，これらの地球外文明が次のように言っていたとしたらどうだろうか。“どうか，あなたたちの美しい世界を破壊しないでください――そして次のことを知ってください：私たちは，あなたたちがこのような狂気と共に宇宙に進出し，他の世界の人々を脅かすことを許しません……”気遣いとより大きな宇宙的英知さえ示す出来事が，幾たびも侵略行為と解釈されてきたかもしれない。このような誤解と近視眼こそが，戦争を招く元なのである。

これらの訪問者たちに対する我々の認識がどうであれ，暴力的な戦闘によって誤解が解消されることはない。そのような狂気の企ては，人類文明の終焉を企てることに他ならない。

今やペル上院議員のような，我々の賢明な長老と分別のある外交官たちに，これらの重大問題を任せるべきときである。これを，選ばれてもいない小集団の，勝手で説明のつかない秘密作戦の手に委ねるのは，米国と世界の安全保障にとり史上最悪の脅威である。アイゼンハワーは正しかった。しかし誰も耳を貸さなかった。

これらの訪問者たちに対して，暴力的な戦闘を伴う秘密の行動がとられてきたとする証言に照らし，国際社会一般，とりわけ米国議会と米国大統領は，以下のことを緊急に行なう必要がある：

◆この問題が秘密裏に扱われていることが国家と国際社会の安全保障に及ぼしている危険性を検討評価するための公聴会を開く。

◆宇宙の軍事化を即時禁止する。特に，いかなる地球外物体に対しても，それを標的にする行為を禁止する。このような行動は是認されるものではなく，人類全体を危険に陥れる。

◆これらの地球外文明との仲立ちをし，意思疎通と平和的関係を促進するための，特別外交団を創設する。

◆人類と地球外文明の関係を管理し，平和な互恵関係を確保するために，適切な権限を持つ開かれた国際監視団を創設する。

◆進歩したエネルギーと推進システムに関係する新技術の平和的利用を確実に促進することができる，国際的な諸機関を支援する（下記を見よ）。

上記に加えて，あまり目立たない――しかしおそらく同じくらい差し迫った――世界平和に対する脅威は，この問題が秘密裏に統制されることにより，すでに議論された新しいエネルギーと推進の技術が世界から奪われていることから発生する。

世界の貧困，そして富める国と貧しい国との間の格差の拡大は，世界平和にとり深刻な脅威である。この格差は，これらの技術の公開と平和的応用によって是正されるだろう（上記を見よ）。今後10年から20年以内に想定される，化石燃料の供給減少を巡る戦争の現実的脅威は，この公開の必要性をさらに高める。貧困の中に生きている40億の人々が，車，電気，その他の現代の利器を望んだら，何が起きるだろうか――すべては化石燃料に依存しているのではないか？　我々が直ちに，今秘密にされているこれらの技術の利用へと移行すべきであることは，思慮深い人々にとって明らかだ――それらは，すでに棚に置かれたままになっている強力な解決法である。

もちろん，多くの部内者が指摘するように，これらの技術は祖父の時代のオールズモビルではない。それらは他と同様に，テロリスト，好戦的な国家，常軌を逸した人間により暴力的に利用され得る技術的進歩である。ここで我々は板挟み状態に陥る。もしこれらの技術がすぐに出現しないとすれば，我々は人類文明と環境の確実な崩壊に直面するだろう。もしそれらが公開されれば，破壊にも使える非常に強力な新技術が，そこに転がっているということになる。

短期的に見れば，人間はどんな新技術でも暴力的に利用するだろう，と考えるのが賢明である。これの意味するところは，このような装置を平和のためにのみ利用することを確実にするための——つまり強制力を持った——国際機関が創設されなければならないということである。今日では，このようなすべての装置をGPS（全地球測位システム）監視に接続する技術が存在する。それにより，故意に手を加えられたり，平和的なエネルギー発生と推進以外の目的に使われたりするいかなる装置も，無能にしたり役立たなくしたりすることができるだろう。これらの技術は，規制され監視されるべきである。国際社会は，それらの平和利用のみを保証できるほどに成熟しなければならない。

他の目的への利用は，地球上のすべての国々により，絶対に阻止されるべきである。

このような協定は次の段階として必要なものである。おそらくいつの日か，人類はそのような統制を必要とせずに平和に生存するようになるだろう。しかし当面のところは，鎖につながれた犬と同様，何らかの強い束縛が当然必要であり，不可欠である。

しかし，このような懸念はこれらの技術の公開をさらに遅らせる論拠にはなり得ない。我々は，それらの安全で平和的な利用を確実にする知識と手段を持っている——だから，もし我々がこれ以上の環境の悪化，世界の貧困，および紛争の深刻化を回避するつもりなら，これらの技術は直ちに応用されなければならない。

つまるところ，我々はどんな技術的または科学的な難題をも凌ぐ，社会的および精神的な重大局面に直面させられることになる。技術的な解決策はある——しかし，我々は共通の利益のためにそれらを実行に移す意志，英知，勇気を持っているだろうか？　この問題を考えれば考えるほど，我々にはただ一つの可能な未来しかないことが明らかだ：平和である。地球の平和と宇宙空間の平和——英知を持って実現する普遍的な平和。それ以外はすべて滅亡への道である。

これこそが現代の最大の課題である。我々の精神的，社会的資源は，この課題に立ち向かえるだろうか？　他ならぬ人類の運命がかかっているのだ。

認められざるもの
――どのようにして秘密は維持されるのか

政府は秘密を隠しておけるか？

ある本当に大きな秘密――あらゆる時代の中で最大の秘密を？　政治家と政府指導者のどんなつまらない過ちもゴールデンアワーのニュースになるときに，政府は世界の歴史の中で最も驚愕すべき発見――地球外知性体の存在――を我々から隠せるものだろうか？

そう，イエスでもあり――そして，ノーでもある。

はじめに，政府という概念を定義し直さなければならない。というのは，まず‘我ら人民’の政府があるからである。選ばれ任命された公務員，国民の代表，行政官，立法府，および司法府，等々，中学の社会科にあるような。

しかし，認められざる‘政府’もまた存在する：深く隠蔽された‘政府’，深い闇のプロジェクト，雇われた工作員と企業，‘我ら人民’の政府が認められざる‘政府’について知ることを阻む任務を負った，謎の中間役人たち。

左手がしていることを右手は知らない――しばしば知ろうとするが……

我々は少々先走りし過ぎているようだ。はじめに幾つか背景を述べたい。

この20世紀の後半にあって，実在する秘密がいかに維持されているか，私はほぼ11年の間ひそかに研究してきた。私が知ったのは驚くべき事柄であった。そして正直に言うと，信じがたいものだった。今あなたが読もうとしている内容は真実である――だが，10年前に誰かがこれを私に話していたとしても，私はそれを信じなかっただろうと認める。あなたはこの論説の残りの部分をつくり話として読むかもしれない。その内容のすべてを距離を置いて遠くから眺めたなら，あなたはより楽な気分になるかもしれない。しかし，これは本当のことだという気持ちも幾らかは持ってほしい。

この論説で扱う内容はUFO/ETが現実のものなのか，あるいは地球を訪問しているのか，ということについてではない。まずそのことから片付けよう。というのも，それはそうし易い部分だからである：UFOは現実である；それらは地球外起源である；彼らは数十年間（数世紀でないとしても）にわたって，我々の周囲にいる；彼らが敵対的であるという証拠はない；我々を訪問しているのはおそらく複数の種族である；‘政府’のある部分はこれを少なくとも50年前から知っていた。

この問題のさらに難しい部分は，この異常な物事は現実でありながら，それでもなお何かしら非現実的で，隠され，秘密にされ，得体の知れないものであるということを理解することだ。公式の政府——およびメディアと科学界における公式な真実の管理人たち——がこれほどまでに長く欺かれてきたのは，歴史上に例を見ないこの秘密計画の精巧さ，深さ，広さ，遍在性のたまものだ。

実に，いかにして——そしてなぜ——この偽装行為が存在してきたかの物語は，その奇怪さ，不思議さ，信じ難さにおいて，地球外現象そのものを超えている。実際のところ，秘密の効力はその秘密の性質の驚くべき信じ難さそのものに関係しているようだ。別の言い方をすれば，これらの秘密プロジェクトの理由，方法，事の起こりのいきさつは，あまりにも奇怪で信じがたいために，そのこと自体がそれらの最良の覆いになっている。それに行き当たっても誰もそれを信じないだろう。それは完全に限度を超えている。

正直に言うと，あなたがこれから読もうとしていることへの私自身の最初の反応は，こうであった。“本当だろうか……”しかし，その後の確証に次ぐ確証，独立した証拠に次ぐ独立した証拠により，私はそれを確信するに至った。そのとき，私はこう言っていた。“何てことだ……”

ここでの紙数の制限から，私は11年間の緊迫した舞台裏での研究の主要部分だけをあなたにお伝えする。いつの日か，話の全貌，名前も何もかもが語られるときがくることを願う。だが今のところは，大まかな実態と詳細の幾つかを述べることしか許されない。この情報は，非常に高い地位にあり，かつこの問題と関係のある軍，情報機関，政府，および民間企業の情報源との個人的な，内密の，慎重をきわめた会合と長時間にわたる議論によりもたらされたものである。これらの秘密プロジェクトに関する真実を研究する中で，私は国家首脳，王族，CIA（中央情報局）高官，NSA（国家安全保障局）諜報員，米国および外国の軍指導者，政治指導者，先端技術企業の契約業者といった人々と会うことになった。その過程は消耗的で，過酷で，衝撃的だった。安全と慎重を期するために，ここでは彼らの名前を当分伏せておかなければならない；あなたがこれを読み終わったとき，その理由が明らかになるだろう。

ことの始まりは，少なくとも第二次大戦にまで遡る。米国政府の一部の当局者は，人類が孤独ではないこと，一部の戦場の周囲を敵のものでも味方のものでもない進歩した機械が飛び回っていることを知っていた，ということを我々は知った。親類が第二次大戦の高名なパイロットだったという，医療の同僚でもある友人が私に語ったところでは，このパイロットは，これらのいわゆる‘フー’・ファイターズが何であるかを突き止めるために，大統領命令によりヨーロッパに送られた。彼は大統領への報告で，それらは地球外宇宙機だと述べた。

これ以後，事態は益々奇妙になっていく。後にある CIA 長官の右腕になった一人の退役将軍は，私にこう語った：1946 年に軍将校だった彼の任務は，アイダホ上空で起きた一連の白昼 UFO 目撃事件に関して‘でたらめな’文書を作成することであった。彼が言うには，人々は UFO が現実であることを知っていた。しかし間もなく冷戦が始まり，その後には幾つかの戦争が続いた。人々は誰もが地球規模の熱核戦争に懸念を持った――だから，これらの正体の知れない，しかし無害な ET について心配する暇など，誰にもなかった。

確かに，そんな暇はなかった。

それぞれ独立して確証する複数の新たな証人たちが，1947 年のニューメキシコ，1948 年のアリゾナ州キングマンでの ET 宇宙機の墜落と回収について我々に語った。この‘回収された宇宙機’こそが今や確実に誰かの注意を引くことになり，以後，標的の名前は‘進歩した地球外技術’になった。それはどのように機能するのか；何に使えるのか；彼らはどう使うのか；我々より先にソビエトがそれを解明しないか；それが漏れて誰か新しいヒットラーが世界支配のために使うことになりはしないか；人々がそれを知ったらパニックにならないか；もし……

次々とわき起こる，当時答えが見つからなかった疑問の数々。

こうして，古今未曾有の秘密プロジェクトが生まれた。

要するに，当時我々は水爆の開発を行なっていた――そして我々の宿敵ソビエトは，躍起になって我々の後を追いかけていた。すでに危うくなっていた世界秩序をさらに不安定にするために，真空管や内燃機関の世界に恒星間推進技術を持ち込む以上のものがあっただろうか？　我々が技術的能力の飛躍に直面していたというのは控えめな表現だ。我々は我々自身のために，それが安全に行なわれることを望んだ。

こうして，‘国家安全保障’の見地から，どんな犠牲を払ってでもこの問題全体を隠蔽しておくことが強く求められた。そしてそのために，あらゆる手段がとられた。

しかし，この計画を台無しにする，とても大きな一つの障害がせっせと活動していた：ET はアメリカやそれ以外の世界の空を，ときには編隊を組んで数千人の人々に目撃されながら飛んでいたのである。さあ，これをどうやって隠すか？

心がそれを隠すのである。それはジョージ・オーウェル式のひねりの効いた仕掛けで，第二次大戦中の過去の心理戦研究により，実際，以下のことが知られていた。もし頻繁に嘘が言い立てられ，特に‘ひとかどの’人物によってそれがなされれば，人々はそれを信じるようになる。第二次大戦中に心理戦の達人であった中の一人が，1940 年代終わり頃にこの任務を任されたようだ。ウォルター・ベデル・スミス将軍が，この問題の心理戦部分を調整することに関与し，また大きな嘘を立ち上げることに一役買った：UFO は，たとえ百万人がそれを目撃しようとも存在しない。

一般の人々に知られるようになったすべての目撃に対して，当局による否定が行なわれ，さらに悪いことに，事件とその当事者が嘲笑の対象になった。ハーバード大学の天文学者ドナルド・メンツェルが引っ張り出され，世界に向けて次の声明を出した。それはすべてヒステリーであり，UFO など実在せず，すべては馬鹿げた話であると。

こうして，1950 年代になっても真実を知っているのは比較的少数のグループだけで，真実は彼らのうちにとどまっていた。メディアの注目を引くような出来事が起きると，当局者がそれを否定し，馬鹿げた話であるとした。人間というものは概して臆病な社会的動物であり，我々自身認めるように，むしろレミング（*和名タビネズミ，北極近辺に生息）に近い。だから，困惑や嘲笑や社会的疎外を避けたいと思えば，UFO を自分の目で間近に見たとしても，それについては沈黙を守るということが明らかになった。これに加えて，自然発生レベルの気違いや変人などのような，一般的な社会現象と連動させる形で，市民の UFO 関連団体の中で，馬鹿げた奇妙なほら話が積極的に奨励された。もうお分かりだろう。こうしてまともな人間——特に‘まともな’メディア，科学者，政治的指導者——なら誰でも，これを避けるべき‘好ましくない話題’と見なすことになった。

（これまで11年間の私の経験を振り返れば，彼らを非難することなど私にはできない……）

しかし，これらすべてはいかにもありがちな話だ。事態の異様な展開は，秘密プロジェクトのためのある新しいモデルが徐々に展開しだした1950年代に始まった；フランケンシュタインがつくられたのだ。そして，今やそれは自らの意志を獲得し，手術台を離れ，すべての拘束を断ち切り，我々の間を歩き回っている。

1993年の終わりから1994年，1995年，1996年と，会合を重ねるたびに衝撃的な真実が浮かび上がってきた。ともかく，1990年代に至るまでに大変な何かが起きていた：この問題に関わる事柄の全体は，その大部分が民間に移され，十層の深さの闇に沈み，米国または他の政府の憲法による指揮系統を離れて活動するようになった。私には今，あなたが何を考えているかが分かる——私も最初は同じことを考えた——だが，私の話に最後まで耳を傾けていただきたい。

1993年7月の最初の会合から数箇月のうちに，私や我々のチームのメンバーたちは，CIA，議会，クリントン政権，国連，統合参謀本部，英国その他の軍関係の，きわめて高い地位にある高官たちと会うことになった。我々の最初の立場はまず，冷戦が終わった今，これらの問題について重要な情報公開ができる機会が到来したのだということを，これらの人々に対し明らかにすることだった。この問題を国際社会に返すときがきたのだ。本当か？　とんでもない！　ほとんど一つの例外もなく，軍，情報分野，政界，国家安全保障方面の指導者たちは，真実を語るときがきたことに同意した。問題は，彼らが真実にも，データにも，個々の事件にも，あるいは技術にも，また保存されているETの遺体（それらが現在どこにあるか，我々は知っている。それらはもはやライト-パターソン空軍基地にはない）のいずれにも，接近できる手段を持っていなかったことである。

私が蚊帳の内にいると考えた人々は，蚊帳の外にいた。そしてショーを演出している者たちは，秘密の工作員と民間企業の利害関係者の奇妙な連合体だった。このときから，我々の進む道は鏡の向こう側の世界となった。

私の先祖は，ノースカロライナでアメリカ革命のために戦った。彼らは憲法と代議員による政府を創設するために戦った。その憲法に何が起きてしまったのか，私は驚いた。ひどい悪夢を見たように，私は夢から覚めてそれが本当でないと分かることを祈り続けた。どうしたらこれを人々に伝えられるか？　誰がそれを信じるか？　ノースカロライナの一医師にとっては，進歩した地球外知性体が我々を訪問していると主張し続けることだけでも，とんでもなく大変なことだ。しかし，これは？

私はレーガン大統領の国家安全保障会議のスタッフだった友人に，どうしてこんなことが可能なのか，訊いてみた。政府，軍，上級情報機関，および国家安全保障部門にいる世界で最も力のある人々が，これについて知らないばかりか，この情報に‘接近する手段さえ持たない’などということがどうして起こり得るのか？　私は次のように訊いた。もし大統領に誰がそれを本当に知っているかを知らせ，大統領が彼らを大統領執務室に呼び出し，“私は合衆国大統領だ，これについて知っていることを全部話せ”と言ったら，彼らはどうするかと。

彼は笑い，次のように言った。“スティーブ，もし彼らが大統領に知られたくないと思ったら，彼らはただ嘘をつき，そんなものは存在しないと言うだけだ。ずっとそうしてきたのだ……”私はこの皮肉な言葉に驚いた。また，明らかに憲法が逆転していることにも。

政府の高官たちを‘守る’ための‘もっともらしい否認（plausible deniability）’(* まずいことが発覚した場合に備えて，もっともらしい否認を可能にして，逃げ場をつくっておくこと）の策略として，これはどうやらある種の機密事項を扱う分野で行なわれているようだ。そしてUFO問題は，すべての中で最大の機密事項なのである。

重要な秘密情報なら何でも知る立場にあると国民の誰もが考えるような，高い地位にいるある情報関係機関の指導者との会合で，私は次のことを知った。この高官は，UFOが実在することを知っているにもかかわらず，過去の情報にも現在の情報にも，ETの問題を扱うプロジェクトにも，接近する手段を持っていなかった。またもや，私は呆然とした。

召喚権限と最高機密取扱許可（top secret clearance）を持つ，きわめて高い地位の上院調査官たちも，同じだった。統合参謀本部の人たちも，同じだった。国連の高官たちも，同じだった。英国国防省の高官たちも，同じだった。国家首脳たちもまた，同じだった。

物事はこのように進み，さらに続いた。これは嘘偽りではない；これらの会合は，親しい内密の接触者と友人たちにより準備された。皮肉なことに，これらの指導者たちは，この秘密の混乱を本来の状態に戻すために，我々に情報提供，分析，そしておかしなことだが，行動を依頼してきたのである。私は妻と四人の子供，1台のミニバン，1匹のゴールデンレトリバーと暮らすノースカロライナの田舎医師にすぎない。そう指摘しても，この事態は変えられなかった。だから私は，'空き時間'を使って，私のできることをしてきたのである。

認められざる特殊接近プロジェクト（UNACKNOWLEDGED SPECIAL ACCESS PROJECTS)。USAPS。この言葉――実際には概念――は，把握するまでしばらく時間がかかった。単純と言われるかもしれないが，私は民主主義，憲法，大統領職，議会の重要性といったものを心から信じている。しかし，このような異様な観念もある時点で私の心に同化し，この新しい現実の一部にならなければならなかった。大統領，議会，法廷，国連が存在し，その他の世界の指導者たちがいる。彼らは税，通貨，その他あれやこれやの計画を心配する。しかし，本当に大きなもの――それは彼らを除外している。結局のところ，これらの人々は2年か4年ごとに来ては去っていく。彼らが知らないことは，彼らに何の害も与えない。そのうえ，我々は彼らがこれらの秘密プロジェクトについて何も知らないでいるように便宜を図る。とにかく，これらのプロジェクトは'認められざるもの（UNACKNOWLEDGED)'であり，ゆえにそれらは事実上どこにも存在しない……

USAPSとは何か？　それは極秘の区画化されたプロジェクトで，最高機密取扱許可を持つ人間でさえ特殊な接近手段を要し，かつそれは認められていない。つまり，あなたの上司，司令官，長官，大統領など，誰か――誰でもよいが――がそれについてあなたに訊ねたとする。あなたは，そのようなプロジェクトは存在しないと答える。あなたは嘘をついているのだ。

これらUSAPSにいる者たちは，彼らのプロジェクトを秘密にしておくことについては本気であり，内部事情を隠し，他部局の者たちと国民に偽情報を与え続けるためには，ほとんど何でもする。

そして，すべてのUSAPSの元祖はUFO/ET問題である。

憶えておいてほしいのだが，ウィルバート・スミスによる1950年のカナダ政府最高機密文書には，ある秘密の米国グループが，その背後の技術も含めたUFO問題に取り組んでいることが分かったとあり，また，これは水爆の開発関連の機密をも超える，米国政府最高の機密であるとも述べられているのだ。

さて，このプロジェクトが50年経ったらどうなるか，想像してみてほしい。橋の下を水はどれほど流れたことか。50年もの歳月の間，プロジェクトの様々な側面に膨大な資金が使われた：逆行分析（reverse engineering）による地球外技術の解明；非線形の推進および通信システムの実験；国民に対する大規模な偽情報工作と，憲法により選出され指名された当局者および組織への虚言；等々。

この積極的な偽情報工作に加え――国民を欺き罠にかけ，国民の目を本当の活動から逸らすための偽ET事件の捏造や偽装。誘拐。動物切断（mutilation）。宇宙や地下の基地にいる雑種混血の赤ん坊。世界政府勢力と邪悪な宇宙人との間の秘密協定。その他，うんざりするほどの数々。悲惨なことに，大衆メディア，出版社，UFO関連団体／業界，および一般社会が，これらの話を節度もなく鵜呑みにする。

この馬鹿げたことは，資金も専門知識もない民間UFO関連団体に対する効果的な罠であるばかりか，‘まともな’科学者，主要メディア，公職にある人々を沈黙させるのに必要な，狂気と悪趣味の印象をつくり出す。それは問題全体を，安全に，彼らのレーダー画面から外れたままにしておくのだ。

1940年代半ばから1950年代の半ば，さらにその終わりにかけて，これらの事柄が進行するかたわら，この秘密グループはやや型にはまった慣例的なものだった。トルーマン政権とアイゼンハワー政権の多くの当局者たちはそれについて知っており，関わってもいた。それは当面秘密にされるべき，本当の国家安全保障上の重要事項と考えられたのである。だから，彼らは忠誠心を持って行動し，我々の立憲民主主義の妥当な限度内にあったと私は信じる。

しかし，アイゼンハワー時代の半ばから終わりにかけて，合法的に蚊帳の内にいるべき人々が押しのけられる傾向が徐々に現れてきたようだ。これがアイゼンハワー時代の終わり頃とケネディ政権時代に起きたことだと確証する，複数の情報源を我々は持っている。

直接証人たちが我々に語ったところでは，アイゼンハワーはUFO/ET問題の多くの重要な側面について，自分が闇の中に置かれていることに憤慨していた。彼はET宇宙機と遺体を見ていたが，その一方で異常なプロジェクトが進行しており，自分が蚊帳の外に置かれていることを知った。だから，五つ星将軍であり保守的な共和党員であったにもかかわらず，彼が大統領として国民に向けた最後の演説で‘軍産複合体’について警告したことに何の不思議があろうか？　軍産複合体という言葉を考え出し，その行き過ぎの危険性を初めて我々に警告したのは——アビー・ホフマン（*反体制活動家）ではなく——この五つ星将軍だったことを，人々は忘れている。なぜか？　彼がそれらの行き過ぎを，間近に自分の目で見ていたからである。

1963年6月まで話を進めよう。ケネディは，“私はベルリン市民だ”という有名な演説をするためにベルリンに飛んでいる。エアフォースワンの機上には，次のように語る一人の軍人がいた：長いフライトの途上でケネディは，ある時点からこの将校とUFO問題を議論し始めた。自分はUFOが現実であることを知っており，証拠を見たことがある，と彼は認めたが，次にこう述べて，その将校を驚かせた。“この問題全体が私の管理外にある。なぜなのか私には分からない……”ケネディは，真実が明かされることを望んでいるが，自分にはそれができない，と言った。そして，この問題が自分の管理外にあり，なぜなのかその理由が分からないと述べているのは，軍最高司令官である米国大統領なのだ。私は，彼が同年その後に暗殺される前に，真実を解明したのではないかと考えている。

アイゼンハワー，ケネディ，クリントン政権の重要人物たち，軍の指導者たち，情報機関の指導者たち，外国の指導者たち。誰もが蚊帳の外である。しかし，誰もがそれが事実であることを知っている。何が起きているのか？

USAPSは物語の一部にすぎない。より小さな部分である。軍産複合体への警戒を呼びかけたアイゼンハワーの言葉を覚えているだろうか？　重要な意味を持つ言葉：産業の（industrial），民間の（private），民営化された（privatized）。1995年7月に元英国国防参謀長とこの問題を議論する中で，私は彼も同様に蚊帳の外に置かれていることを知った。本当の秘密は，MI5（英国軍情報部第5課）とMoD（国防省）の頂点にいた人間をさえも寄せつけないことを，我々はあらためて知ったのである。答えの一部はUSAPSにある。だが，もっと大きな部分は民間の契約業者の組織にある。

米国政府はほとんど何もしていない（ありがたいことだが……)。あのB-2ステルス爆撃機は米国政府がつくっているのではない。米国政府のために民間企業がつくっているのだ。そして，民間企業はUSAPSよりもさらにうまく秘密を守る。確かにそうだ：コカコーラの製造法はこれまでずっと誰も知らないできた。米国大統領でさえそれを知ることはできない。その製造法は秘密であり，民間所有である。

さて，もしあなたが望むなら，民間所有の秘密の独占権をUSAPSに結合し一体化することで，事実上誰も侵入できない秘密の要塞をつくれるだろう。なぜなら，もしあなたが民間部門からその秘密に近づこうとすると，それは所有権により保護されており，公的部門や政府から近づこうとすると，それはUSAPSの中に隠されているからである。そして，あなたや私が通常考える‘政府’には何の手がかりもない。

だから，個人的な経験から私はあなたに次のように言える。もしあなたが指導者たちにこのことを知らせたなら，彼らは両手で頭を抱え，かつて私がそうであったようにこう言うだろう。“何てことだ……”

では，この秘密活動の本質的な特徴は何か？

説明：このグループは準政府的な，USAPSに関係する準民間組織であり，国際的／国家横断的に活動する。活動の主要部分は，進歩した地球外技術の解明と応用に関係する，民間企業の‘他から頼まれた仕事’の契約プロジェクトに集中している。関連する区画化された単位（ユニット）は，これもまたUSAPSであるが，偽情報工作，国民を欺く活動，積極的な偽情報工作，いわゆる誘拐と動物切断，偵察とUFO追跡，宇宙空間兵器システム，および特殊連絡グループ（たとえば対メディア，対政治指導者，対科学界，対実業界，等々）に関与する。この組織は，政府，USAPS，および民間企業の複合体と考えてよい。

このグループの主な構成要素は，まずUSAPSに関係した軍と情報機関の中間工作員，ある種の先端技術企業内のUSAPSまたは闇の単位（ユニット），国際政策分析業界，ある種の宗教団体，科学界とメディアの内部にいる選ばれた連絡係，他にもあるが，とりわけこういったものである。これらの組織と人物の一部を我々は知っているが，残りの大部分は特定されていない。

その政策決定組織を構成するおよそ3分の1から2分の1のメンバーは，今この問題についてある種の情報公開を行なうことを支持している。彼らは過去の行き過ぎにあまり関わっていない，概して若い構成員である。残りの構成員は，近い将来の公開については反対か葛藤の状態にある。

実際の方針と政策決定は，USAPS関連の軍や情報部門関係者ではなく，現在は圧倒的に民間民生部門の手中にあるようだ。ただし，活動のある分野では顕著な相対的自律性が見られるとの情報も幾つかある。我々の現在の評価では，ある種の秘密活動と公開の可否について，内部で論争が激しくなっている。

‘闇の’またはUSAPSプロジェクト内の多くの区画化された活動は，その任務のために働いている人々が，それがUFO/ETに関係したものとは気付かない仕組みになっている。たとえば，いわゆる‘スターウォーズ’の取り組み，すなわちSDI（戦略防衛構想）の幾つかの側面は，地球の近傍に侵入する地球外宇宙機を標的にする意図を持っている。しかし，SDI計画内部の科学者や作業員の圧倒的多数はこれを知らない。

我々が三つの別々の確かな情報源から知ったところでは，1990年代初め以来，実験的な宇宙空間兵器システムにより，少なくとも2機の地球外宇宙機が標的にされ破壊された。

ホワイトハウス当局者を含む政治指導者たち，軍指導者たち，議会指導者たち，国連指導者たち，および世界の他の指導者たちの圧倒的多数は，この問題について定期的な背景説明を受けていない。査問が行なわれたとしても，彼らはその活動について何も教えられないし，いかなる活動の存在も確認されない。概してこの秘密組織の性質により，指導者たちは誰に対してそのような査問を行なったらよいかさえ分からない。

国際的な協調体制が広範囲に存在する。ただし，何人かの証人が述べるところでは，ある国々，特に中国は，幾分独立した行動計画を積極的に進めている。

活動の主要拠点は，広範囲に分散している民間施設を別にして，カリフォルニア州エドワーズ空軍基地，ネバダ州ネリス空軍基地，特にS4とそれに隣接する施設，ニューメキシコ州ロスアラモス，アリゾナ州フアチュカ基地（陸軍情報司令部），アラバマ州レッドストーン兵器庫，飛行機でしか行けないユタ州の僻地にある比較的新しい拡張中の地下施設など，とりわけこういった場所である。その他の施設と活動拠点は，英国，オーストラリア，およびロシアなどを含む多くの国々に存在する。多くの機関が，これらの活動に関与する隠蔽された，闇の，USAPSに関係する部署を持っており，その中には国家偵察局(NRO)，国家安全保障局（NSA)，中央情報局（CIA)，国防情報局（DIA)，空軍特別捜査局（AFOSI)，海軍情報局，陸軍情報局，空軍情報局，連邦捜査局（FBI)，およびMAJI統制（MAJI control）と呼ばれるグループが含まれる。さらに多くの個人，民間，および企業の組織が，重要な関与をしている。科学，技術，および先端技術に関する活動の大部分は，民間の製造業と研究機関に集中している。重要な――そして殺人をも厭わない――警備は，民間の契約業者が担っている。

これらの機関と民間グループにいる職員および指導部は，そのすべてではないにしても大部分は，これらの区画化された認められざる活動について，関わってもいないし知ってもいない。この理由により，特定の機関または企業組織を全面的に非難することは，いずれもまったく根拠がない。‘もっともらしい否認’は多くの段階で存在する。さらに，専門化と区画化により，そこにいる人々がUFO/ETの問題に関係した仕事をしていると気付かずに，多くの活動が存続できるのだ。

協力に対する見返りと秘密保持義務に違反した場合の罰は，共に尋常ではない。軍上層部にいる情報源が我々に語ったところでは，過去数十年間にわたり，協力を確実にするために少なくとも1万人の人間がそれぞれ100万ドル以上を受け取ってきた。罰に関しては，沈黙の掟を破るなと，その家族が脅迫を受けてきた，信頼すべき複数の事例を我々は知っている。また，我々は，最近‘自殺’とされた民間契約企業の二つの事例を知っている。それらは，被害者たちがET技術に関係する逆行分析（reverse engineering）の秘密保持義務に違反し始めてから起きたことだった。

資金：議会のある上級調査官が個人的に我々に語ったところでは，‘闇の予算’がこの活動と，やはりUSAPSである同様の活動に使われているようだ。この‘闇の予算’は控えめに見て年間100億ドル，おそらくは年間800億ドルを超えている。UFO/ET活動だけにどれだけ使われているかは，現時点では不明である。加えて，相当の資金が海外，民間，および様々な機関の財源から引き出されている。これらの活動により調達される額がどれほどになるのかも，我々には明らかでない。

これは現時点で我々が知ったことの一部である。明らかに，ここには答えよりもさらに多くの疑問があり，知られていないことは知られていることを上回る。それでも我々は，この組織の活動形態の理解において，重要で歴史的な前進をしたと思う。この一般的な評価を，私は幾人かの重要な軍関係者，政治家，政策研究機関の人々に見せたが，これがきわめて正確で，彼らが個別に到達した独自の評価と一致すると見なせることに私は驚いた。

しかし，さらに大きな疑問は，なぜ？である。世の中では一般に，何が，誰が，いかに，は常に，なぜ，よりも簡単である。なぜ，秘密が維持され，偽装が続いているのか？

私はこの危険な方向へあまりにも深入りすることを躊躇する。というのは，我々はここで究極の動機と目的に関係した疑問にのめり込んでいるからだ。それは常に幾分つかみどころがない領域であり，最良の場合でも曖昧である。そして，私が思うに，これはありふれた問題などではなく，このような異常な一か八かの行動の背後にある感情，動機，および目的は，おそらく複雑で調和がとれていない。実際，そのような動機は，おそらく当初の崇高で善意あるものから邪悪なものまでとても入り組んでいるのだ。

1994年に，バリー・ゴールドウォーター上院議員は私にこう語った：ET問題を取り巻く秘密は“当時の最悪の失敗であり，そして今の最悪の失敗だ……”私はここで上院議員に同意したいと思うが，秘密に駆り立てるものは，過去においても現在にあっても，そのすべてが愚かさだけであるわけではない。むしろ，それは恐怖と信頼の喪失に根ざしていると私は見る。

大体において私は心理学を軽率に持ち出すのは嫌いだが，この問題におけるすべての心理学的要素は重要だと思っている。私の考えでは，秘密，特にこれほど極端な秘密は，常に病気の症候だ。もしあなたが家族の中で秘密を持っているなら，それは恐怖，不安，および不信から生まれた病気である。これは地域社会，会社，社会全体にまで拡張され得るだろう。究極のところ，秘密に駆り立てるものは，基本的な信頼の喪失と，過剰な恐怖および不安によって生まれた，深い病理の症候である。

UFO/ET問題の場合，1940年代と1950年代の初期の頃は，パニックと隣り合わせの恐怖の時代だったと私は感じている。人類は壊滅的な世界大戦から抜け出す一方で，核兵器の恐怖が放たれたばかりだった。ソ連はその帝国を拡張し，より大きくより破壊的な核兵器で寸分の隙もなく自らを武装していた。そして，彼らは宇宙への競争で我々を打ち負かしていた。

このとき，地球外宇宙機がふと現れる。それは遺体となった生命体（一人は生存していた）と共に回収される。恐怖。混乱。答えの分からない，数え切れないほどの恐怖の疑問がわき起こる。

彼らはなぜここにいるのか？　国民はどう反応するか？　どうしたら彼らの技術を安全に保管し——また我々の不倶戴天の敵からそれを守れるか？　世界最強の空軍がその領空を統制できないことを人々にどう説明するか？　宗教的信念に何が起きるか？　経済秩序には？　政治的安定には？　現在の技術の所有者には？　そして……

私の見解だが，秘密の初期の段階は予見可能で理解もでき，おそらく正当化もできる。

だが，数十年が過ぎ去り，特に冷戦が終わると，恐怖だけではこの秘密を説明することができない。結局のところ，2001年は1946年ではない——我々は宇宙に進出し，月に着陸し，他の恒星系に惑星を発見し，遙か遠くの宇宙に生命を構成する物質を見出し，人口の約50パーセントがUFOが現実であることを信じている。そして，ソ連帝国は崩壊した。

私の考えでは，二つの別の重要な要因が進行中である：貪欲と支配，それと数十年間にわたる秘密の慣性。

貪欲と支配は容易に理解することができる：進歩した地球外技術を解明し，応用するプロジェクトに関与しているありさまを想像してみよ。このような技術の能力と経済的影響力——したがってその価値——は，内燃機関，電気，コンピューターチップ，遠隔通信のあらゆる形態を合わせたものよりも大きい。我々は次の千年の技術について語っているのだ。あなたはコンピューター／情報時代革命を大したものと考えるか？　シートベルトをしっかり締めた方がよい。やがて——遅かれ早かれ——進歩したET技術に基づく非線形，ゼロポイント技術革命が始まる。

疑いもなく，企業，軍産複合体の利害と秘密は，USAPSに関係している政府のそれをさえも凌ぐ。コカコーラの製造法など，これに比べたら何物でもない。

大きな秘密活動の官僚的慣性は，さらにもう一つの問題である。活動，虚言，国民への偽装とさらに悪いことの数十年を経て，このようなグループはどうやって自ら織りなしたすべての蜘蛛の糸を解くというのか？　ある種の人間にとり，秘密の権力には確かな中毒性の魅力がある；彼らは秘密を持ち，知ることで力を得る。そして，この責任者，あの責任者と人々が大声を上げて言い立てる，一種の宇宙版ウォーターゲートになりかねないという不安な見通しがある。よってすべての官僚が熟達しているもの，すなわち現体制の維持がより容易な道となる。

そして，今でさえ恐怖はある。このゲート，あのゲートといったウォーターゲート時代の暴露されることへの恐怖ではなく，よそ者嫌いと未知のものに対する恐怖である。これらの宇宙人は何者か，なぜ彼らはここにいるのか；許可も受けずに，どうして我々の領空に敢えて侵入したのか！　人類は異なる者，知らない者，よそから来た者に対する恐怖——および憎悪——の長い歴史を持っている。人類の世界を荒廃させる，今なお暴れ回っている人種，民族，宗教，国家主義的な偏見と憎悪を見よ。未知の者や異なる者に対する，ほとんど習慣となったよそ者嫌いの反応が存在する。そして，確かにETは，たとえばアイルランドのプロテスタントとカトリックが異なる以上に，我々とは異なる。

私は一度，UFOに関係した軍事と情報作戦に関わる一人の物理学者に訊ねたことがある。なぜ我々は，宇宙空間に設置した先端兵器でこれらの宇宙機の破壊を試みるのかと。彼はすぐに興奮して，こう言った。“この作戦を実行している連中はとても傲慢で自制心がないので，彼らは我々の領空へUFOが侵入すると，どれも敵対行動をとるに値する攻撃的なものとみなす。だから，注意を怠ると彼らは我々を惑星間戦争に巻き込むだろう……”

だから，次のように言える。恐怖。未知のものに対する恐怖。貪欲と支配。組織の慣性。これらは，秘密を継続する現在の原動力として私が考えていることの一部である。

しかし，ここからどこに向かうのか？　極度の秘密主義から公開へと，この事態をどうやって変えるのか？

極度の秘密，特にこれほど遠大で重要なものの秘密は，民主主義を土台から崩し，憲法を覆し，途方もない技術的能力を選ばれてもいない少数者の手に集中させ，惑星全体を危険な状態に陥らせる。これは終わらせなければならない。

政府が議会と協力して公聴会を開催し，そこで現在400人を超えるこれらの証人が，UFO/ET問題について知っていることを公然と証言できるようにすることを，私は提案する。これは必ず決定的な公開になるだろう。その際，あなたが貢献できる方法は二つある：

1）大統領に手紙を書き，これらの証人が安全に名乗り出てこられるように大統領令を発することを要請する。それと同時に，あなたたちの上院議員と下院議員に手紙を書き，これらの証人が語ることができるように公聴会を開催することを要求する。

2）もしあなたか，あなたの知っている誰かが，現在または以前の政府，軍，企業の証人であるなら，すぐに私に連絡してほしい。我々は保護手段を整えている。証人が多ければ多いほど主張は強化され，すべての関係者の安全性は高まる。できるなら，どうか我々に力を貸してほしい。

国際社会と国連は同様に，この問題についての公聴会を開催すべきである。我々には世界中からの証人がいる。だから，理想的には国際的な公開と証拠を収集する努力が直ちに開始されるべきである。

国際社会は傍観しているべきではない。それは秘密の活動に対する責任放棄である。CSETIは10年間にわたり市民外交の取り組みに関わってきた。そして，これらの地球外からの訪問者たちとコンタクトする手順の開発において，著しい飛躍を成し遂げた。我々はこれを受け身的に何か遠くの‘現象’として見ているのではなく，これらの生命体との交信を確立することを試みるべきである。そして，公然と惑星間関係の初期段階を開始すべきである。もしあなたが，このような研究と外交の取り組みに関与できるより詳細な方法に興味をお持ちなら，我々に連絡してほしい。

最後に，我々は許す覚悟を持たなければならない。現在または過去のいずれであれ，秘密に関与した人々を厳しく処罰する要求から得られるものは何もない。多くの人々はその当時，正しいことをしていると感じていたのかもしれない。あるいは，現在でさえも。我々に宇宙版ウォーターゲートは不要だ。我々は全員でそれを放棄しなければならない。我々は喜んで今と未来に目を向け，過去を許すべきである。これには先例がある。クリントン政権の初期に，エネルギー省と前の原子力エネルギー委員会内で行なわれた過去の行き過ぎた行為と狂気の実験について，全面的な公開があった。我々は，孤児院の子供たちのオートミールにプルトニウムが混入されたこと，‘何が起きるか’を見るために人口集中地域に故意に放射能がまき散らされたこと，等々を知った。この真実は明らかになったが，世界は終わりにならなかった。誰も投獄される必要はなかった。政府は崩壊しなかったし，天は落ちてこなかった。前進しようではないか，幾らかの本当の同情と寛容とを持って。そして，この世紀を新たに始めようではないか。

つまるところ，人々が先導すれば指導者たちはついてくる。この事態を変革し，開放と信頼の時代を創造し，全世界と惑星間の平和の基礎を打ち立てるためには，勇気，展望，そして忍耐が必要である。もし我々の指導者たちが今この勇気と展望を欠いているなら，我々がそれを彼らに示さなければならない。我々の未来が奪われているときに，それを無視することはあまりにも危険な賭けである。地球の生命の未来と宇宙における我々の立場は危険に曝されている。共に，それを守るために働こうではないか。我々の子供たちと，その子供たちのために。

秘密の存在を語る証言

“だが，起きたのはアイゼンハワーが裏切られたということだった。彼はそれを知らずにいたから，UFO 情勢全体について統制を失ったのだ。彼は国民に向けた最後の演説で，用心しないと軍産複合体に後ろから刺されると語っていたのだと思う。彼は油断していたと感じたのではないか。彼はあまりにも多くの人間を信用し過ぎたと感じたのではないか。アイゼンハワーは疑いを知らぬ人間だった。彼は善良だった。そして，あるとき突然，この問題が企業の管理下に入って行きつつあることに気付いたのだと思う。それはこの国を大きく損ねる可能性があった”

“私の記憶では，この失意は何箇月も続いた。彼は UFO 問題への統制を失いつつあると気付いた。この現象というか，とにかく我々が直面していたものに関して，最適な管理がなされそうにないことを彼は悟った。私が思い出せる限りでは，‘最適な管理がなされそうにない’という言い方だった。本当に心配していた。そして，結果はそのようになった”

… … …

“もし私がこれについて話したなら，軍の人間である私に何が起きるか，このことを私は多くの機会に議論してきた。政府は，絶望的な恐怖を植え付けることで秘密を強化するという，現代の記憶に残る何よりもよい仕事をしたと言えるだろう。彼らは実によい仕事をしたと思う”

“ある古参将校と私は，もし暴露したら何が起きるかと話したことがある。彼は消されるということについて話していたので，私は‘その，消されるとはどういう意味ですか？’と訊いた。そうしたら，彼はこう言った。‘だから，君は消される，姿を消すことになるんだ’私はさらに訊いた。‘あなたはどうしてそんなことを知っているのですか？’ 彼の答えは次のようなものだった。‘私は知っている。こうした脅迫はずっとこれまで行なわれ実行されてきたのだ。脅迫が始まったのは 1947 年だ。陸軍航空隊がこの件を絶対統制するように任された。これはこの国が今まで対処した最大の治安問題なので，消された人々もこれまで何人かいた’”

… … …

“あなたがどんな人間であろうと関係ない。あなたがどれほど強くて勇気があろうと関係ない。その状況はまさしく恐怖と言える。マット［この古参将校］がこう言ったからだ。‘彼らが追うのは君一人だけではない。彼らは君の家族につきまとうだろう’彼はそう言ったのだ。だから，私に言えることはこうだ。彼らは恐怖に陥れることで，それをこんなにも長い間秘密にしてきたのだ。彼らは見せしめをつくることに非常に長けている。それがこれまで行なわれてきたことなのだ”

スティーブン・ラブキン：弁護士

“その二人の男は，この出来事について私に質問を始めた。正直に言うと，彼らはとても手荒だった。私は文字どおり両手を上げて，こう言った。‘あなたたち，少し待ってください。私はあなたたちと同じ側にいる。ちょっと待ってください’　彼らはまったく乱暴だったからだ。とても脅迫的で，はっきりと次のように言った。何も見なかったし，聞かなかった。何も目撃しなかったし，知られたことはこの建物から消える。‘君たちはこれについて同僚に一言も言ってはならない。また，基地を離れたら，これについて見たり聞いたりしたことは忘れろ。何も起きなかったんだ’”

メルル・シェーン・マクダウ：米国海軍大西洋軍

“おかしなことだが，我々は犯罪の目撃証言により人々を投獄し，死に追いやる。我々の法制度はかなりの程度このことを基礎にしている。しかし，私が過去50年間に異常空中現象を追いかけてきた中では，とても信頼のできる証人たちが何か未確認のものを見たと言ったとき，彼らの信用を失わせしめる何かの理由があるようだ”

… … …

“我々の政府の中にデータ操作を行なうことのできる機関があることは確かだ。そこでは［何でも好きなように］拵えたりつくり直したりすることができる。飛行物体，知的に操作されている飛行物体は，この地球上の我々の物理学法則に基本的に違反してきた。しかも長い間そうしてきた。政府が現時点で——我々はそれを1947年から調査してきた——答えを持っていないことは，何か深刻な裏事情があることを示しているように私には思われる。我々はそれほど科学において無能だろうか？　そうは思わない。我々の知能はそれほど劣っているか？　それほど劣っていないことは確かだ。さて，コンドン博士のグループにより中止されたブルーブック計画だが，これはまったくの取り繕いだった。私にはそう信ずべき十分な根拠がある”

… … …

“UFOは長期にわたり調査されてきたが，一般社会はそれについて完全には知らされていない――ほんの断片，予め決められた対応，そんなものだけが与えられている”

チャールズ・ブラウン中佐：米国空軍

“一緒に働いていた何人かの人がある計画の途中で消えてしまい，消息を絶ったことを私は知っている。彼らは文字どおり消えた。私の仕事の全期間を通じてその証拠がある。その人たちはプロジェクトのために出ていった［そして消えた］。しかし，［これから身を守るために］私はプロジェクトのためにどこにも行こうとしなかった。何か奇妙なことが起きていると分かったからだ。そうして，多くの人々が本当に消えてきたのだ。彼らは上の人たちだ”

“B博士”

“‘お前はそこにいてはならなかった’‘お前はこれを見てはならなかった’‘お前を行かせたら危険だ’彼らは実際に私を殺そうとしていたのだと思う”

… … …

“そこには空軍から来た一人の中佐がいた。彼は名前を名乗らず，私にこう言った。‘もし我々がお前をジャングルに連れ出したら，誰もお前を見つけられないだろう’私は彼が本当にそうするかどうか確かめたくなかったので，ただこう言った。‘はい’すると彼は，‘お前はこれらの書類にサインしなければならない。お前は決してこれを見なかった’と言った。お前はそこに‘いなかった’し‘これは決して起きなかった’。もしお前が誰かに喋ったら，ただの失踪ということになるだろう”

… … …

“私に向かって怒鳴り，大声を上げ，悪態をついた。‘お前は何も見なかった。我々はお前と忌々しいお前の家族に何でもするぞ’”

“この状態がおよそ8，9時間続いた……‘お前を連れ出してヘリに乗せ，尻を蹴飛ばしてジャングルに突き落とし，お前を殺す’”

… … …

“これらの様々な機関は独立している。彼らは法に従わないならず者だ。これが政府によるプロジェクトで，皆が認めるものかって？　違う。この連中は勝手に行動しているだけで，誰もそれを知らない。今の世の中で，それはこんなにも簡単なことなんだ。何の監視も何の統制もない。彼らはまったく好き放題にやっているんだ”

… … …

“殺人を請け負う，恐ろしい部隊が動員されてきた。知らない人もいるだろうが，私は海兵隊の狙撃手のことを知っている。他の誰かがそれについて話しているのを聞いたこともある。これらの連中は街に出ていってこっそり人の後をつけ，殺す。陸軍空挺部隊の狙撃手も同じことをしている。彼らはデルタフォース（*陸軍特殊部隊）を使い，これらの人々を捕捉し，殺して黙らせるのだ”

ジョナサン・ウェイガント上等兵：米国海兵隊

“私は時々核兵器を運んだものだ。つまり，私は核兵器を運ぶことには気持ちが慣れていたが，UFO を見ることに関してはそうではなかった。この批判，この嘲笑こそが，真実が明るみに出ないようにするためのほぼ最良の方法だった”

ジョージ・A・ファイラー三世少佐：米国空軍

“政府と軍，さらに民間の研究者，政治家も——誰であろうと——この問題については，あらゆることを社会共有のものとすべきだ。私はそう思っている。政府は矛盾することをしてはならない。公式見解がしばしばそうであるように，一方で UFO は防衛上何の重要性もないと言いながら，他方ではデータの一部を隠しておくなどということをしてはならない”

“それは絶対にしてはいけない。どちらか一方だ。政治家がこの問題に探りを入れたりメディアが問い合わせたりしたとき政府が決まって言うように，もし心配することが本当に何もないなら，そのすべてのデータを見てみようではないか”

ニック・ポープ：英国国防省職員

“我々はガイガーカウンターで入念に調べられた。一人から反応があり，彼のポケットから何かが取り出された。この同僚はすぐに排除された。命にかけて誓うが，その後再び彼を見たことはない！　彼は排除されたのだ。これは多くの人に起きたことだった。空軍が責任を負うべき自殺も1件あった。これは実際の名前を持った実在の人間だ”

… … …

“我々が連れてこられたとき，机の上には書類があった。我々は全部で十人くらいだった。そこには一つ，二つ，三つ，四つ，五つ，六つ，七つの山積み書類があり，それらはすでにタイプされていた。その一つは我々が見たもの——我々が見たものではなかった——についての予めタイプされた陳述書で，すべてが一般的な内容だった。それには，我々は非番であり，木々の間を飛び跳ねていた未知の光を見ただけだと書いてあった。私はそれをはっきりと覚えている。私は，もしこれにサインしなかったらどうなりますか，ツイックラー少佐？と訊いた。すると彼は，君に他の選択肢はないと言った。そして彼は，私には君たちにそうしてくれと言う以外にないのだと言った”

… … …

“我々のそれぞれに二人の男が背後から近寄ってきた。誰かが彼に向かって歩いていったのを確かに覚えている。そしてエアゾールスプレーのような音が聞こえ，目の前が真っ暗になった。私はやたらと洟(はな)が出て胸が苦しかった。私はどう見ても車の中でおとなしくなかったので，暴行を受けた。まさにあばらを殴打され，ど突かれ……とにかく，私はその20分間だけは覚えているが，まる一日気を失っていた。話は他の隊員の間でも知られていた。皆は，私が緊急休暇か，休暇か，あるいは基地を離れていたのだと話していた。しかし私は他でもない基地の地下にいたのだ。そこには他の隊員たちも降ろされていた。

……ところで，そこから出てきたとき，私には静脈注射か何かの跡が付いていた。私には青あざがあり，包帯が巻かれていた。私はそれを認める。本当のことだ。私には跡があった。私は自分に起きたかもしれないことを考えたり知ったりするのが恐ろしい”

… … …

“私が自分の履歴書を持っているただ一つの理由は——ある空軍大佐から——履歴書の一部をこっそり抜いておけと忠告されたからだ。彼が言うには，彼らは私を蒸発させるかもしれないということだった。‘彼らは君を無害なものにしようとしている’と彼は言った。私はまるでフランク・セルピコ（*ニューヨーク市警の刑事）か何かのように見られていた。私は組織型人間ではなかった。なぜなら，私は誰にでも話したからだ”

… … …

“不幸なことに，私の友人アラバマは無許可離隊（AWOL）をし，家に帰ろうとした。しかしオヘア空港でFBIに捕まり，直ちに任務に引き戻された。彼の望みは家に帰ることだけだったが，再び飛行任務に戻された。私は何もかも嫌になって完全に意気消沈し，上級曹長と一緒に車でパトロールしていた。そのときアラバマ——これは実在の人物だ——から無線が入り，彼は家に帰れなければ自殺すると言った。彼は小型トラックの向きをいきなり変え，柱に向かって突っ込んでいった。彼は‘無線をそのままにしておいてくれ……’と言った。私には駐機場にいた全部隊がこれに応答したのが分かった。とにかく，アラバマはM16ショート（*自動小銃の一種）を持っていた。彼はそれを口にくわえ，自分の頭頂を吹き飛ばした。私が死を目撃したのはこれが最初だった——19歳の非業の死。私と彼は夜と昼ほど違った。つまり——彼は南で私は北だ。彼はとても信心深かった。私はそれに敬意を払っていたが，我々に共通なものは何もなかった。彼はいいヤツだった。そして，彼らは我々の助けになることは何もしなかった……”　　　**ラリー・ウォーレン：米国空軍，保安兵**

“UFOについて論じるとき，最後はこの疑問に行き着く。米国はもちろん，どの政府でも，秘密は隠しておけるものか？　その答えは，はっきりとイエスだ。だが，情報関係機関が使えるきわめて強力な武器の一つは，米国民，米国の政治家，暴き屋（デバンカー）——UFO情報の嘘を何とかして暴こうとする人々——が持つ傾向だ。彼らはすぐに出てきて，こう言う。我々は秘密を隠しておけない，秘密なんか隠しておけるものじゃない。では，本当はどうか。秘密は隠しておけるのだ”

“国家偵察局（NRO）は何年もの間秘密のままだった。NSA（国家安全保障局）があるかどうかさえも秘密だった。原子兵器の開発は，それを一回爆発させ，何が進行しているかを一部の人々に言わなくてはならなくなるまで秘密だった”

“そして我々は，自らの理論的枠組みにより，高度に進歩した知的文明が我々を訪問するためにやってきているという可能性または確率を，受け入れないように条件付けされている。きわめて信頼できる物体の目撃報告，それらの物体内部にいた生命体の目撃報告という形で，証拠は存在する。それでも我々は平凡な説明を探し求め，自らの理論的枠組みに合わない証拠の数々を投げ捨てる。だから，それは自らを守ることのできる秘密なのだ。それはありふれた風景の中に隠される。情報機関に出かけていき，この情報を出せとせがむのは，政治的自殺行為だ。私はその方針で彼らの多くと協力してきたから分かるが，議会の大部分の議員は尻込みし，それをさせないようにするだろう。ロズウェルで起きたことについて，議会の調査を単刀直入に要求した三人の議員の名前を挙げることができる”

…　…　…

“政府のファイルにそれはあるのだから，我々はその資料を入手する必要がある。そしてそれが最終的に破棄されてしまう前に，それを公開させなければならない。一つの好例がブルーフライとムーンダストのファイルだ。私は空軍が認めた秘密文書を入手した。私がさらに多くのファイルを公開させるために議会の議員たちの助けを借りたとき，それらの文書は直ちに破棄されてしまった。私はそれを証明することができる”

“そのどこかの段階で，彼らはその資料を見るかもしれない。そして，もしそれが漏洩の危険に曝されたら米国の国家安全保障に深刻な影響を与える，何かきわめて機密性の高い情報があることを知るかもしれない。少数の人々だけがそれに接近できるようにするために，その情報はまだ保護される必要がある。彼らはあまりにも人数が少ないため，1枚の紙に名前を書けるほどだ。こうして，特殊接近プログラムが存在することになる。特殊接近プログラムにあるはずの管理はそこにはない。文書を保護する仕組みと秘密のプログラムを実行する仕組みを議会が精査したとき，彼らは特殊接近プログラムの内部に特殊接近プログラムがあることを知った。つまり，そのすべてを議会が管理統制することは本質的に不可能だった。信じてほしい，そのすべてを管理統制することなど，本質的に不可能なのだ”

“さてUFOの場合，それと同じ原則が適用される。こうして，情報関係機関内の100人以下の小さな核，いや私はそれが50人以下であることを知っているが，それがすべての情報を支配している。それはまったく議会の調査や監視の対象ではない。だから，議会はその核心に迫った質問を掲げ，公聴会を開催することに踏み切る必要があるのだ”　**クリフォード・ストーン軍曹：米国陸軍**

“私はその情報を調査し，収集するグループの一員になった。当初，それはまだブルーブック，スノーバード，その他の秘密プログラムの傘下にあった。人々が何かを見たと主張したとき，私は彼らを訊問し，彼らが何も見なかったか，見たものは幻覚だったことを納得させようとした。それがうまくいかなかった場合，別の一団がやってきてあらゆる脅しをかける。彼らとその家族を脅したりする。彼らの仕事はその人々の信用を落としたり，いかれた人間に仕立て上げたりすることだ。それでも効果がなかった場合には，また別の一団がいて，どうにかしてその問題に終止符を打つ”

ダン・モリス曹長：米国空軍，国家偵察局諜報員

“ワシントンD.C.のあるCNN記者が，ゴルバチョフが2度目にアメリカに来たときに，ゴルバチョフとその夫人にインタビューをすることができた。彼らは通りに出てきてその警護特務隊をイライラさせた。CNN記者がゴルバチョフに‘核兵器を全廃すべきだと思いますか？’と質問した。そうしたら夫人が進み出て，‘いいえ，異星人の宇宙船がいるから，私たちの核兵器をすべて廃棄すべきだとは思わないわ’こう言ったのだ”
“さあ，この話をCNNはヘッドラインニュースで半時間にわたり放送した。私はこれを聞いて飛び上がり，次の半時間を記録するために空のテープを入れた。ところが何と，この話は消えてしまったのだ。誰が妨害したか，あなたはご存じだ。それに関与したのはCIAだった。なぜなら，彼らはCNNと全世界のヘッドラインをそのとき監視していたからだ。彼らはそれを踏みつぶした。しかし私はそれを聞いていた。これで私は，NSAの情報源から入手したロナルド・レーガンに関する情報が正しかったことを知った。私に言わせれば，この秘密保持のやり方はまったくの行き過ぎだ。議会はこの情報について知る必要がある”

…　…　…

“彼が言うには，目撃を最小限に減らし，メディアと目撃情報をメディアに報告してくる目撃者を抑えるために，彼らはこれに蓋をしようとしている。空軍はこのことを絨毯の下に押し込み，研究を続けてそれをまさに掌握したいと考えている。彼は次のことを認めた。空軍は，これらの目撃が大学生のいたずら，気球，気象現象などによるものだという馬鹿げた考えにメディアを誘導しようとしている”

… … …

“機密の保全に関して彼はこう言った。もし軍関係者がこれについて喋ったら，その者は軍法会議にかけられるか，少なくともそのようになると脅される。別の脅迫は，給料小切手を取り消すか，アラスカのような大抵の人間が行きたがらない基地に転勤させるといったものになるだろう”

… … …

“基本的に，これらのプロジェクトはMJ-12（マジェスティック12）グループにより統制されていた。もうこれはMJ-12とは呼ばれていない。私はこの組織の新しい名前を見つけようとしている。エリア51で働いていた私の接触者はこの組織の名前を知っているが，それを私に言うのを拒んでいる。要するに，これはワシントンD.C.の国家安全保障会議および国家安全保障企画グループと交じり合った一つの統制組織だ。あらゆることの管理統制を行なう国家安全保障企画グループと呼ばれるグループがある。MJ-12はこれらの人々，国家安全保障企画グループと交じり合っている”

“彼らは完全な統制力を持っている。彼らは今起きていることを大統領に知らせる。すると大統領はそれを認可するか，単に‘やってくれ’と言うだけだ。彼らは完全な統制力を持っている。彼らに議会の監視はまったく及ばない。彼らは誰に対しても答えない，米国大統領以外には。しかし，私が理解したところでは，その大統領をさえも締め出そうとしている”

“大統領は，もはやこれらのグループに対してそれほどの統制力を持たない。それはまるで別の組織だ”

A・H：ボーイング・エアロスペース社員

“事件の後で起きたことに，私は本当に驚いた。私の人生はあっという間にひっくり返ってしまった。のんきな男が6箇月の間に地獄を経験させられ，想像もできないような惨めな人間になってしまった。その原因は他でもない，嫌がらせ，圧力，虐待，ありとあらゆるものだ。私は実際にそれを経験したのだ”

アラン・ゴッドフリー警察官：英国警察

“私はそれ以上それを見たくなかった。命が危険に曝されていると感じたからだ。言っていることがお分かりか？　本当はそれをもっと見たかったし，それをコピーしたかった。それについてもっと話し，議論をしたかったが，それはできないと分かっていた。これを私に話していた若い同僚は，完全にその時点での限度を踏み越えていた”
“彼は誰かに話さずにはいられなかっただけだと思う。彼はそれについて議論しなかったし，できなかった。彼がそうしたのは，このことの重圧を受けて苦しんでいたからで，それ以外に何の意図もなかったと思う”

… … …

“私は軍を辞めてから少なくとも5年間は，行き先がどこであれ，その居場所を国務省に知らせずに出かけることはできなかった。旅行するときには，いつも届け出て許可を得なければならなかった。米国内でさえそうだった。私がどこにいるか，常時彼らは知っている必要があった。たとえば，もし我々がベトナムに行ったとすれば，いつも銃を持った何者かが我々と一緒にいる。もし我々が敵の手に落ちるようなことになれば，彼らは基本的に我々を消す。彼らは敵が我々を捕まえることを望まない；その代わりに我々を殺すのだ”
“我々はこのような条件下で作戦に従事していた。もし悪いヤツらの手に落ちたらと，我々の命は常に危険に曝されていた。そのことを我々は認識していた。私は軍を辞めるとき，こう言われた。私が政府のためにならない何かおかしな活動に関わっていないかを確かめるために，定期的な調査が行なわれると”

カール・ウォルフ軍曹：米国空軍

“何人かの男が私の前に姿を現し，これについて話しては駄目だと告げたときがあった。彼らは殺すとは言わなかったけれど，これについて話してはいけないというメッセージだと私は理解した。しかし私はそのときにはもうあちこちで話していたので，もはや何の意味もなかった。私が［1997年のCSETI］議会説明会で話したように，この話題はまるでセックスと同じだと感じ始めていた。誰もが知っているけれど，男女同席では誰も口にしない。私は安全な議会公聴会が開催されればもっと話す用意ができている。私はグリア博士を信用している。これまで博士は，身の安全や私が話した秘密に関する限り，すると言ったことは全部してきた。必要で適当な時期にそれが明るみに出て，何かの役に立つことを私は望んでいる。うろつき回ってこれらの人々を排除したり，傷つけたり，身柄を拘束したり，脅して引っ越しさせるようなことをしないでほしい。私が知っているこの人物は，この地球上から姿を消した。その人は消えた。私はそういうことにだけはなりたくない”

ドナ・ヘア：NASA 契約業者従業員

“この問題に関与している企業の中で，アトランティック・リサーチ社は主要なものの一つだ。だから，これについてはあまり頻繁には聞かれない。その目立たない存在をそう呼びたければ，これは内部にいる環状道路沿いの悪党（beltway bandit）（*ワシントン D.C. の環状道路沿いに事務所を構え，主に米国政府との事業契約を助けるコンサルタント）だ。その仕事の大部分を情報機関の内部で行なう。TRW，ジョンソン・コントロール，ハネウェル。これらのすべてがどこかの時点で情報分野に関わるようになった。ある種の仕事，活動は彼らに請け負わされた。アトランティック・リサーチはずっと以前からその一つだった。これらは‘環状道路沿いの悪党’になるためにペンタゴン（国防総省）の人々によってつくられた組織で，ある極秘の区画化されたプロジェクトを実行するために，プロジェクト，助成金，資金を受け取っていた。あまりにも秘密で区画化されていたために，何が行なわれているかを知る人間は四人ほどにすぎなかっただろう。それほど，それは厳重に統制されていた”

ジョン・メイナード：国防情報局職員

“ご存じかもしれないが，これらの機密計画の一つに接近を許されると，特別なバッジをつけ，その部屋にいる誰とでも大変率直に話ができる。そして心のつながりを持ったグループの一員のように感じる――そこには大きな仲間意識が形成されている。こうして，その特別な資料庫を利用することが可能になった。そこで我々にできることの一つは，空軍が運営する資料庫に行って，いわば遠慮なく極秘資料を渉猟することだ。私は UFO に関心があったので，やるべき通常の仕事があったときにはついでに彼らの資料庫を覗き，彼らが UFO についてどんな資料を持っているのかを知ろうとした。約 1 年の間に，私は様々な報告書の中にこの問題に関する相当数の資料を見つけ出していた。そうしたら，まったく突然にその問題の全資料が消えてしまった。その問題の分類全体がまさに消えたのだ。一緒に働いていた我々のグループの資料庫係は，この資料庫に20年間いるが何事も正常だったと言った。そしてこう言った。‘これは異例のことだ！　こんなことは初めてだ。君は一つのテーマをまるまる失った。それは君を逃れて消えたのだ。君は何かを探り当てた’”

… … …

“そうこうしている間に，もう一つ別のことが起きた。それはジム・マクドナルドとの付き合いから生じた。私はヤツが好きだった。彼は実に精力的な物理学者で，何事にも躊躇しなかった。彼はある事実をつかむと，何としても専門家の学会で圧倒的に説得力のある話をしようとした。彼は，米国航空宇宙航行学会と米国物理学会でよく話したものだ。私はたまたま両方の会員だったので，彼が町に滞在しているときにはいつも車で迎えにいって付き添い，彼が歓迎されていると感じられるようにしてやった”

“あるとき私は，旅行で彼の住んでいたツーソンを通りかかった折にそこに立ち寄った。私には2時間の飛行機の待ち時間があった。彼は空港に出てきて私とビールを飲んだ。私は‘何か新しいことはないかい，ジム？’と言った。彼は‘どうやらつかんだらしい’と言った。私が‘何をつかんだんだい？’と訊いたら，彼は‘答えをつかんだようだ’と言うじゃないか。だから私は‘それは何だい？’と訊いた。彼は‘まだ君には話せない，確かにつかんだんだ’と言ったのだ。彼が拳銃自殺を図ったのはそれから6週間後だった。数箇月後，彼はとうとう亡くなった”

“我々の防諜活動員が用いる技法について，私には今思い当たることがある。ジムに自殺を決心させる能力を，彼らは持っていたのだ。それが事の真相だったに違いない……”

… … …

“この問題を効果的に制御しようとしたら，あらゆる段階でそれを行なう必要があるのは明らかだ。最もはっきりしている段階はメディア（情報媒体）だ。だから，あらゆる種類のメディアに目を配る必要がある。映画，雑誌などだ。言うまでもなく，初期の頃は新聞，映画，雑誌がすべてだった。今や我々はインターネットやビデオなど，他のあらゆる種類の媒体を持っている。しかし，これらの分野の技術が進歩するのに伴い，この制御を心配する者たちが，媒体と共にまさにこの分野に入り込んできている。こうして，新しい媒体が出現するたびに，彼らはそれに対応する新しい制御手段を持つのだ”

ロバート・ウッド博士：マクドネル・ダグラス・エアロスペース技術者

“軍警察の一人が私を脇に連れていき，はっきりとこう言った。いいかお前さん，ここを出ていって噂を広めるんじゃないぞ。ここでは何も起きなかった。もし何かしたら，分かっているだろうが，深刻なことになるぞ。そのとき私はやや憤慨していたので，こう言った。私は民間人だ（*手出しはできないはずだ），地獄に落ちろ。すると彼はこう言い放ったのだ。地獄に落ちるのはお前だ。もし話したら，誰かが砂の中からお前さんの骨を拾うことになるぞ”

グレン・デニス：ニューメキシコ UFO 墜落目撃者

“軍隊では人を馬鹿にすることがよくあり，私はこれらの UFO 事件で何度か馬鹿にされた。私が言われたのは，もしこのくだらないことをまた言いだすなら，決して曹長にはなれないということだった。私の上司はこう言った。‘もし君がこの馬鹿げたことにいつまでも拘るなら，君は曹長に昇進できない。君は技能軍曹にはなるだろうが，曹長にはなれない。君は軍隊から追い出されるだろう’”

レオナード・プレツコ軍曹：米国空軍

“おそらく世界中の至る所に，この秘密を隠している見えざる組織と繋がる，見えざる鎖の輪がある。彼らはこの問題に研究の観点から取り組んでいる。その目的は，利益を上げ，様々な分野に応用する技術を獲得することだ。UFO 問題は科学の問題であるだけではない，諜報の問題でもあるのだ”
“これは UFO を取り巻く現実の重要なもう一つの側面だ。これを理解し始めると，多くのことが理解できるようになるだろう。なぜなら，このすべては権力に関係しているからだ。あらゆる権力，あらゆる国の，あらゆる政府の，あらゆる状況の権力だ”

ロベルト・ピノッティ：イタリアの UFO 研究家

“闇の予算の世界はあの親しげな幽霊キャスパーを描写するのに似ている。彼の漫画を見ることはできるが，それがどれくらい大きいのか，その資金がどこから来るのか，どれくらいの数があるのか，その区画化と守られる誓約のために知ることはできない。私がいた場所で働いていた人々の今を知っているが，もしあなたがそれについて彼らに訊いても——たとえインターネット上で論じられていたとしても——彼らは‘知らない，あなたは何を言っているのか’と言うだろう。彼らは今70歳台だが，依然としてあなたが言っていることを知っているとさえ決して認めないだろう。あなたには見当もつかないことだが，たぶんそれはあなたが考えるよりも巨大だ”

ポール・シス博士：マクドネル・ダグラス専門技術者

“だが，それはこれまで真実が露見しないように注意を逸らし，混乱をつくり出すための偽情報工作の対象だった。偽情報工作は，事実を隠すためのまさしくもう一つの方法なのだ。それはこの50年ほど一貫して行なわれてきた：何らかの墜落機を隠蔽するためのロズウェル上空の気象観測用気球。これが偽情報工作だ。我々はそれを50年以上見てきた。これは何かを隠すための最良の方法だ”

… … …

“どんな活動が行なわれていようとも，それが秘密の，準政府的な，準民間のグループである限り，私が知る範囲では政府によるどのような種類の監視も伴わない。これこそが大きな懸念なのだ” **エドガー・ミッチェル：宇宙飛行士**

キャラハン氏：質問が終わると，彼らはそこにいる他の人々全員に対して，実際にこう断言した。‘この事件は決して起きなかった。我々はこの会合を持たなかった。これは決して記録されなかった’

グリア博士：誰がそれを言ったのですか？　それを言っていたのは誰でしたか？

キャラハン氏：それはCIAから来た一人だった。彼らはそこにいなかったし，この会合もなかったと。そのとき，私は言った。‘しかしあなたがなぜそう言うのか，私には分からない。つまり，そこには何かがいた。それがステルス爆撃機でないなら，ご存じのとおり，それはUFOだ。そしてもしそれがUFOなら，なぜあなたたちは人々にそれを知られたくないのか？’すると彼らは皆感情を高ぶらせた。あなたはそれを口にすることさえ考えてはならない。1機のUFOが30分間レーダーに捉えられたデータは，彼らにとって初めてだと彼は言った。彼らは皆そのデータを入手し，それが何もので何が実際に起きていたのか，知りたくてうずうずしていた。彼はこう言った。もし彼らが公の前に出て，米国民に対して UFO にそこで遭遇したと言ったなら，国中にパニックを引き起こすだろう。だから，あなたたちはこれについて語ってはいけない。そして彼らはこのすべてのデータを持ち去ろうとした。

… … …

“さて，届いた報告書を彼らが読んだとき，FAA は自らを守ることを決めた——彼がそう言ったのだとしても，目標を見たと言ってはならない。彼らは彼にその報告書を修正させ，それが目標（target）ではないように聞こえる‘位置記号（position symbol）’という言葉を使わせた。こうして，もしそれが目標でないなら，我々が［レーダー上で］識別している他の多くの位置記号は，どれも目標ではないことになる。それを読んで私は驚き，何やら胡散臭いものがあると考えた。誰かが何か，あるいは誰かを恐れている，彼らは隠蔽しようとしている”

“CIA が我々に，これは起きなかったしこの会合もなかったと言ったとき，このことが進行中であることを彼らは国民に知られたくないのだと私は思った。普通なら我々は，これがあったあれがあったという類のニュースを流すものだ”

… … …

“こうして，私は FAA で多くの隠蔽に関与してきた。我々がレーガン政権のスタッフに報告したとき，私はそこにいたあのグループの後方にいた。彼らがその部屋にいた人々に話していたとき，彼らはその人々に，これは起きなかったと誓わせた。だが，彼らは‘私’にはそれを誓わせなかった。私をいつも悩ませたのは次のことだった。我々はこれらのことを行なわれるままにしている。人々がラジオやテレビで何かを見たり聞いたりしても，ニュースはそれを取り上げない。なぜなら，それは存在しないからだ。何も言わないことが私には苦しかった”

ジョン・キャラハン：米国連邦航空局事故調査部長

“NORAD［North American Air Defense Command（北米防空軍）］はこれを知っている。彼らは NORAD を呼んでいた。上級下士官が私を脇に引っ張り，NORAD はこれを知っていると言った——我々が知らせる相手は彼らだけだ。

我々はこれについて語らない。我々はこれについて誰にも話さない。知っている人は知っている。我々はただ監視し，何が起きるかを見る，それだけだ。それが我々の仕事だ。私は，報告書か何かに記録すべきではないのかと主張した。すると彼は，君が提出する報告書ならあると言った——それは約1インチの厚さがあり，最初の2頁は目撃に関することだ。残りは基本的に君の心理分析結果，君の家族，君の血縁関係，その他あらゆることが書かれていると”

“空軍がそれに目を通せば，君は麻薬をやっていたとか，母親は共産主義者だったとか，その他信用を落とせるものは何でも使って，君の信用を完全に落とすことができる。君は決して昇進できない。君は向こう3年半北極でテント暮らしをし，気象観測気球のおもりをすることになる。昇進の望みはないのだ。だから，そのメッセージはきわめてはっきりした明瞭なものだ：ただ口を閉ざし，誰にも何も言うな”

… … …

“私のもう一つの経験は第3当番で起きた。私がレーダーに向かっていたとき，NORADから連絡があった。NORADは，カリフォルニアに近づいているUFOが1個あり，それは間もなく私の受け持ち範囲に入るだろうと言った”

“‘どうすればよいか’と私は訊いた。彼らはこう言った。‘何もない，ただ注視せよ，それを記録するな’我々には1冊の日誌があり，それには異常なことなら何でもその経過を記録することになっている。しかし彼らは‘それを記録するな，何も書くな。だまって注視せよ。我々は今君にただ知らせているだけだ——注意せよ’と言った。NORADは，これらのUFOが動き回っていることに明らかに気付いていた。私がレーダーで初めてUFOを見たとき，人々の行動はまるでそれがいつも起きているかのようなものだった”

… … …

“政府，彼らは隠蔽する。彼らは誰かがそのことについて話すのを望まない。しかし，それは本当に驚くべき技術なのだ。これらの人々は，どことも知れない場所からやってくる。思うに，彼らは皆に知ってもらいたいのではないか……”

“個人的な話をすれば，オレゴン州で起きた最初の事件の後，私は休暇をとって帰省し，そのことを父親に話した。彼はその間ずっと赤くなったり，蒼白になったり，青ざめたりしていた——かつての第二次大戦の英雄であり，大変な愛国者だ。私は，これらのUFOが日常的に目撃されると説明していた。父はこう言った。‘いや，政府はUFOなんていないと言っている’私は父に，これらをレーダー上で自分の目で見たんだと言った。そうしたら父は，いいかげんにしろ，政府は私に絶対嘘をつかないと言った。だが，ここにいるのはその息子だ；私は父に決して嘘は言わない”
“そうしたら，父はどうしてよいか分からなくなった。彼が私にこう言ったのは，数年後ウォーターゲート事件が終わった後だった。‘お前，ここに座って私にそれを話してくれるか？　政府はウォーターゲートのような小さなことについて私に嘘をついていた。だから，彼らは何か大きなことについても嘘をついているに違いない’”
“それはもはや必要のない，政府の隠蔽活動だ。冷戦はすでに終わった。私はグリア博士と同じことを考える。つまり，彼らが持っている技術は化石燃料の燃焼，オゾン層の破壊などをやめさせることができるだろう。これらの人々は技術を持っている——何か持っているに違いない。政府はそのことを知っている。彼らはこれらの異星人，これらの宇宙機，この技術，そのすべてを所有している。多くの逆行分析技術（back-engineered technology）があることは，きわめて明白だ。他の政府が前向きに取り組み，それを認め，彼らのファイルを開示しているときに，これを隠蔽している者たちは誰か——我々の政府はなぜそれをしないのか？”

マイケル・スミス：米国空軍レーダー管制官

“彼らは，我々が見ていたものを誰にも知られたくなかった。これが隠蔽の始まりだと私は考えている。こうして，それは手に負えなくなった”
“だが，今日の社会からそれを隠し続けている人々は，米国人だけだということを私は知っている。他の誰もがそれを知っており，受け入れている。そもそも英国と米国以外のすべての政府は，それを受け入れている”
“これが続いているのを見るのは，私個人としてもとても苛立たしい”

フランクリン・カーター：米国海軍レーダー技術者

“これまで物体を目撃し，それを話したパイロットたちは解雇された。何人かは飛行から外され，変人扱いされたりした。だから，そのことについて私は何年もの間口をつぐんでいた”

ニール・ダニエルズ：ユナイテッド航空パイロット

“JANAP 146 E と呼ばれる印刷物があり，その中に，UFO 現象についてもし誰かに何かを口外した場合，1 万ドルの罰金と 10 年間の投獄を科される旨が述べられている一節がある。つまり，あなたが何を経験しようとも，許可なくしてはそれを持ったまま一般の人々の中に入っていってはならないことを厳格に定めている”

… … …

“航空管制からは，そのことについて何の話もなかった。どの出来事についても，私は口を開くことはなかった。ピート・キリアンという，何冊かの UFO 関連書に出てくる機長がいた。彼は 1950 年代にアメリカン航空の機長だったが，どうやら目撃をし，上院委員会で証言した。また，翼の外側にいた UFO の写真を実際に撮った機長もいた。もちろん，彼らは嘲笑の対象になった。私はそのようにはなりたくなかったので，FAA（米国連邦航空局）にも軍にも何も報告しなかった。多くのパイロットたちは，周囲からの圧力と嘲笑があるために，このことに巻き込まれるのを望まなかった。こうして秘密が保たれてきた”

“私には，第二次大戦中 B-24 のパイロットで戦略諜報局（OSS）に入った，とても親しい友人がいる。彼は原爆が広島と長崎に投下された後，最初に日本に行った人々の一人だった。彼はブルーブック・プロジェクトの報告書 No.13 に関わったが，それは計画の中でも最高機密に属する部分だったと私は思っている。当時彼は空軍大尉だった。現在は 70 歳台後半だが，今なお大尉として現役を続けている。彼が給料を貰っているかどうかは知らないが，現役だとしたら任期の長さと階級から三つ星将軍で，給料も貰っていて然るべきだ。彼に現役を続けさせているただ一つの理由は，彼が知っていることのために国家機密保全誓約を有効にしておく必要があるということだ。私は海軍の最高機密取扱許可を持っており，また我々は二人とも同じものに強い関心を持っているが，機密保全誓約のために彼が私に話そうとしない何かがある”

“何らかの理由で，政府や政府の諸機関は彼らの基本方針を守る必要があると考えている。しかし，今やそれは明らかに我々の基本方針ではない。この見え透いた欺瞞を終わらせるために，我々が行動すべきときがきたと思う。人類が適切に進化し，その進化の実りを確実に享受するのに必要な対策を講じるときが”　　　　　**フレデリック・マーシャル・フォックス大尉：米国海軍パイロット**

“私はこの事件について報告書を書き上げた。日誌に書いていた内容も報告書に含めた。我々は基地に着くとすぐに，中隊長に報告しなければならなかった。その部屋には，中隊長と共に空軍特別捜査局（我々の基地には空軍特別捜査局があった）の人間が一人いた。彼は中隊長と一緒にその事務所にいた。彼は私の日誌を要求し，簡単な説明をしてほしいと言ったが，何が起きたか彼はすでによく知っているようだった。それでも我々は簡単な説明をした。彼は我々二人に，これは機密情報だからと言い，機密保全誓約書に署名するよう求めた――我々は誰にもこれを漏らしてはいけない，そういうことだった。我々は話せなかった；彼はこう言った。我々はこれについて誰にも話せない，他の隊員にも，配偶者にも，家族にも，お互いの間でさえも”

…　…　…

“ボブ・コミンスキーが，これら（*UFOに関係したICBM）の運転停止のあらゆる側面を調べるために組織を率いた。ある時点で彼は上司から，空軍が‘調査を中止せよ；これについてこれ以上何もするな，最終報告書も書くな’と言っていると言われた。コミンスキーは私に書面でそう述べた。繰り返すが，何よりもCINC-SAC（戦略空軍最高司令官）が，ここで起きたことを正確に解明することはきわめて重要だと述べていたのだから，これはきわめて異常だ。それにもかかわらず，調査団の団長が調査中にそれを中止し，最終報告書も書くなと言われたのだ”　**ロバート・サラス大尉：米国空軍，戦略空軍打ち上げ管制官**

“その事件についてある記事を発表した後で，事態は大変なことになった。私は仕事で嫌がらせを受け始めた。日中に奇妙な電話がかかり始めた。私は夜に自宅で電話を受けるようになった――一晩中，ときには午前3時，午前4時，夜中の10時に，相手は電話をよこし，私に喚き始める。くそったれ！　くそったれ！　彼らが言うのはこれだけだ。彼らは私がとうとう受話器を置くまで喚き続ける”

“ある夜，何者かが大量のロケット花火を放り込んで，私の郵便受けを爆破した。郵便受けは炎を上げて燃えてしまった。その夜の午前1時に電話が鳴った。受話器を取ると，何者かがこう言った。‘郵便受けの夜のロケット花火，きれいだったぞ，このくそったれ野郎！’”

“こんなことが1982年以来，繰り返し起きている……”

… … …

“UFO問題の周辺を縁取るこの気違いじみた物事は，その真面目な研究を抑えつける協調した作戦の一部だと私は考えている。この問題を真面目に研究しようとすると，いつでも誰でも嘲笑の対象になる。私は比較的主要な大学の正教授だ。私が未確認飛行物体を研究することに興味を持っていると聞いたら，私の大学の同僚たちは私を笑い，私の後ろであれこれ大声で揶揄することは間違いない――未確認飛行物体はまさに我々が共存すべき物の一つなのだが”

… … …

“マンスマン少佐が私や他の人々に語ったように，そのフィルムに起きたことは，それ自体興味深い話だ。私が立ち去ってからしばらくして，私服の男たち――私は彼らをCIA（中央情報局）と考えたが，彼は違うと言った。それはCIAではなく他の何者かだった――がそのフィルムを取り上げ，UFOが写っている部分をリールから外し，はさみで切り取った。そしてそれを別のリールに巻き，書類カバンに入れた。男たちは残りのフィルムをマンスマン少佐に返し，こう言った。‘機密保全誓約違反に対する罰則の厳しさは，説明する必要がないですよね，少佐。この事件は片づいたことにしましょう’彼らはフィルムを持って立ち去った。マンスマン少佐がそのフィルムを再び見ることはなかった”

ロバート・ジェイコブズ教授：米国空軍

“私のよく知らない一人の少佐がやってきて訊ねた。どうしたんだ，ジョーダン？　日誌に何が書いてあるんだ？　彼は，君はそれをそこに書く必要はないと言った。私にとり，航海日誌にあのようなことを書くのは，きわめて，きわめて，変則的なことだった。私はそれにレーダーによる捕捉のことを書いた。私はUFOについて書き始めていた”

ハリー・アレン・ジョーダン：米国海軍

“数日後，艦長と副艦長が艦内テレビに出演した。それが5,000人の乗組員に向かって話しかける唯一の方法だった。彼［艦長］はカメラを見て――私は決してこれを忘れないだろう――こう言った。‘乗組員諸君に告ぐ。海軍の主要な戦闘艦で起きた出来事は機密事項と見なされる。したがって，知る必要性（need-to-know）を持たない誰とも議論してはならない’　これが彼が言ったことのすべてだった”

ジェームズ・コップ：米国海軍暗号通信部

証人たちの重要性

スティーブン・M・グリア　医師

（口頭説明から筆記，編集された）

ディスクロージャー・プロジェクトは，我々が1992年以来取り組んできた活動である。この間に我々は，軍，情報機関，および企業の400人を超える証人を確認してきたが，彼らは一般にUFO（未確認飛行物体）と呼ばれる物体，地球外知性体，および進歩したエネルギーと推進のシステムを扱う，米国内外で遂行されている特殊接近プロジェクト（SAP）について証言する人々である。ディスクロージャー・プロジェクトの目的は，この証人の証言を提示することにより，政策決定者，指導者，および国民に，この問題が現実のものであり，人類にとりきわめて重要であることを理解させることである。私が強調したいのは，これまで確認した400人を超える証人のうちの約100人に対して，我々がカメラ・インタビューを行なったということである。そのインタビューから120時間の証言ビデオが制作された。

本書に含めることができるのは，とても小さな氷山の一角にすぎない――我々が持っている全証言の1パーセントの半分にも満たない。しかしその小さな部分が，これらの人々が持つ情報がどれほどのものかを我々に伝えてくれるだろう。彼らは世界の人々，我々の選ばれた代表者たち，我々の科学者たちに向けて，これまで50年以上にわたり嘲笑され，空想と見なされ，憶測で語られてきた話題の真実を語るために名乗り出た，勇気ある人々である。本書に含まれる証言は，これらの証人により自発的に，ときには大変な危険を覚悟で提供された。証人たちの多くが，彼ら自身とその家族の身の安全を心配している。しかし彼らは，このきわめて，きわめて重要な問題について真実を知ることが，世界の人々と議会およびホワイトハウスにいる米国民の代表者たちにとり，重要だと感じているのである。

これらの証言について私が述べたいもう一つのことは，我々はこれらの証人の公的発言を頭から拒絶してはならないということである。実際，そうすることには何の合理性もない。もし我々が，証人である数十人の軍人，情報機関職員，民間の専門家たちを拒絶し始めるなら，我々はその他の多くの問題について証人の証言をどう見るのか，という議論に行き着く。もし我々がそれと同じ基準を用いるなら，証人の証言に基づく米国のあらゆる有罪判決は，すべて覆されるべきである。あらゆる科学的観測事実は捨て去られ，知られている歴史の大部分も無益なものとしてごみ箱に放り込まれるべきである。バチカンのモンシニョール・バルドゥッツィが我々に指摘したように，証人の証言をそのように理不尽に拒絶するなら，聖書さえも疑わしくなるだろう。なぜなら，聖書はそのほとんどすべてが，キリストの時代に記録を残した証人の証言に基づいているからである。裏付けのある多くの情報源から出た強力かつ信頼のできる証人の証言を拒絶することは理不尽であり，人間社会の基盤を弱体化させると，モンシニョール・バルドゥッツィは強調する。この人間の証言こそが重要な鍵であり，ある意味ではどのような物理的証拠よりも重要である。なぜなら，それは重複的であり，裏付けられているために，軽々しく捨て去ることができないからである。

証人たちの証言は，別の理由でも重要である：証言は，そのほとんどすべての場合において，互いに見知らぬ人々が現象を重複的に確認したものである。読者は，複数の証人がこれらの物体とその動き，類似した性能などについて語るのを聞くだろう。彼らは互いに一度も会ったことがなく，一緒に働いたこともない。また軍歴にも40年から50年の幅がある。それでも彼らの証言が細部において類似しているのは，驚くべきことである。読者はまた，秘密がどれほど強化されてきたかについても聞くだろう。繰り返すが，彼らの証言は矛盾のない一本の糸で貫かれている。証人たちが互いに見知らぬ間柄であるにもかかわらずである。彼らのほぼ全員にとり，私がこのプロジェクトに関する唯一の接触者であった。それでも彼らの証言は，裏付けられ，矛盾がなく，論理的に強固である。加えて，多くの証人は米国や他国の核貯蔵施設に関わる仕事をしていた：我々は，これほど重大な責任を負っていた同じ人々を，この問題に関しては信用できないと考えるのだろうか？

この問題の困難な側面の一つは，それが長年にわたり故意に嘲笑されてきたということである。この問題は，途方もない偽情報工作と入念な秘密主義の対象であり続けた。その結果，人々はこの問題に関連することで実体のあるものは本当に何もないと考えるようになった。学界，報道機関，および我々の指導者たちの多くは，権威のある人物がこの問題を否定したり見くびったりするたびに，それを信用した――こうして彼らは騙されてきた。皮肉なことに，UFOや地球外生命体やその類の事柄を‘信じる’ほど単純ではないことを誇りに思っていた人々こそが，この嘲笑と偽情報工作を鵜呑みにしてきたのである。

この情報は確かに世間の耳目を驚かすが，扇情的な話題として矮小化されるべきではない。この要約は，真実，証言，および現存する証拠に焦点を合わせている。客観的な科学者であれ，あるいは一般の人々であれ，この情報を吟味するなら，その誰もが次の結論に到達するだろうと我々は考えている：我々は実際に進歩した地球外文明の訪問を受けている；これらの宇宙機の背後には，先進的かつ異質な推進とエネルギーのシステムがある；これらのシステムは，米国政府内外の区画化された特殊接近プロジェクトにより研究されている；この情報は，人類の未来のあらゆる側面に重大な影響を与えるだろう。

これらの400人を超える軍，情報機関，および航空宇宙産業の証人たちの中の誰一人として，このUFO現象を人類や地球に対する脅威だとは感じていない。しかし，初期のCIA（中央情報局）長官の一人だったロスコー・ヒレンケッター提督は，1960年の議会と米国民に宛てた手紙の中でこう述べた。“未確認飛行物体についての秘密によりもたらされる危険を減らすために，議会は直ちに行動を起こすよう，私は強く求める……”脅威であるのは秘密主義であり，地球外生命体でも，地球外宇宙機でも，ましてやそれらの背後にある進歩した技術でもない。保守的な共和党員であり，大統領を2期務めた五つ星将軍ドワイト・アイゼンハワーは，軍産複合体の行き過ぎに気を付けるべきだと語った。今でこそ我々は知っているが，アイゼンハワーの主要な懸念の一つは，軍産および情報部門の内部に存在するUFOを扱う特殊接近プロジェクトが，米国議会さらには大統領職による合法的な憲法上の監督を逃れているということであった。今日我々は，米国民，議会，さらには最近の大統領たちをも拒絶するプロジェクトに法外な資金が注入されるのを見ているので，悲しいかな，アイゼンハワーの恐れには十分な根拠があったことが証明されたのである。それでもなお，これらの機密プロジェクト内に存在する技術は，もしそれが開放されたなら，今日我々が目にする環境汚染も，極度の貧困も，苦悩もない，まったく新しい持続可能な文明を人類にもたらすだろう。

我々は，この問題の根本的かつ重要な三つの分野を明らかにする情報を提示するつもりである。第一：証拠は何か？　証言は何を立証し，政府文書は何を立証しているのか？　第二：秘密を維持する仕組みとは何か？　これほどの深い秘密が，どのようにして我々の代表者たちから隠し通されてきたのか？　それはいかにして50年以上もの間，国内および国際社会のレーダー画面から事実上外されたままになってきたのか？　これを理解せずには証拠自体の根拠も弱くなる。なぜなら，我々がそれについて知らなければ，こんなことはあり得ないと結論しかねないからである。よく言われるのは，政府はざるのように秘密を漏らすものなので，実際にもしこの秘密のどれかが本当であるなら，世間の多くの人や政府の高官たちはおそらくそれについて知るだろうということである。だから，途方もないことが行なわれてきた秘密のこの部分は説明されなければならない。第三の要素は，なぜ，である。なぜそれが秘密にされてきたのか？　この情報は何を意味しているのか？

私の考えでは，‘なぜ’は‘どのようにして’を説明する。この種のことが，なぜこれほどまでに深い秘密にされるのかを理解して初めて，その秘密を理解することができる。これを明確にするために，我々はこの問題が緑の小人やら，地球外知性体を空想科学小説風に描写したものなどではないことを認識する必要がある。それはこの惑星を訪問している実在の宇宙機に関することであり，これらの宇宙機を我々が研究し，少なくとも40年から50年間厳密な条件下で科学的にそれらを調査してきたという事実に関することである。それはまた，これらの物体に由来する技術――特に新種のエネルギーと推進のシステムに関係する技術が，人類にとり深遠な意味を持つという事実に関することである。

ここで提示される証言は，我々が確認したものの氷山の一角にすぎない。この時点で撮影に同意しなかった証人たちの多くは，米国議会に召喚されて証言することを望む人たちである。これらの証人の全員が，これは米国当局，議会，行政部門，および国際社会により詳細に調査されるべき問題であると感じている。我々の思いは，国民，報道機関，科学界，そして我々の惑星の未来を心配するすべての人々が，彼らの代表たちにこの要請をすべきだということである：これらの公聴会を2001年の間に開催する。

重要人物と証人による発言の引用

科学者たち

カール・セーガン博士（Carl Sagan, Ph.D.）

最近（*1996年）亡くなったコーネル大学天文・宇宙科学教授

“今や地球が唯一の生命の惑星でないことは，まったく明白であるように思われる。天空の多くの恒星が惑星系を持っているという証拠がある。地球生命の起源に関する最近の研究は，生命の発生に至る物理的，化学的過程が，我々銀河系の大部分の惑星でその初期の段階で急速に生じることを示唆している。おそらく，我々よりも先行する技術文明が存在する惑星は百万を数えるだろう。恒星間飛行は現在の我々の技術的能力を遙かに超える。しかし，見晴らしのきく我々の立場から考えると，他の文明がその技術を開発したという可能性を排除する，基本的な物理的障害は何もないようだ” [1)]

マーガレット・ミード博士（Margaret Mead, Ph.D.）

人類学者，作家

“未確認飛行物体は実在する。つまり，幾つかの研究によればおそらく20パーセントから30パーセントだが，説明がつかない事例がある。幾度となく地球に接近し，静かで無害に航行する物体の活動の背後にどんな目的があるのか，我々はただ想像するしかない。私にとって最もありそうに思われる説明は，彼らはただ我々の為そうとすることを観察しているということである……” [2)]

J・アレン・ハイネック博士（J. Allen Hynek, Ph.D.）

元ノースウェスタン大学天文学部長；空軍ブルーブック計画科学顧問（1947–1969）

“目撃多発現象が起きるたびに，現在の方法による分析を拒む報告がさらに累積する……混乱の20年を経て，もし我々が何らかの答えを見つけたいなら，ここで徹底的な調査が必要だ”
“長い間待っていたUFO問題への解答が現れたとき，それは単なる科学の小さな次の一歩などではなく，ある巨大で考えも及ばないような大飛躍になると私は思う”[3)]

フランク・B・ソールズベリー博士（Frank B. Salisbury, Ph.D.）
ユタ大学植物生理学教授

“誰かある科学者が空飛ぶ円盤について何か好意的な発言をすると，激しい反論が浴びせられ，科学界からの除名を言い立てる人物が出てくる。このことを私は認めざるを得ない。それでも私はここ数年間，未確認飛行物体（UFO）に関する情報を研究した。その結果，もはや私はその考えを軽々しく退けることはできない”[4)]

ジェームズ・E・マクドナルド博士（James E. McDonald, Ph.D.）
アリゾナ大学大気物理学研究所上級物理学者

“最も興味をそそるUFO報告は，低空やときには地上でも見られた，これまでにない性質と性能を持つ機械のような物体の近接目撃である。一般社会は，信頼できる目撃者から寄せられる多数のこのような報告にまったく気付いていない……このような事例を調査し始めると，その数はきわめて驚くべきものである”[5)]

米国航空・宇宙航行協会UFO小委員会（1967）
（American Institute of Aeronautics and Astronautics UFO Subcommittee, 1967）

“科学的および工学的な観点から，相当数の説明できない目撃を簡単に無視することは受け入れられない……ただ一つの有望な取り組みは，改良されたデータ収集と客観的手段に重きを置いた，適度な努力の継続である……その中には‘利用できる遠隔探査能力’と，あるソフトウェアの変更が含まれる”［強調は編者による］

また，コンドン報告（ブルーブック計画），1986年については：
“コンドン報告の内容からは，反対の結論が引き出されたかもしれない。つまり，説明のできない事例の比率（約30パーセント）がこれほど高い現象は，

その研究を続けるのに十分な科学的好奇心を喚起して然るべきである” 6)

ピーター・A・スターロック博士（Peter A. Sturrock, Ph.D.）

スタンフォード大学宇宙科学・天文物理学教授，宇宙科学・天文物理学センター副所長

“UFO の謎の最終的な解決は，確立した科学の正規の手法に基づき，公然かつ詳細な科学的研究の対象になるまでは実現しないであろう。そのためには，まず科学者と大学の管理者の側が姿勢を変える必要がある”

“……これまで科学界は，UFO 現象の意義を軽視する傾向にあった。だが，少数の科学者たちはこの現象が現実であり重要であることを主張してきた……科学者にとり，（彼自身の実験と観測以外に）確実な情報源は学術雑誌である。稀な例外を除いて，学術雑誌は UFO の目撃報告を発表しない。発表しないという決定は，校閲者たちの忠告にしたがった編集者が行なう。この過程は自己増幅される。明らかなデータ不足が，UFO 現象は無価値だという見解を強める。そしてこの見解が，関連データの発表をさらに妨害する……” 7)

ヘルムート・ラマー博士（Helmut Lammer, Ph.D.）

オーストリア宇宙研究所地球外物理学部物理学者

［火星のシドニア地区の地形について書いている］

“これまでの幾つかの結果は，それらが自然物でないことを示唆するが，バイキングのデータはこれらの物体の起源を説明するメカニズムを特定できるほど十分な解像度を持たない，というのが著者の考えである。明らかにこれらの不思議な物体は，次の火星探査でさらに精査される価値がある。そのいずれかの探査で，火星の顔，ピラミッド，その他の奇妙な構造物が実際に人工物だと分かったとき，‘ありそうもない’先行入植あるいは先行技術文明仮説が一つの考え得る答えになるだろう” 8)

ヘルマン・オーベルト教授（Professor Hermann Oberth, 1894–1989）

ドイツのロケット工学者，宇宙時代の創始者

“空飛ぶ円盤は実在し，それらは他の太陽系から来た宇宙船である，というのが私の主張である。それらには，おそらく知性を持った観察者が乗っており，彼らは数世紀もの間地球を調査している種族の一員だと私は考えている。彼ら

はおそらく，組織的な長期間の調査を行なうために派遣されているのだろう。はじめは人間，動物，植物，そして最近では原子力施設，兵器，および兵器の製造施設だ”[9]

カール・グスタフ・ユング博士（Dr. Carl Gustav Jung）

“純粋に心理学的な説明は除外される……円盤は人間に似た操縦者によって操られている様子を見せる……重要な情報を持っている当局は，直ちにかつ全面的に，一般社会を啓発することをためらうべきではない”[10]

宇宙飛行士　エドガー・ミッチェル博士（Astronaut Edgar Mitchell, Ph.D.）

1971年にミッチェル博士は，米国アポロ宇宙計画の中で月面を歩いた六人目の人となった。

“私はアメリカの宇宙飛行士，訓練を積んだ科学者だ。私の立場ゆえに，高位高官の人々は私を信用する。結果として，私は異星人がこの惑星を訪れていることに何の疑いも持っていない。米国政府と世界中の政府は，説明のつかないUFO目撃の数千のファイルを持っているのだ。科学者としては，少なくともそれらの幾つかは異星人の宇宙機を目撃したものだと考えるのが道理に適っている。これらのファイルを利用できる立場にある軍関係者は，彼らが単なる変人と見なす人々に対してよりも，元宇宙飛行士である私に進んで話してくれるのだ。UFOについて話す上で私より遙かに高い能力を持つこれらの人々から聞いた話によって，私は異星人がすでに地球を訪れていることに何の疑いも持たなくなった……”

“……異星人の実在を知ったとき，私はそんなに驚かなかった。だが，10年前に地球外知性体についての報告を調査し始めた私を動揺させたのは，その証拠が闇に葬られてきた実態のひどさだった。異星人の訪問について沈黙を守ってきたのは米国政府だけではない。地球外知性体がこの国だけを訪問先に選ぶと考えるのは，私のようなアメリカ人の傲慢というべきだろう。実際に私は，異星人の訪問を知っている世界中の政府についての信ずるに足る話を聞いている——その中には英国政府も含まれる”[11]

政府は語る——政治家，軍人，情報当局者

大統領　ハリー・S・トルーマン（President Harry S. Truman）
“もし空飛ぶ円盤が実在するとしても，それは地球上のいかなる勢力が建造したものでもないと私は断言できる”[12)]

大統領　ジェラルド・フォード（President Gerald Ford）
“……私はこれらの［UFO］記事に特別の関心を持ってきた。なぜなら，最近報告された目撃の多くは私の故郷ミシガン州でのものだからだ……私はこれらの幾つかには実体があると考えており，またアメリカ国民には，今まで空軍によって提供されてきたよりもさらに詳細な説明を受ける権利があると思っている。この理由により，科学・宇宙航行委員会か下院軍事委員会がUFO問題についての公聴会を開き，政府の行政部門とUFOを目撃したという人々の両方から証言を得るよう，私は提案している……アメリカ社会は，これまで空軍により提供されてきたものよりもさらによい説明を受ける資格がある，という強い信念のもとで，私はUFO現象を調査する委員会の設立を強く提言する。我々は国民に対してUFOについての真実性を確立し，この問題について可能な最大限の啓発を行なう義務があると考える”[13)]

大統領　ジミー・カーター（President Jimmy Carter）
“私が大統領になったら，UFO目撃についてこの国が持っているあらゆる情報を国民と科学者に明らかにするつもりだ。私はUFOが実在することを確信している。なぜなら，私はそれを一度見たことがあるからだ……”[14)]

大統領　ロナルド・レーガン（President Ronald Reagan）
“……世界のどこに住もうとも我々は皆等しく神の子なのだから，私は［ゴルバチョフに］こう言わずにはいられなかったのだ。もし突然，宇宙の他惑星から来た種族によるこの世界への脅威が出現していたなら，我々が持ったこれらの会合において，彼と私の仕事がいかに容易であったかと……”
“この相互の連帯を我々が認識するためには，おそらく何か外部の宇宙的な脅威が必要だ。我々がこの世界の外部から異星人の脅威を受けていたなら，世界

中の不和がいかに早く消失することかと，私はときどき考える”[15)]

J・エドガー・フーバー（J. Edgar Hoover）

“私はそれ［UFO の研究］をしたいと思う。だがそれを承諾する前に，回収された円盤への自由な接近を強く要求しなければならない。たとえばロサンゼルス事件では，陸軍がそれを接収し，我々が簡単な調査をするためにそれを入手することを許さなかった”[16)]

ネイサン・F・トワイニング将軍（General Nathan F. Twining）

空軍資材軍司令官在任中に，以下のことを書いた：

“見解は次のとおりである：

a. 報告された現象は現実の何かであり，幻想やつくり話ではない。
b. 多くは円盤に近い形をし，我々の航空機と同程度に見える大きさを持つ物体が存在する。
c. 事件の幾つかは，流星などの自然現象によって引き起こされた可能性がある。
d. 異常な上昇速度，運動性（特に横揺れ），友軍の航空機やレーダーにより目撃または捕捉されたときの回避行動に違いない振る舞いなど，報告された動作特性は，物体の幾つかが手動，自動，または遠隔操縦されているという可能性を信じられるものにする”[17)]

ウォルター・ベデル・スミス将軍（General Walter Bedell Smith）

CIA（中央情報局）長官，1950–1953

“中央情報局は，報道機関が様々に憶測し政府諸機関の関心事となってきた，未確認飛行物体についての現状を再調査した……1947 年以来，およそ 2,000 の公式な目撃報告が受理され，これらの約 20 パーセントが今のところ正体不明である。この状況は，一機関の管轄範囲を遙かに超え，我々の国家安全保障にかかわる可能性があるものと私は考える。これらの報告の中で見られる幾つかの現象について確固たる科学的理解を得るために，広範な組織的取り組みを開始する必要がある……”[18)]

H・マーシャル・チャドウェル（H. Marshall Chadwell）

CIA 科学情報部副部長

“1947 年以来，ATIC（航空技術情報センター）はおよそ 1,500 の‘公式’な目撃報告に加え，おびただしい量の手紙，電話，および新聞報道を受理してきた。1952 年 7 月だけでも‘公式’報告は 250 に上る。空軍は 1,500 の報告のうち 20 パーセントを，また 1952 年 1 月から 7 月までの報告の 28 パーセントを‘正体不明’としている”[19)]［強調は原文］

エドワード・J・ルッペルト大尉（Captain Edward J. Ruppelt）

元米国空軍ブルーブック計画責任者［1951—1953］

“公式には存在しないものを扱うために，この報告は書くのが難しかった。1947 年 6 月に最初の空飛ぶ円盤が報告されて以来，惑星間宇宙船のようなものが存在する証拠はない，というのが空軍の公式見解であることはよく知られている。しかし，よく知られていないことは，‘証拠’という一つの言葉のゆえに，この結論が軍とその科学顧問たち全員の一致によるものとはほど遠いということだ；だから UFO 研究は続いている”[20)]［強調は原文］

ロスコー・ヒレンケッター提督（Admiral Roscoe Hillenkoetter）

初代 CIA 長官，1947–1950

“今こそ，真実が明かされるときだ……舞台裏では空軍の高官たちが本気で UFO に関心を持っている。しかし，職務上の秘密とあざけりにより，多くの市民が未知の飛行物体は馬鹿げていると信じ込まされている……未確認飛行物体についての秘密によりもたらされる危険を減らすために，議会は直ちに行動を起こすよう，私は強く求める……”[21)]

E・B・ルバイイ少将（Major General E. B. LeBailly）

空軍官房情報局長

“……説明できない多くの報告は，誠実さについては疑い得ない，知的で技術的資質のある人々から寄せられてきた。さらに，空軍により公式に受理された報告には，多くの民間 UFO 雑誌で公表される華々しい事例はごく少数しか含まれていない”[22)]

ウィリアム・スタントン下院議員（ペンシルバニア）
（Congressman William Stanton, Pennsylvania）

“空軍は，この事件［ペンシルバニアでの1966年4月17日の目撃］を徹底調査する責任を果たさなかった……公共の福祉を使命とする人々が，国民は真実に対処できないと考えるなら，今度は国民がもはや政府を信用しなくなるだろう”[23)]

ウィルバート・スミス（Wilbert Smith）
カナダ運輸省，上級無線技師，マグネット計画責任者

“この問題は，合衆国政府において水爆をも凌駕する最高度の秘密事項だ。空飛ぶ円盤は実在する。その操作方法は未知であるが，バンネバー・ブッシュ博士に率いられた少数のグループにより集中的な研究が行なわれている。この問題の全体は，合衆国当局によりとてつもなく重要なものと考えられている”[24)]

ヒル-ノートン卿，英国海軍提督，五つ星
（Lord Hill-Norton, Admiral of the Fleet, Great Britain, Five Star）

“私がなぜこんなにもUFOに関心を持つのかとよく訊かれる。長年にわたり国防に密接に関係してきた人間が，これほど単純なのは奇妙だと人々は考えるようだ。私には幾つかの理由がある。第一に，私は物事が明快に説明されることを好む一種の探求心を持っている。私にとりまったく明らかなこの問題全体の一つの側面は，UFOは‘私’が満足するほどに‘説明されてこなかった’ということである。まったくのところ，私に関する限りUはun‘identified’以上にun‘explained’を表している。第二に，実に様々な正体不明の別の現象が存在する。それらはUFOに関係しているかもしれず，そうでないかもしれないが，私はUFOとの関連で注目してきた。第三に，諸政府が行なっているUFO製造のための研究が，公的に隠蔽されていると私は確信している。米国では確実にそうだ……人間がつくった物体とも，科学者に知られている何か物理的な力または効果とも説明できない物体が存在し，我々の大気中，さらには地上でさえ目撃されてきたという証拠は，私を圧倒する”[25)]［強調は原文］

ウィルフレッド・デ・ブラウワー少将，王立ベルギー空軍，参謀副長

（Major-General Wilfred de Brouwer, Deputy Chief, Royal Belgian Air Force）

“ともかく空軍は，幾つかの特異な現象がベルギー上空で発生し続けてきたとの結論に至った……現在まで，攻撃性の兆候が示されたことはない。軍用機でも民間機でも，航空交通が干渉や威嚇を受けたことはなかった。それゆえに，我々は考えを進めて，これまで当然とされてきた対処行動は，明確な危険行為であるということができる……これらの現象が探知と収集の技術的手法を用いて観測され，その起源がすべて分かる日が必ずくるだろう……” [26)]

1）Sagan, Carl: “Unidentified Flying Objects”, The Encyclopedia Americana, 1963.

2）Mead, Margaret: “UFOs—Visitors from Outer Space?”, Redbook, Vol. 143, September 1974.

3）Hynek, J. Allen: From interview in The Chicago Sun Times, August 28, 1966; The UFO Experience: A Scientific Inquiry, Regnery Co., 1972.

4）Salisbury, Frank B.: Fuller, John G., Incident at Exeter, Putnam, 1966（quoting a paper presented at the U.S. Air Force Academy in Colorado in May 1964）.

5）McDonald, James E.: “Symposium on Unidentified Flying Objects”, Hearings before the Committee on Science and Astronautics, U.S. House of Representatives, July 1968.

6）American Institute of Aeronautics and Astronautics, UFO Subcommittee（1967）, The Encyclopedia of UFOs, 1980.

7）Sturrock, Peter A.: “An Analysis of the Condon Report on the Colorado UFO Project”, Journal of Scientific Exploration, Vol. 1, No. 1, 1987.

8）Lammer, Helmut: “Atmospheric Mass Loss on Mars and the Consequences for the Cydonian Hypothesis and Early Martian Life Forms”, Journal of Scientific Exploration, Vol. 10, No. 3, 1996.

9）Oberth, Hermann: “Flying Saucers Come From a Distant World”, The American Weekly, October 24, 1954.

10）Jung, Carl: Flying Saucers: A Modern Myth of Things Seen in the Sky（R.F.C. Hull translation）, 1959.

11）Anonymous: “Yes, Aliens Really Are Out There, Says the Man on the Moon”, The People［a London Newspaper］, October 25, 1998.

12）Truman, Harry: White House press conference, April 4, 1950.

13）Ford, Gerald: Letter to L. Mendel Rivers, Chairman of the Armed Services Committee, March 28, 1966.

14）Carter, Jimmy: The National Enquirer, June 8, 1976; confirmed by White House media liaison Jim Purks, in a letter dated April 20, 1979.

15) Reagan, Ronald: 1) White House transcript of speech at Fallston High School, December 4, 1985; 2) Speech to the United Nations General Assembly, September 21, 1987.
16) Hoover, J. Edgar: Letter to Clyde Tolson, July 15, 1947.
17) Twining, Nathan: Letter to Commanding General of the Army, September 23, 1947.
18) Smith, Walter: Memorandum to National Security Council, 1952.
19) Chadwell, H. Marshall: Memorandum to Director of Central Intelligence, 1952.
20) Ruppelt, Edward: The Report on Unidentified Flying Objects, Ruppelt, Doubleday, New York, 1956.
21) Hillenkoeter, Roscoe: Aliens from Space, Major Donald E. Keyhoe, 1975.
22) LeBailly, E.B.: "Unidentified Flying Objects" (No. 55); hearing by Committee on Armed Services, House of Representatives, April 5, 1966.
23) Stanton, William: Quoted in Ravenna Record-Courier, Pennsylvania, April 1966, cited in Mysteries of the Skies, Lore and Deneault, Prentice Hall, 1968.
24) Smith, Wilbert: Memorandum on Geo-magnetics, November 21, 1950.
25) Hill-Norton, 1988, Foreword to Above Top Secret, Timothy Good, William Morrow, New York, 1988.
26) DeBrouwer, Wilfred: UFO Wave Over Belgium—An Extraordinary Dossier (original title in French), SOBEPS, 1991.

Testimony of Astronaut Edgar Mitchell

宇宙飛行士
エドガー・ミッチェルの証言

1998年5月

[このインタビューを我々に提供してくれたジェームズ・フォックスに深甚なる謝意を表する。SG]

宇宙飛行士エドガー・ミッチェルは，1971年2月にアポロ14号で宇宙に飛び立ち，月面を歩いた六人目の人となった。彼は証言の中で，ETの地球訪問は起きていること，宇宙機が墜落して物質や遺体の回収も行なわれていることを認めている。しかしまた，この問題を巡る隠蔽が50年以上行なわれ，それに対する監視と目に見えるような政府統制が欠けていたことも述べている。ミッチェル氏は，この地球に対する我々の管理状態を懸念しており，進行する環境危機は現実だと考えている。

EM：宇宙飛行士エドガー・ミッチェル／JF：ジェームズ・フォックス

EM：我々は調査資料の中に，飛行中に未確認物体に遭遇し，それを追跡するように指示された軍関係者からの報告を見出している。彼らは地球外からの訪問の可能性について調査し，それに何とか対処することを任務とする，公職にある人々だ。彼らは政府の人々だ。

多くのことが，これらの警備厳重な機密区分について行なわれている——それらは軍規のもとにある。私が思うに，我々がこのレベルの活動について語るとき，それは相当に複雑だ。[秘密保持がいかにして実行されてきたかについて] 実際のところ，幾つかの不気味な話がある。それらが正しいのかどうか，私には立証できない。それらが必ずしも真実かどうか，私には分からない。しかし，多くの他の話と同様に，それらは人々の心に恐怖を与える。おそらく，それが多くの人が名乗り出ることを望まない理由だ。

私の関心の基本は，我々の住む宇宙がどんな性質を持つかということだ。より大きな実在に対する我々の関係はいかなるものか？　もしUFOがより大きな実在の一部であり，それを我々が否定するとしたら，それは私にとり良心に照らして受け入れがたい。私はそんな生き方はしない。私は，我々の住む宇宙について学ぶため，新しい洞察力を得るため，我々が知っている存在物の境界を越えるために宇宙空間に行った。そして，これらの現象が仮にも実際に宇宙についての新しい知識，宇宙の知性体，また宇宙を移動する我々の能力を示唆するものなら，我々はその真相を探るべきだ。それが私を駆り立てる，私の好奇心だ。

少なくともこれまで50年以上にわたり，いわゆるUFO事件を取り巻く多くの秘密が存在してきたようだ。それは大変に複雑だ。我々はここで簡単なことを扱っているのではない。我々にはあらゆる種類の目撃例がある。これまでほぼ50年にわたり数千の目撃が報告されてきた。目撃の多くは，実際のところ自然現象をどうにかして見誤ったものだ。しかし，見誤りでない目撃も多数存在する。それらは明確に記録された事件であり，我々が地球の兵器庫に持っているいかなるものとも一致しない飛行物体のことを述べている。これは，我々がそれらをET宇宙機であると公に立証したも同然だ。我々は，現場にいてコンタクトし，直接のデータを持つ人々を信用しなければならない。

私が知っている限り，そのような立場にいたと主張するのは情報機関，軍，および政府にいた人々であり，また以前このことを調査し明らかにすることを公務としていた一部の契約業者たちだけだ。これらの人々は，それを国民に話すことを防ぐために，当時は厳しい制約と高い機密取扱許可のもとにあった。その期間はとうに過ぎ去ったが，彼らは今なお機密保全制約のもとにあるか，少なくともまだあると信じているように思われる。

ETの訪問は行なわれてきたのだ。墜落した宇宙機も存在してきた。回収された物質と遺体も存在してきた。そして，現在政府と結びついているのかどうかは分からないが，かつては確かに政府と結びついていて，このことを知っている人々のグループがどこかにいる。彼らはこの知識を隠蔽するか，それが広く知られることを妨げようとしてきた。

これらの人々が誰であるか，私は知らない。しかし，私が秘密のグループと呼ぶ人々の存在を示す多くの証拠がある――政府および幾つかの政府施設に半ば属しているが，ほとんどの場合，我々が知る範囲の高いレベルの政府統制下にはない，きわめて隠密に活動する人々。私が知っているすべてのことから判断して，確かにET訪問はあったし，これからもあるだろう。回収された宇宙機も存在してきた。これらの宇宙機の幾つか，または幾つかの部品を複製することを可能にする，何らかの逆行分析（reverse engineering）も存在してきた。しかも，この装置をある方法で利用している地球人たちがいる。

さらにまた，UFOに帰すべきものと分類されている活動の多く――誘拐やその類の活動――は，まったくETによるものではない可能性がある。万が一ETによるものがあったとしても，それはむしろ少数だ。その大部分は人間によるもの，この地球人が密かに行なっている活動だ。

これに付随する動機にまで立ち入るつもりは私にはない。私はその動機を知らない。しかし，もしそれが普通の人間が持つような動機だとしたら，それは権力，支配，貪欲，金などに関係しているに違いない。

私は，これを国民に公にする時期はとうに過ぎたと考えている。邪悪な意図を示唆するものは本当に何も見当たらない……たとえば誘拐のように，多くの人が敵対的であると言っている事柄はある。それが本当であるとしても，むしろその原因は［ETではない］何か他にあると思う。

あると言えば，証拠は山とある。それはどうみても決定的な証拠となるほどの量であり，少なくとも政府の権力によっては今まで明るみに出されてこなかった。

それは秘密にされてきたか，またはいかにして秘密が保たれ得たか，という疑問に対してはこうだ。それは秘密にされてはこなかった。それは最初からずっとそこにあったのだ。だが，それはこれまで真実が露見しないように注意を逸らし，混乱をつくり出すための偽情報工作の対象だった。偽情報工作は，事実を隠すためのまさしくもう一つの方法なのだ。それはこの50年ほど一貫して行なわれてきた：何らかの墜落機を隠蔽するためのロズウェル上空の気象観測用気球。これが偽情報工作だ。我々はそれを50年以上見てきた。これは何かを隠すための最良の方法だ。

ETがここに来ているという事実は，我々が月に行ったという事実以上のものではない。それはまさに，この世界の一面なのだ。だから，我々はそれを理解し，我々自身，我々の知識基盤，宇宙観，我々の存在の本質，我々は何者か，世界はどう機能しているのか，という文脈の中に組み込まなければならない。そして当然，その知識は世界が，宇宙一般が，どう機能しているかについての我々の理解力を必ず変える。30年前まで，我々が宇宙で孤独であり，知られている宇宙の中で我々以外に生命はいないというのが，科学と技術の分野における一般の通念だった。だが，今それを信じる人はいない。それは我々が何者か，我々はいかに適合すべきかについての，我々自身の概念を変える。

そして，我々が惑星地球の生命を管理してきた仕方には欠陥があったということが，きわめて明白になってきた。我々はよき管理者ではなかった。我々はまさに今，地球規模の環境問題を抱えており，それは文明を危機へと追いやっている。人々はそのことを聞きたがらないが，それが現実であることはゆっくりと顕在化しつつある。だから，我々は何者か，惑星をどう管理するのか，より大きな物事の枠組みにどうやって適合していくのかという，この知識はとても重要な事柄だ。

さて，グリア博士は実際に率先して行動を開始し，ワシントンに行き，政府の高位高官の人々と話をし，我々がここで言及した証人の幾人かを紹介し，背景説明を行なった。彼はこれらの問題について議会公聴会の開催を要請した。私はこれに出席し，彼に協力した。この問題のすべてに対する議会の監視を実現させることは，きわめて重要な取り組みだと私は信じている。しかし，今のところそれは実現していない。我々は何人かの議員，彼らのスタッフ，ホワイトハウスの人々に背景説明を行なった。我々は国防総省の人々とも話をした。概してそれは好意的に受け取られ，何人かは聞いたことにとても驚いていた。しかし，今までのところ，それは何の大きな行動にも結び付いてはいない。

JF：これは彼らの多くにとって耳新しいことでしたか？

EM：幾人かの人々にとっては，そうだった。他の人々はといえば，そうでもなかった。しかし，政府の高い地位にいる人々は，これに関する情報については，もし知っているとしてもごくわずかしか知らないということは言っておきたい。多くは普通の人々以上には知らない。彼らは，我々が語っていることについては蚊帳の外にいる。それは確かだ。

JF：このことは，あなたにとって懸念材料ですか？

EM：そのとおりだ。それは大きな懸念だ。私はこの懸念をことあるごとに表明してきた。まさに私が言いたいのはこのことだ：どんな活動が行なわれていようとも，それが秘密の，準政府的な，準民間のグループである限り，私が知る範囲では政府によるどのような種類の監視も伴わない。これこそが大きな懸念なのだ。

[宇宙飛行士ミッチェルがここで言及しているのは，1997年に行なわれた背景説明である。これはグリア博士が議会，ホワイトハウスの人々，国防総省等のために準備したものだ。そこには十数人の政府と軍の証人が出席し，UFOとET問題について彼らが直接目撃したことを証言した。多くの政府高官たちと国防総省の上級将校たちが，このような重要な事柄について闇の中に置かれているという事実を知ったのは，まったく当惑させられることだった。SG]

Testimony of Msgr. Corrado Balducci

モンシニョール・コラード・バルドゥッツィの証言

2000年9月

[翻訳者（*イタリア語からの）による]

モンシニョール（*高位聖職者の尊称）・バルドゥッツィはバチカンの神学者で，教皇に近い部内者の一人である。彼はイタリア国営テレビに数多く出演し，地球外知性体とのコンタクトは実際に起きている現象であり，‘精神的な機能障害によるものではない’ことを表明してきた。バルドゥッツィはこの証言の中で，一般大衆のみならず，とても信用があり，教養があり，教育を受けた高い地位にある人々が，これが現実の現象であることを益々認めるようになってきていると説明している。また，地球外の人々は神の創造の一部であり，天使でも悪魔でもない，しかしおそらく精神的に大いに進化しているとも述べている。

CB：モンシニョール・コラード・バルドゥッツィ
SG：スティーブン・グリア博士

SG：モンシニョール・バルドゥッツィ，地球外知性体の存在についてどのような考えをお持ちですか？

CB：ここ数年間，私はかなり多くの会議でこの問題について話してきた。それも，積極的に話してきた。我々神学者が何かを言うべきときだ。多くの人はこれが嘘だと言い，何も存在しないと言う。特に私がいる世界，聖職者の世界ではそうだ。私はこう訊かれる：すべてが嘘であるこうした事柄に興味を持つようになって，一体あなたは何をしているのか？

そこで私は友人のモンシニョールに言う。私が彼に少し説明すると，彼はこう言う。“私はまったく知らなかった……”何かが起きていることを，もはや否定できない状況に我々は至った。その何かはこのUFO研究の領域で起きている。単なる空飛ぶ円盤だけではない，現実の人々，生きた存在，地球外存在者がそこにいるかもしれない。これはもはや人間の常識からそう考えられると言えるものだ。我々はその状況に至ったと私は述べた。なぜ我々はこの状況に至ったのか？　とても多くの証人がいるからだ。とてもとても多くの証人が，これらの空飛ぶ円盤や地球外存在者を目撃している。そこには何かが，または何者かがいたに違いない。遠くから彼らを連れてきた何か，またはその内部にいた何者かが。あまりにも多過ぎて，それを無視することができないのだ。これが常識というものだ。

今日，常識を持った人々の結論は，ここで起きていることは現実だということだ。一般の人々の証言があるだけではない。とても信頼できる教養のある人々，教育を受けた人々，そして最初は懐疑的だったが，これらの物体の一つを目撃して現実の現象だと信じた科学者たちの証言がある。

私はまさに今，神学者として語りたい。懐疑的であり過ぎることは，正常な常識に反する。それは理性に反する。人の証言は，意思疎通と対話の最も一般的な方法だ。なぜなら，我々が人々の話を聞くとき，我々は彼らが言っていることは真実だと確信する必要があるからだ。それは何かを言う人と，人が言おうとしていることを信じている人との対話だ。さもなくば，人が言おうとしていることを信じていない人との対話ということになる。

しかし，もし我々がこのような方向に向かったなら，そしてこれが一人の神学者としての私を実際に動かした本当の理由なのだが，もし我々がこれは真実ではないと言い続けるなら，そのとき何が起きるか？　そのときは何のためのどんな証言であれ，それは証言に値する重要性を与えられないだろう。そしてこの証人の証言は，もしそれが貶(おとし)められたなら，多くの否定的な波紋を生じる。個人の否定的状況，社会の否定的状況，信仰の状況。そして特にキリスト教への影響。

人間的および社会的な視点からすれば，もし我々が証人の証言についてこの種の妄想にとりつかれるなら，この世は終わるだろう。なぜなら，このことは我々が信じて受け入れる，あらゆる物事に及ぶからだ。この現象を否定することは常識に反する。思い出してほしい，私はキリスト教に及ぼす結果のことを述べた。私はことさらそれに触れた。

我々は，歴史上のある時点でイエスという名前の人物がいたと示すことができる。結局，これは証人たちの証言に基づくものだ。事実，これについて記録を残した歴史の中の人々がいた。イエスは並外れた人物だったに違いない。なぜなら，証人たちはあらゆる人物についてそのような記録を残すことはしなかったからだ。イエスはまた，単なる人間ではなく神でもあったことを行動で示した。聖書の中に，福音書の中に，イエスがこれらの奇跡の幾つかを行なったと書かれている。それは，彼が神であることを示したものだ。しかし，福音書は人間の証人による証言でもある。

また，どうして我々は，この福音書があの人物によるもので，この福音書がこの人物によるもので，それは真実だと知るのか？　もしあなたが人間の証人による証言を批判し，証言の価値を破壊し始めるなら，その結果は重大であり，特にキリスト教への影響はとてつもなく大きいだろう。

SG：あなたは神学的見地から，地球外生命体をどのようにとらえていますか？　彼らは神の創造の一部だとお考えですか？

CB：当然のことだ。我々が地球外存在者について語るとき，我々は存在者が物質の肉体と魂を持つ者だと思わなければならない。我々よりも優れているかもしれない肉体だ。地球外存在者は人に似ている可能性がある。しかし私の考えでは，我々より劣る人間は存在し得ない。我々が最も劣っている。

我々人間の肉体と魂の組み合わせは，どのようなものか？　事実を言えば，魂は肉体の奴隷だ。我々は善よりも悪に向かう傾向がある。これより劣るものはない。おそらく地球外存在者の中には，我々に似た者もいるだろう。しかし仮にそうだとしても，我々よりも格段に優れた者の方が遙かに多いというのが，私の言いたいことだ。そしてこの優位性を精神界の言葉に直すなら，おそらく彼らはこう言うだろう：人間は善をなすよりも，むしろ私欲と悪に向かう傾向がある。おそらく彼らはとても進化しているので，人間のように悪を思うことすらないだろう。なぜなら，彼らはその肉体と魂の組み合わせにおいて，遙かに精神的進化を遂げているからだ。

今一つの理由がある：神だ。神はその英知において，我々だけを人間として創造しないだろう。

SG：米国ではこれまで一部に反動的な原理主義者がいて，これらは悪魔の仕業ではないかと言ってきました。これについてはどう思いますか？

CB：悪魔はこれに何の関係もない！　私はこれまでこのことについては公に口にしてこなかった。だが，天使や悪魔は［宇宙］船を必要としない。彼らは空飛ぶ円盤を必要としない。彼らはこれらの装置類を必要としないのだ。神は悪魔がこのように素晴らしい姿で人間の前に現れるのを，決して許さないだろう。神はそれを決して許さないだろう。それを悪魔などとは考えないことだ。これらの地球外存在者は，天使でも悪魔でもない。また彼らは死者でもない。だから，彼らをそのような者とは考えないことだ！

我々と天使との間には，とても大きな隔たりがある。神は人間と天使の間に，そのような進化の差異を設けただろうか？　その中間には何かいないのか？　神は人間よりも一段階高い存在を創造した。しかし，神が人間と天使の間に何者かを創造したと考えるのは，理に適っている。おそらく，このUFO現象が，天使と人間の中間に位置する地球外存在者の存在を示すものだ。

つまり，神には創造を行なう根拠があった。神には理由があった。神には目的があった。だから，神はそのように創造した。なぜなら，これらの生物はすべて神に栄光をもたらすからだ。天使も我々人間も，神の栄光を反映する。創造された地球外存在者もまたそうなのだ。間違いなく，それは愛，普遍的な愛の概念だ。神がその栄光のために，我々だけを創造したなどということはあり得るだろうか？　というのも，我々人間は，神に栄光をもたらすものとしては問題があるからだ。

バチカン天文台は，この会議の期間中に彼らの天文プロジェクトについて声明を出した。その中でバチカンは，地球外存在者がいる可能性を好意的に述べた。これは聖年の声明で，科学者たちの聖年行事だった。

信仰と科学に立脚すれば，どのような反論もあり得ない。なぜなら，科学にとり真の目的は，自然の秘密を探求することだからだ。神は自らの秘密を自然の中に織り込み，その解明を人間に任せた。これは神，創造主，創造の中に自らを現した神によってなされたものだ。これが科学の神であると同時に宗教の神でもあることに，何の矛盾もない。

地球外存在者がいることが望ましい。もし彼らが我々よりも優れているなら，彼らは仲介し，我々を援助するだろうからだ。だから，これは望ましいことだ。そして，聖書には宇宙にあるものすべては神聖な創造物だと書かれている。神聖な創造物でない地球外知性体などいない。

もし神が彼らのすべてを創造したのなら，神はそのすべてを愛し，すべての中に自らを現す。聖パウロがそのように言った。ピオ神父もそう言った。聖人となったピオ神父は，二つのことを訊かれた。他惑星の生物は神の創造物か？　彼はこう答えた：どうしてあなたは，他惑星に生物がいなければよいと思うのか？　もしそうなら，神の力はこの小さな惑星，地球に限られることになる。どうしてあなたは，同じように神を愛する他の生物，他の人々がいなければよいと思うのか？　地球を離れたら，我々は無に等しい。神はその栄光を，この小さな惑星だけにとどめなかった。他惑星には，我々のようには罪を犯さなかった生物がいるに違いない。

ER - 3 - 2809

CENTRAL INTELLIGENCE AGENCY

WASHINGTON 25, D. C.

OFFICE OF THE DIRECTOR

000014

MEMORANDUM TO: Director, Psychological Strategy Board

SUBJECT: Flying Saucers

1. I am today transmitting to the National Security Council a proposal (TAB A) in which it is concluded that the problems connected with unidentified flying objects appear to have implications for psychological warfare as well as for intelligence and operations.

2. The background for this view is presented in some detail in TAB B.

3. I suggest that we discuss at an early board meeting the possible offensive or defensive utilization of these phenomena for psychological warfare purposes.

Walter B. Smith
Director

Enclosure

RELEASED 5/9/94

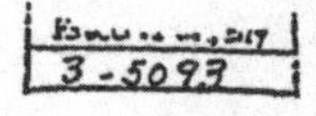

DEC 2 1952

MEMORANDUM FOR: Director of Central Intelligence

THRU : Deputy Director for Intelligence

SUBJECT : Unidentified Flying Objects

1. On 20 August, the DCI, after a briefing by OSI on the above subject, directed the preparation of an NSCID for submission to the Council stating the need for investigation and directing agencies concerned to cooperate in such investigations.

2. In attempting to draft such a directive and the supporting staff studies, it became apparent to DD/I, Acting AD/SI and AD/IC that the problem was largely a research and development problem, and it was decided by DD/I to attempt to initiate action through R&DB. A conference was held between DI/USAF, Chairman of R&DB, DD/I, Acting AD/SI and AD/IC at which time it was decided that Dr. Whitman, Chairman of R&DB, would investigate the possibility of undertaking research and development studies through Air Force agencies.

3. On approximately 6 November, we were advised by Chairman, R&DB, that inquiries in the Air Staff did not disclose "undue concern" over this matter, but that it had been referred to the Air Defense Command for consideration. No further word has been received from R&DB.

4. Recent reports reaching CIA indicated that further action was desirable and another briefing by the cognizant A-2 and ATIC personnel was held on 25 November. At this time, the reports of incidents convince us that there is something going on that must have immediate attention. The details of some of these incidents have been discussed by AD/SI with DDCI. Sightings of unexplained objects at great altitudes and travelling at high speeds in the vicinity of major U.S. defense installations are of such nature that they are not attributable to natural phenomena or known types of aerial vehicles.

5. OSI is proceeding to the establishment of a consulting group of sufficient competence and stature to review this matter and convince the responsible authorities in the community that immediate research and development on this subject must be undertaken. This can be done expeditiously under the aegis of CENIS.

Declassified by 006857
date 24 JAN 1975

- 2 -

6. Attached hereto is a draft memorandum to the NSC and a simple draft NSC Directive establishing this matter as a priority project throughout the intelligence and the defense research and development community.

H. MARSHALL CHADWELL
Assistant Director
Scientific Intelligence

Attachments:
Draft memo to NSC with
draft Directive

TO : MR. A. H. BELMONT DATE: July 29, 1952

FROM : V. P. KEAY

SUBJECT: FLYING SAUCERS

PURPOSE:

To advise at the present time the Air Force has failed to arrive at any satisfactory conclusion in its research regarding numerous reports of flying saucers and flying discs sighted throughout the United States.

DETAILS:

Mr. N. W. Philcox, the Bureau's Air Force Liaison Representative, made arrangements through the office of Major General John A. Samford, Director of Air Intelligence, U.S. Air Force, to receive a briefing from Commander Randall Boyd of the Current Intelligence Branch, Estimates Division, Air Intelligence, regarding the present status of Air Intelligence research into the numerous reports regarding flying saucers and flying discs.

Commander Boyd advised that Air Intelligence has set up at Wright Patterson Air Force Base, Ohio, the Air Technical Intelligence Center which has been established for the purpose of coordinating, correlating and making research into all reports regarding flying saucers and flying discs. He advised that Air Force research has indicated that the sightings of flying saucers goes back several centuries and that the number of sightings reported varies with the amount of publicity. He advised that immediately if publicity appears in newspapers, the number of sightings reported increases considerably and that citizens immediately call in reporting sightings which occurred several months previously. Commander Boyd stated that these reported sightings of flying saucers are placed into three classifications by Air Intelligence:

(1) Those sightings which are reported by citizens who claim they have seen flying saucers from the ground. These sightings vary in description, color and speeds. Very little credence is given to these sightings inasmuch as in most instances they are believed to be imaginative or some explainable object which actually crossed through the sky.

(2) Sightings reported by commercial or military pilots. These sightings are considered more credible

RECORDED 6

NWP:hke

62-83894-286

by the Air Force inasmuch as commercial or military pilots are experienced in the air and are not expected to see objects which are entirely imaginative. In each of these instances, the individual who reports the sighting is thoroughly interviewed by a representative of Air Intelligence so that a complete description of the object sighted can be obtained.

(3) Those sightings which are reported by pilots and for which there is additional corroboration, such as recording by radar or sighting from the ground. Commander Boyd advised that this latter classification constitutes two or three per cent of the total number of sightings, but that they are the most credible reports received and are difficult to explain. Some of these sightings are originally reported from the ground, then are observed by pilots in the air and then are picked up by radar instruments. He stated that in these instances there is no doubt that these individuals reporting the sightings actually did see something in the sky. However, he explained that these objects could still be natural phenomena and still could be recorded on radar if there was some electrical disturbance in the sky.

He stated that the flying saucers are most frequently observed in areas where there is heavy air traffic, such as Washington, D.C., and New York City. He advised, however, that some reports are received from other parts of the country covering the entire United States and that sightings have also recently been reported as far distant as Acapulco, Mexico; Korea and French Morocco. He advised that the sightings reported in the last classification have never been satisfactorily explained. He pointed out, however, that it is still possible that these objects may be a natural phenomenon or some type of atmospherical disturbance. He advised that it is not entirely impossible that the objects sighted may possibly be ships from another planet such as Mars. He advised that at the present time there is nothing to substantiate this theory but the possibility is not being overlooked. He stated that Air Intelligence is fairly certain that these objects are not ships or missiles from another nation in this world. Commander Boyd advised that intense research is being carried on presently by Air Intelligence, and at the present time when credible reportings of sightings are received, the Air Force is attempting in each instance to send up jet interceptor planes in order to

- 2 -

obtain a better view of these objects. However, recent attempts in this regard have indicated that when the pilot in the jet approaches the object it invariably fades from view.

RECOMMENDATION:

None. The foregoing is for your information.

- 3 -

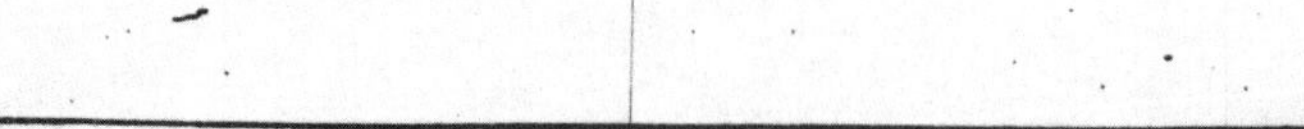

第二部

レーダー／パイロットの事例

- 序文
- 元米国連邦航空局事故調査部長　ジョン・キャラハンの証言／関連文書
- 米国空軍軍曹　チャック・ソレルスの証言
  エドワーズ空軍基地の音声テープからの抜粋——1965 年
- 米国空軍レーダー管制官　マイケル・W・スミス氏の証言
- 米国海軍中佐　グラハム・ベスーンの証言／関連文書
- メキシコ市国際空港上級航空管制官　エンリケ・コルベック氏の証言
- リチャード・ヘインズ博士の証言
- 米国海軍レーダー技術者　フランクリン・カーター氏の証言
- ユナイテッド航空パイロット　ニール・ダニエルズ氏の証言
- 米国空軍軍曹　ロバート・ブラツィナの証言
- 米国海軍大尉　フレデリック・マーシャル・フォックスの証言
- アリタリア航空　マッシモ・ポッジ機長の証言
- 米国陸軍少尉　ボブ・ウォーカーの証言
- 米国陸軍　ドン・ボッケルマン氏の証言
- 第二部の関連文書

序　文

（グリア博士による口頭説明から筆記，編集された）

ここでは，特にパイロットによる遭遇，レーダー事例，およびそれらに関係する事例の証言を扱う。次のことを指摘しておくべきである。つまり，数十年もの間，UFO の問題について懐疑的だった人々は，もしこれらの物体が現実ならレーダーで追跡できるはずだと強く主張してきた。我々には米国の空軍，海兵隊，海軍，陸軍，文官当局，および海外からの少なくとも 20 人の証人がいる。彼らは，これらの物体をレーダーで捕捉し追跡してきた正規の航空管制官とパイロットたちである。これらの人々は，きっぱりとこう述べていることに留意してほしい：これらの物体は気象観測気球ではなかった；それらは大気の逆転層ではなかった；それらは‘沼気（メタンガス）’ではなかった。それらは確かな物理的形を持つ飛行物体で，しばしば時速数千マイルで移動したかと思うと不意に停止し，空中静止したり非線形の動きをしたりしてきた。これらの物体は，レーダーが 1 回走査する間に一つの地点から数百マイル，あるいはそれ以上遠くに離れた地点に移動する様子が追跡されてきた。これらは固体の物体である。それらは金属製であり，強烈で明瞭なレーダー反射を返す。

これは，我々がほんの一人か二人の証人を持っているような状況などではもはやない。証拠を評価するときには，このことを重視しなければならない：これらの物体がレーダーで追跡され，ときとして十数基のレーダーが同時に追跡していたことを証言する十数人の証人がビデオに撮られている。これが意味するものは，我々の扱っている対象が実際の，現実にある，物理的で科学技術的な飛行物体だということである——それは想像の産物でもなく，集団幻覚でもなく，何か異常なものと片づけてしまえるものでもない。空軍のチャールズ・ブラウン中佐が指摘したように，遠く 1950 年まで遡る空軍のグラッジ計画が，これらの物体のレーダーによる確認を行なっていた。地上設置レーダー，地上目視，航空機搭載レーダー，および機上目視である——そして，“これに勝る方法はない”。これらの証人の多くは，数夜にわたり同じような地域に戻ってきたこれらの物体を目撃し，ソフトやハード面での誤作動はなかったことを確認するために，彼らの装置を厳密に調べている。

これは言うまでもなく強烈な説得力を持つ。証人たちの証言は，これらの物体は存在しないという反論を永久に封じる。なぜなら，我々には彼らの証言に加えて，レーダー追跡記録というものがあり，事件の記録資料があり，1940年代から1990年代までの全期間に及ぶこのような事件の内部にいた人々がいるからである。

Testimony of FAA Division Chief John Callahan

元米国連邦航空局事故調査部長
ジョン・キャラハンの証言

2000年10月

キャラハン氏は約6年間，ワシントンD.C.にあるFAA（米国連邦航空局）で事故調査部長を務めた。彼は証言の中で，日本航空747機がアラスカ上空で31分間1機のUFOに追跡された1986年の事件を語る。そのUFOは，1機のユナイテッド航空便に対しても着陸するまでその後をつけた。航空機搭載レーダーと地上設置レーダーによる確認の他に，目視による確認もあった。この出来事は，当時のFAA長官エンゲン提督にとりあまりにも重要だったので，翌日に説明会を開いた。そこには，他の人々に混じってFBI（連邦捜査局），CIA（中央情報局），レーガン政権の科学調査チームが出席した。ビデオに撮られたレーダー記録，航空管制の肉声による交信記録，および文書による報告がまとめられ，提出された。この会合の最後に，出席していたCIAの顔ぶれたちが，そこにいた全員に向かってこう指示した。“この会合は決して持たれなかった”“この事件は何も記録されなかった”他にも証拠があったことに気付かず，彼らは提出された証拠だけを押収した。しかしキャラハン氏は，この事件のビデオテープと音声記録を確保することができた。

JC：FAA部長ジョン・キャラハン／SG：スティーブン・グリア博士

JC：私は約6年間，ワシントンD.C.にあるFAAで事故調査部長を務め，退職した。

この事件は，アラスカの担当官からの一本の電話で始まった。彼はこう言った。“ここで問題が一つ持ち上がっている。メディアに何を言ったらよいか分からない。事務所はアラスカのメディアでいっぱいだ”私——“その問題とは何か？”彼——“あのUFOだ”私——“どのUFOか？”彼——“先週こちらの上空で，およそ30分間にわたり747機を追跡した1機のUFOがあった。我々はそれについてあまり考えなかったが，そのことがどうやら漏れて，ここに大勢の報道陣を迎える羽目になった。彼らにどう説明したらよいか知りたい”

そこで私は，一人の経験を積んだ政府職員として常套句を彼に伝えた：それは調査中で，その後であらゆるデータを総合する。私は彼らが持っているディスクと入手できるテープのすべてを，一夜のうちにアトランティック市にあるFAA技術センターに集めたいと思った。

彼らは軍を呼び出し，軍のすべてのテープを要求すると言った。FAAは米国とその領土上空の空域をすべて管轄している。それは軍に属していない。それはロケットを発射する人々に属していない。それは米国政府に属し，FAAの管轄下にある。だから私は彼に，軍のテープとすべてのデータを入手し，それを送るように命じた。さて，彼らは1時間ほどして電話をよこし，軍がこう言ったと言ってきた：軍はテープが不足しているので，それらを再使用しなければならないが，まだ12日しか経っていない。この時点でテープは15日間保存されることになった。

FAA長官は，この事件に何か懸念されることがあるかを調べるために，FAAの副長官だった私の上司と私をアトランティック市に派遣した。すべてのデータに目を通すのに2日かかった。我々は入っていき，この部屋を［その遭遇が起きていたときの］アンカレッジとまったく同じに設定するように指示した。我々は全データをこのレーダー画面に映し出し，管制官が見たものをすべて見たいと思った。我々は管制官が聞いたことをすべて聞きたいと思った。そして，レーダー，デジタルレーダー，音声のすべてを総合したいと思った。

囲いの向こうで作業をしこれを再現していた人々の一部は，すでにテープを吟味していた。彼らはそこに映っているものを我々に見せることを快く思わなかったが，我々はその全部を見た。

航空管制官が軍の管制官に，何かを見たか？ と訊いたとき，彼はこう言った。見た。私はこれこれの位置に1個の目標を捕捉した。747機の日本人パイロットから1時の方角8マイルだ。

事件が始まった経緯はこうだ。日本航空747機がアラスカ州を横切って北西から入ってきた。その高度は3万1,000フィート，3万3,000フィート，または3万5,000フィートのいずれかだった。時刻は夜の11時頃だったが，その本当の時刻は確認することができる。747機のパイロットは管制官を呼び，その高度に他機がいるかと訊いた。管制官は，いないと応答した。基本的にそれは深夜管制であり，交通量はあまり多くなかった。すると彼は，11時ないし1時の方角約8マイルに目標が一つあると言った。

さて，この747機は機首に周囲の気象状態を探査するレーダーを持っており，このレーダーが目標を捕捉している。彼はこの目標を視認する。その目標は，彼の表現によれば1個の巨大球体で，その周囲に輝く部分があった。彼はそれを，747機の4倍の大きさがあるようだと言ったと思う！

その軍の管制官は，このようなことを言った。“確かに私は彼（*747機）をアンカレッジの北35マイルで見ている。では彼の位置から11時ないし1時の方角にいるのは誰だ？”FAAの管制官——“誰［どの定期便］もいないはずだが？”軍の管制官——“それは軍のものではない”

航空管制官は軍の管制官を呼び出し，そこに軍の航空機がいるかと訊いた。軍は，いない，彼らの航空機はすべてその西側にいると言った。それで彼は戻ってきて，こう言った。“そこに航空機はいない”その交信の間に，日本人パイロットは数回にわたり報告する。“それは今11時にいる。今は1時だ。今3時だ”そのUFOは747機の周囲を跳ね回っていた。747機のパイロットがそう言いかけたとき，その軍の管制官が割って入って言う。“それは今2時か3時だ”軍の管制官はその位置を確認した。彼らは，彼らが言うところの高度探査レーダーを持っている。また，長距離レーダーと近距離レーダーも持っている。だから彼らは，もし彼らのシステムの一つで捕捉しなくても，他のレーダーで捕捉する。その軍人が言ったことを聞けば——彼は一度そう言ったが——それを高度探査レーダーか測距離レーダーで捕捉している。つまり，彼らは彼らのシステムで目標を捕捉していた。こうして，レーダーによる追跡は31分間という長いものになった。そのUFOは，日本航空747機を追ってあちらこちらと位置を変えた。しばらくして，管制局は747機に高度を変えさせたが，UFOは依然としてついてきた。管制局は747機に360度旋回を指示した。747機が360度旋回を行なう場合，旋回が終わるまでに数分かかる。また広い空域を飛行することになる。だがUFOは依然としてついてきた。それは正面だったり，側面だったり，後方だったりした。彼らは，それを747機の正面1時の方角7，8マイル離れた所に見た。約10秒後の次の走査では，それは機の後方，やはり7，8マイルにあった。機は常に目標から7，8マイル離れた位置にあった。

［10秒以下の時間で数マイルを移動する，よく知られたこのUFOの非線形の動きに注目されたい。これは他の多くの証人の証言中にある10数例に及ぶUFO-レーダー事件によっても裏付けられている。SG］

調査がすべて終わり，翌日我々がワシントンに戻ると，［FAA］長官から電話があった。何か問題になることがあったか知りたいということだった。私の上司は，我々はそのビデオを撮ったが，そこに何かがいたかもしれないと答えた。FAA長官は，上がってきて，何が起きたか5分間の簡単な概要報告をしてくれと言った。それで我々は［ワシントンD.C.にあるFAA本部の］10階に上がり，長官のために4，5分間の報告をした。そのときの長官はエンゲン提督だった。彼は，そのビデオを持っているか？ そのビデオを見せてくれないか？ と訊いた。私は，はい，セットすればすぐに見られますと答えた。

こうして我々は，彼のためにビデオをセットした。彼はそれを見始めた。約5分後，彼はスタッフに会合をすべて取り止めると告げた。そして半時間あまりをかけて，その全部を見た。

すべてが終わったとき，長官はこう言った。“君たちはどう考えるか？”私の上司は，役人らしいうまい答え方をした。“それが何であるかはよく分かりません……”彼の見解は，誰にも言うな，だった。私が許可するまで誰にも言うなということだった。翌日，私に［レーガン大統領の］科学調査グループかCIAの人間から電話があった。それが誰だったかは知らない。最初の電話だった。彼らはこの事件について何か訊きたがっていた。私はこう言った。“あなたが何を話しているのか私には分からない。あなたは多分，提督［FAA長官エンゲン］に電話するのがよいでしょう”

それから数分後に提督から電話があり，明日午前9時にラウンドルームで説明会を開くと言った。“君たちが持っているすべての資料を持ってきてほしい。皆を集め，望みのものは何でも彼らに提供せよ，この事件から手を引きたい。彼らがしたいようにさせよ”それで私は，技術センターから来た人間を全部連れていった。我々はプリンター打ち出し資料を入れたあらゆる箱を持っていった。それらは部屋いっぱいになった。そこにはFBIから三人，CIAから三人，レーガン政権の科学調査チームから三人来ていた――その他の人々が誰だったかは知らないが，彼らは皆興奮していた。

我々は彼らにビデオを見せた。その後で彼らは，そのときの周波数，アンテナの回転速度といったあらゆる質問を浴びせてきた。レーダーは何基あったか？　アンテナの数は？　データはどのように処理されたか？　彼らは皆興奮していた――まるでそれが彼らの仕事であるかのようだった。質問が終わると，彼らはそこにいる他の人々全員に対して，実際にこう断言した。“この事件は決して起きなかった。我々はこの会合を持たなかった。これは決して記録されなかった”

SG：誰がそれを言ったのですか？　それを言っていたのは誰でしたか？

JC：それはCIAから来た一人だった。彼らはそこにいなかったし，この会合もなかったと。そのとき，私は言った。“しかしあなたがなぜそう言うのか，私には分からない。つまり，そこには何かがいた。それがステルス爆撃機でないなら，ご存じのとおり，それはUFOだ。そしてもしそれがUFOなら，なぜあなたたちは人々にそれを知られたくないのか？”すると彼らは皆感情を高ぶらせた。あなたはそれを口にすることさえ考えてはならない。1機のUFOが30分間レーダーに捉えられたデータは，彼らにとって初めてだと彼は言った。彼らは皆そのデータを入手し，それが何もので何が実際に起きていたのか，知りたくてうずうずしていた。彼はこう言った。もし彼らが公の前に出て，米国民に対してUFOにそこで遭遇したと言ったなら，国中にパニックを引き起こすだろう。だから，あなたたちはこれについて語ってはいけない。そして彼らはこのすべてのデータを持ち去ろうとした。だから，私は言った。“よろしい，お望みならすべてのデータを持っていってください”

SG：誰がデータを持ち去ったのですか？

JC：そのグループだ。それが誰の所に行ったか，私は知らないが，そのグループが持ち去った。しかし，彼らは我々がそこに置いてあった資料だけを持ち去った。彼らは，他に何か資料を持っていないかとは私に訊かなかった。彼らはこの全部のデータを持っていくと言った。だから私は，よろしいと言った。ところで，私は撮ったその元ビデオを持っていたし，回報されてきたパイロットの報告書も持っていた。最初の報告書だ。私はFAAの最初の報告書を持っており，それらはすべて階下の私の机上にあった。

彼らはそれを要求しなかったので，私はそれを彼らに渡さなかった。後日私が退職するとき，それはすべて私の事務室にあり，私のものになった。それ以来，我々はその上に座って隠してきた。

[これらの資料の全部を我々は入手している。その中にはレーダーのビデオ，航空管制官の肉声筆記録，FAA報告書，およびこの事件のコンピューター打ち出し記録がある。SG]

ついに日本航空747機は空域を去り，今度は1機のユナイテッド航空便がアラスカに入ってくる。管制官はユナイテッド機にこう言う。“今までここの上空に日本航空747機がいて，1機のUFOに追跡されていた。彼（* 日本航空747機）を確認してほしい。その高度を保ってもらえるか？”ユナイテッド機は“問題ない，了解した”と言う。管制局はユナイテッド機に約20度の左旋回を指示し，高度を保ったまま日本航空747機に向かわせるようにした。

2機の航空機が通過した後，その目標［UFO］はこの空域にいる間中ユナイテッド機を追跡した。追跡は着陸進入するまで続いた。そしてUFOはそのまま消えた。

さて，届いた報告書を彼らが読んだとき，FAAは自らを守ることを決めた——彼がそう言ったのだとしても，目標を見たと言ってはならない。彼らは彼にその報告書を修正させ，それが目標（target）ではないように聞こえる‘位置記号（position symbol）’という言葉を使わせた。こうして，もしそれが目標でないなら，我々が［レーダー上で］識別している他の多くの位置記号は，どれも目標ではないことになる。それを読んで私は驚き，何やら胡散臭いものがあると考えた。誰かが何か，あるいは誰かを恐れている，彼らは隠蔽しようとしている。

CIAが我々に，これは起きなかったしこの会合もなかったと言ったとき，このことが進行中であることを彼らは国民に知られたくないのだと私は思った。

普通なら我々は，これがあったあれがあったという類のニュースを流すものだ。

私が不思議だったのは，軍のテープが消えたことだった。そんなはずはなかった。我々は［レーダーテープが保存される残りの期間］30日間のうちの15日間を使った。軍はその訪問者たちが誰だったかを我々以上に知っていた。そしてそれを誰にも知られたくなかった。テープの件はそのことを示す最初の兆候だった。もちろん，これに関わった下部の人間は，彼らの上層部で何が進行しているのか実際には知らない。誰かが電話をしてきて，それらのテープを再使用せよと言うなら，彼らはただそれを再使用するだけだ。実際，彼らは気にかけない。

彼らが私の考えを訊いてきたので，私はその上空にUFOがいたようだと答えた。FAAのテープにそれが［連続して］映っていない理由は，それが航空機にしてはあまりにも大き過ぎたために，それを気象現象と解釈し，記録しようとしなかったためだ［システムはそのような事物を除去するようにプログラムされている］。その日本人パイロットは確かにそれを見た。その日本人パイロットはそれを絵に描いた。その日本人パイロットは，彼自身が言ったことのために苦しい立場に置かれた。彼は彼の国を当惑させた。

［この日本航空747機パイロットの悲劇は，この問題の秘密を保つ上で嘲笑の力がいかに強いかを痛烈に思い出させる。このパイロットは長い間事務職に追いやられ，屈辱を与えられた。元NASA研究専門科学者だったリチャード・ヘインズ博士の証言を見よ。彼はその中で，この事件について知っていることと，そのパイロットが再び飛べるように援助したことを述べている。SG］

我々の軍の管制官は，それを見たと言った。我々のFAA管制官は，それを見たと言った。我々のFAA管制官は，しばらくして戻ってきて，本当はその目標を見なかった，何か別のものだったと言った。彼らが報告書を作成するのに何者かが介在している。だから，それは疑わしかった。

だが，自分がUFO事件に関わっていたなどと人に言ったなら，彼らは必ずあなたを少しおかしいと見なすだろう。これが我々の国の現状だと思う。テレビ番組に出てUFOを見たと言う人々は，夜中に外に出てアライグマやワニを捕まえに行っているような無学な田舎者だけだ。洗練された人や専門の職業を持つような人々で，昨夜自分が見たことを進んで話そうとする人はどこにもいない。彼らは米国内ではそのことを表に出さない。だから，もしあなたがUFOを見たと言ったら，自らを変わり者の仲間入りさせることになる。おそらくそのことが，あなたがUFOについて詳しい話を聞かない理由の一つだ。だが私に関する限り，1機のUFOが大空を横切り，半時間以上も日本航空747機を追跡するのをレーダーで見た。私が知る限り，それは我々の政府の持つどんなものよりも速かった。

こうして，私はFAAで多くの隠蔽に関与してきた。我々がレーガン政権のスタッフに報告したとき，私はそこにいたあのグループの後方にいた。彼らがその部屋にいた人々に話していたとき，彼らはその人々に，これは起きなかったと誓わせた。だが，彼らは‘私’にはそれを誓わせなかった。私をいつも悩ませたのは次のことだった。我々はこれらのことを行なわれるままにしている。人々がラジオやテレビで何かを見たり聞いたりしても，ニュースはそれを取り上げない。なぜなら，それは存在しないからだ。何も言わないことが私には苦しかった。

これをすべて見てしまったことが，まだ私を苦しめている。私はそのすべてを知っている。その答えと一緒に私は歩き回っている。そして誰もその答えを私に訊ねようとしない。私はやや苛立ちを覚える。我々の政府がそんなふうでなければならないとは思わない。我々がこれと同じような物事に出会ったとき，［それを隠さなければ］世界で何が進行しているか，おそらく人々はもっと知ることができるだろう。もし彼ら［UFO］があのような機械で，あのような距離を旅行することができるとすれば，この地球で人々の健康，食料供給，癌治療のために彼らができることは計り知れないのではないか。あの速度で旅行することができるということは，彼らには我々よりずっと知っていることがあるに違いない。

もしこれらのUFOが実在するとしたら，いつかレーダーに映るはずであり，それを見る専門家たちがいるはずだという人々に対して，私は1986年に遡ってそれを見た十分な数の専門家たちがいたと彼らに言える。それはワシントンD.C.にあるFAA本部にまで持ち込まれた。その長官がそのテープを見た。我々が報告を行なった人々は，全員それを見た。レーガン政権の科学調査チーム，その三人の教授たち，博士たち，彼らはそれを見た。私に関する限り，彼らはそれに対する私の考えを検証した人々だった。彼らはそのデータに，とてもとても興奮していた。これは1機のUFOが30分以上もレーダーに記録された唯一の事件だと彼らは言っていた。彼らはそれを見るための全データを持っている。

さて，30分間のレーダー反射データが部屋中の箱に詰められた。箱は2段か3段の高さに積み上げられた。見るべき大量の書類があった。彼らは今やレーダーの周波数を知った。彼らはそれがいかに速く旋回したかも知った。彼らはそれがどこにいたかも知った。そこにはそれを確証する軍がいた。

それなのに，これと同じようなものを見たと言う人々をどう見るか。私が思うに，政府が世間の人々に望むのはこういう見方だ。彼らは変人であり，少し狂っている。だから彼らには用心しなければならない。それが彼らから受ける印象だ。私はそういう印象などまったく気にしないが……

SG： FAA本部での会合にいたCIAや他の人々の名前を覚えていますか？

JC： 私がCIAの人間に名刺を渡したら，彼はこう言った。“我々は会社に属している（彼らはCIAだとは言わなかった)。会社では名刺を持たない。我々は会社の名刺を持っていない”彼らは名刺を持っているかもしれないが，それは会社とは何の関係もない。そして彼は，渡せるものは何もないと言った。提督の日程表にはその部屋を予約したのは誰か，その説明会の当日誰がそこにいたかが書かれているはずだ。

私が言えることは，私自身の目で見たことだ。私にはビデオがある。私には録音テープがある。私には，私がこれまであなたに話してきたことを確証する綴じられた報告書がある。そして私は，あなたがFAAの政府高官と呼ぶかもしれない人々の一人だ。私は部長だった。私は提督より3，4階級しか位が低くなかった。我々はすべての航空便の事件と事故を調査した。

[実際，それらがレーダーで記録され，有能な専門家によって解析された証拠がないという理由でこれらの物体が現実ではなかったと主張する人々は，今

や誤りを認めるべきだ。ここに登場したのは一人の経験を積んだFAA職員である。彼は記録に基づいてその事件が起きたこと，CIA等の政府当局者たちがこの事件を秘密にするように命じ，その証拠を押収した（と彼らが考えた）ことを述べている。我々は名乗り出たキャラハン氏の勇気に，またこの事例の証拠を保存し伝えた氏の勇気に深く感謝する。SG]

Unidentified Traffic Sighting
by Japan Airlines Flight 1628.
November 18, 1986
ANC ARTCC

DRAFT

Tab 1	Index
Tab 2	Chronology of Events
Tab 3	Transcription
Tab 4	Flight Path Chart
Tab 5	Personnel Statements
Tab 6	Daily Record of Facility Operations, FAA Form 7230-4
Tab 7	Position Logs, FAA Form 7230-10
Tab 8	ZAN EARTS Continuous Data Recordings, (radar tracking data).

DRAFT

Anchorage ARTCC
5400 Davis Hwy.
Anchorage, Alaska

Subject: INFORMATION: Transcription concerning the incident involving Japan Airlines Flight 1628 on November 18, 1986 at approximately 0218 UTC.

Date: January 9, 198

From: Quentin J. Gates
Air Traffic Manager,
ANC ARTCC

Reply to Attn. of:

To:

This transcription covers the time period from November 18, 1986, 0214 UTC t November 18, 1986, 0259 UTC.

Agencies Making Transmissions	Abbreviations
Japan Airlines Flight 1628	JL1628
Anchorage ARTCC Combined Sector R/D15	R/D15
Anchorage ARTCC Sector D15	D15
Anchorage ARTCC Sector R15	R15
Regional Operations Command Center	ROCC
United Airlines Flight 69	UA69
TOTEM71	TOTEM
Fairbanks Approach Control	APCH

I hereby certify that the following is a true transcription of the recorde conversations pertaining to the subject incident:

Anthony M. Wylie
Quality Assurance Specialist
Anchorage ARTCC

Memorandum

Subject: INFORMATION: Unidentified Traffic Sighting by Japan Airlines

Date: DEC 18 1986

From: Air Traffic Manager, Anchorage ARTCC, ZAN-1

Reply to Attn. of:

To: Manager, Air Traffic Division, AAL-500
ATTN: Evaluation Specialist, AAL-514

The attached chronology summarizes the communications and actions of Japan Airlines Flight 1628 on November 18, 1986.

Radar data recorded by Anchorage Center does not confirm the presence of the traffic reported by Flight 1628. No further information has been received from civil or military sources since the date of the sightings.

Major Johnson of the Elmendorf Regional Operations Command Center (ROCC) is checking their records and the operations personnel for further details. He will forward any additional information to Anchorage Center as soon as possible.

Should you have any questions or need additional information, contact Tony Wylie, Quality Assurance Specialist, 269-1162.

Original signed by

Quentin J. Gates

Attachment

The following is a chronological summary of the alleged aircraft sightings by Japan Airlines Flight 1628, on November 18, 1986:

All times listed are approximate UTC unless otherwise specified.

0219 - The pilot of JL1628 requested traffic information from the ZAN Sector 15 controller. When the controller advised there was no traffic in the vicinity, JL1628 responded that they had same direction traffic, approximately 1 mile in front, and it appeared to be at their altitude. When queried about any identifiable markings, the pilot responded that they could only see white and yellow strobes.

0225 - JL1628 informed ZAN that the traffic was now visible on their radar, in their 11 o'clock position at 8 miles.

0226 - ZAN contacted the Military Regional Operations Control Center, (ROCC), and asked if they were receiving any radar returns near the position of JL1628. The ROCC advised that they were receiving a primary radar return in JL1628's 10 o'clock position at 8 miles.

0227 - The ROCC contacted ZAN to advise they were no longer receiving any radar returns in the vicinity of JL1628.

0231 - JL1628 advised that the "plane" was "quite big", at which time the ZAN controller approved any course deviations needed to avoid the traffic.

0232 - JL1628 requested and received a descent from FL350 to FL310. When asked if the traffic was descending also, the pilot stated it was descending "in formation".

0235 - JL1628 requested and received a heading change to two one zero. The aircraft was now in the vicinity of Fairbanks and ZAN contacted Fairbanks Approach Control asking if they had any radar returns near JL1628's position. The Fairbanks Controller advised they did not.

0236 - JL1628 was issued a 360 degree turn and asked to inform ZAN if the traffic stayed with them.

0238 - The ROCC called ZAN advising they had confirmed a "flight of two" in JL1628's position. They advised they had some "other equipment watching this", and one was a primary target only.

0239 - JL1628 told ZAN they no longer had the traffic in sight.

0242 - The ROCC advised it looked as though the traffic had dropped back and to the right of JL1628, however, they were no longer tracking it.

0244 - JL1628 advised the traffic was now at 9 o'clock

0245 - ZAN issued a 10 degree turn to a northbound United Airlines flight, after pilot concurrence, in an attempt to confirm the traffic.

0248 - JL1628 told ZAN the traffic was now at 7 o'clock, 8 miles.

0250 - The northbound United Flight advised they had the Japan Airlines flight in sight, against a light background, and could not see any other traffic.

0253 - JL1628 advised they no longer had contact with the traffic.

A subsequent review of ANC ARTCC's radar tracking data failed to confirm any targets in close proximity to JL1628.

PERSONNEL STATEMENT

FEDERAL AVIATION ADMINISTRATION

Anchorage Air Route Traffic Control Center

The following is a report concerning the incident to aircraft JL1628 on November 18, 1986 at 0230 UTC.

My name is Carl E. Henley (HC) I am employed as an Air Traffic Control Specialist by the Federal Aviation Administration at the Anchorage Air Route Traffic Control Center, Anchorage, Alaska.

During the period of 2030 UTC, November 17, 1986, to 0430 UTC, November 18, 1986 I was on duty in the Anchorage ARTCC. I was working the D15 position from 0156 UTC, November 18, 1986 to 0230 UTC, November 18, 1986.

At approximately 0225Z while monitoring JL1628 on Sector 15 radar, the aircraft requested traffic information. I advised no traffic in his vicinity. The aircraft advised he had traffic 12 o'clock same altitude. I asked JL1628 if he would like higher/lower altitude and the pilot replied, negative. I checked with ROCC to see if they had military traffic in the area and to see if they had primary targets in the area. ROCC did have primary target in the same position JL1628 reported. Several times I had single primary returns where JL1628 reported traffic. JL1628 later requested a turn to heading 210°, I approved JL1628 to make deviations as necessary for traffic. The traffic stayed with JL1628 through turns and decent in the vicinity of FAI I requested JL1628 to make a right 360° turn to see if he could identify the aircraft, he lost contact momentarily, at which time I observed a primary target in the 6 o'clock position 5 miles. I then vectored UA69 northbound to FAI from ANC with his approval to see if he could identify the aircraft, he had contact with the JL1628 flight but reported no other traffic, by this time Jl1628 had lost contact with the traffic. Also a military C-130 southbound to EDF from EIL advised he had plenty of fuel and would take a look, I vectored him toward the flight and climbed him to FL240, he also had no contact.

Note: I requested JL1628 to identify the type or markings of the aircraft. He could not identify but reported white and yellow strobes. I requested the JL1628 to say flight conditions, he reported clear and no clouds.

Carl E. Henley

November 19, 1986

DRAFT

PERSONNEL STATEMENT

FEDERAL AVIATION ADMINISTRATION
Anchorage Air Route Traffic Control Center

January 9, 1987

The following is a report concerning the incident involving aircraft JL1628 north of Fairbanks, Alaska on November 18, 1986 at 0218 UTC.

My name is Samuel J. Rich (SR). I am employed as an Air Traffic Control Specialist by the Federal Aviation Administration at the Anchorage Air Route Traffic Control Center, Anchorage, Alaska.

During the period of 0035 UTC, November 18, 1986, to 0835 UTC, November 18, 1986, I was on duty in the Anchorage ARTCC. I was working the D15 position from 0230 UTC, November 18, 1986, to 0530 UTC, November 18, 1986.

I returned from my break at approximately 0218 UTC to relieve Mr. Henley on the sector R/D15 position. In the process of relieving Mr. Henley I heard the pilot of JL1628 ask if we had any traffic near his position. I continued to monitor the position as Mr. Henley was too busy to give me a relief briefing. I monitored the situation for approximately twelve minutes at which time I assumed the D15 position and Mr. Henley moved to the R15 position. During the twelve minute period I heard the JL1628 pilot report the color of the lights were white and yellow. After the radar scale was reduced to approximately twenty miles I observed a radar return in the poition the pilot had reported traffic.

After assuming the D15 position I called the ROCC at approximately 0230 UTC to ask if they had any military traffic operating near JL1628. The ROCC said they had no military traffic in the area. I then asked them if they could see any traffic near JL1628. ROCC advised that they had traffic near JL1628 in the same position we did.

I asked ROCC if they had any aircraft to scramble on JL1628, they said they would call back. I received no further communication regarding the request for a scramble.

DRAFT

Samuel J. Rich
Air Traffic Control Specialist
Anchorage ARTCC

PERSONNEL STATEMENT

FEDERAL AVIATION ADMINISTRATION
Anchorage Air Route Traffic Control Center

January 9, 1986

The following is a report concerning the incident to Japan Airlines Flight 1628 (JL1628) North of Fairbanks, Alaska on November 18, 1986 at 0218 UTC.

My name is John L. Aarnink (AA). I am employed as an Air Traffic Control Specialist by the Federal Aviation Administration at the Anchorage Air Route Traffic Control Center (ARTCC), Anchorage, Alaska. During the period of 2230 UTC, November 17, 1986 to 0630 November 18, 1986 I was on duty in the Anchorage ARTCC. I was working the C15 position from approximately 0218 UTC, November 18, 1986 to 0250 UTC, November 18, 1986.

I was on my way to take a break when I noticed the unusual activity at the Sector 15 positions. I plugged into the C15 position and assisted them by answering telephone lines, making and taking handoffs and coordinating as necessary. As to the specific incident, I monitored the aircrafts transmissions and observed data on the radar that coinsided with information that the pilot of JL1628 reported. I coordinated with the ROCC on the BRAVO and CHARLIE lines. They confirmed they also saw data in the same location. At approximately abeam CAWIN intersection, I no longer saw the data and the pilot advised he no longer saw the traffic. I called the ROCC and they advised they had lost the target. I then unplugged from the position and went on a break.

John L. Aarnink
Air Traffic Control Specialist
Anchorage ARTCC

DRAFT

Testimony of Sgt. Chuck Sorrells, US Air Force

米国空軍軍曹
チャック・ソレルスの証言

2000年12月

チャック・ソレルスは米国空軍の職業軍人だ。彼は1965年にエドワーズ空軍基地にいた。そのとき同基地の空域に，1個ではなく少なくとも7個のUFOが現れ，とてつもない速度で異常な運動をした。右旋回等の動きを見せたが，それは当時知られていたどんな航空機もなし得ないことだった。それらの物体は数箇所のレーダー画面に現れ，それを視認した人たちも何人かいた。一人のUFO特務将校が，これらの物体を迎撃するために慌てて1機のジェット機に発進許可を与えた。この出来事は5時間ないし6時間続いた。この事件の録音テープの筆記録が彼の証言の後に続く。

CS：チャック・ソレルス軍曹／SG：スティーブン・グリア博士

CS：私の名前はチャック・ソレルスだ。私は1954年に空軍に入り，1974年に退役した。空軍では技能軍曹だった。私は空軍にいた期間のほとんどを航空管制官として過ごし，カリフォルニア州のエドワーズ空軍基地，日本，タイ，アラスカ，それに米国内の数箇所で勤務した。

この出来事は1965年10月7日にエドワーズ空軍基地で起きた。それは深夜当番のときで，私は管制塔で勤務中の航空管制官だった。午前1時半かそんな頃，私は管制塔の東方にとても明るい光を認めた。それは1個の薄緑色の光体で，その底部に赤く光る部分が一つあった。赤い光は明滅していた。また，その頂部には白く輝く部分が一つあった。光体はとても明るく，かなり大きかった。私はそれをかなり長い間観察していた。というのは，その時刻その空域には航空機がいなかったからだ。私は階下のベースオペレーションでその夜の勤務に就いていた飛行管理員と気象予報員を呼び，皆で外に出て見るように言った。勤務に就いていた迎撃隊の一人にも見るように言い，下にいた大尉にも見るように言った。我々はそれについてしばらく語り合った。ラプコン（RAP-CON）（基地のレーダー要員）は，その時刻その空域に一機の航空機も捉えていなかった。

我々はロサンゼルス防衛区の防空部を呼び出した。そこの部長は，彼が管轄するサイトに電話をかけまくった。それが見えていたある時刻に，彼らは少なくとも4箇所のレーダーサイトでその物体のレーダー反射を捉えていた。それらのUFOはジョージタワーなど，他の数箇所の管制塔でも見られていたし，他の幾つかの場所でも見られていた。こうして，これらのUFOを地上で見ていた者が何人かおり，［それらを見ていた］レーダーサイトも約4箇所あった。この光体は2時間ないし3時間行ったり来たりを繰り返した。ついに彼らは，それに接近して観察するために1機の航空機を緊急発進させることを決めた。これは別の上級司令部と調整されたもので，その中にNORAD（北米防空軍）が入っていたと私は考えている。

[彼らの否定にもかかわらず，この紛れもないUFO事例にNORADが関与していたとする軍航空管制官マイケル・スミスの証言を見よ。SG]

ジェット機はそれを見るために近づいた。彼らはパイロットにこれらの目標を迎撃させようとした。最初に私は，1個の大きな光体を見た。しばらく時間が経過してもそれはそこに止まったままで，ほとんど動かなかった。しかし，星やそれに類するものにしてはあまりにも地平線に近かった。それは山や丘などよりも低かったので，星ではなかった。だから，私にはそれが何であるのか見当もつかなかった。そのときまったく突然に，さらに3個の物体がそこに現れた。それらは皆同じような光り方をした。だが，これらの3個の物体は一緒のままだった。編隊を組み，一緒のままだった。やがてそれらは私の南側に移動し，そこでしばらく静止した。ややあってさらに3個現れた。しかしそれらは一緒ではなかった。それらは別々に飛び回り，北，南，東，西へと飛んだ——多様な動きを見せていた。この時点で，私は同時に7個を見ていた。彼らが迎撃ジェット機を緊急発進させる決定を下したのは，このときだった。そのときはもう明け方になりかかっていた。

彼らはこれらのUFOを迎撃できずにいた。彼らは管制塔の私に情報を要求し続けた。"この物体は本機に対してどちらにいるか？" 私にできることは，彼を滑走路と同じ方向に向けさせることだけだった。滑走路なら，私がいる場所から見た彼の機首方位を知ることができた。こうして，彼が滑走路の端に来るとすぐにその機首をある方向に向けさせ，そのまま進めと言った。その夜，彼は異なる時刻に3回ほど'コンタクト'と言った。'コンタクト'とは，彼が操縦席のレーダー上で何かを捕捉したことを意味する。それが何だったのか，我々は今でも分からない。だが，それらは現実の物体だった。

あるとき，その迎撃機は4万フィートまで上昇した。彼がその物体に近づくと，物体は大変な高速でまったく突然に真っ直ぐ上昇した。彼はちょうどその下を通過した。テープには部長がこう言っている箇所がある。"管制塔，彼（*パイロット）はどんな様子か？" 私——"彼は低い" 部長——"おい，4万フィートだぞ" 私——"知るもんか——彼はまだ低い"

[彼が言及しているテープは，この数時間に及ぶ遭遇の実際の会話録音テープである。我々はこのテープを持っている。この後に続くこのテープの筆記録を参照されたい。SG]

そのUFOは高度を上げただけだった。彼らはレーダー，高度計など，使えるものは何でも使って探査した。その時点で，それ（*UFO）が彼らのレーダー上空にいたことはほとんど確実だと私は思っている。

SG：それはどれくらいの高さだったのですか？

CS：おそらく10万フィートくらいだったと思う。当時は8万フィートから10万フィートがおそらく彼らの探知能力だっただろう。

その迎撃機は異なる時刻に3回捕捉した。それから彼はそれを見失った。これらの物体は私の当番が終わるまでそこで動き回った。明るくなり始めた頃，それらのUFOは大気中を高く，高く，さらに高く昇り始めた。星も見えなくなるほど明るくなった頃には，それらもまた行ってしまった——それらはまさに大気中に消えたのだ。

私はあらゆる種類の航空機を知っている。だから，これの正体でなかったものを多く挙げることができる。それはヘリコプターではなかった。それは飛行機ではなかった。それは気球ではなかった——気象観測気球でも，他のどんな種類の気球でもなかった。それは知られているどんな航空機でもなかったし，我々が今日知っている，あるいは当時知っていたどんな飛行物体でもなかった。また，それはレーザーショーでもなかった。そんなものではなかったが，ものすごい速さで移動することができた。それらは私の視界の東側にいたかと思うと，瞬く間に西側に移動する。あなたが指を2回鳴らす間に，おそらく30マイルから40マイルを移動する。そんな動きだった。本当に速かった！そして，それらは上昇することができた——まさに上方へ一直線に。しかも瞬時にそうすることができるように思われた。それらは時々静止し，そのまま長時間動かず——それからまた動いた。小さい方の3個の物体は，他の物体よりも多くの動きを見せた。最初のとても大きなUFOはそんなに動かなかった。それでも数時間後，それは東から少しだけ南に向かって動いた。その後再び東に向かって少し動いた——そんな具合だった。それは突然の速い動きはしなかったが，彼らがそれに迎撃を仕掛けようとしたとき，真っ直ぐに上昇した。

個別に動き回っていた3個の物体は，素早く北，南，東，西へと動いた。それらは本当に速く動いていた。それらは実際に基地に近づいたり地面に近づいたりした。私はその高度がときには2,000フィートかそれ以下だろうと判断した。それらが我々のレーダーの探知範囲外にあったことを私は知っている。それは高度4,000フィートから1万フィートまたは1万1,000フィートまでのどこかで起きる。だから，それは地面にかなり近かった。

これらのUFOは，レーダー信号を返す何らかの固体金属であるはずだった。レーダーとはとても単純なものだ：その電波ビームは，何かに当たり何かで跳ね返され，戻ってくる。つまり，レーダーを跳ね返す何かがなければならない。それはゴム気球とかそういうものでは跳ね返らない。それは電波を跳ね返し，レーダー画面に表示される金属の性質を持った何かでなければならないだろう。

SG：これらの物体の速度を推定できますか？

CS：時速数千マイルでなければならないだろう——速度ということなら，その程度に達するだろう。これらの物体はとてつもなく速いはずだ。レーダー操作員たちは，それらの速度を判定するのに難儀していた。というのは，それらはある場所に少しの間いたかと思うと，次にものすごい速さで移動したからだ。レーダー画面が回転走査してそれを見つけようとしたときには，そのUFOはすでに別の場所にいた。それらに対して速度のような量を判定するのは大変難しかった。それが東に見えていたとしよう。もしちょっとの間辺りを見回して，ほんの少しの間だけ注意が他のどこかにそれたとすると，次にそれが見えたときには，それは西の向こうにあるのだ。それらは急な方向転換をすることができたし，当時我々が知らなかったあらゆる種類の運動性をも見せた。それはとても奇妙な夜だった。

これらの出来事は，少なくとも4時間の時間枠を超えて発生した。当時は，どの基地にも彼らがUFO将校と呼ぶ要員がいた——未確認飛行物体将校。我々の基地にも一人いた。彼の仕事は，この物体を見て調べる命令を実際に出すことだった。ロサンゼルス防衛区の防空部長とレーダー操作員たちはそれを調べたかったが，彼らは合法的にそれをする前にUFO将校の許可を得る必要があった。

そのときエドワーズ空軍基地にはロケットサイトがあった。彼らは異なる燃料のあらゆる組み合わせを使って実験をしていた。彼らはそこで大量のロケット燃焼を行ない，どんな推力が得られるかを調べていた。私の考えでは，この巨大なUFOが静止していたのはちょうどその地域だった——まさにそのロケットサイトの上空だった。

その夜に彼らが緊急発進させたF-106は，彼らが冷たい鳥（cold bird）と呼んでいたものだった。それは何の武装もしていなかった。

SG：あなたが空軍にいたとき，UFOとこの種の遭遇をした人々のことを聞きましたか？

CS：確かにいた。同じような物を見たと人々が語るのを私は聞いたことがある。だが，彼らは必ずしも名乗り出て見たことを言おうとしなかった。彼らは頭がおかしくなったとか，幻を見たとか言われて，自分に不名誉な烙印を押されることを望まなかったからだ。そうでなければ，彼らは仲間に冷やかされたくなかった。

今持っているその夜の出来事のテープには，これに関わった様々なレーダーサイトからの無線や電話による音声が入っている。私がいた管制塔で記録されたテープもどこかにあるだろう。なぜなら，管制塔で進行していたことのすべては記録されたからだ。

私が一度に見たそれらの物体の最大数は7個だった。1個の大きな物体があり，その他に同種の性質を持つより小さな3個の物体があった。これらの3個は一緒のままだった。この後のある時点で，さらに別々に飛び回る3個の物体があった。ある時点で，私は一度に7個を肉眼で見た。今そのテープを聴くと，その夜その地域には11個もの物体があったように聴き取れる。

［それらが］何であるのか，私には分からない。だが，それらの正体でなかったものは沢山挙げることができる。我々が今日知っているものであのような性質を持つものはどこにもない――無音で，あの動きと速度を示すもの。何度か，それらは管制塔に近づいた。もしジェット機か何かだったら，その音を聞いていただろう。それらが何であったのか，知りたい……

[このきわめて重要な事例には，熟練した空軍航空管制官，公式の‘UFO将校’，4箇所のレーダー基地，迎撃機搭載レーダーによる自動追跡，長い時間，および数時間に及ぶ多くの出現物体が関わっている。これを捏造だという人々とUFO問題を嘲り笑う人々は，これらの要素のすべてを説明できなければならない――また実際に起きた事柄の肉声のテープについても。ただ一つの結論は疑い得ないものだ：これらのUFOは現実だった。沼気（メタンガス）ではなかった。火の玉（球電）でもなかった。幻覚でもなかった。また，これらの出来事に対して学界と官僚によって与えられた，他のいかなる馬鹿げた解釈でもなかった。SG]

Excerpts from Edward Air Force Base Audio Tape——1965

エドワーズ空軍基地の音声テープからの抜粋——1965年

P：パイロットたちの声／A：管制官たちの声
O：将校たちの声／H：高度監視官
SP：サンペドロ駐屯地／FS：飛行管理官

A：ビクタービルとエドワーズの間で何か捕捉したか？
P：ここに1個いる。
A：それらは立ち去るように見えるか？
P：[不明瞭で聞き取れない]
A：それらは遠ざかっているか？
P：自分はすでに……将校……見るのに間に合わなかったようだ。それらは上昇している。
A：すると，それらは立ち去っている様子か？
P：そのとおりだ。それらは遠ざかっている。南にいるそれらは真っ直ぐ上昇している。全部だ。
A：そうか。そこにいるおよその数は？
P：少し前には数個だった。
A：なるほど。
P：現在は1，2，3，4，5個だ。上昇している。
A：それら5個も上昇中か？
P：それら5個全部が上昇している。

… … …

P：ええ，それらは全部上昇中です。
O：（クラーク大尉）本当か？
P：本当です。今それらは全部上昇しています。
O：（クラーク大尉）よろしい，君は我々のちょうどほぼ南に1個の明るい星を見た。そこからどの方角だ？　あの明るい星だ――高度約45度のはずだ。

…　…　…

P：今ここから全部見える。赤い光は停止している。それら全部が向かっている先は……

O：本当か？

A：あの明るい光の監視をまた始める。

O：分かった。

［背景の声はパイロットが言うことを無線か電話で他の部署に説明している］

P：3，4個が南にある。弱い光だ。

…　…　…

P：それらの1個から赤い光がまだ時々見える。

O：大きな光のどちら側だ？

P：その下側でやや南だ。そのうち3個がほぼ一直線だ。

O：なるほど。

P：ほぼ水平だ。

O：分かった。

P：それらから赤い光がまだ時々見える。大きい光からは見えない。

…　…　…

P：この宇宙――この宇宙将校が私と一緒に一晩中これを見ている。もう一度彼を出して私と同じ印象を彼が持っているか訊きたい。こんな現象を見ているのが私一人だなんてことにしたくないからな。

A：了解した［笑い］。

…　…　…

O：管制官が一人呆然としているようです。誰かが彼の話を確認しました。今それらはすごい速さで上昇していると彼は言っています。

A：ではしばらく様子を見る。それらが何を求めているかだ。

O：分かりました。

A：レーダーから消えた。

…　…　…

O：________が別の電話中だ。彼が私と同じものを見ているか……それら全部が急速に上昇中だ。私にはそう見える。多分そのように見えるはずだ。その明るい方はどうだ？　それは真っ直ぐ上に見えるか？　真っ直ぐ――今は最初に言ったときより遙かに上だ。

… … …

O：こちら再び［名前不明］だ。私が見ているものを基地の観測が確認した。それらはすべて上昇中だ。予報官が私と一緒にずっとこれを観測している。彼は参照点を使ってその動きを判断している。

O：分かった。

O：最初の高度より遙かに高いと彼が言っている。間違いなく上昇している。

O：今の高度を推定できるか？

O：敢えて推定したくないが，多分3万から4万だ。だがこれはまったく肉眼による推定の限度を超えている。

O：低くはないんだな？

O：いえ，低くはありません。元の位置から離れています。最初はせいぜい5,000フィートでした。

O：我々は何回か高度を測定した。だがUFO将校は我々にそれを見に行かせるつもりだった。我々は待機していたが，その後彼からは何もない。

O：彼はまだそれを作戦行動にしていないと思う。

O：我々が出動する前にこの大尉が＿＿＿＿＿まで降りてきて見てほしかった。赤い光はもう見えない……［同時に二つの声］。一つはまだはっきりと明滅している。それらは全部まだ明滅しているが，もうかなり遠い。赤い光は見分けられない。小さい赤い光は底部の障害灯のように見えた。

… … …

A：このとおり，空が混み合っている。いや，交通量は多くないが，今その空域で幾つか動いているものがある。それらは不法に近づいてきたのだと思う。結構な状況じゃないか？

A：そうだ，それは［不明瞭で聞き取れない］。

… … …

O：こちらは再びクラーク大尉だ。

O：はい，クラーク大尉！　そこで何か見つけましたか？

CC：今あの明るい星に面している。それがそうなら見てくれ。その下，やや右だ。そこに‘V’の字になっている3個が見えるだろう。

O：君が見ているのはそれか？

A：はい，そうです。

CC：そのVの底辺上に1個見える。右上に向かっているVだ。

…　…　…

A：南に3個……まるで……その一つが点滅し，次々に他が点滅する。

…　…　…

A：私は1時間50分それを見ている。

O：ああ。

A：ほぼ2時間経った。その間に高度は2倍，西に5，6マイル動いたようだ。

O：なるほど。

O：[別の将校] そこに風があるか？

A：はい，管制塔では風があります。今は弱くなっています。2ノットより大きくはありません。東風です。これらの物体は西向きに動いています。

O：よし，そのまま追跡してくれ。今ランスから報告を受けた。そこで何か動きを捉えたらしい。彼は今私の双眼鏡で見ている。

…　…　…

O：皆さん，現場の高度監視官がここにいます。では＿＿＿＿＿ストラブル少佐。少佐の話を聞きたい人は回線をそのままに。

A：これから高度監視官が話します。

H：よろしい。目標は091に3マイル移動している。それは80マイルの030度から30，えー，50の060まで移動＿＿＿＿＿サイトからだ。

O：どのサイトか？

H：サンペドロからだ。

…　…　…

O：アルファ・ゼロは捕捉している。約15か20右と言っている。

A：220か？

O：そのとおりだ。

O：アルファ，我々の他機が今そこにいるか？

A：いいえ，いません。しばらくそれらの様子を見ます。

…　…　…

SP：345。距離約80。

H：了解。それは迎撃機だ。

A：間もなくここでまた彼を 090 に旋回させる。管制塔の頭上だ。よろしい。それを右 090 に向かせろ。

H：ペドロか？

SP：そちらではこれらの物体から何かデータを得たか？

H：やあ，ペドロ。

SP：こちらはペドロだ。調子はどうだ？

H：申し分ない。そちらの一番を手動にし，その迎撃機を追跡してくれ。先回りしてそれを追いかけるタイミングを教える。

… … …

A：よろしい，今アルファ・リマが見える。

A：そうだ，捉えたと彼は言っている。12 時 16 だ。

A：そのとおり。

H：ペドロ，了解した。高度探査を彼の前方 7 度に回してくれ。高度探査をその前方 7 度に回してくれ——その迎撃機の前方だ。

O：捉えたようだ。

H：管制塔，聞こえるか？

A：何か？

H：今彼の様子は？　何かに向かっているか？

A：順調だ。うまくやっているようだ。

H：ブリップ（* レーダー画面上の輝点）が合体しつつあるか……つまり……

A：そのとおり，彼は接近している。

… … …

H：よし，そのまま進め……そのまま前に進め。目標の前方 25 から 15 度まで進め。

O：聞こえるか，管制塔＿＿＿＿＿

A：それらは接近しつつある。彼はそれのやや南にいるようだ。左旋回，左旋回。低い高度で左旋回。彼は低い高度で左旋回。物体は上昇している。

H：管制塔，今の状況は？

A：彼は低い！　上を探せ——上を探せ。ずっと上を探せ，物体は上昇している。すごい速さで上昇している。

O：管制塔からは今彼の真上にいるように見える。
A：彼のほぼ真上で上昇しているようだ。
H：分かった。ペドロ，戻せ。迎撃機に戻せ。

…　…　…

A：だが私からその物体が見える。元の位置からずっと高い。
H：よろしい。アルファ・リマは4万まで上昇する。
A：分かった。
H：よし，ペドロ。高度探査を030度に向けろ。
A：アルファ・リマに着陸灯をつけさせろ。

…　…　…

O：その位置に印をつけろ，シャーム。またレーダーで捉え損なった。
A：高度は？
H：01，今は20で060だろう。

…　…　…

H：レーダーでそれを捉えたようだ。そちらの駐屯地から10の075だ。
SP：10で075か？
H：そうだ。そこに何かいるか？
SP：075に1個いる。＿＿＿＿＿
H：了解。
SP：そして高い。彼は今我々の探知範囲外にいる。
H：どの高度探査だ？
［同時に複数の声］
O：ランス，こちらは管制塔。
H：了解。
O：こちらはクラーク大尉だ。ここからエドワーズの東にかけてこれらの物体の高度が分かるか？
H：分からない。高度探査でそれらを捕捉できない。その下を通過するか接近する迎撃機を目標にそれらを追いかけている。
CC：分かった。
H：つまりその近傍だ。現在，高度探査では彼らを捕捉できない。彼がその下を実際に通過する時刻を教えてくれ。ここにいるサイトの監視員がその位置を記録し，私はその空域に両方の高度探査をかける。

… … …

H：輝く物体が 12 時の方向に？

A：12 時のはずだ。

？：［叫び声］12 時に輝く物体がいる。

A：彼をあと 10 度左に向けさせろ。左 060 だ。

H：今 060 だ。

A：彼はその右を通過する。

… … …

H：何か見えるか？

A：いいえ，捕捉を試みた 2 個だけです。管制塔からは彼がその下を通過したように見えました。

H：エドワーズか？

A：はい，そうです。

H：そちらのほぼ南東に 1 個いるか？　今の時点で約 3 マイルだ。

A：3 マイルですか？

H：そのとおりだ。南東のずっと近くだ。そこで何か捕捉したかもしれない。

A：待ってください，何か見えます。双眼鏡で見ます。

H：120 だ。

A：今，双眼鏡で見ます。

［背景の音］

H：ペドロ，そちらが捕捉した目標の対地速度は？

SP：今話した目標か？

H：そうだ。

SP：分からない。2 回走査したら消えた。

H：それを 2 回走査したら消えた。心配したとおりだ。管制塔，聞こえるか？管制塔，聞こえるか？　ふうむ。楽観できませんが，あの戦闘機はどこかを飛んでいるようです。

… … …

H：そこで捕捉したようだ。

… … …

A：それは約１万 6,000 フィートか？

H：１万 6,000 ？

A：そうです。上官殿？　W.D. ？　やあ！

H：了解。そのとおりだ。そのエドワーズの目標は１万 6,000 だ。

O：目標を１万 6,000 で捕捉したのだな？

H：そのとおり。

O：それは 1, 6, 1,000 か？

H：そうだ，１万 6,000 だ。ペドロ，聞こえるか？　高度探査をそれに固定して自動追跡してくれ。見失うな。

SP：それは 106 のままか？

H：そうじゃない。今まで経験したことがない範囲だ。それは，えー＿＿＿＿エドワーズだ。

SP：了解した。分かった。我々がそれを開始する。

H：それから目を離すな。前回それは分裂した。覚えているか？

O：まだ双眼鏡で探しているのか？

H：管制塔，回線に戻れ。はい。あの目標はレーダーから消えました。

…　…　…

H：彼はそれの正面から接近している。

O：了解。それで追跡できているか？

H：いや。エドワーズが追跡できている……高度探査がまだそれを捉えているか？　管制塔？

A：はい。

H：01 が 10 の 120 で今接近中。

A：10 の 120。高度は？

H：彼は 15 まで降下している。

A：こちらはそれを捉えていない。

H：よろしい。01 は視認している――点滅している目標だ。彼の現在位置の下だ。

A：彼は１個捉えているのか？

H：そうだ，彼は捉えている。

A：よし。008。彼はいい位置にいる……

… … …

H：見てくれ，彼は今旋回している。彼は君の頭上で右旋回しているようだ。

A：彼は＿＿＿＿＿

H：エドワーズ，聞こえるか？

A：どうした？

H：今 01 を捉えているか？

A：そうだ，今彼を追跡している。

H：彼はまだ目標の近くにいるか？

A：それが目標かはっきりしない。我々はそれを見た。我々は彼が見ているものを見ているが，管制塔からは点滅しているように見えない。彼が見ているものを見ていると思う。そこにある何かを見ているが，何なのか分からない。

［ひどい背景雑音が続く］

A：それは目標ではないのだろう？

A：それは今まで見たもののようではない。それはずっと遠くにあるようだ。彼は原野の上空を飛んで戻ってきた。彼は今私から見て西に向かっている。いいか？

H：もう一度言ってくれ。

A：彼は今西に向かっている。いいか？

H：了解した。

O：迎撃機はあの目標 010 を捕捉したか？

H：彼はちょうどその上を通過した。彼がそれを視認したかどうかは知らない。

A：……それは静止している。

H：それは静止しているのか？

A：了解。1 万 6,000 か？

… … …

H：レーダーでまだそのコウモリを捉えているか？

SP：それをまだ調べている……

？：109 を調べて捉えたものが何かみてくれ。

H：彼を 1 万 6,000 で捉えた，そうだな？

SP：そうだ。それは静止している。ほんの一度ばかり動いただけだ。まだ変化はない。

H：よろしい。その高度探査を自動にしろ。それに作動指令を送りたい。

SP：そうする。

… … …

A：君が言う 12 の 130 の位置でレーダー捕捉した。

… … …

O：今それに ETM を作動させているか？

H：そうだ。

O：こちらは今それを捕捉していない＿＿＿＿＿。よろしい，01 はこれらの物体を視認しているか？

A：している。

O：ではリマ 01 を外す。

A：その他は見えない。

H：それらを全部見失ったのか？　01 は地表で点滅しているような幾つかの反射を見たと言った。

A：地上で点滅しているような反射なのか？

H：そうだ，湖底からだ。

A：何か分からない——こちらの航路標識か？

H：いや，航路標識なら知っている。よろしい，皆さん，キーを抜いて回線を切るのがよさそうだ。

… … …

FS：こいつは驚きだ。

H：彼は見える物体に向かって 15，20，さらに 4 万フィートまで上昇し，地上からの目視観測によればその真下を通過したと思われる。だが私の記録ではその下を飛行したものは何もない。

FS：よろしい，どうもありがとう。とにかく興味深い。

H：そのとおりだ。我々も不思議に思っている。

FS：まったくだ。

H：その理由を知ることはなさそうだ。

FS：そのとおり。知ることはないだろう。よろしい，電話をありがとう。

Testimony of Mr. Michael W. Smith, US Air Force

米国空軍レーダー管制官
マイケル・W・スミス氏の証言

2000年11月

マイケル・スミス氏はオレゴン州，次いでミシガン州で空軍の航空管制官を務めた。このどちらの施設にいたときも，UFOがレーダーで追跡され，とてつもない速度で移動するのが人々により目撃された。スミス氏は証言の中で，基地要員たちがこれらの目撃について秘密を守るように求められたこと，NORAD（北米防空軍）がこれらの出来事を完全に知っていたことを確証する。実際に，ミシガン州でのある出来事ではNORADが全面的に関与し，これらのUFOを避けてB-52爆撃機を基地に帰還させた。

私の名前はマイケル・スミスだ。私は1969年から1973年まで空軍に勤務し，航空管制と早期警戒要員を務めたが，基本的には航空管制官だった。我々の任務は軍用機に対してそれを追跡し，高度を指示すること，また我々の空域に侵入する航空機を発見し，識別することだった。

1970年の春，私はオレゴン州クラマスフォールズに配属されていた。私は夜勤当番をするためにそのレーダーサイトに出勤した。いつもならレーダー室には二人か三人の要員がいるが，その日は厨房員から保守要員まで大勢いた――あらゆる職種の人々がいた。私は何が起きているのかと訊いた。すると彼らは，レーダーでUFOを見ているのだと言った。私はそれを聞いて驚き，ペンタゴン（国防総省）には知らせたか，大統領には電話したかと訊いた。彼らは，していないと答えた。彼らはそれをしていなかった。それで私はこう言った：では報道関係者か誰かに知らせるべきではないか――これは私にとって重大事件だった。すると彼らは“いや，落ち着いてくれ”と言った。

NORAD［North American Air Defense Command（北米防空軍）］はこれを知っている。彼らはNORADを呼んでいた。上級下士官が私を脇に引っ張り，

NORAD はこれを知っていると言った――我々が知らせる相手は彼らだけだ。我々はこれについて語らない。我々はこれについて誰にも話さない。知っている人は知っている。我々はただ監視し，何が起きるかを見る，それだけだ。それが我々の仕事だ。私は，報告書か何かに記録すべきではないのかと主張した。すると彼は，君が提出する報告書ならあると言った――それは約 1 インチの厚さがあり，最初の 2 頁は目撃に関することだ。残りは基本的に君の心理分析結果，君の家族，君の血縁関係，その他あらゆることが書かれていると。

空軍がそれに目を通せば，君は麻薬をやっていたとか，母親は共産主義者だったとか，その他信用を落とせるものは何でも使って，君の信用を完全に落とすことができる。君は決して昇進できない。君は向こう 3 年半北極でテント暮らしをし，気象観測気球のおもりをすることになる。昇進の望みはないのだ。だから，そのメッセージはきわめてはっきりした明瞭なものだ：ただ口を閉ざし，誰にも何も言うな。

この UFO は静止したまま，まったく動いていなかった。次にそれはゆっくり高度を下げ，山の陰に入った。だから，レーダーからも消えた。約 15 分間はそのままだったが，次にそれはその場所の上空 8 万フィートないし 9 万フィートに現れた。次のレーダー走査では，それは 200 マイル遠方にあり，静止していた――完全な停止だった。それはそこに 5 分間ないし 10 分間空中静止し，それからゆっくり降下を始め，レーダーから消えた。次にそれは再び姿を現した。私はそれが 3 回繰り返されたのを見た。

これがもう一度起きたことを私は知っている。ここでは珍しくないことだと私は聞いた。彼らはこのような現象をしばしば見ているが，私自身は 2 回見た。

パイロットの顔が風防を貫通することなしに，あのような加速，減速を行なうことができる航空機はない。つまり，重力の中であのような動きは不可能だ……だから，それは我々が持っていない何かであることは明らかだった。我々は，それらに対して迎撃機を緊急発進させたことは一度もない。だから，それはロシアが絶対に持っていない何かであることは明らかだった。それは UFO だった。それが可能なただ一つの説明だった。NORAD はそれについて知っていた。彼らはそれをまさに UFO として処理した――それを監視し，何が起きるかを見る。他には何もするな，誰にも話すな，それを記録するな，それを公にするな。

NORAD は米国と北米の全空域を管轄している。彼らの仕事は，侵入するどんな航空機，どんな脅威に対してもそれを識別することだ――ロシア機であれ何であれだ。彼らがまずすることは，定期航空便，個人機，その他何でも，その飛行計画の一覧表と照合することだ。すべてが照合され，確認される。だから，この UFO のような何かがひょっこりとレーダー画面に現れ，飛行計画にもなく異常な飛行をしたら，それを識別するのが彼らの仕事だ。彼らは北米のすべてのレーダー基地と連携している。レーダー信号はすべてコロラド州のシャイアン山［NORAD 司令部］に行く。彼らは大きな画面を持っており，国土のあらゆる部分をいつでも見ることができる。

私のもう一つの経験は第 3 当番で起きた。私がレーダーに向かっていたとき，NORAD から連絡があった。NORAD は，カリフォルニアに近づいている UFO が 1 個あり，それは間もなく私の受け持ち範囲に入るだろうと言った。“どうすればよいか”と私は訊いた。彼らはこう言った。“何もない，ただ注視せよ，それを記録するな”我々には 1 冊の日誌があり，それには異常なことなら何でもその経過を記録することになっている。しかし彼らは“それを記録するな，何も書くな。だまって注視せよ。我々は今君にただ知らせているだけだ――注意せよ”と言った。NORAD は，これらの UFO が動き回っていることに明らかに気付いていた。私がレーダーで初めて UFO を見たとき，人々の行動はまるでそれがいつも起きているかのようなものだった。

あなたがレーダーで初めて UFO を見たとき，政府がこれを知っていることに気付く。ではなぜ彼らは報道機関に知らせないのか？

しかし，私が脇に引っ張られたときの説明は，このようなものだった。そのとおり，UFO は実在する。我々はそれを知っている。NORAD もそれを知っている。だがそれだけだ。これは秘密だ。君はこれについて話してはいけない。誰にも話すな。どんな報告書も書くな。それを記録するな。口をつぐめ。そうすれば君は次の階級章を得て昇進し，先に進むだろう。

もう一つの遭遇が，私がミシガン州に配属されていたときに起きた。それは 1972 年だった――1972 年の秋だったと思う。その夜私は一人で勤務していた。そのときまでに，私は軍曹に昇進していた。私は交換手から電話の呼び出しを受けた。交換手が言うには，電話の相手は州警察で，私と話がしたいということだった。電話に出た警察官は本当に取り乱しており，マキナック橋の北塔の上に3機のUFOがいると言った。マキナック橋はミシガン州のアッパー半島とロウアー半島とをつないでいる。

私はすぐにレーダーのスイッチを入れたが，すぐにその警察官に，レーダーには何も映っていないと返答した。私は受話器を置いた。これは予め決められていた言い方だった——もし何かを見ても“レーダーには何も映っていない”と答える。しかし実際には，その北塔はやや大きく見えた。そのとき私は，それらがUFOであることに気付いたのだ。1機が他の2機を残して発進し，マキノー島を周回して元に戻った。それから3機すべてが，セントイグナスから北に延びる州間高速75号線に沿って移動し始めた。

そうこうしている間に，私は保安官事務所から電話を受けた。彼らは取り乱しており，“我々はUFOを追って高速を走行中だ”と言った。私は，レーダーには何も映っていないと返答した。何人かが電話をしてきた——何人かの市民だ。報道関係者も一人いたと思う。その間に私はNORADに電話し，彼らに知らせた。彼らはそれを見上げ，“ああ，それらは州間高速75号線を北上している，そうだね？”と言った。私は，そうです，時速約70から80マイルですと言った。

ところで，セントイグナスと［不明瞭］の中間に，キンチェロ空軍基地がある。そこはSAC（戦略空軍）基地の一つだ［1977年に閉鎖］。そこにはB-52爆撃機がある。そのとき，2機の爆撃機が最終進入していた。それは州間高速75号線と交差している。明らかに彼らは，それらの2機の爆撃機を迂回させた。なぜなら，彼らは——爆撃機が核兵器を積んでいたにせよ積んでいなかったにせよ——高速を横切り，ほぼ同じ高度で爆撃機をUFOと遭遇させる危険を冒したくなかったからだ。それで彼らは2機のB-52を迂回させた。

UFOが近づいたとき，私はUFOがこちらに向かっていることに気付いた——高速に沿って，まさに私のレーダーサイトのそばを通過する。レーダーサイトは丘の上にあった。

私は，1個の明るい青味がかった輝きが無音でそばを通過するのを見た。その後を赤と青の点滅するライトをつけたパトカーが追っていた。

もし私が，確かにそれらがレーダーに映ったと話していたら，次には新聞社がその話を聞きにやってきて，私はおそらく軍法会議にかけられていた……それらが実際にレーダーに映ったとき，何も映っていないと言ったのは，まさに本能的反応だった。私はそれらが高速道路をやってくるのを見ていた。それらは互いにぴったりくっついていて，まるで帰還した航空機のように見えた。言い換えれば，それは超低空の１機の航空機のようだった。

相手がバッジを付けているかどうかは関係ない――これを話してはならない。私は日誌にこれを書いた。そして翌日，私の上級下士官にこれを話した――しかし，これができることのすべてだ。他の誰にも話すな。それを記録するな。もっとも，私はそれを記録してしまっていた。だが，その日誌をいつか誰かが見つけるだろうとは思えない。

政府，彼らは隠蔽する。彼らは誰かがそのことについて話すのを望まない。しかし，それは本当に驚くべき技術なのだ。これらの人々は，どことも知れない場所からやってくる。思うに，彼らは皆に知ってもらいたいのではないか……

個人的な話をすれば，オレゴン州で起きた最初の事件の後，私は休暇をとって帰省し，そのことを父親に話した。彼はその間ずっと赤くなったり，蒼白になったり，青ざめたりしていた――かつての第二次大戦の英雄であり，大変な愛国者だ。私は，これらのUFOが日常的に目撃されると説明していた。父はこう言った。“いや，政府はUFOなんていないと言っている”私は父に，これらをレーダー上で自分の目で見たんだと言った。そうしたら父は，いいかげんにしろ，政府は私に絶対嘘をつかないと言った。だが，ここにいるのはその息子だ；私は父に決して嘘は言わない。

そうしたら，父はどうしてよいか分からなくなった。彼が私にこう言ったのは，数年後ウォーターゲート事件が終わった後だった。“お前，ここに座って私にそれを話してくれるか？　政府はウォーターゲートのような小さなことについて私に嘘をついていた。だから，彼らは何か大きなことについても嘘をついているに違いない”

それはもはや必要のない，政府の隠蔽活動だ。冷戦はすでに終わった。私はグリア博士と同じことを考える。つまり，彼らが持っている技術は化石燃料の燃焼，オゾン層の破壊などをやめさせることができるだろう。これらの人々は技術を持っている――何か持っているに違いない。政府はそのことを知っている。彼らはこれらの異星人，これらの宇宙機，この技術，そのすべてを所有している。多くの逆行分析技術（back-engineered technology）があることは，きわめて明白だ。他の政府が前向きに取り組み，それを認め，彼らのファイルを開示しているときに，これを隠蔽している者たちは誰か——我々の政府はなぜそれをしないのか？

私が空軍にいたとき，他にもレーダーでUFOを目撃した人々が何人もいた。私が話をした多くのパイロットは，それらを追跡したり，それらに接近したり，それらと編隊を組んで飛んだりしていた。例を挙げると，私の友人が管制塔にいたとき，3機の迎撃機による飛行編隊が入ってきた。そうしたら彼は“おや，4機いるぞ”と言った。すると隊長が“違う，我々は3機だ”と続けた。彼は“周りを見ろ”と言った。実際にそのとおりで，そこには彼らと一緒に編隊を組んで飛んでいる1機のUFOがいた。

グリア博士が議会説明を行なうために［1997年4月に］我々をワシントンD.C.に連れていったとき，私はとても緊張していた。何が起きるか分からなかった。しかし，そこには12人ほどの他の人々がいて，私は本当に驚いた。私の話は，彼らが経験し遭遇したことに比べたら，まったく大したものではなかった。秘密がいかに深く進行しているか，隠蔽がいかに深いものか，それは実に目を見張るようなものだった——宇宙飛行士から上院議員まで，誰もが何かが進行していることを知っているのだ。

Testimony of Commander Graham Bethune, US Navy

米国海軍中佐
グラハム・ベスーンの証言

2000年11月

グラハム・ベスーン中佐は，最高機密取扱許可を持つ退役海軍中佐パイロットだ。軍では要人輸送機長を務め，ワシントンD.C.からの高官や民間人のほとんどを輸送した。彼は証言の中で，一団の要人とパイロットたちを乗せてニューファンドランドのアルゼンチアに向かったときのことを語る。そのとき彼らの全員が，300フィートの大きさの1機のUFOが彼らの前方で瞬く間に1万フィート垂直に上昇したのを目撃した。それはレーダーにも映った。彼はこの出来事を詳細な文書にまとめており，その選り抜きの数頁がこの証言に添えられている。

GB：グラハム・ベスーン中佐／SG：スティーブン・グリア博士

GB：私の名前はグラハム・ベスーンだ。私は中佐，海軍の退役パイロットで，パイロットを訓練する正規の海軍プログラムを履修した。ペンサコラの航空アカデミーを卒業したのは1943年だった。そしてもちろん，すべての海軍パイロットは航法士の訓練を受ける。これは，これから我々がここで議論しようとしていることを話すときにとても重要だ。というのは，我々はすべての星座や，その類の物事を知らなければならなかったからだ。私はかれこれ13年間，星々を頼りに地球の周りを航行した。1943年にペンサコラを卒業すると，私は南大西洋に行き，対ドイツ潜水艦作戦に従事したが，これは徹夜飛行だった。我々の仕事は，すべて夜間の哨戒機の中で行なわれた。

私は1950年に第1輸送飛行隊勤務となり，他の二人の将校と共にアイスランドのケプラビークに派遣された。行く前にワシントンD.C.で会合があった。アイスランドのケプラビーク上空でUFO目撃が起きており，彼らを守るために部隊が必要だということだった。

その会合の中で，彼らはなぜ部隊を要請したか，彼らは何を目撃しているかについて，我々に説明があった。我々は，彼らが目撃しているその航空機の種類についてもっと詳しく説明できるかと訊ねた。彼らの説明は，それらがほとんど夜に目撃されているというものだった——光を放つ丸い形の航空機。海軍飛行試験センターから来ていた我々は，そこであらゆる試験を行なったが，その中にそんなものはないと知っていた。

私は彼らに，我々の政府はそれらが何であると言っているかと訊いた。彼らはこう言った。“それらは実験機，おそらく実験的なロシアの爆撃機だろうとあなたたちの政府は言った（笑い）”

飛行は通常だと10時間かかる。だがこの夜に限って風は16ノットの向かい風だった。ニューファンドランドのアルゼンチアまでおよそ300マイルから400マイルだったと思うが，私は水平線下の水面に何かを見た。それは夜間に都市に近づいているような見え方だった。それはまるで間接照明のようで，まったく鮮明ではなかった。それは，もし夜間に大都市に近づいていったら見える景色と同じものだった。私はしばらくそれを見つめた。時刻は1時頃だった。

ついに私は右座席にいたキングドンに，あれを見ろと言った。彼は私のために航路を確認していた。彼はそれを見たが，何であるかは分からなかった。我々はそれを解明できなかった……そこには何もないはずだった。我々はすでに警備艦の上を通過してしまっていた。当時彼らは，アイスランドとニューファンドランドの間に1隻の警備艦を持っていた。警備艦は我々に最新の気象通報をしていた。天候は快晴だった。北極光の活動もなかった。それは気象通報の一部として伝えられる。また，我々は艦船の位置をプロットしたが，その海域には1隻もいなかった。それで管制に，もう一つ我々に定点を示し，我々が本当に航路を進んでいるかどうかを調べてくれと言った。我々は流されているかもしれない，見ているのはラブラドールかグリーンランドの一部かもしれないと考えた。そうしたら管制は，いや，我々は正しい航路をとっていると言った。

こうして我々はそれをしばらく見つめたが，我々はその右側に流されていた。機首は222度ないし225度を向いていた。高度は1万フィートで，初めはそれから40マイル離れていた。我々がそれから25マイルないし30マイルまで来たとき，鮮明な光が見え，水面上にある模様があった。しかしその模様から，何が起きているかは分からなかった。おそらく海軍が何か海中から回収しているのか，そんな類の秘密性の高いことをしているのだろうと我々は考えた。その模様は丸い形をしており，とても大きかった。

私は機付長（*特定の機体に付く整備責任者）に，もう一人の機長であるアル・ジョーンズを呼んでくるように言った。彼らはアルゼンチアに着陸したいと思っていたからだ。乗客は31人で，我々はパイロットを含む2組の要人輸送隊と哨戒機パイロットたちを乗せていた。彼らが機の前方にやってきたとき，それらの光は水面上から消えた。水面上には何もなかった。光が消えたとき，我々はそれから約15マイル離れていた。つまり，真っ暗闇だった。

今や私の後ろには航法士，無線士，それに機付長も立っていた――操縦室はいっぱいだった。まったく突然に，我々は水面上にとても小さな黄色い光輪を見た。約15マイル離れていた。それはすぐに1万フィートまで上昇してきた――瞬く間だった。

［このUFOの運動に関する他の説明との類似性に留意されたい：それは1秒かそこらで15マイルを移動した。SG］

私は，それが我々を貫通しようとしているのではないかと考えた。私は自動操縦を解除し，機首を下げた。衝突を避けるため，飛行方位を保ったままでその物体の下を通過しようとしたのだ。

そうしたら何が起きたか。私がその操作をしたわずかな時間に，それは我々の高度で目の前に現れ，操縦室の外はこの飛行物体以外に何も見えなくなった。私はどの方向に進んだらよいか分からなくなった。そのとき突然，私は大騒ぎに気付いた。私は何の騒ぎか分からなかったので，フレッド（*キングドン），一体どうしたんだ？と訊いた。彼は見回して，“我々の後ろで皆ひっくり返ってぶつかり合って，床に転がっている，ひどい状態だ”と言った。私が視線を戻したら，そこには何もなかった。すると彼は“それはこちらの右方にいる”と言った。今やそれは約1マイルの所にあった。それは前方約5マイルの位置に移動したように見え，そこでかなりの時間，我々と並んで飛行した。

その高度が我々より上でないことが初めて分かったのは，このときだ。それは我々より低い高度にあったが，水平線よりは上にあり，そこに物体の側面が見えていた。一つのドームが見え，物体の縁を色光が取り巻いていた。

我々はこれが友好的な遭遇であることを知った。彼らは我々がここにいることを知っていた。彼らは我々に逢いにやってきた。しかしそのとき我々は，アイスランド人が言っていたのと同じことを我々に見せるために彼らがそうしたのだとは考えなかった。

こうして我々は，それをしばらく見つめた。するとアルが操縦を代わってくれと言った。私はアルと交替し，アルは自動操縦を解除してそれを追跡しようとした。そのとき我々は約60ノットの向かい風を受けており，対地速度はおそらく120ノットか130ノットしかなかっただろう。だから，彼はこの物体をあまり遠くまで追跡するつもりはなかった。しかし，彼は旋回して追跡を開始した。

私は乗客たちがどんな反応を示しているかを見るため，また同乗している医師と話をするために，後方へ行くことにした。最初にその医師の所に行き，ドクター，我々が見たものをあなたは見ましたか？と訊いた。彼は私の目を真っ直ぐ見ながら，ええ，あれは空飛ぶ円盤でした，と言った。そして，私はこんなものは信じていませんから，それは見ませんでしたと言った。彼が言っていることを理解するのに私は数秒を要した。彼は一人の精神科医として，あの種の物事を信じることができなかったのだ。私は再び機首に戻り，アル，何をしてもいいが，我々が見たものを誰にも何も話すな，彼らは我々が地上に降りるとすぐに拘留するだろうと言った。彼は，もう遅い，たった今ガンダー管制を呼んで，彼らがこれをレーダーで捉えていたか，訊いたところだと言った。この話が漏れたのはそういうわけだった。

我々がアルゼンチアに着陸すると空軍がそこにおり，我々を訊問した。訊問したその大尉は実によい仕事をした。だがこの種の遭遇に関する限り，彼が誰かを訊問したのはこれが最初ではなかった。彼は申し分のない出来の報告書を作成し，それはワシントンD.C.にある空軍司令部に送られた。

最初，その色は黄色だった。それが近づいてきたとき，なぜ私は異なった色を見たのか。その後私はくわしい人たちからその理由を教えてもらった。その色は縁に並んでいた。それは黄色からオレンジ，さらに燃えるような赤へ，次にほとんど紫色に変わった。彼らは，それは費やされたエネルギーの量に関係していると言った。それはいわばパワーに関係していた。それが速度を落とし，我々に近づいてくると，たちまち黄色がかったオレンジ色に戻った。その周りは霧がかかっているようだった。それはプラズマミストのような，そんな性質の何かだった。

我々がその飛行物体の大きさを訊かれたとき，私には 300 フィートという数字が浮かんだ。私は 1991 年に公文書保管所からその報告書を入手するまで，他の誰かの報告書を見たことはなかったが，皆それを直径 250 フィートから 350 フィートと言っていた。他の人々の話でも，実際にそれくらいの大きさがあったということだった。それが我々を離れたときの速度に関して言えば，時速 1,000 マイルから 2,000 マイルと推定された。その報告書を見たとき，アル・ジョーンズは時速 1,800 マイルと推定していた。私の推定は 1,000 マイルだった。1,500 マイルというのもあったが，同じ範囲内の数字だった。私がそれまで見たことがなかったレーダー報告書では，時速 1,800 マイルだったことが分かった。

それほど速く移動する航空機を，我々は持っていなかった。そしてもちろん，私は海軍飛行試験センターにいたことがあった。テストパイロットの訓練所があったのはそこだった。そこで我々は，航空機の極秘実験を行なっていた。私が知る限り，あれに近い速度や丸い形を持った航空機はどこにもなかった。

この飛行物体は，あの短時間（1 秒かそこら）に 15 マイルを移動した。それがどれほどの速度で我々に向かってきたか，計算できるだろう。そして次には，我々の直前でブレーキを踏んだようなものだ。直径 300 フィートのものが目前にあれば，操縦席の窓からはほとんど何も見えないだろう。

私はある本を書いている磁気技術者と数年間連絡をとり続けてきた。彼はすでに（航空機に磁気的な影響を及ぼした UFO についての）100 件のパイロット報告書に通じていた。私は彼に，起きたことのすべてを詳細に伝えた。

私が自動操縦に戻したとき，パネル中央にあった磁気コンパスは行きつ戻りつ振れていた。私はフレッドに，これを見たかと言った。彼は，君はあの飛行物体が近くにいたときそれを見なかったのか，それは回転していたぞと言った。我々は他のコンパスも見た。この時点で，その飛行物体は我々からおそらく5マイルは離れていた。我々は自動方向探知器と呼ぶものを持っていた。それらは低周波の電波装置で，ある局に周波数を合わせるとその局を指し示す。これらの二つの自動方向探知器は，その飛行物体を指していた。あと二つのコンパスがあった。我々は翼の中に一つの遠隔コンパスを持っていた。それは反応していた。その飛行機には全部で五つの異なる定針儀（ディレクショナル・ジャイロ）があったが，そのうちの三つが正常に作動していなかった。

私はそれがレーダーで追跡されたと聞かされた。彼は，そのレーダー報告書はワシントンD.C.の空軍司令部に送られたはずだと言った。それは通常そこからライト–パターソン空軍基地に行く。だが，私の上司はワトソン大佐（* 空軍航空技術情報センター所長）に話した後で，その報告書をライト–パターソン空軍基地記録保管所のブルーブック計画の中で見つけ，その速度が1,800マイルだったことを確認した。それをどこで見つけたのかと私は訊いた。それはあるレーダー報告書の中にあったと彼は言った。だから，彼らがそのレーダー報告書をマイクロフィルムに撮る前に何かが起きたのだ。なぜなら，私が持っているマイクロフィルムの記録は記録保管所から入手したものだからだ（そしてレーダー報告書は消えていた）。私は，ライト–パターソン空軍基地にいる数年来の友人から次のように言われた。彼らはスティーブン・スピルバーグに，このマイクロフィルム撮影を許可していた。つまり，第三種接近遭遇に関するブルーブック記録，その他の資料だ。だから，彼（スピルバーグ）は相当高いレベルの機密取扱許可を持っていた。彼は，その……あなたがご存じの統制グループが関係する人々の一部と関わりを持っていたはずだ。

もう一人の機長，その居所を私は何年も前に見つけていたが，彼はこの集団に属しており，決して話そうとしなかった。彼の退役後，1996年に私は彼と再び連絡をとり，彼が住んでいた所に飛んだ。そこで私は，これから我々はそのことをテープに録音しながら議論しようと言った。ことの経緯はそういうことだった。私の報告書に，彼が述べたことが数頁にわたり書かれている。彼が見て描いた図もそこにある。それは驚くほどよく一致していた。

[我々はこの報告書の完全版を，他のパイロットによる事件の裏付け証拠と共に持っている。SG]

私が見つけた文書［政府文書を見よ］は空軍が集約した公式文書で，それはもともとグラッジ計画のもとで保管されていた。

［グラッジ計画に関係していた空軍中佐チャールズ・ブラウンの証言を見よ。SG］

しかし，その文書の扉にはトウィンクル計画とあり，そこに何らかの理由で省かざるを得なかった多数の報告書が保管されていた。

［ブラウン中佐はその証言の中で，本当の機密事例はグラッジの外の別の計画で取り扱われ，彼はそれに接近できなかったと確証していることに留意されたい。SG］

記録保管所によれば18頁あった。しかし，マイクロフィルムには17頁しかなかった。だから，残りの1頁はレーダー報告書だったのかもしれない。

当時，アイゼンハワーの後任マコーミック提督がNATO（北大西洋条約機構）軍司令官，大西洋連合軍最高司令官だった。その彼の補佐官が私に接近してきた。誰もがこの出来事を知っているようだった。たとえばラドフォード提督，彼は初代統合参謀本部議長になったが，彼の補佐官がそれを知っていた。なぜなら，彼が私にそれを話したからだ。だから，これについて知っていた人々は相当いた。その事件が実際には公式のものとされず，実際にどの本にも出てこないことを知ったのは，これらを通してだ。

［コーソ大佐など一部の証人は，きわめて機密性の高い事柄は口伝で‘頭脳から頭脳へ’と伝えられると述べていることに留意されたい。SG］

その後5月になって，私の家に一人の情報当局者が来た。彼は数枚の写真を見せた。私が初めて見るものだった。それと同じように見える写真は，まったく一つもなかった。そこには直径100フィートの物体の写真が1枚あった。それはあまり損傷を受けていないようだった。

[ここで彼は損傷の程度について言及することで，回収または墜落物体の写真があったことを暗に述べている。SG]

私が多くの質問をしたのは，この人物に対してだった。この報告書に何が起きたのかと私は訊いた。彼は起きたことを正確に語った。ある委員会が存在すると彼は言う。彼はこう言った：“合同情報委員会がある……彼らが報告書の行き先を決める”

彼らは何度も私の所にやってきて，何枚もの写真を見せた。その中には，我々がフー・ファイターズと呼ぶものかもしれないそれが多数あった。また，丸くて輝く円盤状のものも多数あった。

キンブルという海軍長官がいた……私は将官部の要人輸送機長と呼ばれる立場にあり，ワシントンD.C.からの高官や民間人のほとんどを輸送した。これらの当局者の何人かは，彼らが見たものを私に語った。たとえば，太平洋上で一緒に飛んだ2機の飛行物体があった。また，1機の輝く円盤が彼らのうちの1機の脇に近づき，しばらく一緒に飛行し，彼らの周囲を飛び回った。

我々の事務所はライト–パターソン司令部の管轄下に入った。そこは中枢部だった。そこでは，パイロットたちの会合が持たれた。そこでは，こうした種類のあらゆる会合が持たれた。私は毎月1，2回は会合に出かけた。さらに年に2，3回のセミナーがあった……それは1週間ほどだった。

あるとき，我々の駐機場にいたときのことだが，そこは格納庫のように見えるものから遠くなかった。それは波形金属板でつくられた格納庫のように見え，ほとんどいつも開いていた。上司と私がその脇を通るたびに，上司は私がそこまで行ってその金属壁の背後にあるものを見たいと思わないことを不思議がった。彼が私に言ったことの大筋は，その背後には1機の宇宙機があり，ETの遺体もあるということだった。それを私に言ったのは彼が最初ではなかった。

彼はフォーニィ提督との話し合いから，フォーニィ提督（彼は我々のミサイル部門の最高責任者で，ホワイトサンズにいたことがあった）が，他の惑星からの宇宙機が我々を訪問していると確信していることを知った。彼はまた，ワトソン大佐との話も持ち出した。彼はワトソン大佐から，これらの多くのファイルを見る許可を得た。そこに何があるのかを彼に話したのは大佐だった。彼は彼らがそこに保管していたもの［ET宇宙機と遺体］を見た。だから，今述べたように，私が関心を持たないことを彼は理解できなかったのだ。私はこう言った。“実際のところ，私はそれに何の関心もありません。私はそれについて話すことは決してできないでしょうから”私はこれまで見てきたことから，今ならそれらが存在することを知っている。ライト–パターソン空軍基地には1機の宇宙機があった。それはどこかに墜落した宇宙機だった。

SG：地球外のものでしたか？

GB：地球外宇宙機，まさにそのとおりだ。また，彼が話していた遺体は地球外知性体だった。

私は自分が見たものに確信を持っている。私が知る限り，あれほど大きなものを我々は持っていなかった。それは他の惑星からのもので，この地球のものでないことは確かだ。当時の我々の技術では，あのような航空機を持つことはできなかった。私は確信している。

私は最高機密取扱許可を持っていた。だが，ここで我々はこの知る必要性（need-to-know）に立ち戻る。私が知らなくてもよいある事柄について，他の人々が知る必要性を持っていた多くの事例を私は知っている。だから，もし我々が他の惑星から来た何かを持っているとしたら，磁気技術者であれ宇宙航空技術者であれ，他の何者であれ，これらのうちの何人かがそれに関与するだろうことは確かだ。

コーソの本に関してだが，同種のものかもしれない事柄に私も巻き込まれていた。このような物体を逆行分析（back engineering）するために，彼らは我々に，これと似た装置を製造する分野で誰か契約業者はいないかと訊いていた。それは地球の技術ではないと彼が言ったので，我々がそれについて考えることは決してなかった。

その後1960年代になって，私たち一家は新居に引っ越したばかりだった。息子は8歳くらいだった。私たちは裏庭で芝を敷いていた。私は汚れを落とすために家に入った。すると息子が入ってきて，お父さん，お母さんが外に出てきてと言っていると言うんだ。どうして？と私は訊いた。息子は，空飛ぶ円盤が見えると言った。息子は空飛ぶ円盤について一体何を知っているんだ？と私はひそかに思った。それで外に出たら，そこに妻が立っていて，上空の何かを指さしていた。それが何だったのか，あなたにはお分かりだろう。それは1機の宇宙船だった。それを取り囲んで数機の小さな宇宙機がいた。私は双眼鏡を取りに家に戻った。これをもっとよく見たかったからだ。私が戻ると，宇宙船そのものは去っていたが，運よく小さな宇宙機を2，3機見ることができた。皆家に戻ったとき，私は妻にこう訊いた。“空飛ぶ円盤のことをどうして知ったのかね？”なぜなら，我々は我々の遭遇について妻にさえ話してはならなかったからだ。あれは1951年のことだった。

APPROVED 1 JUNE 1948

UNCLASSIFIED

AIR INTELLIGENCE INFORMATION REPORT

FROM (Agency)	REPORT NO.		
Dir/Int, Hq NEAC	IR-4-51	PAGE 2	OF 2 PAGES

1. The following described unidentified aircraft/object was sighted off the coast of Newfoundland by MATS Navy C-54 crew.

R5D

a. Originally sighted as a single, heavy, yellowish light, similar in appearance to that of a city. As object approached observing aircraft, it grew very bright and large, and appeared to be semi-circular in shape. Near aircraft, it did a 180° turn and was last seen as a small ball disappearing over the horizon. The speed was "terrific" and the size "tremendous" to quote observers. (The difference in size between the time it was first seen and last seen as a small ball going over the horizon was described as tremendous, at least 100 times larger.

b. Sighted at 0055Z on 10 February 1951 and remained visible for approximately 7 or 8 minutes.

R5D-#56501

c. Visually observed from MATS Navy C-54 #6501 of VR-1 Squadron based at Patuxent, Maryland, flying at 10,000 feet altitude, 172 knots air speed, 225° true course.

d. Observing aircraft was at 49° 50' N 50° 30' W at the time of observation. Object appeared near the water's surface at approximately a 45° downward angle from the observing aircraft and was making good a true course of approximately 125°. Upon approaching observing aircraft, it executed a sudden turn approximating 180° and disappeared very rapidly over the horizon.

e. Object sighted by 5 crew members, listed below, of the above aircraft, who are all experienced North Atlantic fliers. Gander Traffic Control reports no other aircraft known to be in the vicinity at time of sighting. All 5 observers agree on facts as stated, but there has been no confirmation from other sources. Believe C-3 appropriate.

Lt Fred W. Kingdon - 173390 (first to see object)
Lt. A. L. Jones - 391096
Lt G. E. Bethune - 299055
Lt N. G. B. Koger - 305873
Lt. J. M. Meyer - 263836

f. Weather clear, visibility from 15 miles to unlimited, no other weather information available.

g. No unusual meteorological activity known to exist and having any influence on the sighting. This object could not have been a comet as the object was below and between the aircraft and ocean.

h. No physical evidence available.

i. No interception action taken.

2. The above information was forwarded from this Headquarters to Headquarters, USAF by [illegible] 10 February 1951 by [illegible] NEAC EN [illegible] and EN 0215.

UNCLASSIFIED

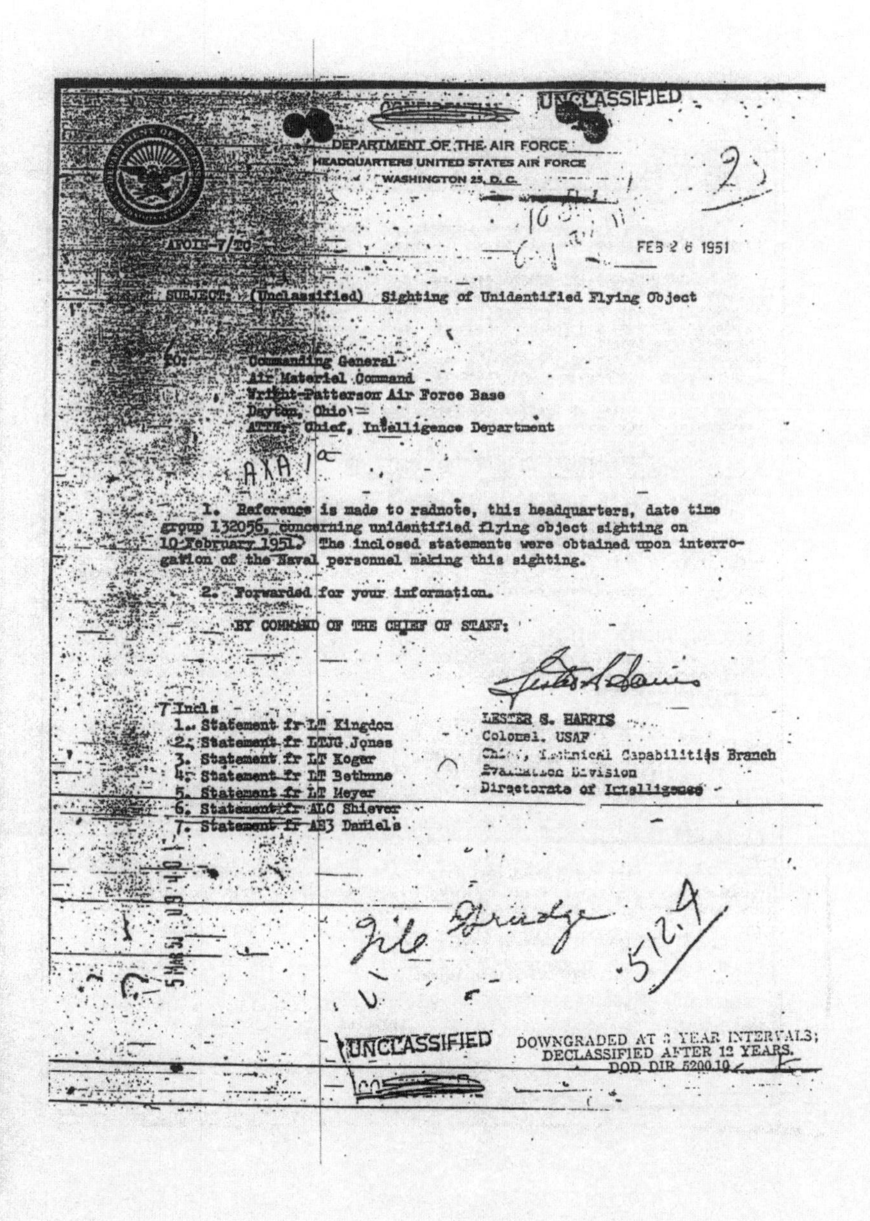

UNCLASSIFIED

DEPARTMENT OF THE AIR FORCE
HEADQUARTERS UNITED STATES AIR FORCE
WASHINGTON 25, D. C.

AFOIN-7/TC

FEB 26 1951

SUBJECT: (Unclassified) Sighting of Unidentified Flying Object

TO: Commanding General
Air Materiel Command
Wright-Patterson Air Force Base
Dayton, Ohio
ATTN: Chief, Intelligence Department

1. Reference is made to radnote, this headquarters, date time group 132056, concerning unidentified flying object sighting on 10 February 1951. The inclosed statements were obtained upon interrogation of the Naval personnel making this sighting.

2. Forwarded for your information.

BY COMMAND OF THE CHIEF OF STAFF:

7 Incls
1. Statement fr LT Kingdon
2. Statement fr LTJG Jones
3. Statement fr LT Koger
4. Statement fr LT Bethune
5. Statement fr LT Meyer
6. Statement fr ALC Shiever
7. Statement fr AE3 Daniels

LESTER S. HARRIS
Colonel, USAF
Chief, Technical Capabilities Branch
Evaluation Division
Directorate of Intelligence

File Grudge 512.7

UNCLASSIFIED

DOWNGRADED AT 3 YEAR INTERVALS;
DECLASSIFIED AFTER 12 YEARS.
DOD DIR 5200.10

ITEM 4 AMC /CONFIDENTIAL/
FROM JJ RODGERS MCIAXA-1A UNCLASSIFIED
TO COL HARRIS AFOIN-V/TC

TT-071-PH
20 February 51
MCIAXA/Rodgers

REFERENCE RECENT RADNOTE MESSAGES FROM YOUR HEADQUARTERS CONCERNING SIGHTING OF UNIDENTIFIED FLYING OBJECT IN THE VICINITY OF NEWFOUNDLAND BY NAVY AIRCREW. BASED UPON THE INFORMATION PRESENTED, IT IS IMPOSSIBLE TO COME TO DEFINITE CONCLUSIONS REGARDING THE SIGHTING. HOWEVER, THE MATTER WAS DISCUSSED IN SOME DETAIL WITH AN ASTRONOMER STUDENT ATTACHED TO THE AMC GRADUATE CENTER AS A RESULT OF THIS DISCUSSION IT WAS CONCLUDED THAT WHILE THERE IS A POSSIBILITY OF THE OBJECT SIGHTED BEING A METEOR OR FIREBALL, THE DESCRIPTION FURNISHED GIVES REASON TO BELIEVE THAT THE AIRCREW SAW AN UNUSUAL "NORTHERN LIGHTS" DISPLAY. NO FURTHER ACTION IS CONTEMPLATED ON THIS INCIDENT UNLESS ADDITIONAL INFORMATION IS RECEIVED WHICH WOULD TEND TO CHANGE OUR ESTIMATE OF THE SITUATION.

INFORMATION
DOWNGRADED AT 3 YEAR INTERVALS
DECLASSIFIED AFTER 12 YEARS.
DOD DIR 5200.10

INTERVALS:
YEARS.
DOD DIR 5200.10

575-25303

END ITEM 4 AMC /CONFIDENTIAL/
UNCLASSIFIED

TO CGAMC WP AFB OHIO

AF GRNC

UNCLASSIFIED

/4 E S [illegible] D/ RADNOTE FOR MCISXD FROM AFOIN-C/DD-13/CAPT OSTREM
THE FOLLOWING CABLE IS QUOTED FOR YOUR INFORMATION: "VR-1 PILOTS OFF LIGHT N-125 ENROUTE KEFLAVIK TO ARGENTIA ON COURSE 225 TRUE AT 10,000 FEET REPORTED AN UNIDENTIFIED RED AND YELLOW OBJECT AT 100055Z INITIALLY BEARING 000 RELATIVE. OBJECT APPEARED TO BE CLOSE TO SURFACE. SHAPE INDEFINITE WHEN FIRST SIGHTED LATER APPEARING CIRCULAR. DIAMETER ESTIMATEECESS 400 FEET. OBJECT APPROACHED PLANE TURNED AND DISAPPEARED OVER HORIZON ON COURSE 290 TRUE AT TREMENDOUS SPEED. 100055Z POSITION LATITUDE 49-52 NORTH LONG 50-03 WEST. SIGHTING REPORTED TO GANDER ATC PLAIN LANGUAGE."

12/2150Z

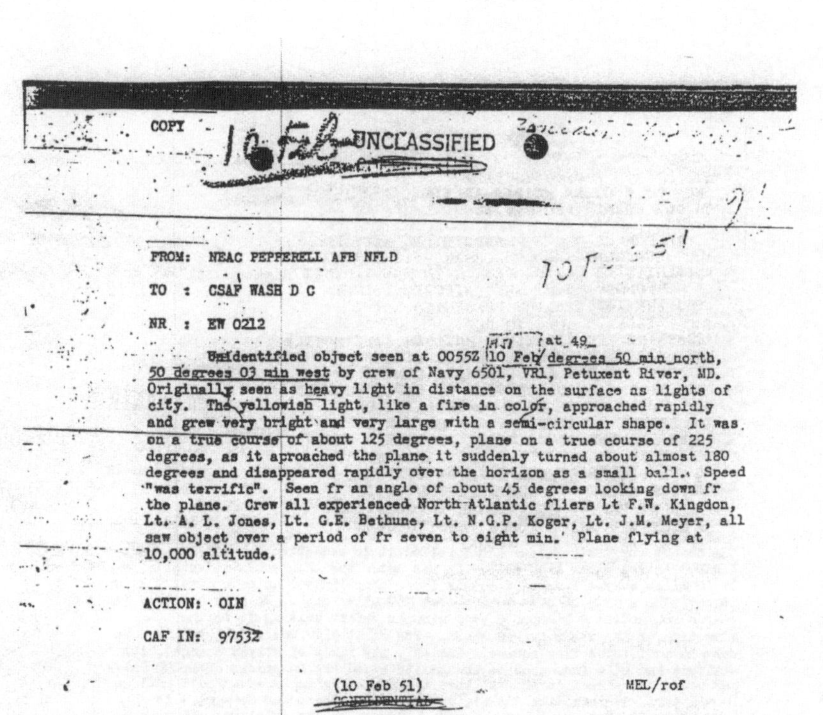
COPY 10 Feb UNCLASSIFIED

FROM: NEAC PEPPERELL AFB NFLD

TO : CSAF WASH D C

NR. : EW 0212

Unidentified object seen at 0055Z 10 Feb at 49 degrees 50 min north, 50 degrees 03 min west by crew of Navy 6501, VR1, Petuxent River, MD. Originally seen as heavy light in distance on the surface as lights of city. The yellowish light, like a fire in color, approached rapidly and grew very bright and very large with a semi-circular shape. It was on a true course of about 125 degrees, plane on a true course of 225 degrees, as it aproached the plane it suddenly turned about almost 180 degrees and disappeared rapidly over the horizon as a small ball. Speed "was terrific". Seen fr an angle of about 45 degrees looking down fr the plane. Crew all experienced North Atlantic fliers Lt F.W. Kingdon, Lt. A. L. Jones, Lt. G.E. Bethune, Lt. N.G.P. Koger, Lt. J.M. Meyer, all saw object over a period of fr seven to eight min. Plane flying at 10,000 altitude.

ACTION: OIN

CAF IN: 97532

(10 Feb 51) MEL/rof

UNCLASSIFIED

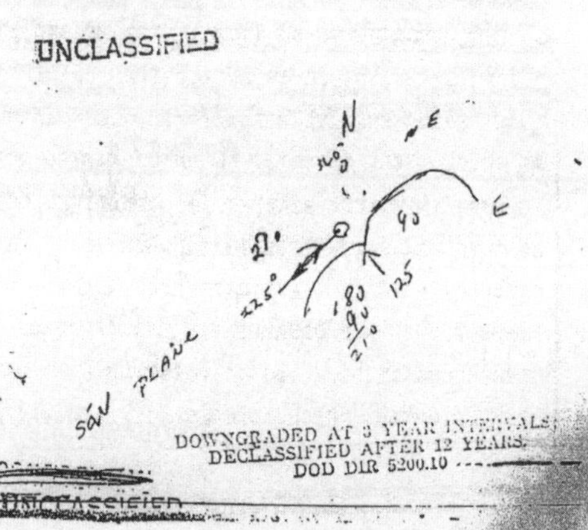

DOWNGRADED AT 3 YEAR INTERVALS; DECLASSIFIED AFTER 12 YEARS. DOD DIR 5200.10

UNCLASSIFIED

UNCLASSIFIED

FLEET LOGISTIC AIR WING, ATLANTIC/CONTINENTAL
AIR TRANSPORT SQUADRON ONE
U. S. NAVAL AIR STATION
PATUXENT RIVER, MARYLAND

UNCLASSIFIED

10 February 1951

C O N F I D E N T I A L

MEMORANDUM REPORT to Commanding Officer, Air Transport Squadron ONE

Subj: Report of Unusual Sighting on Flight 125/9 February 1951

1. I, Graham E. BETHUNE, was Co-Pilot on Flight 125 from Keflavik, Iceland to Naval Air Station, Argentia on the 10th of February 1951. At 0055Z I signed and observed the following object:

SIGHTED　　4 TO 5 MILES

While flying in the left seat at 10,000 feet on a true course of 230 degrees at a position of 49-50 North 50-03 West, I observed a glow of light below the horizon about 1,000 to 1,500 feet above the water. Its bearing was about 2 O'Clock. There was no overcast, there was a thin transparent group of scuds at about 2,000 feet altitude. After examing the object for 40 to 50 seconds I called it to the attention of Lieutenant KINGDON in the right hand seat. It was under the thin scuds at roughly 30 to 40 miles away. I asked "What is it, a ship lighted up or a city, I know it can't be a city because we are over 250 miles out". We both observed its course and motion for about 4 or 5 minutes before calling it to the attention of the other crew members. Its first glow was a dull yellow. We were on an intercepting course. Suddenly its angle of attack changed, its altitude and size increased as though its speed was in excess of 1,000 miles per hour. It closed in so fast that the first feeling was we would collide in mid air. At this time its angle changed and the color changed. It then was definately circular and redish orange on its primiter. It reversed its course and tripled its speed until it was last seen disappearing over the horizon. Because of our altitude and misleading distance over water it is almost impossible to estimate its size, distance and speed. A rough estimate would be at least 300 feet in diameter, over 1,000 miles per hour in speed and approached within 5 miles of the aircraft.

(500 FEET)

/s/Graham E. BETHUNE
LT, U. S. Naval Reserve.

ENCLOSURE (4)

UNCLASSIFIED　DOWNGRADED AT 3 YEAR INTERVAL
DECLASSIFIED AFTER 12 YEARS.
DOD DIR. 5200.10

~~CONFIDENTIAL~~ UNCLASSIFIED

FLEET LOGISTIC AIR WING, ATLANTIC/CONTINENTAL
AIR TRANSPORT SQUADRON ONE
U. S. NAVAL AIR STATION
PATUXENT RIVER, MARYLAND

UNCLASSIFIED 10 February 1951

~~C O N F I D E N T I A L~~

MEMORANDUM REPORT to Commanding Officer, Air Transport Squadron ONE

Subj: Report of Unusual Sighting on Flight 125/9 February 1951

At 0055Z on 10 February 1951, while serving as second Plane Commander on above flight, I was an eye witness to an unusual sighting of an unidentified object. This occurrence took place at approximately 49-50 N and 50-03 W, which is approximately 200 miles north east of Argentia, Newfoundland. We were at 10,000 feet altitude cruising on a true course of about 230° at time of incident.

At time of sighting I was occupying the right hand (CoPilots) seat and the left hand (Pilots) seat was occupied by Lieutenant G. E. BETHUNE.

My attention was first called to the occurrence by Mr. BETHUNE, who asked me to look at an unusual light which was to my right. I then saw that there was a glowing light beneath a thin layer of strato-form clouds beneath us. This light was to my right and down at an angle of about 45°. This object appeared to lie on the surface and was throwing a yellowish-orange glare through the cloud deck. It appeared to be very large and I at first thought that it could be a large ship completely illuminated.

Mr. BETHUNE and I watched the object for several minutes in trying to determine its nature. We then called out Navigator, Lieutenant N. J. P. KOGER to the cockpit to scrutinize the object and render his opinion as to its nature.

While further observing the object I saw that it suddenly started ascending through the cloud layer and it then became quite bright. The object was very large and was circular with a glowing yellow-orange ring around its outer edge. This object appeared to be climbing and moving at a tremendous speed, and it appeared to be on a more or less collision course with our aircraft. When it appeared that there was a possibility of collision the ofject appeared to make a 180° turn and disappeared over the horizon at a terrific speed. During the course of events LTJG A. L. JONES had come to the cockpit and he made a turn in the direction of theobject but it went out of sight in a short period of time.

Due to the fact that this object was seen over water at night it would be most difficult for me to estimate speed, size or distance we were from it during the course of events. However, the speed was tremendous and the size was at least 200 to 300 feet in diameter. The object was close enough to me to see and observe it clearly.

UNCLASSIFIED

DOWNGRADED AT 3 YEAR INTERVALS
DECLASSIFIED AFTER 12 YEARS
DOD DIR 5200.10

~~CONFIDENTIAL~~

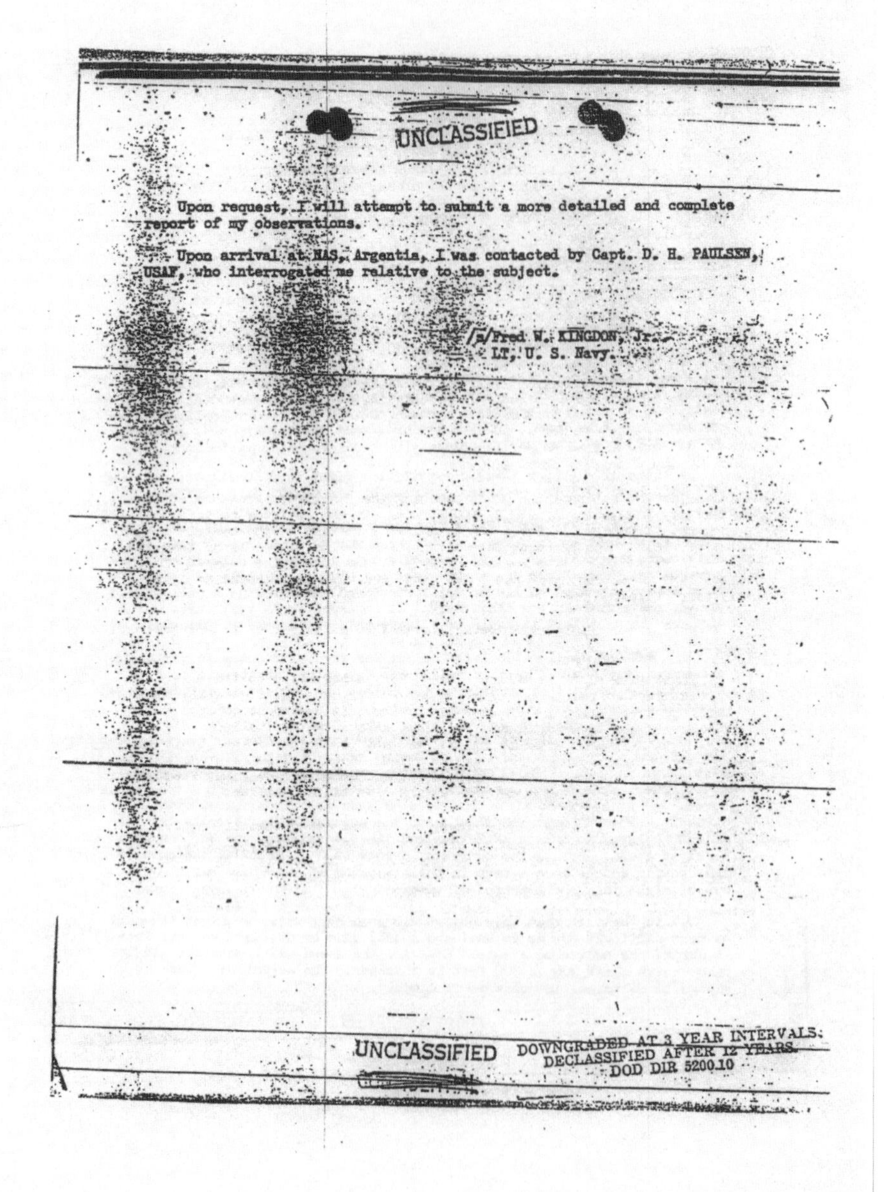

UNCLASSIFIED

Upon request, I will attempt to submit a more detailed and complete report of my observations.

Upon arrival at NAS, Argentia, I was contacted by Capt. D. H. PAULSEN, USAF, who interrogated me relative to the subject.

/s/Fred W. KINGDON, Jr.
LT, U. S. Navy.

UNCLASSIFIED DOWNGRADED AT 3 YEAR INTERVALS; DECLASSIFIED AFTER 12 YEARS. DOD DIR 5200.10

UNCLASSIFIED

FLEET LOGISTIC AIR WING, ATLANTIC/CONTINENTAL
AIR TRANSPORT SQUADRON ONE
U. S. NAVAL AIR STATION
PATUXENT RIVER, MARYLAND

UNCLASSIFIED

10 February 1951

MEMORANDUM REPORT to Commanding Officer, Air Transport Squadron ONE

Subj: Report of Unusual Sighting on Flight 125/9, February 1951

1. At 0055Z, 10 February 1951, I was the Plane Commander of Flight 125/09 R5D Bureau Number 56501, enroute from Keflavik, Iceland to Argentia, Newfoundland at 10,000 feet on an instrument flight plan. Our position at 10/0055Z was 49-50 North, 50-03 West, on a true heading of 230°, ground speed 118 knots. The weather was clear with about 60 miles visibility and thin stratus clouds at about 4,000.

2. I was in the cabin of the plane checking the passengers when one of the navigators, Lieutenant N. J"J P. KOGER, came aft and pointed to this phenomena. I watched it for a minute and went forward to the cockpit to get a better view. Upon reaching the cockpit, I took the plane off of the auto-pilot and turned to a true heading of 290° in pursuit of the object. The object left on a heading of about 290° true and went over the horizon in a very short time.

3. I would guess the speed to be well over 1500 miles per hour, and the diameter to be at least 300 feet.

4. My first view of it resembled a huge fiery orange disc on its edge. As it went further away, the center became darker, but the edge still threw off a fiery hue. When it went over the horizon, it seemed to go from a vertical position to a horizontal position, with only the trailing edge showing in a half-moon effect. Since I was not the first to see it, it was going away from the plane when I was notified. Copilot Lieutenant G. E. BETHUNE was flying the plane and Second Plane Commander Lieutenant Fred KINGDON was flying on the right side at the time of the incident.

5. At 10/0104Z, I called Gander Tower on VHF and asked them if Gander A. T. C. had any information of an aircraft at that position and time. They had no such information and notified the military of our sighting. When we landed at Argentia at 10/0240Z, we were interrogated by Capt. D. H. PAULSEN, USAF, Pepperell AFB, and CDR WERMZIER, C.O., VP-8, Argentia. The extrmee speed, maneuverability, and brilliance of the object made our extimates as to the distance and size very difficult.

/s/A. L. JONES
LTJG, US. S. NAVY

UNCLASSIFIED DOWNGRADED AT 3 YEAR INTERVALS
DECLASSIFIED AFTER 12 YEARS
DOD DIR 5200.10

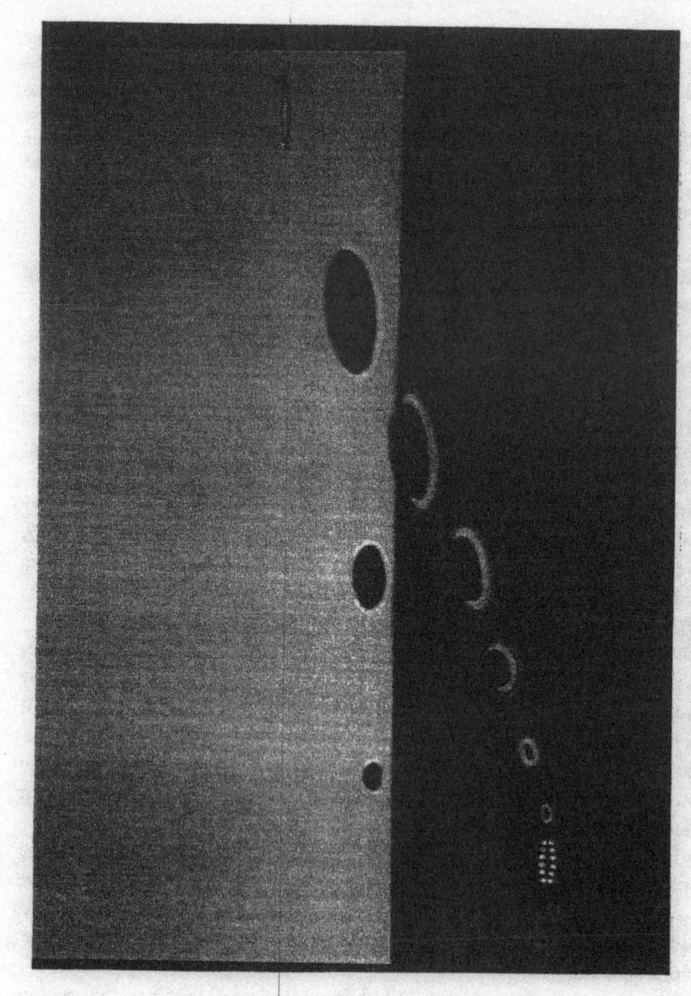

Artist's rendering of the UFO encounter, showing various stages of the sighting. Sequence begins at lower left and proceeds up and to the right toward the airplane, then away to the left.

Testimony of Mr. Enrique Kolbeck, Senior Air Traffic Controller

メキシコ市国際空港上級航空管制官
エンリケ・コルベック氏の証言

2000年10月

エンリケ・コルベック氏はメキシコ市国際空港の上級航空管制官だ。彼は証言の中で，肉眼とレーダーにより見られる，空港での頻繁なUFO目撃について語る。計測されたそれらの速度は途方もないもので，ほとんど瞬間的にU字形の方向転換をする。空港の140人の航空管制官のうち50人以上がこの現象を見ていると彼は推定している。ある目撃では，着陸しつつある通常の飛行機の周囲を動き回る赤と白の同じ光体群を，32人の管制官が肉眼で同時に見た。メキシコにある4箇所の航空管制センターのすべてが，これらのUFOについて報告している。

私の名前はエンリケ・コルベックだ。私はメキシコ市国際空港の航空管制官で，25年間管制官をしている。

我々はこれまで，メキシコ管制センターから多くのUFO現象を目撃してきた。それらは突然現れ，進入する飛行機の航空路を頻繁に横切る。我々はそれらをレーダーで見るし，パイロットたちは時々，彼らが見たものの情報を我々に提供する。我々がこの種の現象に対して何の規制も行なわないのは当然だ。パイロットたちは，彼らの航空機の周りの空域が規制されることに対して，無条件で不安を感じる。

空飛ぶ円盤：過去においてはそれを聞くのはとても奇妙なことだった。今日，それは我々にとりとても深刻だ。特にエアロメキシコ109便の事件の後ではそうだ。4年ほど前，我々はUFOが関係したきわめて危険な出来事を経験した。そのUFOは，市内のとても重要なある建物の上空を飛行していた。その建物は，メキシコ市空港5番滑走路の最終航路上に位置している。

この便はグアダラハラからメキシコ市に入ってきており，私はこの航空機の管制を別の管制官に引き継いだ。それは5番滑走路に正確に着陸進入を始めていた。我々は画面上に二つの物体を見た。二つの飛行物体は，そのときその航空機にとても接近していた。だがそれは突然，しかも瞬時に消えた。我々はレーダーでかれこれ30秒は捕捉していた。しかしパイロットは何の連絡もしない。後で我々は，この航空機が最後の旋回で主着陸装置をこの物体に衝突させていたことを知った。

その建物上空を飛行していたときの現象を見ていた人々から，我々が2時間後に情報を受け取ったことは重要だ。そのとき我々は，その飛行機がこの物体と衝突したときの話を聞いた。それは我々にとり，きわめて，きわめて，危険なことだった——なぜなら，我々は我々の空域を飛んでいるあらゆる物体について知る責任を負っているからだ。

我々には，最終航路にきわめて接近して飛行するUFOについての多くの報告書がある。それは最終着陸進入路から4，5マイル以内だ。それはまさしく現実であり，レーダーにも映る。我々はこれらの遭遇についての詳細な情報を持っている。エアロメキシコ機の遭遇が起きた週に，我々はそれぞれ別々のときにパイロットたちから約7件の報告を受けた。これらのUFOが我々のレーダー画面に現れ，とびとびの点のように映るのは重大なことなのだ。

それらはとてつもない高速で移動する。人間の航空機——ボーイング727，ボーイング757——は違った動きをする。もちろん，それらの速度はUFOとはまったく異なる。肉眼やレーダー画面で見ると，UFOは1秒間に20マイルから30マイル移動する。それはまさしく現実のことだ。当然，それは人間の他の航空機のようではない。UFOは突然に，それも1秒かその半分のうちに，ほとんど直角に旋回する。

この種の現象が起きるのは，1日に12回のときもあれば，1箇月または1週間に12回のときもある——これらのUFOがいつ現れるかは分からない。

また，UFOはきわめて素早く垂直に上昇する。これはもちろん，軍用機とさえも完全に異なる。

しかし，これらの現象は飛行計画を持たずにやってくる。それらについては誰も何も知らない。それらは自分の好きなときに現れる。パイロットたちはときに恐怖を感じ，すぐに情報を要求してくる。多くのパイロットたちは目撃したときに報告するし，時々は彼らの航空電子計器に発生する諸問題について報告する。これらのUFOは，彼らの航空機から2マイルないし5マイル以内に近づく。

私は7年間，これらのUFOをレーダーで見てきた。多くの目撃が，メキシコ市の外側にある火山の近くで報告された。

あるとき，その火山の近くで一人のメキシコ人パイロットが，3個のこれらの物体が彼の機の周りを飛ぶという事件に遭遇した。そのうちの2個は航空機の翼の上にあり，他の1個は彼の正面にあった。我々はこの情報をレーダーで正式に記録した。

メキシコセンターには約140人の管制官がいる。私が思うに，少なくともそのうち50人はこれまでレーダー画面でそれらの物体を目撃し，肉眼によるUFOとの遭遇も経験していた。ある事例では，2機のメキシコの航空機が北から飛んできたとき，そのうちの1機から報告があった。1個の小型の赤色物体が機体のそばをとても速く通過したということだった。その後ろを飛んでいた別の航空機からも，それを報告してきた。それから1分以内に，我々はそれを管制塔から見た――多くの人々がこの現象を観察するために窓辺に駆け寄ってきた。1個は赤く，他の2個は白かった。およそ32人の管制官が，この同じUFOを目撃したのだ。

メキシコには4箇所の管制センターと52の空港がある。4箇所の管制センターで，この種の現象のレーダー追跡に関する情報を得ている。4箇所全部でだ。マサトランで我々が得た情報では，15年ほど前に2機の商用便ともう1機の自家用機が，米国との国境にきわめて近いマサトラン空域を飛んでいた。その周辺で飛行している4個か5個のUFOがあった。パイロットたちはひどく恐がり，ついにマサトランに着陸することを決めた。彼らはそのとき，この空域が安全だとは考えなかったのだ。

我がメキシコ当局は，パイロットや管制官たちによる国内のUFOについての多くの情報を公表してきた。

あなたたちの国［米国］は，これらのUFOに関する情報を持っているはずだ。あなたたちの国では，多くの管制官がパイロットの報告やパイロットによる目撃についての情報を持っているはずだ。私はそれを確信している。

もう一つの事例では，我々がレーダーで40マイル離れた所に1個検出しているその同じ時刻に，ある一人の婦人が自分のカメラで1個のUFOを撮影した。メテペクの近くで発生したこの目撃について，我々は様々な方面から情報を受けた。

その出来事の後で，とても頻繁な目撃が起きた――1週間にわたり毎日のように発生した。パイロットの何人かは，それらの物体すなわち空飛ぶ円盤が，火山の内側に降りていくのを見ている。

世界中の他のレーダーとまったく同様に，我々のレーダーは光を検出しない。それは飛んでいる固体の物体のみを検出する。それはとても重要だ。パイロットから情報があるときに，管制官や路上を歩いている人々が，同じ時刻に同じ物体を見ている。これは現実の何かであることは間違いない。それはまさしく現実だ。

実際，私や私のような専門家にとり重要なことは，それらが交通に関わっているということだ。あるとき我々は，12個ないし15個のUFOを同時にレーダーで記録した！　同時にだ！　市にも空港にもとても近かった。

パイロットたちの報告では，これらの物体の大きさは約100メートルかそれ以上だ。サンタクルスからメキシコ市に向かっていた1機のメキシカーナ便の報告を私は覚えている。彼らは1個の巨大なUFOを目撃した。約40マイル離れてその機の後ろを飛んでいた別のパイロットにも，その同じ物体が見えている。彼らは，その物体がいかに巨大だったかを語っている。その2機が互いに40マイル離れていたことを考えると，その物体は巨大だった。

Testimony of Dr. Richard Haines

リチャード・ヘインズ博士の証言

2000年11月

ヘインズ博士は1960年代半ばからNASA（米国航空宇宙局）の研究専門科学者だ。彼はジェミニ計画，アポロ計画，スカイラブ計画をはじめ，数々の計画に取り組んできた。ヘインズ博士は過去30年以上にわたり，説明のつかない空中現象についての肉眼とレーダーによる3,000を超える異常目撃事例を集めている。彼によれば，外国の数多くの事例も文献に見られ，それらは米国の報告と性格がとてもよく似ている。米国でのある事例は，一人のB-52機長が博士に語ったものだ。その機長と乗組員たちは，5個の球体が同機の各翼端のすぐ外側，後方，頭上，および下方に現れ，同機と同じ巡航高度と速度を保ちながら一緒に飛行するという体験をした。機長は回避行動によりそれらの球体を振り切ろうとしたが，各球体は正確な位置を保ち続けた。他の幾つかの事例では，パイロットたちがUFOの透明な丸屋根の中を覗き，その内部を詳細に見ることができた。

私の名前はリチャード・ヘインズだ。私は1960年代半ばから研究専門科学者であり，[NASAのために] 航空学，航空宇宙生理学といった分野で働いてきた。私はこれまでジェミニ計画，アポロ計画，スカイラブ計画をはじめ，他の幾つかの航空計画に取り組んできたが，1988年に連邦職員を退職し，それ以来地元の大学で教えている。

科学的観点から，私は [UFOに関する] データを無視することができない。その現象（*UFO現象）はあまりにも美しく，迫力があり，好奇心をそそるので，それには何らかの科学の関与が必要だ。

パイロットの目撃情報は，幾つかの理由でとても重要だと思う：第一に，パイロットたちは高度な教育と訓練を受けている。つまり，彼らは職業人としての経歴を賭けている。だから，航空機の横または近くで目撃される奇妙な物体や光体について，ありきたりな説明をすべて除外しない限り，彼らは名乗り出て報告したりはしない。そうすることで，彼らは自らの経歴を危険に曝すことになるからだ。もう一つの理由は，彼らが乗っている航空機に，あらゆる種類の電磁センサーや電磁波の影響を受ける装置類が満載されていることだ。だから，それらの装置類，無線，レーダー，方向探知機，表示器，距離測定装置，操縦席の様々な計器などに何か特徴的な変化が見られた場合，その現象に関係した放射場の性質について何かを知ることになる。そしてもちろん，その放射場の性質は科学の対象となるものだ。もし使用できるデータがあり，それが良質でしっかりしたものなら，科学がその現象に興味を持つことは可能だ。

多くの事例で，空軍の迎撃機がこの現象を確認または調査するために発進してきた。パイロットたちはレーダーによる情報を求める。レーダーに何か映っているか？　私のエアキャット・ファイルには十分にそれを肯定する，実に多くの明瞭なレーダー報告事例がある。

エアキャット（AIRCAT）とはエア・カタログを意味している。これは私がこれまでほぼ30年間にわたり，商用機パイロット，軍用機パイロット，自家用機パイロット，テストパイロットたちから集めたかなり大規模な資料集だ。

私は3,000以上の事例を持っている。また，パイロットの何人かにインタビューを行なったときの録音テープやビデオテープも持っている。私はFAA（米国連邦航空局）のテープを持っているが，それは一人の市民として情報公開法請求により入手したものだ。だから，このデータベースはとても大きい。完全さを欠いた事例は，通常パイロットたちがすべてを話すのをためらった結果だ。もし彼らが，たとえば商用便のパイロットだった場合，雇用の保障や周囲からの嘲笑を懸念するだろう。

半数の事例において，その現象は航空機に接近する様子を見せる。遠ざかるのではない。それはあたかも，航空機がその現象にとって注目または好奇心の対象であるかのようだ。パイロットは考え事をしながら飛行を続けている。すると何かが一方の翼の横に現れ，航空機と同じ巡航高度と速度を保ったまま15分間飛行をする。ときとしてその現象は，ヒョイと他方の翼に移動したり，機首に留まったりする。次にそれは飛行軸に沿ってバレルロールする――きわめて興味深いマニューバ（*戦闘機などの俊敏な空中動作）だ。その現象は，我々の航空機なら通常なし得ないような飛行運動を見せる。

私はここに，磁気コンパスの偏向が起きた興味深い事例を持っている。それは1979年5月26日午前零時頃，ユタ州南中部（*実際にはアイダホ州南中部）で起きた。これにはある自家用飛行機が関係している。ジェームズ・ガラハーは，午前零時前にアイダホ州ブラックフット市を飛び立ち，今や1万フィートの高度を自家用軽飛行機で飛行していた。彼はサンバレー市の南約14マイルにあるヘイリー市のフリードマン記念空港に着陸するために，ちょうどチャリス国有林の南にさしかかっていた。以下はガラハー自身の言葉だ。“私が前方を見上げると，私の真正面に5個のオレンジ色物体が水平に並んでいた。それからその物体群は，飛行機が翼を下げるようにして傾いた。私はそれを見て，それらが飛行機に付いている何かの照明だと考えた。次にその物体群は散り散りになった。それで私は，それが飛行機などではないと分かった。ある時点でその物体群は再び編隊を組み，1本の鉛直線を形成した。その後その物体群は，不規則に動き回りながらこちらに接近してくるようだった。そして，その5個の物体すべてが私の飛行機の左舷側に集まった。操縦席の磁気コンパスが回転し始め，自動方向探知機も回転し始めた。その時点で物体群は直線を形成していたが，間もなく消えた。強い静電気のせいで，本当に無線は聞こえなくなり，エンジンは暴走を始めた”

[この種の電磁気効果を伴ったベスーン中佐とニール・ダニエルズの証言を見よ。SG]

さらに興味深いことに，同じ日の朝，ガラハーの目撃地点からわずか120マイル南を高度3万5,000フィートで飛行していたブラニフ航空の乗組員たちも，彼らより低い高度にオレンジ色物体群を目撃したと報告した。そして午前2時53分，彼らがユタ州オグデン市の北西約70マイルに来たとき再びこの物体群と遭遇したが，地上レーダーも同時刻にその物体群を捉えていた。だから，これは複数の航空機，コンパスの偏向，無線周波数干渉，レーダーが関わった興味深い事例だ。ここには豊富なデータがある。しかし，これには私も当惑するのだが，私の物理科学の同僚たちは，何らかの理由でこの問題に興味を持たない。

最近私は，数千の機長報告を詳細に調べてみた。それを米国籍機だけについて調べたところ，何らかの意味で運行の安全が損なわれたと思える重大事例が100件あった。この調査では外国の事例にもすべて目を通したが，米国と外国の航空機，乗組員による接近遭遇の類似性には目を見張る思いだった。これは，その現象が明らかに世界規模で起きていることを意味する。だから，今やその現象が現実であることに疑問の余地はない。それはたとえば，文化によって異なる現れ方をすることはない。その現象が航空機の近くで見せる振る舞いは，外国の航空機でも米国の航空機でも同じなのだ。

それでは，知性という点に目を向けよう。現象の背後に何らかの知的な手引きがあるのか？　これは一つの科学的問題，価値ある科学的問題だ。そして今まさにそのデータ分析を行なっている私にとり，それはあると考えられる。私は，この現象の背後に高度な知性と統制があることを示すデータを益々得つつある。

しかし，50年前からのデータを歴史的に眺めれば――私は少なくとも宇宙計画の航空宇宙技術については多少の知識を持っている。ここで言えるのは，少なくとも公開された計画において，これらの物体が行なったと報じられたのと同じ振る舞いを我々はなし得なかったということだ。だから結論は，もしそれに知性があるなら，おそらくそれは人間の知性ではないということになる。

私の考えでは，知性は一般に秩序だった規則正しい事象として現される。私の著書であるプロジェクト・デルタ（Project Delta）は，地上または航空機から目撃された複数の物体について分析したものだ。その中にパイロットによる多数の目撃事例がある。しかし，パイロットの横で物体群が誇示するかのようなその動力学，飛行編隊を注意深く眺めると，その物体群は精密に誘導され，3次元空間の中でそれ自身の位置を常に認識していると考えざるを得ない。それらは3次元空間の中で隣り合う物体がどこにいるかを知っている。それらは交信能力を持っているように思われる。それにより，彼らは全部が同時に様々なマニューバを実行することができるのだ。それは，反応が起き始めるまでに何分の1秒かを要する海軍ブルーエンジェルス（*アクロバット飛行隊）とは違う。

これは一人のB-52機長が以前私に語ったことだ。彼は製造されたばかりのB-52の前部左座席に搭乗し，カンザス州ウィチタから飛行していた。同機はそこのボーイング社で製造されたのだ。彼の任務は米国南西部のある基地に，その航空機を軽武装乗組員と共に輸送することだった。その日はよく晴れわたった快晴で，空は美しく輝いていた。そのとき，1個の物体が同機の左翼端外側に現れた――丸い球体，直径4フィートないし5フィート，模様なし，鋲止めなし，継ぎ目なし，無印，米国空軍の記章なし。副パイロットが“機長，右翼端外側に1個の物体があります”と言った。彼はその様子を描写したが，それは形，大きさ，その他のすべてが左翼の物体と同一だった。こうして，その航空機と同じ巡航高度と速度を保った2個の物体がそこに出現する。

よろしい，話は長いが手短に話そう。彼はこう語った。それぞれ1個の物体が同機の後，上，下，両翼端の外側に現れた。全部で5個だ。私は，それでどうしたかと訊いた。彼は，操縦ハンドルにある自動操縦ボタンを押し（*解除し），回避行動に移ったと言った。それはこれらの物体を振り切ろうとするときの，いわば標準的な操作手順だ。もしそれらが気球だったなら，長くは我々と一緒に飛べなかった。もしそれらが鳥だったなら，どうしてこんな高度で，しかも時速300マイルないし400マイルで飛んでいたか，等々。該当しないものを消去していく彼のやり方は，パイロットとしての模範的行動というものだ。それらの物体は，彼の航空機がどんなことをしても完全に配置を保ったまま同機と一緒に飛び続けた。それは位置保持（station keeping）と呼ばれる。そんなことをしているうちに同機の燃料は残り少なくなったが，機長にはやるべき任務が残っていた。彼はパワーを上げて巡航高度まで同機を上昇させ，自動操縦に戻した。それからさらに15分ほど経過したとき，それらの物体は現れたときとは正確に逆の順序で同機から離れていった。知性を持った振る舞いだった。私にとり，それは無秩序には思えなかった。それは知性を持っていた。それは意図を持っていた。

幸いなことに，我々はUAP［Unidentified Aerial Phenomena］（未確認空中現象）により死亡事故が起きた深刻な事例を一度も聞いたことがない。その理由はとても興味深いものだ：我々が知る限り，UAPと商用機の衝突はこれまで起きていない。なぜなら，その現象が遅れることなく航空機の進路をかわすように思われるからだ。それらの物体は高い運動性を持っている。

さて，この運動性について少し考えてほしい。つまり，この現象の運動性があまりにも高いために衝突直前にそれを回避することができる，ということについてだ。この技術報告には，そのような多くの事例がある――まさに衝突直前に航空機の最上部をヒュッとかすめる。パイロットは何もしていない。それは知性について何かを物語っていないだろうか？　少なくともそれは技術を示唆している。それは我々が持っているとは思えない，エネルギー制御法の理解を示唆している。

ここで，懐疑論者は次のように言うだろう。これらはすべて幻視だったと。私はそれに賛成できない。幻視であるはずがない。これらすべての事実，操縦室の3組の目，レーダーによる確認，地上レーダーによる確認，そして近くにいた別の航空機。

パイロットも人間である以上，こうした不思議な経験を報告するときには皆と同じような心理的重圧に曝される。それが我々の文化だからだ。当局は我々に，脅威はないと言う。彼らは我々に，心配するようなことはない，そこには本当に何もないと言う。では，そこに本当にないものをなぜ報告するのか？パイロットたちは専門家としてその経歴を賭けている。だから，それらを報告しない方が容易であり，また通常は報告しない。私の推定では，名乗り出て非公開もしくは公開報告書を書く1人のパイロットがいるとすれば，そうしないパイロットは20人か30人いる。

私のエアキャット・ファイルを精査した結果，1960年代まで遡る多くの事例で，空軍がこの問題になおも濃密に関わっていたことを私は知った。そこでは空軍が民間機に介入し，訊問する。軍用機パイロットばかりでなく，民間機にさえも介入する。空軍は訊問をこう締めくくる：あなたたちが見たことを誰にも言うな。

寺内謙寿機長は，日本航空ボーイング747機を操縦し，北極回りでフランスのパリから東京に向かっていた。彼とその乗組員たちは燃料補給のためにアンカレッジに向かう途中，アラスカ北部上空で重要な目撃を経験した。私は彼に電話インタビューをした――私はその事件後この紳士にインタビューをした唯一の民間人だ。寺内機長は指示に従って報告し，安全に着陸し，貨物を引き渡した模範的なパイロットだった。しかし指示に従った結果，彼は日本航空から，今後はもう飛ばないでくれと要求された。私はこの事件に関してたまたま日本航空の医務責任者と会う機会があったので，彼にその理由を訊いてみた。どうしてあなた方は寺内機長を飛行任務から外したのか？　彼の答えはこうだった。我々はこの事件に関して医学審査委員会を開いた。その結果，そのような奇妙な現象を見るパイロットを飛行させることは，日本航空にとり賢明なことではないとの結論になった。それが私に返ってきた答えだった。

私はこの話の結末をあなたに語らなければならない。それは，日本航空のこの三つ揃いを着た日本人紳士に対して私が言い過ぎるほどに主張したことだった。私はこう言った。失礼だが，私はあなたに賛成できない。あなた方には立派なパイロットがいるではないか：寺内機長はとても立派なパイロットだ。彼は指示どおりに行動し，正確に報告した。また航空機を常に適切に制御し，貨物を確実に引き渡した。それに彼は，たとえばあの巨大物体のような奇妙な物体を目撃した，私が知る唯一のパイロットではない。これは彼の機の近くにいた1個の巨大物体だった。するとその三つ揃いの紳士は，それはとても興味深いことだと言った。どんな情報でもよいから，彼の代わりにあなたがそれを報告してくれまいか？　私は，喜んでそうすると言った。私は自宅に戻り，2インチほどの厚さの小包の中に，この事件のすべてを書面で述べた資料を詰め込んだ。さらに，このような経験をしたパイロットが寺内機長以外にもいることを示す同様の事例を私のエアキャット・ファイルから選び，その小包に加えた。

こうして，私はその小包を東京に送った。それから6箇月間ないし8箇月間――あるいは1年だったかもしれない――私は何の便りも聞かなかった。しかし後日，寺内機長が再び飛行任務に就いたことを知った。彼は今再び飛び続けている，そう報告できることを私はうれしく思う。

[FAA職員ジョン・キャラハンの証言も見よ。SG]

UFO現象の白昼目撃事例を眺めると，概してそこには，おそらく相違よりも共通する特徴の方が多く見られる。たとえば，現象の大部分は周囲の光を反射する。それは磨かれたクロムめっきが太陽光を反射し，小さな太陽像を映す車のバンパーに似ている。それが，目撃される物体のほとんどが持っている表面特性だ。すべてがそうだというわけではないが，大抵はそうだ。もう一つの表面特性は漆黒，一種のブラックホールで，それは光を吸収する。

めったにないことだが，我々はその表面に継ぎ目，模様，リベット，何らかの記章を確かに見ることがある。ほとんどの場合は何もない。これらは実に滑らかで，航空学的形状をした物体だ――ごく稀に鋭いエッジを持つものがある。また，かなり頻繁に，上部や底部またはその両方に少し盛り上がりが見られ，それを一部の人々は丸屋根あるいは操縦室だと表現する。多くの場合，それらは透明だ。そして窓を通して内部が見える。パイロットが聞き手の目を正視し，これを高所で100ヤードの距離から見たと語る様子には，非常に興味をそそられる。これは私の感情を強く揺さぶると言わなければならない。

私は光を反射しない漆黒物体の目撃事例を幾つか知っている。それはブラックホールのようなもので，ほとんどすべての光を吸収する。特に思い浮かぶある事例を紹介しよう。これは双発プロペラ輸送機DC-3を一人で操縦していた，あるカナダ人パイロットの事例だ。彼はカナダ北部の小さな飛行場で油田作業員たちを降ろした後，夕暮れ時の空を南に向かって飛んでいた。飛行高度は約5,000フィートで，間もなく着陸する予定だった。彼の妻は地上で無線のスイッチを入れていた。彼は無線で妻に連絡し，あと20分で家に戻ると伝えた。さて，私が聞いた話は次のようなものだった。パイロットは西の地平線の方角に1個の黒いシミがあるのに気付いた。彼は右舷の遠方にあったその物体を別の航空機だと考え，注視し続けた。それが何であれこの物体は，彼と同一高度にあり，かなり速い動きで右から左へと移動していた。そして，ほとんど真正面まで来ると停止した。その物体は彼の真正面で不意に停止したので，双方の間の距離はどんどん縮まった。その物体は，次第に，次第に，次第に，大きくなった。それはどんな様子だったのかと私は訊いた。それは弾丸のように見えたと彼は言った。それは後端部が平らで，先端部が尖っていた。それは最上部が平行のように見え，それから先端部に向かって先細りに下がっていた。それであなたはどうしたのかと私は訊いた。彼は，どうすることもできなかったと言った。それは彼の真正面にあり，距離をとっていた——それは正確に一定の距離をとっていた。つまり，その物体は大きさを変えなかった。数分後，その物体は再び同じ方角に移動していった。

話はこれでおしまいかって？　もう少し聞いてほしい。彼は無線で，起きたことを妻に話した。そして，失われた時間があることに気付いた。彼がいた場所から着陸予定地点まで通常かかるはずの時間よりも長い時間が経過していたのだ。私の推測だが，その物体が真正面にいたときに時間を失う現象が発生していた。

[警察官アラン・ゴッドフリーの証言を見よ。彼は，英国でのきわめて近い接

近遭遇の間に時間が変わるという，よく似た経験をしている。SG]

昼夜を問わずとても頻繁に，これらの物体表面に多色照明が見られる。しかし，それらの照明をFAA（米国連邦航空局）は承認していない。頻繁に見られるのが青色照明だが，ご存じのようにこの色を航空機で使うことは認められていない。だから，ここでは何かが起きているのだ。これらの照明は，しばしば規則正しいパターンで点滅を繰り返す。これらの照明はまた，物体の外周を時計回りに回転したりする。航空機はそんなことをしない……

Testimony of Mr. Franklin Carter, US Navy

米国海軍レーダー技術者

フランクリン・カーター氏の証言

2000年12月

カーター氏は，1950年代と1960年代に電子レーダー技術者として訓練を受けた。彼は，明瞭で疑う余地のないレーダー捕捉により，時速3,400マイルという移動速度を目撃した事件について語る。1957年から1958年にかけて，異常な速度で移動するこれらの物体を目撃した他のレーダー操作員たちもいた。当時，人類の最速航空機は時速1,100マイルだった。ある事例では，一人の空軍レーダー操作員が，これらのUFOの1機を300マイルから400マイルの宇宙空間まで追跡した。これらの報告が繰り返しレーダー製造業者のゼネラルエレクトリック社に入り続けたため，同社の技術者たちがやってきてその回路を改造し，レーダーが12マイルないし15マイルの高度までしか追跡できないようにした。

私の名前はアリー・フランクリン・カーターだ。私は1955年9月に，電子工学訓練プログラムのもとで米国海軍に入った。レーダー技術者になりたかった私は，基礎訓練を受けるためにイリノイ州グレートレイクス（*海軍訓練センター）に行き，そこのE.T.［electronic technician（電子技術者）］学校に通った。卒業は1957年の秋だった（*訓練期間は最長でも28週間程度であるため，卒業は1956年の秋だったと思われる。1957年の初夏には任務に就いていた）。私は任地としてレーダーピケット艦クレッチマーDER-329を選んだ。それは護衛駆逐艦を改造したもので，対空捜索と水上捜索のために海軍の最新レーダー装置を取り付けることになっていた。我々は，ニューファンドランドのアルゼンチアとアゾレス諸島の間の北大西洋を持ち場としていた。

我々は，空中であれ水上であれ，見ることのできたものはすべて追跡し，コロラド州コロラドスプリングスにあるNORAD（北米防空軍）に報告した。もしそれが未確認だった場合，彼らはマサチューセッツ州ウェストーバー空軍基地から戦闘機を緊急発進させ，その未確認物体を調査する。

しかし，ある夜に我々はとても異常な経験をした。私はレーダー専門家で，その任務は艦船搭載レーダーの保守だった。

それは1957年の初夏のことだった。艦は人手不足だったので，私はレーダー操作員も兼ねていた。レーダーに何も異常がなかった場合，私のレーダー操作員としての勤務当番は4時始まりの8時終わりだった。ある夜，私は午前零時に勤務を終え，床に就いた。すると電話があり，レーダーを修理するように言われた。何か不具合が発生していた。私はCIC（戦闘指揮所）に行き，どこがおかしいかと彼らに訊いた。彼らは，我々はここで時速3,400マイルで飛ぶ1機の航空機を追跡していると言った。それはどこかおかしかった。私はそのレーダーを切り離し，予備レーダーをつないで稼働させた。次に，一連の試験に取りかかった。すべてが正常だった。私はレーダーをチェックするときに行なう準備試験を全部やり終えたが，すべてが何の問題もなかった。

私はCICに戻り，この異常な航空機が捕捉される直前の目標はどうだったかと訊いた。完全に正常だったと彼らは言った。それは1機の航空機で，正しい進路と速度だった。このときまでには1時間が経過していた。私は，ところで今は何を追跡しているのかと訊いた。彼らは，予備レーダー上ではすべてが正常だと言った。それでは本機に戻そうと私は言った。我々は本機を再接続したが，その追跡は正常だった。すべてが正常だった。こうして，彼との話し合いの結果から，レーダーに悪いところは見つからないと私は結論した。しかし，彼らは明瞭なレーダープロットを持っていた。彼らは私に，ずっと星形捕捉（stellar contact）だったと言った――これは大きさが半インチより大きいブリップ（* レーダー画面上の輝点）で，目標がきわめて巨大か，すぐ近くにあることを示す。レーダーは毎回の走査でそれを追跡した。何か異常があったときに起きることは，走査しても何も映らないか，2回に1回あるいは10回に1回，とにかく輝点が消える。だが，この輝点はすべての走査ではっきりと映った。これは物体が固体の目標であることを示している。

私は当直士官に，この事件を報告するのかと訊いた。彼は，報告しないと言った。私は，なぜ報告しないのかと訊いた。彼の答えはこうだった。今君は私に，レーダーに何も悪いところはないと言った。君は君にできるチェックをすべてした。レーダーには何も悪いところがなかった。我々がその異常な航空機を追跡したことは事実だ。もし我々がそれを報告したなら，コロラドスプリングス（*NORAD）は，我々の装置の何が悪かったのかと訊いてくるだろう。君はすでに，何も悪いところはないと言った。だから，君と私は問題をかかえる。我々は二人ともトラブルを背負うことになる。我々はその説明を考えなければならない。そして彼はこう言った。私はそれを報告するつもりはない。

ある夜のことだったが，私はプロットボード（位置測定板）に向かっていた。3箇月か4箇月後だったと思う。そのとき，またこの捕捉が発生した。2回目の走査で，この物体が実際に移動していることが分かった。それは360マイル・スケールで3インチないし4インチ移動していた。それははっきりしていたので，私はそれをプロットした。時速3,400マイルだった。我々はそのときも報告しなかった。しかし，彼らはこう言った。何も不都合はない，これは戻ってきた我々の友人だ。我々はこのことで騒ぎ立てなかったが，それが何であるか知りたかったことは確かだ：時速3,400マイル，1957年に！　我々が持っていたものでそれに最も近い物体は，時速約1,100マイルだった。

この現象は1957年終わりから1958年5月まで発生し続けた。それは少なくともあと3回以上発生した。レーダー操作員をしていた私の友人は，昨夜あの速い物体の一つがまた現れたと言った。起きるのはいつも夜だった。

ある会議の後で，ミズーリ大学医学部から来た一人の精神分析医が発表を行なっていた。彼は発表の中で，UFOのような物事になぜ彼が関わりを持つのか，そのわけを知りたいと学部の教授たちが嘆いている様子を説明していた。精神分析医はこう言った。皆さんにそのわけをお話ししよう。私には一人の患者がいる。空軍に入り，アラスカのDEWライン（遠距離早期警戒線）で任務に就いていた人だ。彼は時速3,400マイルの物体を追跡し，皆から頭がおかしいと言われた。そしてこの年月を経ても（これは1950年代後半のことだ），いまだに精神的問題をかかえている。だから私は，彼のような人々を助けたいと思っているのだ。私が教育を受けたのはそのためだし，この仕事をしているのもそのためだと思っている。

[私は多くの証人が，真実であると彼らが知っていることを当局により嘲笑されたり，否定されたりしてきたことを知っている。何人かの証人は，政府，メディア，学界からの執拗で非情な否定と嘲笑を招くことになった実に恐ろ

しい経験を語った。SG]

彼が時速3,400マイルと言ったので，私はその発表の後で何とか彼をつかまえ，その患者の名前を聞き出した。そしてこの患者と実際に話をした。彼は空軍軍曹で，巨大な固定弾道ミサイルレーダーが設置されたDEWラインで任務に就いていた。彼は，そのとおりだ，我々はそれらの物体を時速3,400マイルで追跡したと言い，こう続けた。興味深いことは，我々がそれを300マイルから400マイルの宇宙空間まで追跡したことだ。我々はゼネラルエレクトリック社に，そのシステムは誰がつくったのかと苦情を言った。我々はこれらの出来事を報告し続け，ゼネラルエレクトリック社は我々に，そんな報告はあり得ないと言い続けた。それで我々はこう言った。我々は報告を続ける，これは事実だ。そうしたら彼らがやってきて，実際に画面の映像を撮り，それを持ち帰ってそこに映ったものを分析した。それから彼らは戻ってきて，探知距離が12マイルないし15マイルになるようにレーダーに手を加えた。彼らはこう言った。その距離があれば，どんな弾道ミサイルでも大丈夫だろう。あなたたちはこれ以上見る必要はない。こうして彼らは受信機に制限をかけ，12マイルないし15マイルの宇宙空間までしか見えないようにしてしまった。彼の名前はデイブ・ウォリスといった。

後日，私は約2年前に名乗り出た一人の婦人と話をした。彼女は1950年代にカリフォルニア州で陸軍のレーダー操作員をしていた。彼女もまた，時速3,400マイルの航空機を追跡したと語った。当時この速度はある種の共通速度だったようだ。しかし彼女は，陸軍もまたそれらの出来事を報告するのを嫌がったと語った。

私が話をした海軍軍人は，メキシコ湾内のある駆逐艦上で水中物体を追跡したと語った。メキシコ湾では1個戦隊が大演習を行なっていた。そのうちの2艦または3艦が，固体目標をレーダー画面に捉えたのだ。彼らは何度もそれを取り囲もうとした。しかし，物体は常にそれを逃れた。物体が動きを止めると，戦隊はまた元の場所に戻ったりした。物体はまるで戦隊と遊んでいるような様子だった。その日彼らは2時間ないし3時間，そのような行動を繰り返した。その後，ようやくその物体は去っていった。

これらのUFOは私の想像の産物だと人々が主張するなら，私はこう言う。

“私はすごく腕のいいE.T.（電子技術者）だった。私は自分のレーダーのことは知っていた。当時それは私の恋人だった。私はそのシステムを知っており，それらはどこも悪くなかった” 我々は現実の捕捉を追跡していたのだということを私は知っている。彼らが走り兎（running rabbits）（*近くにある同一周波数レーダーの干渉により画面上に現れる現象）と呼ぶものと，彼らが我々に与えるすべてのテスト用国籍不明機の違いを，私は知っている。

1956年と57年に米国が，たとえ実験機にせよ，時速3,400マイルで何度も飛ぶことのできる航空機を持っていたとはとうてい信じられない。ましてや，これが起きたとき，我々は北大西洋の真ん中におり，どの陸地からも1,200マイルは離れていた。だから，近くに実験場などなかった。彼らは地球の表面を，あのような速度であのような距離を飛び回り，好きな場所に降りていた。我々がそのような何かを持っていたとは，私には信じられない。私は，どの国のどんな最新型ミサイル，最新型航空機についても聞かされていたし，通じてもいた。私は，言ってみれば秘密を知る立場，知る必要性（need-to-know）を持つレベルにあった。

それが正体不明であったことを，高位の将校たちは憂慮していたと私は確信している。あのような速さで飛ぶものを我々は持っていなかった。彼らは，我々が持っていないもの，または我々が知らないものについてロシアが何かを知ることがないように，その情報を制限することにした。彼らは，我々が見ていたものを誰にも知られたくなかった。これが隠蔽の始まりだと私は考えている。こうして，それは手に負えなくなった。

だが，今日の社会からそれを隠し続けている人々は，米国人だけだということを私は知っている。他の誰もがそれを知っており，受け入れている。そもそも英国と米国以外のすべての政府は，それを受け入れている。

これが続いているのを見るのは，私個人としてもとても苛立たしい。明日もしも政府が事実を明らかにし，政府は我々に嘘をついていたと声明を出すなら，人々の生活がどれほど変わるかと私はずっと考えてきた。しかし，今や誰もが，そのような現象が少しも珍しいものではないことを知っている。彼らは，ほとんどあらゆることについて我々に嘘をついてきた。しかし，私が思うに，人々は宇宙にいるのは我々だけではないことを受け入れる準備ができているのだ。

対話する必要のある諸文明が存在する，これを認めることが重要だ。人間としての進化の中で，我々はそれを受け入れる段階に至ったのだ。だから，この秘密のすべてを保持し，あなた［グリア博士］が唱導し私が強く確信している外交儀礼のすべてを拒むようなことばかりしていたら，米国はこの分野で世界の三流国になるだろう。私を動揺させるのはそのことだ。なぜなら，彼らはそこにいるからだ。他国の人々は彼らを認めており，その人々［ETたち］と対話しようとしている。ETたちも，彼らと平和的に話し合いたいと考えているのだ。人々が正気に戻り，米国民からこの問題を隠すのを終わりにしてほしい。私が驚くのは，我々がメキシコ市で起きたような目撃を経験しても，それが米国の全国紙に掲載されることはないということだ。実に驚くべきことだ。これはいかに我々のシステムがひどいかを示している。この種の事件は中国でもキューバでも報道される。米国以外はどこでも報道される。中国人は我々の核の秘密を全部知っているし，ミサイルの秘密も全部知っている。それでも米国の人々は，太陽系または宇宙の別の世界から宇宙機がやってきていると教えられることはない。彼らは，人々がそれに対処できないと考えているのだ。これはとんでもない話だ。

私は友人が軍で目撃した事例も調査した。我々は仕事で7，8年間互いに知った間柄だった。彼は，私がUFOについて興味を持っていることなど，何も知らなかった。私も，彼がある日目撃報告書を作成するまで，彼がUFOについて知っていたことを知らなかった。私は彼を電話で呼び出し，自分の経験を話した。彼も空軍中尉のときに経験した目撃について私に語った。彼はRB-36(*戦略偵察機）の航法士だった。同機には大きなカメラが装備してあり，1950年代には秘密の写真撮影をすべてこれで行なっていた。友人はその航法士で，乗組員は22人だった。彼らがノースダコタ上空にいたとき，尾部の銃座にいた誰かが，左翼の上を見ろと言ってきた。そこに――彼らは左翼から100ヤードと推定した――この100フィートの円盤があった。とてもはっきりと見えた。彼らはレーダー管制塔に連絡したが，それはレーダーにも映っていた。皆立ち上がってそこに行き，撮影した。彼らにはカメラが与えられていた。さて，これは機密にされるべき事項の一つだ。彼らには35ミリカメラが与えられていたが，UFOを見たときに報告書をどう埋めるかが指示されていた。22人の乗組員は立ち上がって窓の外を見，この物体を5分間ないし6分間見た。

しばらくしてその物体は去っていった。

私は自分の経験については彼に何度も話してきた。我々はこの機密事項について何回か議論もした。興味深いことは，彼が地上に降り立ったとき空軍のグループがそこにいたことだった。彼らは乗組員たちに事情聴取を行ない，12年間はこれについて話すなと告げた。彼らは機密保全誓約をさせられた。それから1週間後にワシントンから一団がやってきて，乗組員たちに事情聴取を行ない，機密保全誓約を念押しした。彼らはカメラ，フィルムなど，すべてを押収した。彼が空軍を除隊して予備役大佐になったとき，彼らは再び機密保全誓約書に署名したことについて念押しした。彼の名前はジム・ロイドだ。

Testimony of Mr. Neil Daniels, Airline Pilot

ユナイテッド航空パイロット
ニール・ダニエルズ氏の証言

2000年11月

ダニエルズ氏は，59年間にわたり3万時間以上の飛行経験を持つパイロットだ。彼は陸軍航空軍に入り，B-17パイロットとして29回の戦闘任務を生き抜いた。航空軍を去った後は，ユナイテッド航空に35年間勤務した。ダニエルズ氏は，1977年3月にサンフランシスコからボストンに向かう商用便に搭乗したときのことを語る。飛行機が自動操縦になっていたとき，機体が自然に左に傾き始めた。彼は窓の外を眺めてキラキラ輝く光体に気付いた。第1副パイロットと第2副パイロットもそれを見た。彼らは三つのコンパスすべてが異なる読みを示していることに当惑した。

私は真珠湾攻撃があった日のちょうど3日後，1941年12月10日に陸軍航空軍に入った。すでにかなりの飛行経験を有していた私は，士官学校の課程を履修した。卒業は1942年11月で，その後間もなく海外駐在となった。最後は第8航空軍のB-17爆撃機パイロットとして，英国で任務を終えた。私は29回の戦闘任務を生き抜き，故郷に戻った。軍を辞めて民間人に戻ったとき，私は幸運にもユナイテッド航空に職を得ることができた。そこに35年間在職し，60歳で定年退職した。

私の初飛行は16歳のときだった。それ以来，飛行日誌を書き続けてきたが，59年間の飛行を終えたつい先日，それも書き終えた。結局，私の飛行時間は3万時間を超えることになった。

私が経験したただ一度の目撃は，1977年3月に起きた。私はサンフランシスコからボストンに向かうDC-10機を操縦していた。ユナイテッド94便だった。我々は高度3万7,000フィートで，バッファローとアルバニーのほぼ中間地点にいた。下には霧が広がり，夜の暗闇だった。そのとき，自動操縦になっていた飛行機が突然15度左に向きを変え始めた。当然私は窓から外を見，この輝く光体を目撃した。

第1副パイロットがそれを見，第2副パイロットは座席から立ち上がってそれを見た。そのとき，何が起きたのかとボストン航空管制が訊いてきた。我々は，何が起きているか分かったら呼ぶと彼らに言った。その頃第1副パイロットは自動操縦解除ボタンを押し，手動操縦に戻した。私が窓から外を見ていると，この物体はとても速い動きで飛行機の左側から後方へと消えた。この出来事のすべてが起きた時間は，おそらく3分かそれ以下だったと思う。そのとき，航空管制から連絡が入った。94便，問題ない。飛行を許可する。アルバニーへ直行し，そのままボストンに向かえ。J94……

さて，第1副パイロットの自動操縦装置は機長のコンパスに接続されているが，それは飛行機の左翼端にある。何かの原因で磁力が乱され，それが飛行機の針路を逸脱させたようだった。なぜなら，針路はコンパスと連動しているからだ。三つのコンパス全部が異なる読みを示していた。これはきわめて異常なことだ。その原因は，そこで我々が見た球体，あの白色の光体が持つ，とてつもない磁力だというのが我々の結論だった。

我々が自動操縦を解除し，第1副パイロットが飛行機を真っ直ぐに立て直したとき，コンパスを狂わせていた磁力の乱れは止み，すべてが正常に戻った。その物体も我々の前から姿を消した。こうして，あらゆることが通常の状態に戻った。

その物体は丸い形をし，とてもとても明るい光を放っていた。その光の強さを言い表すことは難しい。というのは，その強さは閃光電球（フラッシュバルブ），旧式の閃光電球のようだったからだ。しかし，その光は飛行機の内部を照らさなかった。それは白い，白い，明るい光だった。そして丸かった。

我々が見た限り，危険なことは何もなかった。その物体は離れていき，再び視界から消え去った。その物体が我々に対して攻撃やその類の行動をとる様子は，少しも見られなかった。

さて，10月頃のことだったが，私は上司と一緒にオカルーサ（*フロリダ州北西部）の近くの鴨撃ち小屋にいた。その日は見事な天気で，鴨は飛んでいなかった。私は，ちょうどよい機会だから，このことを彼に話そうと考えた。そしてそれを実行した。私はその事件のことを上司に話した。しかし，それを聞いた上司は，君がそんなことを言うとは残念だと言ったのだ。あのような物体が目撃されることがあるという事実を，彼らは受け入れていなかったのだ。

これまで物体を目撃し，それを話したパイロットたちは解雇された。何人かは飛行から外され，変人扱いされたりした。だから，そのことについて私は何年もの間口をつぐんでいた。

かなりの数のパイロットたちが，彼らが遭遇した事件や目撃や起きたことを私に語ってきた。その中の一つを挙げると，それは東海岸での目撃で，彼はそれを約 18 分間という長い時間見続けた。それはユナイテッド航空ではなく別の会社だったが，彼がそれを上司に報告すると，彼らはそれを調査した。そして政府はこう言った。あれは沼気（メタンガス）だった。高度 1 万 8,000 フィート，250 ノットで沼気とは！　そこに何かがいた可能性を，誰もが実際には認めたくなかったのだ……

結局のところ人々は，ここに降りてきて目撃される別世界の存在者がいる可能性を認めたくないのだ。彼らはそれを認めようとは少しも思っていない。軍は何も認めようとしないし，もちろん我々の政府もそうだ……

Testimony of Sgt. Robert Blazina, US Air Force

米国空軍軍曹
ロバート・ブラツィナの証言

2000年8月

ロバート・ブラツィナ氏は最高機密取扱許可を持つ退役軍人だ。彼は核兵器を世界中に輸送する任務に就いていた。ブラツィナ氏は，よく晴れた夜空を信じがたい速度で真っ直ぐ上昇するUFOを直に目撃した。別のときには，彼の機と1機の民間747機の両方が，彼らのレーダー画面で同じ1個の物体を見た。それは推定時速1万マイルで彼らに向かってきた。

私は1940年10月1日に入隊し，1961年6月30日に退役した。我々は任務として，核兵器を世界中に運んだ。それが必要とされる場所なら，どこであろうとだ。この任務に当たるためには，最高機密取扱許可を持っている必要がある。

私の最初のUFO体験は，1952年に起きた。私はシアトルを飛び立ち，サクラメントに戻る飛行をしていた。時刻は深夜の10時と12時の間だった。よく晴れた暗い夜だった。座席に座って前方を見ていた私は，正面にオレンジ色の輝きを見た。私はパイロットに，その輝きが見えるかと訊きたくはなかった。なぜなら，とても疲れていたからだ。パイロットもまた，私と同じ行動をとった。しかし，とうとう彼は我慢ができなくなり，私に何か異常なものが見えるかと訊いた。私は，この赤い輝きが我々の正面に見えると言った。彼は気が楽になった。我々はそれを注視した。ついに彼はこう言った。“よし，追いついてその正体を見てやろうじゃないか”

我々は推力を上げ，それに接近し続けた。当然，それは次第に大きくなった。我々はカリフォルニア州レディングの辺りまで来た。それは降下を始め，我々はそれを追った。我々は緩降下によりかなりの速度を得たが，その物体はサクラメントに入り，同市を横切り，市庁舎の上空に移動した。我々は追いつこうと躍起になっていた。我々の航空機は上限速度に達していた。そのとき，その物体は上昇に転じ，ものの2秒で消えた。垂直上昇だった。

[この物体が，他の証言に出てくる物体とその運動性において類似していることに留意されたい。特に重力に抗して垂直に，途方もない速度で上昇する様子は，それが反重力推進を用いていることを示唆している。SG]

それが垂直上昇に転じたとき，物体の形のようなものが見え始めていた。

空軍予備役だった1970年代，我々はドイツからの帰国途上にあった。我々はC-141輸送機に搭乗しており，高度は3万5,000フィートと少しだった。我々はデラウェア州ドーバーから約2時間の地点にいた。このときも空はよく晴れており，暗かった。我々はこの物体をレーダー画面で見た。輸送機には二つの表示器が積まれていた。パイロットが一つ，航法士が一つだ。その物体はそれらの両方に映った。それは真っ直ぐに我々に向かってくるようだったが，視認はできなかった。次にそれは脇にそれた。そして何回か我々にちょっかいを出した。実際に，一度などは我々の機首に真っ直ぐに向かってきた。あまりにも近かったので，パイロットは回避行動をとった。

同じ時刻に1機の民間747機が我々の右方にあり，よく見えていた。我々はその民間機と連絡をとり，パイロットたちは会話をやりとりした。彼らは彼らのレーダーで，我々が見ていたものと同じ物体を見ていたが，それが何であるかは分からなかった。我々は米国の航空管制を呼んだが，管制のレーダー画面には何も映っていなかった。彼らは，着陸したら報告してくれとだけ言った。我々は（*報告のために）入っていった。パイロット，副パイロット，航法士，二人の航空機関士の五人だった。パイロットがこの目撃の一部始終を書き上げた。我々は全員その報告書に署名し，提出した。しかし，それっきりだった。

航法士は何とか計算し，それ（UFO）が時速1万マイル以上で移動していたと言った。確かにそうだった。それはレーダー画面を横切り，最後の瞬間に消えた。次に現れたときには，再び我々に向かってきた。

Testimony of Lieutenant Frederick Marshall Fox, US Navy

米国海軍大尉
フレデリック・マーシャル・フォックスの証言

2000年9月

フォックス大尉は1960年代に海軍で攻撃機に乗っていた。彼は最高機密取扱許可を持ち，ベトナムで従軍した。除隊後はアメリカン航空に33年間勤め，退職した。フォックス氏は証言の中で，JANAP 146 Eと呼ばれる印刷物があることを明らかにしている。その中の一節には，UFO現象についてもし誰かに何かを口外した場合，1万ドルの罰金と10年間の投獄を科される旨が述べられている。1964年終わり頃のある事件では，彼がA4スカイホークで飛行していたとき，まったく突然に，直径約30フィートの1個の黒い円盤型物体が彼の左側に現れた。彼の経歴の中では他にも多くの出来事があり，円盤型や葉巻型のUFOを軍事施設の上空で目撃した。またあるときには，二つの赤い光体が，夜空を地平線から地平線へと3秒間で横切るのを見た。彼はこの問題についてまわる嘲笑のために，これらの出来事を他人に話すのをためらっていた。

FF：フレデリック・マーシャル・フォックス大尉
SG：スティーブン・グリア博士

FF：私の名前はフレデリック・マーシャル・フォックスだ。私は1938年にニューヨーク州ホワイトプレーンズ市に生まれた。私は1960年から1965年まで海軍におり，トンキン湾事件のときには航空母艦タイコンデロガに乗艦し，ベトナムでの現役勤務に就いていた。その後の3年間は予備役だったが，プエブロ号危機のときに再び軍に呼び戻された。除隊後はアメリカン航空で33年間飛行し，60歳で退職した。

私の海軍での階級は大尉だった。私は核兵器輸送パイロットだったので，最高機密取扱許可を持っていた。

海軍にいたときの私は，Code 4 PUBSすなわち機密広報情報将校だった。

JANAP 146 Eと呼ばれる印刷物があり，その中に，UFO現象についてもし誰かに何かを口外した場合，1万ドルの罰金と10年間の投獄を科される旨が述べられている一節がある。つまり，あなたが何を経験しようとも，許可なくしてはそれを持ったまま一般の人々の中に入っていってはならないことを厳格に定めている。

私は戦闘攻撃機に乗っていた――A4スカイホークだ。我々が飛び立つと，CIC（戦闘指揮所）が戦闘機を目標などに誘導する。ある夜，私は一人で航空母艦から約180マイル離れた地点にいた。高度は約2万フィートだった。そのとき，1個の物体が私の左側に現れた。それは何の敵意も持っていなかった；それはただそこで私を観察していた。私もそれを少し観察し，とても安らいだ気持ちでそこを離れた。私は後に航空会社に勤務するまで，誰にも何も話さなかった。後で知ったのだが，乗組員仲間の一人も似たような出来事を経験していた。

その物体は，直径が30フィートはあった……おそらく情報収集円盤だった。それは円盤の形をしていた。

SG：それは，どれくらい離れていましたか？

FF：翼のすぐ外側にいた。つまり，すぐそこにいた。私はその存在を感じることができたが，むしろそれは私を保護してくれていた。お分かりだろうが，そのときは航空母艦から180マイル離れ，夜中にたった一人でそこにいたのだ。それは少々不安なものだ。言うまでもなく，これはベトナム戦争の最中のことで，何が起きるかは誰にも分からなかった。

SG：これが起きたのは何年のことか，覚えていますか？

FF：1964年の8月か9月のことだった。それはいつの間にか現れた。私は一人でそこにいて，不意に何かの気配を感じた。見上げたら，そこに円盤がいたのだ。私がそれを目撃し，接近遭遇をした後で，それはいわば消えるようにしていなくなった。それは非物質化した。それは闇夜の中の黒い影といったようなものだった。照明のようなものは何もなかった。しかし形はあった。もしそれに照明のようなものがあったなら，それは不安を引き起こしたのではないか。そこにいたのが何者であれ，おそらくそれは，当時の私にそのような経験をさせたくなかったのだろう。そのとき私は24歳だった。

私の経歴の中では，他にも典型的な円盤型物体や葉巻型物体を目撃した出来事があった。目撃した場所は，ホワイトサンズ，アルバカーキなど，軍事施設の上空だ。

航空管制からは，そのことについて何の話もなかった。どの出来事についても，私は口を開くことはなかった。ピート・キリアンという，何冊かのUFO関連書に出てくる機長がいた。彼は1950年代にアメリカン航空の機長だったが，どうやら目撃をし，上院委員会で証言した。また，翼の外側にいたUFOの写真を実際に撮った機長もいた。もちろん，彼らは嘲笑の対象になった。私はそのようにはなりたくなかったので，FAA（米国連邦航空局）にも軍にも何も報告しなかった。多くのパイロットたちは，周囲からの圧力と嘲笑があるために，このことに巻き込まれるのを望まなかった。こうして秘密が保たれてきた。

たまたま私には，偏見を持たない日本の友人が何人かいる。日本人は，このUFO問題についてはとても率直な人々だ。実際に，私はJAL［日本航空］747輸送機のある機長と連絡を取ることができた。この輸送機は，アラスカのアンカレッジ上空で巨大な球体型UFOに遭遇していた。それはFAAにも公式に持ち込まれた事件だった。

［リチャード・ヘインズ博士とFAA職員ジョン・キャラハンの証言を見よ。SG］

そしてもちろん，その彼でさえも周囲からの圧力に屈し，研修として目立たない事務職に追いやられた。

私が目撃を経験した回数は，軍にいたときよりも航空会社にいたときのほうが多かった。1960年代終わりの1月に経験した，ある目撃について述べよう。ある夜，私は747貨物機を操縦し，ロサンゼルスからケネディ国際空港に向かっていた。その夜は雲一つない澄み切った空で，欠けた月がかかっていた。だから，視界は良好だった。私は右側の操縦席に座っていた。そのとき，二つの赤い光体に気付いた。点滅しない奇妙な光で，編隊飛行をしているような見え方だった。私はそれらの光体を，正面右側の窓を通して見た。光体は，私から見える地平線に対して仰角約30度にあった。我々の飛行高度は3万7,000フィートだったことを考えると，光体はかなりの高度にあった。そのときそれらの光体は，東の地平線から西の地平線へ約3秒で横切ったのだ。ものすごい速さだった；それが一体何だったのか，私にはまったく分からない。

私の友人に，ニューヨークのある主要ラジオネットワークに勤めるF・リー・スピーゲルという男がいた。彼は，我々の航空便の一つに搭乗して得た情報から，私がUFOに対して特別な興味を持っていることを知ったようだった。彼は私に連絡をよこし，1978年11月の「宇宙空間の平和利用に関する国連シンポジウム」で航空会社代表になってくれるよう，私に要請した。それは国連が開催した重要な会合で，彼らはこのUFO問題をとても真剣に受け止めていた。

私には，第二次大戦中B-24のパイロットで戦略諜報局（OSS）に入った，とても親しい友人がいる。彼は原爆が広島と長崎に投下された後，最初に日本に行った人々の一人だった。彼はブルーブック・プロジェクトの報告書No.13に関わったが，それは計画の中でも最高機密に属する部分だったと私は思っている。当時彼は空軍大尉だった。現在は70歳台後半だが，今なお大尉として現役を続けている。彼が給料を貰っているかどうかは知らないが，現役だとしたら任期の長さと階級から三つ星将軍で，給料も貰っていて然るべきだ。彼に現役を続けさせているただ一つの理由は，彼が知っていることのために国家機密保全誓約を有効にしておく必要があるということだ。私は海軍の最高機密取扱許可を持っており，また我々は二人とも同じものに強い関心を持っているが，機密保全誓約のために彼が私に話そうとしない何かがある。

何らかの理由で，政府や政府の諸機関は彼らの基本方針を守る必要があると考えている。しかし，今やそれは明らかに我々の基本方針ではない。この見え透いた欺瞞を終わらせるために，我々が行動すべきときがきたと思う。人類が適切に進化し，その進化の実りを確実に享受するのに必要な対策を講じるときが。

Testimony of Captain Massimo Poggi

アリタリア航空
マッシモ・ポッジ機長の証言

2000 年 9 月

ポッジ機長はアリタリア航空 747 機の上級機長だ。彼は 1999 年 7 月にローマからサンパウロに向かって飛行していたときのことを語る。緑色に輝く光輪が一つ急上昇し，彼の 747 機の下 500 フィートをかすめ去った。その航空機は，このUFO が下を通り過ぎたときに突然ジャンプした。この体験中に，非常にやかましい雑音が彼のヘッドホンに入ってきた。また，1992 年にイタリアのトリノ上空を飛行していたときには，雲との距離をほぼ一定に保って静止しているかに見える，楕円型の球体を遠くに見た。彼はこの UFO をスポッティングスコープ（* 小型望遠鏡）で見た。副パイロットと少し話をするために目を離し，もう一度見たときには消えていた。

私の名前はマッシモ・ポッジだ。私はイタリアのアリタリア航空でボーイング 747 機の上級機長をしている。

1999 年 7 月 1 日，私はローマからブラジルのサンパウロに向かっていた。大西洋のほぼ真ん中まで来たとき，ヘッドホンに雑音が入った。それはどんどん大きくなり，ひどくやかましくなった。それから 2，3 秒のうちに，我々は明るい光輪を一つ見た。それは周囲に拡散して緑色に輝いていた。光輪は高速で我々の機首の下，航空機の下を通り過ぎた。それと同時に，747 機は突然ジャンプした。ただの一度だけジャンプした。半秒後には，その雑音と光体は消えていた。それは，我々の 11 時間の飛行中に経験した唯一のジャンプだった。

この物体はきわめて近かった。我々は時速 930 キロメートル，約 500 ノットで飛んでいた。我々の下方で交差した物体は，それよりもずっと速かった――1,000 ノットか，それ以上あった。

その物体は我々の下だったが，それほど下というわけでもなかった――おそらく 500 フィート。本当に近かった。飛んでいる航空機にとっては，ほとんど衝突だった。

別のとき，私はイタリアのトリノ上空を飛行していた。1992年のことだ。私は機長としてDC-9機を操縦していた。遠くに1機の航空機が見え，それが私の注意を引いた。それは雲との距離を一定に保ち，まるで静止しているかのようだった。20年の飛行経験からしても，これは奇妙に見えた。

私は鞄からスポッティングスコープを取り出し，その物体を見ていた。それは1本の線が横切っている楕円の球体に似ていた。向きを変えている航空機ではなかった。それは少しも動かなかった。ちょうどそのとき，航空管制が私の便を呼んだので，私は副パイロットと少し話をしなければならなかった。私がその物体に再び目をやったとき，そこには何もなかった。物体はその位置から消えていた。それは他のどの位置にも移動しなかった。私はその物体を見つけるために，辺りをくまなく捜した。もしそれが飛んでいる航空機であったなら，通常の飛行で消えることはない。

かつて私は，UFOを追跡するために緊急発進したと語る，軍のパイロットたちと話をしたことがある。一人のパイロットは，ある空軍基地で目撃したことを語ってくれた。その目撃があった場所には他のパイロットたち，一人の軍曹，それに軍関係者も一緒にいた。イタリア北部のこの空軍基地で，彼らは典型的なUFOに見えるものが1機，空港の境界のすぐ外側に着陸しているのを見た。空港は周囲を塀で囲まれていた。彼らは小さな人間の姿をしたものを見た。しかし，彼（*人間の姿をしたもの）は地面に接していなかった。パイロットが警戒態勢を取らせるために他のパイロットたちを呼んだとき，その小さな人間は塀を飛び越えた。UFOは離陸し，とてもとても素早く消え去った。一緒にいた軍曹は，20年経った今でもこの事件にショックを受けている。

私はUFOが現実であることを心底信じている。それはもちろん，地球外のものだ。私はUFOが地球外のものであることを願っている。そうでないと，それが人間の手中にあるのはとても危険だからだ。

Testimony of Lieutenant Bob Walker, US Army

米国陸軍少尉
ボブ・ウォーカーの証言
2000年10月

ウォーカー氏は陸軍少尉だった。彼は第二次大戦後のNASA（当時はNACA）の一般公開で，30フィートの大きさを持つ1機の円盤型機体を見た。それは，研究のためにドイツから運ばれてきたものだった。彼がテレビ局の仕事で航空機を操縦していたとき，1個の円盤型物体が西からやってきた。彼はカメラを持っていたので，1万2,000フィートまで上昇し，その物体の写真を何枚か撮った。写真は着陸後にすぐ現像され，拡大された。その物体は両側に突端を持つ，フットボール型の銀色物体であることが判明した。彼のフィルムは，その後異常な状況の中で持ち去られた。ウォーカー氏は証言の中で，ケンタッキー州フォートキャンベルの近くで聞いた事件についても語る。夜遅く，たまたまある夕食会に行ったときのことだった。彼はそこで軍警察たちの会話を耳にしたが，それは近くの農家のそばに1機の空飛ぶ円盤が着陸したため，その地域を立ち入り禁止にしたというものだった。何体かの生き物がいたが，恐怖を覚えた農家の持ち主により撃たれたということだった。

私はバージニア大学に行き，そこで理学士号を取得した。大学では予備役将校訓練団に参加したので，卒業と同時に正規の陸軍少尉に任命された。

第二次大戦後，我々は多くのものを海外から持ち帰った。私は，ドイツのUボートがモンロー要塞（*バージニア州ハンプトン）の埠頭に運ばれたことを覚えている。その同じ時期のある週末，NACA［NASA（米国航空宇宙局）の前身］が一般公開を行なった。私はNACAに行き，風洞施設の一つに向かった。航空機に興味があったからだ。そしてその風洞施設に，私が空飛ぶ円盤と呼ぶものがあった。その機体の形は疑いもなく空飛ぶ円盤だった。それは直径が25フィートないし35フィートあった。厚さはおそらく4，5フィートだったが，端に向かって傾斜していた。

私はそれに10フィートくらいまで近づいて見た。それは台座の上に置かれ，下から支えられていた。これは奇妙な航空機だと思った。これはUFOへの関心が高まる以前のことだったが，この航空機はドイツから持ち帰られたもので，しかも風洞施設にあった。これをどうやって動かすのか，私はそれを知りたくてたまらなかった。傾斜部の一角に，プレキシガラス（*アクリル樹脂）の天蓋が一つあった。聞いたところでは，パイロットは皆うつ伏せになり，そのうつ伏せの状態でこの機体を操縦する。樹脂製の天蓋は，空飛ぶ円盤の端に付いていた。平均的なパイロットなら，これに乗り込むことができた。

その推進方法については分からなかった。排気管を見た記憶はない。プロペラもなかった。それはどう見ても航空機より軽いものではなかった。目に見える推進装置はどこにもなかった。

その後私はテレビ局に勤め，仕事でしばしば飛行した。飛行するときには常にカメラを携行した。この日の午後，飛行を始めてから半時間は経っていたと思う。私は他の航空機の空路に入り込まないように，空港とタワーの交信を傍受していた。飛行高度は約2,000フィートとするのが常だった。このとき，偶然に管制塔からの奇妙な交信が聞こえた。管制塔は，1個の円盤型物体が西から来たと言っていた。私はこう考えた。“これはめったにない機会だ，もし見られるなら一目それを見てやろう”推定するなら，物体は5万（*フィート）よりも低くはなく，もっと上にあった。

私は，管制塔がその上空に飛来したものへの警戒を呼びかけた後で，彼らを呼んだ。管制塔は“当機は何をするつもりか？”と言った。私は“もし支障がなければ高度2,000（*フィート）から離脱し，酸素なしで行ける最大高度1万2,000（*フィート）まで上昇させてほしい”と言った。彼らは“よろしい”と言った。2から12（*1,000フィート単位）まで上昇するのに数分かかった。その高度に達した頃に，1個の銀色球体が上空を通過していた。それが通過している間，私は35ミリフィルムで何枚かの写真を撮った。

そうこうしている間に，その物体は飛び去った。私は地上に戻り，何が起きたかと訊いた。彼らはこう言った。“ラングレー（*バージニア州，空軍基地）では，その正体を見るために戦闘機に警戒態勢をとらせた。彼らが緊急発進し，その高度に達したときには，物体はすでに飛び去っていた”

私は新聞社が所有するテレビ局に勤めていたので，その新聞社に気軽に出かけていった。暗室に入り，“写真に撮ったものが何なのか，とても興味があります。差し支えなければ，このフィルムをすぐに現像しましょう”と言った。

こうして私は，そのフィルムを友人の担当写真家に渡した。写真家がそれを現像したら，そこにはあの銀色球体が写っていた。私は“もう少し調べたいので，よろしければ，これを引き伸ばして拡大しましょう”と言った。何度引き伸ばしたかよく覚えていないが，我々はその銀色球体が 8 × 10 インチ判の枠一杯に広がるまで拡大した。それはぼやけていたが，我々が撮影したものの拡大画像だった。写真を拡大して分かったのだが，それは丸い球体ではなかった。それはフットボールの形をしていて，両端が尖っていた。

このことは誰にも話さなかった。しかし，私がその写真を撮ったことをなぜか知る人がいて，おそらく 6 週間から 8 週間後のことだったと思うが，私に電話があった。こういう内容だった。“私たちは UFO の可能性があるものの情報を集めています。あなたが何枚か写真を撮ったと聞いているが，それを見たいので拝借できませんか”私は信用証明書の類は求めなかった。そして“構いませんよ，写真の他にも過去 5 年間に AP が発表した興味深いニュース記事のコレクションを持っています”と言った。彼らは“では，それも持ってきてください。興味があります。それも見せてください”と言った。

彼らは，リッチモンド市ファン地区のある住所を教えたが，それは古い邸宅の一つだった。私はそこに入っていった。するとそこには私に電話をくれた男がいて，自己紹介をした。彼はこう言った。“あなたがこれらの資料を持ってきてくれて，とても感謝しています。私たちは資料を大事に扱います。この資料はあなたにお返しします”彼はどこの何に所属しているのか言わなかった。彼は決して正体を明かさなかった。

その建物は人が住んでいるようには思えず，ごく簡単な家具があるだけだった。古い家だったが，中に価値のあるものは何もなかったと記憶している。骨董品も，東洋の敷物も，何もなかった。実際，それはみすぼらしいと言ってよいものだった。彼が何をしているのか，他に誰かその家にいるのか，気にはなった。しかし，彼に資料を渡しながら私はこう考えた。“もし見終わったら，電話をくれればよい。そうでなければ，私がここに取りにこよう”彼は 2，3 週間電話をよこさなかった。私は“もう十分だろう”と考えた。

彼から何の音沙汰もなく，相手の電話番号も知らなかったので，私はその家に行って資料を取り返してこようと考えた。その家に着くと，家は空っぽだった。彼は一体何者だったのか。私はよくよく世間知らずだった――ネガも焼き増しも保存していなかったのだから，なおさらだった。これらの資料は，私が持っていた現物そのものだった。その新聞のコピーもとっていなかった。というのは，我々はそれを単なる興味で収集していたからだ。それは印刷のためでも，出版のためでもなかった。こうして，それらの資料は私の人生から永久に消えた。

しかし，このUFOは巨大だった。私はそれを何マイルも何マイルも離れた所から見ることができた。この日は快晴で，6月か7月のある夕刻だったと覚えている。天気はとても穏やかだった。そのUFOの飛行方向は本当に真っ直ぐだった。フラフラしたりはしなかった。それは進むべき方向を持っていて，それから少しも離れなかった。私はそれを地平線の上に見た。だから，少なくともそれは100マイルかそれ以上は離れていた可能性がある。そのUFOは，私が2,000から1万2,000（*フィート）まで上昇する間中，私の頭上にあった。

別のときに，私はラングレー空軍基地でNASA長官と対談していた。我々は空飛ぶ円盤の話を始めた。私は長官から，いかにも漠然とした，しかし正面から受け止めた返事を引き出した。このときの話題の一つは，別の種類の航空機とUFOについてで，我々はそれらをうまい具合に融合させた。私はこう訊いた。“では将来の航空機についてはどうですか？　それらはどんな形になりますか？”それに答えて彼はこう言った。“私たちは今，航空機を持っています。私たちは今，実際に飛ばすことのできる乗り物すなわち航空機を持っています。しかし，それらはとても変わっていて斬新なものなので，国民には受け入れられないでしょう”

彼は，それらの航空機は従来のもののようではないと説明した。彼は事実に言及していたのだと思う。方向舵も，尾翼も，翼も，その類のものが一切ない航空機。

1956年か1957年頃，私はケンタッキー州フォートノックスに駐在していた。ある夜，私は11時までフォートノックスにいて，それから自家用車に乗りフォートキャンベル（*ケンタッキー州米国陸軍基地）に向かった。そこで幾つか付随的な仕事をしなければならなかったからだ。フォートキャンベルには午前1時頃に着いた。そこでは夜通しの小さな夕食会が持たれていた。私は兵舎に戻る前にコーヒーとドーナツが欲しかったので，その夕食会に行った。そして，そこに大勢の人がいるのに気付いたのだ。“これは何かおかしいぞ”と思った。軍警察も町にいた。私は“何があったのですか？　何か事故がありましたか？　飛行機の墜落とか，そのようなことが”と訊いた。しかし，そうではなかった……

人々は皆，近くの農家の裏に空飛ぶ円盤が着陸したと言って興奮していた。私は話の断片からできるだけ状況を把握しようとした。その場所には非常線が張られ，近づくことができなかった。軍警察はその地所を完全に包囲していた。知り得たのは次のことだった。一機の空飛ぶ円盤が着陸し，中にいた生き物たちがその家を飛び越え，家の正面に降り立った。その家の住人は死ぬほど怖がった。住人の一人が散弾銃を手にし，その生き物が玄関口まで来たとき，網戸越しに銃を撃った。

その空飛ぶ円盤から出てきた生き物たちは，ここが快適な居場所ではないと判断し，急いで引き返した。彼らはその家を飛び越え，その空飛ぶ円盤がある場所まで戻り，離陸して飛び去った。軍警察がそこにいたので，この事件は軍の報告書に記録されてどこかに必ずあると思う。軍警察はフォートキャンベルから来ていた。なぜなら，これが最も近い基地だったし，外にいた人々もその基地の人間だったからだ。州警察もそこにいた……

Testimony of Mr. Don Bockelman, US Army

米国陸軍
ドン・ボッケルマン氏の証言

2000年9月

ボッケルマン氏は米国陸軍の発射場電気技師だった。彼はシステム分析者としての訓練も受け，ナイキ・ハーキュリーズ・ミサイルの開発に取り組んだ。また，ハネウェル社では2年間核弾頭装備魚雷の製造に携わった。ボッケルマン氏は，時速3,500マイルで移動するきわめて速い目標を見ていた様々なレーダー操作員たちから直に多くの話を聞いた。それらの幾つかは，あり得ないほどの小さな回転半径で方向転換をしていた。あるとき彼は，ワシントン州マウントバーノンの近くで，防空ミサイルによるUFOの撃墜未遂を目撃した。

私は米国陸軍で発射場電気技師として訓練を受けた。1960年代終わりにはヨーロッパにおり，ナイキ・ハーキュリーズ発射台の開発に2年半取り組んだ。また，発射場で起きるどんな問題に対してもそれを分析し，対処し，解決することができるように，システム分析者としての訓練も受けた。さらに，発射場のIFCすなわち統合発射管制（Integrated Fire Control）で約7箇月間働き，ここシアトルのハネウェル社で核弾頭装備魚雷の製造に2年間携わった。

… … …

本当に大きな速度と高い機動性を持つ目標，すなわちレーダー上のUFOを相手にしている技術者や操作員たちがいる。私は操作員たちから，そのような多くの話を聞いた。彼らは世界中の様々な場所に駐在している。統合発射管制はミサイル関連のレーダーが配置されている場所で，多くのレーダーの集合体だ。彼らが詳しく語る内容は，次のとおりだ。飛行物体が飛び込んでくると，彼らはそれを追跡し，そのままやり過ごす。それらは時速700マイルで飛び，大気中で加速し，きわめて短時間に時速3,500マイルまで加速する。それは，我々の仮想敵ロシアの目標が持つ技術という観点での基準を外れていた。それは異質な技術だった。これらの操作員たちは熟練した人々だと言いたい。彼らは本当のレーダー目標と，目標のように見える大気擾乱の違いを判断できるように訓練されている。彼らはそのことの専門家だ。

だから，彼らが目標を追跡していたとき，彼らは大気中にある実際の物理的物体を追跡していたのだ。彼らは，大気中にあって様々な形態の運動を伴う物理的な目標が存在すると，100 パーセント確信していた。私がこれらの報告を耳にしていたのは，1960 年代の終わりだ。報告は 1950 年代にまで遡る。というのは，エイジャックス（*地対空ミサイル）サイトに配属されていた多くの年配の操作員たちがおり，彼らがそれらを追跡していたからだ。私が聞いた報告は主に米国でのものだったが，軍の公式の立場は，精緻なレーダーシステムを操る人々が日常的に検出していた現象とはまったく相容れないものだった。

軍を退役した後のある晩，私は自宅の居間に座っていた。1978 年 10 月のことで，私は明かりをすべて消してただ座り，心を漂うがままにさせていた。そのときまったく突然に，部屋の中で 4 個の琥珀色の光体が光を放ち始め，琥珀色の散乱光で部屋を満たし始めた。当然私は，見ているものが何なのかを突き止めようと，素早く後ろを振り向いた。そこには，互いにほぼ等間隔で並んだ 3 個の光体があり，4 番目の光体がその等間隔の光体群からやや離れて同じ平面上にあった。

……

そのとき，このジェット機が真西から来た。私は家の裏口に立ってこの物体を見ていたが，それが目の前で 1 機の防空ミサイルにより攻撃されたのだ。後で分かったのだが，それは標的に向けて発射される，大きな爆発力を持つミサイルだった。爆発の破片が地面に落下していた。ミサイルが爆発したとき，その物体は加速しながら，信じられないような速度で攻撃地点を離れた。その飛行物体への実際の攻撃は，セドロウーレイ（*ワシントン州北西部）の東約 10 マイルで起きた。ライマン・アンド・ハミルトンと呼ばれる地域から北に約 3 マイルの付近だった。

私が軍にいたときにレーダーで追跡した物体に関してだが，その速度を別にすれば，これらの目標について最も印象的だったのは，その突然の方向転換能力だ。防空に携わる人々は，質量と旋回半径を見る。極小半径で旋回する能力を持つ物体。そうした物体に匹敵するものを，我々は何も持っていなかった。

ここで述べているのは，高速のまま実質的な旋回なしで方向転換することについてだ。時速 2,000 マイルで直角の方向転換。さらに方向転換だけでなく，下降と上昇。それらは素早く下降する。それらの物体にとり，進行方向が問題になるとは思われなかった……

……

彼らは，誰にも絶対に漏らすなという明確な命令を下す。もしそれが大事件だった場合，決してそれを口にしてはならないというのが，彼らの命令だった。

1998 年 11 月 14 日，私はやはり居間に座っていたが，このときは映画を観ていた。家の明かりは消してあった。そのとき 1 個の物体が目に入った。推定ではその距離約 1 マイル，地面からの高さは 1,100 フィートだった。物体は時速約 600 マイルで移動しており，無音だった。その形は，とてもとてもはっきりと見ることができた。というのは，その晩はよく晴れていて，月が出ていたからだ（* 当日のこの時刻，ワシントン州に月は出ていない。証言者の日付の誤りか）。物体の形はとてもよく見えた。それには何百という照明がついていた。

物体の形はおおむね三角形だった。尖端を少し切り落としたような三角形だ。というのは，その物体の後部がそのような形をしていたからだ。その側面はよく見えた。側面に沿って照明の列が幾つも並んでいた。外周にも照明の列があった。底面にも照明の列があった。このとき，音の静かなジェット機が数機，4 分間隔の一列縦隊で南からやってくるのが見えた。ジェット機は［その UFO の］飛行経路を通過した。ジェット機があまりにも静かだったので，テープではその音がほとんど聞こえない。私は軍用ジェット機を見分けるのが得意だったが，このときのようなジェット機は見たことがなかった。

その 2 番目のジェット機を私は撮影した。このジェット機は，物体の飛行経路を通過するとき，明るい照明を一つ点灯した。その目的が何なのかは推測するのみだが，4 機のジェット機は 4 分間隔で飛来した。それらはすべて，まったく同じ飛行パターンだった。

AF FORM 112
APPROVED 1 JUNE 1948

COUNTRY	REPORT NO.	(LEAVE BLANK)
PANAMA	IR-4-58	

AIR INTELLIGENCE INFORMATION REPORT

SUBJECT
Unidentified Flying Object Report

AREA REPORTED ON	FROM (Agency)
PANAMA	Director of Intelligence - CAirC

DATE OF REPORT	DATE OF INFORMATION	EVALUATION
18 March 1958	9-10 March 1958	B-1

PREPARED BY (Officer)	SOURCE
Vernon D. Adams, Capt., USAF	Caribbean Command AOC

REFERENCES (Control number, directive, previous report, etc., as applicable)
AFR 200-2

SUMMARY:

A number of unidentified radar tracks were observed 9-10 March 1958 by search and tracking radar located in the Canal Zone. Two tracks were investigated by aircraft with negative results.

Vernon D. Adams
VERNON D. ADAMS
Capt., USAF
Ass't. Director of Intelligence

APPROVED BY:

George Welter
GEORGE WELTER
Lt Col., USAF
Director of Intelligence

DOC-3
DOC-1
DOC-04

RETURN TO DOC-

4 INCLS

1 WAC #769 (Uncl)
~~2 C-2 USARCARIB~~ Report (Conf)
~~3 Log of M & I Section (Uncl)~~
4 Track Reports (Uncl)

DISTRIBUTION BY ORIGINATOR

(SECURITY INFORMATION when filled in)

SUPPLEMENT TO AF FORM 112

ORIGINATING AGENCY	REPORT NO.	PAGE 2 OF 7 PAGES
GAirC - Dir. of Intelligence	IR-4-58	

During the period 9 through 13 March, three unexplainable radar contacts have been made by equipment located in the Canal Zone. On two occasions, aircraft were vectored into the area by the radar sites, with negative results. Interrogation of scope operators has indicated that returns were strong and easily distinguished from cloud formations. Returns were definite when associated with clouds. Generally the tracks were triangular with speed of movement very erratic. Movement appears at times to be evasive action. The incident of 9 - 10 March was tracked by gun laying radar. During period of observation, radar maintenance personnel checked out their system thoroughly. In addition, lock was broken, however, the equipment immediately picked up target and locked on. A second tracking radar situated on Taboga Island, locked on the return. Target generally remained in same area half way between radar sites. Personnel stationed at sites reported seeing red and green ligh[illegible] but no noise was associated with lights Visibility was good. However, lights were visible, for only a short period. A commercial flight volunteered to investigate target. He was vectored within a hund[illegible] yards of target and reported negative sighting. Target faded out at 0208R on 10 March.

At 10:12R on 10 March, search radar reported unidentified target west of canal. A T-33 from Howard Field was sent to investigate. Negative results. Aircraft was in the immediate area of target with negative sighting. Contact with target was broken at 14:15R,

VERNON D. ADAMS
Captain, USAF
Ass't. Director of Intelligence

APPROVED BY:

George Welter

GEORGE WELTER
Lt Col., USAF
Director of Intelligence

CLASSIFICATION (SECURITY INFORMATION when filled in)

SUPPLEMENT TO AF FORM 112

ORIGINATING AGENCY	REPORT NO.	PAGE 3 OF 7 PAGES
AC CF S, G-2 USARCARIB	IR-4-58	

In accordance with Department of the Army Intelligence Collection Memorandum #200-72B-1, dated 6 August 1957, subject: "Unconventional Aircraft", the following information is submitted:

1. On 10 March 1958, Capt. Harold E. Stahlman, Operations Officer, 764th Anti-Aircraft Operations Center (AAOC), Fort Clayton Canal Zone, reported information concerning the sighting of an unidentified flying object. At 2003R, 9 March 1958, Stahlman, as Deputy Defense Commander for Anti-Aircraft Defenses, was notified at his home by the Operations Duty Officer, AAOC, that the AAOC had received a radar report of an unidentified aircraft approaching the Pacific side of the Isthmus of Panama. Stahlman arrived at the AAOC at approximately 2008R.

During the radar tracking of the first blip which appeared on the radar screen, two additional blips were observed at 2045R. The first echo was identified as a Chilean Airlines aircraft which landed at Tocumen Airport, Tocumen, Republic of Panama. The two other blips, which were not identified, indicated that the two objects were in the vicinity of Fort Kobbe, Canal Zone. A civilian aircraft in the general vicinity of the objects made a visual search of the area with negative results. The original blips were picked up by Search Radar and then transferred to the Track Radar Unit located at Flamenco Island, Fort Amador, Canal Zone. This unit was able to lock on the unidentified objects and the following information was obtained:

Number of Objects:	Two, approximately one hundred yards apart.
Duration of Radar Observation:	2003R, 9 March 1958, to 0208R, 10 March 1958.
Location of Radar:	Battery D, 764th AAA Bn, Flamenco Island
Location of Object:	LJ 2853. (Geo-Ref, Military Grid Reference System)
Prevailing Weather:	Clear, visibility unlimited; no wind reported.
Direction of Flight:	Average angle of elevation, 365°, Azimuth, 330 mils.
Manner of Flight:	Steady, slight circular path over the vicinity of Fort Kobbe, Canal Zone.
Altitude:	Varied from two to ten thousand feet. Average of seven thousand feet.

An attempt was made by members of the Radar Site, Flamenco Island, to observe the objects by searchlights. When the light touched the objects, they traveled from an altitude of two thousand feet to ten thousand feet in five to ten seconds.

WARNING: This document contains information affecting the national defense of the United States within the meaning of the Espionage Laws, Title 18, U. S. C., Sections 793 and 794. Its transmission or the revelation of its contents in any manner...

(SECURITY INFORMATION when filled in)

SUPPLEMENT TO AF FORM 112

ORIGINATING AGENCY	REPORT NO.	PAGE 4 OF 7 PAGES
AC OF S, G-2 USARCARIB	IR-4-58	

This was such a rapid movement, that the Track Radar, which was locked on target, broke the Track Lock and was unable to keep up with the ascent of the objects. As Track Radar can only be locked on a solid object, which was done in the case of the two unidentified flying objects, it was assumed that the objects were solid. The possibility that the sightings might have been weather balloons was discarded when the Air Force was contacted and stated that no balloons were in the air at that time. (F-3)

2. On 10 March 1958, Capt. Stahlman made another report concerning the sighting of an unidentified flying object by Search Radar located on Taboga Island, Republic of Panama. The following information was obtained in regard to the sightings:

Number of Objects:	One.
Duration of Radar Observation:	1012R to 1412R, 10 March 1958.
Location of Radar:	Taboga Island Radar Site.
Location of Object:	KL 1646. (Geo-Ref, Military Grid Reference System)
Prevailing Weather:	Partly cloudy.
Manner of Flight:	From an erratic to a triangular shaped flight pattern.
Altitude:	Undeterminable due to radar system used.
Speed:	Variable, from hovering to approximately one thousand miles per hour

Track Radar indicated that the object moved away from two United States Air Force jet aircraft that were approaching. At that time the speed of the object was calculated at approximately one thousand miles per hour. The use of Track Radar was terminated at 1412R.

3. On 11 March 1958, Lt. Roy M. Strom, Operations Officer, 764th AAA Bn, Fort Clayton, Canal Zone, reported information received from a Pan-American Airlines Pilot concerning an unidentified flying object. At approximately 0400R, 11 March 1958, the pilot of incoming aircraft C-509, a Pan American Airlines DC-6, observed an unidentified flying object 12 degrees North on Fox Trot route. The object appeared larger than the aircraft and was traveling in a Southeasterly direction.

(10)

CLASSIFICATION (SECURITY INFORMATION when filled in)

SUPPLEMENT TO AF FORM 112

ORIGINATING AGENCY	REPORT NO.	PAGE 5 OF 7 PAGES
AC OF S, G-2 USARCARIB	IR-4-58	

At the same time Lt. Strom reported that an unidentified flying object was picked up by Hawk Radar. The object was plotted twice at approximately 0508R heading Northwest at LK 3858. On the third plot, at 0517R, the object had moved to LK 5434 in a Southwesterly direction. Eleven minutes elapsed during the confirmation of the three plots. At 0528R, the object was sighted at LK 4303. Incoming aircraft C-509 was in the same area and Hawk Radar was asked if it was the same track that was picked up previously. The answer was negative. The object was last plotted at LJ 3254 at 0536R, still traveling in a Southwesterly direction. Radar contact was lost at that time. The size, shape, or altitude of the object could not be determined by radar. (P-6)

G2 USARCARIB COMMENT: DAICM #200-72B-1 mentioned above requires that:

"The Headquarters of the nearest Major Air Command should be notified of sightings which come to the attention of Army personnel", referenced DAICM continues, "Air Force Commanders have instructions from the Department of the Air Force which cover reporting on subject (AFR-200-2: "Unidentified Flying Objects Reporting, Short Title: UFOB)' (U)". This office continues to report information as developed.

UNCLASSIFIED
CLASSIFICATION (SECURITY INFORMATION when filled in)

SUPPLEMENT TO AF FORM 112

ORIGINATING AGENCY	REPORT NO.	PAGE
CAirC, Director of Intel.	IR-4-58	PAGE 26 OF 37 PAGES

EXTRACTS FROM THE LOG AT MOVEMENT & IDENTIFICATION SECTION ADCC

09 March

19:59 Unknown aircraft flying Tango Route inbound. No known aircraft in area but one advised by Tocumen, WHZ BLB ATC.

20:45 Unidentified blip believed to be weather balloon picked up between Albrook and Taboga. Appears to be orbiting. No air traffic in area at all. Advised ATC of possibility of object interfering with air traffic.

20:45 Advised that a balloon had been released earlier in the evening at approximately 1830R but should be down southeast of Albrook at present time.

21:40 Tower advised P-501 (Pan American Flight) is cleared by Albrook ATC for DF instructions in order to avoid object. Flight P501 will cross the canal over Albrook.

23:45 Distance of object from D Battery (Flamingo) is 4870 yards, height 3.5 thousand feet. At the present time, a searchlight from harbor entrance control point is being used to aid in identification purposes, to be executed by one AF-Naval crash boat.

23:55 Object now at 6.0 feet moving away very rapidly to the southwest.

24:00 Radar advises that as soon as searchlight was employed, the object became evasive. Object now at 10.0 feet, 7800 yards from site. Two returns, one at 10.0 feet, other at 08.

10 March

00:44 Braniff Flight 400 reports negative sighting of object during brief investigation. Radar reported aircraft was approximately 100 yards from object.

00:55 Radar reports two targets now approximately 100 yards apart. Braniff Flight 400 landed at 0047.

02:10 Radar contact lost.

10:12 Unknown aircraft at KJ1646, speed 290K. No known aircraft in area. Check with Tocumen, Albrook, Howard, ATC & CAA. Blip very practical, has reached speed of 900K then slows to a complete stop for several minutes before moving again.

10:30 Major Davis at Howard Operations advised of UFO. He will go up and take a look.

11:20 AF 5289 (T-33) airborne to check UFO. UFO was observed

WARNING: This document contains information affecting the national defense of the United States within the meaning of the Espionage Laws, Title 18, U.S.C., Sections 793 and 794. ...

000330

JUL 1 2 1955

Acting Assistant Director for
Scientific Intelligence

Chief, Physics & Electronics Division, SI

Unusual UFOB Report

1. The attached copy of a cable is a preliminary report from Pepperrell Air Force Base, Newfoundland reporting on what appears to be an unusual "unidentified flying object" sighting.

2. Essentially, the "object" was apparently simultaneously observed by a tanker aircraft (KC 97) pilot (visually) and by a ground radar (type unknown) site (electronically). While such dual (visual and electronic) sightings of UFOBs are reported from time to time, this particular report is somewhat unique in that:

a. the "pilot of Archie 29 maintained visual contacts with object calling direction changes of object to (radar) site by radio. Direction changes correlated exactly with those painted on scope by controller."

b. In previous cases the dual (visual and electronic) sightings are mostly of a few minutes duration at most. This one was observed by radar, at least, for 49 minutes.

3. It is reasonable to believe that more information will be available on this when complete report (AF Form 112) is issued.

TODOS M. ODARENKO

Attachment.

cc: ASD/SI
GD/SI
SS/SI

RELEASED 5/9/94

第三部

SAC（戦略空軍）／NUKE（核兵器）

●序文
●米国空軍大尉　ロバート・サラスの証言／関連文書
●米国空軍中佐　ドゥイン・アーネソンの証言／関連文書
●米国空軍中尉　ロバート・ジェイコブズ教授の証言／関連文書
●米国空軍大佐／原子力委員会　ロス・デッドリクソンの証言／関連文書
●米国海軍　ハリー・アレン・ジョーダンの証言
●米国海軍／国家安全保障局　ジェームズ・コップ氏の証言
●米国空軍中佐　ジョー・ウォイテッキの証言
●米国空軍軍曹　ストーニー・キャンベルの証言
●第三部の関連文書

序　文

（グリア博士による口頭説明から筆記，編集された）

ここでは，核施設に関係する戦略空軍（SAC）とUFO事件を扱う。我々がここで取り上げる証人は多様であることを，繰り返し強調したい。彼らは原子力委員会（AEC）から，米国とカナダにある戦略空軍施設，ミサイル発射管制施設にいた人々にまで及ぶ。これらの証人は，地球外輸送機が我々の大量破壊兵器に強い懸念を持っているようだという，疑う余地のない明快な証言をする。実際に複数の証人が私に語ったところでは，彼らはこれらの地球外輸送機が，次のことを心配してそこにいたと考えている。つまり，我々が自らを吹き飛ばしてしまわないか――あるいは我々が宇宙に進出し，いつか他の諸文明の脅威にならないかと。

これはとても重要なことだと思う。なぜなら，これらの物体による何らかの敵対行動があったと述べた証人は一人もいないことに加え，我々が大量破壊兵器を使って行なうかもしれないことに彼らが懸念を抱いていることは，まったく明らかだからである。このことは，とても深遠な何かを伝えている：我々は平和こそが唯一の可能な未来である段階に至った。兵器はあまりにも強力であり，そのような兵器をこれ以上進歩させてその使用を意図することは，あまりにも危険な賭けである。我々は，兵器庫にあるこれらの大量の兵器をいかなる生命に対しても用いることなしに，宇宙に進出しなければならない。我々の活動を監視し，数十年にわたってそうしてきたように思われる地球外文明は，実際，このことを彼らの主要な関心事の一つとしているのかもしれない。そしてほぼ間違いなく，惑星間社会へ参入するための基本的要件は，平和的に宇宙に進出する能力なのである。我々はここで，マスケット銃（*18世紀初頭の先込め撃針銃）や大砲や剣ではなく，熱核兵器，パルスレーザー兵器，時空の連続を引き裂くことのできる異種技術について語っているのだ。誰もがはっきりと知らなければならないことは，生存できる唯一の未来は，平和な未来だということである。この平和は，人類が成熟したことの証である。

また，国家の軍事機構の中にいる人々，米国および他国の国家安全保障組織内にいる人々は，これらの地球外輸送機による一部の活動を，我々の領空または主権の侵害と誤解してきたという可能性もある。我々はもっと広い見方をしなければならない。そして，こう考えなければならない。もし我々が，100年のうちに農業文明から初期段階の宇宙飛行ができる文明へと移行し，世界を破壊できる何千もの熱核装置を持つ惑星に遭遇したなら，おそらく我々も同じように懸念を抱くだろう。我々は一つの種族として鏡を覗き込み，こう自問すべきである。我々の惑星の平和を確実にするため，またこれらの兵器を宇宙空間から永久に排除することを保証するために，我々は何をしているべきかと。

戦略空軍施設と核事象に関するこの問題を論じる中で，我々は幾つかの事例において，発射管制施設やミサイル格納庫周辺に出没してきたこれらの物体が，発射装置を遮断することができたことを知るだろう：つまり，彼らは大陸間弾道ミサイルを無能なものにしてきた。これが彼らの側の何らかの敵意を示すものだとは私は思わない。彼らはこう言っているのだ。“この美しい惑星を破壊しないでください。そしてこのことを知ってください。私たちは，あなたたちが私たちを破壊するのを許しません”このような行動は，しかしながら，秘密の真空地帯の中である種の当局者たちにより，誤解されてきたかもしれない。それを理解することはとても重要である。一つの文明として，我々はこれを注意深く考察しなければならない。秘密の闇の中で何が起きているのか？秘密は自らを肥大させ，情報と展望の空白を生み出す。そこでは異なる見方，異なる生き方を持つ人々との間で，十分な意見交換がなされない。そのような環境の中では容易に妄想と誤解が芽生える。これは強迫観念にとりつかれた秘密主義——アイゼンハワー大統領が1961年1月に我々に警告した秘密主義——に特有の重大な危険性の一つである。

Testimony of Capt. Robert Salas, US Air Force

米国空軍大尉
ロバート・サラスの証言

2000年12月

サラス大尉は空軍アカデミーを卒業後，1964年から1971年までの7年間現役勤務に就いた。その後，マーチン・マリエッタ社とロックウェル社で働き，FAA（米国連邦航空局）でも21年間勤務した。空軍では，航空管制官，ミサイル打ち上げ管制官，およびタイタンIIIミサイル技術者を務めた。サラス氏は1967年3月16日朝のUFO事件について証言する。複数のUFOが頭上に空中静止しているのを保安兵たちが目撃した直後，二つの別々の発射場で16基の核ミサイルが同時に稼働不能に陥った。保安兵たちは，それらの物体からわずか30フィートしか離れていなかったにもかかわらず，その正体を確認することができなかった。空軍はこの事件を詳しく調査したが，原因らしいものを見つけることができなかった。事件についてのある報告会で，空軍特別捜査局から来た一人の将校が，彼に対して機密保全誓約書に署名することを要求した。さらに，事件については家族や他の軍関係者を含めて，誰にも話してはならないと告げた。あまり重要ではない技術的異常が関係者の間で公然とやりとりされた冷戦の最中に，この事件についてはそのようなことはなかった。これはとても異常なことだとサラス氏は今でも考えている。

RS：ロバート・サラス大尉／SG：スティーブン・グリア博士

RS：私の名前はロバート・サラスだ。私は空軍アカデミーを卒業し，1964年から1971年までの約7年半，空軍の現役勤務に就いた。その後，最初はデンバーにあるマーチン・マリエッタ社で，次いでここ南カリフォルニア地区にあるロックウェル・インターナショナル社で働いた。その後1974年にFAAに入り，そこで約21年間勤務した後，1995年に連邦政府の職を退いた。

私は空軍にいたとき，航空管制官だった――我々はそれを地上管制迎撃管制官と呼んでいた。次はミサイル発射将校だった。さらにその後は，ロサンゼルス空軍駐屯地の外にあるタイタンIII（*大陸間弾道ミサイル）推進システムの技術者だった。

その UFO 事件だが，1967 年 3 月 16 日の早朝に起きた。私は指揮官のフレッド・マイワルドと一緒に勤務していた。我々は二人とも第 490 戦略ミサイル中隊の一部として，オスカー小隊で任務に就いていた。この中隊には，割り当てられた 5 箇所の発射管制施設があった。我々はオスカー小隊にいた。

外はまだ暗く，我々は［ICBM（大陸間弾道ミサイル）発射管制施設の］60 フィート地下にいた。私は早朝に，隊の保安要員である地上保安兵からの電話を受けた。彼は他の保安兵らと一緒に，この発射管制施設の周囲を飛ぶ幾つかの奇妙な光体を見ていた。それらはただ飛び回るという，とても異常な動きをしていると彼が言ったので，私は“UFO だというのか？”と訊いた。彼は，正体は分からないが，光体が飛び回っていると言った。それらは飛行機ではなかった；それらは無音だった。それらはヘリコプターではなかった；それらは幾つかのとても奇妙な動きをしていたが，彼はそれをうまく言えなかった。釈然としなかった私は，“もっと重大なことが起きたら呼んでくれ”と言った。

その場のやりとりは，基本的にこうして終わった。彼から再び電話があったのは，数分後といった時間ではなく，多分半時間もしてからだった。今度の彼はとても怯えていた；彼の声の調子はうまく伝えられないが，とても動揺していた。彼はこう言う。“上官殿，正面ゲートのすぐ外側に赤く輝く物体が 1 個空中静止しています——今それを見ています。外では皆武器を構えています”もちろん彼はそう言いながら，とても取り乱していた；とても興奮していた。

私はそれをどう判断してよいか分からなかったが，彼は何をすべきか，私に指示か命令を求めていた。それで私は，次のようなことを言ったと思う。“外周フェンスに問題がないか確かめよ”するとすぐに彼は“確かめてきました。保安兵が一人負傷しています”と言い，電話を切った。

直ちに私は仮眠していた指揮官のもとに行き——休憩のために我々はそこに小さな簡易ベッドを置いていた——今受けた電話の内容を報告した。その報告の最中に，我々のミサイルが 1 基ずつ運転を停止し始めた。運転停止とは‘発射準備不能’の状態になったという意味だ。こうして，管制室のあちこちで警報が鳴り始めた——発射準備不能の赤ランプ。

そのときの記憶ではミサイルのすべてが停止したように思われたが，後日私の指揮官マイワルドと共にこの事件の記憶をたぐっているとき，失ったのはおそらくこれらの兵器の7，8基だけだったように感じたと彼は言った。

SG：これらの兵器が何だったか，記録のために説明してくれませんか？

RS：これらの兵器はミニットマンI・ミサイルだった。もちろん核弾頭ミサイルだった。

それらが運転を停止し始めると，彼はすぐに起き，我々は二人で状態表示盤を調べ始めた。我々は，それを調べて停止の原因を突き止める能力を身につけていた。その大部分は誘導と管制システムの障害だったと記憶している。それから彼は，指揮所に報告を始めた。その間に，私はこの物体がどんなことになっているかを知るために階上を呼んだ。保安兵がこう言った。物体は去った——高速でただ飛び去った。

負傷した保安兵は，そこの鉄条網を登ろうとしたらしかった。UFOは何も攻撃しなかったし，この空軍兵を傷つけることもしなかった。私は物体の様子を訊いた。彼は次のように話すのがせいいっぱいだった。それは卵形で，物体の周囲は赤味がかったオレンジ色に輝いていた。

SG：その距離と高さはどれくらいでしたか？

RS：彼の話では，それはフェンスの真上に空中静止し，彼から約30フィート以内にいた。フェンスの高さは8フィートはあっただろう。

それから1週間以内に，また別の事件があった。直後のことだった。そのときはレーダー報告に加え，さらに多くの証人がいた。

［ドゥイン・アーネソン中佐の裏付け証言を見よ］

空軍は事件の全体についてあらゆる角度から調査をしたが，運転停止の原因らしいものを見つけることはできなかった。私には，この事件を証言できる相当数の証人がいる——我々の中には調査団に加わった者も二，三人いる——私は調査を実際に組織した人からの手紙も持っている。これ［複数のICBMの運転停止］の可能な説明は何も見つからなかった。どのミサイルも基本的には自立している。施設の大部分は商用電源から供給されているが，個々のミサイルはそれ自体の発電機を持っている。

カプセル（地下発射管制施設）とミサイルサイトの間の唯一の接続は，SINラインつまり機密情報網ラインと呼ばれるものだ。それらは基本的に埋設ケーブルだが，カプセル自体の内部にあってミサイルに直接つながっている。ミサイルは互いに接続されていないため，一つのサイトの障害は他の場所のミサイルに影響しない。

我々のサイトのどこかで6基ないし8基が停止したが，それらは短時間に相次いで停止した。繰り返すが，これはきわめて起きにくい現象だ。原因を問わず，複数のミサイルが停止したことは稀だった。それはきわめて稀なことだった。気象条件は除外された。すでに述べたように，調査は広範囲に及んだが，電力サージは除外された。実験室で幾つか試験を行なっていたボーイングの技術者が気付いた，唯一の可能性があった。彼は，何らかの電磁力または電磁場が信号を消してしまったと考えた。だがもしそうなら，その電磁力は個々のミサイルにつながっている埋設ケーブルを通っていく必要があった。

私が階上の保安兵と話した後，私の指揮官は指揮所に連絡した。指揮所との連絡を終えたとき，彼は私に向き直ってこう言った。“同じことがエコー小隊にも起きた”エコー小隊は別の中隊だ。そこは我々の位置から50マイルないし60マイルは離れている。しかし，彼らにも同様のことが起きた。そこでは発射管制施設ではなく，ミサイルが格納されている実際の発射施設でUFOが空中静止した。その時刻に彼らの隊には保守と警備の要員が数人いたが，彼らはそれぞれの場所でUFOを目撃した。彼らの場合，10基のミサイルがすべて停止した――10基全部だ。

SG：それはほぼ同時刻でしたか？

RS：同じその朝だった。だから，その朝に我々は，UFOがその場所に現れ空軍兵たちに目撃された同じ時刻に，場所は違うが16基ないし18基のICBMを失ったのだ。それらのミサイルは終日停止していた。というのも，我々はエコー小隊を救援したドン・クロウフォード大佐の証言を得ているからだ。彼はミサイルが警戒状態に戻ったときそこにおり，それには終日かかったと言った。それで私は，我々のミサイルが元に戻るのに1日かかったと推測している。

我々が救援を受けたとき，階上に行って私が最初にしたことは，保安兵の目を見ることだった。私はこう言った。“君，この物体について私に本当のことを言ったのか？”彼は本当のことを言ったと懸命に訴えた。私は二つの理由で，彼が本当のことを言ったと信じた。彼が階下の私に電話をよこしたとき，彼は確かに怯えていた。そして私が彼の目を見，彼がその状況を私に話したとき，私は間違いなく彼を信じたのだ。

私はこの事件について報告書を書き上げた。日誌に書いていた内容も報告書に含めた。我々は基地に着くとすぐに，中隊長に報告しなければならなかった。その部屋には，中隊長と共に空軍特別捜査局（我々の基地には空軍特別捜査局があった）の人間が一人いた。彼は中隊長と一緒にその事務所にいた。彼は私の日誌を要求し，簡単な説明をしてほしいと言ったが，何が起きたか彼はすでによく知っているようだった。それでも我々は簡単な説明をした。彼は我々二人に，これは機密情報だからと言い，機密保全誓約書に署名するよう求めた——我々は誰にもこれを漏らしてはいけない，そういうことだった。我々は話せなかった；彼はこう言った。我々はこれについて誰にも話せない，他の隊員にも，配偶者にも，家族にも，お互いの間でさえも。

これで事件はおしまいだった。私はそこのマルムストローム（*モンタナ州マルムストローム空軍基地）に，その後さらに2年間いた。その間，我々はその事件について何の概要報告も与えられなかった——エコー小隊の事件も我々の事件もだ。それはとても異常なことだった。なぜなら，装置に起きた異常については，どんなことでも毎朝説明を受けていたからだ。我々は説明を受け，兵器に関して生じたこれらの技術的諸問題を議論した。しかし，これらの事件については何も一度も聞くことはなかった。そしてこれらは重大事件だった。実に重大な事件だった。

私は，あるテレックスのコピーを入手したが，それは情報公開法請求により我々が受け取ったものだった。それは，あのことが起きた朝，直ちに戦略空軍司令部からマルムストロームや他の基地に送られたものだった。それには，この事件に戦略空軍司令部がきわめて重大な懸念を持っていると書かれていた。

なぜなら，彼らはそれを説明することができなかったからだ。起きたことを誰も説明できなかった。それにもかかわらず，我々が説明を受けることは決してなかった。我々には，扱っているものが核兵器だという理由で，きわめて高い機密取扱許可が与えられていたにもかかわらずだ。

ミサイルが停止したとき，これらのサイトでは侵入防護警報が確かに鳴った。これは異常だ。というのは，通常ミサイルが誘導障害か何かで停止した場合，侵入防護警報は鳴らないからだ。これは境界線が破られるか，物体がフェンスを横切ったか，あるいは何かが発射施設の境界線にある侵入防護警報システムを壊したことを意味する。私はそれを調べるために，それらの施設の2箇所ほどに保安兵をやった。

この話がとても重要だと考える理由は，それより前の1966年8月，ノースダコタ州マイノットのマイノット空軍基地で，とてもよく似たことが発射管制施設の一つで起きていたからだ。彼らは我々と同じ種類の兵器システムを持っていた――彼らはM-1（*ミニットマンI）ミサイルを持っていた。これ［UFO］はレーダーで目撃された。幾つかの通信障害が起き，物体は発射管制施設の上で目撃された。これは1966年8月に起きた事件で，十分な証拠書類がある。

私の事件に先立つ約1週間前，1967年3月に保安兵の一人がかけた電話記録を私は入手した。彼は発射施設を見ながら外で叫んでおり，今私が説明した発射施設の上の物体にとてもよく似た物体を見ていた。指揮官は指揮所に報告した。我々の事件後約1週間か10日して，文書で十分に立証されている事件がマルムストロームで起きた。この事例では，マルムストローム空軍基地近くで1機のUFOがレーダーで追跡され，比較的近距離からトラック運転手と高速パトロール警察官によって目撃された。空軍は調査を行ない，このUFO目撃に関する分厚い調査報告書を作成した。なぜなら，それは基地の周辺を飛び回り，しかも基地にとても近かったからだ。

これは，ミニットマン・ミサイルという同種の兵器システムに関係して発生した，一連の事件だ。

保安兵が私に提出した報告は，公式の報告だ。これらは悪ふざけではない――それらは公式の報告以外のことを意図したものではない。なぜなら，我々は冷戦とベトナム戦争の最中に戦略兵器を扱っていたからだ。これらの保安兵たちは職業集団であり，兵器の停止や彼らが見ていたものを冗談の種にはしなかった。だから，これらは噂ではなく，公式報告だった。もしそれらが何かの理由で撤回されていたなら，これらの人々はとても機密性の高い事件の中で虚偽の報告をしたとして，軍法会議にかけられていただろう。そんなことは起きなかった。

ボブ・コミンスキーが，これら（*UFOに関係したICBM）の運転停止のあらゆる側面を調べるために組織を率いた。ある時点で彼は上司から，空軍が“調査を中止せよ；これについてこれ以上何もするな，最終報告書も書くな”と言っていると言われた。コミンスキーは私に書面でそう述べた。繰り返すが，何よりもCINC-SAC（戦略空軍最高司令官）が，ここで起きたことを正確に解明することはきわめて重要だと述べていたのだから，これはきわめて異常だ。それにもかかわらず，調査団の団長が調査中にそれを中止し，最終報告書も書くなと言われたのだ。

実を言えば，この事件を報告した多くの保安兵たちがベトナムに送られたと聞いた。私はそれを事実として知っているし，証明することもできる。私が発射施設まで物体を見に行かせた保安兵の一人は，戻ってきて経験したことにとても動揺していた。それ以後，彼は警備の任務を解かれた。彼はどこか別の所に送られた。なぜなら，その経験にあまりにも動揺していたからだ。

[核施設周辺で起きたこれらの事件や関係するUFO事件について述べた，公式政府文書を見よ。SG]

INFORMATION

UNCLASSIFIED PRIORITY

1009

25MAR67 1321Z

24 Mar 67
Belt, Montana

FTD-

PTTU JAW RUWTFHA6257 0841255-UUUU--RUEDFIA.

ZNR UUUUU ZFH-1 RUWTFHA

DE RUCSBB 165 0841225

ZNR UUUUU

P 251224Z MAR 67

FM 341SMW MALMSTROM

TO RUWRNLB/ADC ENT

RUWMBOA/28 AD MALMSTROM

RUEDFIA/FTD WRIGHT PATTERSON

RUEDHQA/CSAF WASHINGTON

RUEDHQA/OSAF WASHINGTON

BT

3-ETR

056

UNCLAS ZIPPO 2414 MAR 67/SUBJ: PRELIMINARY UFO REPORT.

FTD FOR TDETR, CSAF FOR AFRDC, OSAF FOR SAF-OI.

BETWEEN THE HOURS 2100 AND 0400 MST NUMEROUS REPORTS WERE RECEIVED BY MALMSTROM AFB AGENCIES OF UFO SIGHTINGS IN THE GREAT FALLS, MONTANA AREA.

REPORTS OF A UFO LANDING NEAR BELT, MONTANA WERE RECEIVED FROM SEVERAL SOURCES INCLUDING DEPUTIES OF CASCADE COUNTY SHERIFF'S OFFICE. INVESTIGATION IS BEING CONDUCTED BY LT COL LEWIS CHASE PHONE: DUTY EXT 2215, HOME 452-1135

//

UNCLASSIFIED PRIORITY

24

UNCLASSIFIED PRIORITY

BASE OPERATIONS OFFICER. THE ALLEGED LANDING SITE IS UNDER SURVEILLANCE, HOWEVER DAYLIGHT IS REQUIRED FOR FURTHER SEARCH

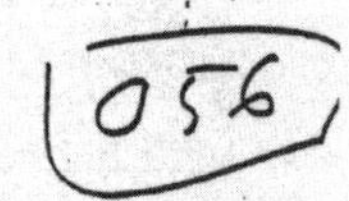

PAGE 2 RUCSBB 165 UNCLAS
SHERIFF'S OFFICE WILL CONDUCT A LAND SEARCH AND A HELLICOPTER FROM MALMSTROM AFB WILL CONDUCT THE AIR SEARCH. FOLLOW-UP REPORT WILL BE SUBMITTED AS DETAILS BECOME ADVAILABLE.
BT

NNNN#

UNCLASSIFIED PRIORITY

25

S JAW RUCSAAA0196 0760015-SSSS--RUWMBOA.
ZNY SSSSS
P 172250Z MAR 67
FM SAC
TO RUWMMBA/OOAMA HILL AFB UTAH
INFO RUWBKNA/15AF
RUWMBOA/341SMW MALMSTROM AFB MONT
RUWNBAA/AFPRO BOEING CO SEATTLE WASH
RUWJABA/BSD NORTON AFB CALIF
BT

DECLASSIFIED
IAW EO 12958 by EORT
Date: 16 JAN 1996 Reviewer:

SECRET DM 02758 MAR 67.
ACTION: OOAMA (OOMCT/OOME-COL DAVENPORT). INFO: 15AF (DM4C), 341SMW (DCM), BOEING AFPRO (D.J. DOWNEY, MINUTEMAN ENGINEERING) BSD (BSS, BSQR)
SUBJECT: LOSS OF STRATEGIC ALERT, ECHO FLIGHT, MALSTROM AFB. (U)
REF: MY SECRET MESSAGE DM7B 02751, 17 MAR 67, SAME SUBJECT.
ALL TEN MISSILES IN ECHO FLIGHT AT MALMSTROM LOST STRAT ALERT WITHIN TEN SECONDS OF EACH OTHER. THIS INCIDENT OCCURRED AT 0845L ON 16 MARCH 67. AS OF THIS DATE, ASS MISSILES HAVE BEEN RETURNED TO STRAT

PAGE 2 RUCSAAA0196 SECRET
ALERT WITH NO APPARENT DIFFICULTY. INVESTIGATION AS TO THE CAUSE OF THE INCIDENT IS BEING CONDUCTED BY MALSTROM TEAT. TWO FITTS HAVE BEEN RUN THROUGH TWO MISSILES THUS FAR. NO CONCLUSIONS HAVE BEEN DRAWN. THERE ARE INDICATIONS THAT BOTH COMPUTERS IN BOTH G&C'S WERE UPSET MOMENTARILY. CAUSE OF THE UPSET IS NOT KNOWN AT THIS TIME. ALL OTHER SIGNIFICANT INFORMATION AT THIS TIME IS CONTAINED IN ABOVE REFERENCED MESSAGE.
FOR OOAMA. THE FACT THAT NO APPARENT REASON FOR THE LOSS OF TEN MISSILES CAN BE READILY IDENTIFIED IS CAUSE FOR GRAVE CONCERN TO THIS HEADQUARTERS. WE MUST HAVE AN IN-DEPTH ANALYSIS TO DETERMINE CAUSE AND CORRECTIVE ACTION AND WE MUST KNOW AS QUICKLY AS POSSIBLE WHAT THE IMPACT IS TO THE FLEET, IF ANY. REQUEST YOUR RESPONSE BE IN KEEPING WITH THE URGENCY OF THE PROBLEM. WE IN TURN WILL PROVIDE OUR FULL COOPERATION AND SUPPORT.
FOR OOAMA AND 15AF WE HAVE CONCURRED IN A BOEING REQUEST TO SEND TWO ENGINEERS, MR. R.E RIGERT AND MR. W. M. DUTTON TO MALMSTROM TO COLLECT FIRST HAND KNOWLEDGE OF THE PROBLEM FOR POSSIBLE ASSISTANCE IN LATER ANALYSIS. REQUEST COOPERATION OF ALL CONCERNED TO PROVIDE THEM ACCESS TO AVAILABLE INFORMATION, I.E., CREW COMMANDERS LOG ENTRIES, MAINTENANCE FORMS, INTERROGATION OF KNOWLEDGEABLE PEOPLE, ETC.

PAGE 3 RUCSAAA0196 SECRET
SECURITY CLEARANCES AND DATE AND TIME OF ARRIVAL WILL BE SENT FROM THE AFPRO BY SEPARATE MESSAGE.
FOR 15AF. OOAMA HAS INDICATED BY TELECON THAT THEY ARE SENDING ADDITIONAL ENGINEERING SUPPORT. REQUEST YOUR COOPERATION TO INSURE MAXIMUM RESULTS ARE OBTAINED FROM THIS EFFORT. GP74. BCASMC-67-437
BT

SECRET

GROUP-4
DOWNGRADED AT 3 YEAR INTERVALS:
DECLASSIFIED AFTER 12 YEARS

11

THIS DOCUMENT RETAINS IT ORIGINAL CLASSIFICATION. THE ONLY PORTION OF THIS DOCUMENT CONSIDERED DELASSIFIED ~~ARE THE FOLLOWING~~ is this PAGES:

DECLASSIFIED
ED 11652

VZCZCUHCA...
...JAW RUCSAAA0196 0... -RUWMBOA
ZNY SSSSS
P 17225 Z MAR 67
FM SAC
TO RUWMMBA/OOAMA HILL AFB UTAH
INFO RUWMKNA/15AF
RUWMBOA/341SMW MALMSTROM AFB MONT
RUWTBAA/AFPRO BOEING CO SEATTLE WASH
RUWJABA/BSD NORTON AFB CALIF
BT

ED 11652 2 OCT

SECRET DM 82752 MAR 67.
ACTION: OOAMA (OONCI, OOMM...OOL, DAVENPORT). INFO: 15AF (DM4C), 341SMW (DCMD), BOEING AFPRO (D.C. DOWNEY, MINUTEMAN ENGINEERING) BSD (BSO, BSQR)
SUBJECT: LOSS OF STRATEGIC ALERT, ECHO FLIGHT, MALSTROM AFB. (U)

? →

ALL TEN MISSILES IN ECHO FLIGHT AT MALMSTROM LOST STRAT ALERT WITHIN TEN SECONDS OF EACH OTHER. THIS INCIDENT OCCURRED AT 0845L ON 16 MARCH 67. AS OF THIS DATE, ASS MISSILES HAVE BEEN RETURNED TO STRAT

PAGE 2 RUCSAAA0196 S E C R E T
ALERT WITH NO APPARENT DIFFICULTY. INVESTIGATION AS TO THE CAUSE OF THE INCIDENT IS BEING CONDUCTED BY MALMSTROM TEAT. TWO FITTS HAVE BEEN RUN THROUGH TWO MISSILES THUS FAR. NO CONCLUSIONS HAVE BEEN DRAWN. THERE ARE INDICATIONS THAT BOTH COMPUTERS IN BOTH C&C'S WERE UPSET MOMENTARILY. CAUSE OF THE UPSET IS NOT KNOWN AT THIS TIME. ALL OTHER SIGNIFICANT INFORMATION AT THIS TIME IS CONTAINED IN ABOVE REFERENCED MESSAGE.
FOR OOAMA. THE FACT THAT NO APPARENT REASON FOR THE LOSS OF TEN MISSILES CAN BE READILY IDENTIFIED IS CAUSE FOR GRAVE CONCERN TO THIS HEADQUARTERS. WE MUST HAVE AN IN-DEPTH ANALYSIS TO DETERMINE CAUSE AND CORRECTIVE ACTION AND WE MUST KNOW AS QUICKLY AS POSSIBLE WHAT THE IMPACT IS TO THE FLEET, IF ANY. REQUEST YOUR RESPONSE BE IN KEEPING WITH THE URGENCY OF THE PROBLEM. WE IN TURN WILL PROVIDE OUR FULL COOPERATION AND SUPPORT.
FOR OOAMA AND 15AF WE HAVE CONCURRED IN A BOEING REQUEST TO SEND TWO ENGINEERS, MR. R.E RIGERT AND MR. W. M. DUTTON TO MALMSTROM TO COLLECT FIRST HAND KNOWLEDGE OF THE PROBLEM FOR POSSIBLE ASSISTANCE IN LATER ANALYSIS. REQUEST COOPERATION OF ALL CONCERNED TO PROVIDE THEM ACCESS TO AVAILABLE INFORMATION, I.E., CREW COMMANDERS LOG ENTRIES, MAINTENANCE FORMS, INTERROGATION OF KNOWLEDGEABLE PEOPLE, ETC

PAGE 3 RUCSAAA0196 S E C R E T
SECURITY CLEARANCES AND DATE AND TIME OF ARRIVAL WILL BE SENT FROM THE AFPRO BY SEPARATE MESSAGE.
FOR 15AF. OOAMA HAS INDICATED BY TELECON THAT THEY ARE SENDING ADDITIONAL ENGINEERING SUPPORT. REQUEST YOUR COOPERATION TO INSURE MAXIMUM RESULTS ARE OBTAINED FROM THIS EFFORT. GP74.
BT

Bcasmc-67-4/8

12 OCT 1994
DECLASSIFIED
ED 11652

Testimony of Lt. Colonel Dwynne Arneson, US Air Force

米国空軍中佐
ドゥイン・アーネソンの証言

2000年9月

アーネソン中佐は米国空軍で26年間を過ごした。軍では最高機密SCI-TK（機密区画情報タンゴ・キロ）取扱許可を持っていた。彼はボーイング社のコンピューターシステム分析者として働き，ライト–パターソン空軍基地では兵站部長を務めた。一時期アーネソン氏は，ドイツのラムスタイン空軍基地全体の暗号将校だったが，そこである日1通の機密通報を受け取った。それには，1機のUFOがノルウェーのスピッツベルゲン島に墜落したと書かれていた。モンタナ州マルムストローム空軍基地にいたとき，彼は再びある通報を見たが，それには金属製の円形UFOが地下ミサイル格納庫付近に空中静止しているのが目撃され，ミサイルのすべてが遮断されて発射できなくなったと書かれていた。

DA：ドゥイン・アーネソン中佐／SG：スティーブン・グリア博士

DA：私の名前はドゥイン・アーネソンだ。私は1937年にミネソタ州ロチェスターで生まれ，ロチェスター高校に通った。卒業後はミネソタ州ノースフィールドのセントオラフ大学に進み，物理学と数学の学位を取った。そして大学卒業と同時に空軍の将校訓練校に応募し，合格した。そこも終え，将校に任命されたのは1962年だった。以来，通信電子将校として米国空軍で26年間を過ごし，1986年に退役した。私はベトナム，ヨーロッパを含む世界中に赴任した——どこであれ名前を挙げたら，おそらくそこにはいたことがあるだろう。

私は最高機密SCI-TK取扱許可を持っていた。それは機密区画情報タンゴ・キロを意味し，超最高機密と言ってもよい。その種の取扱許可を得るためには特別な審査が必要だ。1986年に空軍を辞めて中佐として退役すると，私はボーイング社に就職し，そこでコンピューターシステム分析者として働いた。その立場で，1987年以来ボーイング社で働いている。1986年に退役したとき，私はライト–パターソン空軍基地の兵站部長だった。

私は自分自身の詳細な調査を通して物事を見る，様々な機会を持った。一つの例は，ドイツのラムスタイン空軍基地で中尉だった1962年に遡る。私はラムスタイン空軍基地全体の暗号将校，最高機密管理将校だった。そしてその立場で，偶然私の通信センターを通った機密通報を見た。それには“1機のUFOがノルウェーのスピッツベルゲン島に墜落し，科学者の一団が調査に向かっている”と書かれていた。

その通報がどこからどこへのものだったかについては，私は思い出さないことにする。というのは，私の立場としてしばしば次のことを言われたからだ。“ここで見たものは，ここに置いていけ”だがそれを見たことは思い出す。

次に思い出されるのは1967年に起きたことだ。私はモンタナ州マルムストローム空軍基地第20航空師団の通信センター担当になったが，そこでもまた最高機密管理将校だった。私はSAC（戦略空軍）ミサイル隊員たちにすべての核発射認証を発していた――だから，私には最高機密に接するよい条件があった。

ある日，私は偶然に，私の通信センターを通った通報を見た。これもまた，その日付，発信元，送信先を述べることはできない。しかしそれを読んだり見たりしたことは，しっかりと思い出す。それは基本的に次のようなことを言っていた。“1機のUFOがミサイル格納庫の近くに見える”……それは空中静止していた。それによれば，勤務中の隊員も非番の隊員も皆，空中静止しているUFOを見た。それは金属製の円形物体で，私の理解ではミサイルはすべて停止した。

その後，何年も経ってボーイング社で働いていたとき，私はボブ・コミンスキーという人物からその話を聞いた。彼はボーイング社を退職していたが，こう言った。“そうだ，私はミサイルを調査するためにボーイングから派遣された技術者だった。それは実際にそれらのシステムが自ら停止したのではないことを確かめるためだった”そしてこう続けた。“私はそれらに完全な健康証明書を与えたよ”私はボーイング社ではボブのもとで働き，彼のよき友人だった。

彼が亡くなる前でさえ，我々はこの問題について実に多くの会話を持った。彼はまったく信じられないほど素晴らしい人物だった。

[マルムストローム空軍基地におけるこれらのICBM（大陸間弾道ミサイル）事件を述べた，ロバート・サラス大尉の証言を見よ。SG]

‘ミサイル停止’とは，それらが死んだという意味だ。何かがそれらのミサイルを停止させ，ミサイルは発射モードに入れなくなった。

私がメイン州キャズウェル空軍駐屯地で，レーダー中隊長をしていたときのことだ。そこはローリング空軍基地と隣り合わせだった。そこではB-52，KC空中給油機などを発進させていた。私にはローリング空軍基地に警備担当の友人が多くいた。彼らは，ローリング空軍基地の核兵器貯蔵区域の近くで空中静止していたUFOについて私に語ってくれた。

[これはジョー・ウォイテッキ中佐の証言を裏付ける。ローリング空軍基地における重大な出来事についての彼の証言を見よ。SG]

少し背景を述べる。話を長引かせるつもりはない——私はライト-パターソン基地の兵站部長に任命されたとき，オクラホマ市に妻子を残してきた。それは娘の高校最後の年だったので，私は約1年間単身赴任をしたのだ。そこでアパートを探しているときに，この夫人に出会った。名前はクリス・ウィードンで，デイトン近郊に5エーカーの小さな英国風屋敷を持っていた。貸部屋つまりベッドルームが三つあった。私はその一つを借り，いわば彼女の息子となった。私は彼女のために，草刈りを手伝ったり芝生を刈ったりした。彼女は70歳台だった。

彼女の夫はスペンサー・ウィードン中佐だった。彼はそのときに先立つこと20年前に亡くなった。私が会った誰もが，彼は実に立派な人物だったと言った。ウィードン中佐は明晰な精神の持ち主であり，ライト-パターソンにおける主導的なUFO調査官の一人だった。実際に私は，1950年代に遡るスペンサー・ウィードンとあのドナルド・キーホー少佐による論争テープを自宅に持っている。論争はアームストロング・サークル・シアター（Armstrong Circle Theater；1950年代のNBCテレビ番組）の中で行なわれた。そのウィードン中佐が彼女の夫だった。

私が偶然出会ってお互いすぐ好きになった人物は，アドルフ・ラウム博士だ。当時彼は83歳だった。もう亡くなったと思う。ある夜の夕食後，マティーニを少し飲んだ後で，私は冗談めかしてアドルフ博士に訊いた。“このライト-パターソン基地で氷の上に寝かせられているという小さなグレイについて，何か知っていますか？”私は彼の顔が蒼白になり，声がとても厳しくなったのをはっきりと覚えている。彼はこう言った。“アーン，私が君に言えるのは，それらが気象観測気球ではなかったということだけだ。これについて我々が話すことは今後ないだろう。いいかい？”これについて我々がこれ以上話すことはないと私ははっきり理解した。ラウム博士はもともとスイス出身だった。彼は米国における最初の原爆実験に従事し，オッペンハイマー博士と親しかった。私は最高機密取扱許可を持っていたが，我々が接近できない区域があった。だから我々は，ライト-パターソン基地にあるこれらの区域の幾つかについては，何も知ることができなかった。そこには何かの遺体があったかもしれない——彼らが何を持っていたか，誰が知ろうか？　私のもとで通信電子将校として働いていた多くの技術者たちは，異様な速度でレーダー画面を横切る物体について話したものだ。我々が持っている何物も，そのような速度で移動することはできなかった。

SG：これがあったのは何年のことですか？

DA：そう，これは私がメイン州キャズウェル空軍駐屯地でレーダー中隊長をしていた1970年代中頃のことだ。これらの技術者たちが，そのような出来事を私に話してくれたのだ。

レーダー中隊長は，レーダーを実際に保守する技術者と共に操作員を抱えている。実際に，我々はその陣容で戦闘訓練をする。我々は，米国にいてカナダNORAD（北米防空軍）師団の作戦統制のもとにあった唯一のレーダー中隊だった。さて，この部隊はカナダから南下してくるB-52を見る。そして迎撃戦闘機がそれらに向かったりする。だから，彼らはそれらがどれくらい速く飛ぶかを知っていた。彼らは爆撃機の速度を知っていた。彼らは我々の最新戦闘機部隊の速度を知っていた。私のレーダー技術者たち，保守要員たち——彼らは次のように言える立場にあった。“視界はA-1条件にある——または，レーダーはA-1条件にある”だから，物体は調べて確認することができた。操作員たちの経験，保守要員たちの経験——彼らはシステムが完全に稼働していることを確認した。その彼らがこう言った。“あの物体は時速2,000マイルないし3,000マイルで移動している”私はキャズウェル空軍駐屯地だけでなく，全米の異なるレーダー基地で起きた同様の出来事を語った様々な情報源からそれを聞いた。当時に遡ってもレーダー基地は全米にあり，似たような話はまったく珍しくなかった。

このことを考えるとき，我々のこの広大な宇宙を考えるとき，もし我々がそこにいる唯一の知的生命体だったとすれば，神は何と判断を誤ったことか……

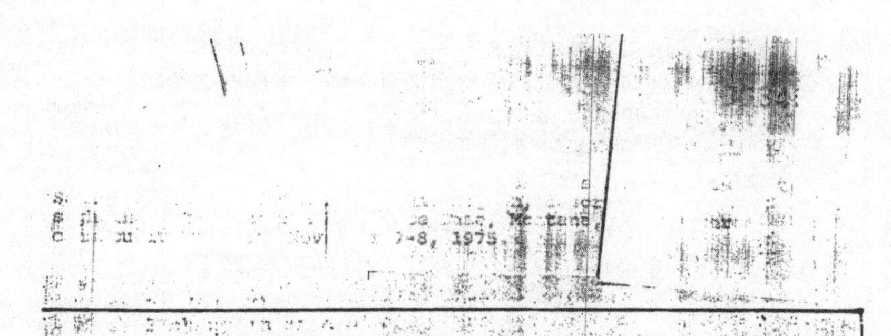

b. 24th NORAD Region Senior Director's Log (Malmstrom AFB, Montana).

7 Nov 75 (1035Z) - Received a call from the 341st Strategic Air Command Post (SAC CP), saying that the following missile locations reported seeing a large red to orange to yellow object: M-1, L-3, LIMA and L-6. The general object location would be 10 miles south of Moore, Montana, and 20 miles east of Buffalo, Montana. Commander and Deputy for Operations (DO) informed.

7 Nov 75 (1203Z) - SAC advised that the LCF at Harlowton, Montana, observed an object which emitted a light which illuminated the site driveway.

7 Nov 75 (1319Z) - SAC advised K-1 says very bright object to their east is now southeast of them and they are looking at it with 10x50 binoculars. Object seems to have lights (several) on it, but no distinct pattern. The orange/gold object overhead also has small lights on it. SAC also advises female civilian reports having seen an object bearing south from her position six miles west of Lewistown.

7 Nov 75 (1327Z) - L-1 reports that the object to their northeast seems to be issuing a black object from it, tubular in shape. In all this time, surveillance has not been able to detect any sort of track except for known traffic.

7 Nov 75 (1355Z) - K-1 and L-1 report that as the sun rises, so do the objects they have visual.

7 Nov 75 (1429Z) - From SAC CP: As the sun rose, the UFOs disappeared. Commander and DO notified.

2

8 Nov 75 (0635Z) - A security camper team at K-4 reported UFO with white lights, one red light 50 yards behind white light. Personnel at K-1 seeing same object.

8 Nov 75 (0645Z) - Height personnel picked up objects 10-13,000 feet, Track J330, EKLB 0648, 18 knots, 9,500 feet. Objects as many as seven, as few as two A/C.

8 Nov 75 (0753Z) - J330 unknown 0753. Stationary/seven knots/ 12,000. One (varies seven objects). None, no possibility, EKLB 3746, two F-106, GTF, SCR 0754. NCOC notified.

8 Nov 75 (0820Z) - Lost radar contact, fighters broken off at 0825, looking in area of J331 (another height finder contact).

8 Nov 75 (0905Z) - From SAC CP: L-sites had fighters and objects; fighters did not get down to objects.

8 Nov 75 (0915Z) - From SAC CP: From four different points: Observed objects and fighters; when fighters arrived in the area, the lights went out; when fighters departed, the lights came back on; to NCOC.

8 Nov 75 (0953Z) - From SAC CP: L-5 reported object increased in speed - high velocity, raised in altitude and now cannot tell the object from stars. To NCOC.

8 Nov 75 (1105Z) - From SAC CP: E-1 reported a bright white light (site is approximately 60 nautical miles north of Lewistown) NCOC notified.

9 Nov 75 (0305Z) - SAC CP called and advised SAC crews at Sites L-1, L-6 and M-1 observing UFO. Object yellowish bright round light 20 miles north of Harlowton, 2 to 4,000 feet.

9 Nov 75 (0320Z) - SAC CP reports UFO 20 miles southeast of Lewistown, orange white disc object. 24th NORAD Region surveillance checking area. Surveillance unable to get height check.

9 Nov 75 (0320Z) - FAA Watch Supervisor reported he had five air carriers vicinity of UFO, United Flight 157 reported seeing meteor, "arc welder's blue" in color. SAC CP advised, sites still report seeing object stationary.

9 Nov 75 (0348Z) - SAC CP confirms L-1, sees object, a mobile security team has been directed to get closer and report.

9 Nov 75 (0629Z) - SAC CP advises UFO sighting reported around 0305Z. Cancelled the flight security team from Site L-1, checked area and all secure, no more sightings.

Terrence C James

TERRENCE C. JAMES, Colonel, USAF
Director of Administration

Cy to: HQ USAF/DAD
HQ USAF/JACL

000974

10 Nov 75 (0125Z) - Received a call from SAC CP. Report UFO sighting from site K-1 around Harlowton area. Surveillance checking area with height finder.

10 Nov 75 (0153Z) - Surveillance report unable to locate track that would correlate with UFO sighted by K-1.

10 Nov 75 (1125Z) - UFO sighting reported by Minot Air Force Station, a bright star-like object in the west, moving east, about the size of a car. First seen approximately 1015Z. Approximately 1120Z, the object passed over the radar station, 1,000 feet to 2,000 feet high, no noise heard. Three people from the site or local area saw the object. NCOC notified.

12 Nov 75 (0230Z) - UFO reported from K01. They say the object is over Big Snowy mtn with a red light on it at high altitude. Attempting to get radar on it from Opheim. Opheim searching from 120° to 140°.

12 Nov 75 (0248Z) - Second UFO in same area reported. Appeared to be sending a beam of light to the ground intermittently. At 0250Z object disappeared.

12 Nov 75 (0251Z) - Reported that both objects have disappeared. Never had any joy (contact) on radar.

13 Nov 75 (0951Z) - SAC CP with UFO report. P-SAT team enroute from R-3 to R-4 saw a white lite, moving from east to west. In sight approx 1 minute. No determination of height, moving towards Brady. No contact on radar.

19 Nov 75 (1327Z) - SAC command post report UFO observed by FSC & a cook, observed object travelling NE between M-8 and M-1 at a fast rate of speed. Object bright white light seen 45 to 50 sec following terrain 200 ft off ground. The light was two to three times brighter than landing lights on a jet.

------------LAST ENTRY PERTAINING TO THESE INCIDENTS------

3

Testimony of Professor Robert Jacobs, Lt. US Air Force

米国空軍中尉
ロバート・ジェイコブズ教授の証言

2000年11月

ジェイコブズ教授は，米国のある主要大学の高名な教授だ。彼は1960年代に空軍にいた。空軍では光学装置を担当する将校で，任務はカリフォルニア州バンデンバーグ空軍基地から発射される弾道ミサイル実験を撮影することだった。1964年，彼らが撮影した最初のミサイル実験中に，ミサイルと並んで飛ぶ1機のUFOがフィルムに捉えられた。それは2枚の受け皿を向き合わせ，1個の丸いピンポンボールをその頂部に載せたような形をしていた。フィルムには，そのボールから1本の光線がミサイルに向けて放たれている様子が写っていた。これが違う方向から4回起きた。このときミサイルは約60マイルの上空にあり，時速1万1,000マイルから1万4,000マイルで飛んでいた。そのミサイルが宇宙から落下し，UFOは去った。翌日，彼は指揮官からこのフィルムを見せられ，それについて今後決して口にしないよう告げられた。指揮官はこう言った。もし君がそれを述べる状況になったら，UFOから発射されたレーザー攻撃だったと言うように。ジェイコブズ教授は，これはおかしなことだと考えた。なぜなら，1964年の時点でレーザーは実験室で生まれたばかりだったからだ。しかしそれでも彼は言われたことを守り，このことを18年間口にしなかった。年月が経ち，そのフィルムについての記事が出た後で，彼は早朝に嫌がらせ電話を受けるようになった。家の前の郵便受けが爆破されるということさえ起きた。

我々がバンデンバーグ空軍基地で撮影したものが，私のその後の人生に影響を及ぼし，宇宙について，また政府が我々の心を操作する様についての私の理解に，非常に大きな影響を与えた。

我々が核兵器を目標に向かって打ち込むための弾道ミサイル実験を行なっていた，というのがこの出来事の背景だ。それが彼ら（*UFO）がそこにいた理由だった。我々は本物の核兵器を打ち上げていたのではなく，模造弾頭を打ち上げていた。それらは核兵器と同じ大きさ，形状，寸法，重量を持っていた。私はバンデンバーグ空軍基地の第1369写真中隊で，光学装置を担当する将校だった。だから，その西の実験場で落下するすべてのミサイルの計装写真を管理するのが，私の任務だった。当時，我々はそれらをICBMと呼んでいた。つまり，郡間弾道ミサイル（inter-county ballistic missile）だ。なぜなら，それらは発射するとすぐ爆発していたからだ。我々の仕事は，なぜそれらが爆発したかを究明することで，技術者たちに技術連続写真を提供し，飛行中に外れた噴射口の何が悪かったのかを調べられるようにすることだった。これらの実験を追跡するための写真施設を設置した功績により，私は空軍誘導ミサイル記章を受けた。私はミサイル記章を得た空軍で最初の写真家だった。それは当時誰もが欲しがっていた。

その事件が起きたのは，間違いなく1964年だった。というのは，マンスマン少佐がそれを確認したからだ；彼はそれを書き物にしていて，その正確な日付を知っていた。

ミサイルの秒読みが始まり，エンジンの点火音が聞こえた。ミサイルが上昇し始めた合図だった。我々が南，南西を見ていると，ミサイルは煙の中からひょっこり現れた。それは実に美しいもので，私は，そら出てきたぞ，と大声で叫んだ。180インチのレンズを据え付けたM45追跡台にいる連中が，ミサイルを撮影した。大きなBU（*ブッシュネル）望遠鏡が旋回してそれを捉えた。こうして我々はそれを追い，推力を得た飛行ブースター3段のすべてを実際に見ることができた。それらは燃焼し尽くし，落下した。当然，我々の目に見えるのは，太平洋上の島である標的に向かって下部宇宙空間へと吸い込まれていく，煙の航跡だけだった。あれは我々の最初の打ち上げ撮影だった。我々はそれをやり遂げた。

我々はそのフィルムを基地に送った――それからどれくらいの時間が経ったのか，正確には覚えていないが，1日か2日だったと思う――私は第1戦略航空宇宙師団司令部のマンスマン少佐の事務室に呼ばれた。事務室に足を踏み入れると，彼らはスクリーンと16ミリプロジェクターを用意していた。長椅子が一つあり，マンスマン少佐が座れと促した。そこには灰色のスーツを着た二人の男がいた。私服だったのはかなり異例だった。マンスマン少佐は，これを見ろと言い，フィルムプロジェクターのスイッチを入れた。私はスクリーンを見た。それは1日か2日前の打ち上げだった。

それは胸を躍らせるものだった。望遠鏡が長いため，アトラス・ミサイルが画面に入ったときには，その3段目までの全部を見ることができた。あれは実に素晴らしい光学装置だった。我々はその段が燃え尽きるのを見た。2段目が燃え尽きるのも見た。3段目が燃え尽きるのも見た。そして，その望遠鏡で我々は模造弾頭を見ることができた。それは飛び続けていたが，画面に何か別のものが入った。それは画面に入ってきて弾頭に光線を発射した。

思い出してほしいが，これらはすべて時速数千マイルで飛んでいるのだ。この物体［UFO］は弾頭に光線を発射して命中させ，次にそれ［UFO］は反対側に移動し，また光線を発射した。さらにまた移動して光線を発射し，次に下降してまた光線を発射した。そして入ってきたときと同じ方角に飛び去った。弾頭は宇宙から落下した。物体，見えた光の点々，弾頭などは，高度約60マイルの下部宇宙空間を上昇していた。このUFOがそれらに追いつき，飛び込んできてその周りを動き回り，飛び去ったとき，それらは時速1万1,000マイルから1万4,000マイルで飛んでいた。

私はそれを見てしまった！　誰かがそれについて何を言おうとも，私はまったく気にしない。私は映像でそれを見たのだ！　私はそこにいたのだ！

明かりがつけられたとき，マンスマン少佐は振り向いて私を見た。そして，君たちは何か悪ふざけをしていたかと訊いた。私は，していませんと答えた。すると彼は，あれは何だったかと訊いた。私は，UFOを捉えたのだと思いますと言った。我々が見たもの，飛び込んできたこの物体は円形で，2枚の皿を合わせてピンポンボールを頂部に載せたような形をしていた。光線はそのピンポンボールから発射された。それこそ私が映像で見たものだった。

それについて少し議論してから，マンスマン少佐は私に，これについては今後決して話すなと言った。これが決して口外されなかったことは，ご存じのとおりだ。彼は，機密保全誓約違反の悲惨な結末は分かっているね，と言った。分かっています，少佐，と私は言った。彼は，よろしいと言った。私は決して口外しなかった。私がドアに向かったとき，少し待てと彼は言った。そして，こう言ったのだ。今後もし誰かにそのことについて話すように強要されたら，それはレーザー照射だった，レーザー追跡照射だったと言うように。

だが，1964年にレーザー追跡照射などは行なわれていなかった。どのようなレーザー追跡もまったく行なわれていなかった。レーザーは1964年にはまだ生まれたばかりだった。それらは実験室の中の小さなおもちゃだった。それで私は，分かりました，と言って外へ出た。それから18年間，私はそれを口にしたことがなかった。

私はバンデンバーグ空軍基地では誰にもそれを話さなかった。私の中隊の誰もそれを知らなかった。私以外に誰もそのフィルムを見なかった。私の指揮官ルイス・S・クレメント・ジュニア少佐はそれを見なかった。私の作戦将校ケネス・R・キャラハン大尉はそれを見なかった。彼の部下で中尉だったロナルド・O・ベイラーはそれを見なかった。彼らの補佐だったスプーナー曹長はそれを見なかった。私の中隊でそれを見た者はいなかった。そして私はフロレンス・J・マンスマン・ジュニア少佐の直接命令により，それを誰にも話さなかった。だから，バンデンバーグ基地で私が知っている誰もが，これについて何も知らなかった。

本当にそんなことがあるのだろうか？　誰かは見ていただろう。誰かがそれを話したかもしれない。だが誰もそうしなかった。なぜなら，当時私は話すなと言われた最高機密事項については話さなかったからだ。軍にいる間に知ったことで今あなたに話したくないことがある。なぜなら，それらは最高機密で，それを話すと私の立場がまずくなるかもしれないからだ。

18年後，私は次のことに思い当たった。最高機密扱いだと誰も私に言わなかったこの事件を，話してもよいのではないか。マンスマン少佐の言葉を解釈するなら，彼はこう言った。“これは決して起きなかったと言うように”それはこの事件を最高機密扱いにしていないのではないか？　これが，私がそれについて話すことを躊躇しなかった理由だ。それは又聞きの話ではない。私に起きたことなのだ。そして私は18年間，米国空軍の隠蔽工作に関わった一人だった。

その事件についてある記事を発表した後で，事態は大変なことになった。私は仕事で嫌がらせを受け始めた。日中に奇妙な電話がかかり始めた。私は夜に自宅で電話を受けるようになった――一晩中，ときには午前3時，午前4時，夜中の10時に，相手は電話をよこし，私に喚き始める。くそったれ！　くそったれ！　彼らが言うのはこれだけだ。彼らは私がとうとう受話器を置くまで喚き続ける。

ある夜，何者かが大量のロケット花火を放り込んで，私の郵便受けを爆破した。郵便受けは炎を上げて燃えてしまった。その夜の午前1時に電話が鳴った。受話器を取ると，何者かがこう言った。“郵便受けの夜のロケット花火，きれいだったぞ，このくそったれ野郎！”

こんなことが1982年以来，繰り返し起きている。あなたに話したように，このヒストリーチャンネルの件が注目されてあなたが質問を始め，この話が再び広がり始めてから，私には再び電話がかかり始めた。妻と私は誰にも知られていないはずのここで電話を受ける。ここは我々が避難し籠もっている，我々の農場だ。奇妙な電話――彼らは何も言わない。電話を取り上げ，ハロー，ハローと言う。そうすると，フムムムムムムム……，カチッ。これは気味が悪い。しかし私は落ち着いて対応することを学んだ。私はもう気にしない。私を消すために彼らは何をしようというのか？　私の信用を落とすために，彼らは何をするつもりなのか？　彼らはフィリップ・クラス（*UFO懐疑派）がすでに私にした以上の何かをするつもりなのか？　彼らは私を愚か者に見せようとしているのか？　彼らができることはだいたいそんなものだ。

UFO問題の周辺を縁取るこの気違いじみた物事は，その真面目な研究を抑えつける協調した作戦の一部だと私は考えている。この問題を真面目に研究しようとすると，いつでも誰でも嘲笑の対象になる。私は比較的主要な大学の正教授だ。私が未確認飛行物体を研究することに興味を持っていると聞いたら，私の大学の同僚たちは私を笑い，私の後ろであれこれ大声で揶揄することは間違いない――未確認飛行物体はまさに我々が共存すべき物の一つなのだが。

空軍はすべてを否定した。私は空軍にいたか？　空軍はそれを否定した。私はかつてバンデンバーグ基地にいたか？　もちろん私がいた可能性はない。私は空軍にいなかったのだから，どうしてバンデンバーグ基地にいられようか？私はカリフォルニア海岸に沿って追跡サイトを設置したか？　否，カリフォルニアに追跡サイトはなかった。馬鹿げているのはどっちだ！　その追跡サイトは今でも私が設置した所にある。彼らはスペースシャトルがカリフォルニアに着陸するたびにそのサイトを利用する――皆さんがシャトルを最初に見るのはそこからなのだ。彼らは今でも，バンデンバーグ基地から発射されるミサイルをこの追跡サイトで撮影している。

ともかく私の話を裏付けるために，リー・グラハムはフロレンス・J・マンスマンを見つけ出した。そのことを口外しないように私に命令した，あの少佐だ。彼は今やスタンフォード大学の博士であり，カリフォルニア州フレズノで牧場を経営していた。彼はリーに返事を送ったが，それにはボブ（*ジェイコブズ教授）が彼の話の中で語ったことはすべて絶対に真実だと述べられていた。

彼は私の話を裏付けてくれた。そしてその後何年間も，誰かがそれを持ち出したり，彼と接触しようとしたりしたときには，いつでもこう言って私の話を裏付けてくれた。“そのとおりだ，それがまさに起きたことだった”これは相当に勇気が要ることだ。私は小父さん［マンスマン］のファンになってしまった。その彼も今は亡い。しばらくの間，彼は私の英雄だった。

そのとき私は部屋にいなかったが，マンスマン少佐が私や他の人々に語ったように，そのフィルムに起きたことは，それ自体興味深い話だ。私が立ち去ってからしばらくして，私服の男たち――私は彼らをCIA（中央情報局）と考えたが，彼は違うと言った。それはCIAではなく他の何者かだった――がそのフィルムを取り上げ，UFOが写っている部分をリールから外し，はさみで切り取った。そしてそれを別のリールに巻き，書類カバンに入れた。男たちは残りのフィルムをマンスマン少佐に返し，こう言った。“機密保全誓約違反に対する罰則の厳しさは，説明する必要がないですよね，少佐。この事件は片づいたことにしましょう”彼らはフィルムを持って立ち去った。マンスマン少佐がそのフィルムを再び見ることはなかった。

私の考えでは，バンデンバーグ基地でそれを再び見た者は誰もいない。それはバンデンバーグ基地からどこか他の所に行ったと私は確信している。フィルムを見ることにとても慣れたマンスマン少佐が，それは地球外のものに違いないと言った。彼らは模造弾頭を照射した光線を，ある種のプラズマビームと考えた。それはプラズマビームのように見えたからだ。

マンスマン少佐は，組織の中では大変な栄誉と科学者としての名声を得た人物だった。その彼がそれを裏付けたことで，私は十分満足している。私は自分自身を信じなくても，マンスマン少佐は信じるだろう。

そのとき空軍将校だった我々二人がそこにおり，何かを見た。また，それを見たことを我々二人が互いに裏付けた。懐疑論者や私が話していることを信じない人々に訊ねたいのは，なぜ私がこの話をつくり上げる必要があるかということだ。なぜマンスマン少佐（博士でもある）がそれをつくり上げる必要があるのか？　我々は何を得る必要があるか？　私はそれから，それを話したことから苦痛と苦難以外を得ていない。私は自宅で嫌がらせを受けてきた。これは私を不利にするために使われてきた。一度は教職を失う一因にもなった。この話をした後で，私は大変な目に遭ってきた。だが，私はこの話をし続ける。政府の中でこの種の最低のことが行なわれていることを人々が知るのは，重要だと考えるからだ。我々はこの国の国民として，その情報を知る資格がある。それを政府が隠蔽しているのだ。私がこの話をする理由はそれだ。それが，私があなたにそれを語っている理由だ。

こうなった今，私は生きている限りそれを話し続けるつもりだ。私が話すことはいつも同じだ。なぜなら，それはただ一通りに起きたからだ。私は絶対に話を変えない。それができないからだ；それは本当のことだった。私は屈辱的な手紙や電話に曝され続けている。相手はNASA（航空宇宙局）のジェームズ・オバーグ（*宇宙ジャーナリスト兼歴史家）やフィリップ・J・クラスのような懐疑論者だ。彼らは私をけなすことに執心する，米国政府に雇われた密告者だ。私をけなすことはよろしい。だが，マンスマン小父さんをけなすことはやめたまえ！

空軍の今の立場は，そんな事件はなかったし，そのフィルムもなかったというものだ。

この活動全体について重要だと思うことは，実にこれに尽きる。人類史上最大の出来事は，我々は孤独ではない，この宇宙に他の生命体——知的な存在——がいる，だから我々はここで孤独ではない，という発見だ。それはとてつもない，大変な発見だ。我々が宇宙で孤独でないことを知るのは，人類究極の発見ではないか？　それが，これらについて話すことが重要だと私が考える理由だ。それはとても胸が躍るものだ。所詮我々は動物進化の最終形態ではないということを受け入れ，成長し，それを認識することが，人間である我々にとって重要だと考えるからだ。そこには我々よりも大きく，もっと素晴らしい何かがあるかもしれない。そして，もしかしたら彼らは我々に何かを語りかけているのかもしれない。

なぜなら，私があの日見たものは模造弾頭を撃ち落とした何かだったからだ。あのことから私はどんなメッセージを受け取ったか？　核弾頭を弄ぶな。これがおそらくそのメッセージだったと私は解釈する。多分何者かが，我々がモスクワを滅ぼすことを望まないのだ；多分我々はそうすることをやめるべきなのだ。

［複数の地球外輸送機が核施設に現れた後で，これと同じ結論に達した多くの軍人に私はインタビューをしてきた：おそらく地球外の人々は恒星間旅行の段階に達し，これらの兵器がどれほど危険かを知っており，またその使用が我々の文明を終わらせることを理解している。そして間違いなく彼らは，我々がこのような兵器を持って宇宙に進出するのを望まない。SG］

ロナルド・レーガンはある夜テレビ出演し，とても驚くべきことをした。彼は全米国民の前で次のように言ったのだ。我々は一つの防衛の盾を構築するつもりであり，それはSDI，戦略防衛構想と呼ばれることになる。その使命は我々を，我々のすべてを防御することである。ロナルド・レーガンはこれをすべての人々と共有すると言った。我々はそれをロシア人と共有する――我々の敵，ほんの数年前までは双方互いに滅ぼす間柄のふりをしていた。今突然に，我々は一つの盾で彼らを防御しようとしている。誰から彼らを防御しようというのか？

おそらく，あれは最初の威嚇射撃だった。君たち，こんなことはやめなさい，大人になるときだ。こう言っている者からの最初の警告射撃だった。君たちはこの惑星を破壊したくない，そうだろう？　このまま続けたら……

そこで起きたことについての私の解釈をあなたに話したが，これは私自身の推測だけに基づくものではない。私はこれまでの年月の間，他の資料も読み，他の人々とも語り合ってきた。多分我々の被害妄想は事実無根だ。もし我々が優れた技術を持つ存在に遭遇したなら，おそらく喜んで彼らを受け入れ，友好的になるだろう。なぜなら，彼らは生き延びる術を教えているのかもしれないからだ。

MANSMANN RANCH
5716 E. Jensen Avenue
Fresno, CA 93725

May 6, 1987

Dear

A reoccurence of cancer, a very bad farming situation and the resultant financial problems that needed immediate attention, precluded the possibility of my involvement in any but priority duties. Therefore, your July 30, 1986, letter is in a box with many others that need to be addressed, researched, answered and sent.

I am still in the midst of this battle, so my reply will be short.

The events you are familiar with had to have happened as stated by both Bob Jacobs and myself because the statement made from each of us after 17 years matched. What was on the film was seen only twice by Bob Jacobs, once in Film Quality Control and once in my office at the CIA attended showing. I saw it four times. Once in my own quality control review and editing for the General and his staff; once in review with the Chief Scientist and his assistant; once for the Commanding General with only one of his staff; and the fourth time with the Chief Scientist, his assistant, the three government men and Bob Jacobs.

I ordered Lt. Jacobs not to discuss what he saw with anyone because of the nature of the launch, the failure of the launch mission and the probability that the optical instrumentation (the film) showed an interferance with normal launch patterns. Now for your questions:

1. The object was saucer-shaped. (Dome? Don't remember.)
2. Do not know the names of the CIA personnel.
3. Only assumptions from the seriousness of the situation.
4. I was ordered not to discuss any of what was seen or discussed during the screenings. I only passed my order, as the ranking optical instrumentation officer, on to Lieutenant Jacobs. There was no one else involved.
5. No film was ever released from our archives without a signature. I even signed out film when we had launch showings to VIPs in the General's office on short notice. However, I released the film to the Chief Scientist over <u>his</u> signature, then they departed.
6. The articles in the Enquirer and OMNI on my part and the statements made by both Dr. Jacobs and myself were factual. The statements you referred to that an "Air Force spokeman said, 'there <u>is</u> nothing on the film and that the rocket did hit its target," <u>makes</u> no sense. [...]ans the film is available and the records of the launch and [...]ts are also available. If the Air Force spokesman did review [...]ted launch and saw nothing, it could not have been the [...]perpetuated such quick security action.

(continued next page)

Page 2 - T. Scott Crain, Jr. - 5/6/87

7. Further? If the government wishes to withold such vital information which most certainly relates to our basis Star Wars research, then this information must be protected.

Working in special projects my entire Air Force career from the earliest airborne radar in WWII, Air Defense Systems during the Korean War, Airborne Reconnaissance Ssytems during the Cold War, Photo computerized systems of unprecedented utilization and intelligence fathering during the Vietnam conflict, (therefore a veteran of four wars and more combat area time than most), I may be over protective of our security.

I can only say in regard to your research that in all my activities to date, indications point to one fact...the information gathered from space is very favorable to our side.

Sincerely yours,

F. J. Mansmann, ScD.

Testimony of Colonel Ross Dedrickson, US Air Force / AEC

米国空軍大佐／原子力委員会
ロス・デッドリクソンの証言

2000年9月

デッドリクソン大佐は米国空軍の退役大佐だ。彼はスタンフォード大学経営大学院に入り，そこで経営学を学んだ。1950年代，彼の任務の一部は原子力委員会(AEC)のために核兵器貯蔵の在庫目録を整備し，安全調査団に同行して兵器の安全を点検することだった。方々の核貯蔵施設と一部の製造工場でUFOが目撃されたという報告が相次いでいた。彼自身，それらを何度も目撃したし，1952年7月に首都ワシントンで起きた有名なUFO編隊上空乱舞のときには，その現場に居合わせた。デッドリクソン氏は証言の中で，照明をつけた9機の円盤型UFOを目撃したことを回想する。また，宇宙に向かった核兵器を地球外知性体が破壊した，少なくとも二つの出来事についても語る。その一つは，月面爆発を試すために月に向かったときのことだった。それが破壊されたのは“宇宙での核兵器……は地球外知性体にとり容認できない……”からだった。

RD：ロス・デッドリクソン大佐／ SG：スティーブン・グリア博士

RD：私はローレン・ロス・デッドリクソンといい，米国空軍の退役大佐だ。大学では理学士号を得たが，空軍は私をスタンフォード大学経営大学院に派遣し，経営学を学ばせた。そこを終えると，すぐに私はワシントンD.C.に配属され，参謀総長室で教育指導を担当した。次いで米国原子力委員会に派遣され，核兵器貯蔵の在庫目録を整備する責任者となった。私は米国にあるすべての核兵器製造施設および核貯蔵施設の安全確保と監査に関わった。

私は原子力委員会にいた1952年に，最初のUFO事件を経験した。この年の7月中旬に，UFO編隊は首都ワシントン上空を飛行した。このとき初めて，私は9機のUFOを見た。

そしてもちろん，この時期には様々な人々との接触があった。私は原子力委員会委員長と国防長官をつなぐ，軍事連絡委員会の参謀将校だったため，陸軍，海軍，空軍だけでなく，民間機関，CIA（中央情報局），国家安全保障局，さらには私が関係を築いた人々とも顔見知りになった。その時期の私の任務の一つは，すべての核施設を視察し，その兵器の安全性を点検する安全調査団に同行することだった。我々は貯蔵施設の上空，さらには一部の製造施設の上空に UFO が飛来したという報告を受けていた。それはひっきりなしに続いていた。ところが，公式の報告はほとんどなく，ごく稀だった。保安に携わる人間は，躊躇して UFO 目撃の多くを報告していなかった。なぜなら，報告に伴う手続きと官僚主義の壁があったからだ――彼らは報告するのを避けていただけだった。

その後，私はサンディア・コーポレーションを担当する軍事連絡将校に任命され，核兵器の製造，品質保証，保守管理のための品質管理計画を策定する仕事に関わった。そのため，我々は核兵器の組み立てを行なうパンテックス工場（*米国唯一の核兵器組み立て・分解施設，テキサス州）など，あらゆる製造施設を視察する必要があった。そしてそこでも，我々は多くの UFO を目撃した。UFO は，我々が視察して回っていた施設に強い関心を持っていた。我々は同じ照会を受け続けた：これらの UFO は，なぜこうした施設の上に［空中静止して］いるのか？

1950 年代を通じて続いた長くつらい期間の後，私は 1960 年代にフェルト提督のもとにある統合司令部に配属され，核兵器作戦計画に関わる指揮所の予備位置担当になった。そこでは NORAD（北米防空軍）や SAC（戦略空軍）作戦との連絡を維持し，核兵器使用のための作戦計画に関わった。この同じ期間に，私は UFO に関係して起きた数々の事件を知った。さらに月日が経ってようやく私は空軍を退役し，ボーイング社に入った。そこではミニットマン計画の担当になり，ミニットマンⅠ，Ⅱ，Ⅲすべての核部隊の経理責任者になった。この期間に，私は核兵器に関係した事件についても知ることになった。これらの事件の中には，宇宙に送られた 2 個の核兵器が地球外知性体により破壊されたというものがあった。

［ロバート・ジェイコブズ教授の証言を見よ。SG］

私は様々な接触者たちと話をしたが，彼らの話を聞く限り，これらの事件は実際に起きたようだった。その中に，ミニットマン・ミサイルがバンデンバーグ空軍基地から発射された後，破壊されたというものがあった（*ロバート・ジェイコブズ教授の証言ではアトラス・ミサイルとなっている）。今では公開されている記録事項だ。この事件では，ミサイルが宇宙空間に向かって上昇中に，それを追跡していたUFOが実際に写真に撮られた。そのUFOはミサイルに光線を照射し，それを無力化した。この様子は記録されたが，事件そのものはすべてもみ消された。彼らはそれを目撃したチームを分断したが，もちろん結局のところ，そのニュースは世に出た。後にその事件は公表されたので，我々はそれを確認することができたのだ。

SG：核施設上空への飛来は深刻に考えられていましたか？

RD：そうだ。まったくそのとおりだ。実際，それらはあまりにも深刻に考えられていたので，目撃者はしばしばそれを報告しようとしなかった。なぜなら，非常に多くの官僚主義，手続き，その他いろいろなことが関係するからだ。彼らは故意にそれらを報告しようとしなかった。UFOが少なくともレーダーか報告により確認された大部分の事例で，何と彼らはそれらを迎撃するために航空機を緊急発進させようとした。それは我々自身の政府による非常に好戦的とも言える反応だった。太平洋上空で1個の核兵器を爆発させたときに起きた一つの事件があった。1961年頃だったと思う。［ETたちにとり］核爆発が引き起こした驚愕すべき事件とは，太平洋海盆全体に及んで通信が数時間も遮断され，無線通信がその間全然使えなかったことだった。これは非常に深刻だった。そして，当然これは地球外知性体が本当に懸念していたことだった。それが地球の電離層に影響したからだ。実際に，ET宇宙機は操作不能になった。なぜなら，彼らが依存している磁場が汚染されたからだ。私の理解では，1970年代終わりか1980年代初めのいずれかに，我々は核兵器を月に送り，科学的データの取得や他の目的のためにそれを爆発させようとした。これは地球外知性体にとり，容認できないものだった。

SG：それで何が起きましたか？

RD：ETたちは，その核兵器が月に向かったときに破壊した。宇宙空間における核兵器爆発は，地球のどの政府によるどんな爆発であれ，地球外知性体にとり容認できないものだった。そのことは繰り返し繰り返し行動で示されてきた。

SG：どのような行動で示されてきたのですか？

RD：宇宙に送られたあらゆる核兵器を破壊することにより示されてきた。私がインディペンデンス通りの原子力委員会に配属された1952年7月に，このUFO事件は起きた。その晩は外にいたが，事件はまさにそのときに起きた。私は見上げ，手をかざした。UFOは私の親指よりも大きく，私の頭上，ワシントンの上空にあった。それらははっきりと見えた。その夜に見たUFOは9機だった。それらは典型的なディスク型の航空機——宇宙機だった。UFOは照明をつけていて，とてもはっきりと見えた。その形状は人目を引くもので，航空機などではなかった。というのも，私は20年間パイロットをしており，航空機がどのように見えるかについてはよく知っているからだ。

… … …

その後，我々がロスアラモスとリバモアを訪れたとき，人々が地球外技術に関心を持っていることを知った。それは並々ならぬものだった。

SG：彼らの話から，地球外起源の物質がそこで研究されていたようでしたか？

RD：そのとおり，そのとおり。実際，それはエリア51が悪名高くなった時期だった。

老境に入り，これまで経験した事件の幾つかを回想したいと思っている私のような人間は，もっともっといるだろうと思う。だから，真実は遅かれ早かれ明らかになるだろう。

COMMUNICATIONS SECTION

TELETYPE

FBI WASHINGTON DC 12-5-50 4-47 PM GAR

SAC, KNOXVILLE URGENT

DETECTION OF UNIDENTIFIED OBJCXXX OBJECTS OVER OAK RIDGE AREA, PROTECTION OF VITAL INSTALLATIONS. REURTEL DECEMBER FOUR LAST REGARDING POSSIBLE RADAR JAMMING AT OAK RIDGE. ARRANGEMENTS SHOULD BE MADE TO OBTAIN ALL FACTS CONCERNING POSSIBLE RADAR JAMMING BY IONIZATION OF PARTICLES IN ATOXXX ATMOSRHERE. CONDUCT APPROPRIATE INVESTIGATION TO DETERMINE WHETHER INCIDENT OCCURRING NORTHEAST OF OLIVER SPRINGS, TENNESSEE, COULD HAVE HAD ANY CONNECTION WITH ALLEGED RADAR JAMMING. SUTEL IMPORTANT DEVELOPMENTS.

HOOVER

162-83894

RECORDED

4950 DEC 20

END

CORRECT LAST WORD FIRST LINE PLS

PROTECTION

OK D FBI KX OLO

ORIGINAL COPY FILED IN

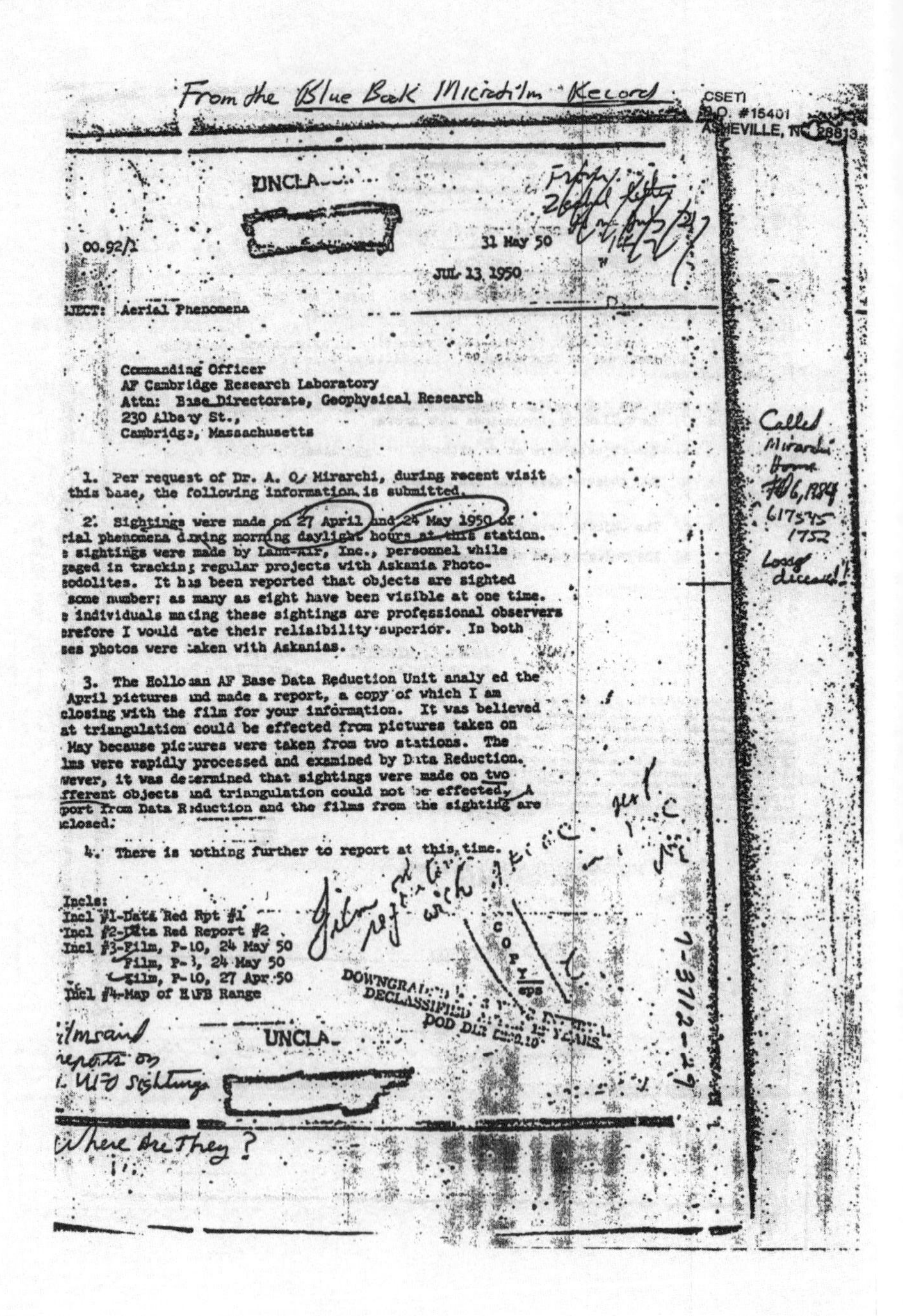
From the Blue Book Microfilm Record

CSETI
P.O. #15401
ASHEVILLE, NC 28813

UNCLA...

00.92/1

31 May 50

JUL 13 1950

SUBJECT: Aerial Phenomena

Commanding Officer
AF Cambridge Research Laboratory
Attn: Base Directorate, Geophysical Research
230 Albany St.,
Cambridge, Massachusetts

1. Per request of Dr. A. O. Mirarchi, during recent visit this base, the following information is submitted.

2. Sightings were made on 27 April and 24 May 1950 of aerial phenomena during morning daylight hours at this station. The sightings were made by Land-Air, Inc., personnel while engaged in tracking regular projects with Askania Phototheodolites. It has been reported that objects are sighted in some number; as many as eight have been visible at one time. The individuals making these sightings are professional observers therefore I would rate their reliability superior. In both cases photos were taken with Askanias.

3. The Holloman AF Base Data Reduction Unit analyzed the April pictures and made a report, a copy of which I am enclosing with the film for your information. It was believed that triangulation could be effected from pictures taken on May because pictures were taken from two stations. The films were rapidly processed and examined by Data Reduction. However, it was determined that sightings were made on two different objects and triangulation could not be effected. A report from Data Reduction and the films from the sighting are enclosed.

4. There is nothing further to report at this time.

Incls:
Incl #1-Data Red Rpt #1
Incl #2-Data Red Report #2
Incl #3-Film, P-10, 24 May 50
Film, P-3, 24 May 50
Film, P-10, 27 Apr 50
Incl #4-Map of HAFB Range

DOWNGRADED ... DECLASSIFIED ... YEARS. DOD DIR 5200.10

C O P Y

UNCLA...

Called Mirarchi Home ... 1984 ... Lossof diceased!

Films and reports on UFO sightings

Where are They?

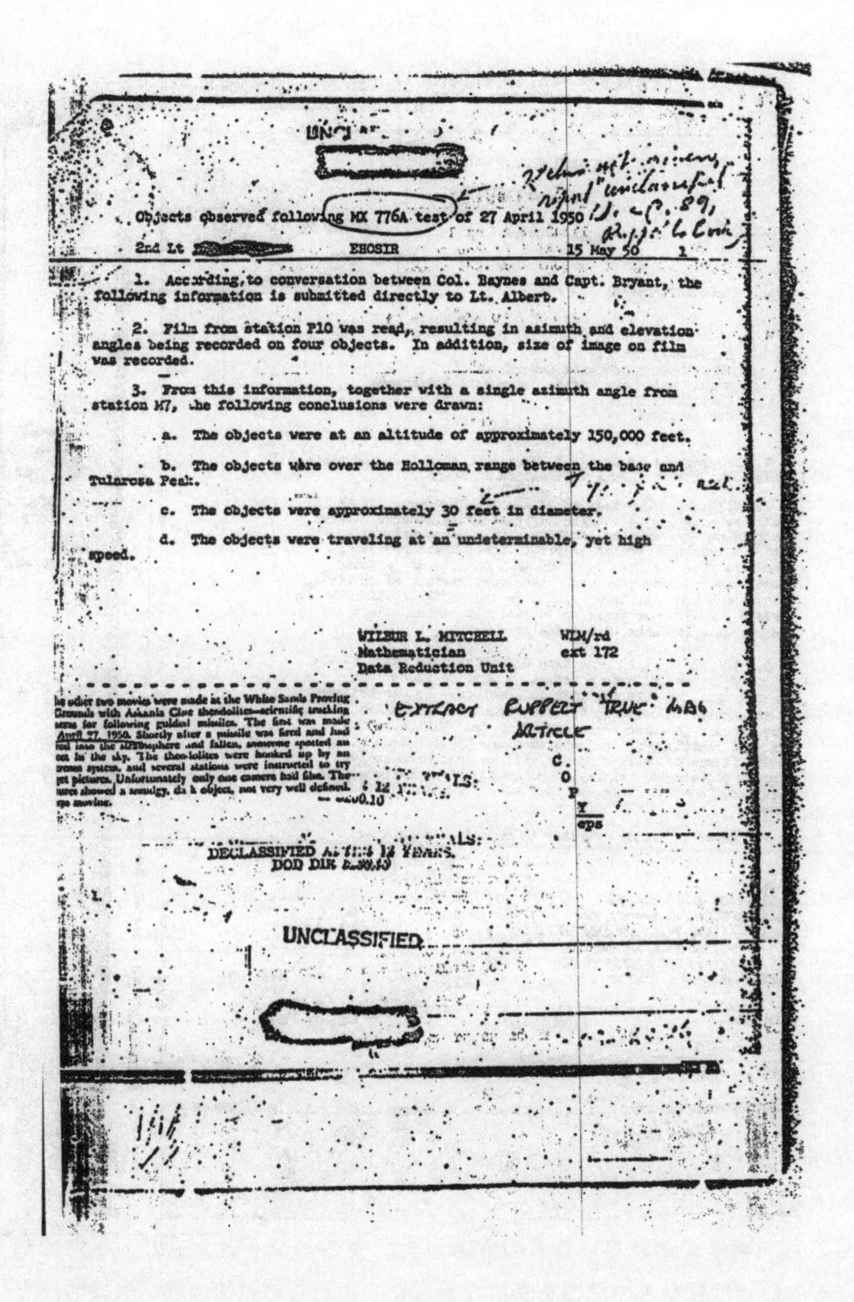

UNCLASSIFIED

Objects observed following MX 776A test of 27 April 1950

2nd Lt [redacted] EHOSIR 15 May 50 1

1. According to conversation between Col. Baynes and Capt. Bryant, the following information is submitted directly to Lt. Albert.

2. Film from station P10 was read, resulting in azimuth and elevation angles being recorded on four objects. In addition, size of image on film was recorded.

3. From this information, together with a single azimuth angle from station M7, the following conclusions were drawn:

a. The objects were at an altitude of approximately 150,000 feet.

b. The objects were over the Holloman range between the base and Tularosa Peak.

c. The objects were approximately 30 feet in diameter.

d. The objects were traveling at an undeterminable, yet high speed.

WILBUR L. MITCHELL WLM/rd
Mathematician ext 172
Data Reduction Unit

...he other two movies were made at the White Sands Proving Grounds with Askania Cine theodolites—scientific tracking ...eras for following guided missiles. The first was made April 27, 1950. Shortly after a missile was fired and had ...red into the stratosphere and fallen, someone spotted an ...ect in the sky. The theodolites were hooked up by an ...rcom system, and several stations were instructed to try ...get pictures. Unfortunately only one camera had film. The ...tures showed a smudgy, dark object, not very well defined. ...ape moving.

EXTRACT RUPPELT "TRUE" MAG ARTICLE

COPY

eps

DECLASSIFIED AFTER 12 YEARS. DOD DIR 5200.10

UNCLASSIFIED

Testimony of Harry Allen Jordan, US Navy

米国海軍
ハリー・アレン・ジョーダンの証言

2000年11月

ジョーダン氏は米国海軍で6年半を過ごし，1962年には米国艦ルーズベルトでレーダー操作員をしていた。作戦情報の訓練を受けていた彼は，機密取扱許可を持っており，電子妨害活動にも関わっていた。彼は次のように証言する。ルーズベルトのレーダー操作員だった彼は，6万5,000フィートの高度を時速約1,000ノットで移動する巨大物体をレーダーで捕捉した。艦長は2機のファントム2を調査のために発進させた。そのUFOは，ファントムが近づくと消えた。約半時間後にその物体は再び現れたが，今度は艦により近かった。ジョーダン氏はその出来事の後で受けた脅迫について語る。後に彼は，その前年にルーズベルトが巨大UFO事件に遭遇し，それが写真に撮られたこと，雲から降下してきた1機の円盤を人々が目撃したことを知った。このことは，ルーズベルトが核兵器を装備してからさらに頻繁になった。海軍を除隊後何年も経ってから，ジョーダン氏は自分のアマチュア無線でスペースシャトルSTS 48の交信を聞いていた。そのとき，彼らが異星人の宇宙機を見たと話しているのを聞いた。彼は，アマチュア無線で聞いたことを知られた後で受けた嫌がらせについても語る。

私の父はワシントンD.C.のアナコスティア海軍飛行場に所属していて，私はそこで1943年に生まれた。1952年7月［ワシントンD.C.上空でのUFO乱舞事件が起きたとき］に，私の父はアナコスティア海軍飛行場にいた。大々的な報道がなされたため，私は後年になってもこの事件のことをよく覚えている。晴れわたった夏のある夜のことで，私はまだ子供だった。これらの光体は川を上ってやってきた。それらはきらきら輝く花火のように見えた。大きな明かりが幾つかあった。琥珀色の明かりも幾つかあった。1個の青白い明かりが，木々の上にとても静かに浮かんでいた。それらの中にはゆっくり動いているものも，素早く動いているものもあった。まるでシャボン玉のようだったが，その動きは風などの影響を受けなかった。それらの光体は軽い気球ではなかったし，その類の何物でもなかった。

この状態が約30分間続いた後，ある種の警笛が聞こえた。そのときまったく突然に，セイバー・ジェット機（*亜音速戦闘機）が，これらの物体を追ってポトマック川を上ってきた。物体の幾つかは真っ直ぐに上昇し，視界から消えた。このときのことをありありと思い出したのは，映画クロース・エンカウンターズ・オブ・ザ・サード・カインド（Close Encounters of the Third Kind；邦題は‘未知との遭遇’）を観たときだ。私は身の毛がよだつ思いをした。なぜなら，映画の中であの高速道路の料金徴収所を通過した小さな光体群は，まさしく私が子供のときに見たものを思い出させたからだ。

これらの物体は，あの有名な1952年ワシントンD.C.上空でのUFO乱舞事件の物体だった。私はあれこれ思い合わせてそう結論している。私はあの時期そこにいて，あれらの物体を見たからだ。この事件のことは，ワシントンポスト紙，ニューヨークタイムズ紙，ライフ誌が報道した。

私は高校在学中に入隊し，バージニア州ノーフォークで新兵訓練を受けた。その後，軍は私を航空母艦フランクリン・D・ルーズベルトに配属した。私は米国海軍で通算6年半を過ごし，1967年に兵曹として名誉除隊した。

私は最初の任務で，シチリア島パレルモから米国艦ルーズベルトに乗り込んだ。1962年のことだ。ルーズベルトにはレーダー操作員として配属されたため，訓練はOI部で受けた。つまり，作戦情報部だ。しかし，ある種のレーダーと電子妨害装置を扱うためには機密取扱許可が必要で，私はそれを取得するのに1年かかった。私のクルーズブック（航海記録写真集）は1962年から1963年までだ。その後我々は，ロードアイランド州ニューポートで最新型レーダーの取り扱いについて訓練を受けた。私はロシアの航空機ベア（*ツポレフ戦略爆撃機）を探知し，ギブソン中佐から賞賛されたものだ。

私は商用機を識別する方法を知っていたし，‘敵味方識別信号’を確認したりすることもできた。また，ソ連が用いる戦術にも通じていた。ソ連の軍用機は商用機の航空路に入り込み，商用機の背後でIFFスクォーク（*敵味方識別応答信号）に隠れようとした。

それはさておき，私は2回目の地中海航海の深夜勤務に就いていた。それは私のレーダー画面で捕捉された。午前零時と2時の間のことだった。我々の新型レーダーはSPA50再生装置を使用したものだった。それ以前はSPA8

と航空機をプロットするためのVG，すなわちベクターガイドを使用していた。私は水上捜索レーダーと対空捜索レーダーの違いを知っていた。それらは電波信号の極性などの他に，反射波の様子が異なる。我々はこの種のあらゆる手法，つまり受動的，能動的な電子欺瞞，電子妨害に通じていた。

だから，私は雁の群れ，反射，偽像の違いを知っている。我々は疑似信号をつくり出すこともできた。ルーズベルトには，レーダー装置の扱いについて訓練を受けるため，海軍士官学校生が乗艦する。私の任務の一つは，彼らに向けて疑似信号を発生させ，彼らがレーダー画面上でそれを本物の信号と見るか，それとも内部起源の疑似信号と見るかを試すことだった。そして実のところ，これは私がレーダー画面で捕捉したものが本物かどうかを確認するために，まず最初にしなければならないことだった。

この目標の高度は約6万5,000フィートあり，信号の強さは洋上の航空母艦のそれと同じくらいだった。だから，この捕捉は巨大なものだった。これは私の注意を引き，勤務中の他の人々の注意も引いた。これが起きたとき，四人の下士官と二人の将校が勤務に就いていた。我々はそれが何なのかを厳密に調べ，そのコードを照合した。それは商用機ではなかった。そのとき物体は，最初かなりゆっくりと動き始め，次に速い動きになった。移動速度は1,000ノット以上だった。私が最初にレーダーで捕捉したとき，それは空中静止していた。それから約1,000ノットで動き始めた。次に我々がそれを捕捉しようとしたとき，それは500マイルの彼方にあった。あの高度にあれば，見通し線，つまりUHF通信の距離よりも遙かに遠くにある物体を空中捕捉することができる。

この事例では，高度検出装置にもレーダー装置にもそれが現れた。指揮官が入ってきて，ここで何が起きているのかを知りたがった。彼らはそれを見，一体これは何だと訊いた。それはそのときの艦長の注意を引いた。クラーク艦長だ――私の指揮官はギブソン中佐だった。電子妨害室（ECM）にいた当直要員は一人だけだった。15分もすると艦の向きが変えられ，2機のファントム2が発進体制に入った。

今や私はヘッドホンをつけ，SPA8再生装置に向かっている。私はパイロットと航空作戦指揮官との間の通信を聞いている。総員配置に就くとこれと同じことをするし，総員配置のときの私の任務は部の指揮官と並んで座り，航空機の通信を聞くことだったから，私はこれと同じことをしていた。私の仕事はすべてのタリホーなど，何でも記録することだった［タリホーとは戦闘機パイロットにより目標が捕捉されたときの暗号である］。また，様々な種類の海軍艦船，外国艦船，民間船，海運船，航空機を識別することも，認識専門家としての私の任務だった。識別は電子的のみならず，視覚的にも行なわれ，電子的な特徴には精通していた。

とにかく，それらのファントム2は推力を全開にした。彼らはこの捕捉地点から約100マイルの地点で，自動追跡にするために円錐走査レーダーのスイッチを入れた。するとこの物体は消えた。それは忽然と姿を消した。レーダー画面には2機のファントム2が見えていたが，この物体は消えたのだ。彼らは約10分間飛び回り，艦へと機首を向けた。

約35分後に彼らが帰還した後，この物体は再び現れる。それは艦から約12マイルないし15マイルの地点にあり，約3万フィートの高さで空中静止していた。この夜は晴れわたり，星が見えた。私は自分のヘッドホンで他の乗組員と話をすることができた。空中情報プロッター，水上情報プロッター，士官，作戦室，艦長など，司令塔にいる当直要員なら誰であろうと全員がつながっている。航空母艦ではこれはとても深刻な事態だ。なぜなら，多くの要員が必要になるし，多くの安全率にも関わってくるからだ。だから，あのように迅速に物事を始動させるのは，まったく普通のことではなかった。

いずれにせよ，彼らは出かけていったが，見張り番は何も見ることができなかった。誰も何も見ることができなかった。しかし，その物体は我々のレーダー画面に映っていた。それは疑似信号ではなかった。私もまた何も見なかった。私はヘッドホンに入ってきた様々な報告から状況を知ることができたのだ。

私が何よりも驚いたのは，休憩のために通路を降りていったとき，武装した二人の海兵隊員がそこにいたことだ。私にとり，これは初めてのことだった。その一人は，いつも艦長と一緒に立っている隊員だった。彼らは電子妨害室の外にいて，私を中に入れようとはしなかった。私がそこに入る機密取扱許可を持っていたにもかかわらずだ。そしてそこには，一度も見たことのない士官たちがいた。だから，何かが起きていたのだ。

さて翌朝，我々は朝食をとるために降りていった。深夜勤務の後のことで，そこには大勢の甲板作業員たちがいた。彼らはその夜の変わった作戦について話していた——一体何があったのだ？　もちろん私は何も話せなかった。私は何も話さなかった。なぜなら，私は指揮官からこう言われていたからだ。ジョーダン，いいかい，君の日誌に書いてあったあのことは，決して起きなかった。あの夜にそこで任務に就いていたのは私だけではなかった。だから，あの夜にそこにいた者は誰でも私が何を語っているかを知っているし，それが真実であることも知っている。しかしあの夜に起きたことを知っている人間は十人足らずだった。その航空母艦には5,000人が乗艦していた。

その地中海航海の後で，我々のうちの何人かがその事件について語り始めた。後日私は，幹部候補生学校（OCS）にいる一人の兵曹長にたまたま会った。彼はカリブ海で経験した出来事を語ってくれた。彼らは総員配置（GQ）に就き，艦の作戦即応性検査を実施した。そのとき，この巨大UFOが水中から現れ，飛び去るのが目撃された。彼はこう続けた。その出来事は海軍記録にもあり，映画ザ・アビス（The Abyss；邦題は‘アビス’）はそのときの話に基づいている。

それ以来，多くの乗組員仲間が私に接触を求めてきた。UFOを巡る最近の情勢のゆえにだ。私はチェト・グラジンスキー氏と連絡を取り合ったが，彼は私の大きな支えになっている。なぜなら，彼もまた別の時に，艦上でUFOとの遭遇を目撃しているからだ。グラジンスキー氏は，私がルーズベルトに乗り込む前年の1961年に，やはりルーズベルトに配属されていた。彼と語り合ううちに，私は彼らが巨大UFO事件に遭遇したことを知った。このUFOは雲から降下してきたのだ——彼らは光だけでなく1機の円盤を目撃し，何枚かの写真を撮った。我々はその写真の撮影者を捜し出そうとしている。グラジンスキーはそれを目撃した。また，私が見た記録文書には，ルーズベルトの上を何度もUFOが飛行したこと，特にルーズベルトが核兵器を装備してからこれらのUFO事件が起きたことが書かれていた。

[我々の核兵器およびその関連施設に対する懸念を示す，地球外輸送機の決まった行動パターンがある。SG]

人々にUFOの話をするのは気が引けるものだ。なぜなら，彼らはあなたのことを突拍子もないやつだと見なすだろうからだ。人は経験していないことを理解することができない。しかし，これは実際に起きたのだ。それは現実だった。

この事例では，レーダー捕捉に何の熱的痕跡も残らなかった。それは何の航跡も残さなかった。それは通常の速度では動いていなかった。この物体は30秒間に10マイル，15マイルを移動した。20マイル，30マイル，次に40マイル，そして100マイルだ。3分半の間に，この物体はほとんど500マイルを移動した。それはある高度から別の高度へと，通常のパイロットなら意識を失うような飛び方をしていた。これは現実の捕捉だった。あの距離と高度にあったこの捕捉からの反射信号は，ルーズベルト自身からの反射信号と同じくらい強かった。そしてルーズベルトは1,000フィート以上の長さがあった。

私のよく知らない一人の少佐がやってきて訊ねた。どうしたんだ，ジョーダン？　日誌に何が書いてあるんだ？　彼は，君はそれをそこに書く必要はないと言った。私にとり，航海日誌にあのようなことを書くのは，きわめて，きわめて，変則的なことだった。私はそれにレーダーによる捕捉のことを書いた。私はUFOについて書き始めていた……

もし艦長の日誌にも師団長の日誌にもそれが書かれていないとすれば，私が知る限り，艦でこの事件が記録されることはなかった。

その後何年か経った［スペースシャトル］STS 48飛行任務の最中のことだった。彼らは軌道上にあり，私はアマチュア無線を聞いていた。私はオムニアンテナ（無指向性アンテナ）を持っていた。宇宙飛行士たちは“我々は今UFOを観察している”と言っていた。次に私が聞いたのは，彼らが異星人の宇宙機を観察していると話していることだった。私はそれを聞いたアマチュア無線家の一人だった。それで，カシャー博士にそのことを電話で話した。彼は私の友人で，私が教えている学校に息子を通わせていた。私は彼に，彼らが異星人の宇宙機について話していると教えた。彼らは通信チャンネル上で実際にその言葉を使うのだ。これには私も驚いた。私は本当に驚いた……

さて，よく聞いてほしい：この出来事が知られるようになってから，私はゴダード宇宙飛行センターにいる友人，ビンス・ディピエトロと連絡を取り合った。そうしたら思いがけなく，ジョンソン宇宙センターのシャトル・ペイロードマネジャーから電話があり，その飛行任務のビデオテープについて私と話をしたいということだった。我々がたまたま持っていたビデオテープだ［地球軌道の近くでUFOを攻撃しようとしている兵器らしいものが見えていた］。何があったのか，私が何を聞いていたのか，私はアマチュア無線で何を聞いたのか，それを彼は知りたがっていた。

その後私は，政府共用車が何台か道路を挟んで向かい側におり，スーツを着た男たちが私の写真を撮っているのを見た。彼らはカンザス市でも，私と妻がワールズ・オブ・ファン（*カンザス市にある遊園地）にいたときに我々の写真を撮った。私はこのことを他の人々に話した。というのは，ここで起きていることに私はとても臆病になっていたからだ。私はその車のナンバーを書き取ったが，それはある空軍基地に登録されているものだった。

一人の空軍情報将校が私の家を訪ねてきたこともあった。私はその将校に信用証明書の提示を求めた。彼は私服を着ていて，私に信用証明書を見せた——それには米国空軍とあった。彼は家の中のアマチュア無線装置などを見たいと言った。もちろん私はそれを受け入れた。私には隠すものが何もなかったので，彼を地下室に案内し，私の装置などをすべて見せた。

この惑星は知性の禁欲主義者になりつつあると思う。人々は呆然として歩き回っている。彼らは何が進行しているのか，考えもしない。多くの企業は［UFOに関係した研究と物質により］富を得てきた。なるほど彼らは，概して我々のすべてに利益をもたらす技術的変化を人類に与えてきた。だが，そのすべてが生じたところの肉とソースを分かち合っていない。詰まるところ，彼らはUFOについての真実を共有していない。

Testimony of Mr. James Kopf, US Navy / National Security Agency

米国海軍／国家安全保障局
ジェームズ・コップ氏の証言

2000 年 10 月

コップ氏は 1969 年に海軍に入り，核兵器を装備した米国艦ジョン・エフ・ケネディ（JFK）で通信を担当した。その後，1980 年に NSA（国家安全保障局）に入り，1997 年に退職するまでそこで働いた。1971 年夏に，オレンジ色，あるいは黄色に輝く 1 機の巨大 UFO が米国艦ジョン・エフ・ケネディの上空に空中静止し，艦に搭載されたすべての電子機器と通信設備が機能停止になった。コップ氏は証言の中でそのときの様子を語る。彼は明滅する UFO を自分の目で見た。見た者は他にも大勢いた。8 台のテレタイプ全部がでたらめを打ち続けており，艦は 2 時間にわたり戦闘配置体制をとった。友人のレーダー操作員は，レーダー画面が輝き，次に真っ暗になったと語った――彼らは何も検出できなかった。この事件の数日後，艦長と副艦長が艦内テレビに出演し，艦で起きたある種の出来事は機密事項と見なされるので，誰とも議論してはならないと乗組員たちに告げた。艦がようやくバージニア州ノーフォークに帰港したとき，スーツ姿の男たちがやってきて，様々な乗組員たちに聞き取り調査を行なった。

JK：ジェームズ・コップ氏／ SG：スティーブン・グリア博士

JK：私は 1969 年 4 月に海軍に入り，メリーランド州ベインブリッジの A 級通信士学校に入学した。その後，米国艦ジョン・エフ・ケネディに配属されたが，当時それは CVA67 という名前で，すでに地中海に展開していた。私はケネディの通信部に数年いた後，航海部に異動し，そこで操舵手たちと一緒に仕事をした。私の仕事は航海士たちのための管理業務だった。次いで私は，バージニア州バージニアビーチにあるオセアナ海軍飛行場第 1 戦闘航空団に転任した。

私は 1979 年に国家安全保障局（NSA）の仕事に応募し，1980 年に採用された。そこで3年間働いた後，メリーランド州フォートミードにあった一般調達局（GSA）管轄下の電気部に移った。1986年にこの電気部が一般調達局の業務を廃止したため，私は同年に実際のNSA職員になった。それ以後，1997年6月13日に退職するまでNSAの施設部門で働いた。

そのUFO事件は米国艦ジョン・エフ・ケネディで起きた。その正確な日付を私は覚えていないが，1971年の夏，多分6月の終わりか7月の初めだったと思う。事件が起きたとき，私はケネディの通信部にいた。私の仕事は放送通信士というものだった。つまり，大西洋の各通信局が発信する艦隊放送をテレタイプで受信し，読めるようにするのが私の仕事だった。

我々は南大西洋に展開し，キューバ周辺とカリブ海で作戦即応性訓練をしていた。それは作戦演習だった。すべての軍隊は，練度を維持するために時々こうした訓練をする。その事件が起きた晩だが，我々はこの訓練を完了したばかりで，ノーフォークに向けて帰航する準備をしていた。彼ら（*ケネディ乗組員）は18時間を超す長時間の航空作戦を終えたばかりだった。相当な長時間訓練の後のことで，ほとんどの乗組員は甲板の下に降りていた。

私は通信室で勤務に就いており，テレタイプは暗号文だった。すべての通信は暗号機を通って入ってきた。通信は時折干渉の影響を受け易くなる。私は入ってくるメッセージに細心の注意を払い，もし異常に気付いたときには施設管理部を呼び，きれいな信号になるように受信装置を調整してもらった。その事件当夜，私はテレタイプ装置からあるメッセージを取り出した。それからもう一度テレタイプを確かめるために，装置の方を振り向いた。そこで私が目にしたのは，これまで見たことのないものだった。

8台のテレタイプ全部が，完全にでたらめを打ち続けていた。まったく支離滅裂だった。私はメッセージの中に一つ二つの間違いを見つけたことはあるが，これほどひどいものは見たことがなかった。私はすぐにインターホンで施設管理部を呼び，私の放送受信機が故障したと言った。彼らは，全艦にわたりすべての通信機能が停止しているので忙しいと連絡してきた。こんなことはこれまで起きたことがなかった。

我々はインターホンと気送管システムを一つずつ持っており，それらは通信室と艦橋の頂部にある旗甲板とをつないでいた。このとき，次のように叫ぶ，とても興奮した声が聞こえた。“神がここにいる，この世の終わりだ”我々は顔を見合わせ，何かがおかしいと考えた。そこで何が起きているのだ？　さらに数秒して，今度はもっと落ち着いた声が入ってきた。この人物は艦の上空に何かがいると言っていた。そこで私が乗組員仲間である友人の方を見ると，友人も私を見つめ，我々はそれを見にいくことにした。

こうして我々は，通信センターを出て飛行甲板の縁にある左舷側の狭い通路に向かった。そこで我々が見たものは，艦の上空に浮かんで輝く1個の大きな球体だった。その大きさを決めるのは難しかった。なぜなら，我々の視野は狭かったからだ。晩も遅くなっていた。陽はとっくに沈み薄暮だったが，それは巨大に見えた。大きさは，その高度次第で300フィートないし400フィートから4分の1マイルまでの間だった。私にはそのように見えた。もし高度が高かったとすると，それは巨大なものだった。球体は，オレンジ色がかった輝きと黄色がかった輝きの間で脈動しているようだった。私には，輝く球体であるという以外に細かいところは何も見えなかった。そのとき突然，総員配置が発令された——戦闘配置だ。そのため，我々は自分の持ち場に戻らなければならなかった。それは我々の戦闘配置だった。総員配置すなわち戦闘配置は，約2時間維持された。

メッセージが再び受信され始めたのは，我々が通信センターに戻ってからたった数分後のことだった。受信は機能したが，発信がまだだった。だから，通信機能が停止していたのはそれほど長時間ではなかった。せいぜい20分間だったと思う。私は，勤務時間が終わる深夜まで配置に就いていた。その後で，同乗していた数人の乗組員仲間に話しかけた。そのうちの一人はレーダー部に所属し，その事件が起きている間中勤務に就いていた。彼はこう言った。すべてのレーダー画面が輝き——次に何も映らなくなった。彼らはレーダーで何も検出できなかった。我々はそのことについて語り合いながら，ほとんど夜を明かした。

聞いたところでは，艦橋のコンパスは機能せず，レーダー航法システムも遮断された。何人かの乗組員から聞いたが，あの気送管から聞こえてきた最初の声，“この世の終わりだ”は，実際に旗甲板で任務に就いていた見張り番が叫んだものだった。この乗組員には鎮静剤が必要だったと聞いた；彼はとても動揺していた。2番目の声は，実際に旗甲板で任務に就いていた信号手のものだった；彼はより落ち着いた声で，艦の上空に何かがいると言った。

数日後，艦長と副艦長が艦内テレビに出演した。それが5,000人の乗組員に向かって話しかける唯一の方法だった。彼［艦長］はカメラを見て——私は決してこれを忘れないだろう——こう言った。“乗組員諸君に告ぐ。海軍の主要な戦闘艦で起きた出来事は機密事項と見なされる。したがって，知る必要性（need-to-know）を持たない誰とも議論してはならない”これが彼が言ったことのすべてだった。

艦長と副艦長は，その事件の間中とても動揺していた。なぜなら，彼らは何を制御することもできなかったからだ。彼らはとても弱かった。どんな軍人でも，主導権を握っていない状況下では必ず動揺するものだ。

［大西洋軍で起きた重大事件の間中トレイン提督がどのような反応を示したかについて，メルル・シェーン・マクダウが同様の証言をしている。SG］

推進系統は正常だった。我々は速度と進路を維持することができたし，舵を取ることもできた。しかし聞いた話を総合すると，基本的に電子回路はどれも機能しないか不調だった。コンピューターシステムも同様だった。

当時，ケネディは確かに核兵器を装備していた。それは周知の事実だったが，我々は地中海にいたし，それについて話すことは許されていなかった。彼らは，世界のどこであろうと，核兵器を装備せずに航空母艦を展開しようとは考えていなかった。

私は一人の元海軍軍人から手紙をもらった。それには，彼が事件現場の近くで駆逐艦に乗っており，あの夏のあるとき，彼らのレーダーで1個の物体を追跡したと述べられていた。私は，同じ艦に乗り合わせていた水兵からも手紙をもらった。彼はコンピューターを担当していたが，誰かが彼を呼び，コンピューターシステムの再起動を頼んだことを覚えていた。彼が“何があったのですか”と訊くと，相手は“艦の上空にUFOが1機いるんだ”と答えた。彼はそれを聞き，大笑いした。冗談だと思ったのだ。彼はそれをコンピューターが停止した原因だということにし，そのシステムを再起動させた。後日私の話を読んであのときのことを思い出し，“彼らは冗談を言っていたのではなかった”と言った。しかし，それまではずっと冗談だと思っていた。

そのUFOは航空母艦の上空にせいぜい5分くらいしかいなかったが，機器の混乱は少なくとも1時間続いた。我々が2時間にわたり戦闘配置についたのは，そのためだった。彼らはそれが戻ってくるかどうかを確かめるために待っていたのだと思う。彼らは，なおもシステムを再稼働させ，全機能を回復させようとしていた。それには少なくとも1時間はかかったはずだ。

飛行中の航空機はなかった。その事件が始まったとき，航空機はすべて艦上にあった。艦には2機のF-4ファントムがあり，それらにはレディー・キャップ（ready CAP），つまり艦上での警戒待機が指示された。ファントムは作動しなかったようだ。彼らはそれらのジェット機を始動させようとしたが，始動しなかったと聞いている。それらは作動不能になっていた。

私はその物体から音を聞かなかった。そのとき，飛行甲板は静かだった。なぜなら，飛んでいる飛行機はなかったし，始動している飛行機もなかったからだ。だから，とても静かだった。我々は何の物音も聞かなかった。

我々がノーフォークに帰港すると，数人の男たちがやってきて，乗組員たちに聞き取り調査を行なった。彼らはスーツを着ていた。彼らがどこの何の機関から来たのか，誰も知らなかった。私は正規の目撃者ではなかった――私はそこにいるべきでもなかった。だから，誰も私が目撃したことを知らなかったと思う。しかし，聞いたところでは，すべての艦橋要員すなわち艦橋で任務に就いていた乗組員，それにレーダー部門の一部の操作員が，これらのスーツ姿の男たちから聞き取り調査をされた。

この航空母艦にはIOICと呼ばれる組織があった。統合作戦情報通信，何かそのような趣旨だ。彼らはこの事件の間中，そこにいてこの物体の写真を撮っていたようだ。

私は，政府の誰かが我々よりもこのことについて多くを知っていると確信している。これが隠蔽されている理由について，私なりの考えがある。この情報が国民に知らされていない多くの理由があると私は考えている。

SG：それは何だと思いますか？

JK：彼らは，一般国民が地球外知性体訪問についての知識に対処できないと考えているのではないか。彼らはこの国の経済を著しく損ねる情報を持っているのではないか。私はそう考えている。エネルギーをとても安価に，汚染を伴わずに発生させることのできる装置があるが，企業の貪欲がそれを封じているのではないか。私はそのように考えている。

この隠蔽について私を最も悩ますのはそのことだ。私が思い巡らすのは，地球を蝕むあらゆる汚染，守ることができたはずのすべて。それ以上に私を悩ますものはない。これも私の考えだが，この事件のように軍が何かを発見したとき，彼らはそれを隠しておこうとする。なぜなら，彼らは誰がそれについて知っているかを知らないからだ。軍には妄想がある。私はそれを見てきた。

間違いなく，今こそUFOについて情報公開をするときだ。それはあまりにも長い間，秘密にされてきた。それが地球に向かっている小惑星であれ，地球外からの訪問者であれ，直面しなければならないことについて知る権利が，我々にはあると思う。未来が我々にもたらすものを知る，人間としての権利が我々にはあると思う。それは天与の権利だ。

[繰り返すが，これは核兵器で武装した艦船が電子的に無能化された一つの重要な出来事である。この出来事が，アーネソン中佐，デッドリクソン大佐，サラス大尉，その他の証言にあるマルムストローム空軍基地におけるICBM（大陸間弾道ミサイル）や他の核施設の電子的無能化と類似していることに注目されたい。SG]

Testimony of Lt. Colonel Joe Wojtecki, US Air Force

米国空軍中佐
ジョー・ウォイテッキの証言

2000 年 10 月

ウォイテッキ中佐は空軍で 20 年間を過ごし，1988 年に退役した。彼はそのほとんどの期間を戦略空軍と戦術空軍で過ごした。ウォイテッキ氏は，メイン州のローリング空軍基地にいた 1969 年 4 月のある夜のことを語る。彼は飛行教官と一緒に，完全な等辺三角形をなして無音で空を横切る，とても明るい 3 個の光体を見た。推定では，この UFO の高度は 3,000 フィートよりも低かった。翌朝彼は出勤し，核兵器を搭載した B-52 群の上空に 1 機の UFO が飛来し，6 時間にわたり空中静止したことを知った。その光体群に飛行機が近づくたびに，それらは分離し，見たこともないような動き方をした。飛行機が去ると，その光体群は再び集まり，B-52 群の上空に戻った。何年も経ってから，ウォイテッキ氏はグリア博士のある講演会に参加し，1 枚の UFO 写真を見た。それは，何年も前に彼が見たものと寸分違わぬ形状をしていた。

JW：ジョー・ウォイテッキ中佐／ SG：スティーブン・グリア博士

JW：私の名前はジョー・ウォイテッキだ。私は 20 年間の空軍勤務を終え，1988 年春に中佐として退役したが，そのほとんどの期間を戦略空軍，次いで戦術空軍で過ごし，最後はペンタゴン（国防総省）の空軍省で軍歴を終えた。

さて，あなたも私も関心を持つその事件だが，それは私の空軍勤務のすこぶる早い時期に起きた。日誌を見ながら割り出した日付がもし正しければ，それは 1969 年 4 月 17 日のことだった。私は前日の 4 月 16 日に自家用機パイロットの免許を得たばかりだった。そして翌 4 月 17 日の晩に，飛行教官と一緒に短時間飛行を行なった。その飛行経路は，メイン州北部にあるローリング空軍基地の場周経路に完全に含まれていた。飛行の目的は，私に夜間飛行資格を与えるための試験をすることだった。その夜は地上高 3,000 フィートに全天を覆う雲層があった。そのため我々は，タッチアンドゴーをしたり，VFR――有視界飛行方式――条件を維持したりするために，様々な飛行高度をとる必要があった。我々は南に向けて着陸しようとしていた。南から微風が吹いていたからだ。ローリング空軍基地の滑走路は，南向きのものが方位角190度，北向き，北東向きのものが方位角10度だった。風はかなり弱かったが，南向きの滑走路を使用滑走路とするには十分だった。

私は教官を右座席に座らせ，左座席で飛行機を操縦していた。そのとき，管制塔が我々のセスナの登録番号を呼んだ。そして，基地の北側に何か異常なものが見えるかと訊いてきた。それが彼らの訊き方だった。基地の北側に何か異常なものが見えるか？　私は計器類に集中し，教官に私の夜間操縦能力を印象づけようとしていた。しかし教官は時間を持て余していたため，管制塔の呼び出しに応じ，こう答えた。“確かに，前回の周回飛行で基地の北側に明るい光を一つ見た”

当時は，私も飛行教官もローリング空軍基地に住んでいたので，着陸して車で居住区へ帰るのに数分しかかからなかった。だから，管制塔の呼び出しに応じたときから車で居住区へ帰り，車から降りるまでの時間は，おそらく30分ほどだっただろう。

我々が車から降りたとき，飛行教官が北東向きの滑走路を振り返り，あれは何だ？と言った。私も彼が見ていた滑走路の向こうの空を見上げた。我々が見たのは，とても明るい3個の，しかしそれぞれ独立した光体だった。3個の分離した光体だった；我々には分離しているように思えた。それらは完全な等辺三角形をなし，1個は南側に，他の2個は北側にあった。我々がしばらく注視した――我々は10分ないし15分間それを注視した――この光体群の奇妙さは，まずそれが無音であったことだ。次に，それはゆっくりと動いていたが，完璧に一定の高度，速度，北から南への移動方向を保っていた。後で我々は記憶をつなぎ合わせ，光体群が，それより前に飛行教官がキラッと輝く光を見たと報告した方角からやってきたことを知った。この光体群についてさらに奇妙だったのは，それらが流されているように思えたことだ。無音だったためにそう思えたのだ。しかし，その移動方向は南向きだった。我々は30分前に着陸したばかりで，間違いなく風は南風だった。だから，流されるものが何であれ，風と逆向きに流されることはない。何かの推力が働いていた。それはある目的地に向かっているようだった。また，着陸直後のことだったので，地上高 3,000 フィートに雲底が広がっていることを我々は知っていた。さらに，光体群はとても光り輝いていたので，途中に光を遮る雲や何かの大気現象がないことも確かだった。だから，その光体群の地上高が 3,000 フィートよりも低いことは確かだった。それがどれほど遠くにあったかは不明だが，滑走路の上だったようには思えた。そのことと光体群の配列から考えると，もしそれが 1 機の航空機であったなら，とても巨大なものだっただろう。

さて，我々がそれをうっとりしたように 10 分間かそこら見た後で出した結論は，それが何であるか分からないというものだった。しかし，我々はそれ以上何をすることもできなかった……

翌朝，私は出勤した。だから，これは 4 月 18 日の朝ということになる。私の日課の最初は航空団指揮所での起立報告だった。ここは戦略空軍基地であり，私が覚えている限り B-52 飛行中隊が 3 隊，135（*KC-135 空中給油機）飛行中隊が 2 隊，F-106 迎撃飛行中隊が 1 隊あった。私が翌朝 6 時 30 分頃に指揮所に着くと，そこはいつになく活動的で，多くの人員が配置されていた。実際，それはミツバチの巣をつついたような状況だった。彼らはその全体的な外見と，はっきり見て取れる消沈した様子から，明らかにほとんど夜を徹してそこにいたと思われた。私はすぐ，その夜の出来事が，飛行教官と私がこれらの光体を見た頃の時刻から始まったことを知った。これらの光体は，まさに B-52 非常待機部隊の上空，多数の B-52 緊急発進場の上空に留まったようだった。これらは戦時任務遂行を想定して構成されている。だから当然，ここはとても機密性の高い区域だった。

[軍曹ストーニー・キャンベルの証言を見よ。彼がオクラホマ州にある SAC（戦略空軍）基地にいたとき，核兵器を搭載した B-52 非常待機部隊の真上で同様の事件が起きた。SG]

これらの光体は，この基地の戦時態勢にとても関心があったように思えた。これが光体群の関心の中心だった。それらはその区域に留まるためにやってきたのだ。

この日は，ローリング空軍基地の第 47 爆撃航空団にとり，よくある訓練の実施日だった。だから，その夜は一日の訓練などを終えた多くの航空機が基地に帰還しつつあった。これは夜を徹して基地にいた隊員たちから聞いたことだが，彼らは基地に戻ると，これらの光体に接近しその正体を確認してほしいと言われたという。この中には，それぞれの訓練に出ていた数機のB-52，KC-135，それに一部のF-106迎撃戦闘機が含まれていた。そして，同じことの繰り返しだった：1機の航空機が接近しようとすると，その光体群はあらゆる空気力学を否定するような動き方で離れていった。そこにいた誰もそれを説明できなかったし，誰もそれを説明する知識を持たなかった。それは急に加速し，急に進行方向を変えた。垂直方向であろうと関係がなかった。それらは，我々が理解する空気力学の法則に従って飛ぶものならなし得ないはずのことをしていた。そして必ず，彼らが関心を持つ地点に戻った。そこは航空機が置かれている非常区域だった。夜も更けたある時点，早朝に彼らは好奇心を満たし，素早く一直線にそこを去っていった。

この事件が起きてから終わるまで，どれくらいの時間が経過したのか。推測だが，おそらく6時間かそれ以上は続いていた。

[この事件と同じように長時間続いた出来事が，1965年エドワーズ空軍基地で起きた。チャック・ソレルスの証言を見よ。SG]

それで，私はこの事件のことを整理してしまっておいた。私はこれについてあれこれ考えを巡らし，これまで何人かの人と議論したが，それほど多くの人とはしなかった。これが1990年代のある日――正確な年と日付は忘れたが，1993年か1994年頃だったと思う――バージニア州ハンプトンでのスティーブン・グリア博士による講演会に参加する機会を持つまで続いた。そこで見た1枚の写真は，今でこそ私も理解しているが，実際にUFOを見るという特権を得た人々の間ではとてもよく知られている目撃写真だった。私はその写真を見て本当に席から飛び上がり，妻の手をつかんでこう言った。見たのはこれだと。それは私が25年近く前に見たものだった。その時点での話だ。しかし，その写真を見てよみがえったその光景があまりにも鮮明だったので，私の心には1969年4月に滑走路の向こうに見たものと同じだということに，何の疑念もなかった。そのときになって，やっとそれが三つの別々の機体ではなく，実際には一つの機体だったという考えを持ったのだ。

[1980年代終わりと1990年代初めにベルギーとドイツで目撃された三角形巨大UFOについて述べた，クリフォード・ストーンとニック・ポープの証言を見よ。ウォイテッキ中佐が言及している写真は，1990年のベルギー事件のときに撮られたもので，我々のコレクションの中にある。SG]

SG：ローリング空軍基地のこれらの物体は，レーダーに映りましたか？

JW：映ったに違いないということを，私は幾つかの情報を基に推測するのだ。帰還する航空機により繰り返し試みられた接近は，それらを視認できない距離と高度から行なわれた。その夜は雲底が低かったからだ。そのことから私が推測するのは，それらは地上管制レーダーと基地に帰還する航空機搭載レーダーの両方で追跡されていたということだ。それらがレーダーで容易に追跡できていたと推測するのは，理に適っているだろう。

そのとき私は広報将校だった。だから，高い確率で，この事件に関しては何の声明もなかったと言い切れる。

… … …

この事件が進行している間，SAC（戦略空軍）はずっとそれに関わっていたはずだ。もしレーダーテープがあったなら，多分SACが事件に関わっていたことが記録されていただろう……

はっきりと覚えているが，その光体群に反応して空軍，その航空団の誰かが何らかの敵対行動をとったということはなかった。なぜなら，光体群は実際に敵対的，威嚇的な振る舞いを少しも示さなかったからだ。それらは空域，禁止空域にいただけで，防衛行動を発動させるようなことは一切しなかった。

今にして思えば，この事件のことがすぐに話題にされなくなったのは奇妙だ。それについて話し合われることさえなかった。

しかし，あなたの講演の中でその写真をとてもはっきり見たので，私はそれが何であったかを正しく理解した。それは，あなたの写真コレクションにある，様々な場所で様々なときに撮られた物体と同じものだ。それは三角形をした，とても巨大な宇宙船だった。

SG：それは通常の飛行機よりも大きかったですか？

JW：間違いない。その写真を見て大変驚いた理由はそのことだった。あのとても離れていた光体群は，多分一つの機体の一部だったのだ。今思えば，その配列はあまりにも完璧だったが，私は自然にそれを独立して作動する三つの別々の機体だと見なし，何年もの間そう信じていた。しかし，そう考えるべき理由はどこにもない。ただ，それらが一つの機体の一部だと考えると，その機体は何物と比べてもあまりにも巨大でなければならなかった。当時B-52はとても大きな飛行機と考えられていたが，もちろんこれはB-52のどの一部よりも，遙かに巨大だった。

Testimony of Staff Sergeant Stoney Campbell, US Air Force

米国空軍軍曹
ストーニー・キャンベルの証言

2000年10月

キャンベル軍曹は1966年に空軍に入隊した。1967年夏，彼はオクラホマ州にあるSAC空軍基地で1機のB-52を警備していた。そのとき突然，B-52の真上に巨大な青みがかった靄（もや）が現れた。それはブーメラン翼の形をして輝いていたが，固体ではなかった。それはレーダーに捕捉され，多数の人により目撃された。

私は1966年に空軍に入隊し，基礎訓練をサンアントニオ（*テキサス州）で受けた。その後は，まずオクラホマ州のアルタス空軍基地，次いでベトナムと渡り歩き，最後はギリシャで名誉除隊して帰国した。私は下士官として入隊した者であり，軍曹の階級で除隊した。

これは30年かそれ以上前のことだ。この出来事はオクラホマ州アルタスのSAC空軍基地で起きた。私はB-52を警備していた。SACとは戦略空軍のことで，我々の任務は核兵器を警備することだった。私は警備の任務中で，爆撃機区域で1機のB-52を警備していた。そこは，我々がハリーハウスと呼ぶ真ん中の建物で二つの区画に分けられている。その建物は将校や乗組員たちが待機し，警戒態勢に入ったときに素早く飛行機へと散らばるための場所だった。これは1967年夏のことだったと思う。季節は夏だった。それぞれの区域におよそ4機ずつの飛行機があった。多分夜遅くのことで，真夜中から朝にかけた時間帯だったと思う。突然，核兵器を装備したB-52のうちの1機の上空に，青味がかった靄が現れた。それはほぼブーメラン翼の形をしており，この靄の中に1個の輝く光体があった。我々にはこれが何なのか，まったく分からなかった。SAC部隊に準備命令が出され，彼らが飛行機に向かったのは確かだ。しかしその前に，これ［物体］は飛行機の上に少しの間空中静止し，消えた。

それがレーダーに捕捉されていたことを，我々は後で聞かされた。それは滑空してそこを去ったのが見えたというのではなかった。それはヒュッと瞬く間にいなくなった。

それはB-52の翼幅のほとんどを覆っていた――それは大きかった。それは巨大だったが，とても透明感のあるものだった。それは固体の塊ではなかった。もしあなたがUFOを思い浮かべるなら，それはそのようなものではなかった。

これは確かにレーダーに映るものだった。基地の警備兵もそれを見た。他の持ち場にいた人々もそれを見た。というのは，1機のB-52ごとに1人の警備兵がいるからだ。それぞれの爆撃機の周囲には危険区域があって，そこには誰も入ることができない。だから，警備兵でさえその危険ラインを越えることはない。

その物体はB-52の真上にあった。真上とは，20フィートよりも上ではないという意味だ。それは目の高さよりもわずかに上だった。

ハリーハウスの警報は鳴ったはずだ。なぜなら，パイロットたちが飛び出して飛行機に向かったからだ。彼らは飛行機に乗り，エンジンを始動させ，指示があればいつでも地上走行して離陸できる態勢をとった。彼らがエンジンを始動させた直後，［UFOは去ったという］連絡があったに違いなかった。コックピットで何があったかは聞かなかったが，彼らはエンジンを止め，ハリーハウスに引き返した。

我々はこのようなものを見たことがなかった。だから，それは尋常なものではなかった。それは我々にとり，不可解なものだった。

PREPARING OFFICE
CIC, FAO # 8, P.O. Box 379, Knoxville, Tennessee

SUBJECT

OBJECTS SIGHTED OVER OAK RIDGE

CODE FOR USE IN INDIVIDUAL PARAGRAPH EVALUATION

OF SOURCE:		OF INFORMATION:	
COMPLETELY RELIABLE	A	CONFIRMED BY OTHER SOURCES	1
USUALLY RELIABLE	B	PROBABLY TRUE	2
FAIRLY RELIABLE	C	POSSIBLY TRUE	3
NOT USUALLY RELIABLE	D	DOUBTFULLY TRUE	4
UNRELIABLE	E	IMPROBABLE	5
RELIABILITY UNKNOWN	F	TRUTH CANNOT BE JUDGED	6

SUMMARY OF INFORMATION (Refer: Summary of Information, Subject: as above, dated 15 Oct 1950.)

On 13 October 1950 Atomic Energy Security Patrol Trooper, Edward D. Rymer, and a caretaker, John Moneymaker, from the University of Tennessee Research Farm, at Oak Ridge, saw an object at about 12,000 to 15,000 feet above Soloway Gate of the "Control Zone." This object appeared to be an aircraft which was starting to make an outside loop, trailing smoke behind. Soon these two men realized that the formerly described smoke behind the aircraft was a tail. This object continued to descend in a controlled dive, much slower than an aircraft would dive, and when it approached the ground it levelled off and flew slowly, parallel to the ground. This object came within two hundred and ten (210) feet of the two observors and was paralleling the ground at approximately the speed that a man could walk, at a height of approximately six (6) feet. Trooper Rymer attempted to approach the object but as he approached the object became smaller and started moving in a southeasterly direction. This object is said to have approached a nine (9) foot cyclone chain link fence and made a controlled movement to clear the fence, then a Willow tree, then a telephone post and wire, after which the object gained momentum and altitude and cleared a hill at approximately one (1) mile away. The object appeared to be pear shaped. When this object was over the hill it was still visible as the same sized object that was observed when only fifty (50) feet away. (The explanation given was that this object grew larger as it gained altitude and speed.)

Approximately five minutes later the object appeared again having reappeared from approximately the same location from which it had disappeared. The object was seen again five minutes later for approximately ten seconds.

During the above happenings, Mr. John Moneymaker had visual reference of this object during its first slight for approximately seven minutes. Trooper Rymer was interrupted twice during which times he called his headquarters in an attempt to get other observors. Also, during the fantastic flight of this object, Trooper Rymer stopped Mr. E. W. Hightower, who was on the highway in his vehicle, to verify what was being seen. Mr. Hightower's statement substantiates the description as before.

By the time the object appeared the second time, Joe Zarzecki, Capt. of the Atomic Energy Commission Security Patrol, was present and also witnessed this phenomenon.

Each of the observors described the object substantially as follows:

a. When the object was first sighted it appeared to be an aircraft, trailing smoke, or better described as "smoke writing."

DISTRIBUTION 3 cc Headquarters, Third Army
1 cc OSI, Knoxville, Tennessee
1 cc FBI, Knoxville, Tennessee
1 cc to Security Division, AEC, Oak R
1 cc File

WD AGO FORM 1 JUN 47 568 B CONFIDENTIAL

CONFIDENTIAL SECRET 148

SUMMARY OF INFORMATION

DATE 17 October 1950

PREPARING OFFICE CIC, FAO # 8, P. O. Box 379, Knoxville, Tennessee

SUBJECT OBJECTS SIGHTED OVER OAK RIDGE

CODE FOR USE IN INDIVIDUAL PARAGRAPH EVALUATION			
OF SOURCE:		OF INFORMATION:	
COMPLETELY RELIABLE	A	CONFIRMED BY OTHER SOURCES	1
USUALLY RELIABLE	B	PROBABLY TRUE	2
FAIRLY RELIABLE	C	POSSIBLY TRUE	3
NOT USUALLY RELIABLE	D	DOUBTFULLY TRUE	4
UNRELIABLE	E	IMPROBABLE	5
RELIABILITY UNKNOWN	F	TRUTH CANNOT BE JUDGED	6

SUMMARY OF INFORMATION

b. When the object was approaching the ground in its descent, it took on the shape of a bullet with a large tail.

c. When the object was sighted on the ground (from approximately two hundred and ten (210) feet) it appeared to be approximately the size of a 2x5 card, with a twenty (20) foot ribbon tail. The object and the tail was alternately moving up and down, and the ribbon appeared to be waving in the breeze. The color was a metallic grey.

d. When Trooper Rymer came within fifty (50) feet of the object he described it similar to the above except that the first two and one-half feet of the tail appeared more solid, but the last seventeen and one-half (17½) feet of the tail appeared almost transparent and was glowing, intermittently, in sections. The tail appeared to have four or five sections which would glow intermittently.

Trooper Rymer's record is among the best of the troopers at the Atomic Energy Commission Security Patrol. Mr. John Moneymaker holds badge No. UT-1817, and is employed by the University of Tennessee Agricultural Research Farm as a caretaker for small animals. Mr. E. W. Hightower holds badge No. 6633 and is an employee of the Maxon Construction Company.

The Controller, Capt. W. Akin, of Detachment No. 2, 662 AC and W Sqd., McGee-Tyson Airport, P. O. Box 202, Maryville, Tennessee, at the Knoxville Airport Radar Site, made a report that he had seen peculiar readings on the radar scopes at approximately 1520 hours. Apparently the radar picture was indefinite, intermittent, and inaccurate, because the objects sighted by radar would only make a short "painting" on the scope and would then disappear only to reappear at another location.

On 16 October 1950, at approximately 1520 hours, five persons (as yet unknown) sighted objects hovering over the K-25 plant at Oak Ridge, Tennessee. Further information and description is expected from these sources. However, the radar scopes at Knoxville Airport were giving an unintelligible reading. Apparently the Commanding Officer was reluctant to make any statement concerning these readings due to higher Headquarters doubting the event of the past few days.

Nevertheless, a fighter aircraft from the 5th Fighter Sqd. was sent to identify an object which was reported to be hovering over K-25. Upon approaching the area the radar equipment aboard the aircraft got an image on its scope and the pilot pursued this image and identified it as a light type aircraft. Ground

2

DISTRIBUTION
3 cc Headquarters, Third Army
1 cc OSI, Knoxville, Tennessee
1 cc FBI, Knoxville, Tennessee
1 cc Security Division, AEC
1 cc File

WD AGO FORM 1 JUN 47 568 — B — CONFIDENTIAL 5

CONFIDENTIAL

DA-I/2c

SUMMARY OF INFORMATION — DATE 13 Jan 49

PREPARING OFFICE: Office of the AC of S, G-2, Headquarters, Fourth Army, Fort Sam Houston, Texas

7B

SUBJECT:

Unconventional Aircraft

(Control Number A-1917)

SUMMARY OF INFORMATION

(G-2 NOTE: This report is a supplement to report, this headquarters, subject as above, dated 3 January 1949.)

1. Following is a list of sightings of unidentified lights over New Mexico subsequent to 27 December 1948.

a. Los Alamos, 20 Dec 48, 2054 hours. Falling light from 45 degree angle, decreasing to 20 degree angle. Observed by four security inspectors at Los Alamos AEC project.

b. Los Alamos, 28 Dec 48, 0431 hours. Descending vertical light much slower than falling star. Disintegrated in greenish flash lighting up cloud area between observer and light. Observed by security inspector, Los Alamos AEC project.

c. Los Alamos, 30 Dec 48, 2010 and 2100 hours. High speed motor sound directly over Los Alamos and above overcast. Sound heard for seven seconds (timed) and repeated 10 minutes later. Heard again at 2100 hours for 8.2 seconds (timed). Positive determination that no vehicles on approaching highways and no planes overhead. Checked and observed by Los Alamos security inspectors.

d. Sandia Base, 6 Jan 49, 1730 hours. Brightly lighted object from southeast to northwest. Diamond shape, two feet long. Altitude 1500 to 2000 feet. Speed — faster than a jet plane. No smoke or vapor trail. No sound. Observed by Sandia Base sentry who claims experience in aircraft observation.

2. Dr. La PAZ, Meteorologist at the University of New Mexico, personally interviewed all persons who have made observations. He has made transit sightings to determine altitudes and angles of flight. He has made a report to the O.S.I. of the U.S.A.F., closing with this remark, "I have no hesitancy in testifying that an object possessing the real path and other peculiarities observed by Messrs. WILSON, TRUETT, STRONG, and SKIPPER was not a falling meteorite."

Distribution: D/I; C/S; G-3; 14th AF; FBI; file; O.S.I., A.M.C.

CONFIDENTIAL

COPY

COMPLAINT FORM — HQ IVOS

ADMINISTRATIVE DATA

TITLE: KIRTLAND AFB, NM, 8 Aug - 3 Sep 80, Alleged Sigthings of Unidentified Aerial Lights in Restricted Test Range.	DATE: 2 - 9 Sept 80	TIME: 1200
	PLACE: AFOSI Det 1700, Kirtland AFB, NM	
	HOW RECEIVED: X IN PERSON / TELEPHONICALLY / IN WRITING	
	SOURCE AND EVALUATION: MAJOR ERNEST E. EDWARDS	
	RESIDENCE OR BUSINESS ADDRESS: Commander, 1608 SPS, Manzano Kirtland AFB, NM	PHONE: 4-7516
	CD 44 APPLIES	

SUMMARY OF INFORMATION

REMARKS

1. On 2 Sept 80, SOURCE related on 8 Aug 80, three Security Policemen assigned to 1608 SPS, KAFB, NM, on duty inside the Manzano Weapons Storage Area sighted an unidentified light in the air that traveled from North to South over the Coyote Canyon area of the Department of Defense Restricted Test Range on KAFB, NM. The Security Policemen identified as: SSGT STEPHEN FERENZ, Area Supervisor, AIC MARTIN W. RIST and AMN ANTHONY D. FRAZIER, were later interviewed separately by SOURCE and all three related the same statement: At approximately 2350hrs., while on duty in Charlie Sector, East Side of Manzano, the three observed a very bright light in the sky approximately 3 miles North-North East of their position. The light traveled with great speed and stopped suddenly in the sky over Coyote Canyon. The three first thought the object was a helicopter, however, after observing the strange aerial maneuvers (stop and go), they felt a helicopter couldn't have performed such skills. The light landed in the Coyote Canyon area. Sometime later, three witnessed the light take off and leave proceeding straight up at a hight speed and disappear.

2. Central Security Control (CSC) inside Manzano, contacted Sandia Security, who conducts frequent building checks on two alarmed structures in the area. They advised that a patrol was already in the area and would investigate.

3. On 11 Aug 80, RUSS CURTIS, Sandia Security, advised that on 9 Aug 80, a Sandia Security Guard, (who wishes his name not be divulged for fear of harassment), related the following: At approximately 0020hrs., he was driving East on the Coyote Canyon access road on a routine building check of an alarmed structure. As he approached the structure he observed a bright light near the ground behind the structure. He also observed an object he first thought was a helicopter. But after driving closer, he observed a round disk shaped object. He attempted to radio for a back up patrol but his radio would not work. As he approached the object on foot armed with a shotgun, the object took off in a vertical direction at a high rate of speed. The guard was a former helicopter mechanic in the U.S. Army and stated the object he observed was not a helicopter.

4. SOURCE advised on 22 Aug 80, three other security policemen observed the same

DATE FORWARDED HQ AFOSI: HQ IVOS 10 Aug 80	AFOSI FORM 96 ATTACHED: ☐ YES ☐ NO	
DATE: 9 Sept 80	TYPED OR PRINTED NAME OF SPECIAL AGENT: RICHARD C. DOTY, SA	SIGNATURE: Richard C. Doty
DISTRICT FILE NO.: 8017D93-0/22	DCII RESULTS: NEGATIVE / POSITIVE (See Attached)	

AFOSI FORM 1 JUN 70 PREVIOUS EDITION WILL BE USED.

000836

CONTINUED FROM COMPLAL FORM 1, DTD 9 Sept 80

aerial phenomena described by the first three. Again the object landed in Coyote Canyon. They did not see the object take off.

5. Coyote Canyon is part of a large restricted test range used by the Air Force Weapons Laboratory, Sandia Laboratories, Defense Nuclear Agency and the Department of Energy. The range was formerly patrolled by Sandia Security, however, they only conduct building checks there now.

6. On 10 Aug 80, a New Mexico State Patrolman sighted an aerial object land in the Manzano's between Belen and Albuquerque, NM. The Patrolman reported the sighting to the Kirtland AFB Command Post, who later referred the patrolman to the AFOSI Dist 17. AFOSI Dist 17 advised the patrolman to make a report through his own agency. On 11 Aug 80, the Kirtland Public Information office advised the patrolman the USAF no longer investigates such sightings unless they occur on an USAF base.

7. WRITER contacted all the agencies who utilized the test range and it was learned no aerial tests are conducted in the Coyote Canyon area. Only ground tests are conducted.

8. On 8 Sept 80, WRITER learned from Sandia Security that another Security Guard observed a object land near an alarmed structure sometime during the first week of August, but did not report it until just recently for fear of harassment.

9. The two alarmed structures located within the area contains HQ CR 44 material.

0JC970

EXTRACTS

NORAD COMMAND DIRECTOR'S LOG (1975)

29 Oct 75/0630Z: Command Director called by Air Force Operations Center concerning an unknown helicopter landing in the munitions storage area at Loring AFB, Maine. Apparently this was second night in a row for this occurrence. There was also an indication, but not confirmed, that Canadian bases had been overflown by a helicopter.

31 Oct 75/0445Z: Report from Wurtsmith AFB through Air Force Ops Center - incident at 0355Z. Helicopter hovered over SAC weapons storage area then departed area. Tanker flying at 2700 feet made both visual sighting and radar skin paint. Tracked object 25NM SE over Lake Huron where contact was lost.

1 Nov 75/0920Z: Received, as info, message from Loring AFB, Maine, citing probable helicopter overflight of base.

8 Nov 75/0753Z: 24th NORAD Region unknown track J330, heading SSW, 12000 feet. 1 to 7 objects, 46.46°N x 109.23W. Two F-106 scrambled out of Great Falls at 0754Z. SAC reported visual sighting from Sabotage Alert Teams (SAT) K1, K3, L1 and L6 (lights and set sounds). Weather section states no anomolous propagation or northern lights. 0835Z SAC SAT Teams K3 and L4 report visual, K3 reports target at 300 feet altitude and L4 reports target at 5 miles. Contact lost at 0820Z. F-106's returned to base at 0850Z with negative results. 0905Z Great Falls radar search and height had intermittent contact. 0910Z SAC teams agains had visual (Site C-1, 10 miles SE Stanford, Montana). 0920Z SAC CP reported that when F-106's were in area, targets would turn out lights, and when F-106's left, targets would turn lights on. F-106's never gained visual or radar contact at anytime due to terrain clearance. This same type of activity has been reported in the Malmstrom area for several days although previous to tonight no unknowns were declared. The track will be carried as a remaining unknown.

10 Nov 75: Apparently Minot AFB was reportedly "buzzed" by a bright object. The object's size seemed to be that of an automobile. It was flying at an altitude of 1000 to 2000 feet and was noiseless. No further information or description has been received by this organization.

000971

16 Nov 75/0644Z: The Command Post received a report from a [redacted], Cloquet, MN (phone [redacted]). At 0430Z, while driving toward home, he passed through the town of Esko. He saw a cigar shaped objective with red, green and white flashing lights, going up and down and making sharp turns. He observed this for two hours. Sky conditions were clear.

18 Nov 75/1255Z: The Command Post was told that sightings of fire balls, vicinity of Mendicino County, California, had taken place. No further information, e.g., time, location, duration, etc., was available.

25 Nov 75/1245Z: [redacted] Petersburg, Virginia, reported that at about 0600 EST, she saw an object hovering at tree-top level in a clearing near power lines one-half mile distant. It had 4 red lights in diamond shape and 2 white flashing lights. She heard no noise, saw no movement and could not distinguish any color. She was in her car at the time, and slowed to 10 mph but did not stop. At 1340, the Command Post was informed that she had been reinterviewed by local authorities. She stated that the object was diamond-shaped with one red light at each point and that she did not see any wings. The location was reported to be one mile WSW of Petersburg, in a wooded area where power lines were being installed.

12 Nov 75/0715Z: Falconbridge Canadian Forces station relayed a report from Mr. [redacted], Sudbury, Ontario. He saw two objects with what appeared to be artificial light fading on and off with a jerky motion.

14 Nov 75/0530Z: An unidentified civilian, located two miles from Falconbridge Canadian Forces station, saw a dot-like object for 1 and 1/4 hours. It was rotating - going back and forth at a high altitude and had white, blue and red lights.

15 Nov 75/0742Z: A Mr. [redacted], Sudbury, Ontario, was facing south. He observed one bright yellow object going up and back, leaving a tail. It was very high, but did not change position in relation to other stars.

15 Nov 75/1229Z: A Mr. [redacted], married student residence, Laurentian University, Sudbury, Ontario, reported he had been looking east. In a partly cloudy sky, he saw one bright object about 70° elevation, like a cup in a bowl. He was looking at it through binoculars. It climbed high out of range of his binoculars. He observed it for 20 minutes and was witnessed by his wife.

17 Nov 75/1705Z: An unidentified caller reported a large orange ball was seen on an azimuth of 45° from River Court, Ontario. It had two red lights and was stationary.

23 Nov 75/1700Z: A Ms [redacted], Chelmsford, reported she and friends were travelling by car from Sudbury to Chelmsford. They were followed by a huge oval-shaped object with white blinking lights. It remained below the clouds all the while and kept up with the car.

第四部

政府部内者／NASA／深部の事情通

- 序文
- 宇宙飛行士　ゴードン・クーパーの証言
- ホワイトハウス陸軍通信局／弁護士　スティーブン・ラブキンの証言
- 米国海軍大西洋軍　メルル・シェーン・マクダウの証言
- 米国空軍中佐　チャールズ・ブラウンの証言／関連文書
- キャロル・ロジン博士の証言
- “B 博士” の証言／関連文書
- 米国海兵隊上等兵　ジョナサン・ウェイガントの証言／関連文書
- 米国空軍少佐　ジョージ・A・ファイラー三世の証言
- 英国国防省　ニック・ポープ氏の証言／関連文書
- 元英国国防参謀長／五つ星提督　ヒル - ノートン卿の証言
- 米国空軍保安兵　ラリー・ウォーレンの証言／関連文書
- 米国陸軍大尉　ローリ・レーフェルトの証言
- 米国陸軍軍曹　クリフォード・ストーンの証言／関連文書
- ロシア空軍　ワシリー・アレキセイエフ少将の証言／関連文書
- 米国空軍曹長／国家偵察局諜報員　ダン・モリスの証言／関連文書
- ロッキード・スカンクワークス／米国空軍／CIA 契約業者　ドン・フィリップス氏の証言
- 米国海兵隊大尉　ビル・ユーハウスの証言
- 米国空軍中佐　ジョン・ウィリアムズの証言
- ドン・ジョンソン氏の証言
- ボーイング・エアロスペース社　A・H の証言
- 英国警察官　アラン・ゴッドフリーの証言
- 元英国外務省　ゴードン・クレイトン氏の証言
- 米国空軍軍曹　カール・ウォルフの証言
- 元 NASA 契約業者従業員　ドナ・ヘアの証言
- 国防情報局　ジョン・メイナード氏の証言
- ハーランド・ベントレー氏の証言
- マクドネル・ダグラス・エアロスペース技術者　ロバート・ウッド博士の証言
- スタンフォード研究所上級政策分析官　アルフレッド・ウェーバー博士の証言／関連文書
- 元 SAIC 従業員　デニス・マッケンジーの証言
- ポール・H・ウッツ氏の証言
- 米国陸軍大佐　フィリップ・J・コーソ・シニアの証言／関連文書
- フィリップ・コーソ・ジュニア氏の証言
- ニューメキシコ UFO 墜落目撃者　グレン・デニス氏の証言
- 米国陸軍中尉　ウォルター・ハウトの証言
- 米国空軍軍曹　レオナード・プレツコの証言
- 米国海軍　ダン・ウィリス氏の証言
- ロベルト・ピノッティ博士の証言
- 第四部の関連文書

序　文

（グリア博士による口頭説明から筆記，編集された）

ここでは，地球外起源の物体が着陸したり，墜落したり，強制着陸させられたりして回収された事件に関わった人々の証言を取り上げる。言うまでもなく，これは爆弾証言である。ここで述べられる内容は，この現象が現実であり，我々がこの現象を多年にわたり研究してきたことを立証する。多くの人は，これがいわゆる1940年代の“ロズウェル事件”だけのことだと思うかもしれない。それは事実とまったくかけ離れている。実際には多くの，少なくとも数十の事件が発生しており，その中で地球外起源の物体が撃墜され，取得され，研究されてきたのである。

これはきわめて重要なことだと我々は考えている。なぜなら，秘密の諸計画――数十年にわたり数千億ドルもの資金を地球外技術の研究開発，いわゆる‘逆行分析または分解工学（reverse engineering or back engineering）’に費やした――が飛躍的発明をしていないなどとは考えられないからである。証言は，我々が実際にそれを成し遂げていることを示すだろう。我々は大発見をし，それが電子技術，物質，および科学という形で少しずつ社会に漏れ出ている。その一方で，量子真空物理学――いわゆる‘ゼロポイント・エネルギー’現象や反重力，電気重力推進など――を扱う主要な大躍進は，我々の社会に公表されてこなかった。加えて，地球外技術と地球外知性体を研究する諸計画は，今なお進行中のプロジェクトなのである。

このことは，世界と科学界にとりきわめて重大である。しかし，それよりもっと重大なのは，我々の当局者たちがこの問題について適切な情報を与えられてこなかったということである。

Testimony of Astronaut Gordon Cooper

宇宙飛行士
ゴードン・クーパーの証言

1999年

[このインタビューを我々に提供してくれたフォックス氏に感謝する。SG]

ゴードン・クーパーはマーキュリー計画の七人の初代宇宙飛行士，オリジナル・セブンの一人であり，単独で宇宙に行った最後の米国人だった。彼は証言の中で，ドイツ上空を彼らの戦闘機隊と同じ編隊を組んで飛行する一群のUFOを目撃したときの様子を語る。これらのUFOは，通常の戦闘機ではなし得ないマニューバを見せた。その模倣的マニューバの様子から，それらは知的な制御のもとで相互交信を行なっているに違いないと思われた。別のとき，通常の航空機の精密着陸を撮影していた彼らの頭上に1機の円盤が飛来し，前方の乾燥湖底に着陸した。その全貌が，詳細な近接映像と共にフィルムに収められた。そのフィルムはワシントンに送られたが，戻ってくることはなかった。

GC：ゴードン・クーパー／JF：ジェームズ・フォックス

GC：我々がドイツ上空を飛行している間，これらの物体［UFO］は我々の戦闘機隊と同じような編隊を組んで頭上を飛行し続けた。我々はF-86（*セイバー・ジェット機）で飛行していた。それらは頭上を飛行し，我々と同じマニューバをした。違ったのは，時々そのうちの1機がヒュッと動き，通常の戦闘機ではなし得ないマニューバをしたことだ。

気象観測気球を追跡していた気象台の職員が双眼鏡でこれらの物体を見た，というのがことの始まりだ。人々は外に飛び出し，それを見た。我々はその正体を調べるために，飛行機を何機か発進させることにした。しかし，それらに追いつくことはできなかった。我々よりも遙かに高く，遙かに速かったからだ。だから，それらが大きくて遠かったのか，小さくて近かったのかはよく分からなかった。その大きさを正確に測定することは難しかった。

[ゴードン・クーパー宇宙飛行士も他の人々も，気象観測気球を見分けることができた。これらのUFOは，馬鹿げた政府見解が50年以上にわたり主張してきたような‘気象観測気球’ではなかった。SG]

JF：それらは編隊を組んでいたのですか？

GC：間違いなく編隊を組んでいた。

JF：いつのことでしたか？

GC：1951年のことだった。

JF：当時ロシアがそのような［動きを可能にする］技術を持っていたと思いますか？

GC：思わない。

JF：それらが知的に制御された物体だと，あなたは考えたのですね？

GC：そのとおり。その配置はでたらめではなかった。制御された編隊だったのは間違いない。

JF：それは何に似ていましたか？

GC：典型的な皿型だった。2枚の皿を重ねた金属製のようだった。そして間違いなく操縦者のいる輸送機だった。それぞれに操縦者が乗っていて，間違いなく相互交信を行なっていたと思う。なぜなら，それらの旋回の仕方が，協調行動のための交信を必要とするようなものだったからだ。

1機は横にヒュッと移動した。横方向への移動だった……

その後，エドワーズ空軍基地にいたとき，私は精密着陸を撮影するカメラマンたちを連れて，ある乾燥湖の縁にいた。1機の円盤が頭上に飛来し，3個の着陸ギヤを出し，乾燥湖底に着陸した。彼らはカメラを持ってそこに行った……そのUFOに向かったのだ。それは浮揚し，ギヤを格納部に引っ込め，大変な高速で飛び立ち，消えた。

こうして私は，あらゆる規則書を細かく調べ，この事件をワシントンに報告するための電話番号を探す一方で，そのカメラマンにフィルムを現像しに行かせた。彼らが現像したフィルムを持って戻ってきた頃，私は次第に位の高くなる何人もの将校たちを相手にしていた。最後に，一人の大佐がこう命じた。“そのフィルムが君の机に届いたら，伝書ファイルに入れるように”私の事務所から伝書便が出ることになった。基地では，彼のためにこれらのフィルムを持ってワシントンに飛ぶ手はずが整えられた。［その大佐は］焼き付けやその他のあれこれを禁じた。こうして我々は，それらを伝書便小包に押し込んだ。

JF：あなたはそのフィルムを見ましたか？

GC：それを詳しく見る時間はなかった。私はなんとかそれを窓辺で透かして見ることができたが，確かに申し分のないフィルムだった。

JF：近接映像はありましたか？

GC：見事な近接映像があった。それまで見たことのないものだった。

JF：近接撮影されたその輸送機は，あなたが以前に見たものと似ていましたか？

GC：ほぼ同じ形だった。2枚の皿を合わせた形だった。表面に翼などはなかった。それは［我々がドイツで見たものと］ほとんど同じ形だった。

この事件が起きたとき，私は研究開発に関わっており，その開発センターで大変機密性の高いプロジェクトを遂行していた。当時の我々に［あのような］輸送機はなかった。ロシアにもあのタイプの輸送機はなかったと99.9パーセント確信している。あのとき私は，それがこの地球以外のどこかで製造されたものであることに何の疑いも持たなかった。

それ［証拠］は指示に従って送られ，物事も彼らが言ったとおりに行なわれた。当時の私は，誰も知らないある小さな計画に従事しており，それについて家族とも誰とも議論することを許されていなかった。それはU-2（*高々度偵察機）計画だった。実際には，それ［この事件］は同じ［機密］分類だった。［それがどうしてこれほどの機密なのか］私には分からない。私の考えだが，折しも第二次大戦の直後であり，この種の性能を持つ輸送機を何者かが持っていることを国民が知ったなら，パニックになることを彼らは恐れたのではないか。だから，彼らはそれについて嘘をつき始めた。その次には，最初の嘘を隠すために別の嘘をつかなければならず，今や彼らはそれから逃れられなくなっているのではないか。多くの虚偽を語ってきたことをこれらの全政権が認めるのは，あまりにもきまりが悪くなりつつある。それから抜け出すのは厄介なことだろう。

JF：彼らはそれから抜け出したいと考えていますか？

GC：基本的にはどの大統領も，おそらくそれから抜け出し，この事態について一切を白状し，虚偽を続ける必要がなくなることを望んでいるだろう。そうなると，彼らは全員が顔に卵をぶつけられ，自分たちがまったく誠実でなかったことを認めざるを得ない状況になるだろう。

JF：誰がこの秘密を守っているのですか？

GC：誰かがこれをかなり長い間，深い秘密のままに保ってきたのだ。

［1970年代にUFOについて国連事務総長と会見したときのことを訊かれて，ゴードン・クーパーはこう言う：］クルト・ワルトハイム（*国連事務総長，1972-1981）は，この問題について明らかに関心を持っていた。彼は，委員会を組織し，［国連の］そのレベルで調査を行なうのはよい考えだと言った。しかし何もなされなかった。それは国連によくある反応だった。彼らはよい方策を語ったが，それについて何かをしようと動き回ることを決してしない。

NASA独自のデータによれば，生存可能な惑星は他に約40万個ある。神がこの1個の惑星だけに人を住まわせ，他のすべての惑星を空けておくなどということは信じられない。私の個人的見解だが，我々は銀河世界の僻地に存在しているのではないかと思う。我々は枝の先にいる。これらの他の銀河は，皆互いにもっと接近している。おそらく彼らは，互いに頻繁に往来しているのではないか。こうして時々我々は，遠く離れた他銀河から旅行してきたり，迷い込んだり，少しの間立ち寄ったりする少数の人々を迎えることになる。

私は，国連レベルで一つのグループを組織し，世界中から情報を集め，国連レベルでそれを処理し調整する提案の手紙を［国連に］書いた。多くの国が情報を持っていた。今のロシアのような国々も多い。現在ロシア政府は，複数の民間UFO団体と直接連携している。状況は国により異なるが，我々はこの情報を全部一つにまとめ，一つの組織で相互に関連づける必要がある。

我々が技術的に可能にしたことをまず考えてみよう：それらの幾つかは遠隔操縦されているかもしれない。それらは，いわば我々が無人輸送機と呼ぶものに似た無線操縦機かもしれない。また，それらの幾つかには間違いなく操縦者が乗っている。私の考えだが，彼らはおそらく我々にとてもよく似ている。

ロズウェルで墜落したのは，気象観測気球以外の何かだったと私は確信している。

JF：真実は失われたと思いますか？

GC：真実は，彼らが語ったすべての嘘の中に深く埋没していると考えている。

JF：彼らはあなたが見た円盤の一つを隠蔽していると思いますか？

GC：とてもありそうなことだ。私は彼らがその逆行分析（reverse engineering）を行ない，それから何か役に立つことを得たと考えたい。そうするのが論理的というものだ。

JF：滑走路に着陸した空飛ぶ円盤のフィルムがどこに行ったか，あなたはご存じですか？

GC：それはワシントンに行った。私が知っているのはそれだけだ。

JF：そのことで，あなたは誰かと連絡を取り合ったり議論したりしたことがありますか？

GC：どうしたら私が誰かと連絡を取り合うことができただろうか？　軍や政府において機密扱いの何かを追跡する方法は，それに直接関わっていない限り，ない。そして私は関わっていなかった。何が起きたかを知る方法は，私にはなかった。

JF：それはブルーブック計画の調査の一部でしたか？

GC：いや，そうではなかった。私がブルーブック計画について持っていた不満の一部はそのことだった。私の考えでは，ブルーブック計画はまったくの取り繕いだった。

［ブラウン中佐やウッド博士のような他の高位の証人たちも同じ結論に達している：ブルーブックは宣伝用の取り繕いであり，本当の調査はどこか別の所で行なわれた。SG］

ブルーブックに含まれなかった事柄で，私が知る機会を得た数多くの出来事があった。

私の考えでは，彼らはどこか他の惑星からやってきている。私の中に疑念はない。彼らは実在しており，いずれ我々は，他の惑星から地球への定期便があることを知るだろう。

我々が見たこれらの輸送機を誰が操縦しているか？　地球外知性体のパイロットたちがそれらを操縦している。そのことに疑いはない。

［‘闇の’または見えないプロジェクトについて訊かれて，ゴードン・クーパーは言う：］我々がU-2計画をあのように行なった一つの理由がそれだった。我々はその計画を機密扱いにしなかった。なぜなら，もしある計画を機密扱い

にしたら，下院議員でも上院議員でも，議会から飛び出してその詳細のすべてを語ることができるからだ。彼らはそうする権限を持っている。彼らはあらゆる保護手段を踏みにじり，思いのままに誰にでもその詳細を語る。我々はゲーリー・パワーズが撃墜（*1960年5月1日に起きたU-2撃墜事件）されるまで，その計画を機密扱いにしなかった。世界は本当にU-2計画については知らなかった。少なくとも米国においてはそうだった。

[クーパーを含む何人かの証人は，機密扱いの向こう側にあるプロジェクトについて私に語った。またコーソ大佐は，'脳から脳' へ伝えられるETプロジェクトについて語った。UFOを扱うプロジェクトのように，きわめて厳重に保持された認められざるプロジェクトは，実際には最高機密を超えたところにあり，議会や国民に対して接近の道を閉ざしている。SG]

彼ら［地球外知性体］から我々が学ぶべきことは多い。その仕事を始めるための日程を決められたらよいと思う。彼らはいつでも私の裏庭に着陸することができる。もし彼らが私の裏庭に着陸したいと言うなら，私は彼らを歓迎するだろう。

我々がもう少し進歩し，もう少し向上し，もう少し速くなれば，彼らと同じになる。

私には航空会社のパイロットをしている親しい友人がいる。彼は1機のUFOが翼の横まで接近し，彼と並んで飛行した出来事を，これまで3回経験した。彼は大手航空会社にいる。その航空会社は，乗員に対してUFOについて語ることを許可していない。

Testimony of Attorney Stephen Lovekin

ホワイトハウス陸軍通信局／弁護士
スティーブン・ラブキンの証言

2000年10月

ラブキン弁護士は1958年に軍に入った。翌1959年にはホワイトハウス陸軍通信局に入り，超最高機密取扱許可を持ってアイゼンハワー政権下，次いでケネディ政権下で勤務した。彼はブルーブック計画をよく知っており，その中ではきわめて信頼のできる情報源からもたらされた，科学性の高い明瞭なUFO事例が記録されたと語った。ブルーブックでは，空軍パイロット，海兵航空隊パイロット，何人かの外国人パイロットにより撮られた写真と，多数のレーダー自動追跡報告書が再調査された。ラブキン氏はロズウェル墜落事件から持ち帰られた金属片も見せられた。彼はアイゼンハワー政権下で勤務していたとき，大統領がUFOに強い関心を持っていたことを知った。しかしまた，大統領がこの問題について統制を失ったことに気付いたことも知った。

SL：スティーブン・ラブキン弁護士／SG：スティーブン・グリア博士

SL：私は1958年にフィラデルフィアにある男女共学のプレパラトリー・スクール（*大学進学を目的とした米国の名門私立高等学校），ジョージ・スクールを卒業し，軍に入った。上級歩兵隊訓練を終えた私は，国防総省に配属され，そこで無線周波数工学局に入った。そこも終えると，1959年5月にホワイトハウス陸軍通信局に入った。私はアイゼンハワー政権下で1959年5月から彼が政権を離れるまで，次いでケネディ政権下で1961年8月に私が辞職するまで勤務した。

私の任務は，暗号処理［と暗号解読］を学ぶことだった。その処理の過程で，私はブルーブック計画［これはUFOを扱う］について多くを知った。ブルーブックは，事務所でかなり公然と議論された。ブルーブックの多くの部分は，議論のために公開された。また，我々に持ち込まれる案件もあった：我々が訓練を切り上げようとしていたある午後，ホロマン中佐が金属片と思われる1個の破片を取り出した。それはヤード尺のように見えた。その表面には文字が刻まれていた。ホロマン中佐は，その文字を我々のクラスの一人ひとりに見せた（そのとき六人か七人いたと思う）。この物体はブルーブック作戦に関係する事案からのものだと我々は教えられた。

彼らが言おうとしていたことは，こうだった。“見なさい，君たちがブルーブックで見てきたことを裏付ける物理的証拠がこれだ。今や我々はこの物質を入手し，君たちに見せることができる”そして彼はそうした。彼はさらに，その物質が1947年にニューメキシコで起きた地球外宇宙機の墜落に由来すると説明し，議論は長時間に及んだ。私の記憶に間違いがなければ，我々はさらに約1時間をこの議論に費やした。翌日，再びそれが議論された。彼らは遺体，地球外知性体の遺体があったことを確かに話題にしたが，彼は遺体の様子を描写しなかった。3体ないし5体の遺体があった……収容された数として私の頭に残っている数字だ。これが起きたとき，一人はまだ生きていた。その後彼がどうなったか，私は知らない。

空軍はその当時ブルーブックに大変深く関与しており，UFOについて報告したり話したりすることに関して，あらゆることが盛り込まれた厳格な規則があった。もし自分の経歴を台無しにしたければ，その最も手っ取り早い方法はUFOについて話すことだ。我々はそのように説明された。私はそのとき入隊したばかりで，階級組織の一番下にいた。我々は最高機密とその上の機密のための訓練を受けていたところであり，もしこの情報が流出したら，我々にはどんな種類の機密資料にも接する許可が与えられなかっただろう。

我々は実に多くのものを見たし，数多くのUFO写真も見た。私が見た幾つかは，多分あなたが今日見るものよりもよいものだった。写真は空軍パイロットたちにより撮影された。

SG：そうすると，あなたは軍が撮影したUFOの公式写真を見たのですね？

SL：そうだ，彼らが撮影した。そのとおりだ。これらの写真を撮影したのは空軍だけではない。幾つかは民間パイロットが撮影した——また幾つかは海兵航空隊パイロットや外国人パイロットによっても撮影された。明らかになったのは，ブルーブックに記録されていない他機関所蔵の多くの写真があることだった。そのことから推測して，おそらくそれらの写真は我々が見せられた写真よりもよいものだった。ホロマン中佐はクラスの全員にそのことを印象づけた。

[グラッジ計画についてのチャールズ・ブラウン中佐の証言を見よ。彼も本当に重大な証拠はブルーブック，場合によってはグラッジからさえも外されて区画化されたと述べている。SG]

この地球外宇宙機の破片は，灰色がかった薄片のような物質で，おそらく8インチから10インチの長さがあった。私にとってそれは巨大に見えた。なぜなら，私がこのような物を見るのは初めてだったからだ。見開かれた皆の目がその物体に集まっていた。そしてその破片が何であるかを彼が告げたとき，驚愕が走った。それは不気味だった。それが初めて述べられたときは，部屋で一本の針が落ちてもその音が聞こえただろう。

SG：それが何であると彼は言ったのですか？

SL：彼は，それがニューメキシコで墜落したET宇宙機から取られたものだと言った。また，それは軍が調査している残骸箱の一つにあったものだとも言った。当時彼らは‘逆行分析（reverse engineering）’という言葉は使わなかったが，彼らがそれを調査する必要があり，それには何年もかかると考えていたことから，それは逆行分析と同じようなものだった。よく覚えているが，フォートベルボアにあった陸軍工兵学校では，多くの実験が行なわれていた。私はそれに驚いた。そのことに私は本当に驚いた。

その刻まれた文字はヒエログリフ（象形文字）に似ていた。ヒエログリフを言い表すのは難しいが，もしあなたが何らかの古代エジプトの記録を見たことがあるなら，ヒエログリフが何かの形をなぞったものだと知るだろう。これらは何かの形を表しているように思われた。もし私がこの言語を解読するための記号体系を知っていたなら，それを理解できただろう。その文字はとても印象的だった。見ればあなたもそう思っただろう。

[別の折に，ラブキンはこう説明した。国防総省の彼のグループは，この物体を解読困難な，高度な暗号の見本として見せられたと。SG]

彼は錠のついたステンレスの箱を持っていた。まるで大工の道具箱だったが，それよりは大きかったかもしれない。彼はその物体をこの箱から出し，またこの箱にしまった。その箱にあったのはその物体だけではなかったに違いない。だが，見せられたのはその物体だけだった。このことがあったのは無線周波数工学局だ。

覚えておいてほしいが，国防総省では我々に中佐の教官がいた。彼の仕事は我々を教えるだけでなく，信じる者にすることだ。彼がステンレスの箱のように見える物からあの破片を取り出したときがそうだった。それは埃っぽい灰色がかった薄片で，炎で焼かれたような外観をしていた。それが，彼が持っている唯一の情報でも唯一の物体でもないことを，彼は示唆した。他にも幾つかあった。おそらくその箱にはいっぱい詰まっていただろう。私には分からないが，彼が取り出して見せた唯一の破片があれだった。彼がそうした理由は，我々の扱っているものがそれまで扱ってきたものとはまるで異なったものであること，しかし将来はそれを扱うようになることを理解させるためだった。彼は我々に，将来益々この問題に関わるようになることを知らせたかったに違いない。

彼は，その刻まれた文字群が指示記号だと確かに述べた。述べたのはそこまでだったが，彼はその指示が，内容が何であれ，軍にとっては継続して取り組むに値する重要なものであることをほのめかした。我々は，これがとてつもなく重要なものであることをはっきりと理解した。我々は当時，国防総省の地下にいた。1959 年のことだ。国防総省のその区域は，きわめて厳重に警備されていた。そこで働いていた誰もが，今私が言っていることを知っている。その地下では，進行していることを上階の人々に知られずに，一つの戦争のほぼすべてを遂行できただろう。それほど厳重な警備だった。

私は最高機密取扱許可を取得することに取り組んでいた。私は機密取扱許可を取得しており，その学校を修了した時点である種の最高機密取扱許可を与えられたが，一つ段階が上がっただけだった。というのは，当時この（UFO）

問題だけのための機密取扱許可はなかったからだ。もしある問題を扱うとしたら，Q取扱許可を得ている必要があった。これは核情報取扱許可だった。おそらく後になって彼らはそれを変更することにしたが，次のことが大きな問題だったと記憶している。“この課程を修了した者たちに，どのような機密取扱許可を与えたらよいか？”

当時，ブルーブックに記録されるべき報告事例が1,500はあっただろう。それに記録された確認事例は科学性の高いものだった。この情報は，特定の軍関係者以外には流出しない種類の情報だった。つまり，その中にある情報はきわめて正確で具体的なものだった。これらの事例は，これ以上ないほどに真正なものだった。それらは軍や民間の様々な立場で確かな信頼を得ている人々について語っており，いかがわしい人物を取り上げてはいなかった。これは，きわめて正確だと彼らが考えていた情報だった。

レーダー自動追跡の情報もあった。その幾つかは，ライト-パターソン空軍基地があるオハイオ州からのものだった。しかし，私が覚えている限り，カリフォルニア州，テキサス州，ワシントン州から来たものもあった。私の推定では200から300の（UFO）レーダー自動追跡事例があっただろう。それらが記録された理由は，それが真実だったからだ。

我々が見せられたあの物質はニューメキシコの現場から来たと教えられたが，現場は他にもあり，ET宇宙機の墜落は他にもあった。彼らはそれがどこかは言わなかった。彼らはその場所を特定しなかったが，情報と物質を収集し回収した場所がそこだけではなかったと明言した。

[A・H，クリフォード・ストーン，その他の証言を見よ。SG]

ライト-パターソン空軍基地の名前は何度も出てきた。明らかに，ライト-パターソンでは他の空軍基地よりも多くの自動追跡があった。エドワーズ空軍基地は実験基地だと説明された。私が言っている意味は，エドワーズは彼らが発見したあらゆるET物質の試験に関わっていたということだ。そんなことが行なわれていると言われていた。レーダー自動追跡記録はエドワーズ空軍基地から［も］来た。

[1965年にエドワーズ空軍基地で起きた，複数レーダーの自動追跡に関するチャック・ソレルスの証言を見よ。SG]

私はフィリップ・コーソ大佐がそこにいた同じ時期に，国防総省にいたと言っておきたい。

私は［アイゼンハワー］大統領と接するようになるまで，UFOの問題とはそれ以上関わりを持たなかった。私は大統領が，特に退屈な会議のときなどは，紙やノートに実に多くの落書きをしたと聞いていた。彼はよく落書きに没頭した。彼がした落書きの一つが，様々な形のUFOを描くことだった。

私はケネディが落書きをしたのを見たことはないが，アイゼンハワー大統領はそれをした。彼は，私や私が配属されていたホワイトハウス陸軍通信局の他の人々がいる前でも，落書きをした。私は初めてホワイトハウス勤務になったが，大統領に会ったのは，飛行機に乗務するようになっておそらく1箇月半過ぎた頃だった。そのときの会議はとても形式的なものだった。そのすぐ後で，私には大統領と一緒に少しの間旅行する機会があった。我々はフロリダに向けてしばらく旅をした。こうして私は，大統領が文字どおり集中砲火を浴び，彼が好まないある種の人々に対処する様子を見る機会を得た。そのとき彼は落書きをしたのだ。おそらく彼は，世界最高の落書き名人の一人だっただろう。そして誰もがそのことで彼をからかった。私はそうしなかったし，そうする立場にもなかったが，高位の将校たちは時折些細なことを言ったりした。彼はただ微笑み，落書きを続けた。

さて，そんなあるとき，彼はまさに通報を受けた。つまり，目撃に関する情報，UFOに関する情報を与えられた。私はそれを確かに知っている。なぜなら，私は通信センターにいてその情報を見たからだ。彼はこれらの情報を受け取ると興奮した。彼は子供そのものだった。彼は大変に興奮して，Dデー(*1944年6月6日，連合国軍ノルマンディー上陸作戦開始日）が再来したかのように命令を与えた。彼はそのUFOの形と大きさ，それを動かす原動力にとても大きな関心を持っていた。

ホワイトハウス自体が，地下に巨大な通信センターを持っている。それは空軍により運営されているが，陸軍がそこにいる。キャンプデービッドを含む，大統領が行くあらゆる場所には通信センターがあり，専ら大統領の移動に対処する。情報は通常准尉により伝達される。

我々の主任准尉は，おそらく30年以上陸軍に勤務していた。彼がその種の［UFOに関する］情報を受け取ったときは，周囲から離れてしばらく一人になり，その後で彼が電話すべき相手には誰であろうと電話をした。しかし，UFOの扱いに関して通信センターから大統領に直接情報が伝達されたというのは1回か2回しか記憶にない。大部分の場合は間接的に大統領に伝達されたようだ。

その資料が通過するとき，大部分はマル秘だ。つまり，それに直接関係のある人間はそれを見，そうでない人間はそれを見ない。こうしてUFOの目撃や新しい発見についての情報が知らされる。もしあなたが大統領の近くに長くいたなら，大統領の表情から，彼が何を読み，何が彼の興味を引いたかを判断できただろう。それは彼の近くにいたから知り得たことだった。

SG：彼はこの問題に特別な関心を示しましたか？

SL：非常に，非常に強い関心を示した。実際，この問題は当時の彼にとっておそらく最大の関心事だったと言える。まさにそうだった。

これらのUFOに関する報告は，めったにないというものではなかった。それはかなり頻繁に発生した。何回かということは敢えて言わないが，とにかく頻繁に発生した。

そしてそこで起きたことは，一つの特定機関がその技術的側面の処理から目撃情報，ブルーブックへの報告まで，この問題の全体を取り扱うことができないということだった。UFO現象を取り扱うすべての作業を一つの機関が行なうことはもはやできなくなり，それを継続するために，情報は政府の様々な部分に振り分けられて研究されることになった。推測だが，彼らは諸機関に対してこちらで少し与え，またあちらで少し与えることにより，その情報の機密性を保つことができると考えたのではないか。この種の区画化は，しばしばこれと似た物事に対して行なわれる。

だが，起きたのはアイゼンハワーが裏切られたということだった。彼はそれを知らずにいたから，UFO情勢全体について統制を失ったのだ。彼は国民に向けた最後の演説で，用心しないと軍産複合体に後ろから刺されると語っていたのだと思う。彼は油断していたと感じたのではないか。彼はあまりにも多くの人間を信用し過ぎたと感じたのではないか。アイゼンハワーは疑いを知らぬ人間だった。彼は善良だった。そして，あるとき突然，この問題が企業の管理下に入って行きつつあることに気付いたのだと思う。それはこの国を大きく損ねる可能性があった。

私の記憶では，この失意は何箇月も続いた。彼はUFO問題への統制を失いつつあると気付いた。この現象というか，とにかく我々が直面していたものに関して，最適な管理がなされそうにないことを彼は悟った。私が思い出せる限りでは，“最適な管理がなされそうにない”という言い方だった。本当に心配していた。そして，結果はそのようになった。

もし私がこれについて話したなら，軍の人間である私に何が起きるか，このことを私は多くの機会に議論してきた。政府は，絶望的な恐怖を植え付けることで秘密を強化するという，現代の記憶に残る何よりもよい仕事をしたと言えるだろう。彼らは実によい仕事をしたと思う。

ある古参将校と私は，もし暴露したら何が起きるかと話したことがある。彼は消されるということについて話していたので，私は“その，消されるとはどういう意味ですか？”と訊いた。そうしたら，彼はこう言った。“だから，君は消される，姿を消すことになるんだ”私はさらに訊いた。“あなたはどうしてそんなことを知っているのですか？” 彼の答えは次のようなものだった。“私は知っている。こうした脅迫はずっとこれまで行なわれ実行されてきたのだ。脅迫が始まったのは1947年だ。陸軍航空隊がこの件を絶対統制するように任された。これはこの国が今まで対処した最大の治安問題なので，消された人々もこれまで何人かいた”

彼は確信を持ってそう言ったし，それを知る立場にもあった。彼は私よりもずっと年長で，かつてCIAとも関わりがあった。彼は自分が話していることを知っていた。ふざけているのではなかった。だから私は，恐怖がそれを行なっているのだろうと思う。あなたがどんな人間であろうと関係ない。あなたがどれほど強くて勇気があろうと関係ない。その状況はまさしく恐怖と言える。マット［この古参将校］がこう言ったからだ。“彼らが追うのは君一人だけではない。彼らは君の家族につきまとうだろう”彼はそう言ったのだ。だから，私に言えることはこうだ。彼らは恐怖に陥れることで，それをこんなにも長い間秘密にしてきたのだ。彼らは見せしめをつくることに非常に長けている。それがこれまで行なわれてきたことなのだ。

この国では，1950年代初期に非常に多くの基地が建設されたが，それらは攻撃があったときに大統領，議会，要人たちを避難させるためのものだった。これは政府機能の維持などが目的だ。バージニア州のウェザー山はその一つだった。メリーランド州のフォートリッチー，キャンプデービッドもそうだった。当時ウェストバージニア州にもう一つ別の基地があったが，我々が知っていたのはコンクリートという名前だけだった。それは暗号名だった。たとえばウェザー山は'地下'だった。そこは我々が知る限り，核兵器から防御できるような特殊な設計になっていた。私が初めてそこを訪れたとき，そこにあった特別な設備について説明があった。我々は大統領が行くこれらの場所をすべて回り，何をどうすべきかに習熟する必要があった。そこに，UFO問題に対処するための設備があったのだ。何をすべきかの標準的な指示書もあった。私の理解では，UFOはウェザー山周辺で1回や2回ではなく，数多く目撃されていた。UFOは，私がコンクリートという名前で言及したウェストバージニア州の基地でも目撃されていた。

我々は，この問題を取り巻く秘密をあまりにもうず高く積み重ねてきたので，結局は大きな破綻という結末になりそうだ。残念ながら，私はその物事の内情にあまり通じていないことを認める。しかし，人々がその真実について嘘と恐怖を広めるとき，彼らは自らの立場を弱めているのだ。

彼らはこの秘密を長い間保ってきた。つまり，明らかにそのための方法を知っている。しかしいつの日か，以前なら決して話そうとは思わなかったが，メディアが興味を示したために話し始めるという人々が出てくるだろう。特にネリス空軍基地（ネバダ州）と，そこで何が行なわれているかについてはそうだろう。恐怖によって建設的なことは何も生まれない。恐怖は人間の魂，精神，心を退化させるだけだと言えるだろう。

秘密は強化されてきたと思う。なぜなら，露呈されるものは，この国のある種の資本によって遙か昔に企てられた経済，彼らとその企業を永続させる経済を根底から破壊するからだ。石油は，これまでもこれからも発生し続ける，あらゆる汚染と破壊的な悪影響にもかかわらず，今の体制を保持するものとして特別な関心を持たれている。

我々が問題にしているのは，まだよく理解されていない源泉からエネルギーを引き出す，ある種の電磁気的装置だと思う――確かに我々はそれらを公表していない。しかし，これらの装置はフリーエネルギーを発生するのだ。フリーエネルギーは企業が恐れているものだ。これは政府が恐れるものだと思う。政府の立場で考えてみよう。フリーエネルギーにいかにして課税するか？　私はこれまでこの問題について何かを知っている人々と語り合ってきたが，彼らは皆，これらの輸送機を推進するエネルギー源は完全に無料だと確信している。それは環境に何の害も及ぼさない。それはどこにも何の足跡も残さない……

我々がアラブ石油の高い価格にどう対処すべきかという現実の問題を今抱えているので，ご存じのとおり，ブッシュ（大統領）は北極地域に進出し，より多くの石油を獲得することを主張しようとしている。私個人として，それは解決にならないと思う。地球温暖化の現状下では，それは我々の棺にさらに釘を打つようなものだ。しかし，我々はいつか，フリーエネルギーが使えるようになるこの情報を共有しなければならないだろう。政府はこれについて知っている。我々を見下し，これはあり得ないと言い張るなら，彼らは愚か者だ。それはあり得るのだ。

… … …

問題はこうだった。“我々が識別不能の信号を捕捉したことがあったと私は聞いたことがあるか，さもなければ，もしそれが識別可能だったら，それは我々を監視下に置いていると思われる奇妙な飛行物体からのものだったか？”

そうだ，確かに私はそれを聞いた。私はそれを少なくとも5件ないし6件の報告から聞いた。それらは結局ブルーブックに記録された。実際，幾つかの報告（*において信号）はパイロット無線を通じて入ってきた。だから，当時我々が相手にしていた知性体が何であろうと，彼らは我々を相手にする方法を知っていたのだ。彼らは我々と交信する方法を知っていた。また，彼らが地球外起源だということを我々は知っていた。

[ジョン・メイナード，その他の証言も見よ。SG]

Testimony of Merle Shane McDow, US Navy Atlantic Command

米国海軍大西洋軍
メルル・シェーン・マクダウの証言

2000年10月

マクダウ氏は1978年に海軍に入り，特殊区画化情報（SCI）ゼブラストライプス最高機密取扱許可を取得した。彼は当時トレイン提督の指揮下にあった，大西洋軍大西洋作戦支援施設に配属された。そのとき，1機のUFOが大西洋岸を高速で行ったり来たりして動き回る事件が起きた。そのUFOはレーダーで追跡され，パイロットにより視認もされた。司令部はゼブラ警戒態勢に入り，トレイン提督はUFOを強制着陸させるように命じた。マクダウ氏は，その事件の後に起きた脅迫と日誌の押収について語る。

MM：メルル・シェーン・マクダウ／SG：スティーブン・グリア博士

MM：私は1978年8月に米国海軍に入隊し，米国艦アメリカに配属された。しかし不運にも，任務中に飛行甲板で負傷した。そのため私は，バージニア州ノーフォークのハンプトン大通りに面した大西洋艦隊総司令部（CINC-ANT Fleet）大西洋軍支援施設に異動となり，大西洋作戦支援施設（AOSF）第22課に配属された。そのとき，我々のグループには約11名がいた。我々は，大西洋軍司令長官だったトレイン提督に状況説明を行なう直接の責任を負っていた。我々は彼に，その日ソ連が何をしていたか，昨夜彼らは何をしたか，等々，世界で進行中の軍事作戦について説明した。

AOSFはAtlantic Operational Support Facilityの略語，CINC-ANT FleetはCommander in Chief-Atlantic Fleetの略語であり，そのときはトレイン提督がその地位にあった。東海岸にいる誰もがこの人物の支配下にあった。

6箇月後，私はゼブラストライプス身分証明バッジを持つ極秘の特殊区画化情報（SCI）取扱許可を取得し，基地のすべての施設にいつでも立ち入ることを許可された。その資格は，特に司令部への出入りを許可するものだったが，また同時にあらゆる施設にいつでも制限されずに出入りすることを許可するものでもあった。私の持ち場は司令部の上にある中二階，我々が3番デッキと呼ぶ所にあった。私の仕事は，司令部に入ってくるあらゆる音声・画像の入発信情報を確実に記録し，後でそれが必要になったときのために，その履歴を残すことだった。

私は音声と画像のすべてを記録した——発生しているあらゆるもの——彼らがゼブラ警戒態勢を呼びかけたときもそうだった。これは大抵訓練で，予め“これは演習，これは演習，ゼブラ警戒態勢に入れ”とアナウンスが流れる。そして資格のない要員が知らずに司令部にいたら，外に出される。

ゼブラ態勢は一般に全世界核危機，特にソ連に対して海軍が持つ最高レベルの警戒だ——当時はそうだった。ソ連のベアキャット（*艦上戦闘機）は，我々が何をしているかを探るため，日常的に東海岸の至る所で哨戒を行なっていた。我々は，たとえば彼らのベアキャットが我々の領空に近づき過ぎたためにそれを排除する飛行機を発進させる必要があったり，彼らがその領域に不審な行動をとる艦船を遊弋させたりした場合に，ゼブラ態勢をとった。そうでないときは，たとえば核戦争を遂行するために相互確証破壊（MAD）規則書を取り出すという想定で演習を行なった。統合作戦部の当直士官と次席当直士官がある金庫の鍵を持っており，MAD規則——Mutual Assured Destruction (MAD)——と呼ばれるこれらの規則書を取り出す。彼らは，もし必要なら核攻撃を開始するために潜水艦に伝達すべき暗号を取得する。これが行なわれているとき，司令部には少数の人間しか立ち入りが許可されない。なぜなら，彼らは実際にその暗号を使用したりするからだ。ソ連はもちろん，米国の敵であるなら誰でも，その情報を入手しようとするはずだ。

ゼブラ等級——これなくしては，この演習中にこれらの施設に立ち入ることが許可されない。そしてゼブラ演習は，疑いもなく司令部と洋上の艦船および潜水艦との間で交わされる最高レベルの機密情報だった。

さて，この事件を語ろう。その日はまったく普段どおりに始まった。私が知る限り，[1981年] 5月最初の週か次の週あたりだったと思う。彼らが照明を落としたとき，（司令部ではゼブラ警戒態勢に入ると最初にこれをした）すべては普段どおりに進行していた。この演習に入ると，彼らは大抵の場合“これは演習，これは演習，ゼブラ警戒態勢に入れ”と言うことになっていた。だが，このとき彼らは照明を落としたが，“これは演習”とは言わなかった。当直士官と次席当直士官は互いに顔を見合わせ，彼らの補佐の何人かに，これが演習かどうかを確かめるように命じた。早期警戒システムも，我々の領空に侵入した未確認飛行物体をレーダーで捕捉したと告げた——その情報は当時のグリーンランドかノバスコシア（*カナダ）にあった，ある空軍基地から入ってきたと私は考えている。彼らがこれは演習ではないと言ったので，事態への対処は最高度の敏速さをもって行なわれ，それが演習でないと気付くや，誰もが狂ったように走り回り始めた。それはまったく別の雰囲気だった。

直ちに当直士官はトレイン提督を司令部に呼んだ。というのは，この事態に適切に対処することはやや彼の権限の範囲外にあったからだ。トレイン提督の監督が必要だった。数分後にトレイン提督が司令部に駆けつけ，そこの中二階真下にあった自分の展望室に入った。トレイン提督が最初に知りたがったことは，捕捉したのは何機か，それらはどこにいてどの方向に移動しているか，またソ連はそれに反応しているかだった。なぜなら，彼らは領空に侵入したものがソ連のものではないと知っていたからだった。それは最初から確認されていた。

それがソ連のものではないことを知り，ソ連もこの脅威に反応しているかを知りたいと思ったトレイン提督は，その正体を確かめるために2機の飛行機を発進させることを承認した。こうして，東海岸のあちらこちらで追跡が始まった。我々は遙か北のグリーンランドから海軍飛行場オセアナ（*バージニア州）まで飛行機を発進させた。この物体だが，我々はそれをレーダー画面で見ていた——この出来事はほぼ1時間続いた。我々は司令部に伝送されていたパイロットたちの生の声を聞くことができた。彼らは物体を視認し，その様子を述べた。パイロットたちは2回か3回それに接近し，その物体が我々のよく知っている航空機ではないことを確認することができた——それは我々が持っているものでもソ連が持っているものでもなかった。それはすぐに断定された。彼らが追跡していたこの輸送機または何らかの物体は，海岸を南下したり北上したり，とても風変わりな，素早い飛行をした。

それはたとえば，実際にメイン州沖にいたかと思うと，あまりにも素早くその空域を去るので，我々はそれを捕捉するために直ちにドーバー空軍基地

(* デラウェア州）から飛行機を発進させていなければならなかった。ところで，F-14（* 艦上戦闘機）はそのような長距離を移動するのに 30 分はかかる。だが，それが何であれこの物体は，いつの間にか移動していた。それはある瞬間ここにいたかと思うと，次の瞬間に海岸線を数百マイル南下している。まさに鬼ごっこだった。

［この種の途方もない非線形の推力に関するポール・シス博士，ベスーン中佐，その他の多くの証人の説明を見よ。SG］

それは，実にはるばるメイポート（* 海軍補給基地）付近のフロリダ沖まで南下した。そこにはセシルフィールド海軍飛行場がある。次にそれは方向を変え，我々の側からアゾレス（* 大西洋ポルトガル領諸島）に向かって東向きに遠ざかった。こうして我々はその姿を見失った。

このすべてが起きている間中，我々は KH-11 と呼ばれる情報収集衛星を使っていた。この衛星は，大気圏外の見晴らしのよい場所から地上を撮影し，実に数フィート以内の物体の鮮明な写真を得ることのできる性能を備えていた。それで彼らは，KH-11 衛星を使ってこの物体を追跡し，その写真を何枚か撮ろうと試みていたのだ。後になって我々が司令部で入手した写真は，飛行機が北アメリカ北部沖で最初に遭遇したときに撮ったものだった。彼らは十分に接近し，何枚かの写真を撮った。それらの写真は後で司令部に引き渡された。

さて，その写真に写っていた形は，むしろ 1 個の円筒に近いものだったのを覚えている；それはとても平坦で長く，両端がすっぱりと切れていた。両端は，ほとんどの航空機がそうであるような先細りではなかった。その端は急に終わっていて，太陽光を反射しているように見えた。それは明らかに金属製に思えた。パイロットたちが通報していた情報によると，その後ろには飛行機雲もなく，表面には照明や模様が何もなかった。操縦席の窓もドアも，それに似たものは何もなかった。それが何であれその物体は，ただの固体に見えた。

トレイン提督を本当に苛立たせ悩ませたもの，それはこの物体が絶対的に完全に状況を支配し，どこでも望みの場所に数秒で移動できたことだった。ある瞬間に，我々はそれにメイン州沖で接近している。次の瞬間に，それはノーフォークをフロリダに向かって南下している。それに翻弄されている間，我々にできることは海岸全域の早期警戒レーダーでこの物体を見守ることだけだった。

トレイン提督とその参謀たちは，控えめに言ってもそれに強い懸念を持った。特に，それがロシアのものでも我々のものでもないと分かり，これほど容易に素早く移動が可能な飛行物体を建造する技術を持つ者が他に思い当たらないことに気付くと，とても憂慮した。はっきりと覚えているが，この物体を監視下に置くことができないために突然発生した完全な混沌を，私は中二階の手すり越しに注視していた。

このUFOはとても不規則に，また素早く，海岸を南下したり北上したりした……彼らはこの物体を追跡したり，飛行機を発進させたりするために，沿岸一帯のあらゆる部隊に通報を繰り返していた。トレイン提督はこの物体の進行を阻止しようと，東海岸全域の飛行機に次々と緊急発進許可を与えた。さらに何機かの飛行機には物体を追跡させ，本当にそれを強制着陸させようとした。明らかに彼らは，手段を問わずそれを強制着陸させ，回収しようとしていた。

可能なら，どんな手段を使ってもよいから，この物体を強制着陸させよとの命令は，トレイン提督から発せられた。それが確かにロシアのものではないと分かってから，それが誰であろうとロシア人でない限り，彼らは気にしなかった。それが誰であろうと，どこから来たものであろうと関係がなかった。彼らはそれが欲しかった。欲しくてたまらなかった。

司令部からの情報は，領空を監視するために東海岸のあちらこちらに設置されたレーダーサイトから我々に中継されていた。

将校たちは怖がっていたようだった。確かに，一言で言えば彼らは怖がっていた。トレイン提督は，いつもはとても冷静で穏やかな物腰の好人物だった。実際，彼が何かに対して自制を失ったり，大声を出したり，興奮したりする姿は見たことがなかった。だが，これは控えめに言っても彼を動揺させた。そこにいたほとんどの将校から受けた印象は，そういうものだった――彼らは他の皆と同じように，何も分からず，怖がっていた。

実際には，彼らはそれを海岸に沿って追跡しなかった。それは，直前に目撃された場所から数百マイル離れた場所に忽然と現れた。パイロットたちは，それがある瞬間にはそこにいたが，次の瞬間にはもうそこにいないと報告してきた。トレイン提督を本当にいきり立たせたことの一つは，それだったと思う。

なぜなら，彼はその事態を前になす術を知らなかったからだ。

この物体はそれ自身の意志を持って，東海岸中にこのような大混乱を起こしていた。トレイン提督はそのとき最終的な責任を負っており，この事態が彼に大変な緊張を強いていたことは間違いない。彼の声の調子からそれが分かったはずだ。その言葉を聞いたら，彼がこれ以上ないほど深刻に憂慮していたことが分かったはずだ。

しかしレーダーは，1分間それを追跡し，次にはそれを完全に見失い，再びそれを捕捉するという具合だった。それは軍事空域に，まさに未認証航空機のように現れた。

真面目な話だが，軍はあらゆる民間航空便がどこにいるかを常時把握している。我々のすべての飛行機がどこにいるかは，常時知られていた。我々の領空を飛行しているすべての民間航空便がどこにいるかは，常時知られていた。これに関して我々が知らないでいたことは何もなかった。緊急発進したすべての飛行機は，沿岸の施設から発進した――海軍は沿岸施設，たとえばオセアナといった海軍飛行場を持っている。

ゼブラ態勢に入ると，それが演習であるか否かにかかわらず，ゼブラ接近許可バッジをつけていない人間はそこにいられない。そこは許可バッジをつけている者だけのゼブラストライプス区域だ。他の人間は司令部施設から出なければならない。そこには建物の内と外に海兵隊員が駐在している。彼らは，こうした出来事が起きている間に資格のない要員が司令部に残っていたら，射殺するように命令されていた。それは国家安全保障のためだった。

たとえば，ゼブラ態勢が発動されたあるとき，その海兵隊員が入ってきて，何が起きているかを知りたがった。これは演習か？　そんなことを訊いた。彼らはいつでも射殺できる命令を受けていた。私は次席当直士官から注意されて知っていたので“おいみんな，彼に何か言わなければならないぞ，彼はいつでも射殺できる”と言った。彼はまだ警戒態勢解除を伝えられていなかった。彼はその任務を実行していたのだ。私が覚えているのは，とにかくそこから抜け出したいと思ったことだった。なぜなら，彼はそこに入ってきてこう言ったからだ。“もしある物を私が確認できなければ，君たちの持ち時間は1分か2分だ”――彼は今にも人々を射殺し，証拠を破壊しようとしていた。

この出来事が終わったとき，我々が海岸を行ったり来たりして追いかけていたこの物体は，大西洋の上空，アゾレスの上空を去っていった。よく覚えているが，彼らはこう言っていた。それはアゾレスに近づいたとき，このように66度の角度で急上昇した。それは速度を緩めたりすることなく，ただ66度の角度で急上昇に転じ，大気圏を抜けて宇宙に去った。言ってみれば，それは宇宙に向けて飛び立ち，このようにして行ってしまったのだ（指をパチッと鳴らす)。つまり，それは完全に立ち去った。我々はここで，瞬く間に数千マイルを移動する何物かについて語っているが，それは忽然と去った。座って頭を掻きむしっているだけのみんなを残して，ただ去っていった。“あーあ驚いた，一体あれは何だったんだ？”

米国の巨大軍事力が，どこから来てどこへ行くのか何も分からない，正体不明の何物かによって膝を屈せられた様子を見るのは，ある意味で滑稽だった。彼らが確実に知っていたのは，それがソ連のものではないということだけだった。そして彼らは，それを知ることにとても固執していた。

こうして我々は，ゼブラ態勢から解放された。再び照明がつけられた。誰もが司令部の床に座り込み，呆然とそのことについて話していた。私自身は上の3番デッキにいたが，トレイン提督は下のブリーフィングエリアにいた。彼らは数分間そこにいて立ち去った。私は誰もがするように，自分の日誌にそのことを記録した。その後，私はそのことについてあまり考えることはなかった。

後日，二人の男がスーツ姿でやってきた。彼らは軍服ではなく，スーツ姿で入ってきた。小さなバッジをつけていたが，ゼブラストライプスのバッジは持っていなかった。それは訪問者用バッジのようだった。彼らが正規の要員でないことは，誰にも分かっただろう。彼らは私が知っている一般人ではなく，今まで見たことのない男たちだった。我々は階段を降り，1階に行った。そこには幾つかの小さな会議室があり，私はその一室に連れていかれた。部屋はすでに準備されていて，私は席に着かされた――彼らは私の日誌を持っていた。彼らはそれを手に入れ，私と一緒に階下に持ってきたのだ。

その二人の男は，この出来事について私に質問を始めた。正直に言うと，彼らはとても手荒だった。私は文字どおり両手を上げて，こう言った。“あなたたち，少し待ってください。私はあなたたちと同じ側にいる。ちょっと待ってください”彼らはまったく乱暴だったからだ。とても脅迫的で，はっきりと次のように言った。何も見なかったし，聞かなかった。何も目撃しなかったし，知られたことはこの建物から消える。“君たちはこれについて同僚に一言も言ってはならない。また，基地を離れたら，これについて見たり聞いたりしたことは忘れろ。何も起きなかったんだ”彼らはたちが悪かった。それがぴったりの言い方だろう。はっきり覚えているが，私は椅子に深く腰掛け，手を上に上げ，これらの男たちにこう言わなければならなかった。“少し待ってください。私たちは同じ側にいる同輩だ。私たちの間に問題は何もない”

口に出して脅迫こそしなかったが，そうしないと彼らは身体的な危害を加えかねない印象だった。彼らは声の調子でこう言っていた。“お前さん，こっちの言うことを聞くんだ。さもないとひどいことになるぞ”

もしこの物体が敵意を持ち，我々に向かって兵器を投下したりミサイルを打ち込んだりするつもりだったなら，彼らにとってそうするのはとても容易だっただろう。そのことに疑問の余地はない。あのとき我々は，それが何であれこれに対抗し得る何物も持っていなかった。それは我々の領空を意のままに飛行し，移動に関する限り思いのままに振る舞った。それに脅威を与えることはまったくできなかった。それは認めざるを得ない。そのとおりだった。トレイン提督もまたそれを知り，大変懸念していたと私は確信している。一言で言えば，あの老練な軍人が誰の目にも分かるほど怯えていたのだ。

SG：その UFO 写真にどんなことが起きたのですか？

MM：我々が持っていた 35 ミリスライドに何が起きたか，それをあなたが持ち出したのは実に的を射ている。あなたがその質問をしたのは，実にいいところを突いている。トレイン提督が実際に写真を見るためには，それをテレサイン（Telesign）［綴り不明］に上げる必要があり，その準備も終わっていた。しかし我々にはそうする間がなかった。私は彼女［スライドを取り扱う技術者］がこう言ったのを覚えている。スーツ姿の男が二人部屋に入ってきて，現像済，未現像のフィルム，そこにあった資料，スライドなど，すべてを取り上げた。私の日誌だが，再びそれを見たことはない。翌日，我々には新しい日誌が渡された――まっさらの新品だった。それ（* 日誌）に何が起きたのか，私には知る由もない。また，誰も本当にそれを知らなかった。

彼女はこうも言った。“二人の男は入ってくるなり騒擾取締令を読み上げ，これもよこせ，あれもよこせといって，彼らが望む物をかき集めた。彼らは本当にたちが悪かった”

この出来事は，まさに未確認飛行物体として記憶された。それが何だったのか，彼らにはついに分からなかった。私は当直士官，次席当直士官たちが，互いに顔を見合わせながら話していたことを覚えている。私は手すりから身を乗り出して話を聞いていたが，彼らは日誌にどう書くかについて相談し合っていた。彼らはこう言っていた。“これを未確認飛行物体の捕捉と記録する。まさにそれだ”

このUFOを実際にレーダーで捕捉した施設——私が知っているだけで5箇所あったが，それはグリーンランドから，はるばるフロリダにまで及ぶ。私が知らない施設も幾つかあるかもしれない。私がこれを知っているのは，トレイン提督がオセアナ海軍飛行場に“そこから何機か発進させよ，戦闘機を何機か緊急発進させよ”と命令していたからだ。彼はドーバー空軍基地（* デラウェア州），メリーランド州パタクセントリバー海軍飛行場，さらにフロリダ州セシルフィールド海軍飛行場にまで，実際に電話をかけて警戒態勢をとらせた……

除隊するとき，私は海軍のレターヘッドがついた公式の米国海軍文書を渡された。その文書には，いかなる状況であろうとも5年間はこの国を出ることが許可されないと書かれていた。だから私は，バージニア州を出るためにFBI（連邦捜査局）のロアノーク事務所に連絡し，州境を越えてノースカロライナ州に行きたいと彼らに通知しなければならなかった。それは私が除隊してから5年間続いた。

私の妻の身内だったこの人についても語りたい。ジャック・ブースというのが彼の名前だ。彼は今はもう亡いが，陸軍にいたことがあり，ロズウェル事件が起きたときロズウェル（ニューメキシコ州）に駐在していた。彼は私の妻のおじだった——妻の母親の兄弟で，ウェストバージニア州ブルーフィールド出身だった。ジャックが語った内容は次のとおりだ。それが何であれこの物体が墜落したとき，彼は陸軍の新兵としてロズウェルにいた。墜落現場で作業が行なわれている間，彼は警備任務に就いていた。彼らは1台のトラックいっぱいに詰め込まれて行き，破片など様々な物を拾った。そして遺体が実際に回収されたとき，彼はそこに居合わせた。彼はこう言った。“いいかい，彼らは小さな乗員たちを遺体袋に入れたんだ。それは人間ではなかった。彼らは小さく奇妙な外見をしていて，まったく人間に似ていなかった”彼らは乗員たちを遺体袋に入れたが，そのうちの一人か二人は墜落後もまだ意識があったというか，生きていたというか，そんな状態だった。彼によれば，その乗員たちはこの墜落を生き延びた実際の生存者たちだった。

彼らは機体のあらゆる小さな破片を拾っていた。彼らは四つん這いになりながら，協力してその乗員たちを機体から降ろし，破片が散乱した場所を横断しながら，どんな小さなかけらや小片でも拾って歩いた。それが数日間続いた。彼らは全員が脅迫され，はっきりとこう言われた。“よく聞け，もし君たちがこれについて何か喋ったら，明日は姿を消すことになるぞ”

[このような脅迫に関するグレン・デニス，ジョン・ウェイガント，ラブキン弁護士，その他の証言を見よ。SG]

ジャックは確かにそう言った。彼らがいかにこれを隠したがっているかを皆に知らしめる，そのことを彼らは躊躇することなくはっきりと通告した。彼はこう言った。“いいかい――私はそこにいたんだ”

私が会ったジョン・マイケル・マーフィーも，この問題について知る一人だ。私が海軍にいたとき，彼は海兵隊伍長だった。彼は警護特務隊の一人として，大西洋艦隊総司令部の警護隊兵舎に駐在していた。彼はまだ海兵隊にいたとき，デラウェア州ドーバー空軍基地から遠くないある施設で，実際に１機の宇宙船，地球外宇宙機を警備した。彼は懸命にそれを訴えた。私はマーフィーをよく知っているので，彼の言ったことを信じたい。私はマーフィーを信じたい。これは1979年か1980年のことだった。

[この証言はとても重要である。なぜなら，証人はゼブラストライプス最高機密取扱許可を持ち，1時間以上もの間地球外輸送機との遭遇を自ら体験したからだ。それは少なくとも5基のレーダーで捕捉され，パイロットたちにより視認もされた。強調されるべきは，この問題を一般に公開することの必要性である。なぜなら，我々の軍がこのような進歩した宇宙機を追跡し，撃墜を試みることが，世界の平和と安全を危機に陥れることは明白だからである。私がCIAと国防総省の高官たちに行なった背景説明において，しばしば我々

は次のことを知った。つまり，これらの人々はこの問題について適切に知らされておらず，トレイン提督がこの物体を撃墜するように命令を下したのと同様のやり方で反応しかねないことを。秘密の真空地帯の中では，知識と視野の欠如ゆえに恐ろしい間違いが起こり得る。だからこそ，我々はこの問題についての秘密を終わらせることを要請しているのである。それにより，我々の軍と国家安全保障の指導者たちは正しく情報を与えられ，外交官や社会の他の指導者たちは，我々の世界を以前から観察し続けている地球外文明に対して適切で，安全で，平和的な対応を策定することができる。この問題を，秘密のプロジェクトや準備ができていない軍指導者たちだけの領域とするのは，あまりにも危険な賭けである。ここにある危険性は，地球外輸送機そのものではなく，彼らの存在に対して適切に対処する知識と準備が不足していることから来るのだ。SG]

Testimony of Lt. Colonel Charles Brown, US Air Force

米国空軍中佐
チャールズ・ブラウンの証言

2000年10月

空軍の英雄ブラウン中佐は第二次大戦から帰還した後，空軍特別捜査局に入った。彼はグラッジ計画に配属されUFO調査の責任者になったが，そこで従来の説明では対処できない幾つかの事例があることを知るようになった。後に彼は，ブルーブック計画は国民に対する周到なごまかしであると信じるようになった。ブラウン氏は，4基の独立したレーダーが時速5,000マイルの飛行物体を追跡していた事例の報告に関与した。

CB：チャールズ・ブラウン中佐／SG：スティーブン・グリア博士

CB：私は米国空軍の退役中佐だ。軍に約23年，その後は上級外務職員（*国務省）を7年務め，通算で約15年間の海外勤務を経験した。私は1939年秋にウェストバージニア州国家警備隊陸軍兵となり，1940年6月に高校を卒業と同時に正規の米国陸軍通信軍団に入隊した。そこで1942年7月からパイロットとして訓練を始め，1943年4月に少尉パイロットに任命された。次いでB-17（*大型爆撃機）の機長パイロットとして訓練を受けた。

私はヨーロッパに赴き，1943年11月初めに着任した。そして1943年12月13日からB-17パイロットとして戦闘行動に加わった。1944年4月11日には29回目で最後となった完遂任務に出撃したが，この期間の戦闘は相当に激しかった。私は自分の31回の出撃任務について調査を終えたばかりだが，出撃のたびに犠牲者が出て，その数は235人に達した。私は幸運にもそれをやり遂げた……

［私は］1950年初めに正規の空軍将校に任命され（*米国空軍は1947年創設），1965年秋に現役を退いた。大佐に昇進することを諦め，上級外務職員になる

ことを受け入れたのだ。以後7年間，私は国際開発庁（USAID）で働いた。この7年間のうち6年間は，国際開発庁の地区検査官として東南アジアで過ごした。

空軍特別捜査局（AFOSI）と呼ばれる組織で防諜訓練と取り締まり活動をしていたこと，またパイロットとして訓練された数少ない調査員の一人だったことから，結局私は，破壊活動の疑いがある多くの異常な航空機事故を調査する羽目になった。その結果，何人かの傑出した科学者たちと顔見知りになり，グラッジと呼ばれるプロジェクトのために航空技術情報センター（ATIC）で働くことになった。当時，特別捜査局は空軍の中にあって世界的規模の調査をする部門だった。我々は未確認飛行物体として知られるようになった現象を調査する責任を負っていた。センター内での計画名はグラッジだった。

私の仕事場はライト-パターソン空軍基地のD-05区域にあり，そこで世界中からの報告を受け取った。私の仕事は，これらの報告書を技術情報センターに手で持って運び，プロジェクト将校と共にそれらを整え，研究的立場からあらゆる質問に答えることだった。それが私にできることだった。この仕事には1951年秋まで約2年間従事した。

私がライト-パターソン基地を去るとき，ダン大佐が親切にもグラッジ計画での働きに感謝する2頁の文書をくれた。私が知る限り，それは確かにグラッジ計画で働いた空軍将校に対する初期の公式認証だった。しかし，その舞台裏では何かが同時進行していたかもしれない。幸い私にその特権は与えられなかったが，調査の多くに答えが出されなかったということに，［何かが行なわれているという］ある種の感じを持ったのは事実だった。通常，調査の分野では何かについて陳述がある。UFOの場合なら，たとえば目撃だ。それによって結論と結果を導く。随分年月が経ってしまったが，それらの多くの事例で，まともな科学的結果が何も［報告］されなかったことは確かだ。その結果，私は未確認飛行物体に対する関心を深めることになった。その時点で数百時間の飛行経験を有していた私は，その後の空軍勤務を通してそれへの関心を持ち続けた。私は戦略空軍では情報部次長と本土陸軍との間の調整将校だった。当時は本土陸軍が米国ミサイル防衛の責任を負っていた。

ある物体が時速数千マイルで移動している場合，12分ないし14分というのはとてつもない時間の長さだ。私は時速4,000マイルから5,000マイルを超す速度を覚えているが，それは我々や敵が持っていたどんな航空機をも凌ぐものだった。情報将校だった私の任務の一つは，敵の能力と装備について，少なくともその概略を把握することだった。

我々は一度，ネリス空軍基地に向けて飛行したことがあった。私はもう一人のパイロットと一緒にグーニーバード（* 輸送機）を操縦していた。雲一つない快晴だった。そのとき，1 個の物体が南西から北東へ，天空の端から端まで移動した。それは多分 15 秒に満たない時間で，私の右方から現れ左方に消えた。計算する間もないほどの速度だった。それが衛星でなかったことは確かだ。それは制御された飛行物体だった。

報告された物体の幾つかはレーダーで追跡されていた。中には地上からの視認，地上レーダー，航空機からの視認，航空機搭載レーダーと，四通りの方法で確認されたものもあった。私に言わせれば，これ以上の確認手段はない！

[ここに登場するのは，高級軍人であり，外務職員であり，わが国の英雄でもある一人の証人である。彼は空軍グラッジ計画の中で，レーダーによる証拠の信憑性とこれらの UFO の実在性を確認しているのだ。これは UFO の実在を裏付ける十分な証拠は存在せず，したがって研究すべきことは何もないとする，空軍や政府の公式声明とは明らかに矛盾する。SG]

ここで述べているのは，誰かの空想ではない。この同じ時期に，私は空軍が取り込んだいわゆる専門家たちのことを耳にした。彼らは沼気（メタンガス）に始まる，似たような話を次々と捏造した。もしそれが翼を持つ航空機だったなら，空気力学の法則に従わなければならず，瞬く間に止まったり逆進したりすることはできない。だが，そのようなことが実際に起きたのだ。

おかしなことだが，我々は犯罪の目撃証言により人々を投獄し，死に追いやる。我々の法制度はかなりの程度このことを基礎にしている。しかし，私が過去 50 年間に異常空中現象を追いかけてきた中では，とても信頼のできる証人たちが何か未確認のものを見たと言ったとき，彼らの信用を失わせしめる何かの理由があるようだ。よろしい，天空のことなら何でも知っている人がいるというなら，私はキリストの再臨をお見せしよう。まったく簡単な話だ！　どれほど技術的な資格を持っていようと関係ない——そこにいないで見解を表明し，彼らはあれこれの馬鹿げたものを見たのだと言う連中のことは気にしない。私の疑問は，彼らはどこで降りたのか，彼らを降ろし専門家に仕立て上げた停留所は何だったのかということだ。しかし，私は実際にそれを目撃もし，任務としてこの現実の問題に対処していたのだ。

これらの現象（*UFO）がグラッジ計画よりもずっと以前からこの惑星を訪れていることを，私は心から信じている。その十分な証拠はあると思う。この惑星についてもっとよく知れば，我々が本当に知っているのはわずかだということを，もっと知るようになる。だから，科学は発展し続けなければならないし，我々は学び続けなければならない。

… … …

CB：それについてはあまり覚えていない。たとえばガンカメラ（*機銃に取り付け攻撃の成果を測るために使用）映像はほとんど見なかった。むしろ写真を見ることが多かった。

SG：UFO のガンカメラ映像が存在すると聞いたことがありますか？

CB：間違いなく存在する。しかし，それはとても注意深く扱われるので，通常は目に触れなかったはずだ。

[ここでブラウン中佐は，グラハム・ベスーン中佐や他の証人たちが観察したことを繰り返していることに留意されたい：UFO を扱う計画の特徴である区画化は，グラッジ計画の内部で働いていたブラウン中佐のような人間でさえ，他の証拠，計画，情報に接近できない状況をつくり出す。SG]

CB：トルーマン大統領は，ホワイトハウス空域の［これらの物体について知っていた］むしろ一人の当事者だった。私は［ホワイトハウス上空の］隊列を組んだ未確認物体，いわば光球群のレーダー写真を見たことがある。これらはレーダーに映り，地上からの視認，地上レーダー，航空機からの視認，および航空機搭載レーダーにより確認された。不思議なことに，航空機からの視認では 2，3 機の戦闘機がそこに近づくと，それらは思いのままに姿を消した。

［ここで彼は，1952年7月にホワイトハウスおよびその周辺空域で起きたUFO群との遭遇（*ワシントン上空でのUFO乱舞事件）について述べている。SG］

こうして，トルーマン大統領は当事者になった。彼はすべての新聞見出しと物体群の写真を見た。彼は，これらの物体群を調査する責任者が必要だと言った。ジョン・サンフォード将軍が空軍情報部長だったと思う。誰かがサンフォード将軍が空軍情報部長だと言うと，トルーマン大統領は，彼がこれの責任者か？と訊いた。彼らは，そのとおりです，全般の責任者ですが……と言った。トルーマンは，彼は調査を担当しているのか？と訊いた。彼らは，いいえと言った。それならライト–パターソン空軍基地にいる一人の将校だった。トルーマンはこう言った。では彼を連れてきて，私に説明させよ。彼らは確かにワシントンに飛んできた。彼は大統領に状況を説明したはずだ。

その後英国にいたときのことだが，彼らは北海域でNATO（北大西洋条約機構）の演習を行なった。そのとき，これらの小さくて友好的な光体が2，3個，場周経路に入ってきた。それらが着陸せずに甲板の上を飛んだとき，何が起きたかは想像できるだろう。この事件は海軍を完全に動揺させた。さて，それを新聞が取り上げた。その当時，彼らはこれに関わった甲板員やパイロットたちと話をすることができた。誰もが調査を要求して叫んでいた。彼ら［英国人］は調査機関がないとか何とか言っていた。しかし，手短に言えば数年後，私の上官だった空軍大尉，彼は空軍中将で退役したが……我々はこの事件について話し合っていた。そのとき彼は，UFOを調査している英国の機関は私が3年半勤めた同じ建物の1階上にあると言ったのだ。それでも彼らはその存在を認めなかった！

［この証言は，英国外務省職員ゴードン・クレイトンにより裏付けられている。彼はブラウン中佐を知らなかったが，この問題を扱う英国の秘密機関についてほとんど同じことを語っている。SG］

さて，これは氷山の一角だ。なぜなら，英国ではとても異常な目撃が幾つか起きていたからだ。

[ニック・ポープ，ラリー・ウォーレン，その他の証言を見よ。SG]

彼らはドイツ上空の小さなフー・ファイターズについても話していた。ドイツ人たちはそれが我々のものだと考えていたし，我々はそれがドイツのものだと考えていた。しかし現実的に考えると，光る球体には操縦者を乗せる場所がない。我々を驚かしたり戯れを演じたりする，知性ある操縦者だ。それらはどこか別の場所から来ているものだという以外に説明のしようがない。私の判断，経歴，研究に基づく限り，これはまったく不可解だ。

我々の政府の中にデータ操作を行なうことのできる機関があることは確かだ。そこでは［何でも好きなように］拵えたりつくり直したりすることができる。飛行物体，知的に操作されている飛行物体は，この地球上の我々の物理学法則に基本的に違反してきた。しかも長い間そうしてきた。政府が現時点で――我々はそれを1947年から調査してきた――答えを持っていないことは，何か深刻な裏事情があることを示しているように私には思われる。我々はそれほど科学において無能だろうか？　そうは思わない。我々の知能はそれほど劣っているか？　それほど劣っていないことは確かだ。さて，コンドン博士のグループにより中止されたブルーブック計画だが，これはまったくの取り繕いだった。私にはそう信ずべき十分な根拠がある。

[このことは，政府文書とロバート・ウッド博士，その他の証言により確認されている。SG]

米国政府の諸部門が，何らかの理由により，これまで発生してきた事柄を国民に知らせ損なってきたのだと私は見ている。

UFOは長期にわたり調査されてきたが，一般社会はそれについて完全には知らされていない――ほんの断片，予め決められた対応，そんなものだけが与えられている。だから，あなたが国政選挙［2000年10月］を前にして私に面接取材をしているのは，奇妙なことだ。なぜなら，あなたはただテレビをつけるかラジオを聞くかすればよいからだ。そうすればあなたは，その道の専門家が予め決めたことの結果を聞いたり見たりする。我々は盲人に物を見させたり，けが人を歩かせたり，そんなことをする。我々は人々に一定の流儀で語らせ，彼らに知性があるという。我々は多くのことをする。また，多くのことを隠す。

SG：新エネルギー研究についてのあなたの仕事と，それがいかに抑圧されてきたかについて話してください。

CB：技術マニュアルとMIT（マサチューセッツ工科大学）での研究から，もし完全な乾燥から完全な湿潤に環境が変わったとすると，エンジン効率が2パーセント改善されることを私は知っていた。さて，［我々が発見したこの方法で］空気に湿気を与えることにより――当時していたのはこれだけだったと思う――私は内燃機関の効率を20パーセントから30パーセント改善することに成功していた。もちろん，工学分野の人々や科学者たちはそれを信じようとしなかった。それで私は，よく考えもせずに，エンジン効率を著しく改善するこれらの装置を販売し始めた。そうしたら，奇妙なことが起き始めた。政府，特に連邦取引委員会が介入してきた。EPA（環境保護庁）はそれが機能することに満足した。しかし政府からの支援は何もなかった。ついにEPA長官は，ノースカロライナ州にある同庁の研究所長に電話をし，私と一緒に試験をするように頼んだ。こうして私は，長官が研究所長にディーゼル車を用意させたことは何も知らずに出向いた。私が知る限り，その結果は目を見張る素晴らしいものだった。それはEPA研究所でテストされた中で，あらゆる排出物を同時に低減させ，しかも燃費を23パーセントも向上させた最初のディーゼルだった。私が知る限り，いずれの項目についてもこれと同等の結果を出した人はいない。

連邦取引委員会は後日，明らかな違法行為をした。ワシントンのある大手販売業者の弁護士に宛てた明確な声明は，それが機能するかどうかはどうでもよい，人々にはこれらの大型米国車を買ってほしくない，というものだった。この報告を受けたとき――これは1979年か80年のことだ――政府の役人がそんなことを言うとは信じられなかった。

それで私はワシントンに飛び，議会に行って科学技術委員会のさる上院議員に会った。その法律顧問にも会った。彼は長々と質問をしたが，私は証拠書類を揃えていた。彼は対処すると言った。私がFTC（連邦取引委員会）の態度の不公正さを指摘すると，彼らは連邦取引委員会委員長宛に厳しい非難の文書を書き，その写しを私に送ってきた。それから3週間のうちに，私は車を失った。およそ10万ドル相当の装置と試験車両が盗まれたのだ。

私は陸軍のレースチームに妖精のようなレーシングカーを提供していた。我々がレースに勝って間もなく，彼ら（*妨害グループ）はその車から私の装置を取り外して盗んだ。その陸軍チームのキャプテンは曹長だった。我々はスーパーカーを生み出していた。それを彼らは，カリフォルニア州バンナイズの陸軍から盗んだのだ。それから3週間，私は精神的に参ってしまった。これはただのお話ではない。実際にあったことなのだ。人生の9年間を戦場で過ごした人間として，この話をしないわけにはいかない……これはとても忘れられることではなかった。

[化石燃料に代わり得る，またはそれへの依存を大きく低減させる装置を持った多くの研究者が，この種の仕打ちと妨害行為を受けてきた。ブラウン中佐のような祖国の英雄がこのような扱いを受け，政府や法執行機関の態度が彼に協力的でないことは，私にとり受け入れがたい。その一方で，地球の環境は悪化し続けている。SG]

我々はまた，海事管理局ともプロジェクトを持っていたが，これはとてもうまくいった。結論を言えば，40パーセントの排出低減と同時に，馬力の20パーセント向上，つまり燃料の20パーセント削減が達成されていた。

[私はこれらの研究結果を持っている。実に見事なものだ。考えてもみよ：抑圧がなければ，我々は20年前に40パーセントの排出低減と20パーセントの燃費向上を実現できていたのだ。SG]

プロジェクトの終わり近く，その2箇月前になって，彼らは協定が打ち切られたと言った。このプロジェクトを止めるということだった。それはできないと私は言ったが，もうそのように決まったと彼らは言った。プロジェクトは間もなく終了だ，残り2箇月分の資金はすでに払ったと私は言った。彼らは，その試験結果は公表しない，私のノートと記録のすべてが欲しいと言ってきた。その権利はあなたたちにはないと私は言った。すると彼らは，それに資金を出しているので権利はある，政府と争うなと言った。こうして，私は持っていたものすべてのコピーを何部か取り，方々にばらまき，すべての原本を彼らに送った。このとき何があったのか，私はそのプロジェクトを立ち上げた主任技師に電話を入れたが，彼は一度も出なかった。その補佐役の技師にも電話を入れたが，彼も出なかった。それでとうとう私は経理担当者に電話をした。すると彼は，この二人はもうここにいないと言った。あなたは何を言ってるんだ？ と私は問い詰めた。そうしたら彼は，海事管理局は研究部門を廃止したと言ったのだ！　何者かがこの技術の成功を望まなかったのだ。

さて，後日のことだが，私は仕事で旅行中だった。午前0時を2分過ぎて私の誕生日になったとき，ホテルの部屋の電話が鳴った。もう寝ようとしていたときだった。電話の声が，今すぐ部屋から出てくださいと言った。あなたが何者で，理由は何かを教えてくれたらそうすると私は言った。それはフロント係で，可哀想に声変わりしていた。彼は，あなたの部屋に爆弾があるという電話を受けたところだと言った。それで私は，これ以上議論しようとは思わないと言い，電話を切って外に出た。このときまでには，モーテルからの全員避難が始まっていた。そんな状況だったので，私はホリデー・インに移ると言い，そうした。駐車した場所は目の前の照明のある一角だったが，そのことが私のくたびれた旧式車を災難に遭わせることになった。私はその中に数千ドルの装置を組み込んでおり，気密試験を幾つか行なうために，それをパデュー大学に持っていくところだった。

とにかく，私は翌朝7時15分に外を見た。私の車があった場所には何もなかった。彼らが盗んでいったのだ。警察が2，3週間後にそれを探し出したが，燃料タンクはドリルの穴だらけで，試験装置のすべては消えていた。私は気化器の試作品を仕上げていた。それは私が製作した中では最後のものだった。私は実際に装置をつくり終えていたが，結局何もかも失った。私は再び精神的に打ちのめされた。

私の部屋に爆弾があるという電話だった。だから，誰かが私をつけていたのだ。電話も盗聴されていた。間違いない。これには何ら道理に適うような理由がなかった。私の装置は，この車販売のディーラーを通して購入される車，トラック，バンなど，すべての米国製新車に取り付けて無料で提供された。私は米国製に限定するという条件を付けた。

私の発明は，まったく新しい科学の領域に向かう扉を実際に開けたものだ。これは私だけの考えではなく，物理学，化学，および工学分野の少なくとも三，四人の博士の考えでもある。

燃焼を促進する分子とラジカルが，この現象の進行中に生成される。それは瓶の中に雷を発生させる［その結果，燃費を大幅に向上させ排出を減少させる分子を生成する］。

私の発明は，古い車を使い続けたい人のための後付け改良装置として役立つ。しかし特に有効なのは，汚染を大量に排出する輸送手段に対してだ。たとえば18輪車，ディーゼル車，都市部のディーゼルバス，曳き船，外洋船舶などがある。ヨーロッパ，英国，およびドイツのマックス・プランク研究所での調査に基づけば，発電所のための需要も見込まれるだろう。これは発電所でも利用可能だ。私にはそう信ずべき十分な根拠がある。そこから上がる白煙を見ることはなくなるだろう。最小限の投資でこれが実現可能であることを，私は90パーセント信じている。

だから，私の発明は空気中の酸素を増やす。増えるのはある種の酸化体だけだ。それは二酸化炭素を減らし，地球を救う。使用する燃料が少なくなれば，二酸化炭素は減少するからだ。私が知る限り，それはおそらく最も欠点のない発明だ。

本当を言えば，私は米国政府のある機関から数年前にこう助言されていた。もし，私ができると言っていることが実際にできたなら，それは新しい科学の領域だと。確かにそのとおりだ。なぜなら，それに対抗できる発明はどこにもないからだ。それは，あらゆる熱サイクルエンジンの燃焼用空気，つまり混合気の質を高める一つの方法なのだ。私はそれをプロパンで試し，ディーゼルとガソリンでは数百万マイルの作動試験を行なった。オクタン価75から125のガソリンでも試験をした。これを使えば，通常ならオクタン価92を必要とする乗り物を，ノッキングを起こすことなくオクタン価75で走らせることができる。私はそれを3箇月間行なった。［この技術の］可能性ということに関して，私はその表面を引っ掻いたにすぎない。

もし25年前に石油会社が完全に私を支持していたなら，この地球上の有限資源，石油の利用寿命を延ばしたかもしれない。

~~SECRET~~

~~SECURITY INFORMATION~~

UNCLASSIFIED

STATUS REPORT

PROJECT BLUE BOOK - REPORT NO. 10

FORMERLY PROJECT GRUDGE

PROJECT NO. 10073

27 FEBRUARY 1953

AIR TECHNICAL INTELLIGENCE CENTER
WRIGHT-PATTERSON AIR FORCE BASE
OHIO

UNCLASSIFIED

Copy No. ___6

T53-3695

~~SECRET~~

Testimony of Dr. Carol Rosin

キャロル・ロジン博士の証言

2000年12月

キャロル・ロジン博士はフェアチャイルド社初の女性管理職で，ウェルナー・フォン・ブラウン晩年の代弁者だった。彼女はワシントンD.C.で宇宙空間安全協力協会（ISCOS）を創設し，多くの機会に議会で宇宙兵器について証言した。フォン・ブラウンがロジン博士に明かしたところでは，地球外からの脅威を捏造して宇宙兵器を正当化しようとする計画があったという。ロジン博士はまた，1990年代の湾岸戦争に向けたシナリオが計画された1970年代の会合にも出席した。

CR：キャロル・ロジン博士／SG：スティーブン・グリア博士

CR：私の名前はキャロル・ロジン。私はフェアチャイルド航空宇宙会社の最初の女性管理職になった一人の教師だ。また，宇宙ミサイル防衛顧問であり，幾つかの企業，組織，政府部門，情報機関の顧問をしてきた。私はMXミサイルに取り組んでいたTRW社の顧問だったので，その戦略に加担したが，それは宇宙兵器をいかにして世間に受け入れさせるかの手本だったことが判明した。MXミサイルは私たちにとって不要なもう一つの兵器システムだ。

私はワシントンD.C.に本拠地を置くシンクタンク，宇宙空間安全協力協会を創設し，（*その条約の）起草者の一人として，これまで議会や大統領宇宙諮問委員会で証言してきた。

私は1974年から1977年までフェアチャイルド社の管理職だったが，この期間に今は亡きウェルナー・フォン・ブラウン博士に会った。私たちは1974年初めに会った（*小学校教師だったロジン博士は，生徒向けの宇宙教育プロジェクトを生み出したことで名が知られていた。彼女はこの年に教職を退き，ブラウン博士のもとに行った）。当時フォン・ブラウンは癌で死期を迎えていたが，目下行なわれている策略を私に教えるためにあと数年は生きるつもりだとはっきり言った――その策略とは宇宙を軍事化し，宇宙から地球を支配する，また宇宙そのものを支配する試みだった。フォン・ブラウンは兵器システムに取り組んだ経歴を持っていた。彼はドイツを脱出してこの国に来た。私たちが会ったとき，彼はフェアチャイルド社の副社長だった。死期を迎えていたフォン・ブラウン晩年の目標は，宇宙兵器が愚かしく，危険で，世界を不安定にし，膨大な予算を要し，不必要で，役に立たず，好ましくないのはなぜか，またその有効な代替案は何かについて，国民と政策決定者を教育することだった。

彼は事実上の遺言として，それらの構想と重要な役割を担う人たちは誰かを私に教えた。彼は宇宙の軍事化を阻止するために，この取り組みを継続する責任を私に与えた。癌で死期が迫っていたウェルナー・フォン・ブラウンは私にこう頼んだ。“私の代弁者になってほしい。私の体調が悪くて話ができないときには，君が代理人として出席してほしい”私はそうした。

私が最も関心を持ったのは，一緒に働く機会があった約4年間に彼が繰り返し繰り返し述べた言葉だった。国民と政策決定者を教育するために使われる戦略は，脅しの策略だ……それは何を我らの敵と見なすのかということについての方法だった。

ウェルナー・フォン・ブラウンが教えた戦略では，まずロシアが敵とされた。1974年には実際に彼らは敵，認定された敵だった。私たちは，彼らが‘キラー衛星（*衛星攻撃用衛星）’を持っていると教えられた。私たちは，彼らが私たちを捕らえて支配すると教えられた――彼らは‘共産党員’だからだ。

次にテロリストが敵と見なされ，これはすぐに現実化した。私たちはテロについて多くを耳にした。次に第三世界の国が‘過激派’とされた。今私たちは彼らを懸念のある国々と呼んでいる。しかし彼が言うには，それは宇宙に兵器を建造する上での第三の敵ということだった。

次の敵は小惑星だった。ここまで話したとき，彼はクスクスと笑った。小惑星――小惑星を相手に私たちは宇宙に兵器を建造しようとしているのだ。

そして馬鹿げたことの最たるものは，彼が異星人と呼んだ地球外知性体だった。それが最終的な脅しになった。私が彼を知り，彼のために演説をしていた4年間に繰り返し繰り返し繰り返し，彼はこの最後のカードのことを話題にした。“覚えておきなさい，キャロル。最後のカードは異星人カードだ。我々は異星人に対抗するために宇宙に兵器を建造することになりそうだ。そしてそのすべては大嘘なのだ”

システムに仕掛けられる情報操作の深刻さを知るには，私は当時あまりにも純真だったと思う。そして今，それらの断片はそれぞれ然るべき所にはまり始めた。私たちは嘘と情報操作で囲まれた中に，宇宙兵器システムを建造しつつある。ウェルナー・フォン・ブラウンは，すでに1970年代初期にそのことを気付かせようとしていた。そして1977年に亡くなるまさにその瞬間までそうだった。

彼が語ったのは，その策略は加速されているということだった。彼はそのスケジュールを述べなかったが，誰もが想像できないほどの速度で進んでいると言った。宇宙に兵器を持ち込む策略は，嘘の上に立っていただけではない。人々がそれに気付く前に建造を終えることが意図されていた。

私が初めて彼に会ったその日，フォン・ブラウンは目の前で死期を迎えており，身体にチューブを付けられていた。彼はテーブルを軽く叩きながらこう言った。“フェアチャイルドに来なさい”私は一介の学校教師だった。“あなたはフェアチャイルドに来て，宇宙に兵器を持ち込ませないようにする役割を果たしなさい” 彼は強い眼差しを向けてこう言い，私が彼に会った最初のこの日に，宇宙兵器が危険で，世界を不安定にし，膨大な予算を要し，不必要で，役立たずの構想であると付け加えたのだった。

最後の切り札は，地球外からの敵というカードだった。それを力を込めて言ったその様子から，彼は口に出すのも恐ろしい何かを知っているのだと私は理解した。彼は大変恐れてそれを語らなかった。その詳細を私に話そうとしなかった。もし彼がその詳細を話していたとしても，1974年当時に私がそれを受け入れたか，いやそれを信じたかどうかさえ分からない。しかし，彼はそれを知っていたし，知る必要性（need-to-know）を持っていたことは確かだった。後になって私はそのことを知った。

ウェルナー・フォン・ブラウンが地球外知性体問題について知っていたことについては疑いない。兵器が宇宙に持ち込まれる理由，これらの兵器を建造して迎え撃つ敵，これらのすべてが嘘だということを彼は説明した。地球外知性体が最終的な敵と見なされ，それに対して宇宙兵器が建造される。このことがすでに1974年に画策されていたと彼は述べた。これを話したときの様子から，彼が何かあまりに恐ろしくて口にできないことを知っていたと私は確信している。

ウェルナー・フォン・ブラウンは，地球外知性体に関して詳しいことは何一つ語らなかった。しかし，いつか地球外知性体が敵と見なされ，それに向けて巨大な宇宙兵器システムが建造されるだろうと語った。ウェルナー・フォン・ブラウンは，その情報操作は嘘だと語った——宇宙兵器の前提，それが建造される理由，敵と見なされるもの——すべてが嘘に基づいている。

私は約26年間にわたり，宇宙兵器問題を追求してきた。将軍や国会議員たちとも議論してきた。議会，上院において証言もした。また，100箇国以上の人々とも会ってきた。しかし，この宇宙兵器システムを建造しているのが誰なのか，特定できていない。私はそのニュースを見る。その政策が決定されるのも見る。それらはすべて嘘と貪欲の上に立っているのだ。

しかし，その者たちが誰なのかをいまだに特定できないでいる。26年間もこの問題を追及してきたのに。隠されている大きな秘密があり，その真実を今明らかにしようと思っている人々がいる。国民と政策決定者は，今こそ彼らに目を向けるべきだ。私たちは世の仕組みを変え，あらゆる人々，すべての動物，この惑星環境のためになる宇宙システムを建造する必要がある。技術はすでにある。地球の差し迫った，長期的な諸問題への解決策がそこにある。人々がこの地球外知性体問題について学び始めるなら，私が26年間抱き続けてきたすべての疑問が解決されるだろう。私はそう感じている。

しかし私の結論は，それが少数の人間の莫大な利益と権力の獲得に根ざしているということだ。それは利己主義に関係している。それは私たちの本来のあり方，この惑星に住み，互いに愛し合い，助け合って平和に暮らすこととは関係がない。それは技術を利用して問題を解決したり，この惑星に住む人々を癒したりすることとは関係がない。そうしたことではない。それは彼らの財布と勢力争いのために，時代遅れで，危険で，経費のかかる策略を現実に進めている少数の人間に関係している。それだけのことだ。

私はこの宇宙兵器の策略全体が，まさにこの米国で始まったと考えている。私が望むのは，今明らかにされつつあるこの情報により，新しい政権が正しいことを行なうようになることだ。戦争ゲームを宇宙ゲームに転換し，人々がその技術を軍事技術の副産物ではなく，まさに協同的な宇宙システムを建造するための直接的な技術応用として利用できるようにする。それは全世界に利益をもたらし，存在することが明らかな地球外諸文明との交信を可能にするだろう。

これらの宇宙兵器から誰が利益を受けるのか？　それに関連する領域の人々だ。軍事，産業，大学，研究機関，情報機関の人々。これは米国に限らない。世界中がそうだ。これは世界規模での協同体制だ。戦争とは協同的なものだ。それは平和が実現しても同じだろう。しかし，今の体制から利益を得ている多くの人々がいる。それがこの国の経済が基盤とし，世界中に拡散しているもの――戦争だ。その結果，人々は苦しんでいる。これは正しいことではない。これまでも正しかったことはなかった。人々はこう叫んでいる。“剣を打って鋤の刃に変えよう。平和を実現し世界中と手を握ろう”しかし，これがうまくいったことはない。あまりにも多くの人々が利益を得ているからだ。彼らは金銭的な利益を得ているだけではない。これは私の経験だが，アルマゲドン（*世界最終戦争）の到来を実際に信じている人々がいるということだ。だから，これらの戦争が必要だと。

このように，それは財布から宗教右派にまで関係している：ある人は，こうした宗教上の理由で戦争が必要だと本当に信じている。戦争そのものが好きな人もいる。私はただ戦争に行きたいと思っている兵士に会ったことがある。また，命令を受けるだけの善良な人々，兵士たちがいる。彼らは子供たちを養い，大学にやるために職を失いたくない。研究機関の人々は私にこう言った。このような戦争のための技術を研究したくはないが，そうしないと給料を貰えない。彼らに給料を払っているのは誰か？　しかし私の理解では，これらの技術には二重用途どころか，その同じ技術に対して多くの用途がある。

私たちは宇宙に病院，学校，ホテル，研究所，農場，工場を建造することができる。現実離れしていると思われるかもしれないが，そうしないと戦争基地と兵器を建造することになる。その兵器は私たちすべての喉元に向けられる。私たちはすでにその一部に着手していたようだ。今私たちには実現可能な選択肢がある。私たちのすべてが利益を受けるのだ――軍産複合体，情報機関，大学，研究機関，米国，そして世界中の人々――私たちのすべてが利益を受けることができる。滅亡したくなければ他に選択肢はない。そして私たちは滅亡を望んでいないという事実の上に立ち，最高の意識と精神性をもって決意しさえすれば，この産業の仕組みを容易に転換することができる。そうすれば，私たちのすべてが金銭的，精神的，社会的，心理的に利益を得ることができる；この策略を今すぐ転換することは，技術的にも政治的にも実行可能だ。そうすれば皆が利益を受ける。

私は1977年にフェアチャイルド社のある会議室で開かれた会合に出席していた。その部屋は戦略室（War Room）と呼ばれていた。そこでは壁に敵，敵と認定された名前と共に，多くの図表が張ってあった。他にもまだ扱いのはっきりしていない対象の名前，サダム・フセインとかカダフィなどの名前もあった。しかし私たちはそのとき，テロリスト，潜在的なテロリストについて話し合っていた。それまで誰もこれについて話したことはなかったが，これは宇宙兵器を建造するために必要な，ロシアの次の敵だった。この会合で私は立ち上がってこう言った。“ちょっと待ってください。建造する宇宙兵器の対象として，なぜ私たちはこれらの潜在的な敵について話し合っているのですか。彼らは今敵でないことをご存じでしょう？”

彼らは会議を続けたが，それはこれらの敵を怒らす方法，そしてある時点で湾岸に戦争，つまり湾岸戦争を起こすことに関するものだった。これは1977年，1977年の話だ！　彼らは湾岸地域に戦争を起こすことを話し合っていたが，このときまだそれとは確定されていなかった宇宙兵器計画には250億ドルの予算があった。少なくともそれは戦略防衛構想（SDI）（*1983年にレーガン大統領により提唱された）とは呼ばれていなかった。1983年まではそうだった。この兵器システムは，明らかにそれまでかなりの期間継続されていたが，これについて私は何も知らなかった。だから，私はこの会合で立ち上がって言った。“これらの敵に対する宇宙兵器について，なぜ私たちが話し合っているのか，その理由を知りたいと思います。このことについて私はもっと知りたい。どういうことなのか，誰か私に教えてくれませんか？”誰も答えなかった。彼らはまるで私が何も言わなかったかのようにこの会合を続けた。

突然私はその部屋で立ち上がり，こう言った。“次世代の兵器システムを開発するのに必要な一定の予算があるときに，あなたたちは湾岸における戦争を計画している。その兵器システムは宇宙兵器が必要な理由を国民に受け入れさせる最初のものになるでしょう。戦争を計画している理由を誰も説明できないなら，私は辞任します。再びあなたたちに連絡することはないでしょう！”誰も何も言わなかった。なぜなら，彼らは湾岸の戦争を計画していたからだ。それは正確に計画どおりの時期に起きた。

SG：誰がその会合に出席していたのですか？

CR：その部屋は転身ゲーム（revolving door game）に身を置く人たちでいっぱいだった。一度は軍服姿を見たが，別のときにはグレースーツや企業の服装という人たちがいた。これらの人たちは転身ゲームに興じている。彼らは顧問，企業人，また軍人や情報機関員として働く。彼らは企業で働き，これらのドアを通って政府の役職へ転身する。

この会合で私は立ち上がり，私の理解が間違っていないかと訊いた。宇宙兵器予算として250億ドルが使われており，次世代兵器を国民と政策決定者に受け入れさせるために，湾岸で戦争が故意に起こされようとしている。この戦争は古い兵器を放出し，まったく新しい兵器体系を構築するためのものだった。だから私はこの役職を辞めた。この企業のためにはそれ以上働くことができなかった。

1990年頃だったが，私は居間に座って宇宙兵器の研究開発に使用された資金のデータを眺めていた。そして，それがあの数字，約250億ドルに達していたことを知った。私は夫に言った。“私は今何もしていない。私は今何もしないで座ってCNNテレビを見ている。戦争が起きるのをただ待っているのよ”夫はこう言った。“君はとうとう頭がおかしくなったな。どうかしてるよ”友人たちはこう言った。“今度だけは君は度を越している。湾岸に戦争が起きる気配はないし，誰もそんなことは話していない”

私は言った。“湾岸に戦争が起きることになっているのよ。私はここに座って，ただそれが起きるのを待っているんだわ”そして，それはまさにスケジュールどおりに起きた。

湾岸での戦争ゲームの一部として，国民は米国がロシア製スカッドミサイルの撃墜に成功したと教えられた。私たちはその成功に基づき，新しい予算を正当化しようとしていた。しかし，次世代兵器のための予算が承認された後で，私たちはそれが嘘だったと知った。事実はそういうことだった。私たちが教えられたようにはその撃墜に成功していなかった。それはすべて嘘だった。もっと多くの金をその予算に盛り込み，もっと多くの兵器を製造するためだった。

私はロシアが‘キラー衛星’を持っていると言われた頃，単独で同国に行った者の一人だった。

[ポール・シス博士の証言を見よ。SG]

1970年代の初期にロシアへ行ったとき，私は彼らがキラー衛星を持っていないこと，それが嘘だということを知った。実際，ロシアの指導者と人々は平和を望んでいた。彼らは米国および世界の人々と協力したいと望んでいた。

サダム・フセインが油田に火をかけていたとき，私はサダム・フセインに電話したことがあった。私が電話しているとき，夫は台所にいた。サダム・フセインの近くにいた主席随行員から折り返しの電話があり，こう訊かれた。“あなたは記者か？　工作員か？　なぜ知りたいのだ？”

私は言った。“いいえ。私は宇宙の軍事化を阻止する運動の立ち上げを支援した一市民です。兵器システムと敵について私が教えられてきた多くの話は，事実でないことを知りました。これらの油田に火をかけるのを止め，人々と敵対することを止めるために，何をすればサダム・フセインは満足するのか，私は知りたいのです”彼は言った。“そうか，今まで誰もそれを彼に訊いたことはなかった。彼が何を望んでいるかということを”

… … …

だから，私が地球外知性体による脅威の可能性を聞いたとき，それは嘘だと知った。なぜなら，私は数千年間続いてきたかもしれないET地球訪問の歴史を知り，軍，情報機関，企業の誠実な人々が，UFOについて，その墜落と着陸について，地球外知性体の生存者と遺体について自らの体験を公表するのを聞いていたからだ。もし私が，これらが敵で宇宙兵器を向けるべき相手だと教えられたとしても，軍産複合体で兵器システムと戦略に取り組んだ個人的経験に照らし，それは嘘だと知るだろう。それは嘘なのだ。

私はそれを信じないし，出かけていってありったけの大声で，人々にそれを調べてみるように言うつもりだ。彼ら［ETたち］は私たちをさらっていっていない。私たちは数千年間に及ぶ彼らの訪問を経てもちゃんとここにいる。もし実際に彼らが今も訪問し，私たちが被害を受けていないなら，私たちはこれを敵意のない出来事と見るべきだ。

私はこれらの地球外知性体と交信し協力するために働いている人たちと一緒に仕事をし，自分にできることは何でもしたいと思っている。彼ら（*ETたち）が敵意を持たないのは明白だ。私たちはここにいる。これこそが十分な証拠ではないか。

この惑星上での生き方を選ぶことには何の制約もない。それを選択する機会が私たちには与えられている。しかし，その窓は急速に閉じられつつあると思う。私たちにその決心をするための時間が多くあるとは思えない。私たちはあまりにも多くの危険な道に接近し過ぎている。その道は何らかの恐ろしい災害に，進歩した技術か新種の兵器かはともかく，それによるある種の戦争の発生につながっている。

私たちにはリーダーシップが必要だ。まずは米国大統領から始めなければならない。私たちすべてがその心に影響を与えるべき人，それが米国大統領だ。あなたが国際人でも，他国にいる人でも，米国にいる人でも，どの政党どの宗派の人であろうと――米国の最高司令官である米国大統領こそが，その心を動かされるべき人なのだ。すべての宇宙兵器の最終的で包括的かつ検証可能な禁止を望んでいると，私たちは言う必要がある。

Testimony of "Dr.B"

"B 博士"の証言

2000 年 12 月

"B 博士"は，そのほぼ全生涯を極秘プロジェクトのために働いてきた科学者であり，技術者だ。彼は多年にわたり，反重力，化学兵器，防御された遠隔測定および通信，超高エネルギー宇宙レーザーシステム，電磁パルス技術といったプロジェクトで当事者として働いたり関わったりしてきた。"B 博士"は，あるグループがこれらの宇宙兵器を用いて，地球外宇宙機とその搭乗者たちを撃墜したことを直接に知っている。少なくとも一度の機会に，彼は地球外宇宙機を直に目撃した。

DR. B："B 博士"／SG：スティーブン・グリア博士

DR. B：私は 1943 年に生まれた。ノーマン・ミラーが私を取り上げ，私は MK ウルトラというプロジェクトの一人になった。それがすべての始まりだ。父は世界的に名の知れた科学者になり，ヘンリー・フォードやハワード・ヒューズとも一緒に働いた。

だから，トランプ流の言い方をするなら，私は運のいい精子バンク科学クラブの出身者だ。子供ながらにそのことは知っていた。優れた親を持つ子供たちは，その多くの場合が DNA 研究の対象になっていた（そうしたことは実際にベトナムで表面化した。戦争を拡大させた一因なのだが，それはまた別の話だ）。しかしともかく，彼らは私を観察し続けた。案の定，私には科学的才能が備わっていた。

私は 9 歳のとき，ミシガン州アナーバーで大学との共同科学プロジェクトに取り組んだ……

ミシガン州を後にしたのは 15 歳のときだ……政府が私を空軍に入れることを決めたので，私は 15 歳のときに空軍行きの手続きをした。このとき政府が入ってきて，私の名前を変えた。私はB・Bだったが，彼らはそれをF・Bに変えた。

[偽装工作がきわめて深いレベルで行なわれる場合，こうしたことは珍しくない。上司の名前が変わることについて述べているデニス・マッケンジーの証言を見よ。SG]

母は私の名前が変わることをまったく理解することができなかった。父はそのとき遙かカリフォルニアにいた。

こうして，彼らは私の前に姿を現した。まるで本から取ってきたような話だが，本当のことだ。彼らはCIA（中央情報局）とFBI（連邦捜査局）を一人ずつ連れていた。私に有無を言わせないためだったと思う。私は書類にサインをし，16歳で空軍に入った。彼らは私をリトルロック（*アーカンソー州）に連れていき，この陸軍基地のすぐ外側に置いたが，そこは化学戦と細菌戦を担う部署だった。

私は17歳になるまでの6箇月間そこにおり，それからラックランド空軍基地（*テキサス州）に行って訓練を受けた。そこを終えると，彼らは私をキースラー（*ミシシッピー州，空軍基地）に連れていき，その後はUSAFIだった。私は軍隊協会，USAFIで約1年間早期警戒レーダーを学び，その技術を持ってポイントアリーナ空軍駐屯地（*カリフォルニア州，1998年に閉鎖）に行った。我々はポイントアリーナに行き，325メガヘルツから425メガヘルツの局部発振器周波数でレーダーセットを稼働させた……

我々はAN/FPS-35レーダーを持っていた。それは466フィートのアンテナ（*アンテナの幅は約120フィート）を取り付けた9階建ての構造物で，そのパワーは5メガワット，HAARP（ハープ）よりは遙かに小さく，探知距離は455マイルだった。当時その情報はすべて機密扱いだった。

我々はそれを探査セットと呼んでいた。それで北カリフォルニアの上空を毎夜見ていたのだが，そのとき何千というボギー（UFO）が，ポイントアリーナから約20マイルの場所に降りてきたのだ。それらは時速2万マイルの速度で降りてきた。その後バハ（*バハ・カリフォルニア半島）付近まで南下して左折し，メキシコを横断した。メキシコでは，それらが時速5,000マイルで飛ぶのが目撃された。ボギーは時速2万マイルの垂直降下をし，時速5,000マイルの水平飛行をした。ほぼ毎夜だった。我々の部屋にはPPIスコープという装置が備えられていた。つまり，Planned Position Indicator Scopes（平面位置表示器）だ。

彼らはDDSフォーム332に記入し，警備の軍曹に渡していた（*DDSフォーム332は軍内部で未確認飛行物体を指揮系統上位に報告するときの様式）。なぜなら，ここは二重保安区域だったからだ。

装置に不具合が生じると，私が行って原因を調べ，解決した。私の認証番号は186017，その後が69か89だった。それが私の空軍の番号だ。確認してほしい。

しかし，彼らはその［UFO］報告のほぼ半数をシュレッダーに放り込んで破棄した。これは実に奇妙なことだった。あなたもそう思うだろう。大量のクズがそこで生産されていたというわけだが，しかしそれは私が軍で経験する不可解な物事の始まりにすぎなかった。

これは1961年か1960年のことだ。我々はこの報告を，ノバト［カリフォルニア州］の内陸側にある［よく分からない］空軍基地に上げた。報告は1,000件に達した。我々はSAC，戦略空軍部隊の一つだったが，こうしたことが一年中続いた。

ある日の午後，私はハリー・バンティング少佐にこう訊いた（*原文では担当下士官のハリー・バンティング少佐という矛盾した表現になっている。フレッド・ベル博士の著書によれば，尉官だったB博士はまず担当下士官に報告破棄の理由を訊いた。しかし埒が明かず，基地指揮官のハリー・バンティング少佐とこの問題について議論した）。“なぜ我々は報告，DDS332を破棄しているのですか？　私が納税者なら，UFOについての真実を隠す必要があるでしょうか？”彼が“政府がそうするように命じているからだ”と言うので，私は“もう政府を信じない”と言った。私は政府を信じることができない。

後年，私は［幾つかの］会社のコンサルタントになった。ラスベガスのEG&G社にはよく出向いたが，それは彼らがエリア51に行くときだった。また，テキサス州アマリロの原子力委員会（AEC）にも出かけていった。身分を隠したCIA職員と一緒に，ニュージャージー州マレーヒルのベル電話研究所にも行った。ラングレー（*バージニア州，当時のCIA本部所在地）に行くのは常にCIAのためだった。クワンティコ（*バージニア州，FBI訓練所）にもよく行ったが，そこではFBIのために働いた。私はどこへでも行った。なぜ私はどこへでも行ったのか？　ご覧のとおり，ここにはいろいろなものがあるが，そのすべては私がつくったものだからだ。私は計装専門家であり，7歳の頃からそれを得意にしていた。

私は自分の会社を持っていた。スコープス・アンリミテッドという名前だ。それ以前にはEHリサーチ社で働いた。私は高給取りで給料はとてもよかったが，1971年にそこを退職した。

ロックウェル社の契約でNASAに来る前，まだオートネティックスにいた頃の話だ。私はアイグラス（EYEGLASS）と呼ばれるプロジェクトで働いた。プロジェクトは10億ワットのレーザーシステムに発展したが，それは宇宙から発射して異星人を撃墜するために使うものだった。私はそれを見たことがある。私はそのプロジェクトで働いた。

こうして，私が政府の側に身を置いたとき，マレーヒルのベル電話研究所から発信された何か奇妙な情報を目にするようになった。

SG：我々が実際にET宇宙機を標的にして攻撃したことがあると言っているのですか？

DR. B：そのとおりだ。間違いない。

私にはノーム・ヘイズという友人がいる。彼は今この通りに住んでいる。彼もロケット科学者だが，実際にレーザー分野に関わっている。

我々はこれらのシステムを1962年，1963年に開発した。それは1960年代に実に強力になっていた。

SG：それがどのようなものか，説明してください。

DR. B：それはプラズマと呼ばれている。それは電子プラズマ光線と呼ばれている。

SG：それらは宇宙に設置されているのですね？

DR. B：そう，そのとおりだ。それらは宇宙に設置されている。しかし今は747（*ボーイング747機）にも積まれている。1年ほど前，ポピュラーサイエンス（Popular Science）誌の表紙にもあった。それは彼らが開発した新しいレーザープラズマ装置だった。

[議会からの召喚があるまで名乗り出ることを躊躇している幾人かの証人は，我々が地球外宇宙機を標的にしたことがあり，現在も標的にしていること，そのうちの数機が破壊されたことを私に確証した。もしそれが事実なら，そして私の情報源はそれが事実であることを示唆しているのだが，これは世界の安全保障にとり人類史上きわめて重大な脅威であり，適切な監督を逃れている秘密がどれほど我々の安全を危うくするかをはっきりと示している。SG]

私はヒューズ・エアクラフト社とTRW社で働いたこともあり，そこで行なわれているすべてのプロジェクトに関係していた。ヒューズ社が取り組む主な分野は，他の誰も聞くことも盗聴することもできない，機密チャンネルを使った宇宙飛行士との間の遠隔通信だった。

[UFOとの遭遇を伝えるアポロ宇宙船からの送信を機密チャンネル上で聞いたハーランド・ベントレーの証言を見よ。SG]

私はロッキード・スカンクワークスでも働いた。そこで，こうした種類のあらゆる物事が起きるのを見たのだ。つまり，私がそれをしたという意味だが，それについては話すことができなかった。

だから，本当に私は必要な人間だった。自慢するわけではないが，ここにある論文はすべて私が書いたものだ。いつも新聞やエレクトロニック・ニュース（Electronic News）などに出ていた。

私がEG&G社にいたとき，そこの警備はとても厳重だった。同社の工場にはあちこち行ったが，その一つがラスベガスにあった。私がいつもそこに行っていた理由は，私がEHリサーチ社にいたときに我々が単発試験という技術開発に取り組んでいたからだ。この技術は後にEMP，電磁パルス技術として知られるようになった。私はその測定装置を開発したパイオニアの一人だった。EMPにはずいぶん力を注いだが，それがそこにあった。

ところで，EG&G社は国内の至る所にあった。それはドイツの会社だったと思う。しかし，ラスベガス工場だけは常に少し違っていた。

マーチン・マリエッタ社とTRW社の写真が私の本の中にある。それらはすべて今もそこにある――私がこれらの場所で働いたことを示すものだ。

我々はまた，1950年代に五大湖の向こう側のカナダで磁気プロジェクトを行なった。それが私の本に書かれている。我々はライト-パターソン空軍基地とデンバーのマーチン・マリエッタ社でも行なった。ボール・ブラザーズ社；私は彼らの工場に何度か行ったことがある。彼らは広口ガラス瓶をつくっているが，ある種の最先端航空宇宙用品もつくっている。ロックウェル社，ロッキード社，ダグラス社，ノースロップ社，グラマン・エアクラフト社，TRW社。ヒューズ・エアクラフト社は重要な関与をしていた。私はロサンゼルスにあるヒューズ社の施設で働いたことがある―― 一つはここフラートンにある。当時，私は両方の施設で多くの極秘プロジェクトに取り組んでいた。

SG：何をしていたのですか？

DR. B：反重力だ。実際，私はマリブ（*ロサンゼルス近郊）にあるヒューズ社に出かけていったものだ。彼らはそこに大きなシンクタンクを持っていた。巨大反重力プロジェクト；私はそこで彼らに話をし，アイデアを与えた。なぜなら，彼らは私のすべての装置を買い取ったからだ。

［マーク・マキャンドリッシュ，ウィリアムズ中佐，ドン・ジョンソンの証言も参照されたい。彼ら全員が反重力プロジェクトのものであるヒューズ社の設計図を見た。SG］

しかし，米国民はそれについて決して，決して知ることはないだろう。

私には航空宇宙分野で働いている仲間たちがいる。我々は時々小さな会合を持つ。そのとき，私の友人の一人は円盤を飛ばした。あなたは多分その円盤を見たことがあるだろう。ご存じエリア51からだ。

この空飛ぶ円盤は小さなプルトニウム反応炉を内蔵している。それは電気を発生し，これらの反重力円盤を駆動する。我々には次世代の推進装置もある。それは仮想フィールドと呼ばれ，それらは流体力学波と呼ばれる。

そのアイデアを実験室に持ち込み，プラズマシステムの中で12種類の異なるレーザーを用いると，そこに流体力学波が生じる。そのようにすると，あなたが写真に撮った三角形の飛行物体をつくることができる。彼らはこれらの物体を英国ベントウォーターズの近くで組み立て，その場所で飛ばした。

私がNASAを去った理由：私が宇宙船について話し始めたことだった。私にはシールビーチ（*カリフォルニア州）で一緒に働いた何人かの友人がいる。我々はそこでサターンIIロケットの2段目をつくっていたのだが，私はつくづくこう思い始めた。我々はここで一体何をしているんだ？［ロケット推進を使うのは］馬鹿げている。ウェルナー・フォン・ブラウンがそこにいたし，彼の親衛隊もいた。彼らはいつも黒い衣服，スキーズボン，金色ヘルメットを身に着けていた。つまり，これらの人々はナチスのように盛装していた。本当にそんな格好だった。我々はNASAの結構な地位にいる何人かの人の周りで，サターンがいかに馬鹿げているか，電気重力［反重力］推進を使い始めることがいかに必要かを真面目に議論した。その結果，私はかなり深刻なトラブルに巻き込まれてしまった。基本的には，ここでそういう話はするなという警告になった。他にもまだあったが，すべてを話す必要はないだろう。

SG：あなたはウェルナー・フォン・ブラウンを知っていましたか？

DR. B：個人的に知っていた。

SG：彼はこのUFOの問題について何か知っていましたか？

DR.B：彼はこれについてあまり話さなかった。私は彼の家族を何人か知っていた。彼は大変家庭的な人間だったが，信じられないほど神経質だった。だから彼は生涯を通して潰瘍を患ったのだ。私が彼から求められたのは，ロックウェル社の品質管理をすることだった。というのは，ここで多くの火災が発生していたからだ。そのために爆発事故も起きた［ケープで宇宙飛行士たちが犠牲になった］(*1967年1月27日，ケネディ宇宙センターでアポロ1号に発生した火災により，訓練中の三人の宇宙飛行士が死亡した)。我々は予算超過と呼ばれる状態にあった。［ロックウェル社の］我々は儲けに儲けていたので，その余剰金で何でも買った。

彼らは散財し，結局はそういうことになった。つまり予算超過だ(*ロックウェル社の事業は拡大路線を続けていた)。それに加え，彼らはメキシコ人を多く雇った。我々技術者は仕事を終わらせるために，メキシコ人を使わなければならなかった。しかし，メキシコ人技術者の多くは間もなく仕事に身を入れなくなった。つまり，書類上だけで仕事を終わらせるようになった。結局，できの悪いロケットができあがり，それがケープ(*ケネディ宇宙センター)に行った。誰かが犠牲になるのは予想されていたのだ。

私は，この反重力推進問題を人々に話していただけではない，フォン・ブラウンにもそれについて話していた。ご存じのように，私はよく喋る。そのときはもっとそうだった。

さて，我々がサターンロケットを格納庫から引き出していた最初の夜，私は揺り起こされた。私はコンピューター操作卓に座り，よく眠っていた。明け方の4時に，技術者の一人が近寄ってきて私を揺り起こした。“B博士，外に来てください。何か大変なことが起きています”今起こっているというのだ。“何だ？　一体何が起きているんだ？”と私は言った。彼らはちょうど鳥［サターン］を引き出し，皆で写真を撮っていた。そのとき，1機の大きな円盤がカリフォルニア州シールビーチに降下してきた。それが空中静止している写真を私は持っていないが，その降下した円盤を400人の従業員が見た。それは1966年の4月頃，早春の朝4時だった。

SG：どのようにしてこれが完全な秘密にされてきたのですか？

DR. B：一緒に働いていた何人かの人がある計画の途中で消えてしまい，消息を絶ったことを私は知っている。彼らは文字どおり消えた。私の仕事の全期間を通じてその証拠がある。その人たちはプロジェクトのために出ていった［そして消えた］。しかし，［これから身を守るために］私はプロジェクトのためにどこにも行こうとしなかった。何か奇妙なことが起きていると分かったからだ。そうして，多くの人々が本当に消えてきたのだ。彼らは上の人たちだ。

マレーヒルのベル電話研究所にいたとき，彼らは何かの物質について話していた。後になって知ったのだが，それはロズウェル墜落事件の際に持ち帰られたものだった。光ファイバーではなく，何か別の光学物質だった。

[フィリップ・コーソ大佐，ドン・フィリップス，その他の証言を見よ。SG]

私が知っているもう一人の人物は，船（*宇宙船）に関わっていた。ARV（*複製された異星人の輸送機）と呼ばれる，逆行分析（reverse engineering）により建造された船だ。

[Alien Reproduction Vehicle（ARV）。マーク・マキャンドリッシュ，その他の証言を見よ。SG]

それはエリア 51 でそう呼ばれていた。彼とその精鋭グループは CIA 系のある攻撃部隊にいたが，アリゾナ州で 1 機の宇宙船を発見した。彼らはそれを隠せるだけ隠し，ある博物館に売ろうとしていた。しかし結局は没収された。つまらない隠し事はいつだってばれる。名前は思い出せないが，私の友人の一人はラスベガスに住んでいて CIA と一緒に働いている。彼をそこに引き込んだのは私だった。彼はエリア 51 に連れていかれた。彼は医者だったが，そこでこの巨大な地下施設と，飛んでいる実際の船を見せられた。三角形の宇宙船で地球外のものだった。

この友人は，私を介して彼らの情報提供者になった。彼は最初そうなることを死ぬほど怖がったが，以前 FBI のために働いていたし，そのとき我々は友人だった。こうして，これらの人々はいつのまにか私の人生に入ってきた。私の友人の何人かは FBI とシークレットサービスで働いている。こういう組織は彼らを引き入れる。彼らは直接仕事をするわけではなく，情報提供をする。それをどう言えばよいのか：国家公安とか，何かそのようなことだ。こうして彼らはある時点で洗脳され，別の人格になる。

［‘学校’と，そこに入った者がいかに嫌な人格に変わって出てくるかを述べたクリフォード・ストーンの証言を見よ。SG］

いずれあなたには何人かの名前を教えるつもりだが，今はそうしない方がよい。なぜなら，彼らは怒るだろうからだ。しかし彼らは大変な有名人で，何人かはエンターテイメント業界の大物だとだけ言っておこう。大変な大物だ。

私は空軍にいたときに有名になった。それが命を守る唯一の方法だったからだ。それは功を奏した。

SG：それが，私がこれまで行なってきたことです。

DR. B：そのとおり，あなたはそうでなければならない。私はとても有名になった。1980年代には数百万人の人々が私の名前を知っていた。

私がアスペン（*コロラド州）にいたとき，そこのFBIハウスに滞在していた。その家は，ロサンゼルスに住んでいる私の友人が所有していたものだった。あなたが見たそれらの［UFO］宇宙船の写真は，その家から撮られたものだ。私はそれを［アスペンにある彼の家の］窓から撮った。それが人々にどんな反応を引き起こしたか（*B博士がこの家に設置した波動送信装置に反応してUFOが飛来した。町民のほとんどがそれを目撃したため，そのニュースがアスペン・タイムズ紙に掲載された），あなたはご存じか？　彼はそれについて知っていた。彼の家にそれがあったからだ。私はそのグループにいるが，今はあまり関わっていない。今私には意見を同じくする強力な友人が何人かいる。彼らは私がしていることを実によく理解している。だから，歩みは遅いが我々はこれを明るみに出しつつある。

私はそれについて，プロジェクト・モナーク［政府の無法プログラムによる麻薬密輸］についてはよく知っているが，あのキャシー・オブライエンの話に出てくるような物事には関わっていない。私がそのプロジェクトに巻き込まれた理由は，政府職員だったときにコカインの点滴薬を幾つか見ていたからだ。しかし，当時はそれが何なのか分からなかった。後年になって，私はそれが何だったのかを知った。それを見たのはアーカンソー州だ。ブラックボックス資金［無法極秘プロジェクトの財源］がそれ［麻薬資金］から来ていたので，これを知るようになったのだ。

SG：何からですって？

DR. B：コカインだ。基本的にDEA（麻薬取締局）がしていることは，もしあなたがマフィアで，CIAと一緒に仕事をし，協力的ならオーケーということだ。協力的でないと，マヌエル・ノリエガ（*パナマの軍人，政治家）のようになる。それが彼に起きたことだ。しかし，暴力団員はもちろんそんなに有名ではないから，彼らがDEAによって始末されるときには，世間に知られることも，フロリダでの滞在を楽しむこともない。

[この証言は突拍子もなく聞こえるかもしれない。しかし，私はこれらの闇のプロジェクトと麻薬取引をつなぐ別の信頼できる筋に面接取材をしている。その一人，サイク（SAIC）社のある上級取締役は，直接私にこう語った。これは事実であり，'知る必要性（need-to-know）'レベルの機密作戦のもとで麻薬密輸だけに従事する，実に8,000人規模の部隊がある。また，この8,000人（我々がこれについて話した1997年時点での人数）のうちの2,000人が，些細な機密保全誓約違反のために殺されてきたと。そして彼はこう断言した。これ（*麻薬取引）が主要な闇資金源の一つであり，この国を荒廃させている。しかし，それを終わらせるためにこの強力な殺し屋集団に進んで立ち向かおうとする者は誰もいない。SG]

ブラックボックス・プロジェクトの内部にいたため，こうしたことが私の周りで起きていた。当時はそれがすぐ身近で起きていた。これは1960年代の昔のことで，今ではない。その後，友人と話したり，ここのボヘミアンクラブに関わったり……本を書いたり，あの友人がその後どうなったかを語り合ったり，まあいろいろ回想し始めたとき，やっとすべてが私の中で一つにまとまったのだ。それはまったく途方もないものだった……

（*原文では，他の関連資料にはある以下の段落が欠落している）

誰が［ホワイトハウスの］中にいるかは関係ない。なぜなら，産業界が今これを支配しているからだ。特別利益団体――それは現在この国のすべてを動かしている基盤だ。

SG：特にどの業界ですか？

DR. B：どの業界かって？　石油業界だ。ご存じのとおり，どちらの陣営の候補者もガソリン価格については一言も言わず，それを放任してきた。彼らはヨーロッパ並みにガロン当たり4ドルになるまで価格をつり上げるだろう。
ジムという名前のこの人物とは仕事仲間だ。彼は以前ハワード・ヒューズのもとにいた。ハワード・ヒューズもまたそれについて知っていて，彼を雇ったのだ。ジムは科学者で，私と一緒に働いたことがあったが，反重力に真っ向から取り組み，それに夢中になっていた。彼らは幾つかの実質的成果を上げた。

SG：ロッキード社は反重力に何か関わりを持っていましたか？

DR. B：もちろん，関わっていた。これはプロジェクト・マグネットにまで遡る。ベル・エアロスペース社――彼らがこのプロジェクト・マグネットを担っていた。私は五大湖の向こう側でそれに取り組んでいた人々と話をしていた。プロジェクト・マグネットは，米国とカナダが合同で取り組んだ最初の反重力プロジェクトだ。その結果，彼らは実際に飛行する円盤を持った。その写真があちこちにある。

SG：それは何年のことでしたか？

DR. B：1951年だ。

[ウィルバート・スミスによるカナダ政府の文書，およびフィリップ・コーソ大佐とその子息，クリフォード・ストーン等による関連証言を見よ。SG]

何年か前に，NASAエイムズ研究センター，モフェットフィールドから一人の人物がやってきて，私を夕食に連れ出した。彼は政府カードその他何やかやを見せて，こう言った。“少ないが，あなたのために5万ドルの補助金を用意しました”私は“とても興味深いお話だ。長い間，NASAのためには何もしてこなかった”と言った。彼は“ジェット旅客機の燃費を改善するために，風圧の抵抗を減らすアイデアをあなたに出してほしいのです”と言った。私は“やりましょう”と言った。

このことも私の本に書いてあるし，その写真も手元にある。私は彼にデザインを示し，737（*ボーイング737機）を取り上げてこう言った。“エンジンを火炎ジェット発生器にしよう。それはきわめて強力な静電エネルギー発生源だからだ。そこから数百万エルグもの電気エネルギーが無駄に捨てられている。それを利用するのだ。飛行機の主翼の前縁部に正電荷を集め，後縁部の表面に負電荷を集める。方向舵，昇降舵，尾翼の前縁部についても同様だ。マイラーを絶縁体とし，白金ロジウム板を使って大量の正電荷を蓄える。速度が上がれば上がるほど，多くのエネルギーが放出される。特に後縁部において正電荷を帯びた粒子が多く放出される。そうすれば風の抵抗が減り，この飛行機の場合はほとんどゼロになる”

“それは200ノットか250ノットあたりで，離陸直後に機能し始める：それはV-3（*第二次大戦中にドイツ軍が開発を試みた多薬室砲）の速度に達する。高度を増すと，その効果は驚くべきものになる”私は彼に何枚かの図面を送った。一週間後に彼は電話をよこし，こう言った。“B博士，これは我々があなたにお願いしたことの範囲を超えています。これはできません”これはできないと彼は言った。私は“どうしてできないのか。これは実現可能だ”と言った。彼は“ええ，これは実現可能でしょう。しかし我々はこのような技術を使いたくありません”と言った。この会話から，私は何かがおかしいと気付いた。（あなたが帰る前に，この人物の名刺をお見せしよう）

その後，私はアビエーション・ウィーク（Aviation Week）誌の友人，マーク・マキャンドリッシュにこのことを話した。そして，私のデザインがB-2爆撃機前縁部のそれと同じであることを知った。これは超音速で飛行する。私は彼らがすでに持っていたデザインを彼らに与えたというわけだった。彼らはそれに動揺した。なぜなら，それはロッキード・スカンクワークスから入手した機密情報だったからだ。

それはロッキード・スカンクワークスにいた私の友人からもたらされた。言っておくが，彼は結局姿を消した。多くを話し始めたために，ある日忽然と姿を消したのだ。もはやどこにもいないし，どこに行ったか誰も知らない。一夜のうちにいなくなってしまった。彼は実に素晴らしい情報提供者で，オーロラ（* 極超音速機ロッキード・パルサーの愛称）のすべてを私に教えてくれた。

TOP SECRET

CONFIDENTIAL

DEPARTMENT OF TRANSPORT

INTRA-DEPARTMENTAL CORRESPONDENCE

OTTAWA, Ontario, November 21, 1950.

SUBJECT: Geo-Magnetics

OUR FILE: (R.ST.)

Downgraded to CONFIDENTIAL SEE MEMO 15/4/69 CR

MEMORANDUM TO THE CONTROLLER OF TELECOMMUNICATIONS:

For the past several years we have been engaged in the study of various aspects of radio wave propagation. The vagaries of this phenomenon have led us into the fields of aurora, cosmic radiation, atmospheric radio-activity and geo-magnetism. In the case of geo-magnetics our investigations have contributed little to our knowledge of radio wave propagation as yet, but nevertheless have indicated several avenues of investigation which may well be explored with profit. For example, we are on the track of a means whereby the potential energy of the earth's magnetic field may be abstracted and used.

On the basis of theoretical considerations a small and very crude experimental unit was constructed approximately a year ago and tested in our Standards Laboratory. The tests were essentially successful in that sufficient energy was abstracted from the earth's field to operate a volt-meter, approximately 50 milliwatts. Although this unit was far from being self-sustaining, it nevertheless demonstrated the soundness of the basic principles in a qualitative manner and provided useful data for the design of a better unit.

The design has now been completed for a unit which should be self-sustaining and in addition provide a small surplus of power. Such a unit, in addition to functioning as a 'pilot power plant' should be large enough to permit the study of the various reaction forces which are expected to develop.

We believe that we are on the track of something which may well prove to be the introduction to a new technology. The existence of a different technology is borne out by the investigations which are being carried on at the present time in relation to flying saucers.

While in Washington attending the NARB Conference, two books the other "The Flying Saucers are Real" by Donald Keyhoe. Both books dealt mostly with the sightings of unidentified objects and both books claim that flying objects were of extra-terrestrial origin and might well be space ships from another planet. Scully claimed that the preliminary studies of one saucer which fell into the hands of the United States Government indicated that they operated on some hitherto unknown magnetic principles. It appeared to me that our own work in geo-magnetics might well be the linkage between our technology and the technology by which the saucers are designed and operated. If it is assumed that our geo-magnetic investigations are in the right direction, the theory of operation of the saucers becomes quite straightforward, with all observed features explained qualitatively and quantitatively.

I made discreet enquiries through the Canadian Embassy staff in Washington who were able to obtain for me the following information:

a. The matter is the most highly classified subject in the United States Government, rating higher even than the H-bomb.

b. Flying saucers exist.

c. Their modus operandi is unknown but concentrated effort is being made by a small group headed by Doctor Vannevar Bush.

d. The entire matter is considered by the United States authorities to be of tremendous significance.

I was further informed that the United States authorities are investigating along quite a number of lines which might possibly be related to the saucers such as mental phenomena and I gather that they are not doing too well since they indicated that if Canada is doing anything at all in geo-magnetics they would welcome a discussion with suitably accredited Canadians.

While I am not yet in a position to say that we have solved even the first problems in geo-magnetic energy release, I feel that the correlation between our basic theory and the available information on saucers checks too closely to be more coincidence. It is my honest opinion that we are on the right track and are fairly close to at least some of the answers.

Mr. Wright, Defence Research Board liaison officer at the Canadian Embassy in Washington, was extremely anxious for me to get in touch with Doctor Solandt, Chairman of the Defence Research Board, to discuss with him future investigations along the line of geo-magnetic energy release. I do not feel that we have as yet sufficient data to place before Defence Research Board which would enable a program to be initiated within that organization, but I do feel that further research is necessary and I would prefer to see it done within the frame work of our own organization with, of course, full co-operation and exchange of information with other interested bodies.

I discussed this matter fully with Doctor Solandt, Chairman of Defence Research Board, on November 20th and placed before him as much information as I have been able to gather to date. Doctor Solandt agreed that work on geo-magnetic energy should go forward as rapidly as possible and offered full co-operation of his Board in providing laboratory facilities, acquisition of necessary items of equipment, and specialized personnel for incidental work in the project. I indicated to Doctor Solandt that we would prefer to keep the project within the Department of Transport for the time being until we have obtained sufficient information to permit a complete assessment of the value of the work.

It is therefore recommended that a PROJECT be set up within the frame work of this Section to study this problem and that the work be carried on a part time basis until such time as sufficient tangible results can be seen to warrant more definitive action. Cost of the program in its initial stages are expected to be less than a few hundred dollars and can be carried by our Radio Standards Lab appropriation.

Attached hereto is a draft of terms of reference for such a project which, if authorized, will enable us to proceed with this research work within our own organization.

D.M.A.
Concur
W.B. Smith
(W.B. Smith)
Senior Radio Engineer

22/11/50.

Go ahead with it & keep me posted from time to time — C.P. Edwards 2/12/50

WBS/CC

Testimony of Lance Corporal Jonathan Weygandt, USMC

米国海兵隊上等兵
ジョナサン・ウェイガントの証言

2000年10月

ジョナサン・ウェイガントは1994年に海兵隊に入隊した。麻薬取引探査レーダー装置の周辺警備のためとしてペルーに駐在していたある夜，彼は二人の軍曹と共に，森の中の墜落現場と思われる場所を確保するように命じられた。彼らが現場に到着すると，峡谷の斜面に20メートルの卵形UFOが埋まっていた。彼はその墜落機から呼び戻され，逮捕され，手錠をかけられ，脅迫され，ひどい訊問を受けた。その中の一人が彼にこのようなことを言った。訊問者たちは基本的に彼らの好きなようにし，憲法には何ら縛られない。ウェイガントは，このUFOがHAWKミサイルによって撃墜されたと信じている。

JW：ジョナサン・ウェイガント海兵隊上等兵
SG：スティーブン・グリア博士

JW：私は高校在学中の1994年7月に，予備入隊制度により海兵隊に入隊した。もちろんそれは，約1年間の予備入隊だった。私は6月18日に新兵訓練キャンプに行き，卒業は1995年9月8日だった。そこを出てからの私の職能区分（MOS）は0311，つまり歩兵だった。

1996年1月も終わりの頃，私は新しい命令を受け，新しい職能区分を与えられた。今度は7212スティンガー・アベンジャー（*対空ミサイルシステム）の任務だった。こうして私はFIM92アルファ・スティンガー・ミサイルシステムの防空射撃手になるための訓練を受けた。これは地対空ミサイルで報復兵器だった。訓練は1996年の2月から5月下旬まで行なわれた。

その学校を卒業した後，最初の任地として配属されたのは，第2海兵航空団，第28海兵航空管制群，ノースカロライナ第2防空大隊部隊だった。私は

1996年6月にB砲兵隊に任命され，幾つかのOps，つまり作戦に参加した——我々は作戦をOpsと略称する。基本的にその所属のまま，1997年2月にはレーザー攻撃部に移った。そこから戻ったとき，私は“行きたいか”と訊かれた。私は“行きたい”と答えた。こうして私は志願してその部に送られ，我々はその年の3月にペルーに向けて出航した。

我々がそこに送られたのは，このレーダー装置の周辺警備のためだった。基本的にこのレーダー施設は，ペルーとボリビアの領空を出入りする麻薬輸送機を追跡しているということになっていた。ある夜のこと，アレン軍曹とアトキンソン軍曹が我々の所に来てこう言った。“よく聞け。航空機が1機墜落した事態になっている。おそらくそれは敵ではない。我々は墜落現場に出かけてそこを警備することを要請されている”これは深夜の11時か12時のことだ。

その夜私は警備勤務だったため，このときすでに起きていたし，私の勤務時間でもあった。こうして我々は朝の3時か4時頃に起き，5台か6台のハマー(*オフロード車)で出かけた。我々はまず行くべき所まで走行し，そこからは茂みをかき分けて進んだ。そこには6時か7時頃着いた。ちょうど夜が明け始めていた。

さて，そこはとても容易に見つかった。なぜなら，その何かが墜落した場所には巨大な裂け目があったからだ。そこでは何も破壊されていなかった——普通なら墜落現場には真っ二つに折れた樹木などが散らばっているものだ。すべてが焼け焦げており，ちょうど温かいバターをナイフで切り裂いたような光景だった。それは燃えていた何か，またはレーザーに似たエネルギーが切り裂いたような光景だった。とても異様だった。とにかく，私はアレン軍曹，アトキンソン軍曹と一緒に一番前にいた。我々は他の人々よりも10メートルか20メートル先にいた。全員が地図と無線とコンパスを持ち，迷わないようにしていた。

この物体を見たのは我々が最初だった。それは丘を駆け上がり，峡谷と尾根の側面で停止していた。尾根は少なくとも約200フィートあり，硬い岩だった。それは断崖の側面に埋まっていた。とにかく，そこには真っ直ぐ登って行けなかったので，我々は左側に回って尾根の頂上まで歩いた。我々が墜落した航空機を間近に見たのはそこからだった。

これは巨大な船体だった。それを初めて見たとき，私は恐怖を感じた。ひどく怯え，どうしてよいか分からなかった。私は本当に混乱していた。我々は全員で尾根を降りたが，それは尾根の所で断崖の側面に約45度の角度で埋まっていた。これは急峻な断崖で，切り立っていた。その船体からはシロップに似た液体が滴っており，そこら中に飛散していた。液体は緑がかった紫色で，揺らいでいるようだった。それは見ているとまるで生き物のように変化し，そのたびに緑がかった紫色がその色調を変えた。

船体の上には1個の照明があり，ゆっくりと回転していた。私はこの機械の音を聞くことができた。なぜなら，それはまだ作動しており，ブーンという唸り音を発していたからだ。まるでギターからアンプのコードを引き抜いたときのような太い低音で，振動していた。やがてそれも止み，すべてが停止したようだった。

その航空機は埋まっていたので，私はその上面部を見ていた。そこには大きな通気口のように見えるものがあった。背中に開いた魚のエラのようだった。反対側は見えなかったが，そこも同様だろうと私は推測した。船体から流れ出していたあの液体だが，私の迷彩服に付いてそれを変色させ，酸のようにそれを溶かした。それは私の腕の毛を何本か溶かした――それに気付いたのは後になってからだ。

私は船体まで降りていた。そこには三つの穴があった。私はそれらをハッチだと考えたが，どう言い表せばよいか。それらはその航空機の主要部と同一平面にはなく，分からないが，数インチだけ下がっていた。頂部にも一つあるのがわずかに見えていた。反対側は知らない。頂部のものと同じ幅と直径を持つハッチがもう一つあり，それは側面に向かってやや湾曲しており，半開きだった。そこに照明などは何も見えなかった。しかし，私はこれを感じた……何者かの存在を。

それはまったく見たことがないものだった。その生き物たちは私を落ち着かせたようだ。おかしな感じだった。彼らはテレパシーで私と交信しようとしていたように思える。実に奇妙で，私ならこんな話は信じない。それはちょうど車に座って雑音ばかりのAM放送をつけ，その音量を上げたような感じだ。私が最初にその中に入ったとき，聞いたものがそれだった。

その船体は幅がおよそ10メートル，長さが20メートルだった。私の記憶から推定した大きさだ。それは巨大で，卵と涙のしずく形との中間のような形をしていた。それは，少なくとも形において実に空気力学的だった。私は近くでその表面を詳しく観察したが，滑らかではなかった。表面には隆起や溝などがあった。実に有機的で——ほとんど芸術のようだった。それは誰かがアトリエで何かの物質から手づくりしたもののようだった。しかしその物質が何なのかは知らない。明らかにチタニウムのようではなかった。

それは金属に見えたが，光を反射していなかった。陽光を浴びていたが，その明度は普通と異なっていて何も反射していなかった。たとえフラッシュライトを当てても反射しなかっただろうと思う。

私は内部に入りたかった。なぜなら，誰か——その生き物たちが私に助けを求めていたように思えたからだ。何の問題もなかった。私は誘われるようにその中に入りかけた。すると突然，アレン軍曹とアトキンソン軍曹が私に向かって，そんな所からは出てこいと怒鳴った。

SG：なぜですか？

JW：彼らは怯えており，私が危害を受けるのを望まなかったのだと思う，分からないが。私のことをとても怒っていた。起きたことを簡単に言うなら，我々がそこから登って戻ったとき，そこにはDOE，エネルギー省の人々がいたということだ。彼らはこのことを知っていた。だから，なぜ我々がそこに行ったのか，今でも分からない。しかしとにかく，私は拘束され，黒い迷彩服の男たちによって装備をすべて外された。彼らは30代後半から40代の年配者たちで，名札を付けていなかった。私はその場所におそらく15分か20分はいた——そこに着いたのは我々が最初で，それから他の人々が現れた。彼らは防護服を着ていた。彼らはそこに着いたばかりだったに違いないが，確かではない。なぜなら，我々は峡谷に降りていたからだ。我々が登っていったら，そこに黒い迷彩服の男たちがいたのだ。彼らは私を連行し，キャンプベッドに押し込んだ。それから私に手錠をかけ，両手を降ろさせ，警察が使うプラスチック製の締め具で両足を縛った。それらも手錠の一種だ。そして私をこの巨大な47（*巨大輸送用ヘリコプターCH-47と推測される）に連れ込み，離陸した。

SG：なぜあなたをそのように扱ったのか，彼らは説明しましたか？

JW：いや，彼らは私を“間抜けな野郎”と罵った。“どうしてお前は命令に従わなかったのだ？”“お前はそこにいてはならなかった”“お前はこれを見てはならなかった”“お前を行かせたら危険だ”彼らは実際に私を殺そうとしていたのだと思う。

私が拘束されていた時間，つまり押し込められていた時間だが，よく覚えていない。2日間くらいだったと思う。そこには空軍から来た一人の中佐がいた。彼は名前を名乗らず，私にこう言った。“もし我々がお前をジャングルに連れ出したら，誰もお前を見つけられないだろう”

［それより50年前にロズウェルでグレン・デニスが受けた脅迫との類似性に注目せよ。SG］

私は彼が本当にそうするかどうか確かめたくなかったので，ただこう言った。“はい”すると彼は，“お前はこれらの書類にサインしなければならない。お前は決してこれを見なかった”と言った。お前はそこに“いなかった”し“これは決して起きなかった”。もしお前が誰かに喋ったら，ただの失踪ということになるだろう。

彼は実に意地が悪く乱暴だった。まさに世を拗ねた最低の人間という言葉がふさわしい。私は空軍の隊員と一緒にほぼ3週間隔離され，その後に戻された。

この施設には米国人がいたが，他国人も大勢いた。中国人がいたし，ドイツ人もいたと思う。大勢の人間が，このもう一つの基地にいた。彼らがしたことは，私を訊問室に連れていくことだけだった。

よく覚えていないが，私はそこに照明をつけたまま15時間はいた。彼らはこの照明を私の顔に照射し，大声で怒鳴った。これらの男たちが何者か，容易に確認はできなかったが，その中の一人は墜落現場にいた者だった。というのは，その男には見覚えがあったし，彼は黒い軍服姿だったからだ。彼はこう怒鳴っていた。“お前は何を見た？”まるで唸り声だった。続けて“お前は愛国者か？　お前は憲法が好きか？”。私の答えは“はい”というようなものだった。彼は“我々は我々の原則で動いている。我々が従うことはない。思いのままにやる”と言った。彼らは怒鳴り立てながらそれを楽しんでいた。私に向かって怒鳴り，大声を上げ，悪態をついた。“お前は何も見なかった。我々はお前と忌々しいお前の家族に何でもするぞ”

この状態がおよそ8，9時間続いた……“お前を連れ出してヘリに乗せ，尻を蹴飛ばしてジャングルに突き落とし，お前を殺す”彼らは私の身体に手出しをしなかったが，私は椅子に縛り付けられて座っており，身動きできなかった。だから，要するにこれは脅迫だった。私はまる一日何も食べなかったし，水も飲まなかった。まったく何も口にせず，ただそこに座っていた。

そのグループ，つまり私が所属する班には八人から十人いたが，私とアレン軍曹とアトキンソン軍曹だけがこの船体を見た。我々だけがそれを見た。一方，他の仲間たちはジャングルを切り裂いている墜落現場を見た。彼らはそのすべてを見たが，尾根には行かなかった。すでに述べたように，我々は彼らより10メートルから20メートル先にいて，それを見つけたこと，すべてが順調であることを無線で通報した。この事件が起きたのは1997年の3月末か4月初めだった……

米国に戻ったとき，私はこのことを話すためにアレン軍曹に近づいた。彼は結婚し，二人か三人の子供がいた。私が基地にある彼の家に行くと，彼はとても取り乱し，私を家から追い出した。彼は，それについては話したくないと言った。これらの人々も脅されていたようだ。軍にいる限り私が話せないことを，あなたは理解するはずだ。海兵隊ではすべてが一枚岩だ：彼らは何かをやれと言われたら，それをやる。それに従いたくない者がいても，基本的には強制的にそれに従わせる。

私はそれについて黙っていたくはなかったので，パウエル先任曹長に話した。彼はもうそこにはいないと思う。我々が話し合ったのは3年前だ。

私には何の破片も見えなかったが，その航空機（*UFO）の後部に大きな傷があった。それは地対空ミサイルで攻撃されたような傷だった。そこには数隊のHAWK（ホーク）砲兵隊がいた。つまりHoming All the Way Killers——それは低高度から中高度までの対空ミサイルだ。

それは基本的に，標的を破壊するために標的に命中する必要はない。やることは，標的の近くに到達することだ。爆発力の強い破片弾頭が，標的とする点の近傍で大きな散弾銃のように爆発し，その飛散した破片が標的を破壊するか，もはや機能しないまでに損害を与える。だから，私はそれが撃墜されたのだと考えている。

起こったのはそういうことだと思う。我々がそれを撃墜した。[レーダー施設にいた] 他の連中は，それが飛行していたことを知っていた。私もこれらの航空機が飛行していたことを知っていた。なぜなら，私はレーダー装置があるその司令部にいたことがあり，そこの空軍の女性隊員が何人かで話しているのを聞いたからだ。彼女たちは，マッハ10以上で大気圏に出入りする航空機について話していた。だから，これらの航空機はその周辺を飛んでいて，大気圏に再び入ってきたのだ。上層部はそれを知っていたと思う。

この航空機は地球のものではなかった。スティンガー学校ではあらゆる種類の航空機について教わる。だから私は多くの航空機を知っていた。それを見て私が言ったのは，基本的にこういうことだった。“これは私が知っているものではない”

一般的に，レーダーは丘の上にあって回転しており，その地下に司令壕が建設されている。その中はスターウォーズのようだ。完全に空調され，とても快適だ。そこにはコンピューターがあり，レーダーを制御する制御盤がある。推測だが，それらは他のサイトと連結されており，他からのデータが入ってくる。

ある夜，私はそこにいて入退出する人々をチェックしていた。彼らはID（身分証明書）を持っているので，私はそれをチェックする。そのとき，女性隊員二人がこう話しながら出てきた。“また例の航空機を捕捉したわ”“そう，連中は大気圏を出たり入ったりしている”彼らはこうした飛来をすべて記録する。後で男が一人やってきて日誌を集める。私の役目は，彼がそのすべてを持っていくのを了承することだった。

物体が大気圏に再び入ってきて，いきなり停止する。向きを変えて正確に反対方向に進む——奇妙な飛び方だ。流星はそんなことをしない。

SG：これは稀なことですか。それともいつも起きていたことですか？

JW：いつも起きていた。私の勤務中に同じ空軍将校がやってきて日誌を集めていったことが3，4回あった。だから，これらの航空機はまさにこのレーダーで追跡され，記録されていたのだ。彼らがそれを持ち去るのは，これらの航空機を追跡していることを他に知られたくなかったからだと私は考えている。私はそう見ている。

だから，彼らはこの航空機が飛来したことを知っていたと思う。それは識別できない航空機で，ここの領空を侵略している。彼らはペルー軍に無線で通報し，排除するように言い，撃墜したものだろう。私はその航空機（*UFO）を初めて見たとき，こう確信した：それは何かによって攻撃されていた。何かがそれを破壊した。

私がこうしているのは，金を儲けたり有名になったりするためではない。これは人々に語られる必要があると思うからしているのだ。人々はそれを聞く必要がある。私の言うことに同意するかどうかは少しも重要ではない。

それは地球のものではない。私はそれを見たときにそのことを知った。あれらの施設はUFO，つまり別の物体を追跡する意図を持って建設されたのではないか。そしてその口実が，麻薬輸送機の追跡ではないのか。私には知る由もない。しかし私の理解では，彼らは単なる麻薬輸送機の追跡よりも遙かに多くのことをしている。そこにはレーザー距離計や，私が今まで見たこともないあらゆる種類の先端機器があった。それを私が説明できるはずもない。それら［レーザー距離計］は大きな望遠鏡のようだった。地下壕に設置されているが，地上に上昇し，急速に展開する――実に奇妙な装置の一群だ。

私が連行された基地は，間違いなくNATO（北大西洋条約機構）か何かの国際協同施設だった。私はそれを思い返し，まだ考え続けている。なぜこれらの人々がここにいるのか？　なぜ中国人が米国に密輸される麻薬に関係しているのか？　我々の政府が麻薬密輸を行なっていることを，私は事実として知っている。この司令部は常設されていたのだと思う。この活動は長い間行なわれてきた……

墜落現場には，防護服を着た人々が少なくとも30人はいた。私が連れ去られるとき，彼らはそのすぐ脇を前進していた。彼らはその断崖を降りるために前進していた。おそらく，この物体を調査するためにそこにいたのだと思う。彼らはその中に入っていき，あらゆるものを持ち出し，持ち帰ったのではないか。

これらの人々の振る舞いは，まるでそれがいつもの仕事で，その準備ができていたかのようだった。彼らは自分たちがしていることを正確に知っていて，予めこの種の仕事をする訓練を受けていた。雰囲気がそのようだった。職業意識の強い，冷静で控え目な感じだ。我々は一仕事するためにここにいる。道を空けろ。それが基本的な態度だった。

［1970年代と1980年代にこのような回収チームで働いたクリフォード・ストーンの証言を見よ。SG］

このことがあった後で，私は正気を失いかけた。

SG：どうしてそうなったのですか？

JW：私はキリスト教徒として育てられた。神は存在し，宇宙のすべてを創造したと信じるようになった。そしてここにその神の創造物がいる――私がこれまで見たことがなく，今こうして目の前にいる生き物たち。この遭遇のために，私はもう少しで気が狂うところだった。自暴自棄にはならなかったが，私は自分の知っていることをすべて評価し直さなければならなかった。ちょうどあなたが子供の頃，サンタクロースはいると教えられてきたが，実はいないと知ることに似ている。知ったからには後戻りはできない。

否定のしようがない。“私は実際にはこれを見なかった”とは言えない。私は何をすればよいか？　誰かに話すか？　ひどいジャングルの中で一人の海兵隊上等兵がこのような航空機を見るなどということを誰が信じるか？

もしそうしなければならないなら，今すぐこれらの生き物たちと一緒に行きたい。私はこの妄想に取り憑かれたが，それは海兵隊での苦痛と経験のゆえだったかもしれない。しかし，私はただ脱出したかったし，これらの生き物たちと一緒にいて，彼らと共にここから逃げ出したいと考えていた……

［空軍兵バローズに関するラリー・ウォーレンの証言を見よ。そして英国ベントウォーターズ空軍基地での遭遇の後で彼がいかに反応したかを。SG］

これらの様々な機関は独立している。彼らは法に従わないならず者だ。これが政府によるプロジェクトで，皆が認めるものかって？　違う。この連中は勝手に行動しているだけで，誰もそれを知らない。今の世の中で，それはこんなにも簡単なことなんだ。何の監視も何の統制もない。彼らはまったく好き放題にやっているんだ。彼らは邪悪だ。これらの人々は悪魔だ。これがビル・クリントンや議会と関係があると考えられるか？　それについて知っている連中がいる。しかし彼らは何も話そうとしない。もし彼らが何かを話すとすれば，それは関係を絶ったときだ。

殺人を請け負う，恐ろしい部隊が動員されてきた。知らない人もいるだろうが，私は海兵隊の狙撃手のことを知っている。他の誰かがそれについて話しているのを聞いたこともある。これらの連中は街に出ていってこっそり人の後をつけ，殺す。陸軍空挺部隊の狙撃手も同じことをしている。彼らはデルタフォース（*陸軍特殊部隊）を使い，これらの人々を捕捉し，殺して黙らせるのだ。これが行なわれるとすると，彼らは必要な資金をどこから調達するか。とても簡単だ。彼らは武器を売るし，麻薬も売る。この商売の多くは特殊作戦を使ってこうした際限のない金を得るものだ。それは政府の金庫から来るのではない――それは麻薬や武器の密売によりもたらされる――兵器でも何でも売るのだ。

私は名誉除隊に値する生き方をしてきたが，マリファナを吸ったことを告白して海兵隊を去ることができた。私は辞めたかったので，彼らにそれを告げたのだ。辞める方法は二つあった：そう言うか，あるいは同性愛者だと言うかだった。それはあまりよくは思われなかっただろう。それで私はパウエル先任曹長の所に出向き，辞めたいが一番手っ取り早い方法は何かと訊いた。そうしたら彼は“マリファナを吸ったと彼らに言え。一度マリファナを吸ったとだけ言え”と言った。私がそう言うと，彼らは犯罪捜査部（CID）の職員を私の所に来させた。私は訊かれてこう答えた。“はい。私はマリファナを吸いました。私はそれを一服し，肺に吸い込みました”私は辞めたくてたまらなかった……

DEPARTMENT OF DEFENSE
JOINT CHIEFS OF STAFF
MESSAGE CENTER

RECEIVED
JUN -3 1980

VZCZCMLT565
MULT
ACTION
DIA:
DISTR
IADR(01) J5(02) J3:NMCC NIDS SECDEF(07) SECDEF: USDP(15)
ATSD:AE(01) ASD:PA&E(01) :DIA(20) NMIC
CMC CC WASHINGTON DC
CSAF WASHINGTON DC
CNO WASHINGTON DC
CSA WASHINGTON DC
CIA WASHINGTON DC
SECSTATE WASHINGTON DC
NSA WASH DC
FILE
(047)

ZYUW DIA RTS-2B 18134

TRANSIT/1542115/1542207/000:52TOR1542204
DE RUESLMA #4888 1542115
ZNY CCCCC
R 0220527 JUN 80
FM USDAO LIMA PERU
TO RUEKJCS/DIA WASHDC
INFO RULPALJ/USCINCSO QUARRY HTS PN
RULRAFA/USAFSO HOWARD AFB PN
BT

366103 374100 378340 379133 379180 PE

345

SUBJ: IR 6 876 0146 80 (U)
THIS IS AN INFO REPORT, NOT FINALLY EVAL INTEL
1. (U) CTRY: PERU (PE)
2. TITLE (U) UFO SIGHTED IN PERU (U)
3. (U) DATE OF INFO: 800510
4. (U) ORIG: USDAO AIR LIMA PERU
5. (U) REQ REFS: Z-D13-PE030
6. (U) SOURCE: 6 876 0138. OFFICER IN THE PERUVIAN AIR FORCE WHO OBSERVED THE EVENT AND IS IN A POSITION TO BE PARTY TO CONVERSATION CONCERNING THE EVENT. SOURCE HAS REPORTED RELIABLY IN THE PAST.

7. ____________ SUMMARY: SOURCE REPORTED THAT A UFO WAS SPOTTED ON TWO DIFFERENT OCCASIONS NEAR PERUVIAN AIR FORCE (FAP) BASE IN SOUTHERN PERU. THE FAP TRIED TO INTERCEPT AND DESTROY THE UFO, BUT WITHOUT SUCCESS.

PAGE 1 00100111

DEPARTMENT OF DEFENSE

JOINT CHIEFS OF STAFF

MESSAGE CENTER

PAGE 2 18134

8A. DETAILS: SOURCE TOLD RO ABOUT THE SPOTTING OF AN UNIDENTIFIED FLYING OBJECT IN THE VICINITY OF MARIANO MELGAR AIR BASE, LA JOYA, PERU (160055, 0715306W). SOURCE STATED THAT THE VEHICLE WAS SPOTTED ON TWO DIFFERENT OCCASIONS. THE FIRST WAS DURING THE MORNING HOURS OF 9 MAY 80, AND THE SECOND DURING THE EARLY EVENING HOURS OF 10 MAY 80.

SOURCE STATED THAT ON 9 MAY, WHILE A GROUP OF FAP OFFICERS WERE IN FORMATION AT MARIANO MALGAR, THEY SPOTTED A UFO THAT WAS ROUND IN SHAPE, HOVERING NEAR THE AIRFIELD. THE AIR COMMANDER SCRAMBLED AN SU-22 AIRCRAFT TO MAKE AN INTERCEPT. THE PILOT, ACCORDING TO A THIRD PARTY, INTERCEPTED THE VEHICLE AND FIRED UPON IT AT VERY CLOSE RANGE WITHOUT CAUSING ANY APPARENT DAMAGE. THE PILOT TRIED TO MAKE A SECOND PASS ON THE VEHICLE, BUT THE UFO OUT-RAN THE SU-22.

THE SECOND SIGHTING WAS DURING HOURS OF DARKNESS. THE VEHICLE WAS LIGHTED. AGAIN AN SU-22 WAS SCRAMBLED, BUT THE VEHICLE OUT-RAN THE AIRCRAFT.

8B. ORIG CMTS: RO HAS HEARD DISCUSSION ABOUT THE SIGHTING FROM OTHER SOURCES. APPARENTLY SOME VEHICLE WAS SPOTTED, BUT ITS ORIGIN REMAINS UNKNOWN.

9. (U) PROJ NO: N/A
10. (U) COLL MGMT CODES: AB
11. (U) SPEC INST: NONE. DIRC: NO.
12. (U) PREP BY: NORMAN H. RUNGE, COL, AIRA
13. (U) APP BY: VAUGHN E. WILSON, CAPT, DATT, ALUSNA
14. (U) REQ EVAL: NO REL TO: NONE
15. (U) ENCL: N/A
16. (U) DIST BY ORIG: N/A

BT
#4888
ANNOTES
JAL 117

PAGE 2 0010111

NNNN
0222082

Testimony of Major George A. Filer III, US Air Force

米国空軍少佐
ジョージ・A・ファイラー三世の証言

2000年11月

ジョージ・ファイラー少佐は空軍の情報将校だった。彼は英国上空の巨大UFOにレーダー上で遭遇するという異常な体験をしただけでなく，その後1970年代にニュージャージー州マクガイア空軍基地にいたとき，地球外生命体がフォートディックスで撃たれたことを知った。その地球外生命体は隣接するマクガイア空軍基地まで逃れてきて，そこの滑走路上で死んだ。彼の証言によれば，この生命体は引き取られてライト-パターソン空軍基地に運ばれた。その後，この事件に関係した基地の主要職員の多くが，素早く異動させられた。ファイラー少佐は，嘲りという要素がETやUFOを見た人々を黙らせ，秘密を守るためにとても有効だと指摘する。

GF：ジョージ・ファイラー少佐／SG：スティーブン・グリア博士

GF：私の名前はジョージ・ファイラー三世だ。私は米国空軍に勤務し，最終階級は少佐だった。空軍では様々な航空機や空中給油機の航法士を務めた。また，その経歴の大部分を情報将校として過ごし，その間に我々の能力と軍に対する脅威について，しばしば将軍や国会議員たちに説明をした。

さて，私は説明将校だったので，朝の4時頃に職場に来るのが常だった。1978年1月18日の朝，私はマクガイア基地正面ゲートを通り，車を走らせていた。そのとき，滑走路上に赤い光体群があるのに気付き，多分そこで何かが行なわれているのだろうと思った。[私は] 第21空軍指揮所に着くまでそのことをあまり考えなかった。そこが私の職場だった。私は第21空軍の情報副部長だったが，そこではミシシッピー川からインディアナ州にかけた地域で，大統領と様々な要人たちを運ぶ軍用機の半数を管理していた。我々は約300機の航空機を持っており，あらゆる種類の飛行任務を行なっていた——軍用空輸に関わるほとんどすべての任務を遂行していたのだ。

この朝私が指揮所に着くと，指揮所長がこう言った。昨夜は大変な騒動があった――マクガイア基地上空に夜通し複数のUFOが飛来し，そのうちの1機がフォートディックスにどうやら着陸，おそらくは墜落した。一人の軍警察が異邦人（エイリアン）に出会い，銃を抜いて彼を撃ったと。それで私は，外国人という意味の異邦人ですか？ と訊いた。彼が異邦人と言ったので，私は少し混乱していたのだ。すると彼は“そうじゃない。宇宙から来た異邦人だ”と言った。彼はフォートディックスで異星人が撃たれたこと，その異星人は傷を負って走り去り，マクガイア基地に向かったということを，とても具体的に語った。マクガイア基地とフォートディックスはフェンス一つで隣り合っており，この異星人は明らかにフェンスをよじ登ったか，その下をくぐったかしたのだった。そしてマクガイア基地に入り，滑走路の端で死んだ。保安警察がそこでこの遺体をいわば確保し，警護していた。彼によれば，ライト−パターソン基地からC-141（* 輸送機）が来て，その遺体を引き取ったということだった。それを聞いて私は立ち上がった。なぜなら，ライト−パターソン基地がC-141を持っているとは知らなかったからだ――私はC-141を持っているのは空輸軍団だけだと思っていた――だから私は，一体ここで何が起きているんだ？ と思ったのだ。彼は私に“今朝の起立全体説明会の場で報告を行ない，何が起きたかを皆に説明してくれないか”と言った。それで私は，トム・サドラー将軍と指揮所の皆に，異星人を捕まえたと言えばよいのかと訊いた。

彼らは“そうだ。今朝そのことを［彼らに］報告してほしい”と言った。私はあちらこちらを少し調べてみた。まず第38空輸飛行隊指揮所に電話をし，その話が私が聞いたものと同じかどうかを確かめた。彼らは，確かに同じ情報を聞いたと言った。これは実際に起きたことだと彼らは言った――基地で一人の異星人が見つかったのだと。

その朝遅くになって，彼らは私に，起立報告会での説明はしないことに決めたと告げた。だから私は実際にはそれを説明しなかった。その朝遅く，私は暗語（code word）を持ってサドラー将軍の事務所まで行った。そこでは何か動揺が起きていた。保安警察が何人かおり，髪や服装がかなり乱れていた。サドラー将軍は誰に対しても身なりにうるさかったので，これらの人々が明らかに無精髭を伸ばし，疲れた様子だったのは驚きだった。こうして私は，彼らがこの事件に対処していたことを知った。

報告会の後で，私は暗室に行った；私はほとんど毎日暗室に行っていた。というのは，これらの報告会では四つのスクリーンが用意され，それをきれいな写真などで埋め尽くさなければならなかったからだ。そこで彼らは，何か異常なものを撮影したと言っていた。ではそれを見せてほしいと私は言った。軍曹がそれらを私に渡そうとした。しかしそのとき，曹長が“彼にそれを見せてはならない”と言ったのだ。だから，私が知っているのは，私が見てはならない何枚かの写真を彼らが持っていたということだけだ――しかし通常なら，将軍への報告者である私は，彼らが持っていたどんな写真でも見るのを止められることはなかった。

それはとても重大な作戦だった。基地には核兵器貯蔵施設があった――ここからヨーロッパへ核兵器を運んだり持ち帰ったりしていた――私は現場にいた［と言っている］保安警察の一人と話をした。彼が見たのは小さな遺体で，子供のように見えた。しかし頭部は普通より大きかった。

注意を引いたのは，当時この事件に関係した鍵を握る基地要員――指揮官からその部下たちまで――の多くが，素早く異動させられたことだ――何かを知っている一団の人々がいたら，彼らはそれをいわばバラバラにし，それについて話せなくなるようにするということだった。これはものの数週間のうちに行なわれた。その保安警察官は，数日以内に異動させられたと私に語った――実際のところ，彼は1日か2日のうちにライト-パターソン基地に連れていかれ，何人もの人間から事情聴取され，基本的にそのことについては今後一切話すなと命じられた。

彼らは，ことの成り行きを無線で聞いていた。追跡が行なわれ，その異星人がフォートディックスで撃たれたことを。彼らはそれをマクガイア基地に向かって追跡した――何らかの理由でそれはマクガイア空軍基地に向かうことを選んだ――州警察と軍警察の両方が，UFOと思われる物体から出てきたこの異星人を追跡していた。私が理解したところでは，それは円盤型の航空機だった。

彼らは私にこのようなことを言った。その晩，そのUFO群はとても頻繁にその地区に出現した。彼らは［それらを］レーダーで捕捉し，管制塔員もそれを見た。その地区にいた航空機の何機かも，どうやらそれを見ていたようだ。

その遺体を警護して六人ないし八人がそこにいた；それから保安警察の指揮官と［この事件を知った］指揮所の要員が何人か現れた。サドラー将軍はその説明を受けていただろう。

SG：あなたが軍にいた間に知った他の UFO 事件がありましたか？

GF：私はホワイトサンズで技術者として働いていた一人の女性と偶然居合わせたことがあった。彼女はある日ハイキングをしていた。彼女が私に語った話はこうだ。彼女と友人二，三人がある丘の頂上に登った。彼女たちはこの谷を上から見下ろしていたが，下からはその頭だけが丘の頂上に見えているという状況だった。彼女たちが，まったく何気なしに登ってきた道を見下ろしていたそのとき，地上にある 1 機の UFO が目に入った。そばでは二，三人の小さな異星人が岩などを拾い上げていた。彼女たちはそれをかなりの時間見つめていた。それはほんの数百ヤードしか離れていなかったので，とてもよく見えた。ようやく異星人たちも彼女たちを見つけ，すぐに宇宙機に飛び乗り，飛び去った。

私自身は 1962 年頃まで何も見たことがなかった。このとき我々は，空中給油機で英国上空を飛行していた。ロンドン管制から 1 機の UFO を迎撃してほしいと要請が入った。我々はちょうど給油任務を終えていたので，その要請を受け入れた。そのときは北海上空だったが，彼らは英国中心部まで飛行するように要請してきた。我々は時速約 400 マイルで急降下し，この物体の迎撃に向かった。彼らは機首方位を教えたが，UFO はストーンヘンジ地区のあたりでほぼ空中静止していた――我々はストーンヘンジ地区まで約 20 マイルから 30 マイルのオックスフォードにいた。私はそれをレーダーで捉えた。とても大きなレーダー反射だった。

我々はよくフォース湾（*エジンバラ近くの湾）のフォース橋近くの上空を飛行する。それはサンフランシスコ橋のようなものだ――とても巨大な橋だが，その UFO からの反射は大きさと強度においてその橋と似ていた。つまり，それはとても大きなレーダー反射だった。明らかにロンドン管制はそれをレーダー捕捉しており，我々をこの物体に誘導していた。我々が UFO から約 1 マイルまで近づいたとき，それは発進して宇宙へ飛び去った――時速数千マイル，ほとんど真っ直ぐに上昇した。正直に言うと，少なくとも私の知る限り，あれほどの性能を持つものを我々は持っていなかった。

私の最も妥当な推測では，それは平べったい円盤型だった――少なくとも，何かこのような発光源が上部と底部にあった。その物体はただの扁平な皿型ではなかった；その上部に1個のドームを持っていた。

レーダー反射が正しかったとすると，それはおそらく端から端まで500ヤードはあっただろう――つまり，巨大物体だった。我々はそれを飛行日誌に書いた。

私は今住んでいるここでも1回目撃した。ここはニュージャージー州メドフォードにあるブライアーウッドレイクだ。我々はここに越してきたばかりで，就寝中だった――朝の3時頃だったと思う。妻と一緒に就寝していた――そのとき突然，部屋が深夜にもかかわらずとても明るくなった。私はベッドから飛び起き，日よけを開け，外を見やった。普通の人は潜水艦が水面を盛り上げて浮上するところを見たことがないだろうが――これは浮上している直径約30フィートの円盤のようで，それから水が流れ落ちているように見えた。

その宇宙機の周囲はイオン化されていた――北極光にとてもよく似ていた。それはしばらく湖を横切り，それから猛スピードで飛び去った。そのことがあったので，私は多くの隣人たちと一緒に調べてみた。いかに多くの人々が実際にこれらの湖で宇宙機を見ていたか，それは驚くべきものだった。

また，私は時々，世界中で起きたUFO目撃について将軍たちに説明を行なっていた。印象に残っているのは1976年――テヘラン（* イランの首都）の近くで起きた有名な遭遇事件だ。

その頃この大佐が，F-106（* 迎撃戦闘機）が最高速度の世界記録を打ち立てたと言っていた。彼らはこの航空機の飛行速度を限界まで上げ，コロラド州のある谷間で空中静止していたUFOに向かって急降下しようとした。ちょうど私が英国で経験したように，彼らがそのUFOに近づいたとき，それはあたかも彼らが静止しているかのように飛び去った。彼らの速度は時速1,500マイルとか，そんなものだった――とにかく，この種の航空機が急降下時に達成する当時の最高速度だ――しかし，誰が飛行していたにせよ，それら（*UFO）はその後長い年月の間に我々が持った何物をも遙かに凌駕する性能を持っていた――今でもそうだと思うが。

これらは何か異質のものだと思う：それは人間がつくった航空機ではない。異質の推進原理を持ち，ここに飛来し偵察している。

私はそれらを見たことがある多くの宇宙飛行士たちと話をしてきたし，軍のパイロットたちとも話をしてきた。思い出すのは，かつてギリシャのアテネで勤務していたラミッジ大尉のことだ――彼は朝鮮戦争時に一度遭遇していた。それは翼の外側にピタリとつけて約1時間一緒に飛行した――翼の外側につけただけでなく，彼の機の周りをアクロバット飛行した！　人々のうちの何パーセントがそうかは正確に知らないが，訊かれたパイロットと航空機乗組員の約10パーセントは目撃していた。

数年前，私はこの部屋に座っていた。そのとき，情報機関にいた一人の大佐から，彼のB-52乗組員の全員がUFOを見た話を聞いた。ご存じのように，これらの人々は自ら進んでカメラの前に座って語ることをしない。しかし，驚くべき数の人々がそれを見ている。それらが進んだ性能を持っていることを彼らは知っている。通常彼らが見るのは，何かの金属でできていると思われる固体の物体だ――大抵は砲金色だ。特に夜間の目撃では，それらの周囲を取り巻く様々な照明が報告される。

SG：マクガイア基地のETはどうなりましたか？

GF：それはある種の容器に入れられ，飛行機で運び去られたと聞いたように思う。

私は1947年かその頃に，西部で何か墜落したのではないかとも考えている。そこで何かが起きた。少なくとも，軍内部のいわゆる噂話によればそういうことになる。

何が起きているか分からないとき，物事は秘密にされる傾向がある――機密，最高機密，何かそのようなものだ――それが大統領による決定なら，きわめて高い機密事項となる：おそらく超最高機密という暗語だ。つまり，知る必要性（need-to-know）のようなもので，その種の差し止めか指定が一度何かに付与されると，その機密性を格下げすることはきわめて難しい。記録保管所に行けば，彼等が何を言おうと，そこにはまだ人目に曝すことを許されない，第二次大戦にまで遡る資料が保管されている。一度これが最高機密になると，それはいわば進み続けて永久に最高機密にとどまる。たとえば，次のような理屈だ。この宇宙機は進歩した技術的性能を持っていた。人々は自分たちが何を知っているか，またこれらの物体がどう動くかを相手側に知られたくない――その秘密を守ることは，自らを優位にする。

しかし，これらの様々な計画は明るみに出されるべきときだと思う。これほどまでに秘密が守られてきたのは，嘲笑のためだ。もしそれが最高機密ということだけなら，世界のほとんどは今日それを知っていただろう。だが彼等はそこに嘲笑という要素を入れた。誰かがこのような話をすると，人々はこう言うだろう。彼は頭がおかしい――彼はUFOを信じていると。誰かが何かを見たとき，人々はこの嘲笑を持ち出す。しかし私の経験では，驚くべき数の警察官がこれら（*UFO）を見ている。驚くべき数のFBIがこれらを見ている。驚くべき数の軍人がこれらを見ている。

私は時々核兵器を運んだものだ。つまり，私は核兵器を運ぶことには気持ちが慣れていたが，UFOを見ることに関してはそうではなかった。この批判，この嘲笑こそが，真実が明るみに出ないようにするためのほぼ最良の方法だった。

[我々はこのことを軍やその他の証人たちから何度も繰り返し聞いてきた：メディアと当局の嘲笑は強烈で，沈黙と秘密のための強力な力として働く。大部分の人々は自分と家族をこのような嘲笑に曝すことを望まず，代わりに沈黙を守ることを選ぶ。SG]

Testimony of Mr. Nick Pope, British Ministry of Defense

英国国防省
ニック・ポープ氏の証言

2000 年 9 月

ニック・ポープは英国国防省職員で，今なおそこに勤めている。彼は 1990 年代の数年間，国防省 UFO 現象研究調査部門を率いた。軍関係者により完璧な証明付きで証言され，レーダーでも追跡された，途方もない速度で移動する巨大物体——この地球で建造されたものではない物体。我々は彼の証言から，このような物体を伴った幾つかの事件の決定的証拠を知ることになる。彼はまた，英国内で起きたベントウォーターズ事件や他の事件についても確証し，UFO 現象に関する膨大な政府資料があることを認めている。ポープ氏は UFO 問題についての完全な開放性と誠実さを支持しており，世界中の政府が持っている UFO 情報は全面公開されるべきだと考えている。

NP：ニック・ポープ氏／ SG：スティーブン・グリア博士

NP：私の名前はニック・ポープだ。私は英国国防省に勤務する職員で，入省は 1985 年だった。ここでは様々な勤務を経験したが，この問題と最も関連するのは空軍参謀事務局に配属されていた 1991 年から 1994 年の期間だ。そこでの私の任務は，英国政府のために UFO 現象を研究し，調査することだった。

私は毎年 200 件から 300 件の UFO 報告を受け取った。私の仕事はこれらを評価し，英国の防衛に対して何らかの脅威の証拠があるのかどうか，その結論を出すことだった。綿密な調査の結果，それらの目撃の 90 パーセントから 95 パーセントはありきたりの説明で片付くことが分かった。しかし，従来の説明がまったく当てはまらない目撃報告が最後まで残った。それらは軍関係者による目撃，UFO と航空機のニアミス（異常接近），UFO がレーダーで追跡された例，および UFO がフィルムとビデオに撮られた事例を含む，幾つかの興味深い事例だった。

英国政府がUFO現象を見てきた長い年月の間に，軍の管制官が無相関目標(UCT)（*追跡するための飛行データが予め登録されていない航空機）を追跡した多くの出来事が起こり続けてきた。こうした幾つかの場合に，軍用ジェット機がその任務を変更するか緊急発進するかして，これらの物体を迎撃しようとしたことは確かだ――敵対する意図はなく，ただそれらの正体を確かめるために近づこうとしたのだ。

さて，これらの出来事において，迎撃の試みは成功してこなかったと言わなければならない。UFOの速度と飛行技術は，常に我々が発明した最高の航空機のずっと先にあった。率直に言って，それらは我々を遙かに凌駕していた。

軍用ジェット機が実際にUFOを追跡し，ガンカメラで撮影するか，またはその未知の航空機を識別するために見える距離まで近づこうとしたとき，これらの物体は驚異的な加速のみならず，瞬時に方向転換や停止をする能力を見せつけた。このような飛行の仕方は，加速度（G-force）に関するあらゆる問題を提起している――率直に言って，最高の耐加速度服を着用しても人間が生存できる限度を遙かに超える加速度。このことは，それ自体興味深い疑問を提起する。一体誰がこれらの物体を操縦しているのか。

特に印象的な幾つかの事例を取り上げるなら，まず1956年まで遡る必要があるだろう。このときベントウォーターズ地区の近くで，レーダーと肉眼による目撃事件が起きた。ちなみに，これはブルーブック計画で詳述された事例の一つで，特に具体的であると判断されたものだ。かいつまんで話せば，あるレーダー目標を捕捉した戦闘機管制官たちがいた。しかし，それを我々の航空機の一つだとは容易に確認することができなかった。我々はただそれを眺め，固体の物理的形を持つ飛行物体が実際にそこにあると判断しただけだった。それは我々自身の戦闘機のいわば限界と比較して，驚異的な速度で飛行していた。

何機かのジェット機が発進した。パイロットたちは何とかしてこの物体に近づき，実際に視認した。彼らはそれを，確かな物理的形を持つ，おそらくは円盤型をしたある種の航空機だと描写した。しかし，率直に言えば，それはあまりにも速く，変幻自在の飛行をしたので，その姿をはっきりと見ることはできなかった。繰り返すが，それは彼らを遙かに凌駕していた。だから，それは興味深い一つの例――我々が対抗することを望み得ないほどの速度と飛行技術を示す，こうした多くの飛行物体の一つだった。

［それよりもっと］現代の目撃，私が直接調査に関わったもう一つの例を挙げると，1993年3月30日と31日に，英国上空で起きた一連のUFO遭遇事件がある――この中で最も興味を引く出来事は，二つの空軍基地上空を，1機の大きな三角形またはダイヤモンドの形をしたUFOが実際に侵犯したということだ。その二つの基地とは，ミッドランドのコスフォード空軍基地とショーベリー空軍基地だ。

コスフォード空軍基地では，この目撃が31日の早朝，1時10分頃に起きた。コスフォード基地の警備パトロールが，基地の真上を飛ぶこのUFOを見た。当然，彼らは電話で緊急報告をし，驚いたことにレーダーには何も映っていないことを知った――この物体が彼らの真上を通過していたにもかかわらずだ。彼らが電話をした人々の中には，ショーベリー空軍基地の同僚たちもいた。同基地は約10マイルから12マイル行った所にある。そこの気象官が電話を取った。これらの基地には最小限の人員しかいないことを理解する必要がある。だから，そこの‘気象’官が電話を取ったのだ。彼は，多分これは誰かのいたずらだろうと考えながら外に出た。

しかし実際は電話のとおりだった――彼は遠くからこちらに向かってくる輝く光体を見た。この物体はどんどん近づいてきた。翌朝彼は高ぶる感情に声を震わせ，私にこう語った。それは巨大で扁平な三角形をした航空機で，ダイヤモンドのように片側にやや隆起しているように思えた。頭上をわずか200フィートの高度で通過し，そのとき低周波のブーンという音を発していた。彼によれば，その音は聞こえなかったが，感じることはできた。

奇妙なことに，この航空機は空軍基地の外周フェンスのすぐ向こう側を細い光線で照射していた。彼によれば，この物体はせいぜい時速20マイルから30マイルの速度で彼に向かってきた――とてもゆっくりだった。

突然，その光線は機体に引っ込んだ。次の瞬間，ものの数秒のうちにそれは水平線の彼方に飛び去った。思い返してほしいが，これを語っているのは8年間の勤務経験がある空軍将校だ。彼は毎日の生活の中で航空機や高速ジェット機を見ている。彼の言うには，この物体の飛行速度は空軍のジェット機の10倍くらいだろうということだった。彼にこの謎の航空機の大きさを訊いたとき，彼は典型的な軍人の言い方で，おそらくそれはC-130ハーキュリーズ輸送機とボーイング747ジャンボジェット機の中間だったと言った。

私はこの出来事の全面的な調査に取りかかった。その結果，これはまさにこの夜に全土で起きた一連の目撃の一つだったことが判明した。この事件では，一般市民のみならず多数の警察官が巻き込まれ，その範囲は特にイングランド南西部とウェールズ，さらにミッドランドにまで及んだ。私は通常の調査はすべて行なった。我々はレーダーテープを押収し，それらを国防省本館に送らせ，可能な一連の調査をすべて行なった——衛星の軌道から宇宙廃棄物，天文学的現象，流星，火球，軍用機の演習，気象観測気球の飛揚まで——しかし，そのどれでもなかった。これが調査の基本だった——この分野ではあらゆるものを調査する。

我々はその正体をつかむことがまったくできなかった。これについてかなり堅実な調査をほぼ一週間行なった後で，私は報告書を部長経由で指揮系統の空軍参謀次長——空軍少将，二つ星空軍将校——に上げた。我々はこれを彼のところまで上げ，基本的にこう述べた。無相関目標，未確認飛行物体——単なる光や形だけではない——物理的形を持つ起源不明の飛行物体が，英国防空域（ADR）に侵入したと。

その夜，それはレーダーで追跡されることも，航空機を発進させることもなく飛行した。まったく咎められることなしに，二つの軍事施設と国土の大部分の上空を飛行した——そして正体不明のまま消えた。空軍参謀次長はそれについて時間をかけ，真剣に考えた。それはキャッチ22的状況（* 八方ふさがりの状況）だったと想像する。彼はただ戻ってきてこう言った。“これは大変興味を引く事件だ。しかし，間違いなく君はできる限りの調査をすべて行なった。率直に言って，我々ができることはこれ以上ない。それにしてもこれは興味をそそる”

さて，その報告書が指揮系統を上がっていったとき，我々はUFO現象の全体像について何人かの人々の心を確かに変えたと思う。このことが，言うなれば彼らの目の前で起きたことが単なる馬鹿げたことなどではないことを，後に多くの上級官僚と軍将校たちに本当に理解させたと思う。UFO現象は天空の単なる光や形ではない。それは現実のものであり，固体だ；それは何はともあれ軍を巻き込む。私が思うに，今でもあれはこれまで英国で起きたきわめて重大な事例の一つだ。率直に言って，この事例は——もし実際に何らかの疑念が依然としてあるとするならば——UFO現象全体により提起される，重大な防衛と国家安全保障上の問題を示している。

何年もの間，ガンカメラを使って軍用機により撮影された多くのフィルムが存在してきた。しかし残念なことに，このフィルム映像はもはや存在しないように思われる。私の前任者の一人にラルフ・ノイズという人がいる。彼は私がDS8という旧部署名のもとで働いていたとき，そこを率いていた。つまり，国防事務局第8課だ。彼は亡くなる前，やはり国防省に雇われの身分だったが，UFO現象の真実性について公然と明言し，それを聞こうとしたすべての人々に対して，ここに重大な現象があり，それは真剣に研究する必要も価値もあると主張した。そうするからには，ラルフは確かにそれらが映っているフィルム映像［軍用機から撮影したUFOのガンカメラ映像］を見ていたに違いない。以下はラルフが私に語ったものだ——実際，彼の証言は書き物にもなっていると思う——彼は空軍上級将校の報告会に呼ばれた。彼らは皆この映像の一部を見るために参集していた。その映像は，あるUFOを接近観察するために軍用ジェット機が発進し，追跡を行なった後で持ち込まれたものだった。彼とこれらの空軍参謀は，驚きで息をのみながらただ座っているばかりだった——見て，指さして，驚いていた——しかし率直に言うと，それ以上理解することはできなかった。ただし，繰り返すが，我々よりも能力の優れた物体が我々の領空で活動しているという暗黙の承認だけはあった。

私がそれを言うときは，当然試作機の問題についても触れる。なぜなら，UFO現象についてしばしば提起される問題の一つは，まったく筋の通った質問だからだ。つまり，高速でとてつもない運動性能を示す，物理的形を持つ飛行物体について語るとき，人々が見ているものは空軍の次世代機ではないのか？——航空機であれ遠隔操縦機であれ，その試作機ではないかというわけだ。

よろしい。国防省に勤務する職員であり，3年間UFOに関係する仕事をしてきた一人として話すと，その質問をする人には誰にでもこう言うことができる。もちろんそのとおりだ。いつだって航空機や装置の試作品はあり，それは試運転される。しかし，我々の組み立てキットを試運転する場所は我々が知っている。我々はその試運転を管理の行き届いた，決められた危険地域で行なう。我々はUFOと試作機を間違えない。もしそれが試作機だとしたら，我々がUFOを追跡することはない。我々はその違いを知っている。

だから，一般市民が何かを見たときには――誰がそんなことを知っているだろうか？　それは人々がどこでそれを見たかによる。しかし，話が軍による目撃や，私が行なったような研究と調査ということになると，もし私が試作機のテストに偶然出くわしたとき，私が‘A’を知っており‘B’を知らなかったなら，私はそれを知らされる。そのときはもちろん，我々は素早くそれに対する干渉を止めているだろう。

英国で最も有名なUFO事例はレンドルシャムの森事件だ。これはときにベントウォーターズ事例とも呼ばれる。この事例では，1980年12月の数夜にわたり一連のUFO事件が起きた。表向きは英国空軍基地が関係しているが，実際にはそれらの基地は米国空軍によって運営されていた。それらはサフォーク州のベントウォーターズ空軍基地とウッドブリッジ空軍基地だった。

[ラリー・ウォーレン，ローリ・レーフェルト，クリフォード・ストーン，ヒル-ノートン卿，その他の証言を見よ。SG]

さて，この事例では一連の遭遇があり，一部の人々はそこで途方もない動き方をする天空の光体群を見た。しかしもっと顕著だったのは，活動の最初の夜に物理的形を持つ金属製の飛行物体が実際に移動しているのを人々が見たことだ――天空をではない――下に降りて，ほとんど地面すれすれを。それは二つの基地に隣接するレンドルシャムの森の中を動いていた。ある時点で，このほぼ三角形をした小さな金属製の飛行物体は，本当に地面に降り，森の中の空き地に着陸したように見えた。

このときの証人たちはすべて軍の要員だった。彼らは訓練された観察者であり，間違わない。これまで懐疑論者の一部は，近くの灯台を見誤ったのかもしれないと言ってきた。それは二つの理由であり得ない。第一に，彼らは訓練された軍の観察者で，灯台は見慣れており，様々な勤務の中でほぼ毎夜それを見ていた。第二に，遭遇事件のあった時点で，確実にその灯台はUFOと同時にはっきりと見えていた。だから懐疑論者たちが時々主張するように，これが灯台だったはずはない。

この事例は，私自身の勤務期間より10年かもう少し前のことだ。私はこの事例を見直し，ファイルのすべてに目を通した。そして，この事件の調査を再開しようとした。注目すべき最も重要なことは，実際に何かが起きたという物理的証拠だった。なぜなら，この飛行物体が着陸した後で，人々は白昼に着陸場所まで戻り，その物体の着陸場所である森の地面に三角形の窪みを発見したからだ。私が言っている意味は，その三つの窪みを線で結ぶと，ほとんど完璧な正三角形になったということだ。

行なわれたことの一つは，その場所の放射能検査だった。これが私の入った場所だ。私は測定値を入手した。[そして] これらの読み取り値が 2 箇所で極大値を持っていたことは重要だ：極大値は窪みそのものと，その空き地にある木々の損傷を受けた側面にあった――あたかもこの物体は降下して何本かの枝を折り，樹皮を幾らか剝いだかのようだった；その物体は入ってきたときか出ていくときにそうしたのだ。

私は当時チャールズ・ハルト中佐によって記録されていたその数字を送った。彼は基地の副指揮官で，彼自身もこれらの事件の幾つかでは証人だった。私はハルト中佐とそのチームから受け取ったデータを，国防放射能防護局に送った。そこは国防省の一部だ。そのデータは戻ってきたが，彼らはこの出来事全体について率直に困惑していた。そして地面の窪みの放射能は，背景放射能の 10 倍だと言った――通常あるべき量の 10 倍だ。

ここで当然ながら，そのレベルはそれでもなお比較的低かったと言っておくことは重要だ。ハルト中佐と彼のチームは，これによって危険に曝されることはなかった。これはまだ低いレベルの放射能だった。しかし繰り返すが，それを科学的に見ると，そのことが重要なのではない。重要なのは，その場所のすぐ外側での対照測定と比較したときに，この飛行物体が森に降下したその場所で，通常の 10 倍という極大値が得られたことだ。

だから，これはきわめて重大なことだと私は考えている。なぜなら，ここには訓練された軍の観測者による目撃があり，またある時点でこの飛行物体は，近くのワッテン空軍基地からレーダーで追跡されているからだ。つまり，レーダーによる捕捉があり，訓練された軍の要員による目撃があり，その出来事の後では通常の現実の中で，否定し得ない，科学的な，放射能の測定された証拠があった。だから，誰の基準に照らしてもそれはきわめて重大な出来事であり，その夜その空き地に未知の飛行物体があったという，疑う余地のない証拠があると私は考えている。

私は軍の要員による証言内容を見，これに巻き込まれた人々による証言を聞いたが，それはこの夜に起きたことが，国防省に上げられたファイルに記録された以上のものだったことを示している。

UFO が民生用の原子力発電所，核兵器を持った軍事施設，等々にきわめて強い関心を持っていることを示す事件もある。

[当時，米国の管理下にあったベントウォーターズ空軍基地に核兵器があることは秘密だった。SG]

国防省空軍参謀事務局での勤務期間中，私は UFO 問題に関してはとても開放的な方針をとっていた。自分が行なっていた公式の研究と調査に関しては，できるだけ開放的かつ誠実であろうとし，このことに関するデータを隠さないことを自分の役割と考えていた。政府と軍，さらに民間の研究者，政治家も——誰であろうと——この問題については，あらゆることを社会共有のものとすべきだ。私はそう思っている。政府は矛盾することをしてはならない。公式見解がしばしばそうであるように，一方で UFO は防衛上何の重要性もないと言いながら，他方ではデータの一部を隠しておくなどということをしてはならない。

それは絶対にしてはいけない。どちらか一方だ。政治家がこの問題に探りを入れたりメディアが問い合わせたりしたとき政府が決まって言うように，もし心配することが本当に何もないなら，そのすべてのデータを見てみようではないか。その決定が適切な方法論に基づいてなされた，正当なものであることを確認しようではないか。

その方針を支持する者として，私は世界中の政府が持っている UFO 情報は全面公開されるべきだと考えている。それが始まりつつある有望な兆候があると思う。たとえば 2000 年初めにサンマリノで開かれたある会議は，同国の観光局も一部協賛した，ある意味で公的性格を持つものだったが，イタリア空軍が実際の任務として制服の代表を送り，何年もの間イタリア空軍と国防省に報告されてきた UFO 事例について語らせた。私はこれがチリでも起きたことを知っている。すでに述べたように，私自身これに努めて開放的であろうとし，またデータを社会共有のものにしようとしているが，その努力がこの問題を幾らかでも前進させていればよいと思う。

そのとおり。私はこの問題の完全な開放性と誠実さを支持する立場だ。疑いもなく，それはきわめて重要な問題だ：それは防衛と国家安全保障上の重要問題を提起しており，排他的小集団や何かの特定集団によって対処されるべき問題ではない。これらは世界的に重要な問題であり，すべての人々により議論され，対処されなければならない。実際に，我々が持っている現象データは，あらゆる種類の人々——科学者，政治家，軍事専門家——を引き入れ，この情報を得る現在の方法よりも遙かに広範な方法を用いることなしには，十分かつ適切に評価することができないものだ。

私はこれらのUFOの幾つかは確かに地球外起源であると信じており，そのことを隠したりはしてこなかった。国防省の現役職員として，それがとんでもない言明だということは承知している。もちろん，私はそれを公式な声明としては出さない——私が個人の立場で話している——しかし私の話は3年間の公式な研究と調査に基づいているのだ；私は3年間，新しく入ってくる目撃情報に接し，また国防省や公文書館が持っているUFO問題に関する250件から300件の奇妙な事例ファイルを見直した。その幾つかは，当時機密扱いだった。だから，私はこれらの言明を軽々しくは行なっていないし，盲信に基づいてそうしているのでもない。私は政府が持っているデータに基づいてそれをしているのだ。

同じくらい重要なことは，この考えを持つのは私一人ではないということだ。英国国防省の内部，空軍，また実に政治組織においてさえ，同じことを言う人々がいる。国防省は巨大な一枚岩の組織ではない——他の組織も同じだが，それは個人の集合体だ。だから，政府，軍，民間組織——どんなグループであれ——について語る場合，それは実際には個人の集合体について語っているのだ。

官僚の世界には，疑う者と信じる者がいることを私は知った。そして地球外生命体の存在を信じる人の数は，多くの人が思うよりもずっと多い——特に空軍ではそうだ。もしあなたが英国空軍に出かけていって話をしたら，そこの誰かしらが目撃を経験したり，無相関目標をレーダーで追跡したり，我々に真似のできない飛び方をしている物体を見たりしているだろう。自分自身でこうした経験をした人もいるだろうし，同じ経験をした誰か——友人，同僚——を知っている人もいるだろう。

私は勤務に就いた初めの頃，特に反対の立場をとる米国人との対話を確立する努力をした。米国は1969年にブルーブック計画が打ち切られて以来UFO調査から手を引いている，という公式見解が示されたと思う。率直に言って，私にはそれを追求し深く掘り下げる時間的余裕がなかった。

SG： あなたの調査に対して，たとえばメンウィズヒル（*英国空軍基地）のNSA（国家安全保障局）施設あるいは偵察活動を行なっている国家偵察局（NRO）衛星計画から，どれくらいの支援がありましたか？　これらの組織から何らかの確証を得たり，支援を受けたりしたことはありましたか？

NP： 申しわけないが，特定の機関と何らかの連絡があったかどうかについては話したくない。一般論として言えることはこうだ。もし私が興味のある特定事例に出会い，どこか他の機関からの支援，何らかの権限，設備などが必要だと感じたら，私はいろいろな経路でそれを依頼する。しかし実際のところ，これまで扱ったUFO事例の大部分は，私に与えられた資源で十分対応することができた。実際に私は，英国防空域レーダー基地，フィリングデール英国空軍基地の弾道ミサイル早期警戒センター，このような国の施設を利用して毎日の研究調査を行なった。これ以上は話したくない。

こう言えば十分だろう。多年にわたり，信頼のできる事例が絶え間なく報告されている。それらは偏見のない観察者が実際にそのデータを見たとき，そこに単なる天空の光以上の何かがいたことを確信させるのに十分なものだと思う。この現象の正体について時々言われることが何であろうと，その何かはきわめて重大な防衛上の何事かが起きていることを示唆している。それは英国の領空だけではない。実に全世界の領空で起きていると私は考えている。

現在英国では，公文書館に約30件の一般公開UFOファイルがある。全体では250件から300件あるはずだ。その一部はかつて機密にされていた；今ではもちろん機密が解除されている。英国では間もなく情報公開法が成立する。私は英国の政府と軍のUFOファイルが，その全部ではないにしても大部分が近く公開されることを望んでおり，また信じている。

しかし，そこにあるのは証拠の集まりだ。それは軍や科学の分野で何らかの経験を持つ公平な観察者が，端と端とをつなぎ合わせて眺めたときに，この現象の実在性を立証することになる。

1993年3月に起きた英国での目撃多発現象について重要な事実がある。それは，ベルギーの軍事組織を揺るがし，F-16（*戦闘機）の緊急発進を引き起こした目撃多発現象から3年後の，まさに同じ日の夜にそれが起きたということだ。繰り返すと，それは3月30日の夜遅くと31日の早朝に起きた。おそらくヨーロッパで最大級の重要性を持つ二つのUFO目撃多発現象が，3年の歳月を経てまさに同じ日の夜に起きた。それは非常に興味深い事実の一つだ。

それは私が関わる前のことだったが，ヨーロッパで最大級の重要性を持つ目撃多発現象の一つが，1990年3月にベルギー上空で起きた。このとき複数のUFOが地上の多数の人々によって目撃され，レーダーで追跡され，F-16迎撃戦闘機2機の緊急発進を引き起こした。これらの航空機は，自身の航空機搭載レーダーでそのUFO群を捕捉した。そして，不思議な追いつ追われつのゲームがベルギーの空で約1時間にわたり演じられた。

それが起きたのは，私が空軍参謀事務局に配属される前だったが，私はブリュッセルの英国空軍武官と連絡をとった。私は自分自身の心の疑念を解消するためと，自分が行なってきた研究のために，その事件の信憑性を彼に訊ねた。彼は確かにそのF-16パイロットの一人または両人，さらにこれに関わった上級将校デ・ブラウワー大佐と直接話をしていた。大使館を経由して私に公式に返ってきた言葉は，この事件はほぼ報告どおりに実際に起きたというものだった。

間違いなく，そこには固体の物理的形を持つ飛行物体があり，F-16の前方で飛行の仕方を何回か変えた。非公式の余談として，ベルギー空軍参謀の間にある論評が広まった。その趣旨を言えば，“幸いなことに，彼らは友好的だった”ということだった。

[ベルギー事件とその公式政府文書に関するクリフォード・ストーンの証言を見よ。SG]

SECRET

From : Headquarters No. 11 Group

To : See Distribution List

Date : 6th December, 1956

Ref : 11G/S.1803/7/Air Int.

Reports on Aerial Phenomena

1. Recent reports on aerial phenomena show that some units are unaware of this Headquarters letter reference 11G/C.2802/8/Int. dated 16th December, 1953, and Fighter Command Headquarters letter FC/S.45485/Signals, dated 13th January, 1953, which was sent to Headquarters Metropolitan and Southern Sectors (for onward transmission to appropriate Radar units) under reference 11G/S.3251/OPS. C & R, dated 21st January, 1953. These letters give instructions for reporting and the action to be taken in regard to the detection of unusual aerial phenomena. So that units may know the action to be taken in future sightings, the letters referred to above are summarised in the following paragraphs.

2. Sightings of aerial phenomena by Royal Air Force personnel are to be reported in writing by Officers Commanding Units immediately and directed to Air Ministry (D.D.I.(Tech.)) with copies to Group and Command Headquarters. In addition, any reports from civilians received by units should be acknowledged formally in writing and copies of the reports themselves forwarded direct to Air Ministry (D.D.I. (Tech.)).

3. It will be appreciated that the public attach more credence to reports by Royal Air Force personnel than to those by members of the public. It is essential that the information should be examined at Air Ministry and that its release should be controlled officially. All reports are, therefore, to be classified "CONFIDENTIAL" and personnel are to be warned that they are not to communicate to anyone other than official persons any information about phenomena they have observed, unless officially authorised to do so.

4. Radar detection of unusual targets is to be reported by stations through the normal channels. They should make a special report of any unusual response, i.e. any responses moving at a ground speed exceeding 700 kts. at any height and at any speed above 60,000 feet.

5. When an unusual response is seen, the supervisor or N.C.O. i/c watch should be informed and he should then check that the echo is not spurious, and arrange for the necessary records to be made to provide the information listed in para. 6 below.

6. Reports on such phenomena should contain, a personal assessment of, and where applicable a copy of, the following:-

(a) Appearance of the echo.

(b) The signal strength of the echo (strong, medium and weak) throughout the time of observation, including pick-up and fade points.

(c) Range and bearing of initial plot and fade points.

HQ. SOUTHERN SECTOR
12 DEC 1956
CENTRAL REGISTRY
FILED ON 1318

............../(d)

Unidentified Objects at West Freugh

1. On the morning of April 4th radar operators at West Freugh detected unidentified objects on the screens of their radars. A summary of this incident is given below.

2. The object was first observed as a stationary return on the screen of a rdar at Balscalloch. Although its range remained appreciably constant for about 10 minutes its height appeared to alter from about 50,000 to 70,000 ft. A second radar was switched on and detected the "object" at the same range and height.

3. The radar sets used were capble of following objects automatically besides being manually operated. The information is obtained in the form of polar coordinates but it can be converted to give plan position indication together with heights. This information can be fed into aplotting board which displays the position of the object by means of an electronically operated pen, while the height is shown on a meter.

4. The unidentified object was tracked on the plotting table, each radar being switched on to the table in turn to check for discrepancies. After remaining at one spot for about ten minutes the pen moved slowly in a N.E. direction, and gradually increased speed. A speed check was taken which showed a ground speed of 70 m.p.h., the height was then 54,000 ft.

5. At this time another radar station 20 miles away, equipped with the same type ofradars, was asked to search for the "object". A echo was picked up at the range and bearing given and the radar was "locked-on".

6. After the "object" has travelled about 20 miles it made a very sharp turn and proceeded to move S.E. at the same time increasing speed. Here the reports of the two radar stations differ in details. The wo at Balscalloch tracked an"object" at about 50,000 ft at a speed of about 240 m.p.h. while the other followed an "object" or "objects" at 14,000 ft. As the "objects" travelled towards the second radar site the operator detected four "objects" moving in line astern about 4,000 yards from each other. This observation was confirmed later by the other radars, for when the object they were plotting passed out of range they were able to detect four other smaller objects before they too passed out of range.

7. It was noted by the radar operators that the sizes of the echoes were considerably larger than would be expected from normal aircraft. In fact they considered that the size was nearer that of a ship's echo.

8. It is deduced from these reports that altogether five objects were detected by the three radars. At least one of these rose to an altitude of 70,000 ft while remaining appreciably stationary in azimuth and range. All of these objects appeared to be capable of speeds of about 240 m.p.h. Nothing can be said of physical construction of the objects except that they were very effective reflectors of radar signals, and that they must have been either of considerable size or else constructed to be especially good reflectors.

9. There were not known to be any aircraft in the vicinity nor were there any meteorological balloons. Even if balloons had been in the area these would not account for the sudden change of direction and the movement at high speed against the prevailing wind.

10. Another point which has been considered is that the type of radar used is capable of locking onto heavily charged clouds. Clouds of this nature could extend up to the heights in question and cause abnormally large echoes on the ... It is not thought however that this incident was due to such

11. It is concluded that the incident was due to the presence of five reflecting objects of unidentified type and origin. It is considered unlikely that they were conventional aircraft, meteorological balloons or charged clouds.

D.D.I.(Tech)
30th April 1957

001086

INQUIRE=DOC10D
ITEM NO=00508802
ENVELOPE
CDSN = LGX391 MCN = 90089/26558 TOR = 900901048
RTTCZYUW RUEKJCS5049 0891251-CCCC--RUEALGX.
ZNY CCCCC
HEADER
R 301251Z MAR 90
FM JOINT STAFF WASHINGTON DC
INFO RUEADWD/OCSA WASHINGTON DC
RUENAAA/CNO WASHINGTON DC
RUEAHQA/CSAF WASHINGTON DC
RUEACMC/CMC WASHINGTON DC
RUEDADA/AFIS AMHS BOLLING AFB DC
RUFTAKA/CDR USAINTELCTRE HEIDELBERG GE
RUFGAID/USEUCOM AIDES VAIHINGEN GE
RUETIAQ/MPCFTGEORGEGMEADEMD
RUEAMCC/CMC CC WASHINGTON DC
RUEALGX/SAFE
R 301246Z MAR 90
FM
TO RUEKJCS/DIA WASHDC
INFO RUEKJCS/DIA WASHDC//DAT-7//
RUSNNOA/USCINCEUR VAIHINGEN GE//ECJ2-OC/ECJ2-JIC//
RUFGAID/USEUCOM AIDES VAIHINGEN GE
RHFQAAA/HQUSAFE RAMSTEIN AB GE//INOW/INO//
RHFPAAA/UTAIS RAMSTEIN AB GE//INRMH/INA//
RHDLCNE/CINCUSNAVEUR LONDON UK
RUFHNA/USDELMC BRUSSELS BE
RUFHNA/USMISSION USNATO
RUDOGHA/USNMR SHAPE BE
RUEAIIA/CIA WASHDC
RUFGAID/JICEUR VAIHINGEN GE
RUCBSAA/FICEURLANT NORFOLK VA
RUEKJCS/SECDEF WASHDC
RUEHC/SECSTATE WASHDC
RUEADWW/WHITEHOUSE WASHDC
RUFHBG/AMEMBASSY LUXEMBOURG
RUEATAC/CDRUSAITAC WASHDC
BT
CONTROLS
SECTION 01 OF 02 05049

SERIAL: (U) IIR 6 807 0136 90.

BODY
COUNTRY: (U) BELGIUM (BE).

SUBJ: IIR 6 807 0136 90/BELGIUM AND THE UFO ISSUE (U)

WARNING: (U) THIS IS AN INFORMATION REPORT, NOT FINALLY

-4-

(56)

PAGE:0012

VALUATED INTELLIGENCE. REPORT CLASSIFIED

DEPARTMENT OF DEFENSE

OI: (U) 900326.

EQS:

OURCE: A- (U) LA DERNIER HEURE, 20 MAR, DAILY FRENCH LANGUAGE PAPER, CIRC 100,000; B- (U) LE SOIR, 26 MAR, DAILY FRENCH LANGUAGE PAPER, CIRC 213,000;

SUMMARY: (U) NUMEROUS UFO SIGHTINGS HAVE BEEN MADE IN BELGIUM SINCE NOV 89. THE CREDIBILITY OF SOME INDIVIDUALS MAKING THE REPORTS IS GOOD. SOME SIGHTINGS HAVE BEEN EXPLAINED BY NATURAL/MANMADE PHENOMENA, SOME HAVE NOT. INVESTIGATION BY THE BAF CONTINUES.

TEXT: 1. (U) NUMEROUS AND VARIOUS ACCOUNTS OF UFO SIGHTINGS HAVE SURFACED IN BELGIUM OVER THE PAST FEW MONTHS. THE CREDIBILITY OF THE OBSERVERS OF THE ALLEDGED EVENTS VARIES FROM THOSE WHO ARE UNSOPHISTICATED TO THOSE WHO ARE THE WELL EDUCATED AND PROMINENTLY PLACED.

2. (U) SOURCE A CITES MR LEON BRENIG, A 43 YEAR OLD PROFESSOR AT THE FREE UNIVERSIY OF BRUSSELS (PROMINENT) IN THE FIELD OF STATISTICS AND PHYSICS. HE CLAIMS TO HAVE TAKEN PICTURES OF THE PHENOMENA WHICH ARE STILL BEING DEVELOPED BUT WILL BE PUBLISHED BY THE BELGIAN SOCIETY FOR THE STUDY OF SPACE PHENOMENA IF THEY ARE OF GOOD QUALITY.

3. (U) MR BRENIG WAS DRIVING ON THE ARDENNES AUTOROUTE IN THE BEAUFAYS REGION EAST OF LIEGE, SUNDAY, 18 MARCH 1990 AT 2030 HOURS WHEN HE OBSERVED AN AIRBORNE OBJECT APPROACHING IN HIS DIRECTION FROM THE NORTH. IT WAS IN THE FORM OF A TRIANGLE ABOUT THE SIZE OF A PING-PONG BALL AND HAD A YELLOW LIGHT SURROUNDING IT WITH A REDDISH CENTER VARYING IN INTENSITY. ALTITUDE APPEARED TO BE 500 - 1000 METERS, MOVING AT A SLOW SPEED WITH NO SOUND. IT DID NOT MOVE OR BEHAVE LIKE AN AIRCRAFT.

4. (U) MR BRENIG CONTACTED A FRIEND VERY NEAR THE AREA WHO CAME OUT AND TOOK PICTURES OF IT WITH A ZOOM LENS AND 400 ASA FILM. BOTH INSISTED THE OBJECT COULD NOT BE AN AIRCRAFT OR HOLOGRAMME PROJECTION AS THE SKY WAS CLOUDLESS.

5. (U) THE SOURCE B ARTICLE WHICH DISCUSSES A BELGIAN TELEVISION INTERVIEW WITH COL WIL ((DEBROUWER)), CHIEF OF

PAGE:0013

OPERATIONS FOR THE BAF, MOST LIKELY WAS THE RESULT OF A FOLLOW-ON ACTION TAKEN BY MR BRENIG WHEN HE CONTACTED LTGEN ((TERRASSON)), COMMANDER, BELGIAN TACTICAL (OPERATIONAL) COMMAND. GEN TERRASSON CATEGORICALLY ELIMINATED ANY POSSIBLE BAF AIRCRAFT OR ENGINE TEST INVOLVEMENT WHICH COL DEBROUWER CONFIRMED DURING THE 25

ADMIN
BT

#5049

PAGE:0014

INQUIRE=DOC10D
ITEM NO=00503294
ENVELOPE
CDSN = LGX492 MCN = 90089/26566 TOR = 900891502
RTTCZYUW RUEKJCS5049 0891251-CCCC--RUEALGX.
ZNY CCCCC
HEADER
R 301251Z MAR 90
FM JOINT STAFF WASHINGTON DC
INFO RUEADWD/OCSA WASHINGTON DC
RUENAAA/CNO WASHINGTON DC
RUEAHQA/CSAF WASHINGTON DC
RUEACMC/CMC WASHINGTON DC
RUEDADA/AFIS AMHS BOLLING AFB DC
RUFTAKA/CDR USAINTELCTRE HEIDELBERG GE
RUFGAID/USEUCOM AIDES VAIHINGEN GE
RUETIAQ/MPCFTGEORGEGMEADEMD
RUEAMCC/CMC CC WASHINGTON DC
RUEALGX/SAFE
R 301246Z MAR 90
FM
TO RUEKJCS/DIA WASHDC
INFO RUEKJCS/DIA WASHDC//DAT-7//
RUSNNOA/USCINCEUR VAIHINGEN GE//ECJ2-OC/ECJ2-JIC//
RUFGAID/USEUCOM AIDES VAIHINGEN GE
RHFQAAA/HQUSAFE RAMSTEIN AB GE//INOW/INO//
RHFPAAA/UTAIS RAMSTEIN AB GE//INRMH/INA//
RHDLCNE/CINCUSNAVEUR LONDON UK
RUFHNA/USDELMC BRUSSELS BE
RUFHNA/USMISSION USNATO
RUDOGHA/USNMR SHAPE BE
RUEAIIA/CIA WASHDC
RUFGAID/JICEUR VAIHINGEN GE
RUCBSAA/FICEURLANT NORFOLK VA
RUEKJCS/SECDEF WASHDC
RUEHC/SECSTATE WASHDC
RUEADWW/WHITEHOUSE WASHDC
RUFHBG/AMEMBASSY LUXEMBOURG
RUEATAC/CDRUSAITAC WASHDC
BT
CONTROLS
SECTION 02 OF 02 05049

SERIAL: (U) IIR 6 807 0136 90.

BODY
COUNTRY: (U) BELGIUM (BE).

SUBJ: IIR 6 807 0136 90/BELGIUM AND THE UFO ISSUE (U)

MAR TV SHOW.

PAGE:0015

6. (U) DEBROUWER NOTED THE LARGE NUMBER OF REPORTED SIGHTINGS, PARTICULARLY IN NOV 89 IN THE LIEGE AREA AND THAT THE BAF AND MOD ARE TAKING THE ISSUE SERIOUSLY. BAF EXPERTS HAVE NOT BEEN ABLE TO EXPLAIN THE PHENOMENA EITHER.

7. (U) DEBROUWER SPECIFICALLY ADDRESSED THE POSSIBILITY OF THE OBJECTS BEING USAF B-2 OR F-117 STEALTH AIRCRAFT WHICH WOULD NOT APPEAR ON BELGIAN RADAR, BUT MIGHT BE SIGHTED VISUALLY IF THEY WERE OPERATING AT LOW ALTITUDE IN THE ARDENNES AREA. HE MADE IT QUITE CLEAR THAT NO USAF OVERFLIGHT REQUESTS HAD EVER BEEN RECEIVED FOR THIS TYPE MISSION AND THAT THE ALLEDGED OBSERVATIONS DID NOT CORRESPOND IN ANY WAY TO THE OBSERVABLE CHARACTERISTICS OF EITHER U.S. AIRCRAFT.

8. (U) MR BRENIG HAS SINCE ASSURED THE COMMUNITY THAT HE IS PERSONALLY ORGANIZING A NEW UFO OBSERVATION CAMPAIGN AND SPECIFICALLY REQUESTS THE HELP OF THE BELGIAN MOD.

9. [redacted] RELATED A SIMILAR UFO SIGHTING WHICH APPARENTLY HAPPENED TO A BELGIAN AIR FORCE OFFICER IN THE SAME AREA NEAR LIEGE DURING NOVEMBER 89. THE OFFICER AD HIS WIFE WERE ALLEDGEDLY BLINDED BY A HUGE BRIGHT FLYING OBJECT AS THEY WERE DRIVING ON THE AUTOROUTE. THEY STOPPED THEIR CAR, BUT WERE SO FRIGHTENED THEY ABANDONED THE VEHICLE AND RAN INTO THE WOODS. THEY COULD NOT PROVIDE A DETAILED DESCRIPTION BUT WHATEVER IT WAS DEFINITELY APPEARED REAL TO THEM. [redacted] UNDERLINED THEIR CREDIBILITY AS SOLID.

COMMENTS: 1. [redacted] COMMENT. HE COULD PROVIDE VERY LITTLE CONCRETE INFORMAITON EXCEPT TO VERIFY THE LARGE VOLUME OF SIGHTINGS AND THE SIMILARITY OF SOME DURING NOV 89. [redacted]

2. [redacted] THE BAF HAS RULED SOME SIGHTINGS WERE CAUSED BY INVERSION LAYERS, LAZER BEAMS AND OTHER FORMS OF HIGH INTENSITY LIGHTING HITTING CLOUDS. BUT A REMARKABLE NUMBER OCCURRED ON CLEAR NIGHTS WITH NO OTHER EXPLAINABLE ACTIVITY NEARBY.

3. [redacted] THE BAF IS CONCERNED TO A POINT ABOUT THE UFO ISSUE AND IS TAKING ACTION TO INVESTIGATE INFORMATION THEY HAVE. [redacted] DOES ADMIT, HOWEVER, THAT HE IS NOT OPTIMISTIC ABOUT RESOLVING THE PROBLEM.

4. [redacted] FIELD COMMENT. THE USAF DID CONFIRM TO THE BAF AND BELGIAN MOD THAT NO USAF STEALTH AIRCRAFT WERE ~~OPERATING~~ IN THE ARDENNES AREA DURING THE PERIODS IN

PAGE:0016

QUESTION. THIS WAS RELEASED TO THE BELGIAN PRESS AND RECEIVED WIDE DISSEMINATION.

[redacted]

ADMIN
PROJ: (U)
INSTR: (U) US NO.
PREP: [redacted]
ACQ:
DISSEM: (U) FIELD: AMEMBASSY BRUSSELS (DCM).
WARNING: (U) REPORT CLASSIFIED —[redacted]

BT

#5049

Testimony of Admiral Lord Hill-Norton

元英国国防参謀長／五つ星提督
ヒル-ノートン卿の証言

2000年7月

[このインタビューを我々に提供してくれたジェームズ・フォックスに感謝する。SG]

ヒル-ノートン卿は五つ星提督にして元英国国防参謀長だ。彼は在任中UFO問題については蚊帳の外に置かれていた。彼はこの短いインタビューの中で，この問題はきわめて重要なので，もはや否定されたり秘密にされたりするべきではないと述べている。そして，きっぱりとこう述べる。“……我々が宇宙からの人々，他文明からの人々の訪問を受けつつある――またこれまで長年受けてきた――というのは，まったくあり得る話だ。彼らが何者か，どこからやってくるのか，彼らの望みは何か，これを知るべきだ。これは厳密な科学的調査の対象であるべきで，大衆紙の嘲笑の対象にされるべきではない”

私はベントウォーターズ事件についてはよく知っている。それに関わった多くの人々にインタビューもした。そしてよく考えた末に出した結論は，サフォークであの夜に起きたことの説明は二つしかないということだ。最初の一つは，関係した多くの人々――当時その基地の副指揮官だったハルト中佐と彼の多くの兵士たちを含む――は，地球の大気外から何かがやってきて，彼らの空軍基地に着陸したと主張していることだ。彼らは出かけていき，そのそばに立ち，それを調べて写真に撮った。

翌日彼らは，それが着陸した地面を検査し，微量の放射能を検出した。彼らはこれを報告している。ハルト中佐はメモを書き，そのメモは我々の国防省に送られた。私が知る限り，彼は少なくとも1回英国のテレビに出演し，彼がメモに書いたことを事実上繰り返した。彼が言ったこととは，私が今述べたことだ。それが一つの説明だ——つまりハルト中佐が報告したように，それは実際に起きた。

もう一方の説明は，それが起きなかったというものだ。この場合，ハルト中佐と彼の部下全員が幻覚を見ていたと仮定しなければならない。私の立場は完全に明確だ——これらのいずれの説明も，国防上の最大級の関心事だ。私自身はそれをこの国の国防大臣たちに上げてきたが，それは報告されても，UFOに関して彼らが受け取ったどんな情報も，国防上の重要性は持たないと断言されてきた。間違いなく，すべての分別ある人々にとって，このどちらの説明も必ず国防上の関心事になる。サフォークにあった米国空軍基地のこの中佐と彼の部下たちが，核兵器を搭載した航空機が基地にあるときに，幻覚を見ていた——これは国防上の関心事に違いない。

そして，起きたと彼が言っていることが実際に起きたとすれば——一体どうして彼がそれを捏造する必要があるか——宇宙からの輸送機（明らかに地球人が建造したものではない）がこの国の防衛基地に進入したことは，確かに国防上の関心事でないはずがない。とにかく，サフォークであの 12 月の夜に何も起きなかったとか，あれは国防上の関心事ではないと言明することは，我々の大臣たちにとり少しもよいことではない——特に国防省にとっては。それはまったく真実ではない。

私の名前がこの国と他の一つ二つの国でとても大々的に UFO と結びつけられるようになったので，私はよくこう訊かれる。私のような経歴——元国防参謀長であり元 NATO 軍事委員会議長——を持った人間がなぜ，私がなぜ隠蔽があると考えるのかと。または UFO についての事実を政府が隠蔽しようとする理由は何かと。多くの説明がしばしば提示されてきた。最もよく言われてきた，またおそらく最もまことしやかな説明は，もし真実が語られたら国民はどういう反応をするか，これに政府（まずは米国の，そして私自身の国の）が懸念を持っているというものだ——その真実とは，我々の大気中に我々が配備できる何物よりも技術的に遙かに進歩した物体がいる，彼らがやってくるのを阻止する手段を我々は持っていない，そして彼らが敵意を持っているとしても，我々にはそれに対抗する防衛手段がない，ということだ。

もしそれを公開すれば，人々はパニックを起こすことを政府は恐れているのだ。ニュージャージー州でのあの有名な事件のように，人々は猛り狂って電話に殺到するだろうと。その日は火星人が着陸したという悪ふざけがあった――人々は狂乱し，走り回るだろう。私はそう思わない――紙上でそう述べた。私は，人々がこの21世紀にその種の情報に接してパニックを起こすだろうとは思わない。何しろ，彼らは50年前に核兵器の導入と二つの日本の都市の破壊に耐えたのだ。彼らは我々が火星に輸送機を着陸させられることを当然のことと受け取る――何年も前に予想した正確な時刻に。だから，なぜ彼らがパニックを起こすのか？　彼らはトトカルチョや宝くじのほうにもっと興味がある。彼らは肩をすくめ，それを当然のことと受け取る。いずれにせよ，私の経験では彼らは政治家を信用しない。

私が言いたいのはこうだ。我々が宇宙からの，他文明からの人々の訪問を受けつつある――またこれまで長年受けてきた――というのは，まったくあり得る話だ。彼らが何者か，どこからやってくるのか，彼らの望みは何か，これを知るべきだ。これは厳密な科学的調査の対象であるべきで，大衆紙の嘲笑の対象にされるべきではない。

私にはベントウォーターズ事件が，我々の領空への明らかな侵入――そして実に我が国への着陸――が起きた典型的事例のように思われる。これは軍の真面目な人々――責任のある仕事をしている責任のある人々――により目撃された。そして，ベントウォーターズ事件は，ある意味で将来これらの状況にどう対処したらいけないのかの模範例だ。

[英国でのベントウォーターズ着陸事件に関するラリー・ウォーレン，国防省職員ニック・ポープ，クリフォード・ストーン，ローリ・レーフェルト，その他の証言を見よ。私は以下のことも述べておきたい。私はヒル-ノートン卿と個人的に数時間を共に過ごした。彼はこの問題を巡る秘密にとても懸念を持っていた――また，それに関して彼が欺かれてきたことに対しても。彼の五つ星提督という地位，元国防参謀長という立場にもかかわらず，彼はその問題について公式に説明を受けたことはなかった。これはクリントン大統領の参謀と彼の初代CIA（中央情報局）長官ジェームズ・ウルジー，議会の主要議員たち，統合参謀本部情報局長（J-2）を含む国防総省のきわめて高位の高官たち，および国防情報局（DIA）現職長官についての私の経験と一致する――これらのすべての人々に私は直接説明を行なったが，彼らはこの重要な

問題に関して蚊帳の外に置かれていた――もしくは査問を行なったときに，情報への接近をあからさまに拒否された。これは言うまでもなく危険な状況である。秘密そのものが，国家安全保障――そして世界安全保障――に対する重大な脅威であり，民主主義と我々の憲法に基づいた政府という仕組みを愚弄するものだ。これは公的措置により是正されなければならない。SG]

Testimony of Security Officer Larry Warren, United States Air Force

米国空軍保安兵
ラリー・ウォーレンの証言

2000年9月

ラリー・ウォーレンは英国ベントウォーターズ空軍基地の保安兵だった。彼がこの基地にいた1980年に，1機の地球外輸送機が着陸し，空中静止し，基地の隊員たちと交流するという事件が起きた。後に，その事件を目撃した多くの隊員が脅迫され，事情聴取され，嘘の内容を述べた文書に署名するよう強要された。ウォーレンの証言は，これまで確認されている軍の証人たちにより裏付けられている。この事件についての公式文書がある；この事件についての写真がある；そして着陸した痕跡の物理的証拠がある。この事件の全貌は，国防省職員ニック・ポープ，五つ星提督にして海軍卿の元国防参謀長ヒル−ノートン卿，およびクリフォード・ストーン軍曹によっても裏付けられている。

LW：ラリー・ウォーレン／SG：スティーブン・グリア博士

LW：私の名前はラリー・ウォーレンだ。私は1980年12月にサフォーク第81戦術戦闘航空団に配属された。そこは東アングリア地方（*グレートブリテン島東南地方）のNATO（北大西洋条約機構）ベントウォーターズ空軍基地で，ウッドブリッジ空軍基地に隣接していた。私は専任保安兵で，当時そこで秘密に保管されていた核兵器を警備するのが仕事だった。

1980年12月11日に私の保安許可通知，PRPが届き，私は認可された。当時の私の資格は機密取扱許可だった。

そのUFO事件はウッドブリッジ基地の近くで起きた。そこは我々の姉妹基地で6マイル離れており，[ベントウォーターズ基地とは] レンドルシャムの森として知られる松の森で隔てられている。私は駐機場警備の第2週目，夜間勤務だった。

我々は休憩を終えたところだった。前の小隊，C 小隊はボクシングデー［クリスマスの後の最初の週日］の早朝に UFO に遭遇していた――私の出来事の 2 夜前だ。保安警察官（* 他の部分では空軍兵となっている）のジョン・バローズと空軍兵パーカーがウッドブリッジ基地の東ゲートにいた。バローズは滑走路東端の森の樹間に，何か物体らしきものを見た。そこには様々な色光があったので，彼は航空機の墜落かと思った。彼はベントウォーターズ基地中央保安管理所に電話を入れ，見えているものを報告した。ジム・ペニストンという交替勤務監督官が電話に出た――彼は軍曹だった――［そして］さらに数名が到着した。

私はこれに関わらなかったが，知っていることはこうだ：彼らはその現象を追って森の中へ入った――彼らは航空機の墜落があったに違いないと考え，そのための処置に取りかかった……

しかし彼らは，それが航空機の墜落ではないことを知った。それは底辺が約 6 フィートの 1 個の三角形物体で，頂点の高さは 9 フィートだった。その色は濃い着色ガラスのように黒かった。その物体が三脚あるいはその類の脚部の上に乗っていたかどうかは不明だったが，その周囲を色とりどりの照明が取り巻いていた。彼自身の証言に基づいて私が確かに知っていることは，次のようなものだった。ペニストン軍曹とこれらの将兵たちは，それぞれ携帯武器を持っていた――警察官が持っている 38 口径の銃だった。彼らがこの物体に遭遇し，それがこれまで見たことのないものだと分かると，ペニストン軍曹は回転式連発拳銃を抜いた。これらの人々は，航空機や異常な物体に関しては――当時我々が皆そうだったように――高度に訓練された観察者ばかりだ。ペニストン軍曹は拳銃を抜いてその物体に狙いを定めた。

ある時点で，彼は［この現象に］近づき，きわめて近くまで寄り，その側壁にあるパネルを観察した。そこには象形文字に似たある種の言語が描かれていた。どこかで見たことがあるようなものだったが，何の文字かは特定できなかった。それは浮き彫りになっていた。彼はそれに触り，表面の感触を調べた――やや温かかった。その組織はまるでガラスだった――その稠密さや堅さがそのようだった。彼らはこの不透明なガラスを通して，内部で何かが動いているのを感じとった。ペニストン軍曹はある声を聞いた。これらの将兵たちには，基地と無線連絡が取れなかった空白の 4 時間があった。幸いにも，他の一部の将兵たちがはっきりと応答し，これらの人々に起きていたことを知ることができた——そのうちの何人かはカメラを持っており，写真を何枚か撮った。

[クリフォード・ストーン軍曹の証言を見よ。彼はこれらの出来事の映像と写真が撮影されたこと，それらがどう扱われたかを確証している。SG]

これらの人々は，翌朝事情聴取された。彼らは放心状態で森から救出され，直ちに供述を行なった。彼らは空軍のある部隊によりソディウム・ペンタトール（* 全身麻酔に使われる）だという注射を打たれた。

空軍兵バローズが私に直接語ったところでは，彼は2日以内にこの現象が再び起きることを知っていた——そしてそれは実際に起きた。彼らのその日の勤務は終わり，私の勤務になった。

この遭遇では残された証拠があった——地面の着陸痕。英国サフォーク警察管区は，翌朝これに対処した。なぜなら，それは事件だったからだ。事件は基地保安警察作戦担当から報告された。チャールズ・ハルト中佐がこれについてきわめて正確に説明することができる。なぜなら，彼は調査の現場にいたからだ。これらの着陸痕は正確に9フィートの間隔で三角形を形成していた。それは2トン半の重さの何かが地面にあったことを示していた。何かが明らかに通過したコルシカ松の林冠には，隙間が1箇所開いていた。背景放射能の測定が行なわれた。これについての詳細情報は，ニック・ポープが国防省経由で実際に提供することができる。

[英国国防省職員ニック・ポープの重要な証言を見よ。彼の証言は，この出来事と測定された放射能について確証する。SG]

測定値は，その地域で通常自然に見られる放射能の25倍（* ニックホープの証言では10倍となっている）だった。この数字はどのようにして得られたか。当時基地の災害対策要員だったネベルス軍曹がガイガーカウンターを持っており，測定方法を知っていた。これらの測定値はこの中心地点から得られたものだ——木々などに残留放射能があった。

私はベントウォーターズ空軍基地駐機場の端の周辺歩哨区域18と呼ばれる，とても離れた地区に配置された；そこは一つの警戒地点だった。私は持ち場に向かった。そこでは約1時間半何事も起きなかった。私が最初に気付いたのは，当時基地を囲んでいたやや低いフェンスに向かって何頭かの鹿が走った動物騒音だった。この鹿の群れはフェンスを飛び越え，まさに滑走路の上を走り，私の持ち場を通り過ぎた。それらは怯えているように見えた。私はそのような感じを持った。

突然，私には開放周波数による交信が聞こえ始めた。当時我々はモトローラ社の無線機を持っており，保安用と作戦用に4チャンネルあった。ウッドブリッジ基地に向かう森の上空の光体群について，実況無線が聞こえ始めた。"あの光体群がまた戻ってきた"だから私は上を見ていた。このとき突然，保安警察のブルース・イングランド少尉から呼び出しがあった。彼はこのときの交替勤務指揮官だった。彼は"ウォーレン，君の持ち場を離れろ。政府車両（GOV）が迎えにいく"と言った。1台のトラックが止まった。私の直属上官であるバスティンザ軍曹が運転していた。イングランド少尉が助手席におり，他の隊員たち——私と同様に集められた——が後部座席にいた。私は乗るように言われた。我々は直ちにベントウォーターズ基地の駐車場に向かった。基地CO［Commanding Officer］（指揮官）を探す人々の交信が飛び交っていた。彼らは"周波数を変えろ。無線機をすべて切れ"と言っていた。言っておかなければならないが，これらのすべてはCSC（通信システム制御装置）でその夜に作成されたテープに記録された。それらは盗まれた。その期間の日誌も同様だった——チャールズ・ハルト中佐もこれを確証することができる。それは数日後に彼が見に行って明らかになった——任務に就いていた隊員名簿，事件報告書など，すべてだ。それらは消えてしまった……

我々は武器にNATO弾（*NATO rounds；北大西洋条約機構軍が定めた，各国の銃の弾薬を共通化するための規格，もしくはそれに基づいて作られた弾薬）を装填していたが，これはとても異例だった。上層部の間に切迫した状況があった。我々は伐採道に沿って森に入った。森に入って約半マイルの所に1台の装甲車があった。これについてはこれまで話さなかったが，私はそれを書いたので必要がないと考えたのだ……森の中での感じはとても奇妙で，動作は普通ではなかった。我々が森に入ると，すぐに知覚がおかしくなった。明らかに何かがおかしかった。我々は足を止めた。そこには別の車両が何台かあった。彼らは我々から武器を取り上げた。我々は四人一組の単位に分かれて，さらに森の中へ向かった。この夜，チャールズ・ハルト［中佐］が少人数の上層部と一緒にそこにいた。ある時点でイングランド少尉が彼らに加わった。無線での連絡が頻繁に行なわれていたが，階級の低い我々は無線の使用を禁じられた。しかし，他の開放チャンネルで誰かがこう言っているのが聞こえた。“ここに来ている者はこれらのホットスポットを避けろ。そこを歩いてはならない”彼らはこれらの物体が戻ってくることを予想していたと私は考えている。

ところで，バローズ軍曹は——最初の夜から——それが戻ってくることを知っていた。彼はその現象の近くに戻るという考えに取り憑かれ，勤務外に私服でそこにやってきた。

あなたはあの夜にチャールズ・ハルト［中佐］が作成した実際のテープを聴くことができる。森に近づく道を警備していた周辺区域の一人が，無線でチャールズ・ハルト［中佐］を呼び，こう言っている。“空軍兵バローズと他の二人がそちらで合流したいと言っています”チャールズ・ハルト［中佐］がそれに応答する。“今は駄目だと言ってくれ；来られるようになったらこちらから連絡する。今は誰にも来てほしくない”このテープをあなたは入手することができるし，興味ある人々には誰にでも聴かせるべきだ。

私が見たもの——それがもっと単純であればよかったと思う。我々がこの小グループで森の中を進んだとき，私はバスティンザ軍曹と一緒だった。交替勤務管理官ロバート・ボールもそこにいたし，他にも大勢いた。我々はコルシカ松林の端のカペルグリーンと呼ばれる空き地に着いたが，そこの地面ではある現象が起きていた：それは靄（もや）のようだった；それは地面を覆う霧のように見えた。そこには映画フィルム用カメラがあった——映画撮影用カメラだ。とても大きなビデオカメラもあった——当時は大変大きなものだった。これらはベントウォーターズ基地の広報部から来た。そこには［その現象が］戻ってくるという予想があった。フィルムに何かの痕跡が映っていることは立証されている；私が言っているだけではない。私があなたに話している事柄のすべては，どこの裁判所に行ってもほぼ裏付けられる——特に一連の証拠についてはそうだ。私は喜んでそれをしたいと思う。

私はこれを注視していた——まるで映画を見ているようだった。この靄は地表面にあり，皆がそれを注視していた。災害対策準備がなされていた。左方に家，農家が1軒あった。私はそれまでこの森に来たことがなかった。この家には明かりがついていたので，中には人がいたと思う。はっきりと覚えているのは，犬が吠えていたことだ。そして光体がやってくるのが見えた。ところで，我々はこの空き地からオーフォード灯台の光を見ることができた——とてもはっきりと。この事例はこの灯台の見誤りだと書かれてきた——尾ひれのついた話か何かだと。実はこの灯台は100年以上もそこにあって，誰にとっても何の驚きでもなかった。この物体，赤いバスケットボール型の物体は，北海方面から木々を飛び越えてやってきた。私はそれを航空機の尾灯だと考えたが，動きはとても速かった。地面の靄は構造を持っているように見え，50フィートにわたり広がっていた。このバスケットボール大の琥珀色の光体は，固体のように見えなかった——それをあなたに説明するのは難しい——しかしそれは物体，つまりこの靄の真上20フィートの所にあった。私がこれに目を凝らし，他の人々もそうしたとき，直ちにカメラがそれに向けられた——これらの人々は反応していた。そのとき爆発が起きた——それを描写するのは難しい。この物体はきわめて明るく輝く，多数のかけらに分裂したのだ！

私も他の人々も眼にやけどを負った——これについての文書を私は持っている。ある将校がそうしろと忠告したので，私はそれらをベントウォーターズ基地から密かに持ち出してきたのだ。彼はこう言った。“君の軍歴は君がいなくなるとすぐに消えるだろう”こうして，私の眼は損傷を受けた——網膜などの閃光火傷だ。これは医学的に立証されている——それはアーク溶接の光を約10分間凝視したようなものだった。それは勧められるものではない。そのときはすべてがとても異様だった。

この光の爆発はとても静かだった。そして，光の爆発が起きた場所には明瞭な形を持った，やや大きな固体の物体が現れた——底辺がおそらく30フィートはあり，ピラミッド型をしていた。それはとても粗い形に見えた——まともに見たら虹色に似た輝きのために歪んで見えるが，目の周辺視力を使えばはっきりとその形を見ることができる，そんな状況だった。ここで言いたいのは，この物体の実際の証拠は——それが着陸した所に——今でもあるということだ。これには誰も失望しないだろう——この事例——私を信じてほしい！

その物体はそこの地面にあった——それは映像にも写真にも撮られた。

チャールズ・ハルトのテープには，何人かの英国警察官が出てくる。サフォーク警察が英国警察車両で森の中を引き上げていく様子が録音されている。なぜなら，彼らのサイレンが少しの間入っているからだ。これらの警察官が誰かは分からない——彼らは誰にも話そうとしない。彼らはカメラを1台持っていたが，それは取り上げられた。すでにここでは国際間の事件が起きようとしていた。

我々の航空団指揮官ゴードン・ウィリアムズが——彼はその夜パーティーに出ていたと思うが——他の上層部の人々と一緒に現場に到着した。そこには英国の軍部がいた。彼らはそのパーティーにいたのかもしれない。そして，何と彼らはこのような出来事に対処する方法を心得ている様子だった。

この物体から発せられていた音は，私の記憶にない。それはまるで幻覚のようだった。それでも，それが現実のものであることを私は知っていた。なぜなら，それは痕跡，証拠などを残したからだ。しかしその物体は，私がこれまで見たあらゆるものを遙かに超越していた。それはまさに我々の目の前にあった。ある時点で，私はそれから30フィートしか離れていなかった——あまりにも近かった。

その物体と共に，ある生命体がそこにいた——これでやっと本題に入れる。私はこう考えたのを覚えている。この子供たちはここで何をしているんだ？私は混乱し始めた。輝く光が一つあり，動きがあった。私ははっきりと見たが，これらのものには上半身があった。そして，1本の腕が動いたのを見たとき——何と言えばよいか——それはこの世の現実ではなかった。これらの上層部の人々はその［現象の］間近にいた。

私が見たものは，この奇妙な機械の右側にいた。この輝く光は外に出てきた。それは青みがかった金色で，地面から約1フィート浮き上がっていた。それが分裂し——それは地面から約4フィートの高さしかなかったが，分裂して離れた——そして，これらの三つの生命体をそれぞれ中に包んだ三つの独立した光の繭（まゆ）がそこに現れた。

SG：でもそれは人間のように見えたのでしょう？

LW：彼らは人間の形をしていた。そのとおりだ。

SG：彼らの身長を覚えていますか？

LW：そう，彼らの身長は4フィートほどだっただろう。つまり，子供を考えればよい。その光が弱くなり，中にいるものが見えた。彼らには髪の毛がなかったが，衣服を着ていた。ある装置がそれに付いていた——それを説明できないが——暗い色の物体だ。光のために下肢は見えなかった——これらは地面を歩いていなかった——これらの生命体だ。私は二度と見たくないが，大きな目と思われる周囲には白い膜があった——その白い膜は動いて順応していた。我々の目が光に順応する様子に似ていた。

指揮官がそこにいた——誓って言うが，このような出来事が起きた場合の対処手順ができているということだ。彼は前に進み出た。そのとき我々の階級は，その区域から出るように命令された。実際，低い階級の人々が多数これに巻き込まれていた。我々は車両に戻された。我々が戻る途中，森では多くの現象が起きていた。これらの光の生命体とでも呼ぶべきもの，それらがそこにいた。周りには他の宇宙機がいた。木々の上に滞空し，まるでこの事態を警護し，支援しているかのようだった。言っておくが，空軍兵バローズは，全車両が集まっていた駐車場にいた。軍は彼を現場に行かせようとしなかった。

チャールズ・ハルトは別の光の現象を追跡していた。彼のすぐ前の地面に上空から光線が照射されていた——それは実際にはこれらの三日月型物体から照射された鉛筆ほどの太さの光線だった。ハルト中佐はこの一部始終をテープに録音していた——4時間の録音だ；衝撃的な18分間の記録をあなたは入手したのだ！

私の出来事は約半マイル離れたところで起きた。実際，そのテープでは私の出来事の始まりを聞くことができる。はっきりさせておきたい：テープのすべてが公表されるずっと以前から，私は録音の中に入っていた。そしてテープのすべてを公表するようにした一人が私だ。私はそれをCNNに渡した——これに関してやったことで，私は一銭も受け取ったことはない。決してない。

我々が去るとき，空軍兵バローズはもう一つの物体が現れたと私に言った——すべてのトラックが止まっていた駐車区域に多くの保安兵がいたが，まさにその真っただ中に現れたのだ。空軍兵バローズはこの物体にしがみついた。

するとこの物体は地面を移動した——10メートルだ——しがみついている彼と一緒に！　これは間違いのない事実だ。彼は物理的にこの物体に触り，そのまま移動した。そしてそれは飛び去った。それはジョンを置いて去った……別の光線が降りてきた。保安兵の一人が小型トラックにいた。この物体は彼を追いかけていた——これらの生命体の一つと光線が——文字どおり彼を追いかけていた。彼は小型トラックに飛び込み，ドアをバタンと閉めた。するとそれは彼の正面のガラスを通過した。彼はひどく怯え，フロントガラスをトラックから蹴り出した！　この物体は別の窓から外に出た。私はこの男を知っている——これは多数の人々の目の前で起きていたことでもある！　その物体は別の窓から出ていったが，12月だったのでそれは閉められていた。彼がその車両から外に目を向けると，1本の青い光線が木々の上から降りてきた。この物体はそれに乗って真っ直ぐ上昇し，光の白いピンをつけた松ぼっくりに似た暗い物体に吸い上げられた。それは夜の闇を背景にした暗い物体で，この出来事をじっと見ていた。別の将校は，この物体が何かを探すためにそこにいたようだと言った。それらは前夜，辺りをくまなく探索していた。つまり3日間活動していた。

それらは理由があってそこにいた。我々がある目的でここにいるようなものだ；つまり，君たちは我々の邪魔をする。だから，君たちが知らなければならないことを我々は見せよう——だが我々はやるべきことを完遂する，と。

このことも言っておきたい。チャールズ・ハルトは後で私にこう言った。“あの夜，この基地，森，ウッドブリッジ基地の三つの地区上空で，三角形物体の大規模飛来がずっと起きていたことを知っていたか？”そしてその期間中，多くの将兵に空白の時間が生じていた——驚くべきことだった。

後になって，私は精神的動揺で髪が白くなり，抜け落ちたことに気付いた——実際に右側の髪が白くなった。涙がやたらと出た。口の中は何か金属の味がし，ひっきりなしに汗が出た。そして悪寒が走った。

私は決心した：母に電話しようとしたが，我々にあるのは明らかに基地の保安機能の付いた電話だった。若くて世間知らずだった私は，COMSEC（通信秘密保全）規則に注意を払わなかった。私は外部との通話はいつでも盗聴されることを知っていた。それで私は公衆電話ボックスに行き（基地ではよくそうする），通話料金を母に回した。私は“お母さん，こんなことは信じないだろう”と言った。“昨夜1機のUFOが基地に着陸し，自分たちはすべてを見たんだ。信じないだろうけど！”私は彼女が応答していないと思った。お母さん？　お母さん？　母はそこにいなかった。私はグレッグ［私の友人の一人］の方を見てからまた続けたが，何ということか，電話は切れていた！　私は交換手を呼んで言った。“もしもし，もう一度接続してくれませんか？”彼女――“あなたは基地からかけているのですか？”私――“そうです”彼女――“すみません。あなたは基地によって遮断されました”そう言って彼女は電話を切った。私はグレッグを見て言った。“おい，俺は面倒なことに巻き込まれたらしい”こうして我々は走って寄宿舎に戻った。

［私が母に電話する前に］我々は事務所に呼ばれた。マルコム・ツイックラー少佐が保安警察所長だった。そして彼の手下がカール・ドゥルーリー少佐――皆これらの出来事にいろいろな側面から関わっていた。事務所の外にジャガーが1台あり，もう1台高級車があった――それが何だったか，今思い出せない。私は，ああ，ここで事情聴取されるのだなと思った。何よりも，ここにいたのはすべて階級の低い隊員だった。私のグループには軍曹より上の階級はいなかった。我々はそれぞれに切り離されて事情聴取された。そのことは今なら分かるが，そのときは分からなかった。それで私はこう言った。何てことだ，彼らは我々に口をつぐめと言うつもりらしい；思ったとおりだ！　私は名前を挙げてもよい。そこには私服の男たちがいて，保安警察の警務室を出たり入ったりしていた。とても異常だった。これは一体何事か！という雰囲気だった。

彼らはこう言った。“君たちのうちの誰かに，森にいたときそこから何かを回収したり持ち帰ったりした者はいないか？　すべてだ。岩，小枝，何でもだ”彼らは何度も何度も我々にそれを繰り返した。彼らはこう言った。“もし持っていて今それを話さないなら，その者はUCMJ（軍事司法統一法典）の適用を免れない”条項XV，さらにJL-11，これらのすべての規則だ。我々は若く，新兵だった――何ということだ，我々はまだ任務に就いてもいないのにトラブルに巻き込まれている。我々はガイガーカウンターで入念に調べられた。一人から反応があり，彼のポケットから何かが取り出された。この同僚はすぐに排除された。命にかけて誓うが，その後再び彼を見たことはない！　彼は排除されたのだ。これは多くの人に起きたことだった。空軍が責任を負うべき自殺も1件あった。これは実際の名前を持った実在の人間だ。ところでこの基地ではその後，ついにNATOの中で最も高い自殺率になった――これは動かしがたい事実だ。関係した大尉の一人は自宅の裏庭の木で首を吊って発見された――結婚して子供もいた。これらの人たちは皆銃で自殺し始めた。私はそれを生き抜いた――私がそこから生還したのは驚きだ。

こうして，我々は事務所に連れ込まれた。そこには椅子が何列かあり，とても小さな事務机が一つあった。その日，保安警察は事務所から出された。この基地ではその日何もかも普段と違っていた。我々が連れてこられたとき，机の上には書類があった。我々は全部で十人くらいだった。そこには一つ，二つ，三つ，四つ，五つ，六つ，七つの山積み書類があり，それらはすでにタイプされていた。その一つは我々が見たもの――我々が見たものではなかった――についての予めタイプされた陳述書で，すべてが一般的な内容だった。それには，我々は非番であり，木々の間を飛び跳ねていた未知の光を見ただけだと書いてあった。私はそれをはっきりと覚えている。私は，もしこれにサインしなかったらどうなりますか，ツイックラー少佐？と訊いた。すると彼は，君に他の選択肢はないと言った。そして彼は，私には君たちにそうしてくれと言う以外にないのだと言った。私は彼の事務所にいたこれらの他の職員を見つめていた。というのは，我々は次にそこに回されるからだった。彼は我々に文書にサインするように命じた――4種類あった。一つはUCMJ機密事項――よく覚えていないがJANAP-1とかいうものだった――JANAPとはっきり書いてあった。しかし，我々が読めない別のものもあった。彼はこう言った。“君たちは後でこれを読むことができる；署名したまえ；社会保障番号もだ”それから我々は列をなし，別の部屋に入った。そこには映像スクリーンが用意され，椅子が2列に並んでいた。金属製の折りたたみ椅子で，拡げてあった。ツイックラー少佐が出ていって，私服の男が二人残った――大男でビジネスマン風の米国人だった。彼らは写真入りのプラスチックIDカードを着けていたが，それには米国軍公安部とあった。それが空軍かどうかは知らない――それは国家安全保障局の現場部門だと我々は聞かされている。彼らは人々を威圧していた。

[脅迫的な事情聴取のやり方についてのメルル・シェーン・マクダウ，その他の証言を見よ。SG]

彼らは笑ったりしなかった。我々は制服を着ていた——彼らは，野外で着ていた制服を着るようにと具体的な要求をした。それはガイガーカウンターに関係することだったと思う。

こうして我々は席に着いた。そこにはロンドンのONI［米国海軍情報局］から来たリチャードソン中佐と名乗る海軍中佐がいた。彼がこの場を支配していた。彼は制服を着て，我々にとても愛想がよかった。

事は大体こんな具合に進んだ：私はアラバマ州から来た友人の隣に座っている。我々は彼をアラバマと呼んだ。アラバマは信心深かった——この時点で彼はとても混乱していた……彼は携帯用聖書を持っていて，それを読んでいた。彼は自分を失っていた。19歳という若さでは，多くの人にとって人間の条件はよく理解できない——人々の苦痛と精神的な傷——しかし私は，知っているこの男が崩れていくのを見ていた——私の隣で。彼はうまく切り抜けられなかった一人だ——彼は有名人で家族を持ち，何でも持っていた。彼らはそんなことは気にかけなかった。

だが，リチャードソン中佐が言ったことはこうだった——我々は皆呆然としていたが，これだけははっきりしている——簡単に言えばこうだ。"君たち空軍兵はある状況下に置かれた。それはこの部屋にいる君たちの誰が気付いているよりも長い年月我々がずっと知っていたものだ" それはすべて事実に即したことだった。彼は言った。"ここに一つの現象がある。それは何年もの間ここにやってきているものだ。その一部は来て去っていく。また一部は恒久的に駐留している" 彼らはある現象を言ったのではなかった。彼らは様々な文明のことを言った——進化した文明だ。そして，秘密の理由が多く述べられた——国家安全保障。彼は言った。"生き続けるのが君たちにとって最良のことだ" 部屋にいた一人が言った。"我々が何かしゃべったらどうなりますか？" そうしたら彼は，"今このことを覚えてほしい——君たちの郵便物と電話は軍にいる限り監視されるだろう" と言った。続けて "普通の生活をする最良の道は，このことについて誰とも話さないことだ。お互い同士でさえもだ。この瞬間からだ。普通の生活をせよ。このことはすべて忘れよ。今の生活を続けよ。これからも少数の人々が必ず見ることになる何かを君たちは見た，ということを覚えておくように" 他の言葉は全部が国家安全保障に対する忠誠，我々の誓約，国家への奉仕だった——それは洗脳だった。なぜなら，まったく突然にそれらの言葉は反復され，彼の声には単調な調子があったからだ。

次に彼らは映像を見せた。彼らはこう言った。“君たちに一つの映像を見せよう。君たちが目撃したことを正しく観るのに役立つはずだ。また君たち自身にとっても，少しは気持ちの区切りになるかもしれない”我々はまた，何か異常な夢を見たら翌月まで毎日電話相談を受け付けると，その電話番号を教えられた。もし誰かが我々から何か情報を聞き出そうとした場合，我々は［当局に］それを通報しなければならなかった。彼らが言うには，その地区にソ連が潜入する可能性があるということだった――我々から情報を入手しようとして。当時は冷戦だった。彼らはどんなことにも注意するようにと言った。我々はそれを直ちに報告しなければならなかった。

彼らは映像を流した――それはリールに巻いたフィルムだった――音声の説明はなかった。彼も説明はしなかった。それはガンカメラによる一連の映像から始まった。推測できたのは1940年代の記録らしいということだけだった。それは数機のプロペラ航空機の白昼映像だった。フロリダ・キーズ（*フロリダ半島南端の島々）のようであり，銀色円盤の編隊が航空機の下を飛んでいた。これは映像の初めの方の一コマだ。場面が変わった。この映像には宇宙計画に至るまでの場面が含まれていた。中でも最高の場面は，ベトナムでの第5特殊部隊ベレーだった。彼らは低い雑木林に覆われた赤土の丘におり，一人がカメラを回していた……いつ頃のことか分からないが，カラー映像だった。彼がカメラの向きを変えると，この巨大な緑色の三角形物体は，彼らがいる場所より低い雑木林からゆっくり悠々と上昇する。そして顔のレベル，つまりカメラのレベルまで上昇し，さらに上昇を続ける――だが低木や雑木がこの巨大物体から滑り落ち，大ペリカンか何かの群れが，その真下を移動している――私は生涯これを忘れないだろう！　私は屋外で起きたあの事件よりもこの映像をよく覚えている。

宇宙計画：神にかけて誓う。この映像は月面上の構造物を映していた――箱状の物体――砂色に見えた。

［カール・ウォルフによるこれらの構造物についての重要な裏付け証言を見よ。SG］

そこには月面車が動き回っているのが映っていた。私はそれらをはっきりと覚えている。なぜなら，そのすべては私が子供のときに起きていたからだ。そのとき――少し離れて――宇宙飛行士たちがこれらの箱のように見える物体を指差していた。物理的形を持つ物体群は月面から浮揚して移動していた――アポロ計画飛行任務による映像だった。

SG：月面上のその構造物はどんな様子でしたか？　どんな形でしたか？

LW：その構造物は月面の色と連続しているように見えたが，構造を持っていた。ちょうど巨大な箱のような物体だ――四角張って角のある構造だった。窓はなかった。しかしそれらは明らかに人工物で，映像に撮られていた。それから丘の上に光体群や奇妙な物体群があった。

SG：それらの状態はよかったですか，それとも古びていましたか？

LW：いやいや――新品同様だった。

SG：それらのUFOは移動していましたか？

LW：とても明瞭で，いろいろな場面にあった。その多くは月面車と一緒に映っていた――そのときの飛行任務のだ。幾つかは宇宙遊泳中の宇宙飛行士たちで，赤い照明をつけた何か暗い物体が彼らに近づくのが映っていた。それはよく覚えている。すべての場面はとても素早く変わり，彼らが再びそれを見せることはなかった。アポロ計画飛行任務の時代がその映像の終わりだった。

こうして，私はこの会合に呼ばれ，母にかけた電話が遮断された後で，トラブルに巻き込まれたことを知った。私はベントウォーターズ基地通信部に呼び出された。どういうことになるかは分かっていた。一人の軍曹がそこにおり，その空軍大尉が私を事情聴取した。私はいろいろ質問された。そこにはオープンリールテープの録音機があった。彼らは質問を続けた。“君は陸線（*固定電話）を使って機密情報を漏らしたことがあるかね？”何度も何度もこう訊かれた。私は，いいえ，いいえ，と繰り返した。“君はその主張を続けるか？”と彼らは訊いた。私は，はい，と答えた。私は白々しい嘘をついていた。すると彼らはテープを回した——私の声だった。‘もしもし，お母さん。信じてはくれないだろうけど……’ 彼らはこう言った。“ウォーレン，この基地のすべての電話は常時監視されている。このことを覚えておけ” それは追跡可能だという理由で，私には条項 XV が適用されないと告げられた。私には 300 ドルの罰金が科されることになり，またもしこれ以上トラブルを起こしたときは，袖章を剥奪されることになった。その罰金の記録がある。説明はない。後になって私は，IRS（* 合衆国内国歳入庁）などいろいろなものを使って脅迫された。気違いだ。彼らは狂っている。この組織は狂っている。

その後，我々は食事をしていた。ペニストン軍曹もそこに座っていた。誰かが私に訊いた。“昨夜我々に起きたこと，一体あれは何だ？” 上官のペニストン軍曹がこう制止した。“口をつぐめ，ウォーレン，口をつぐめ” そんな具合だった。私は最悪じゃないかと思った。私はトレイを放り投げ，そのまま外に出た。その後状況はまったく悪化する一方だった。

その夜遅く，バスティンザ軍曹と私は電話を受け——断言するが，同じことが他の人々にも起きた——駐車場の車まで来るように言われた。バスティンザ軍曹と私は，その日の午後 5 時にこの車まで行くことになっていた。英国ではこの時刻は暗かった。我々はお互いに歩み寄った。私は，やあ，バスティ，調子はどう？ と言った。彼は “変わりない” と言った。それから我々二人はこの車に向かって歩いた。ドアが開いて，そこに男が一人座っていた。それから実際に起きたことは次のとおりだ。我々のそれぞれに二人の男が背後から近寄ってきた——誰かが彼に向かって歩いていったのを確かに覚えている——そしてエアゾールスプレーのような音が聞こえ，目の前が真っ暗になった。その後何年もの間，私が思い出せる記憶は車の室内灯が明る過ぎたということだった。記憶はそこでとぎれた。実際に，我々は何かのエアゾールスプレーを浴びせられていた。私はやたらと洟(はな)が出て胸が苦しかった。私はどう見ても車の中でおとなしくなかったので，暴行を受けた——まさにあばらを殴打され，ど突かれた。私は抵抗していた。バスティンザ軍曹も同じだったことを私は知っている。

私は自分が問題人物になったことを確信した。何年かして，彼もまた何回か電話していたことが判明している。我々はベントウォーターズ基地駐機場のどこかに連れていかれた。私は周囲の音によってそれを知った。我々がその車から降ろされたとき，私は顔面を切った。というのは，私は車から転落し——明らかに動けない状態だった——コンクリートと氷の地面で打ったからだ。そして運ばれた。文字どおり——体ごとうつ伏せになって。洟が出てどうしようもなかったが，それを拭うことも何をすることもできなかった。我々が下に降りていったことは分かった。覚えておいてほしいが，その基地には地下施設があり，それは——今でも——そこにある。

ひどい症状の中で，私はそれについてもっと覚えていることがある。このとき基地には外部の人々が多くいた。森にも幾つかのチームがいた。航空機がウッドブリッジに飛来し，基地の指揮官でさえそれに近づいたり，彼らがここにいる理由を訊ねたりすることができなかった。白いつなぎ服を着たチームが森の中をあちこちと動き回った。基地にはこれまで決して見なかった情報関係者もいた。こうしたことは，他の多くの人々によっても，すべて事実であることが立証されるだろう。

[この出来事を調査した外部チームの一員であったクリフォード・ストーン軍曹の証言を見よ。SG]

とにかく，私はその20分間だけは覚えているが，まる一日気を失っていた——話は他の隊員の間でも知られていた。皆は，私が緊急休暇か，休暇か，あるいは基地を離れていたのだと話していた——しかし私は他でもない基地の地下にいたのだ——そこには他の隊員たちも降ろされていた。

そこには多くの先端技術の装置があった。巨大なアーチ形のガラスのような天井があり，ガラス板の壁——地下鉄の壁のような——古い，しかし巨大なガラス板の壁があった。我々はある区画に連れていかれた。それが現実だったかどうかはともかく，私には思い出せる記憶がある。私はとても暗い空間を見ていた。そばに誰かがいて，この基地から北海に通じる多数のトンネルがあると説明していた。

次に覚えているのは，白昼の光だ——基地の写真現像室から白昼の日光の中へ歩き出していた。私は多くの若者たちと一緒にこの中を通り抜けた。はっきり覚えているが，私はテーブルに寝かされ，空軍の上官たちが身元の分からない人々と一緒に私を見下ろし，何かを話していた。私は彼らを明るい光の中で見上げていた。ところで，そこから出てきたとき，私には静脈注射か何かの跡が付いていた。私には青あざがあり，包帯が巻かれていた。私はそれを認める。本当のことだ。私には跡があった。私は自分に起きたかもしれないことを考えたり知ったりするのが恐ろしい。だから，これらの記憶については少ししか考えたことがない。

私は母に手紙を書いた。手紙を書いたのは，チャールズ・ハルトが実際のハルト・メモを書く1週間半前だ。私はハルト・メモを情報公開法により取得した。それは空軍のレターヘッドがついた空想科学小説のような文書だ。その出来事の最小限の記録だが――そう意図したものだと思うが――その内容は空想科学小説のようだ。それは私が提供した情報に基づき，空軍自身がその存在を何度も否定した後で，1983年にCAUS（Citizens Against UFO Secrecy；UFO秘密政策に反対する市民の会）により公開された。

その物体が最初の夜に着陸した場所で，着陸痕の石膏型がとられた。チャールズ・ハルトが今でもその一つを持っている。彼はそれを人々に見せるし，議会の機関にはどこであろうと見せるだろうと思う。その大部分は結局失われてしまった。着陸場所の土壌分析が行なわれたが，それもすべて流出してしまった。年月が経ち，1988年から1990年にかけて我々はコア試料を採取し，土壌分析を行なった。それはマサチューセッツ州スプリングボーン環境研究所で正式認可を受けた科学者たちにより行なわれた。レフト・アット・イースト・ゲート（Left at East Gate）という本の中にその研究成果がある。絶対間違いのない現象がその場所でだけ起きた――地下3フィートまで。我々はそこの農場主と話をした。植物はこの部分にだけ生えない――作物の種類を問わず――20年間だ。しかしその土は周囲よりも黒っぽく，水を吸わない。それはほとんどが結晶質で，大変乾燥した泥と混じっている。凍結乾燥したコーヒーのようだ。

[ロベルト・ピノッティの証言，およびイタリアとフランスの着陸地点から得られた結果を見よ。それらは同様の変化を示している。SG]

言ってみれば，それは土壌を工業用電子レンジで超高温まで加熱し――それから瞬間的に氷点下まで冷却していた――ほぼ円錐状の指向性を与えて。

英国空軍基地の一つワッテン基地では，問題になったいずれの夜にも，これらの物体からのレーダー反射を観測していた。ワッテン基地では3日目と最初の夜，一つの物体が森の中に降下していくのをレーダーが捕捉していた。翌日米国空軍がワッテン基地に行き，航空管制官に対して，異星人の宇宙機が1機レンドルシャムの森に着陸したと言った。彼らは基地指揮官とも会い，そのレーダーテープを借りた。しかしそのテープは戻ってこなかった。これらはすべて実在の人々で，おそらく今も存命だと思う。もう一つ私が知っているのは，問題の夜のいずれかに，我々の基地から遠くないワッテン基地の周辺に，小さな物体が一つ出現したことだ。当然ながら，当時彼らはIRA（アイルランド共和国軍）の脅威に対して厳重な警備をしていた。空軍警察犬部隊（K-9）が周辺パトロールをしており，犬は地面にピタリと身を伏せて嗅ぎ回っていた。これらの人々は今も存命だ。そのとき彼らは，フェンス際にいたこれらの二つの存在を見た――フェンスを突いていた――三角形の機械がその隣にあった。彼らは照明器具のような物体でフェンスを突いていたが，空軍警察犬部隊を見てこの機械に逃げ込んだ。この機械は離陸し，我々の基地の方に向かって飛び去った。

人々がフィルムや写真について訊ねるなら，その確証はある――これは私が発表した話ではない。マイク・ベラーノ大尉が1985年のケーブル・ニュース・ネットワーク（CNN）番組の‘UFO：ベントウォーターズ事件’の中で，次のことを立証している。その翌日，彼は指揮官ゴードン・ウィリアムズを待機中のジェット機まで車で送った。パイロットが操縦席の円蓋を開けてこう言った。“そのカバンには何が入っていますか？”彼はこう言った。“本物のフィルムだ。我々はUFOの本物のフィルムと写真を持っているんだ”そう言って，ゴードン・ウィリアムズはカバンの中にあったこの資料を直接パイロットに渡した。マイク・ベラーノはそう述べたのだ。ところで，このフィルムはどこに向かったのかと私が訊くと，ドイツということだった。そこには当時の空軍司令部があった。そこから先だが，その輸送記録があったことを我々は知っており，最終的にはワシントンに送られた。

私は保安部隊を名誉除隊になった。名誉除隊だ。私はこれまで自分について言われた不快な話を多く聞いてきた。だが私は自分の履歴書を持っている。私が自分の履歴書を持っているただ一つの理由は――ある空軍大佐から――履歴書の一部をこっそり抜いておけと忠告されたからだ。彼が言うには，彼らは私を蒸発させるかもしれないということだった。“彼らは君を無害なものにしようとしている”と彼は言った。

[‘消される’ことについて述べているスティーブン・ラブキン弁護士の証言を見よ。SG]

私はまるでフランク・セルピコ（*ニューヨーク市警の刑事）か何かのように見られていた。私は組織型人間ではなかった。なぜなら，私は誰にでも話したからだ。

不幸なことに，私の友人アラバマは無許可離隊（AWOL）をし，家に帰ろうとした。しかしオヘア空港でFBIに捕まり，直ちに任務に引き戻された。彼の望みは家に帰ることだけだったが，再び飛行任務に戻された。私は何もかも嫌になって完全に意気消沈し，上級曹長と一緒に車でパトロールしていた。そのときアラバマ――これは実在の人物だ――から無線が入り，彼は家に帰れなければ自殺すると言った。彼は小型トラックの向きをいきなり変え，柱に向かって突っ込んでいった。彼は“無線をそのままにしておいてくれ……”と言った。私には駐機場にいた全部隊がこれに応答したのが分かった。私はハルト氏がこれに関して何か言ったのを聞いたことがない。彼が私と同じ場所に立とうとしない理由は――彼らが不愉快になることを私が持ち出すからだ。彼が言ったように，空軍はこれについてまったく傍観者だった。とにかく，アラバマはM16ショート（*自動小銃の一種）を持っていた。彼はそれを口にくわえ，自分の頭頂を吹き飛ばした。私が死を目撃したのはこれが最初だった――19歳の非業の死。私と彼は夜と昼ほど違った。つまり――彼は南で私は北だ。彼はとても信心深かった。私はそれに敬意を払っていたが，我々に共通なものは何もなかった。彼はいいヤツだった。そして，彼らは我々の助けになることは何もしなかった……

私は何年もの間，信じがたい電話トラブルに見舞われてきた――特有のトラブルだ――私の郵便物は今でも盗み見されている。この国，英国では，何年もの間それが開封され，詫び状と共にプラスチックで封じ直されていた。我々の輸送物の多くは目的地に届かない。

[私はこれを立証することができる。我々が英国外にウォーレン氏の検証資料を持ち出すことはきわめて困難である。SG]

その後，パスポートの更新が近づいていたので，私はそれを送付した。それは私が旅行に出かけるまでに期限切れになるはずだった。しかし，それを送ってすぐに手紙が届いた。それにはこう書いてあった。“ウォーレン氏へ。あなたのパスポートは変造されているか破損しています。もう一度申請する必要があります”一体どうなっているんだ？　しょうがない。私は必要事項を記入した。次の返答はこうだった。“ウォーレン氏へ。あなたは米国市民権を回復する必要があります”何だって？　私はこれらの人々すべてに電話をした。最後は，ニューハンプシャー州ポーツマス国家パスポートセンターのこの女性だった。彼女はこう言った。“ここで何が起きているかは言えません”ややあって私は，聞いてください，私はレフト・アット・イースト・ゲートという本を書いていますと言った。すると彼女は“あのベントウォーターズの出来事……”と言った。彼女は“この番号に電話をください”と言った――それはニューハンプシャー州レバノンにある彼女の自宅の番号だった。私は彼女に電話をした。すると彼女はこう言った。“私はプリントアウトされた当局の書類を持っています：‘当人のパスポートはある機密区分により無効。理由は当人の国外地域での公開討論の場で行なった機密防衛問題についての発言’，そして何かの記号，DOD（*国防総省）の記号がその下にあります”こんなことが私に起きているが，まったく奇妙なことだ。

当時の我々の代理人，ニューヨーク市のペリー・ノールトンは，元米国司法長官ラムゼイ・クラークの友人だった。彼は我々のために会見を準備したので，私はクラーク氏に直接会った。彼は私にこう言った。“私は君のために何度か電話をするつもりだ”そして“君にこのことを言っておきたい――すべてを知った上での話だ――彼らは君が核兵器について話したのがその理由だと言っている。それ以外にない”彼は続けた。“英国の人々は，そこに常時核兵器があるのではないかと疑っていた。でも，いいかい，パスポートが停止された理由は，君がしゃべった別のことにあったのだ”彼はそれ以上詳しくは語らなかった。彼は2度電話をし，国務省は謝罪と共にそれが誤りによるものだったと伝えてきた。

我々はこれまでできる限りのことをしてきた。私は議会の機関ならどこでもこの出来事を話し，誓約するつもりだ。私は自分の国に敬意を払っているし，人々には知る権利があると思う。

[我々はこれらの着陸事件に関して議会で証言すると思われる多数の目撃証人の名前を確認している。この事件は，それ単独でUFOと地球外知性体の問題が現実であることを立証しており，それを裏付ける文書，テープ，および着陸地点に残された痕跡や放射能測定などの証拠もある。SG]

DEPARTMENT OF THE AIR FORCE
HEADQUARTERS 81ST COMBAT SUPPORT GROUP (USAFE)
APO NEW YORK 09755

REPLY TO ATTN OF: CD 13 Jan 81

SUBJECT: Unexplained Lights

TO: RAF/CC

1. Early in the morning of 27 Dec 80 (approximately 0300L), two USAF security police patrolmen saw unusual lights outside the back gate at RAF Woodbridge. Thinking an aircraft might have crashed or been forced down, they called for permission to go outside the gate to investigate. The on-duty flight chief responded and allowed three patrolmen to proceed on foot. The individuals reported seeing a strange glowing object in the forest. The object was described as being metalic in appearance and triangular in shape, approximately two to three meters across the base and approximately two meters high. It illuminated the entire forest with a white light. The object itself had a pulsing red light on top and a bank(s) of blue lights underneath. The object was hovering or on legs. As the patrolmen approached the object, it maneuvered through the trees and disappeared. At this time the animals on a nearby farm went into a frenzy. The object was briefly sighted approximately an hour later near the back gate.

2. The next day, three depressions 1 1/2" deep and 7" in diameter were found where the object had been sighted on the ground. The following night (29 Dec 80) the area was checked for radiation. Beta/gamma readings of 0.1 milliroentgens were recorded with peak readings in the three depressions and near the center of the triangle formed by the depressions. A nearby tree had moderate (.05-.07) readings on the side of the tree toward the depressions.

3. Later in the night a red sun-like light was seen through the trees. It moved about and pulsed. At one point it appeared to throw off glowing particles and then broke into five separate white objects and then disappeared. Immediately thereafter, three star-like objects were noticed in the sky, two objects to the north and one to the south, all of which were about 10° off the horizon. The objects moved rapidly in sharp angular movements and displayed red, green and blue lights. The objects to the north appeared to be elliptical through an 8-12 power lens. They then turned to full circles. The objects to the north remained in the sky for an hour or more. The object to the south was visible for two or three hours and beamed down a stream of light from time to time. Numerous individuals, including the undersigned, witnessed the activities in paragraphs 2 and 3.

CHARLES I. HALT, Lt Col, USAF
Deputy Base Commander

Document #5

Testimony of Captain Lori Rehfeldt

米国陸軍大尉
ローリ・レーフェルトの証言

2000年10月

ローリ・レーフェルトは1980年12月に起きたUFO事件のとき，英国のベントウォーターズ空軍基地第81保安警察部隊にいた。彼女はもう一人の同僚と一緒に，その夜遅く勤務に就いていた。そのとき，遠くに1個の物体が見えた。それは滑走路に着陸する飛行機のように思われた——北海の方角から進入してきた。その物体は彼女たちの目の前で無音のまま爆発し，三つに分裂して滑走路を駆け抜けた；それから真っ直ぐに上昇し，見えなくなった。

私は1977年9月に空軍に入隊した。翌1978年1月から基礎訓練に入り，初任地の英国ベントウォーターズ空軍基地に赴任したのは同年5月だった。

私は第81保安警察部隊に配属された。任務は兵舎警護といったところで，警務部に所属していた。私の隊はB小隊：ブラボー（Bravo）小隊だった。

事件が起きたとき，私は空軍兵のダッフィールドと一緒に巡回中だった。私たちは二人とも一等兵で，給与等級はE-3だった。早朝の2時か3時頃だったと思う。澄んだ夜空だった。

そのとき不意に，北海域からこちらに近づいてくる1個の光体があった。つまり，それは東から西に向かっていた。最初にそれは，着陸進入を始めた通常の航空機のように思われた。私たちは航空機が進入しているものと考え，進入を示す照明がつくのを待ちながら滑走路を眺めていた。それはどんどん近づいてきて，私たちから200フィートほどの距離になった。それは大きな光体だった。

一緒にいた同僚と私は，滑走路に照明がつかないことを気にしながら，この光体を見ていた。すると突然，光体は空中で停止し，次の瞬間，上，下，左，右に動いた。それから，それは三つに分裂して滑走路を駆け抜けた。

私たちは呆然としていた――一体あれは何？　そんな感じだった。それですぐに無線のスイッチを入れた。私たちは，言ってみればこの現象に興奮していた。警務室，こちらは４番隊，報告します……そのときの担当軍曹はコーエン軍曹だったと思う。彼はこのようなことを言った。“どうしたって？”

私たちは，この航空機を見たときの様子をもう一度繰り返した。それが駆け抜けたときの速度は途方もないものだった。それは通常の航空機のように進入してきた。そして停止し，こういう動き（*上下左右）をし，次の瞬間三つに分裂した。それが西向きに加速しながら滑走路を駆け抜けたとき，その速度は驚異的だった。他に私たちの注意を引いたのは，それがまったくの無音だったことだ。それは何の物音も出さなかった。それが何だったのか，私たちにはまったく分からなかった。

私たちがいた場所から見たその物体の大きさだが，強いて言うなら，多分乗用車か小型トラックくらいの大きさがあった。

それはまさしく滑走路の上を飛んだ。滑走路そのものは私たちからそんなに遠くなかったので，たぶんフットボール場の長さほどの距離にあったと思う。次にそれは真っ直ぐに上昇し，見えなくなった。

それが停止し，素早く上，下，左，右に動いたとき，その動きはとても幾何学的だった。つまり，それは普通の動きではなかった。おそらくそのことが，何よりも私たちを当惑させたのではないか。なぜなら，それは実に異常なことだったからだ。それはジェット機よりも遥かに速かった。

現在私は陸軍予備軍に所属し，フォートベルボアの近くに駐在している。だから，私は今なお現役の予備軍で，階級は大尉だ。あるとき，私たちは昇進式の場にいた。何人かの来賓が紹介されたが，偶然にもその中に退役三つ星将軍のエドモンズトン将軍がいた。私は，もし誰かベントウォーターズで起きたことについて何かを知る人物がいるとしたら，三つ星将軍の彼だろうと思った。それで私は彼に近づいた。私はありったけのリボン（略綬）を着けていたので，将軍はそれに目を留めた。そしてこう言った。“ああ，君は空軍にいたことがあるんだね”それをきっかけに，私たちは会話を始めた。私は“はい，閣下”と答え，こう続けた。“実は，自分は興味深い幾つかの場所に駐在しておりました。そのうちの幾つかはすでに閉鎖されていますが，その一つがベントウォーターズ空軍基地でした”彼は“ああ，ベントウォーターズ。そうだ，あそこは重要な基地だった”と言った。そこで私はこう切り込んだ。“はい。実はあのUFO目撃大騒動のとき，自分はそこにおりました”

そうしたら，なごやかに進んでいた私たちの会話が急に——つまり，将軍が急に押し黙ったのだ。私は“閣下は何かご存じですか？　そのことで何か耳にされたことはありますか？”と続けた。彼は“ああ，そう，そう——もし私が何かを知っていたら，君を撃たなければならないだろう”と言って，ハッハッハと笑った。そしてこう言った。“人を待たせているので”彼は社交家からよそよそしい人物に態度をがらりと変えた。それで私は，ああ，彼は何かを知っているのだなと理解した——ボディーランゲージでそう言っていた。つまり——将軍は完全なくつろぎから緊張へと態度を変えた。

そのとき，別の男が私に近づいてきた。彼は将軍を知っているらしかった。彼らは皆同じ来賓グループにいた。“あなたたちの会話を聞いていました”と彼は言った。たまたま彼は空軍で働く電気技術者だった。彼はこう続けた。“彼らがそこで何か見つけたことを，あなたはよく知っているようですね。私たちはそのプラスチック，そのとき手に入れた物質を扱う仕事をしています。最初その物質はほとんど手つかずでしたが，今ではそれを利用することができ，さらに改良することもできます”彼らはそれを利用することができ，それは強い耐熱性を有していて高温に耐えることができるということだった。彼によれば，それは灰色の物質で，もともとこの場所にあったものではないという——そこに何かがあったことを彼は立証していた。

[レーフェルト大尉の経験の後でベントウォーターズ着陸事件に関与したクリフォード・ストーンの証言を見よ。彼は1980年12月に行なわれた作業の中で物質が回収されたことを確証している。それに関してはラリー・ウォーレンも証言している。SG]

Testimony of Sergeant Clifford Stone, US Army

米国陸軍軍曹
クリフォード・ストーンの証言

2000年9月

ストーン軍曹は，1940年代初期かそれ以前にまで遡るUFOと地球外知性体の歴史について，驚くべき話を語る。ダグラス・マッカーサー将軍は，1943年に惑星間現象調査部隊と呼ばれるグループを組織し，この問題の研究にあたらせた。それが今日まで続いている。彼らの目的は起源不明物体，特に地球外起源物体の回収である。彼らは現場の情報資料を入手し，それを'この情報の管理者'に引き渡す。ブルーブック計画にさえ，ある精鋭調査部隊があったとストーンは言う。それはブルーブックの外部にあった。この部隊はブルーブックと協力して動いていたと考えられていたが，実際はそうではなかった。ストーンは墜落したET宇宙機の回収を行なう陸軍チームの公務の中で，地球外知性体の生存者とその遺体を見たことがある。彼はこう考えている。地球外知性体は，我々が学んで精神的に成長するまでは，深部宇宙に進出することを許さないだろう。そして，我々がまず彼らの存在を受け入れなければ，彼らは間もなく自らの存在を知らしめるだろう。

1942年2月26日，ロサンゼルスの戦い（Battle of Los Angeles）と一般に呼ばれているこの日に，ロサンゼルス上空を飛行する15機から20機の未確認航空機がいることを我々は知る。我々は直ちにこれらの物体を撃墜する作戦でこれに応えた。第37沿岸砲兵部隊は1,430発の砲弾を消費した。我々は直ちに，これらの航空機が飛来する枢軸国（*日独伊）の秘密基地があるか，これらの航空機を格納していた民間飛行場があるか，探し始めた。しかし，それを証拠立てるものは何もなかった。我々が取り組んだ調査は，結局何の結果も残せなかった。

同じときに，太平洋でも人々は同じことを経験していた。つまり，フー・ファイターズと呼ばれるものだ。マッカーサー将軍は部下の情報将校たちを指揮し，何が起きているかを調べさせた。私には，マッカーサーが1943年に次のことを知ったと信ずべき根拠がある。つまり，地球のものではない物体と他惑星からの訪問者たちが実際に地球に来ており，第二次大戦と呼ばれる世界的な出来事を観察しているのだと。彼が直面した問題の一つは，もしそれが事実で，彼らに敵意があったとしても，我々は彼らについてほとんど何も知らず，防衛手段をほとんど持たないということだった。

マッカーサーは，惑星間現象調査部隊と呼ばれる部隊を組織した。

[マッカーサーがET問題に関与していたこと，また彼がニューメキシコ墜落事件で回収された宇宙機と地球外知性体について知っていたことを述べているレオナード・プレツコ軍曹の証言を見よ。SG]

その部隊は後にマーシャル将軍に引き継がれることになった。それが今日までずっと続いている。ただし名前は変わり，その履歴もいまだ明らかになっていない。それはUFOを調査する正式の組織ではなかったというのが陸軍の説明だ。しかし，それは将軍によって組織され，結果を残し，それらがありふれた物体ではなく，惑星間宇宙機だと結論しているのだ。彼らは起源不明物体，特に地球外起源物体の回収のための総合情報作戦の一部として，まさしく今日行なっていることを続けてきた。彼らの目的は，その情報を評価し，現場の情報資料を収集し，それを処理してある種の有用な情報に加工し，その分野——それを知る必要性（need-to-know）を持つ人々や，その情報の管理者とでも呼ぶべき人々に行きわたらせることだ。

マッカーサーの配下にあった将軍の一人，当時の陸軍航空隊の将軍がマッカーサーの所に戻り，こう言った。“我々が手に入れたものは，この地球のものではありません”ここで言っておきたいのは，この頃にはドイツでさえ我々が訪問を受けているという証拠を発見し，何らかの物理的証拠を持っていたということだ。マッカーサーは確実に物理的証拠を持っていた。私が［陸軍でこの問題に取り組んでいたときに］見た文書からは，その物理的証拠が何だったかは分からない。しかし証拠はそこにあった。

特に私の注意を引くのは，ドイツがこれらの物体の一つに対して逆行分析（back engineering）を試みたかもしれないということだ。我々は確実に逆行分析を試みた。しかし，その逆行分析を行なうためには，我々の技術自体がその獲得する技術と同程度でなければならない……

1950年代，米国空軍はブルーブック計画の外部にUFOを調査するための精鋭部隊を持っていた。ブルーブック側は彼らが協力しているものと考えていたが，そうではなかった。この部隊はもともと第4602空軍情報局部隊として組織された。その平和時の任務にブルーフライがあった。ブルーフライ作戦の目的は，地球に墜落した起源不明物体を回収することだった。回収の対象が明確に地球に墜落した物体だったことを覚えておくのは重要だ――なぜなら，当時の我々には宇宙機などなかったからだ。この結果，ライト-パターソン基地に監視要員が置かれることになった。UFO報告が入ってくると，彼らはこの墜落物の回収チームを派遣する必要があるかどうかを知るために，それを綿密に調査した。

空軍は監視要員を使ったことを否定する。しかし，それは確かに行なわれたのだ。ブルーフライ作戦の平和時の目的は，現場に出かけていって地球に衝突した起源不明物体を回収することだった。その後1957年に，その対象はすべての起源不明物体に拡張された。対象はやはり宇宙機だった。それは1957年10月時点で，ムーンダスト計画と呼ばれるものの一部になった。

ムーンダスト計画は，ただ2種類の物体を回収するための総合的な実地調査計画だった：一つ目は，米国以外に起源を持つ物体で，地球の大気圏に再突入し地物に激突するもの。当然我々は，技術的および科学的な情報の観点から，どのような潜在的な敵に対してもその技術的能力を決定，または解明することに関心があった。なぜなら，我々米国の知られた敵であるソ連は，当時宇宙船を打ち上げていたからだ。

二つ目の関心領域は起源不明物体だ。今日我々は，相当数の起源不明物体があったことを知っている。それは知られていた宇宙ロケットの打ち上げ，その落下時刻，あるいはその他のいかなる宇宙廃棄物の地球落下とも関連のないものだった。

要するに，ムーンダスト［計画］とブルーフライのもとで，この地球のものではない外来物の破片が回収されたのだ。

今日我々の前に立ちはだかる機密性の程度は，年月を経る間に変化してきた。第二次大戦以後，たとえば1969年までの間，機密性の分類は11あった。現在は三つだ：部外秘，機密，最高機密。だが，もしあなたがこうした分類の規準を超える機密情報を持つとすれば，それはあなたが特殊接近プログラム（Special Access Program; SAP）を持つ場合だ。その種の情報は，公式の認可なしには人々の中に持ち出すことができない。

UFO について論じるとき，最後はこの疑問に行き着く。米国はもちろん，どの政府でも，秘密は隠しておけるものか？　その答えは，はっきりとイエスだ。だが，情報関係機関が使えるきわめて強力な武器の一つは，米国民，米国の政治家，暴き屋（デバンカー）――UFO 情報の嘘を何とかして暴こうとする人々――が持つ傾向だ。彼らはすぐに出てきて，こう言う。我々は秘密を隠しておけない，秘密なんか隠しておけるものじゃない。では，本当はどうか。秘密は隠しておけるのだ。

国家偵察局（NRO）は何年もの間秘密のままだった。NSA（国家安全保障局）があるかどうかさえも秘密だった。原子兵器の開発は，それを一回爆発させ，何が進行しているかを一部の人々に言わなくてはならなくなるまで秘密だった。

そして我々は，自らの理論的枠組みにより，高度に進歩した知的文明が我々を訪問するためにやってきているという可能性または確率を，受け入れないように条件付けされている。きわめて信頼できる物体の目撃報告，それらの物体内部にいた生命体の目撃報告という形で，証拠は存在する。それでも我々は平凡な説明を探し求め，自らの理論的枠組みに合わない証拠の数々を投げ捨てる。だから，それは自らを守ることのできる秘密なのだ。それはありふれた風景の中に隠される。情報機関に出かけていき，この情報を出せとせがむのは，政治的自殺行為だ。私はその方針で彼らの多くと協力してきたから分かるが，議会の大部分の議員は尻込みし，それをさせないようにするだろう。ロズウェルで起きたことについて，議会の調査を単刀直入に要求した三人の議員の名前を挙げることができる。

私が聞いた実に馬鹿げた発言は，それを行なう人間は議長でなければならないというものだった。それで私はミシシッピー州選出のある上院議員に，ためらわずにそれをしてもらえるかどうかを訊いた。答えはノーだった。私はさらに，それを書面にしていただけるか？と訊いた。私はそれを書面で貰ったが，公開するのをためらっている。あなたにはお見せするが，公開はためらう。なぜなら，私はそう約束したからだ。

政府のファイルにそれはあるのだから，我々はその資料を入手する必要がある。そしてそれが最終的に破棄されてしまう前に，それを公開させなければならない。一つの好例がブルーフライとムーンダストのファイルだ。私は空軍が認めた秘密文書を入手した。私がさらに多くのファイルを公開させるために議会の議員たちの助けを借りたとき，それらの文書は直ちに破棄されてしまった。私はそれを証明することができる。

そのどこかの段階で，彼らはその資料を見るかもしれない。そして，もしそれが漏洩の危険に曝されたら米国の国家安全保障に深刻な影響を与える，何かきわめて機密性の高い情報があることを知るかもしれない。少数の人々だけがそれに接近できるようにするために，その情報はまだ保護される必要がある。彼らはあまりにも人数が少ないため，1枚の紙に名前を書けるほどだ。こうして，特殊接近プログラムが存在することになる。特殊接近プログラムにあるはずの管理はそこにはない。文書を保護する仕組みと秘密のプログラムを実行する仕組みを議会が精査したとき，彼らは特殊接近プログラムの内部に特殊接近プログラムがあることを知った。つまり，そのすべてを議会が管理統制することは本質的に不可能だった。信じてほしい，そのすべてを管理統制することなど，本質的に不可能なのだ。

さてUFOの場合，それと同じ原則が適用される。こうして，情報関係機関内の100人以下の小さな核，いや私はそれが50人以下であることを知っているが，それがすべての情報を支配している。それはまったく議会の調査や監視の対象ではない。だから，議会はその核心に迫った質問を掲げ，公聴会を開催することに踏み切る必要があるのだ。

任務の種類はかなり多いが，端的に言えば，私は間違いなく墜落したET物体の回収という種類の作戦に関わっていた。我々は残骸が生じる次のUFO墜落や着陸を回収部隊にいて整然と待っている，多くの人はそう考える。そのようなことはない。我々は軍の中で通常の仕事をし，日常の生活を送っているのだ。しかし，もしその区域で出来事が発生し，あなたが専門知識を持ってそれに前向きに関わりたいと思う人々の一人なら，招集される。

さて，私にこのことの準備をさせるために，入隊後のきわめて早い段階で彼らは私をアラバマ州フォートマクレランにあるNBC学校に送った。そこはNBC要員のための3週間の学校だった。NBCとは核（Nuclear），生物

(Biological)，化学（Chemical）を意味する。私がUFO回収に関わったのは，常にNBC部隊としてだった。部隊は，それが核事故だったかのように取りかかり，展開する。それが核であれ，生物であれ，化学であれ，それらの事故が起きた場合の対処手順はすでに確立されているのだ。だから，我々はそのように行動する。もし我々がそこに接近して回収を行なうことができるなら，もし我々が密かに人知れずその中に入って残骸を採取できるなら，我々はそれをする。もし公式に許可された偽装計画，たとえば嘘の新聞発表をする必要がある場合，我々はそれもする。

たとえば飛行機事故が起きた場合，それを処理する標準的な手順というものがある。墜落したET宇宙機やその残骸を回収したり採取したりするとき，それと同じ手順が利用される。残骸が重要だと私が言う理由は，それが高度に進歩した装置だからだ。言われているほど多くの墜落があったわけではない。それらには欠陥があったのだ。なぜなら，それはあなたや私と同じような肉体を持つ人間（*異星人）の知性がつくったものだからだ。人間である限り，失敗はする。

さて，我々は高度に知的な文明について語っている。高度に無能な文明についてではない。我々は必要な手順を踏むし，彼らもそうする。しかしそれに加えて，我々が出向くときには回収を行なう。その回収を行なうとき，我々は飛行機事故か危険物質を処理するときのようにそれを扱う。そうするのが安全だからだ。その手順はすべて決められている。唯一の問題は，これが地球のものではないことを直ちに認識できる人々がそこにいることだ。確かに，ブルーフライの［ET宇宙機］回収では，現場分析ということが行なわれた。

要するに我々の場合は，ミサイルがどういうものか，飛行機がどういうものかを知っている専門家がそこにいる。彼らはこの物質を調べ，それが何でないかをはっきりさせる。こうして，我々はただ一つの可能性に行き当たる。この惑星に起源を持たないもの。これがブルーフライの目的だった。迅速な現場分析を行なうことはきわめて重要なことだった。さて，それが残骸なら，その物質を梱包するときには危険物質を梱包するときと同じ扱いをする。そして予防措置がとられる。もしそれが機体全体だった場合，きわめて厳重な予防措置がとられる。なぜなら，ETたちに敵意はないと私は主張しているわけだが，それでもなお死亡に至る重大な事故が発生することがあり得るからだ。これらの任務に向かわなければならなくなったとき家族がどんな状況だったか，私はそれを話すつもりはない。なぜなら，起きたかもしれないことを考えると少々心が乱れるからだ……

当然，我々はその物質を秘密にしようとする。特に機体が大きく，円盤型やくさび型をしている場合にはそうだ――我々は時々それを回収したが，素晴らしい形だ。特にそれを搬入のためにトラックに載せる必要がある場合，予防措置がとられる。それをトラックに乗せて安全な収容場所まで運ぶときには，我々がそのトラックを追跡する。トラックは800ナンバーだ。それに故障が発生すると，我々は警護のために一緒にそこに留まる。一方，彼らは連絡すべきある電話番号を持っていて，その機体を安全に収容場所まで移動するための支援が直ちに得られる。手順はおよそこのようなものだ。実を言うと積荷書類があって，そこにはその電話番号が書かれている。そして，ある暗語が使われる――我々がいつも使った暗語の一つを教える；タバスコ（Tabasco）だ。

ET宇宙機の場合は特別チームがそこに行く。もしそこに生物学的要素がある場合，彼らはどうしたらよいかを知っている。我々の大きな懸念の一つは，まったく外来の起源を持つこの生命体による地球の汚染という，生物学的なことだった。

私は，以下のことを言明する覚悟ができている。私はこの地球上でつくられたものではない，起源不明の宇宙機があった場所を見てきた。その場所では，この地球で生まれたものではない生命体の生存者と遺体を見た。我々はそれらの生命体との間で，彼らが言うところの‘接続（interfacing）’を行なった。彼らは人々にある考えを吹き込むための学校を持っている。私自身はそこに行ったことはない。私は常に拒否した。私が軍を辞めたのは1990年だったが，そのとき彼らは私を2箇月間拘束し，辞めるのを考え直すように圧力をかけた。私の1989年12月1日付の除隊命令を彼らは取り消した。繰り返すが，彼らは規則を犯して私の退役の承認を未決定とし，2箇月間拘束した。すでに承認されていたにもかかわらずだ。それは私を説得し，残留させるためだった。

我々は，どこかの外国ではなく，他の太陽系に起源を持つ異星人とコンタクトを持っている。私はずっとそれに加担してきたし，そのために働いてきた。またそれを目撃してきた。そして私は，我々が行なっていることの一部が実に，実に，実に，実に恐ろしいものであることを知っている。彼ら（異星人）は我々に敵意を持っていない。だが，我々はこの瞬間にも彼らの敵だ——彼らの敵だと考える十分な理由がある。我々は他のある国が何かをしないかと心配している。私は自分が時間と闘っているのだと思い定めている。我々は宇宙の軍事化に向かってひた走っている。私にはこのことを人々に確信させる時間が残り少ない。宇宙の軍事化が達成されるや，我々の前にはまったく新しい技術の世界が明らかになるだろう。

NASAは，我々がいわゆる恒星間旅行を達成するのにあと1,400年かかると言う。敢えて言うが，今世紀末までに我々はそれを成し遂げるだろう。もし我々が精神を成長させるために何もしないなら——これを言うのはつらいことだ——だが，もし我々が精神を成長させるために何もしないなら，恒星間旅行を達成することはない。彼ら（異星人）がそれを阻止するだろう。さらに悪いことに，彼ら（異星人）はこの地球の人々の前に前触れもなく姿を現すだろう。

我々はこの技術を獲得したい。この技術を我々の技術の一部としたい。これから25年以内に，我々は宇宙を軍事化するだろう。宇宙軍事化の結果として，我々は新しい技術を獲得し，恒星間旅行を可能にする新技術を発展させるだろう。我々が精神的に成長しない限り，その結果はそのまま彼ら（異星人）の脅威になる。

もし我々が精神的に成長しないなら，異星人たちがついに我々の前に姿を現す状況を招くだろう。私はそう思っている。彼らは姿を現す。地球人はそれを阻止する力を持っていない。ETたちは，我々が宇宙の脅威として進出するのを阻止するためにそうするだろう。もしこれが起きれば，それは世界中の人々にとり思いもよらないことになり，何らかの深刻な問題が持ち上がるかもしれない。

[宇宙の軍事化を懸念するウェルナー・フォン・ブラウンについて語ったキャロル・ロジン博士の証言を見よ。SG]

これは米国だけのことを言っているのではない。それは全世界が知らされなければならない真実だ。その真実とは，人類は孤独ではない，我々は他の惑星，他の太陽系の人々の訪問を受けているということだ。

情報分野の諸機関がUFO情報を機密にしたとき，彼らの意図は善意だったと私は信じている。彼らは幾つかのきわめて深刻で困難な疑問に直面したはずだ：我々はもはや宇宙で孤独ではない，この惑星を知性体が訪問している，このことを世界中の人々が知ったらどんなことが起きるか？　そこにあったのは善意だったと思う。国家の情報機関として，その技術を軍事応用のために獲得しようとするのは当然だ。こうして，その知識は可能な限り厳重な機密として守られるようになる――ほんの一握りの人だけが知る秘密の厳守，つまり特殊接近プログラムだ。しかし，この秘密を守ることはまったくの善意だったにせよ，それは［今］人々を苦しめていると思う。

UFOを見ただけの人々を気違い扱いにする権利は，どの政府にもない。特定の人々が最後は精神的に追いつめられ，その多くがついに自殺したり自滅したりするのを見ている権利など，どの政府にもない。このようなことが起きているのだから，我々には自らの考えと立場を考え直す義務がある。我々には秘密の壁を打ち破り，真実を明るみに出す責任があるということだ。その真実をいかにして明るみに出すか，我々はそのことに対して責任を持たなければならない。我々は真実を語らなければならない。

そしてこれは怖い話ではない。あなたはETたちが神の概念を持っていることを知るだろう。あなたは彼らが家族を持っていること，彼らには文化があること，彼らには好悪があることを知る。あなたは我々の間にも，それらと異なるものではない，似たものを見つけるだろう。それはあなたにとって真実への道の始まりだ。我々の現在の問題は，我々が彼らを話題の対象として見ているということだ；驚嘆したり，びっくりしたりする対象として。

さて，私の話に戻ろう。我々はNBC（核・生物・化学）下士官になるための訓練を修了したばかりだった。友人がバージニア州フォートリーまで私を送ってくれた。彼はメリーランド州フォートミードに行くところで，“一緒に来いよ，君の基地まで車で送るよ”と言ってくれたのだ。こうして我々はフォートリーまでの道中，UFOについて語り合った。

フォートリーに戻って数週間後，この友人から電話があり，私はフォートミードにいる彼を訪ねることになった。彼がいるはずのフォートミードに着くと，彼らはこう言った。“彼はこれから忙しくて手が離せなくなる。後で自由になったら，すぐにそれを君に知らせる”この人物は，“ところで，君はペンタゴン（国防総省）に行ったことがあるか？”と訊いた。当時私はペンタゴンに行ったことがなかった。すると彼は“そこは実に特異な場所だ。それじゃ君を25セント旅行に連れていこう”と言った。こうして我々はペンタゴンに出かけた。我々は入っていった。私は与えられた小さなバッジを着けていたが，それには何の図柄もなかった。しかし同行した人物のそれには図柄があった。彼は警備員に，私を連れてきたことは許可されていると言った。私を内部に導いていくのは常にこの人物だった。ついに我々はエレベーターのある場所までやってきた。我々はそれに乗り，降下した――どれくらい降下したのか，私には分からない。ペンタゴンの下に延びる階段が1つなのか，2つなのか，あるいは15もあるのかは知らない。しかしとにかく我々は降下した。エレベーターから降りたとき，そこには2本のモノレールがあった。ペンタゴンの地下にはモノレールがあったのだ。それらは巨大な円筒のようで，中央部がやや太く，それぞれの側に1両ずつあった。つまり，これらの小さなモノレールには弾丸に似た車両があり，前に二人，後ろに二人乗れるようになっていた。我々はその一方のモノレールに乗り，出発した。20分も乗ったかと思われたが，これは推測ではっきりは分からない。

モノレールから降りたとき，彼はこう言った。“この廊下を下った所にある面白い場所を幾つか見せよう”我々は廊下を下っていった。廊下の遠い突き当たりにはドアがあるように見えた。そのドアにどんどん近づいていったとき，この案内者は振り向いて“いいかい，物事は必ずしも思われているようなものじゃないよ”とはっきり言った。ペンタゴンの下にあるこれらの地下施設について，多くの人は知らないと彼は言う。ほんのわずかな人間だけが，ペンタゴンには地下モノレールがあり，別の場所と接続していることを知っている。彼はこう言った。“それはここにある壁のようなものだ――それは壁ではないかもしれない”それで私は“それが壁ではないって，どういう意味ですか？　あなたは何を言っているのですか？”と訊いた。彼が冗談を言おうとしたのだと思ったのだ。そのとき彼は“いや，それは君の後ろの壁のようなものだ”と言った。私が見ると，それは壁のように見える。そこには継ぎ目のようなものは何も見当たらない。そのとき彼は私を押した。私は身体を支えようとしたが，実際にはそこに開いたドアがあった。

そのドアを通って進むと，野外テーブルのようなものがある。その野外テーブルの後ろに，この小さな生命体がいた。その生命体は3フィートよりわずかに大きかった。何度も報道された3フィート半の身長をもつ生命体だった。しかし，この生命体のやや後の両脇には二人の男がいた。辺りを見回しているとき，私はこの小さな生命体と目が合った。そのときの感じはこういうものだった。私はそれを見ているが，私の心から何もかもが引き出されている——彼は私の全生涯を読み取っている。私がそこで実際に感じたことを述べるのは難しい——そのときまでの人生がほんの数秒で通り過ぎていく。つまり，私はあらゆることを感じていた。

私はしゃがみ，自分の頭をこのように抱えて床に倒れたのを覚えている。次に覚えているのは，目覚めて［フォートミードの］友人の事務所にいたことだ。私がジャックの事務所に戻ったとき，彼らは私に，一日中そこにいただけで何事もなかったと言った。だが，私の方がよく知っている。

生命体たちと幾つかの政府機関の間には，ある種の交流がある。このことをはっきりと述べるために，私はここまで立ち入るつもりだ。今のところ，彼ら(生命体）が我々に自滅のための技術を与えていると述べるつもりはない。彼らの方針はそうではない。地球での彼らの目的は科学的かつ人道的なものだ。

我々がこれまでどんなことをしてきたか，またどれほど自分自身を傷つけてきたかを見れば，我々がとても愚かだったのは明らかだ。今日我々は，これまで自分自身を傷つけてきたことに気付き，それを修正しようとしている。まさにその点で，ETたちが調査していることがある。ここに損なわれつつある生物圏がある。彼ら（ET）はそれを修復するために来ているのではない。彼らは，我々がそれにどう対処するかを見にきている。しかし，一政府がそのすべての責任を負い，すべての事態を把握することはできない。全体的な状況を言うなら，我々は一つの人民，協調する人民として，結束して取り組まなければならないということだ。我々は前進し，ついには他の太陽系にある他惑星を訪問するという大いなる一歩を踏み出すために，自ら準備を始めなければならない。繰り返しこの言葉を使うが，我々はまとまった人民，惑星地球の人類を代表する人民として，精神的に成長しなければならない。我々を訪問しているすべての種族（訪問者は一種族ではない）と様々な政府——米国政府だけではなく世界の政府——との間には，確かにある種の——その程度は分からないが

——ある種の対話がある。これらは主に先進諸国の政府だ。なぜなら，現時点で宇宙旅行を行なっている国家が彼ら（異星人）の最大の脅威になっているからだ。

早い時期に私が経験したもう一つのことは，見てはいけないものを偶然見てしまったことだ。ある施設にいたとき，私は友人と一緒にブリーフィングルームを見下ろすバルコニーに行った。そこにはプレキシガラスの窓があり，バルコニーと階下に続く部分とが仕切られていた——何が話されているかは聞こえない。しかし彼らは何か映画を上映していた。その映画は様々な種類の，今日我々がUFOと呼ぶものを映していた。様々な種類の異星人が映し出されており，その中には我々とよく似たもの，我々と似ているが際立った違いを持つものがいた。男たちがこちらに上がってきたが，我々はそれに気付かなかった。“君たちはここで何をしている？”と彼らが訊いた。“このとおり，軽食堂に行きたくなかったので，ここに座ってスナックを食べていただけです”と我々は答えた。彼らは“今すぐ一緒に来い”と言った。こうして我々は，襟首やシャツをつかまれ，押されながら階段を降りた。

階段を降りきると，彼らは我々をドアから押し出し，バンに乗り込んだ。そこにはパネルバンが待っていて，彼らは我々をそれに押し込み，ドアを閉め，そこから走り去ったのだ。連れていかれた場所がどこかは知らない。最後に降りた所は，一体構造をした軍隊様式の建物だった。我々はそこに連れ込まれ，部屋に入れられた。そこには軍用簡易ベッドと照明付き机が一つあった。我々はそこに呆然と坐り，なぜ彼らはこんなことをしているのか？と考えた。なぜこんなことが行なわれているのか？

5日目の夜，私は外に出され兵舎まで送られた。そこで委細を報告し，ベッドにもぐり込んだ。疲れ切っていて，とにかく眠りたかったのだ。翌朝，土曜日の朝だったが，私はCQつまり当直下士官に起こされる。“しばらく見なかったね”と彼は言う。何しろ私は二人の男の所に連れていかれていたのだ；一人は善玉のように振る舞った。もう一人は先に立ってこう言った。“ヤツを信用しちゃダメだと言っただろ。ヤツを連れ出せ。始末しよう。撃ってしまえ”その善玉はこう言う。“まあまあ，もう少し話そう”そして悪玉役の男を外にやった——保安警察ではよく使う手だ——善玉警察官と悪玉警察官。悪玉役の男は食べ物を取りに出ていった。

その善玉役はこう言う。“まあ聞けよ，君はこのUFOに関係した仕事をしたいと思っているな”“いいえ，したくありません”と私は言う。すると彼は“だが君はそれを経験したじゃないか”と言う。“君はそれに少しは関係してしまったのだ。あそこで見たものはまやかしではなかった。この仕事をしないか？　我々と一緒に仕事をしないか？”私は“いいえ，したいとは全然思いません”と言う。最後に彼はこう言う。“いいかい，君はこの仕事をしたい，するようになる，それについてもっと知るようになる。今年中には，我々が知っていることをすべて公開することになっている。しかし繰り返すが，この世界は安全な場所ではない。技術的な観点，軍事的な立場から，我々はこの国の潜在的な敵が知るよりもさらに多くを知る必要がある。だから君に頼んでいる――我々と一緒に働いてくれ”　こう言われて私は考えてしまった。何しろ私は若かった。私が考えたのは次のことだった。これは私が実際に身を挺して関わってきたものだ。面白いことになりそうだ。そのことについてさらに詳しく知ることができるし，今までの疑問に答えが見つかる。これまでの人生で起きた事件についても，一層よく理解できるようになる。

私はこう確信している。一つ，彼らは私を軍の中にとどめておきたかった；二つ，彼らは私がこの計画に参加することを望んでいた；三つ，この先いつか，私がこのことについて何かしゃべり始めるかもしれないということについては，それほど心配してはいなかった。彼らが恐れていたのは，私が真相を掴むのではないかということだった。もし私が，何かほんの少しの証拠でも握っていたとしたら，私は一体どうなっていたことか。彼らは私が軍を飛び出すことを望まなかったのだ。彼らは私がとどまることを望んだ。彼らは私が進んで‘学校（スクール）’と呼ばれる所に行くことを望んだ。しかし私は，‘学校（スクール）’と呼ばれる所に行くとは一度も確約しなかった。

もし私が学校に行けば，そこには新しい世界，新しい道が開ける，私はそう言われた。しかし，私はそれに同意する必要があった。また，そこに行くためには，進んでその書類に署名する必要があった。しかし，その覚悟はできていなかった。私は，この計画に関わりその学校に行った人々を見てきた。はっきり言うが，私は彼らの人格が好きでなかった。そこへ行けば，人は何か特別な人間になる。なろうと思えば人を見下す立場にもなる。その考えが好きでなかった。その道は，新しい世界が開けるはずの道ではなかった。自分がなれるのはせいぜい奴隷で，その逆ではない。私にはそう思えた。

これらの人々の一部は，私の好きな気質ではなかった。私は彼らの態度が好きでなかったし，彼らのようにはなりたくなかった。恐れたことの一つは，もしその学校に行ったら，私も彼らと同じように変わるだろうということだった。

さて，事件があり，［ET 宇宙機の］回収もあった。しかし回収は少なく，ごく稀だった。1969 年に起きた事件の一つは，くさび形宇宙機の回収で，インディアンタウンギャップ（* ペンシルバニア州）で発生した。その日は寒かったことを覚えている。冬だったが，雪はなかったと思う。我々は第 96 民事作戦群で実働演習中だった。私は第 96 民事作戦中隊の一員で，NBC（核・生物・化学）担当下士官だった。知らされたのは，撃墜事件があり，その回収を支援する必要があるということだった。現れた人物は，我々がどこに行くかを正確に知っていた。我々はその集結地に向かい，そこからさらにインディアンタウンギャップにある別の場所に行った。民間人やもの好きなど，その類のことが絡む問題は何も起きなかった。状況を言うなら，我々は回収を行なったのだ。目の前にあったのは人間がつくったものではなかった。

我々がそこに着くと，あるチームがすでに待機し，物体の周りを投光器が照らしていた。私は APD27 を持ってその物体にできるだけ近づき，線量を計測するように言われた。その作業をしながらはっきりと理解したのは，見ているものが地球起源のものではないということだった。取り乱したくないので，これ以上それについて述べるのは気が進まない……

ベントウォーターズはとても興味深いもう一つの事件だ。ベントウォーターズのとき，我々は情報を得るためにそこへ行った。物理的証拠という点では写真があったし，映像記録もあった。通常を上回る背景放射線量も計測されていた。それほど高いわけではなかったが，通常を上回っていた。インパクトポイントと呼んだ地区で，我々は幾つか異常なものを見つけた。そこでは木々の頂部もなぎ倒されていた。我々がそこに着いたのは 12 月も終わりの頃で，正確には 12 月 28 日だった。

［この事件についてのラリー・ウォーレン，ニック・ポープ，その他の証言を見よ。SG］

我々は資料を収集し，リンゼイ空軍基地（* ドイツにあった米国空軍基地，現在は閉鎖）に持ち帰った。入手することのできたすべての具体的証拠，そこにあったすべての文書記録類だ。レーダーで捕捉された目撃もあった。英国政府も米国政府も，これらの目撃については知っていた。我々が入手した具体的証拠は，リンゼイ空軍基地に持ち込まれた。それはそこで整理要約され，SHAPE（ヨーロッパ連合軍最高司令本部）に説明するための幾種類かの資料が作成された。SHAPE の誰に説明されたかは知らない。しかし我々がそれをする必要があったことは確かだ。その情報は特別伝書便に託され，ワシントン D.C. 地区に近いある空軍基地に運ばれた。さらにその後は，バージニア州フォートベルボアに移されたと思う。そこは当時，米国空軍地上活動センター特別地上活動群司令部だった。彼らはこの資料を受け取り，それを処理し，最終的な情報資料に仕上げた。

それがリンゼイ基地に行った理由は，そこに米国空軍地上活動センターの派遣隊があったからだ。ベントウォーターズに最も近い派遣隊はリンゼイ空軍基地にあった。その資料を入手し，米国に持ち帰るまで護送する任務を負ったのは彼らだ。彼らがあれこれ質問をしていた。容赦のない，重要な質問をしていた。彼らはこれに関わった技術要員たちに技術的な質問をしていた。私は何人かのレーダー操作員たちが聞き取りされたことを確かに知っている。その中には英国人も米国人もいた。また，その 2 夜に現場にいた一部の隊員たちが聞き取りを受けたことも確かだ。

私は 1989 年 6 月，7 月のベルギー UFO 事件にも関わった。我々は，ベルギー上空を飛行した UFO について情報を評価し，データを収集していた。それらの UFO は，ドイツ全土の上空をも飛び回った。ソ連領に近い国境でも事件が起きた。それが巨大な物体だったために，ソ連は非常に動揺した。物体は三角形をしており，いずれの一辺もフットボール場約 3 個分の大きさがあった。物体はいわゆる緩衝地帯の上空を飛んだ。そのとき我々は皆不安におののいた。

事件は夏，8 月頃に起きた。我々は身の毛がよだつ思いをした。恐怖などによる身震いだけでなく，ある種の生理学的作用がそこに生じていた。ひとたびこの事件がおさまると，我々は戦闘機に警戒態勢をとらせた。彼らには，ソ連機が緩衝地帯を越えて近づいているので，それを迎撃するのだと説明した。ソ連もまた同じ行動をとった。UFO がソ連領空に引き返したため，ソ連はそれを迎撃しようと戦闘機を緊急発進させた。物体の移動速度は少しも速くなかった。しかし，この事件があった夜にそれを攻撃した者は誰もいなかった。

写真が撮影された。ソ連との間で協議も行なわれた。これが進行している間，全員が閉じ込められ，説明を受けた。ロシアのミグ 27 戦闘機が 1 機，緩衝地帯を越えてこちら側に深く迷い込んだため問題が起き，警戒態勢がとられることになった，それ以上ではない，というものだった。しかしそれはミグ 27 などではなかった。我々が何を見ていたかは，我々が正確に知っていた。我々にはフラッシュカード（訓練用教材カード）があり，それにはソ連と我々自身の様々な航空機のシルエットが描かれている。

だから我々が何を見ていたかは，我々が知っていた。それは何にも該当しない航空機であり，空気動力学的な物体ではなかった。空気動力学的ではないという意味は，それがヘリコプターのような目に見える浮力装置を持たず，あの高さに浮揚する手段を何も持っていなかったということだ。その手段はなかった。完全に無音で，ほぼ 3 階建ての高さがあった。ここから抜け出したい，家族のもとに帰り，普通の生活を送りたい。これは，私にそうした不安な気持ちをわずかに抱かせた事件の一つだった。この事件は新たな局面を生じた。ソ連はベルギー政府を通して米国政府に公式の抗議をした。彼らの懸念は，ベルギー当局が他国と共に，偵察のためにソ連に侵入するステルス航空機の離着陸を認めているというものだった。我々はソ連に通報し，これについて議論した。そして，少なくともソ連軍事連絡使節団に対しては，こう説明した。これは彼らの領土にステルス航空機を送る我々の企てとは何の関係もないと。

ソ連は起きている出来事に危機感を持ち，それを我々の航空機と考えていた。彼らには，そうではないと言って安心させた。ベルギー当局に対しても，そうではないと言って安心させた。ベルギー当局自身がこの UFO を目撃していた。我々はそれをテレビで見た。それらの目撃について人々が知らないことは，そこにはとてつもない――私はそれを隠蔽と呼びたくない――そこには目撃に関する特定の情報を秘密にしておこうとする，ある動きがあったということだ。レーダー画面の映像フィルムを修正し，地下に潜っていく UFO を見せる何らかの試みがあった。UFO はそんなことはしなかった。それは地下 600

フィートまで潜ることになっていたと思う。もちろん，そのような事実はなかった。それは目に見えた。人々がそれを見たし，パイロットたちも見た。パイロットの航空機はそれを自動追跡した。しかし，こうしたことは我々が答えを用意すべき質問をさらに増やすものだった。それで我々はこれを報道機関から隠すことに決めた。我々はそれをうまくやってのけた。

［この事件とそれに続く事件を述べた政府文書を見よ。SG］

我々が関わった別の事件は，1976年9月19日に起きたイラン事件だ。2機の戦闘機が同時に故障した原因が本当は何だったのか，これを究明しようと，徹底的な調査が行なわれた。我々は目撃があった場所に幾つか異常を見つけていた――そこは空軍パイロットの一人が地表に降下したUFOを見た場所だった。我々はそれらの異常を音声装置で記録した。その場所を映像にも撮ったが，フィルムには何か奇妙なものが映っていた。私はその着陸場所で起きたことのすべてを知っているわけではないし，すべての情報を持っているわけでもない。それは私が関与すべきことではなかった。しかし，これだけは言える。何が起きたにせよ，そこには2週間から3週間調査団がいた。

1986年だったと思うが，1機のUFOが2度にわたり攻撃された。そのUFOは何事もなかったかのように飛び去った。1986年には，ブラジルの航空機の周りを20機かそれ以上のUFO，空飛ぶ輪（flying rings）が飛び回る事件があった。こうした記録文書は重要だ。

私が最初に説明を受けた1969年までに，回収されたUFOはせいぜい20数機だった。最大でも数十機にすぎない，そう我々は教えられた――1940年代と1950年代初期に数機あった。当時それらの事件が起きた理由を明らかにすると，まったくとんでもない話だが，我々のレーダーがETの誘導システムに大打撃を与えたということだった。そのため，彼ら（ET）はその誘導システムに対策を講じなければならなかった。

どれくらいの遺体が回収されていたか？　知らない。我々が現場に行く前にETたちが来て彼らの回収を行ない，我々は少しの破片しか入手できなかったという墜落事件はどれくらいあったか？　知らないが，あったことは確かだ。そういうことは起きているのだ。彼らに問題が発生すると，我々が救難信号を発するように，彼らも救難信号を発する。多くの人はそれについて考えない；それはこれまで質問されたことのない問題だ。しかし繰り返すが，我々は彼らを，そこにあるぬいぐるみの動物のような，何か得体の知れないものと考える。しかし彼らは生きており，あなたや私と同じように肉体を持ち，呼吸する生き物だ。彼らは考え，愛し，好き嫌いがあり，社会的文化を持っている。

それが真相だと人々に理解させるのは，とても重要なことだ。私は人間の要素をUFOの搭乗者に当てはめて考えたい。私が人間の要素と言ったのは，彼らは実在する人々だという意味だ。我々は彼らを存在（entities）とも生き物（creatures）とも呼ぶ。だが，時々我々はこう自問していることに気付く：どちらがより本当の人間か，彼らか我々か？　これらは本当に明らかにされる必要がある事柄なのだ——つまり，彼らはあなたや私のような存在だということを。我々は，相違ではなく類似性を探し求め，大いなる理解に到達する必要がある。なぜなら，いずれ遠くない将来，我々は新しい扉を押し開く決定的なコンタクトをすることになるだろうからだ。

……

多くの人はただぼんやりと座って，こう言う。でも彼らの基地はここにないじゃないか。いや，彼らにはあるのだ。

我々は1970年に，カンボジア国境から約7マイルにあるベトナム基地の一つで，大規模な戦闘に巻き込まれた。それについてもっと知りたければ，私はそれを録音テープにとってある。あなたにそのコピーを渡そう。申しわけないが，私は実際の話のある部分に言及しないようにしている。なぜなら，私がそれを話し始めると，あなたはそれを追体験することになるからだ。あなたは理解できない。あなたにはまったく理解できない……

000909

UNCLASSIFIED

56
PRIORITY

OCT1 MSG654 PAGE 01 267 0813

ACTION: NONE-DR
INFO:
ATCZYUW RUFKJCS9717 76 0810 MTMS-CCCC—RUFFHQA
NY CCCCC
P 230810Z SEP 76
FM JCS
INFO RUSHC/SECSTATE WASH DC
RUFAIIF/C I A
RUFOIAH/NSA WASH DC
RUFADWW/WHITE HOUSE WASH DC
RUFFHQA/CSAF WASH DC
RUFNAAA/CNO WASH DC
RUFADHD/CSA WASH DC
P 230630Z SEP 76
FM USDAO TEHRAN
TO RUFKJCS/DIA WASHDC
INFO RUFKUCS/SECDEF DEPSECDEF WASHDC
RUFRBAA/COMIDEASTFOR
RUDOECA/CINCUSAFE LINDSEY AS GE/INCF
RHFRAAB/CINCUSAFE RAMSTEIN AB GE/INOCN
RUSNAAA/EUDAC VAIHINGEN GER
RUSNAAA/USCINCEUR VAIHINGEN GER/ECJ-2
BT
C O N F I D E N T I A L 1235 SEP76
THIS IS IR 6 846 0139 76
1. (U) IRAN
2. REPORTED UFO SIGHTING (U)
3. (U) NA
4. (U) 19 & 20 SEP 76
5. (U) TEHRAN, IRAN: 20 SEP 76
6. (U) F-6
7. (U) 6 846 0008 (NOTE RO COMMENTS)
8. (U) 6 846 0139 76
9. (U) 22SEP 76
10. (U) NA
11. (U) "INITIATE" IPSP PT-1440.
12. (U) USDAO, TEHRAN, IRAN
13. (U) FRANK B. MCKENZIE, COL, USAF, DA TT
14. (U) NA
15. (C) THIS REPORT FORWARDS INFORMATION CONCERNING THE SIGHTING OF AN UFO IN IRAN ON 19 SEPTEMBER 1976.
A. AT ABOUT 1230 AM ON 19 SEP 76 THE [redacted] [redacted] RECEIVED FOUR TELEPHONE CALLS FROM CITIZENS LIVING IN THE SHEMIRAN AREA OF TEHRAN SAYING

UNCLASSIFIED
CONFIDENTIAL

PRIORITY

UUU910

HAT THEY HAD SEEN STRANGE OBJECTS IN THE SKY. SOME REPORTED
. KIND OF BIRD-LIKE OBJECT WHILE OTHERS REPORTED A HELICOPTER
WITH A LIGHT ON. THERE WERE NO HELICOPTERS AIRBORNE AT THAT
TIME. [redacted]
[redacted] AFTER HE TOLD THE CITIZEN IT WAS ONLY
STARS AND HAD TALKED TO MEHRABAD TOWER HE DECIDED TO LOOK FOR
HIMSELF. HE NOTICED AN OBJECT IN THE SKY SIMILAR TO A STAR
BIGGER AND BRIGHTER. HE DECIDED TO SCRAMBLE AN F-4 FROM
SHAHROKHI AFB TO INVESTIGATE.

B. AT 0130 HRS ON THE 19TH THE F-4 TOOK OFF AND PROCEEDED
TO A POINT ABOUT 40 NM NORTH OF TEHRAN. DUE TO ITS BRILLIANCE
THE OBJECT WAS EASILY VISIBLE FROM 70 MILES AWAY.
AS THE F-4 APPROACHED A RANGE OF 25 NM HE LOST ALL INSTRUMENTATION
AND COMMUNICATIONS (UHF AND INTERCOM). HE BROKE OFF THE
INTERCEPT AND HEADED BACK TO SHAHROKHI. WHEN THE F-4 TURNED
AWAY FROM THE OBJECT AND APPARENTLY WAS NO LONGER A THREAT
TO IT THE AIRCRAFT REGAINED ALL INSTRUMENTATION AND COM-
MUNICATIONS. AT 0140 HRS A SECOND F-4 WAS LAUNCHED. THE
BACKSEATER ACQUIRED A RADAR LOCK ON AT 27 NM. 12 O'CLOCK
HIGH POSITION WITH THE VC (RATE OF CLOSURE) AT 150 NMPH.
AS THE RANGE DECREASED TO 25 NM THE OBJECT MOVED AWAY AT A
SPEED THAT WAS VISIBLE ON THE RADAR SCOPE AND STAYED AT 25NM

C. THE SIZE OF THE RADAR RETURN WAS COMPARABLE TO THAT OF
A 707 TANKER. THE VISUAL SIZE OF THE OBJECT WAS DIFFICULT
TO DISCERN BECAUSE OF ITS INTENSE BRILLIANCE. THE
LIGHT THAT IT GAVE OFF WAS THAT OF FLASHING STROBE LIGHTS
ARRANGED IN A RECTANGULAR PATTERN AND ALTERNATING BLUE, GREEN,
RED AND ORANGE IN COLOR. THE SEQUENCE OF THE LIGHTS WAS SO
FAST THAT ALL THE COLORS COULD BE SEEN AT ONCE. THE OBJECT
AND THE PURSUING F-4 CONTINUED ON A COURSE TO THE SOUTH OF
TEHRAN WHEN ANOTHER BRIGHTLY LIGHTED OBJECT, ESTIMATED TO BE
ONE HALF TO ONE THIRD THE APPARENT SIZE OF THE MOON, CAME
OUT OF THE ORIGINAL OBJECT. THIS SECOND OBJECT HEADED STRAIGHT
TOWARD THE F-4 AT A VERY FAST RATE OF SPEED. THE PILOT
ATTEMPTED TO FIRE AN AIM-9 MISSILE AT THE OBJECT BUT AT THAT
INSTANT HIS WEAPONS CONTROL PANEL WENT OFF AND HE LOST ALL
COMMUNICATIONS (UHF AND INTERPHONE). AT THIS POINT THE PILOT
INITIATED A TURN AND NEGATIVE G DIVE TO GET AWAY. AS HE
TURNED THE OBJEAZ FELL IN TRAIL AT WHAT APPEARED TO BE ABOUT
3-4 NM. AS HE CONTINUED IN HIS TURN AWAY FROM THE PRIMARY
OBJECT THE SECOND OBJECT WENT TO THE INSIDE OF HIS TURN THEN
RETURNED TO THE PRIMARY OBJECT FOR A PERFECT REJOIN.

D. SHORTLY AFTER THE SECOND OBJECT JOINED UP WITH THE
PRIMARY OBJECT ANOTHER OBJECT APPEARED TO COME OUT OF THE

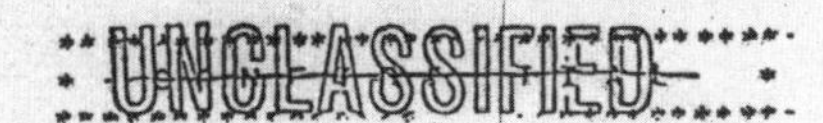

58
PRIORITY

UNCLASSIFIED

DCT1 NS6654 PAGE 03 267 0813

OTHER SIDE OF THE PRIMARY OBJECT GOING STRAIGHT DOWN. AT A
GREAT RATE OF SPEED. THE F-4 CREW HAD REGAINED COMMUNICATIONS
AND THE WEAPONS CONTROL PANEL AND WATCHED THE OBJECT APPROACH
THE GROUND ANTICIPATING A LARGE EXPLOSION. THIS OBJECT APPEARED
TO COME TO REST GENTLY ON THE EARTH AND CAST A VERY BRIGHT
LIGHT OVER AN AREA OF ABOUT 2-3 KILOMETERS.
THE CREW DESCENDED FROM THEIR ALTITUDE OF 26M TO 15M AND
CONTINUED TO OBSERVE AND MARK THE OBJECT'S POSITION. THEY
HAD SOME DIFFICULTY IN ADJUSTING THEIR NIGHT VISIBILITY FOR
LANDING SO AFTER ORBITING MEHRABAD A FEW TIMES THEY WENT OUT
FOR A STRAIGHT IN LANDING. THERE WAS A LOT OF INTERFERENCE
ON THE UHF AND EACH TIME THEY PASSED THROUGH A MAG. BEARING
OF 150 DEGREE FROM EHRABAD THEY LOST THEIR COMMUNICATIONS (UHF
AND INTERPHONE) AND THE INS FLUCTUATED FROM 30 DEGREES - 50 DEGREES
THE ONE CIVIL AIRLINER THAT WAS APPROACHING MEHRABAD DURING THIS
SAME TIME EXPERIENCED COMMUNICATIONS FAILURE IN THE SAME
VICINITY (KILO ZULU) BUT DID NOT REPORT SEEING ANYTHING.
WHILE THE F-4 WAS ON A LONG FINAL APPROACH THE CREW NOTICED
ANOTHER CYLINDER SHAPED OBJECT (ABOUT THE SIZE OF A T-BIRD
AT 10M) WITH BRIGHT STEADY LIGHTS ON EACH END AND A FLASHER
IN THE MIDDLE. WHEN QUERIED THE TOWER STATED THERE WAS NO
OTHER KNOWN TRAFFIC IN THE AREA. DURING THE TIME THAT THE
OBJECT PASSED OVER THE F-4 THE TOWER DID NOT HAVE A VISUAL
ON IT BUT PICKED IT UP AFTER THE PILOT TOLD THEM TO LOOK
BETWEEN THE MOUNTAINS AND THE REFINERY.
E. DURING DAYLIGHT THE F-4 CREW WAS TAKEN OUT TO THE
AREA IN A HELICOPTER WHERE THE OBJECT APPARENTLY HAD LANDED.
NOTHING WAS NOTICED AT THE SPOT WHERE THEY THOUGHT THE OBJECT
LANDED (A DRY LAKE BED) BUT AS THEY CIRCLED OFF TO THE
WEST OF THE AREA THEY PICKED UP A VERY NOTICEABLE BEEPER
SIGNAL. AT THE POINT WHERE THE RETURN WAS THE LOUDEST WAS
A SMALL HOUSE WITH A GARDEN. THEY LANDED AND ASKED THE PEOPLE
WITHIN IF THEY HAD NOTICED ANYTHING STRANGE LAST NIGHT. THE
PEOPLE TALKED ABOUT A LOUD NOISE AND A VERY BRIGHT LIGHT
LIKE LIGHTENING. THE AIRCRAFT AND AREA WHERE THE OBJECT IS
BELIEVED TO HAVE LANDED ARE BEING CHECKED FOR POSSIBLE RADIATION
MORE INFORMATION WILL BE
FORWARDED WHEN IT BECOMES AVAILABLE.
~~XGDS-2-31DEC2006~~
BT
#9712
PTCCZYUW RUFKJCS9712 2670810 0130-CCCC 2670814

PRIORITY

UNCLASSIFIED

DEPARTMENT OF DEFENSE
JOINT CHIEFS OF STAFF
MESSAGE CENTER

001083

PAGE 2 [redacted] 12843

12. (U) USDAO, TEHRAN, IRAN
13. (U) FRANK B. MCKENZIE, COL, USAF, DATT
14. (U) NA
15. [redacted] THIS REPORT FORWARDS INFORMATION CONCERNING THE SIGHTING OF AN UFO IN IRAN ON 19 SEPTEMBER 1976.

A. AT ABOUT 1230 AM ON 19 SEP 76 THE IMPERIDAL IRANIAN AIR FORCE (IIAF) COMMAND POST RECEIVED FOUR TELEPHONE CALLS FROM CITIZENS LIVING IN THE SHEMIRAN AREA OF TEHRAN SAYING THAT THEY HAD SEEN STRANGE OBJECTS IN THE SKY. SOME REPORTED A KIND OF BIRD-LIKE OBJECT WHILE OTHERS REPORTED A HELICOPTER WITH A LIGHT ON. THERE WERE NO HELICOPTERS AIRBORNE AT THAT TIME. THE COMMAND POST CALLED BG YOUSEFI, ASSISTANT DEPUTY COMMANDER OF OPERATIONS. AFTER HE TOLD THE CITIZEN IT WAS ONLY STARS AND HAD TALKED TO MEHRABAD TOWER HE DECIDED TO LOOK FOR HIMSELF. HE NOTICED AN OBJECT IN THE SKY SIMILAR TO A STAR BIGGER AND BRIGHTER. HE DECIDED TO SCRAMBLE AN F-4 FROM SHAHROKHI AFB TO INVESTIGATE.

B. AT 0130 HRS ON THE 19TH THE F-4 TOOK OFF AND PROCEEDED TO A POINT ABOUT 40 NM NORTH OF TEHRAN. DUE TO ITS BRILLIANCE THE OBJECT WAS EASILY VISIBLE FROM 70 MILES AWAY. AS THE F-4 APPROACHED A RANGE OF 25 NM HE LOST ALL INSTRUMENTATION AND COMMUNICATIONS (UHF AND INTERCOM). HE BROKE OFF THE INTERCEPT AND HEADED BACK TO SHAHROKHI. WHEN THE F-4 TURNED AWAY FROM THE OBJECT AND APPARENTLY WAS NO LONGER A THREAT TO IT THE AIRCRAFT REGAINED ALL INSTRUMENTATION AND COMMUNICATIONS. AT 0140 HRS A SECOND F-4 WAS LAUNCHED. THE BACKSEATER ACQUIRED A RADAR LOCK ON AT 27 NM, 12 O'CLOCK HIGH POSITION WITH THE VC (RATE OF CLOSURE) AT 150 NMPH. AS THE RANGE DECREASED TO 25 NM THE OBJECT MOVED AWAY AT A SPEED THAT WAS VISIBLE ON THE RADAR SCOPE AND STAYED AT 25NM.

C. THE SIZE OF THE RADAR RETURN WAS COMPARABLE TO THAT OF A 707 TANKER. THE VISUAL SIZE OF THE OBJECT WAS DIFFICULT TO DISCERN BECAUSE OF ITS INTENSE BRILLIANCE. THE LIGHT THAT IT GAVE OFF WAS THAT OF FLASHING STROBE LIGHTS ARRANGED IN A RECTANGULAR PATTERN AND ALTERNATING BLUE, GREEN, RED AND ORANGE IN COLOR. THE SEQUENCE OF THE LIGHTS WAS SO FAST THAT ALL THE COLORS COULD BE SEEN AT ONCE. THE OBJECT AND THE PURSUING F-4 CONTINUED ON A COURSE TO THE SOUTH OF TEHRAN WHEN ANOTHER BRIGHTLY LIGHTED OBJECT, ESTIMATED TO BE ONE HALF TO ONE THIRD THE APPARENT SIZE OF THE MOON, CAME OUT OF THE ORIGINAL OBJECT. THIS SECOND OBJECT HEADED STRAIGHT TOWARD THE F-4 AT A VERY FAST RATE OF SPEED. THE PILOT ATTEMPTED TO FIRE AN AIM-9 MISSILE AT THE OBJECT BUT AT THAT

PAGE 2 [redacted] 00110101

-1-

001084

DEPARTMENT OF DEFENSE
JOINT CHIEFS OF STAFF
MESSAGE CENTER

PAGE 3 [redacted] 12843

INSTANT HIS WEAPONS CONTROL PANEL WENT OFF AND HE LOST ALL COMMUNICATIONS (UHF AND INTERPHONE). AT THIS POINT THE PILOT INITIATED A TURN AND NEGATIVE G DIVE TO GET AWAY. AS HE TURNED THE OBJEAZ FELL IN TRAIL AT WHAT APPEARED TO BE ABOUT 3-4 NM. AS HE CONTINUED IN HIS TURN AWAY FROM THE PRIMARY OBJECT THE SECOND OBJECT WENT TO THE INSIDE OF HIS TURN THEN RETURNED TO THE PRIMARY OBJECT FOR A PERFECT REJOIN.

D. SHORTLY AFTER THE SECOND OBJECT JOINED UP WITH THE PRIMARY OBJECT ANOTHER OBJECT APPEARED TO COME OUT OF THE OTHER SIDE OF THE PRIMARY OBJECT GOING STRAIGHT DOWN, AT A GREAT RATE OF SPEED. THE F-4 CREW HAD REGAINED COMMUNICATIONS AND THE WEAPONS CONTROL PANEL AND WATCHED THE OBJECT APPROACH THE GROUND ANTICIPATING A LARGE EXPLOSION. THIS OBJECT APPEARED TO COME TO REST GENTLY ON THE EARTH AND CAST A VERY BRIGHT LIGHT OVER AN AREA OF ABOUT 2-3 KILOMETERS.
THE CREW DESCENDED FROM THEIR ALTITUDE OF 26M TO 15M AND CONTINUED TO OBSERVE AND MARK THE OBJECT'S POSITION. THEY HAD SOME DIFFICULTY IN ADJUSTING THEIR NIGHT VISIBILITY FOR LANDING SO AFTER ORBITING MEHRABAD A FEW TIMES THEY WENT OUT FOR A STRAIGHT IN LANDING. THERE WAS A LOT OF INTERFERENCE ON THE UHF AND EACH TIME THEY PASSED THROUGH A MAG. BEARING OF 150 DEGREE FROM EHRABAD THEY LOST THEIR COMMUNICATIONS (UHF AND INTERPHONE) AND THE INS FLUCTUATED FROM 30 DEGREES - 50 DEGREES. THE ONE CIVIL AIRLINER THAT WAS APPROACHING MEHRABAD DURING THIS SAME TIME EXPERIENCED COMMUNICATIONS FAILURE IN THE SAME VICINITY (KILO ZULU) BUT DID NOT REPORT SEEING ANYTHING.
WHILE THE F-4 WAS ON A LONG FINAL APPROACH THE CREW NOTICED ANOTHER CYLINDER SHAPED OBJECT (ABOUT THE SIZE OF A T-BIRD AT 10M) WITH BRIGHT STEADY LIGHTS ON EACH END AND A FLASHER IN THE MIDDLE. WHEN QUERIED THE TOWER STATED THERE WAS NO OTHER KNOWN TRAFFIC IN THE AREA. DURING THE TIME THAT THE OBJECT PASSED OVER THE F-4 THE TOWER DID NOT HAVE A VISUAL ON IT BUT PICKED IT UP AFTER THE PILOT TOLD THEM TO LOOK BETWEEN THE MOUNTAINS AND THE REFINERY.

E. DURING DAYLIGHT THE F-4 CREW WAS TAKEN OUT TO THE AREA IN A HELICOPTER WHERE THE OBJECT APPARENTLY HAD LANDED. NOTHING WAS NOTICED AT THE SPOT WHERE THEY THOUGHT THE OBJECT LANDED (A DRY LAKE BED) BUT AS THEY CIRCLED OFF TO THE WEST OF THE AREA THEY PICKED UP A VERY NOTICEABLE BEEPER SIGNAL. AT THE POINT WHERE THE RETURN WAS THE LOUDEST WAS A SMALL HOUSE WITH A GARDEN. THEY LANDED AND ASKED THE PEOPLE WITHIN IF THEY HAD NOTICED ANYTHING STRANGE LAST NIGHT. THE PEOPLE TALKED ABOUT A LOUD NOISE AND A VERY BRIGHT LIGHT

PAGE 3 [redacted] 0011010

-2-

001085

DEPARTMENT OF DEFENSE
JOINT CHIEFS OF STAFF
MESSAGE CENTER

PAGE 4 = =- [redacted] 12043
LIKE LIGHTENING, THE AIRCRAFT ANJ AREA WHERE THE OBJECT IS
BELWEVED TO HAVE LANDED ARE BEING CHECKED FOR POSSIBLE RADIATION,
RO COMMENTS: [redacted] ACTUAL INFORMATION CONTAINED IN THIS REPORT
WAS OBTAINED FROM SOURCE IN CONVERSATION WITH A SUB-SOURCE, AND
IIAF PILOT OF ONE OF THE F-4S, MORE INFORMATION WILL BE
FORWARDED WHEN IT BECOMES AVAILABLE.
[redacted]
BT
#9575
ANNOTES
JEP 117

23 SEP 1976 13 11
DIA-DS-3C
OX5-5865

-3-

Testimony of Major General Vasily Alexeyev

ロシア空軍

ワシリー・アレキセイエフ少将の証言

1997年3月

[アレキセイエフ少将へのインタビューを行なったバレリー・ウバーロフ氏と，このインタビューを我々に提供してくれたマイケル・ヘスマン氏に深甚なる謝意を表する。SG]

ロシア宇宙通信センターのアレキセイエフ少将は，該博な知識を持つロシア人将軍の一人と見なされている。彼はこう明言する。もし地球外知性体が広大な距離を横断する能力を持つものなら，彼らはおそらくより高いレベルの文明から来ている。もしそれが本当なら，彼らは人々の間にある関係の正常な発展に関心を持つに違いない——破壊的ではなく，建設的な進歩に。そしてこう続ける。もし我々が地球の歴史を眺めるなら，そこにあるのは全民族の自己破壊，殺人，死の物語だ。進歩した文明はこのような行為に寛容ではないだろう。なぜなら，彼らの生命は別の意味を持ち，より大きな背景の中で理解されていると思われるからだ。

アレキセイエフ少将は，ソ連の特定の論文に記録された異常な航空機に関する多くの目撃報告を知っている。国防省と科学アカデミーを含む政府内の様々な部門が，この現象の調査を始めた。彼らは各地の上空で見られたUFOについての多数の報告書を持っており，その中には核施設のような先端科学の高度集積場所での目撃が含まれる。彼らは幾つかの事例において，意図的にUFOの出現を誘発する方法を学んだ。たとえば，これらの‘コンタクト’においては，彼らが腕を様々な方向に向けると，UFOがそれに応えて球体を同じ方向に扁平化した。モスクワ郊外で起きた事例では，一人の准尉が，気付くと着陸したUFOのそばに立っていた。その地球外知性体はテレパシーで彼とコンタクトし，宇宙機の内部に入りたくないかと訊いた。

VA：ワシリー・アレキセイエフ／VU：バレリー・ウバーロフ

VA：……あちこちの基地から入ってくる情報は，それが単なる話題や噂ではないというだけでも興味深かった；現象の目撃証人がいたし，特定の記録文書や公式報告書にも反映されたからだ。時としてこの情報はとても興味をそそるものだったので，信じないわけにはいかなかった。後になると，この問題はもはやそれほど異様なこととは思われなくなり，国防省のみならず，他の政府部門でも調査されるようになった。これに高い関心を持ったのは，調査のために派遣されたある種の専門家たちだった。特にUFO——それらをそう呼ぶことにしよう——が頻繁に出現する場所に派遣された専門家たちだ。そのような場所に分類されるすべての軍事基地を私は知っている。それらは概して，戦略的に重要な目標物，ロケット複合施設，科学実験施設だ。つまり，そこは先端科学の集積場所であり，ある程度危険な場所だ。どの核（弾頭）ロケット，どの新しい空軍施設も，科学と軍事の両面において最先端を体現している；それは何よりもまず一つの頂点，人類が到達し得た最高点だ。そここそが，UFOがかなり頻繁に出現する場所なのだ。そして，この現象を知っていながらそれに対処する方法を指示されていない現地の将校や指揮官が，彼ら自身の決断で行動し，UFOを調査したり記録したりする。

幾つかの場所では，彼らは意図的にUFOの出現を誘発する方法さえ学んだ。UFOは，たとえば‘特別な’搭載物の輸送に関わる軍事活動が活発な場所によく出現する。UFOを出現させるためには，このような動きを見せかけで活発化させるか，計画するだけで十分だった。つまり，ある種の条件関係が明らかになったのだ。我々は利口な国民だ；何事も見逃さない。ある実験射撃場では——もはや秘密ではないが名前は出したくない——ある種のコンタクトを行なう方法さえ学んだことを私は知っている。それはどのようにして行なわれたか？　まず，UFOが出現した；ほとんどの場合は1個の球体だったが，他の種類もあった。コンタクトは身体的合図という動作を介して行なわれた——たとえば彼らが腕を様々な方向に向けると，その球体は同じ方向に扁平化した。彼らが腕を3回上げると，UFOも同じように上下方向に3回扁平化した。

1980年代の初期，当時のソ連指導部の指示により技術的装置（経緯儀，レーダー基地，その他）を用いた実験が行なわれ，未確認飛行物体は確実に測定データとして記録された……

UFO目撃報告は定期的に入ってきた。国防省，科学アカデミーといった領域の指導部中枢に近いどこかに，この種の情報が大量に蓄積され始めたのは明らかだった。情報は，普通の人々のみならず，科学者や専門的職業に就いている人々からも入ってきた。概して軍人は空想する傾向を持たない。彼らは見たもの，起きたことをそのまま報告する。彼らは信じられる人々だ。忘れてならないのは，この当時はまだ軍備拡張競争のただ中にあり，軍備と他の優先事項の間の苦闘が進行中だったということだ。科学と技術の分野で新しい発見がひっきりなしに行なわれていた。UFO は新しい何かであり，理解されていないものだった。実際に，それらは何かの情報収集手段かもしれないという考えもあった……しかし興味深いことに，委員会から出された公式見解の一つは，最終論点の一部として UFO が地球外文明に属している可能性を主張していた！それは関心を引くものだった！……

私は仕事柄，当時のソ連だったロシア中の様々な部隊から情報を受け取った。その資料は何の説明も注釈も付けられずに，より上層部の関係組織に回送された。私は UFO 調査に従事する幾つかのグループがあることに気付いていたし，多分それ以上のものもあったと思うが，当時この問題の機密レベルは，受け取った情報はそのまま上層部に送るというものだった：人々は私の所に来たが，我々は軍人だったので，何の説明もなされなかった。彼らはただ何に関心があるかということだけを言った。次に彼らは，これまで記録されたあらゆる種類――約 50 種類――の UFO を描いた図表を持ってきた。その中には楕円体，球体，さらに宇宙船に似たものまであった。目撃者たちは見た物体がどれに似ていたかと訊かれ，続いてその場所や他の条件が特定された。その後，すべての資料は次に回された。だから，その仕事がどう継続されたのか，どこまで科学的に行なわれたのかはよく分からない。国防省，科学アカデミー，情報諸機関である種の仕事が継続されていたことを私は知っている。しかし，その状況はと言えば，調査に直接関係しない人間は何が行なわれているかを知る由もなかった。我々は情報を供給するだけだった。大変な量の情報があったことだけは認めざるを得ない。ここモスクワ周辺にある多数の防空サイト，実験射撃場，その他の軍事施設の上空――これらは UFO が最も頻繁に出現する場所だ……

それは地球規模の問題，地政学的な問題だ。米国や他の国々は，この種の情報を大量に蓄積しているはずだ。今日では相当量の情報があると私は確信している。いずれにせよ，この問題は熱核兵器がそうであるように地球規模の問題だ。環境，エネルギー資源，持ち上がっている生態系問題に対する我々の理解の貧しさを考えると，その問題には人類の生存がかかっている。我々は酸素を使い尽くしたり，その他の多くのことをする。その挙げ句，我々はどのような末路を迎えることになるのか，これらの過程がどこまで不可逆的なのか，それは分からない。問題の解決方法を見つける必要がある。何らかの突破口があるに違いない。そうした問題を念頭に置けば，UFO 研究は何か新しいエネルギー形態を我々に明らかにするか，少なくともその解決策に我々を近づけるかもしれない。だから，UFO と深く関係している諸問題とそれに付随するすべての現象は，全体として全人類にとっての重要事だと私は考えている。それぞれの地位にいる我々の指導者たちは，状況を真剣に考え，受け入れ可能な解決策を見出すべきだ。多くの傑出した世界的科学者が，そのような取り組みの必要性を語ってきた。どうしてそれが実行されないのか……今日多くの国は，科学とこの問題の研究において一定水準に達している。一定の結果は得られているので，現在の課題は何らかの単一機関をつくり，この問題についての全知識を結合することだ。そうすれば，事態はより容易になるだろう。米国人は興味深い何かを得ているし，我々もそうだ。結論は得られており，多年にわたり収集されたデータも通り過ぎていった。しかし今，それらはどこかに‘棚上げ’されている。おそらく，一つのものを別のものと組み合わせるだけで，問題全体がまったく違った見え方をするようになるだろう……

これはモスクワ郊外で起きた一つの事例だ。二人の准尉が外に出るように内部からせき立てられるのを感じた。そのうちの一人は，気付くとある飛行装置の着陸地点にいた。彼は精神的なコンタクトをした——言葉のレベルではなくテレパシー，つまり想念だ。彼は宇宙船に招待されたが，恐怖または何らかの個人的理由により，それを受け入れることができなかった。後に彼は，その宇宙船の興味深い絵を幾つか描いた。私は彼らが描いた絵とその説明書きを見た。彼らの説明はその報告書に付録として付けられ，さらに当直士官，その副官，警備に就いていた徴集兵全員による絵も追補された。どの説明もその場所と時刻に関して矛盾がなく，飛び去った宇宙船の絵には多くの共通点があった……

私は特定の人々，目撃証人，様々な地域から，数年間にわたり膨大な記録資料を収集してきた。それを目の前にしたら，人々のUFOに対する考え方は必ず変わるだろう。私自身，何枚かの写真を持っているのだ……

現在の科学では説明することができない，似たような多くの事実がある。まるである種の知性がそこに働いているかのようだ。

VU：あなたはどう思われますか――UFOは他の文明を代表していますか？

VA：もし彼らの文明レベルが，おそらく物質の別の形態をとりながら，広大な距離を横切って宇宙空間を移動することを可能にするものなら――真相はまさにそうなのだが――彼らの発達レベルにおいて問題を見たとき，彼らもまた人々の間の正常な関係，ある種の進歩，最終的には知的生命体の存続，もしそれが存在すればだが，これらを心配するだろう。もし我々がその観点から地球を眺めるなら，これまでの歴史は，創造ではなく自己破壊の物語だ。それは全民族の殺人と死の歴史だ。真の文明社会がそれを容認することはあり得ない。生命には別の意味がある。正常な人間なら溺れている子供を見て通り過ぎることはできない！　子供は未来だという理由だけでも，我々は子供を救う。文明のレベルが高いほどその認識の度合いは大きい。もし個人レベルでそうだとすれば，文明のレベルにおいても同じことが言えるだろう。しかしそれでも彼らは干渉しない。なぜなら，ある法則によりそれぞれの文明は独立して発達しなければならないからだ。自然な進行に外部から干渉することは常に危険な行為だ。しかしある種の修正は，明らかに高次知性体（Higher Intelligence）の計画に含まれる。それは，我々が文明の歴史を終焉させようとするとき，その崩壊過程をそのままにはしない。

PAGE:0001

INQUIRE=DOC4D
ITEM NO=00224471
ENVELOPE
RTTCZYUW RUEKJCS0459 3301909-[redacted]-RUEALGX.

HEADER
R 261909Z NOV 87
FM JCS WASHINGTON DC
INFO RUEADWD/OCSA WASHINGTON DC
RUENAAA/CNO WASHINGTON DC
RUEDADA/AFIS AMHS BOLLING AFB DC
RUEAHQA/CSAF WASHINGTON DC//XO-CTC/XOXX//
RUEAIIA/CIA WASHINGTON DC
RUEHC /SECSTATE WASHINGTON DC
RUEAMCC/CMC CC WASHINGTON DC
RUETIAH/DIRNSA FT GEORGE G MEADE MD
RUEACMC/CMC WASHINGTON DC
RUETIAQ/MPC FT GEORGE G MEADE MD
RUEALGX/SAFE
R 251716Z NOV 87
FM DET 21 AFSAC FT BELVOIR VA
TO RUEKJCS/DIA WASHDC
INFO RUEDADA/AFIS INTELLIGENCE DATA HANDLING SYSTEM
RUEDADA/AFIS AMHS BOLLING AFB DC //INXYN//
RUEAHQA/HQ USAF WASH DC //IN//
RUCUAAA/HQ SAC OFFUTT AFB NE //INCR//
RUCIPBA/HQ TAC LANGLEY AFB VA //INYC//
RUQVAAG/HQ ESC DCS INTELLIGENCE KELLY AFB TX //INAR//
RUEOAYB/CDRFSTC CHARLOTTESVILLE VA //AIFICB//
RUCIAEA/FTD WPAFB OH //SCIS//
RUEAIIA/CIA WASH DC
RHFPAAA/UTAIS RAMSTEIN AB GE //INACR//
RUSNNOA/USCINCEUR VAIHINGEN GE //ECJ2-C//
RUCUAAA/JSTPS OFFUTT AFB NE //JLWT//
RUWTNOA/HQ AFSPACECOM PETERSON AFB CO //INA//
BT
CONTROLS

SECTION 01 OF 02
SERIAL: [redacted] IIR 1 517 0002 88
BODY

PAGE 02 RUEOFUA0459 [redacted]
COUNTRY: [redacted] USSR UUR).
SUBJ: IIR 1 517 0002 88/UFO SITING IN SHADRINSK [redacted].

PAGE:0002

DEPARTMENT OF DEFENSE

DOI: [redacted] 740900.

REQS: [redacted] A-FSC-43097; U-GEM-43191.

SOURCE: [redacted] //WASH-05815// Deleted per 5 U.S.C. 552(b)(1)
Deleted per 5 U.S.C. 552(b)(1) SOURCE HAS ABOVE AVERAGE INTELLIGENCE, IS VERY COOPERATIVE, AND IS BELIEVED TO BE TRUTHFUL.
SUMMARY: [redacted] THIS REPORT CONTAINS INFORMATION ON A UFO SITING IN SHADRINSK, KURGANSKAYA OBLAST, USSR, DURING AUGUST OR SEPTEMBER 1974.

1. [redacted] THE INFORMATION IN THIS REPORT IS BASED ON SOURCE'S PERSONAL OBSERVATIONS

Deleted per 5 U.S.C. 552(b)(1)

PAGE 03 RUEOFUA0459 [redacted]
OF THE CITY OF SHADRINSK, KURGANSKAYA OBLAST' (GEOCOORD--5605N/06338E) (NIS GAZ).
2. [redacted] THE PHENOMENON DESCRIBED BY SOURCE WAS A STRONG, BRIGHT LIGHT IN THE FORM OF A TRIANGULAR SEGMENT THAT EMANATED FROM AN UNIDENTIFIED FLYING OBJECT IN THE SKY. (FIELD COMMENT--SOURCE SAID THE SEGMENT OF LIGHT APPEARED TO BE THREE-DIMENSIONAL, AND IF IT COULD HAVE BEEN SEEN FROM ABOVE OR BELOW, IT WOULD HAVE APPEARED CONICAL.) THIS PHENOMENON WAS OBSERVED ON A CLEAR SUMMER NIGHT IN EITHER AUGUST OR SEPTEMBER OF 1974, AS SOURCE STOOD ON A STREET BETWEEN TWO BUILDINGS OF THE FACILITY. IT LAY LOW ON THE HORIZON AND SEEMED TO BE OUTSIDE THE CITY LIMITS. IT MOVED FROM SOUTH TO NORTH FOR ABOUT 10 TO 15 MINUTES, THEN WAS OBSCURED FROM VISION BY A TWO-STORY BUILDING OF THE FACILITY. IT MADE NO SOUND AS IT MOVED.
3. [redacted] PRESENT WITH SOURCE AT THE TIME OF OBSERVATION WAS THE SENIOR NAVIGATOR OF THE FLIGHT-TRAINING DEPARTMENT, Deleted per 5 U.S.C. 552(b)(1)
Deleted per 5 U.S.C. 552(b)(1) EVERYONE PRESENT AGREED THAT THE LIGHT PRODUCED BY THE FLYING OBJECT WAS BRIGHTER AND STRONGER THAN ANYTHING THEY HAD EVER OBSERVED BEFORE, AND THAT NO AIRCRAFT KNOWN TO THEM COULD PRODUCE SUCH A LIGHT. THEY ALSO AGREED THAT THE PHENOMENON WAS EITHER A NEW TECHNOLOGY BEING TESTED BY THE

PAGE 04 RUEOFUA0459 [redacted]
SOVIETS, SOME FORM OF HOSTILE ACTIVITY BEING CONDUCTED BY THE US, OR AN EXTRATERRESTRIAL CRAFT. (FIELD COMMENT--SOURCE STRESSED THAT HE
Deleted per 5 U.S.C. 552(b)(1) IN HIS CIVILIAN EMPLOYMENT BEFORE AND AFTER HIS MILITARY SERVICE, AND THEREFORE WAS ABLE TO VIEW THE PHENOMENON SCIENTIFICALLY. ALSO, THE MAJOR WAS A FORMER NAVIGATOR WHO WAS VERY FAMILIAR WITH SOVIET AIRCRAFT CAPABILITIES. HE WAS

PAGE:0003

VERY MUCH ASTOUNDED BY THE PHENOMENON AND STRESSED THAT IT WAS
SOMETHING NEVER BEFORE PRODUCED BY SOVIET TECHNOLOGY, IF INDEED BY
MAN.) AFTER THE OBJECT PASSED OUT OF THEIR LINE OF SIGHT, THE MAJOR
ADMIN
BT
#0459

NNNN

FTD-CW-16-3-67

FOREIGN TECHNOLOGY DIVISIO

SOVIET EFFORT TO CONTACT EXTRATERRESTRIAL LIFE

3 FEBRUARY 1967

Экз. № 1

КОМИТЕТ
ГОСУДАРСТВЕННОЙ БЕЗОПАСНОСТИ СССР

24.10.91г № 1953/Ш

Москва

Президенту Всесоюзной уфологической ассоциации летчику-космонавту СССР тов. Поповичу П.Р.

На № 5-53 от 24.09.91 г.

Уважаемый Павел Романович!

Комитет государственной безопасности не занимается систематическим сбором и анализом информации об аномальных явлениях (так называемых неопознанных летающих объектах). Вместе с тем, в КГБ СССР поступает от различных организаций и граждан информация о случаях наблюдения таких явлений. Направляем Вам копии соответствующих материалов. Ранее эти материалы по запросу был высланы в ЦНИИ машиностроения г. Калининград.

Приложение: по тексту, на 124 листах, несекретно, только в адр

Заместитель Председателя Комитета Н.А.Шам

The State Security Committee
October 24,1991 # 1953/Sh

TO: Com. P.Popovich,
Pilot-Cosmonaut of the USSR,
President,
the All-Union Ufology Association

Ref. Your # 5-53 of Sept. 24,1991

Dear Pavel Romanovich,

The State Security Committee has never been engaged in systematic gathering and analysis of information on anomalous phenomena (the so called unidentified flying objects). At the same time, the SSC of the USSR has been receiving statements from a number of persons and agencies on cases of observations of the above phenomena. We forward You the copies of such statements. At an earlier date the same material was sent to the Central Machine Building Research Institute, the town of Kaliningrad.

Appendix: Ref. material on 124 pages, unclassified, to the addressee only.

N.A. Shem,
Deputy Chairman of the Committee

APPENDIX

ANOMALOUS PHENOMENA OBSERVATIONCASES WITHIN THE TERRITORY OF THE USSR SINCE 1982 TILL 1990

Included in the Appendix are the data on anomalous phenomena observation cases to have taken place in the following regions:

CASE REPORT

ON ANOMALOUS PHENOMENON OBSERVATION

1

in the vicinity of the city of Petropavlovsk

__________________________________on October 20, 1982

On the case of a UFO appearance in the vicinity of the Petropavlovsk-1 airport

On October 20, 1982, an Ilyushin-62 airliner, tail number 86457, of the 206th flight detachment, Domodedovo Aviation Association, enroute from Moscow to Magadan, flight 63, made an unscheduled landing at the Petropavlovsk-1 airport due to poor weather conditions at the destination airport.

Approaching the Petropavlovsk-1 airport the crew observed a shining object flying at head-on and parallel headings and various speeds and flight levels.

On completion his mission the crew captain Mr. Vesilievyh made an entry on the event in the Log of Crew Captains' Testimonials on Petropavlovsk-1 Airport Electronic Aids Operation and Airport Services Performance.

After the plane landing the same object was sighted by two air controllers, an Air Force and a civil aviation ones, stationed at the airport control tower (the Petropavlovsk airport is jointly operated by the Air Force and civil aviation authorities).

To investigate and file record the event statements were taken from four crew members and two air controllers, the airport meteorological service statement on weather conditions filed, and a transcript of crew-to-tower tape recorded communications made. An undesiphered cassette of the Mars-BM flight cassette recorder with crew communications for the last 30 minutes of flight was withdrawn for the same purpose. The cassette desiphering proved to be unfeasible due to the lack of special equipment.

The investigation revealed that at 19.29 (Moscow time in text only) of December 19, 1982, the Ilyushin-62 airplane checked the route point of Sobolevo at a flight level of 11400 meters and began descent to approach the Petropavlovsk- 1 airport. Capt. Vasilievyh caught sight of two light bursts of a light-blue color 45 degrees portside below the level of flight,

C Taxi strip 7. 457.
C De 457. Runway clear.

Signature (indistinguishable)

10.20.82 CASE REPORT

ON ANOMALOUS PHENOMENON OBSERVATION

2

in the vicinity of the cities of Kursk, Voronezh, Elets

on October 17, 1983
REFERENCE NOTE

on conversation with COL G.K.Skrypnik, CP Duty Officer of (deleted)

The conversation with COL Skrypnik, (deleted) CP Duty Officer, on the case of a visual contact with a UFO that took place in the (deleted) CP quarters on October 24,1983.

COL Skrypnik recounted that at 6 a.m. on October 17, 1083, MAJ Kiselev, Duty Officer of the (deleted) CP reported a visual contact with a UFO which was sporadically moving changing its altitude and brightness and periodically emitting a beam of light directed downwards. The UFO was of a round shape with a bright halo around it and a darker center. The UFO was moving randomly and had no definite direction. Observers sighted th appearance of periodic light beams emitted from the UFO towards the Earth. At minimum distances to the ground the UFO looked like a polyhedron invariably with a shining halo around. A P-12 radar engaged at Georgiu-Dezh did not manage to acquire the object and produce any valuable data. By means of a geodetic level sited at Kursk the UFO was visually fixed illuminated by the rays of the rising sun at an elevation angle of about 30-50 degrees above the horizon and an azimuth of 30-45 degrees. All the UFO observers are positive that the object they watched was not identical to any star in the observation sector. That was proved by the UFO random movement with altitude and brightness variations and the periodic light beam directed towards the Earth. The UFO was sighted at sunrise when no stars were visible.

Later at about 7 a.m. the UFO began gaining altitude to disappear from sight.

The UFO was observed by Sen. LT Belan in Kursk, Sen. LT Demin at Elets, Sen. LT Miagkov at Voronezh. Bearings on the object they reported were plotted on the (deleted) CP plotting board to produce a cross point fix over the city of Voronezh which fact confirmed that all of them had been observing the same object.

All the information on the UFO observation was reported by COL Skrypnik through the chain of command to COL Galitsin of the Moscow Air Defense District CP.

APPENDIX: Extract from COL Skrypnik report on one page.
EXTRACT
from CP Duty Officers Report Log
(deleted)

At 6 o'clock of October 17, 1983, MAJ Kisilev, (deleted) CP Duty Officer, reports visual contact with an unidentified flying object moving randomly at various altitudes and uneven brightness. Visual contact confirmed by Kursk, Elets, and personal observation via glasses. Elevation angle is 30-50 degrees above the horizon, azimuth is 30-45 degrees from Kursk. No stars are visible, the object being observer against the rays of the rising sun, H = 100-200 km. At 06.09 reported the fact to COL Galitsin of the Moscow AD District CP. The UFO was observed by LT Belan in Kursk, Sen. LT Demin in Elets, Sen. LT Miagkov in Voronezh. The UFO was being observed for one hour (from 6 to 7 a.m.).

Testimony of Master Sergeant Dan Morris, US Air Force / NRO Operative

米国空軍曹長／国家偵察局諜報員
ダン・モリスの証言

2000 年 9 月

ダン・モリスは退役空軍曹長で，多年にわたり地球外知性体プロジェクトに関わった。空軍を退役後は超機密の国家偵察局，NRO に採用され，地球外知性体関連専門の作戦に従事した。彼はコズミック最高機密取扱許可（最高機密よりも 38 レベル上位）を持っていた。彼が知る限り，このレベルの資格を持った米国大統領はこれまで一人もいなかった。彼は証言の中で以下のことを語っている；NSA（国家安全保障局）が実行した暗殺があった；我々の軍が 1947 年にロズウェルの近くで ET 宇宙機の墜落を引き起こし，ET の一人を捕らえた。捕らえられた ET は，死亡するまでの 3 年間ロスアラモスで拘束された；ET/UFO 事件の証人に対する脅迫，信用の失墜，さらに抹殺まで受け持つ情報機関チームがあった；第二次大戦よりも前に，ドイツは UFO の再設計（re-engineering）を行なっていた。さらに彼は，今日のエネルギー危機についても語る——我々はフリーエネルギーが開発された 1940 年代以来，化石燃料を必要としなかった——しかしそれは人類から隠され続けている。これこそが, 彼らが ET/UFO 問題を秘密にする真の理由だ。“今権力を握っている人々が我々に知られたくないのは，このフリーエネルギーが誰にでも利用できるということなのだ” 最後に彼は，宇宙の軍事化と ET 宇宙機の撃墜に対して警告する——これは彼らを報復へと向かわせるかもしれない。そうなれば我々の破滅だ。

暗号センターのことをご存じだろうか？　そこはあらゆる暗号メッセージが送られる，最高機密の施設だ。もちろん，最高機密というだけでは大して意味を持たない——最高機密の上には 38 レベルの機密があるのだ。

私は最高機密よりも 38 レベル上位のコズミック機密取扱許可を持っていた——すべての機密取扱許可の最上位だ。これは UFO，異星人などを対象とする。かつてそのレベルの機密取扱許可を持った大統領はいなかったし，現在でもそうだ。アイゼンハワーは最もそれに近かった。まず幾つかの情報機関がある――陸軍がそれを持っているし，空軍にも海軍にもある。それから幾つかの秘密情報機関がある。存在していなかった機関，それほど秘密だったが，その一つがNROだった。人々はNROについて言及することができなかった。それは国家偵察局だ。そのレベルになると，次にはACIOと呼ばれる世界規模の機関がある。これは異星人コンタクト情報機関だ。その地位を何とか得て規則に従えば，あなたの政府はその機関の情報を利用することを許される。一部の人々はそれをハイフロンティアと呼ぶ。海軍情報局は時々彼ら自身をそう呼ぶ。彼らはすべて一体となって働く。空軍情報局，海軍情報局，NROはすべて以前バージニア州ラングレー空軍基地のある部門にあった。衛星データ分析者の大部分はそこにいた；空軍，陸軍，海軍の情報分析者の大部分もそこにいた；そこは彼らが働き，分析していた場所だった。

[カール・ウォルフの証言を見よ。SG]

さて，アイゼンハワーは誰かにそれを統轄させたかった。彼はCIA長官にやらせようとした。しかしそれはうまくいかなかった。CIAは第一に自分自身のために働いた。大部分の情報機関は自らのために働いた。それで彼はこう言った。“独立した文民組織がよい。我々の一流科学者の中から選ぶ”こうしてそれが組織されたが，NROという名前は何年もの間秘密にされた。

それが自立し始めたのは1968年頃だった。それ以前の戦時中にはOSS，つまり戦略諜報局があった。その大部分はスパイ兵だった。つまり，軍のある部門から集められ，OSSのもとに組織された機関だった。私はOSSでスパイをしたことはない。私は空軍情報局にいた。もう一つ私に高い機密取扱許可を与えたものは，私がCONRAD（放射線委員会）特使だったということだ。CONRAD特使を知らない人のために言っておこう：戦時中でも冷戦中でも，時々大統領の姿を見たことがあると思う。大統領には常に一人の准尉が同行し，小さな鞄を持っている。その中身は戦争暗号だ。だから大統領は戦争を宣言することができる――彼はそのときのための暗号を取得する。それは二人の人間の管理下に置かれ，すべての潜水艦，ミサイル発射施設，爆撃機に伝達される。あらゆる核兵器は，同行する准尉が持つその小さな鞄を介して大統領により制御されるのだ。それらの暗号は常時二人の人間により持ち運ばれた。暗号はあらゆる分野の司令官に伝達されたが，時々彼らは民間航空機にも乗った。基地から二人の人間——常に武装していた——が飛行場にやってきて二人の運び屋，つまりCONRAD特使に会う。こうして特使は二人の人間に暗号を渡す。私は1948年，1949年，1950年にCONRAD特使をやっていた。当時は朝鮮戦争だったので，私は朝鮮に行った。

私は空軍を辞めたとき——空軍には22年間在籍した——その機会を与えられた：“誰かのために働いてはどうか？　その機密取扱許可を持っているなら，誰かのために働くことができる”何をするのかと私は訊いた。彼らは，“空軍でしていたことと同じことをする。ただし，誰かのために，の誰かは存在していない”と言った。それで私は，報酬はどれくらいかと訊いた。“十分な報酬を出すつもりだ”と彼らは言った。それはやる価値のあるものだった——私にとっては楽しくもあった。そこで様々なことを知ったからだ。

私は空軍在籍中に，UFOも異星人もいることをすでに知っていた。もちろん，当時それは重大な隠蔽事項だった：ブルーブック計画があったし，それに続く別の計画も二，三あったが，それらはすべて隠蔽のための計画だった。私は個人的にそれが正しいことだとは思わなかったので，資料——情報を隠し持っていた。私はモード6トランスポンダーを発明したこの天才と一緒に仕事をしていた。我々が一緒に働く深夜になると，彼は私に話しかけるようになった。そして，目下取り組んでいる秘密の事柄について話し始めた。よく彼は話を急に止め，“あなたは知る必要性（need-to-know）を持っていないから，これ以上は話せない”と言った。しかし，結局は話した。というのは，我々は誰もいない所にいたし，好都合な条件が揃っていたからだ。こうして私は，彼から機密分類にあった多くの物事を教えてもらった——最高機密，コズミック，等々だ。空軍当局は時々私を呼び，“彼は君にこれを話したことがあるか？”と訊いた。私は，あると答えた。だから，私が空軍を辞めたとき，私がこの事柄の一部を知っていたことを彼らは知っていた。彼らが私に，やはりその事柄を知っている誰かのために働く機会を与えた理由はそれだった——つまりNROだ。

[ジョン・メイナードの証言を見よ。SG]

国家安全保障局——殺し屋がその中で働いている。‘問題’を除去する必要が生じたら，彼らは……彼らはそういう連中だ。もしあなたがジェームズ・ボンドを知っているなら，彼らはダブル・オー・エージェントだ。この意味が分かればだが。国防長官フォレスタルは，情報を公開しようとして消された，本当に実力のある最初の人物だった。そして誰もこの罪を償わなかった。あの犯罪で彼に何が起きたか，その徹底的な調査を軍が実際に行なったことはなかった。だがほとんどの人々は，彼が病院の窓から投げ落とされたことを知っている——彼は窓から投げ落とされて殺されたのではなかった。ベッドの中ですでに死んでいたのだ……

知っていることのために消された人が他にもいる。その一人は私の友人フィル・スナイダーだ。彼はここニューメキシコでトンネル建設のために働いた——彼が関わった最大のものはダルシー地下施設だ。彼は爆破専門家で，この地域を爆破しながら掘り進んでいた。しかし，そこは我々の土地ではなかった——どこかの異星人たちの場所だったのだ。結局，当然のこととして考えられたのは——我々の反応だ——破壊だった。そして我々はそのようにした。彼ら（*異星人）も応射した。彼はレーザー放射で撃たれた。だから，その日以後，彼にはここからここまで傷跡があった。彼が世間に向けて公然と話し始めた——パーソナルコンピューター上で人々に多くの情報を流した——とき，彼ら（*NSA）は彼を除去することにした。彼もそのことは知っていた。私が最後に彼に会ったとき，彼はこう言った。“少しも気にしていないよ。痛みがとてもひどいんだ——彼らが私を消すというなら，ありがたいことさ”彼らは本当に彼を除去した。彼の同室者はたまたまラスベガスにあるネバダ州警察の警部だった。もし彼がいなかったなら，フィルの死はひっそりと処理されていただろう。彼らはフィルの死を自殺とした。しかし，そうではなかった。彼の同室者は検死官の話を聞きに行った。検死官は，“こちらに来てこの遺体をもう一度よく見てほしい——首の周りに輪がある；それはピアノ線の跡だ”と言い，こう続けた。“彼は手を握ることができなかった。彼はレーザーで撃たれていたので，腕を頭の上まで持ち上げることができなかった。自殺は可能だったのか？”検死官は記録を書き換えた——それは自殺ではなかったと。しかし，公式記録が書き換えられることはなかった。

私が知っているのは，フィルはこの国を愛しており，これらの計画が政府を無視して行なわれていると考えたことだ。その建設と同じく，進行していた極秘プロジェクトがあまりにも多かった。そのどれもが議会の承認を受けていなかった。

[クリフォード・ストーンの証言を見よ。SG]

議会はこれらの極秘プロジェクトのどれについても可決したことはなかった。それで彼は，米国民には彼らの税金が何に使われているのか，また我々は何をすることができるのかを知る権利があると考えた――そして彼は語り始め，取り除かれた。

これを明るみに出そうというこのプロジェクト（*ディスクロージャー・プロジェクト）には，他にも証言者がいることと思う。私自身のことだが――私は73歳だ。私はよい人生を送ってきた。悔いはない。私はこの国を愛しており，11歳頃からずっとクリスチャンだ。だから私は，神はこれが知られることを望むと信じている。宇宙はこれが知られることを望むと信じている。もし我々が秘密を止めさせなければ……我々はそれを深い秘密のままにしておくことで，人々に多大な被害を与えている。私はそう考えている。もし我々がそれを止めさせなければ，他の誰かがそれをするだろう――この惑星外の誰かが。私は，この50年間我々と共にあった人々の誰かが，秘密を止めさせると信じている。

私がフロリダ州の航空実験地上軍団に駐在していたときのことを話そう。彼らは1隊の隊員と当時最強だったレーダー2基を付けて，私をワーナーロビンズ空軍基地（*ジョージア州）に派遣しようとしていた。またSAC（戦略空軍）も――SACが常時警戒態勢にあったときのことだ――我々に対して侵入作戦を実行しようとしていた。誰がそこにいるかはすべて秘密だった。基地指揮官も，この隊が基地にいることを知らなかった。我々には気象中隊のマークが付いていたが，気象とは何の関係もなかった。とにかく我々は，ワーナーロビンズ空軍基地に装置を据え付け，任務を遂行していた――そこには約1箇月間滞在した。ある日，我々は大きなタワーの上で作業をしていた；タワーが整備の予定に入っていたため，我々のうちの五人がタワーの上，二人が下の制御室にいた。誰かがこう叫んだ。“おい，UFOだぞ！”“分かった，分かった”

——振り向いて見た者は誰もいなかったと思う。当時はブルーブック（*計画）の時代だった。だから，もしUFOを見たなどと言おうものなら病院に送られ，なぜ空軍を辞めたいのかと精神科医に訊かれるか，口封じのためにどこかに飛ばされる，そんな状況だった。その当時，人々を黙らせるためにJ・アレン・ハイネック——彼は映画クロース・エンカウンターズ・オブ・ザ・サード・カインド（Close Encounters of the Third Kind）の技術顧問だった——がブルーブック計画に公式に雇われていた；彼は幾つか考え出した——自己暗示，集団催眠，沼気（メタンガス）——これらは彼がいつも持ち出す三つの原因だった。誰かがまた叫んだ。“あそこを見てみろ！”我々は皆振り向いた。するとそこには——タワーから約半マイル，高度約3,000フィートに——銀色のUFOが3機静止していたのだ。その写真が1枚その中にある。我々は皆ロープの所まで歩いていき，“間違いない，あれは本物のUFOだ”と言い合った。そこで私はこう言った。“よろしい。もしハイネックがこの場に現れたら，君たちは何と言うかね？　もし彼らが対策チームをここに送り込んだら，我々は何と言えばよいかね？”誰かがこう言った。“この基地には2万人の民間人と1万人の軍がいます——誰かはこれらのUFOを見ているはずです。彼らがこれを集団催眠や自己暗示や沼気（メタンガス）の類だと言うなら，下に降りてレーダーのスイッチを入れてみましょう。今言ったようなものがレーダーに映るはずはないのですから”こうして我々は皆下に降りた。さて，下にいた二人に私は“カメラを持っているか？——空軍公式カメラだ。外に出て写真を撮れ。外に出て見たことを私に話してくれ”と言った。彼らは戻ってきてこう言った。“外にUFOが編隊を組んで静止しています！”私は“分かった。写真を撮れ。カメラを持って写真を撮れ”と言った。私は別の二人にレーダーカメラのスイッチを入れるように言った。我々にはレーダーカメラがあり，それでも写真が撮れたからだ。

だから，そこで起きたことは間違いのない出来事だった。我々がいた建物は一つの側壁全面がガラスのフレンチドア（*観音開きの扉）になっており，もしレーダースコープをセットすれば外側を眺めることができ，そこにUFOがいるのを見ることができた。そこで私は本部を呼んだ。私——“我々はコンタクトしている”彼——“SACが君たちに対して何か行動を起こしているのか？”私——“SACではない，SACではない”彼——“では何だ？”私——“コズモス（Cosmos）”彼——“ちょっと待ってくれ。電話で説明してくれ”盗聴防止のためのスイッチがあった。私——“よろしい，こちらの電話は盗聴防止をかけた。そちらは？”彼——“こちらも盗聴防止をかけた。どういう意味だ，異星人コンタクトをしたというのか？”私——“外で3機のUFOが静止しているんだ”彼——“写真を撮っているのか？”私——“我々は写真を撮っている”彼——“レーダー写真は撮っているのか？”私——“我々はレーダー写真も撮っている。本物の写真だ”彼——“よろしい，もう何も言わなくていい；そこに諜報員を一人送る；6時間後にはそこに着くはずだ——彼にすべてを任せろ”私——“分かった”約6時間後に彼がやってきた；我々は彼のためにすべてを厳重封鎖した；我々は彼にそれを引き継いだ；彼は航空実験地上軍団に引き返す——我々には，それらの写真を彼らが受け取ったと公式に通知されることはなかった。それは何も起きなかったかのように秘密にされ，闇に消えた。しかし，我々はその写真のコピーを持っていた。それで私はその五人にこう言った。“よし，君たち。ここに全員分のコピーがある。君たちの孫のためにそれを持っていてくれ”

私が知る限り，その任務は打ち切りとなった——しかし我々は皆関心を呼び起こされた。なぜなら，今述べたように，我々は事実を目撃したからだ——レーダー画面上で何かよく分からない物体が見えたというのではない——その現場にいて，その写真を撮ったのだ。

そのUFO編隊が動き始め，回転するレーダーアンテナがそれを‘描き出した’ときには——レーダー画面の走査線は毎分4回転した——それらは視界から消えていた。UFOは動き始めると一直線に上昇し，次にはビュンと飛び去った！　そしてレーダー画面からも消えた。我々のレーダーの探知距離は260マイルだった；だからその速度を計算することができる。それは速かった。当時の我々の在庫目録に，あれほどの速度で移動することのできるものは一つもなかった［これは1940年代のことだった］。

我々がなぜ核兵器の爆発を停止したか，ご存じか？　我々は，オリオンから来たあのETたちに命令されたのだ。オリオン——彼らは降りてきて，こう命じた。“地球人よ，君たちは自分自身を滅ぼしかねない。我々はそれに耐えられない。君たちはそれをするかもしれない——君たちはこの惑星を爆発させるかもしれない——君たちは今やその能力を持つに至った……”我々が本当に彼らの注意を引いたのはこのときだ。彼らは降りてきて，こう言った。“地球人よ，君たちがこの惑星を破壊するのを黙って見てはいない。だから我々は，すべての核実験を停止することを望む”彼らはすでに我々に兵器の使用を止めさせた。それから彼らは我々にこう命じた。“これ以上核実験をやるな”さて，ロシアと米国だが――その時点で我々は，これらの人々はやると言ったことは必ずやり遂げることができる，そう信じて疑わなかった。人々は，彼らが大挙してワシントンD.C.上空に飛来したのを目撃した。我々はジェット機を発進させ，彼らを追跡させた。そしてジェット機が上昇するたびに，そのUFO群は素早く消えた。または別の次元に移った。ジェット機が基地に戻ると，そのUFO群はワシントン上空に戻った。ワシントンの誰もが恐怖に怯えた――彼らは何をするつもりか？

[原子力委員会および空軍の将校だったデッドリクソン大佐の証言を見よ。SG]

我々は高出力レーダーが彼らの安定性を妨害することを発見した。なぜなら，彼らが高度を下げ低速になったときに，その増幅装置と安定化装置の機能が低下するのを見ることができたからだ。低空低速のときにはレーダーがUFOに影響を与えていた。我々はすでにそれを知っていた：我々は1947年に彼らが墜落する前からそれを知っていた。我々のレーダーの大部分はどこにあったか？　ホワイトサンズ，そしてロズウェルだ。ロズウェルに配備されていた人々は誰だったか？　世界で唯一の核爆弾部隊だった。だから――彼ら（*異星人）は関心を持ち，我々はそこに多くのレーダーを設置した。何とかそこを防護するつもりだったからだ。そこで我々は何基かの巨大な高出力レーダーを彼らに向けて照射した。これは彼らのうちの2機が接触する事態を引き起こした。1機は降下して農場に着陸した；他の1機は土手に突っ込んだが，それには二人の異星人が乗っていた；我々がそこに着いたときには，［二人の異星人は］外に横たわっていた。そのうちの一人の遺体は損傷がひどく，もう一人はそのとき生存していた。しかし，我々が彼（*生存していた一人）をどこかに移動しようとする前に，彼はすでに死亡していた。しかし別のET［もう一方の墜落の］は，我々がこちらのロスアラモスで約3年間生存させた。彼は病気になった。我々は可能なすべての周波数帯を使い，あらゆるメッセージを発信した。彼が病気であること；我々がそれを引き起こしたのではないこと；もし望むならこちらに来て彼を連れ帰ってもよいこと，などだ――しかし，彼らが来る前に彼は死亡した。それでも彼らはやってきて，彼の遺体を引き取った。彼らがワシントンに行き，ワシントン上空にあの編隊を現したのはこのときだ。こうして彼らは遺体を回収したのだ。

以前に我々は1機を撃墜し，非難を受けていた。しかし，我々とロシアの核兵器に取り囲まれている状況下で，我々がしたことは何であったとあなたは思うか？　我々は防衛線として核兵器を宇宙に配備したのだ――もし彼らが何かを始めたら，我々は彼らを吹き飛ばす構えだった。

ともあれ，私は1947年から1968年まで空軍に在籍し，(*給与等級) E-9の最先任上級曹長になった。私はコズミック最高機密取扱許可を持っていたが，それは異星人，UFO，異星人コンタクトについて知る必要性（need-to-know）を持つ者だけの資格だった。先に述べたように，私はCONRAD特使をやったり，暗号情報に関わったりしながら，次第に機密レベルを上げていったのだ。そして，あのレーダーサイトでのコンタクト後，それは否定できない事実になった――彼らはそこにいた。なぜなら，私はその写真を撮ったからだ……

私はその情報を調査し，収集するグループの一員になった――当初，それはまだブルーブック，スノーバード，その他の秘密プログラムの傘下にあった。人々が何かを見たと主張したとき，私は彼らを訊問し，彼らが何も見なかったか，見たものは幻覚だったことを納得させようとした。それがうまくいかなかった場合，別の一団がやってきてあらゆる脅しをかける――彼らとその家族を脅したりする――彼らの仕事はその人々の信用を落としたり，いかれた人間に仕立て上げたりすることだ。それでも効果がなかった場合には，また別の一団がいて，どうにかしてその問題に終止符を打つ。

事件が起きると，すぐさま54-12――これは即応隊だ――から24機の黒ヘリコプターが飛んでくる――空軍は世界中に即応隊を持っていた。その暗号名が54-12だ。さて，我々はその周囲の住民に訊問をしなければならない。24機のヘリコプターを隠すことはできないからだ。たとえばこんな具合だ。“あなたは何を見たか？　三角形を見たか？”“いいえ”“あなたはヘリコプターを見たか？”“はい，しかし全部黒ずくめでした”等々――私が調査する事件はこういう種類のものだった。

即応隊——彼らの表向きの任務対象は，核兵器またはその起爆装置だ。だから，我々が核兵器を紛失したり，爆弾を紛失したり，ヘリコプターが墜落したり，それらをある場所から別の場所に移送したり……

［そのようなチームにいたクリフォード・ストーンの証言を見よ。それはNBC部隊のもとにある組織だった——核，生物，化学の即応隊だ。SG］

だから，つくり話が意図的に流され，次にそれが暴かれた。情報と偽情報が50年間存在し続けている。

機密保全誓約に署名した人々の大多数が助けを必要としている——彼らが秘密を守り続けなければならない理由は，この誓約だ。ご存じのとおりだ，グリア博士——そこから我々を連れ出してほしい。これは明らかにされる必要がある。

ドイツは以前に2機のUFOを回収した——1931年，1932年のことだ——彼らはそれらをドイツに持ち帰り，我々がやるように，その再設計（re-engineering）を開始した。彼らはそれを進展させ，作動するUFOを戦争が始まる前に持った。彼らはそれをこう呼んでいた——ドイツ人のようには今それを正確に発音できないが——それはHun-dee-doo（フン・ディー・ドゥー）［音声による綴り］1号と2号だ。その2号は30フィートか40フィートの幅があり，底部には3個の球体が付いていた——着陸時に弾んで上下に動いた。ところで，フー・ファイターズには人が乗っていなかった——それらは無人機だったが，物にくっつく能力を持っていた。だから，戦闘機パイロットの風防正面にピタリと留まることができたのだ。パイロットはそれをかわすことができなかった——彼は何もできなかった；それはそこに留まり続けた。問題は，それが我々の編隊の中を飛び回り，今日でもそうであるように，戦闘機や爆撃機のエンジンを止めることができたということだ。UFOにそのような能力があるなら，それは発電所を稼働停止させることもできる。なぜなら，それは反重力電磁気推進で作動しているからだ。こうして，我々はそのことを爆撃機編隊の中で経験し始めた。そして戦闘機は——それらを追い払うためにできることは何もなかった。我々の記録保管所には，それを示す多数の写真，記録映像がある。戦後我々は，ドイツから多くのものを入手した。というのは，我々はフォン・ブラウンだけでなく，シャウバーガー，UFOに取り組んでいた電磁気学専門家たちの何人かもこちらに連れてきたからだ。シャウバーガーのおかげで，我々は誰よりも先んじることになった。

ロシアも何人か連れていった。しかし我々がその主要部を獲得した。シャウバーガーはここニューメキシコにいて，ホワイトサンズやニューメキシコ周辺の他の場所で我々を手助けした。その後，我々から不当に扱われていると感じて帰国し，その2週間後に命を奪われた。

UFOには地球外のものと地球人がつくったものの両方がある。UFOに取り組んでいた連中のことだが――彼らは眠っていなかった――タウンゼント・ブラウンは我々側の一人で，ドイツ人たちと一緒にほとんど起きていた。我々は一つの問題を抱えた――タウンゼント・ブラウンを手元に引き留めておく必要があった――彼は反重力電磁気推進の秘密に取り組んでいたのだ。テスラの時代にまで遡って，我々は変換可能なフリーエネルギーを手にしていた。やるべきことはただアンテナを1本立て，1本の杭を地面に刺すことだった。そうするとこの家に明かりを灯し，必要なすべてのエネルギーを得ることができた。しかし，我々は何に頼っているか？　前世紀を通して，我々は石油を燃やしてきた。この世界で誰が石油を支配しているか？　多くの人はイラク，イラン，等々がそれだと考える。彼らではない。我々がそれを支配している――我々と英国の勢力だ。一部の人々は，これを秘密の政府と呼ぶ：世界のある富裕層グループが石油を支配している。さて，我々に内燃機関を持つ車は不要だ。もし人々がこれらの装置の一つ，それはおよそ長さ16インチ，高さ8インチ，幅10インチだが，これを持てば電力会社にコードをつなぐ必要はない。これらの装置は何も燃やさない――汚染もない；可動部分がないから決して摩耗しない――動くのは重力場，電場の中の電子だ；それらは反対方向に回転する，よろしいか？　これを車に取り付ける――車はそれが摩耗する前に錆びたり壊れたりする。だから，石油に依存している世界経済にそれはどんな影響を与えるだろうか？

何千年もの間，他の惑星に住んでいる人々がいる。そのことを，我々の政府と世界が我々に知られたくないのではない。今権力を握っている人々が我々に知られたくないのは，このフリーエネルギーが誰にでも利用できるということなのだ。トヨタはフリーエネルギーで走る車を1台持っている；フォードもフリーエネルギーで走る車を1台つくった。おそらくトヨタはその技術を開放し，皆の前に見せるだろう――2001年か2002年に――彼らは高い石油代金を払わなければならないからだ。我々もまたもうすぐそうなる。人々がこの知識に気付いたなら，政府に対してフリーエネルギー技術の公開を要求するだろう。その結果，世界は変わることになる。彼らが守りたい最大の秘密――UFOが秘密にされる理由は，このエネルギー問題なのだ。

米国民は政府が思うよりも強し，これが私の信じるところだ；私はこう決意するに至った。米国民は真実を知るために立ち上がることができる。そして真実を知るべきだ。私が名乗り出た一つの理由はそれだ。実現可能な，もっとよい生活がある。そのことを私は人々に知ってもらいたい。

さて，私が最初に見たエリア51の写真は，実にロシアからのものだった。エリア51のような場所があると人々に教えていたのはロシアだ；彼らはその衛星写真を公開した――そのため我々は，そのような場所があることをついに認めざるを得なかった。

私はまた，ロシアからもたらされた異星人の解剖写真を見たことがある。テレビで異星人の解剖とされる映像を見たことはおありか？　写真はそれにとてもよく似ていた。彼らは指に肉球を持っていた――実際には吸着カップのようなものだった。異星人の体には機能のよく分からない器官があった。もちろん，それは私が見た異星人の解剖記録にそう記述されていたものだ――そのコピーをとることはもうできない；彼らはそれを紛失した。

[コーソ大佐の証言を見よ。それらの生物は，本来のETたちによりつくられたクローン（複製生物）だったとはっきり述べられている。SG]

ご存じのとおり，南アフリカ政府は1機のET宇宙機を回収したことを認めている。彼らはそれを隠そうとしない。その回収を行なったという巡査部長の記録映像が流された――それには回収の様子なども映し出されている。さて，私が読んで知るところでは，ある合意が我々の政府と彼らとの間で取り交わされたという――彼らが最初の核兵器を開発し使用することについて，米国政府は何も言わない；もし国連において彼らを支持することができなくなったら，我々は沈黙を守る――その代わり，彼らは我々にそのET宇宙船を渡す。合意は成立し，実行に移された。我々はC-5Aギャラクシー（*大型輸送機）をそこに飛ばし，その宇宙船と船内から運び出された二人の異星人を持ち帰った。それらはオハイオ州デイトンのライト-パターソン空軍基地に行った。我々が回収したものの大部分は通常そこに送られた。そこには約8層の地下構造物があり，回収物を収容する。

そうすると，今誰が我々の敵なのか？　異星人が今の我々の敵だと人々に信じ込ませ，その考えを広めようとする勢力がある。しかし，どの公式記録を読んでもその証拠はない。そこに述べられているのは，彼らは攻撃されない限り攻撃したことはないということだ。ここで，ロシアが関係した事例を話しておきたい：この事件には，息子が空軍のミグ戦闘機パイロットをしている提督が出てくる。我々は1機のF-18（*戦闘攻撃機）をアラスカで飛ばしていた。ロシア人はバジャー（*ツポレフ戦略爆撃機）とビーバーを送り込もうとしていた；彼らはミグを送り込もうとしていた。それでアラスカにいた第21戦闘機中隊だが――上昇して彼らを迎撃しようとした。彼らは皆武装していたが，幸いに誰も発砲しなかった。我々の管制官は，これらのミグが入り乱れているとき，その中に別の船（*飛行物体）が入ってくるのを見た。我々の管制官はロシア人がこう言うのを聞いていた。“あの船を迎撃せよ”彼らはそれを船（ship）と言った――それは我々が知っているものでも，ロシア人が知っているものでもなかった。こうして2機のミグが迎撃を開始した。我々のパイロットは管制官からこう指示された。“その場を離れよ；見える距離を保て。だがその船を迎撃するな！”ロシアの戦闘機がUFOに照準を定めた兵器を作動させた途端に――そのミサイルは両方とも破壊された――このようにして一機また一機と。我々のパイロットは攻撃を受けずに帰還した。この話をしたのはロシアの二つ星将軍だ。彼らはこの話を息子から聞いたその提督にもインタビューした。

ロシア人はこれらのUFOの1機を迎撃した。誰かが攻撃を命じていたのだ。その命令は直ちに取り消された――しかし命令が無効化される前に――このパイロットがすでにミサイルを発射していた。ミサイルは直ちに破壊された――発射した直後だったので，そのミグはミサイル発射装置の付近に損傷を受けた。

異星人たちは，我々が彼らに向けて兵器を建造しようとしていることに気付いていると思う。そこで，私が言いたいことはこうだ。我々には確かにある種の防御手段があり，彼らの一部を撃墜する能力がある。我々はその能力を発展させた。アイゼンハワーは米国民に向かって警告を発した。“軍部と兵器製造業者に権力を渡すな”彼はそれをいつも恐れていた。彼の最後の演説を見れば分かるが，彼はそのことを国民に語った。彼らをあまり強くさせるな。だから，我々は目覚めるべきだ。我々はこれまで何機かのUFOを撃ち落とそうとしてきた——そしてそれに成功してきた——我々はニューメキシコ州ホワイトサンズで1機を撃墜した。我々はあのときそれを追跡しており，それに損傷を与え，墜落に至らしめた。そして，そうだとも，それには数人の異星人が乗っていたのだ；そして我々は彼らを拘束した。これが起きたのは1968年か1969年で，南アフリカがそれをやった頃だった。

これだけは言わせてほしい。ドイツは我々よりも自由だ。ドイツ，フランス，スペイン，彼らはすべてこのことを認めている。オーストラリアは全面的に認めている。南アフリカはそれを世界に向けて公開している——そうすると，我々は一体何をしているのか？　もうロシアの脅威はない。もし我々があの異星人たちを攻撃し続ければ，彼らからの脅威を受けることになるだろう。それを止めるべきだ。我々は政府に，あの異星人たちを撃墜するのを止めるように要求すべきだ。我々は皆協力すべきだ。

SOUTH AFRICAN

AIR FORCE

THIS FILE HAS BEEN CLASSIFIED BY D.A.F.I.
IIIFORMATIOII NOT TO BE DIVULGED - TOP SECRET

G.P.-S. 001-0564

7630 11-414-1245
DD 2702

SOUTH AFRICAN AIR FORCE

CLASSIFIED TOP SECRET - DO NOT DIVULGE

DEPARTMENT OF SPECIAL INVESTIGATIONS AND RESEARCH (DSIR)

DEPARTMENT OF AIR FORCE INTELLIGENCE (DAFI)

DATE: 7 May 1989

SUBJECT: Unidentified Flying Object

CODE NAME: [redacted]

FILE NUMBER: [redacted]

DESTINATION: [redacted] - Pretoria

DESIGNATED CHANNEL: RED/TOP SECRET

RESTRICTED ACCESS: Illuminated Nine

PRIORITY CODE: [redacted]

SPECTRUM LOT: BLUE

- DEFENCE COMPUTER PASS CODE - PROCEED WITH CAUTION

CONTENTS: Case History
Craft Specifications
Humanoid Specifications
Conclusion

CLASSIFIED TOP SECRET - DO NOT DIVULGE

During the first week in July I received correspondence from Mr.X which stated that a UFO had crashed in the Kalahari Desert and had been recovered by a team of South African Military personnel to a secret Air Force base. He also informed me that two live alien entities had been found in the craft. The information also stated that a group of American Military personnel had arrived and had taken over the investigation. He stated that he would forward a copy of the Official South African Top Secret document to me but would send it later in a letter which would not contain any details of the sender in case the letter was intercepted.(Slide 2)

A week later I received the document which consisted of five pages and was headed with the South African Air Force crest. Every page of the document was marked Top Secret. (Slide 3)

The story told by the document was as follows:

(Slide 4, 5, 6, 7, 8.
At 1.45pm. on the 7th. May, 1989 a Naval Frigate of the South African navy was at sea when it contacted Naval Headquarters to report an unidentified flying object on their radar scope, heading towards the South African continent in a North Westerly direction at a calculated speed of 5746 nautical miles per hour. This message was acknowledged and confirmed that the object was also being tracked by airborn radar and military ground radar installations.

The object entered South African airspace at 1.52pm. and at this time radio contact was attempted but to no avail. As a result two Mirage jet fighters were scrambled on an intercept course.

At 1.59pm, Squadron leader ------- the pilot of one of the Mirage fighters stated over the intercom that they had radar and visual confirmation of the craft. The order was given to arm and fire the Thor 2 experimental laser canon. This was done.
(Thor 2 is a Top Secret experimental beam weapon)

The Squadron Leader reported several blinding flashes eminating from the object which had started wavering and it started to decrease speed and altitude at the rate of 3000 feet per minute. It eventually crashed at a 25 degree angle into the dessert in Botswana

A recovery team was dispatched to the crash site where it was found that the UFO was embedded in the side of a large crater in the sand. The sand in the vicinity of the object was fused together due to the intense heat. One telescopic leg protruded from the side of the craft as if caused by the impact.

Large recovery helecopters were flown to the site and the first one reaching the scene overflew the object at a height of 500 feet and immediately stalled and crashed. Five crew members were killed. It was found that vehicles approaching the object also developed engine trouble due to an intense electro magnetic field coming from the object.

Eventually a paint like compound was received at the site and painted on the object which appeared to neutralise the magnetic field.

The object was eventually conveyed to an Air Force Base and was taken to the sixth level underground. At this time it was totally intact. Whilst this was going on the American Team from Wright Patterson AFB arrived.

Whilst the recovery team and scientists were mulling over the object their attention was suddenly attracted to a noise from the side of the craft. They noticed that an opening had appeared in the side. It was a doorway but had only opened to a small gap. Attempts were made to open the door but without success so hydraulic pressure gear was used to force the door open.

As soon as the door opened two small alien entities staggered out and were immediately arrested by security personnel present. A makeshift medical holding area was set up. One of the entities appeared to be seriously injured but doctors withdrew when one of them was attacked by one of the aliens. The attacked doctor received severe deep scratches to the face and chest from the claws of the alien. (Slide 8) Arrangements were made for the UFO and the aliens to be transported to Wright Patterson AFB, Dayton Ohio, USA.

The cargo was flown out in two Galaxy C2 Aircraft on the 23rd. June 1989 accompanied by the American Air Force personnel.

As a result of this information a person who will remain unnamed telephoned the South African AFB where the Mirage Fighters had been scrambled. This man was a Private Investigator in America for many years and therefore well versed in speaking American. He asked to be connected to Squadron Leader .... the conversation went as follows:

Is that Squadron Leader ....

REPLY Yes.

QUESTION. This is General Brunel speaking from Wright Patterson. I have the document in front of me code named ....

REPLY. Yes.

QUESTION. I am confused, this document does not say how many times you fired at the object.

REPLY. Who did you say you were sir.

QUESTION. General Brunel, surely Squadron Leader it's a straight forward question, how many times did you fire at the darn thing.

REPLY. I fired once sir, could you hang on so that I can go to a safe phone.

QUESTION. That won't be necessary Squadron Leader, you have told me what I wanted to know goodbye.

In the meantime military personnel were contacted in America to try to find out what was happening at Wright Pattterson AFB.

REPLY. Can't get any information about arrival of UFO but established that Wright Patterson was put on Red Alert on 23rd. June, 1989. (This is the day the UFO was proported to be shipped to Wright Patterson.)

On July 31st. this year our informant arrived in this country and by prior arrangement took up temporary residence with Dr. Henry. He informed us that he was on route to Wright Patterson AFB on a military mission and would depart on the 6th.August. He contacted the South African Embassy from Dr Henry's home to let them know where he was staying in case they needed to contact him. He later made a sworn statement to us confirming his story. (Slide 9)

He had photographs taken with us (Slide 10. 11. 12.)

We were informed that various hiroglyphics were found inside the craft and stated that the military had been able to decipher them. (Slide 15) Dr. Will talk about this.

He also did a drawing of the interior of the craft and the general layout

He also showed us and permitted us to photograph two NASA +DIA passes which were for his use at Wright Patterson AFB

At this time we made contact with a second intelligence officer in South Africa who spoke to Dr. Henry personally. This officer told us that he had seen and had access to a series of black and white photographs of the captured aliens and their craft and a 50 page telex message from Wright Patterson AFB relating to the recovery of the UFO. He stressed how dangerous it would be to get the papers but stated that he would forward a set of the black and white photographs and a copy of the telex as soon as he was able.

One of the named American personnel who was present at the retrieval was later spoken to at Wright Patterson AFB by Dr Henry at the OSI Department. (Henry Will speak about this)

{Note distribution to : COSMIC Ops and MAJI Ops. SG}

28 JULY 1991.
0900 HRS.

MEMORANDUM FOR RECORD.

FROM: NRO/CENTRAL SECURITY SERVICE. PAGE ONE OF THREE.

STATUS: CLASSIFIED/RESTRICTED.

SUBJECT: SPECIAL SECURITY ADVISORY/BLUE FIRE.

ATTENTION: Commanders Net.
ROYAL Ops.
COSMIC Ops.
MAJ Ops.
MAJI Ops.
COMINT Ops.
COMSEC Ops.
ELINT Ops.
HUMINT Ops.
AFOSI Nellis Div.
26th,64th,65th,527th,
- and 5021st T.O. Aggressor Sqdn. Cmndrs.
57th F.W. Cmndr.
552nd T.O.F. Cmndr.
554th O.S.W. Cmndr.
554th C.S.S. Cmndr.
4440th T.F.T.G. Cmndr.
4450th T.G. Cmndr.
4477th TES-R.E. Cmndr.
37th F.W. Cmndr.
Red Flag MOC.
Dart East MOC.
Dart South MOC.
Pahute Mesa MOC.
Sally Corridor MOC.
Groom Lake MOC.
Dreamland MOC.
Ground Star MOC.
Blackjack Team
Roulette Team
Aqua Tech SOG.
Sea Spray SOG.
[redacted] Sec. Div.

[redacted]

CLASSIFIED. PAGE TWO OF THREE.

RE: SPECIAL SECURITY ADVISORY. EFFECTIVE IMMEDIATELY. FOR ALL SOUTH BASE OPERATIONS AND SPECIAL SECTORS.

A SHUTDOWN HAS HERE BY BEEN ORDERED FOR ALL SOUTH BASE OPERATIONS AND SPECIAL SECTOR PROGRAMS. SPECIAL CONDITION PROCEDURES FOR SEQUENCE "BLUE FIRE" ARE NOW IN EFFECT. ALL ENLISTED PERSONNEL AND CIVILIAN PERSONNEL ARE TO BE BRIEFED ON A "BLUE FIRE" SCENARIO, ON A "NEED TO KNOW" BASIS ONLY. ALL SPECIAL SERVICE DIVISIONS, SPECIAL SCIENCES DIVISIONS AND EXECUTIVE SECURITY TEAMS WILL BE UNDER LOCKDOWN CONDITIONS OR ON RESTRICTED ROAM L.R.R.P. PROCEDURES.

ON 31 JULY 1991 AT 2000 HRS. A CIVILIAN ORGANIZED EVENT IS TO BE HELD IN THE TOWN OF RACHEL, NEVADA. THE INDIVIDUALS WHO HAVE ORGANIZED THE EVENT ARE FAMILIAR TO SECURITY TEAM PERSONNEL THAT HAVE HAD PRIOR CONTACT WITH PRIMARIES AND / OR THEIR SUPPORTERS. PRIMARY SUBJECTS ARE IDENTIFIED AS FOLLOWS:

1. NORIO HAYAKAWA / FOUNDER OF
CIVILIAN INTELLIGENCE NETWORK
[redacted] *
GARDENA, CA.

2. GARY CLARK / AKA; SCHULTZ / FOUNDER OF
SECRET SAUCER BASE EXPEDITIONS
[redacted]. *
SANTA MONICA, CA.

* note — both of our home addresses were correctly shown here, i.e., before I blacked them out!

BOTH OF THE SUBJECTS OPERATE THEIR ORGANIZATIONS FROM A POST OFFICE BOX IN THE CITY OF GARDENA CALIFORNIA. (PLEASE SEE PRIOR SPECIAL ADVISORY NOTIFICATIONS.)

BOTH SUBJECTS AND THEIR SUPPORT PERSONNEL WILL BE IN ADVISORY PERIMETER WITHIN A 48 HR. TIME PERIOD OF THIS NOTICE. ALL AREA PERSONNEL ARE TO REMAIN ON ADVISORY ALERT UNTIL 5 AUGUST 0500 HRS. AND PROCEED WITH CAUTION IF APPROACHED BY ANYONE BELIEVED TO BE AFFILIATED WITH THESE GROUPS. THESE SUBJECTS MAY ALSO BE ACCOMPANIED BY INDIVIDUALS FROM THE NIPPON TELEVISION NETWORK OR THE TOKYO BROADCASTING SERVICE OF JAPAN, IN ADDITION TO VARIOUS PRINT MEDIA PERSONNEL FROM VARIOUS ASSIGNMENTS BOTH NATIONAL AND INTERNATIONAL. ALL BASE COMMANDERS AND SECURITY TEAM PERSONNEL ARE TO INSTRUCT SUBORDINATES CONCERNED TO REPORT ANY HARASSMENT EITHER TO THEMSELVES OR ANY OTHER BASE PERSONNEL THAT THEY MAY BECOME AWARE OF. FAILURE TO DO SO IN A TIMELY MANNER WILL RESULT IN IMMEDIATE DISCIPLINARY PROCEDURES WITH NO EXCEPTIONS.

THIS EVENT IS TO BE HELD AT "THE LITTLE ALE-INN" FORMERLY, KNOWN AS,"RACHELS BAR AND GRILL". MR. AND MRS. TRAVIS HAVE GRANTED PERMISSION TO THESE INDIVIDUALS FOR THE USE OF THE FACILITIES ON THE EVENING OF 31 JULY 1991.

ALL BASE SPECIAL OPERATIONS IN SECTORS CONCERNED ARE TO BE RESCHEDULED TO AN ASSIGNMENT DATE AFTER 0500 HRS. ON 5 AUGUST.

CLASSIFIED. PAGE THREE OF THREE.

SPECIAL SECURITY SERVICES ARE HERE BY INSTRUCTED TO COMMENCE WITH PROPER PROCUREMENT AND ENFORCEMENT OF SPECIAL SECURITY ADVISORY SECTIONS AND PRACTICES DURING THIS TIME PERIOD. IT IS EXPECTED THAT MEMBERS OF THESE GROUPS AS WELL AS OTHER FRINGE ELEMENTS WILL REMAIN IN AND AROUND THE GENERAL AREAS OF CONCERN FOR AS MANY AS A FEW DAYS PRIOR TO, AND FOLLOWING, THIS SCHEDULED EVENT.

ALL PERSONNEL BOTH MILITARY AND CIVILIAN WHO ARE BELIEVED TO BE OR KNOWN TO BE COMMUNICATING OR CORRESPONDING IN ANY WAY OR BY ANY METHOD WILL BE CONSIDERED TO BE IN VIOLATION OF THIS SPECIAL SECURITY ADVISORY AND THEREBY CHARGED WITH WILLFUL DISREGARD OF A SPECIAL SECURITY ADVISORY AND BE SUBJECT TO IMMEDIATE ARREST AND PROSECUTION FOR VIOLATION OF THE NATIONAL SECURITY ACTS.

NOTE; THIS DOCUMENT CONTAINS INFORMATION AFFECTING THE NATIONAL SECURITY OF THE UNITED STATES WITHIN DESCRIPTION OF THE ESPIONAGE ACT 30 U.S.C.,31 AND 32 AS AMENDED.
ITS TRANSMISSION OR THE REVELATION OF ITS CONTENTS IN ANY MANNER TO AN UNAUTHORIZED PERSON IS STRICTLY PROHIBITED BY LAW. IT MAY NOT BE REPRODUCED IN WHOLE OR IN PART BY OTHER THAN UNITED STATES AIR FORCE SPECIAL SECURITY SERVICES EXCEPT BY PERMISSION OF THE DIRECTOR OF SPECIAL INTELLIGENCE T-2 USAF/NRO.

END.

Testimony of Mr. Don Phillips, Lockheed Skunkworks, US Air Force and CIA Contractor

ロッキード・スカンクワークス／米国空軍／CIA 契約業者
ドン・フィリップス氏の証言

2000 年 12 月

ドン・フィリップスは，UFO がラスベガスの北西，チャールストン山の近くを猛スピードで移動しているのが目撃されたとき，ラスベガス空軍基地に勤務していた。また，ケリー・ジョンソンと共にロッキード・スカンクワークスで働き，U-2 および SR-71 ブラックバードの設計と建造にあたった。彼は次のように証言する。我々はこれらの地球外起源の装置を持っているのみならず，それらの研究から途方もない技術上の進歩を成し遂げた。1950 年代と 1960 年代に NATO（北大西洋条約機構）は ET 種族の起源に関する調査を行ない，様々な国の指導者たちにその報告書を送った。フィリップス氏はさらに，1954 年にカリフォルニアで行なわれた ET と米国指導者の会談に関する記録と映像資料があると述べる。彼は ET のおかげで開発が可能になった技術の幾つかを挙げる：コンピューターチップ，レーザー，暗視技術，防弾チョッキ。そしてこう結論する。“これらの ET に敵意はあるか？　もし彼らに敵意があったなら，とうの昔に我々を破壊していたか，何らかの損害を与えていただろう”フィリップス氏は今，環境汚染を除去し，化石燃料への依存を減らすことのできる技術を開発している：地球から取り出せる自然エネルギーを使うエネルギー発生システムだ。

DP：ドン・フィリップス氏／ SG：スティーブン・グリア博士

DP：私の名前はドン・フィリップスだ。私はカリフォルニア州ロサンゼルスに住んでいる。これまで政府機関で働いてきたが，その時々に応じて軍関係者または民間人として軍にもいた。未確認飛行物体と呼ばれる現象だが，確かに私はそれを経験した。

私が 19 歳か 20 歳の頃の話から始めよう。私は高校を卒業して大学に入ったが，同時にロッキード航空会社でも働き始めた。私は建造や設計といった通常の職場に1年間雇われた後で，こう訊かれた。新プロジェクトのために準備された新しい部署に行く気はないか？　もちろん，私は行くと答えた。それが何なのかはよく分からなかったが，自分にとっては最良の選択に思えたのだ。

私が学んでいたのは設計，工学，機械，電気，航空関連の分野だった。また，当時私は自家用パイロットだった。今でもそうだ。こうして私は――1961年か1962年だったと思う――新しい仕事に就いた。それがロッキード・スカンクワークスだ。スカンクワークスでは様々な部門を経験させられた――仕入れ，調査，技術などだ。私は1960年代にこれらのすべての部門で働いた。これは1965年まで続いた。我々のプロジェクトは，言うまでもなく，米国政府のために特別な航空機を開発することだった。政府の別の機関からはパイロットたちがやってきた。私は軍に入るためにスカンクワークスを辞めたが，そのときこう思ったのを覚えている。国のために働いたら，またここに戻ってきたい。

私は1965年に初めて軍に入り，ネバダ州ラスベガスの近くに配属された。そして任地の幾つかが，我々が航空機の試験を行なっていた地区にとても近いことを知った。一般にエリア51の名で知られる地区だ。我々はその地区をドリームランド（夢の国），ホッグファーム（養豚場），レイク（湖）などと呼んでいた。私が知るその地区の特徴は，高い機密性だ。そこで行なわれていることについて，私はスカンクワークスの同部門の人々からいろいろなことを聞かされていた。我々はそこで航空機を試験している。それがブラックバードといった特別な航空機であることは誰もが知っている。ブラックバードは私の誇りだ。なぜなら，私が手掛けたものだからだ。それは今日でもまだ破られていない世界記録を幾つか持っている。

さて，その地区で軍は何をしていたか。我々はそこにネリス空軍基地のレーダーサイトを持っていた。現在，ネリス空軍基地は米国軍の飛行試験とパイロットの訓練を行なう基地になっている。ラスベガスの北，射爆場の北東端にあるのが，我々がエリア51と呼ぶ地区だ。そして，ラスベガスから北に延びる高速道路を横切った所に，エンジェルスピークと呼ばれるレーダーサイトがある（*現在は放棄されている）。エンジェルスピークはエリア51を監視するためのものだったが，その北西にある原子力委員会の試験場など，その他の多くの地区をも探知範囲に収めていた。

だから，エンジェルスピークは秘密のレーダー施設だった。我々が知っている多くのレーダー施設は辺鄙な場所にある。我々はラスベガスからエリア51に入っていく航空機など，そこを通過するあらゆるものを監視していた。1966年から1967年にかけてのことだが，その何かがそこを通過し，それは最も興味深い一夜になった。私は午前1時頃に大きな騒ぎを聞いた。

我々は8,000フィートにいた；レーダードームはおよそ1万500フィートにあった。私は起きて主要道まで歩いて登ることにし，事務所の近くまで来た。そこには同僚たちが立っていた——五人ほどのグループだった——彼らは空を見上げていた。それで私も空を見上げたのだが，目に入ったのは光を発し，とてつもない速度で移動している物体だった。そこはチャールストン山から北または北西に少し寄った場所だった。まさにそのとき，これらの物体が鋭角に方向転換したのを私は見た。速度は時速3,000マイルから4,000マイルと推定された。それが瞬く間に急な方向転換をしたのだ。あれは我々のものではない……私はスカンクワークス，ロッキード航空会社先進技術開発部で特別な経験を積んでいた。その経験が，これらの物体が我々のものではないことを教えていた。また，パイロットである立場から，私はこうも考えていた。機体内部に人がいるとしたら，その身体にはどんな種類の力がかかるのか？　そしてこう言った。これらの操縦者はある種の知性体に違いない。

この状態がさらに90秒間ほど続いた。するとまったく突然に，それらは数百マイルはあろうかと思われる天空を横切って西に集まったように見えた。それらは輪になり，旋回し，消えた。何と見事なショーだ，私はそう思った。

保安軍曹がたまたま勤務中だった。我々は皆互いに顔を見合わせ，これは確かに現実のことなんだと言い合った。すると軍曹が，我々はこれについて一言も話してはならないと言った。

ところで，私には主任レーダー操作員をしている友人がいた。アンソニー・カサールという名前だ。アンソニーはバスのドアが開くと真っ先に降りた——私はドアが開いたとき，そのすぐそばに立っていた。私は彼を見た——アンソニーはブロンドの長髪をなびかせた快活な大男だ——彼は誰よりも真剣だった。その顔は蒼白だった。彼はバスのステップを一歩降りると，私を見てこう言った。“あの物体を見たかい？”私は“見たとも。我々はそれを見ていたんだ——何人かはそれらが消えるまで4，5分間は見ていたよ。自分が見ていた時間は90秒よりやや長かったな”と言った。すると彼はこう言った。“我々はそれをレーダー画面で見たし，記録もした。あれはお化けじゃないし，幻影でもない。あれは現実の固体物体だ。我々が使っているようなレーダーに映るからには，それは固体物体でなければならない。しかし，それを我々のレーダーは追跡しなかった——それはレーダーに映ったり消えたりした。記録もそのようになっている”彼は最終的に6個から7個を記録した。我々はその速度を推定したが，レーダー操作員たちもレーダースコープを使ってそれを推定していた。

SG：彼らが推定した速度はどれくらいでしたか？

DP：彼らが推定した対地速度は，時速に換算して3,800マイルから4,200マイルだった。これらの物体は大空を横切って矢のように飛んだ。最初それらは1個の星のように見えた。それがあらゆる方向に動き，あらゆる種類の直線運動をしたり，静止したりした。

我々の大部分は最高機密取扱許可を持っていた。また，少数ながら超最高機密取扱許可を持つ者もいた。私自身はあらゆる種類の記録文書を扱っていたが，当時それは最高機密取扱許可だった。情報を記録する人々がいた。すべての情報は記録され，文書化された。次に署名され，保管された。我々の部署であるレーダー中隊は第26航空師団の一部で，師団はアリゾナ州フェニックスの近くにあった。だから，報告書がそこからどこへ行ったかだが，ペンタゴン，米国空軍の司令部に行った可能性がある。

これらのUFOは巨大だった。それらは停止し，その後で60度，45度，10度といった方向転換をした。そして瞬く間にこの動きを逆転させた。

私がスカンクワークスで働いていたとき，我々は国家安全保障局（NSA），国家安全保障会議（NSC），およびCIA（中央情報局）に対して誓約をしており，何事についても沈黙を守っていた。なぜなら，彼らは我々がどこで何をしているかを常に把握していたからだ。私は自然にその団結心を身に付けた——我々はここでは大家族だ。私はケリー・ジョンソンの直属部下としてここで働いていることをとても誇りに思っていた。

私は1997年に，実業家仲間の一人からこう訊かれた：“あなたたちがあの航空機に組み込んだ技術の幾つかは，地球外からもたらされたものだろうか？”私はこう答えた。“大いにあり得ることだ。しかし，それをこの地球で使えるようにするためにはまだ努力が必要だ。そのことを覚えておくべきだろう”

SG：あなたがロッキード・スカンクワークスにいたとき，反重力推進システムの研究が行なわれていると聞いたことがありましたか？

DP：あなたが訊ねている推進システムの研究だが，確かに存在していると聞いた。しかし，右手がしていることを左手が知ることは決してなかった。それには正当な理由があった。

繰り返すが，彼らは我々が質問することを望まなかった。我々は目下取り組んでいるプロジェクトに専念したかった。私はU-2プロジェクトの最終段階でそれに加わった。あのタイプの航空機は今でもまだ使われている。私が設計，建造，最終試験飛行に関与した最初の4モデルは，最初の軍用モデルではなかった。この米国にはもう一つの契約空軍がある。しかしその名前は言いたくない。彼らはそれを契約パイロットを使って運用している。きわめて優秀なパイロットたちだ。つまり，我々の最初の4モデルは彼らのためのもので，とても特殊なモデルだった。それからSR-71が登場した。これはブラックバードというそれにふさわしい名前で知られている。

私が何年もかけて知ったことから考えて，反重力研究は行なわれていた。おそらく，スカンクワークスの幾つかのコンサルタントがそれを行なっていたと思う。

我々は，ニューメキシコ州ロズウェルで1947年に墜落し，回収された何機かの宇宙機があったことを知っている。そのとおり，それは現実に起きた。我々がそれから幾つかの技術を獲得したことは事実だし，それを使えるようにしたことも事実だ。世界の利益のためにこれらの技術を産業界に提供した米国陸軍の人々の先見性を，我々は評価してよいだろう。

SG：我々が回収された地球外輸送機を持ち，それを研究しているというのですか？

DP：私はそれを事実として知っている。我々はそれを使えるようにした。しかし，それが何であるかを解明するためには，長い時間が必要だった。次に，どうすればそれが使えるかを解明し，さらに何に使えるかを解明した。そうした製品が人類の役に立つのかということに関しては，1980年代や1990年代になるまで分からなかった。この頃に私はライト・シティー・テクノロジーズという会社を知り，その有用性を確認することができた。

その会社は秘密性の高い技術開発企業の一つだった。我々はデータ信号，航空電子機器，コンピューターなどで協力した。前にあなたに話したが，我々はCIAと契約している軍のある機関や，我々が見えない産業と呼ぶ部門の人々と互いに顔見知りだった。見えない産業，これはうまい言い方だ。我々はそれを闇の産業，深い闇の産業，隠れた産業などと呼ぶ。

さて，これらの技術に関する私の知識は，ここで捕獲された宇宙機から来たものだ――私はその宇宙機も，遺体も見たことはない。しかし，それに直接関わった何人かの人を確かに知っている。もちろん，彼らは亡くなってもうこの世にはいない。しかし，この惑星外からやってきてここに長く住んでいる人々，生命体がいることに疑問の余地はなかった。それはここ何年かの間に起きていることではない。これを解明するためにNATO（北大西洋条約機構）が行なった合同調査がある。

こうして，その当時来ていた種族の出自について記録文書が作成された。1960年代初めのことだ。我々の航空機［ロッキード・スカンクワークスU-2，ブラックバード航空機］の必要性を促進したのは，NATOから出てきた［UFOについての］これらの報告書だった。これらの報告書は1950年代終わりに始まり，1960年代初めに終わった。そして様々な国の然るべき指導者たちに配布され，いわば鍵をかけて厳重に保管された。未確認飛行物体がより頻繁に目撃されるようになった結果，これらの報告書が作成されることになったのだ。

我々が持っている1954年の記録によれば，ここカリフォルニアで，この国の指導者たちとETとの間で会談が持たれた。書かれた記録文書から私が理解するところでは，彼らはここに来て研究することを許可するように要請したという。それに対する我々の返事は，次のようであったとそれには書かれていた。これほどの進歩を遂げているあなたたちを，私たちがどうして止められるだろうか？　そして私はこのカメラ，この録音機を前にして述べる。この会談を持ったのはアイゼンハワー大統領だった。それは映像に撮られていた。ちょうど我々が今日行なっているようなものだ。それについての最新のNATO報告書には，12の種族がいたと述べられていた。これらの種族は何者なのか，何をしているのか，何をしようとしているのか。それを理解し，状況を最終的にまとめるために，彼らはこれらの種族とコンタクトする必要があった。報告書はそのことには触れていなかったが，彼らがここにいるのは数年ではなく，数百年間，おそらくは数千年間であると確かに立証していた。文章にそう書かれていた。

さて，我々が使っていたかもしれないET技術の話に戻ろう——チップ，レーザー，暗視技術，防弾チョッキ，その他——これらはすべて，ETのおかげで開発が可能になったものだ。彼らが中央処理装置と呼ぶチップだが，これは大きな進歩を遂げた。どうしてそのようなことが起きたのか？　幾つかの物事を組み合わせ，少し研究する——それが驚くほどの効果をもたらすのだ。

これらのETに敵意はあるか？　もし彼らに敵意があったなら，彼らの兵器でとうの昔に我々を滅ぼしていたか，何らかの損害を与えていただろう。

幾つかの技術が地球外宇宙機に由来することを私は知っている。彼らが墜落した原因は，我々のレーダーとある装置により，彼らの誘導装置が干渉を受けたことだ。

もう一つ確かなことがある。民間会社ライト・シティー・テクノロジーズ社のために働いていた我々の契約科学者の一人が，これらの技術に取り組んでいたということだ。彼は幾つかの技術に取り組む一方で，米国政府の有名な情報機関にも属していた。

私が軍や政府のレベル以外で話をした相手はグリア博士だ。その理由は，彼がそれに専門的な手法で取り組んでいるということだ。それは我々が軍でとった方法と一致している。

ETレンズについて：宇宙にはわずかな光しかないことを我々は知っている。宇宙機の内部の搭乗者が暗い宇宙空間でものを見るための眼球被覆物が幾つかあった。これらのレンズは光を増幅しただけでなく，それを鮮明にした。

私がこう言うのは，彼らにこれらのレンズを外させて研究するようにしたのは，地球の医師と専門家たちだったからだ。

こうしたことの多くは，コーソ大佐により十分に立証されてきたと思う。誰が彼と一緒にいたか？　大勢の人が彼の周りにいた。しかし，コーソ大佐の本の中で言われている事柄の多くは，これまで私と一緒に仕事をし，今も一緒に仕事をしている人々により裏付けられている。私はそれを立証することができる。だから，それについて私が知っていることは間違えようのない事実なのだ。その情報が伝わってきた経路についてはまた別の話だ。我々は隠蔽されている技術について語っている。なぜ彼らはそれを人々に知らせないのか？　彼らはそれを人々から隠しているが，その幾つかにはおそらく十分な理由がある。

政府自身がそれを理解しなかった。空軍にいながら，多分我々もそれが何なのかはよく分からなかった。ロズウェルからそれらの技術を引き出した後，それから何をつくり，どのようにして産業に組み込み，どのような利益を人々にもたらすことができるのか。それを知る前に，作動原理を解明する時間がしばらく必要だった。

記者や新聞や物書きが世に広める扇情的な報道は，少しも人々のためにならない。人は大げさな話を好むものだし，我々は皆好奇心を持っている。しかし，そうした話には事実も真実の情報もあるだろうが，半分の真実しか含まない扇情的な情報もあるだろう――まったく真実でないものもあるかもしれない。

私はどのようにしてNATO報告書のことを知ったのか：報告書が出されることになったそもそもの要因は，1950年代終わりから1960年代にかけて始まった冷戦だ。ロシアの領空に侵入する航空機，UFOがいた。また，我々の領空に侵入する航空機もいた。そのため，我々は互いに相手を非難し合っていた。そうしている間に，我々はボタンを押す寸前まで行った。本当にボタンを押し，おそらくは互いに滅ぼし合う瀬戸際まで行った。しかしボタンが押される前に，第二種の抑制が働いた――我々はそれを人間の理性と呼ぶ。それは機械がなし得ない何かだ。彼らは状況を判断し，こう言った：ちょっと待てよ；同じことが両方に起きている，何かおかしいぞ。我々はボタンを押す前に少し調査をし，報告書を出すべきだ。

こうして，報告書が作成されたのだ。

私はCIAのために働いていたおかげで，その報告書のことを知った。そのとき私は，NASA関連のある情報を追っていたのだが，それは異星人来訪の真実性に関するものだった。私がNATO報告書のことを知ったのはそういう次第だ。しかし，それは軍の経路でも入ってきた。私は何度か電話をする必要があり，そうした。我々は契約業者として中央情報局（CIA）と一緒に働いていた。スカンクワークス時代のことだ。ご存じのとおり，CIAは我々の最良の顧客の一つだった。そして世界有数の空軍を持っていたのはCIAだ。我々の所にはフランシス・ゲーリー・パワーズがいた——もちろん彼のことは皆知っている——シューマッハーもいた。こうした人々が大勢いた。彼らは実在の人々だ。彼らはしばしば政治に翻弄された。

我々が小さな人々と呼ぶ生命体がいたことを私は確かに知っている。軍で我々のために仕事をしていた一人の技術者が，ある特別なプロジェクトに加わる気はないかと訊かれた。それは飛行訓練装置を製作することだった。彼は機械技術者であると同時に電気技術者でもあった。その訓練装置を製作している途中で，彼は次のことに気付いた。製作のある段階で，誰か別の人々と一緒に働くことになっている。その別の人々が現れた。彼らは人間に似た小さな生命体だった——衝撃的と言えばそうだった。なぜなら，彼らはすべて背の低い人たちだったからだ。しかし，とてもとても高い知能を持っていた——高い知能，超知能を持つ子供のようだった。間もなく彼らは，ここに座っている我々と同じような存在になった。彼らが製作していたのは，彼らの宇宙機を作動させる方法を学ぶための訓練装置だった。その取り組み方はとても興味深いものだった。

[ビル・ユーハウスの証言を見よ。SG]

回収されたET宇宙機から獲得した別の技術は，ファイバー光学だ。それはこれらのコンピューターチップに組み込まれている。覚えておいてほしいが，信号は我々が知るような金属線を伝わらない。信号は色光として中空コアの中を伝わる。それぞれの色は，ある仕事を割り当てられたスペクトルを持っている。こうして我々はファイバー光学を手に入れ，それを実用化した。彼らは研究と逆行分析（reverse engineering）に大変な努力を払った。

我々はまた，手持ちスキャナーを手に入れた。それで身体をスキャンし，状態を診るための装置だ。この同じ装置で治療することもできる。本当にそのような装置があるのか？　私は個人的な経験から，こう言うことができる。我々はそれに取り組んでいた。その結果，我々は癌を治療することのできる装置を開発した。診断と治療，まさにそのとおりだ。

また政治の話になる。FDA（食品医薬品局）に神の祝福あれ，公開されると彼らの金融資産に損害を与えかねないある種の技術を秘密にしている人々に神の祝福あれ。しかし，それは誰にとってもウインウイン（共に利益を得る）の状況になり得る。これが，我々の技術開発グループが技術の使い方として考えていることだ。

SG：あなたはそのグループと付き合いがありましたか？

DP：私はカリフォルニア州の企業になったその組織に出会い，6，7年間付き合いがあった。ずいぶん前，1980年代のことだ。

スカンクワークスにいたとき，我々はCIAの契約業者だった。スカンクスワークスで働いたのは5年間だ。それから軍に行ったが，期間は一般的な4年間だった。

私は1997年に，軍にいる熟練工作員の何人かと会った。彼らは高度に鍛錬されており，その気になれば都市を吹き飛ばしたり，大勢の人の命を奪う能力を身に付けていた。もちろん，彼らはその練習をしていただけだ――念のために言っておく。米国では常に防護システムの試験が行なわれる。防弾性能は十分か，それとも改良を要するか，それを知る唯一の方法は試験だ。この工作員グループは，エリア51の防護を破るように依頼された。彼らは素晴らしい仕事をし，それを成し遂げた。彼らはエリア51に侵入し，その防護システムを一つ一つ解体していった。一つ一つ部品を取り出すと，信号が送られ，警報が鳴る。そうすると彼らは隠れる。彼らは熟練した者たち，軍の熟練工作員だった。

SG：彼らは何を発見したのですか？

DP：彼らはエリア51に多くの区域があること，その防護システムが実に気違いじみたものであることを発見した。よろしいか？　そこの防護隊がどういうものか，想像できるだろう。彼らは少しいかれてもいた。ほとんどの時を人里離れた場所で過ごすのだから当然だ。しかし，そこに宇宙機があって研究されているというのは本当だ。そのとおり，そこにはET宇宙機があったのだ。私はそれに取り組んでいた人たちと話したことがある。そこには様々な階層があり，地表に見える施設は研究区域の全体を表してはいない。

私はエリア51と呼ばれる施設の基礎を築いた二人の著名な人物がいることを知っている。実は彼らは互いに友人だ。私は何も知らなかった。我々がこうしたことについて何でも語り合い，いわば話を交わし始めたのは1995年から1996年の頃だった。そのときに，私はそれを教えられたのだ。彼らは私を見てこう言った。ケリー・ジョンソンのために実際にそこへ行ったのは誰だったか，君は知っているか？　彼らは二人の名前を教えてくれた。しかし今はそれを言いたくない。

SG：分かります，分かります。それで構いません。

DP：なぜなら，彼らはまだ私たちと関わりがあるからだ。彼らはまだ関わりがある。

SG：彼らはまだ関わりがあると。

DP：家族のためにね。彼らは引退しているが，契約によりまだこれに関わっている。

SG：これらのUFOプロジェクトに関係している企業はどこですか？

DP：デュポン，アイビーエム，今でいうウェスタンデジタル，イージーアンドジーだ。私はイージーアンドジーと取引があった。彼らは我々に製品を供給する。彼らは我々の民間企業に製品を供給してきた優良契約企業の一つだ。

様々な職場に社員を送り込んだり，戻したり，それを安全に行なう責任を負っていた。しかし，それがすべてではなかった。それは彼らの仕事のほんの一部にすぎなかった。

アポロ月面着陸のとき，ニール・アームストロングはこう言った。“彼らはここにいる。すぐそこにいる。何て大きな船なんだ。我々が歓迎されていないのは明らかだ”続けて彼は状況をこのように描写した。それは軍用機の勢揃いのようだ。この周りにだけ宇宙機と人々がいて，自分たちをじっと観察している。ニール・アームストロングは，彼らは自分たちを歓迎していないと言った。

SG：あなたはその録音テープを持っていますか？

DP：いや，私は文字に起こされた通信記録を持っている。

SG：ケリー・ジョンソンはUFO/ET問題について何か知っていましたか？

DP：もちろん知っていた。確かに知っていたと思う。しかし，彼は仕事を進めることに専念していた。彼と肩を並べられる人物は世界で五人いた。そのうちの三人は米国にいた……

私はある同僚科学者から一つのことを学んだ——私が最大級の尊敬の念を抱いている人物だ——彼はCIAにいたが，こんなことを言った。その計画が何であれ，我々が最初にはっきりさせたいことは，計画の推進者は誰かということだ——これが，私がCIAでやったことだ。

誰が推進者か？　動機は何か？　なぜそれが行なわれているのか？　我々が初めて話をしたすぐ後で，私は訊ねた。なぜスティーブン・グリア博士はこれをしているのか？　私は自分の調査を行なってきた——かなりの量になるだろう。そして何が起きているかを注視してきた。あなたは自分がしていることに熱心に打ち込んできた。あなたは専門家だ。私が今夜ここにいる理由はそれだ。あなたと話している理由はそれだ。

私は今でもそうした接触者を世界中に持っている。彼らは多くの物事を立証することができる。

SG：今進んで名乗り出そうな人を誰か他にご存じですか？

DP：我々は皆署名した契約のもとにある。それは今なお有効だ。しかし人類の利益になる情報なら，それを人々に伝えてならない理由はない……

さて，グリア博士。私が1998年にこの技術会社をつくった目的の一つは，有害物質を除去できるこれらの技術を開発することだった――空気を浄化することができ，化石燃料を大量消費する必要性をなくすか，それをより効率化するのに役立つ技術だ。そうとも，時期が来たのだ。私があなたに言えるのは，それはすでに始まっているということだ。

我々が思い付いたことを，私は証明することができる。我々はそれを証明することができるのだ。

SG：これらのエネルギー発生システムについて話していただけませんか？

DP：同僚たちが開発したエネルギー発生システムは，地球からもたらされる自然エネルギーを利用するものだ。地球にはある種の自然倍音がある。それはすでに証明されている。

Testimony of Captain Bill Uhouse, USMC

米国海兵隊大尉
ビル・ユーハウスの証言

2000 年 10 月

ビル・ユーハウスは戦闘機パイロットとして海兵隊に 10 年間勤務した。また，新型実験航空機の飛行試験をする民間人として，ライト–パターソン空軍基地の空軍に 4 年間勤務した。その後の 30 年間は，国防関連契約業者のために反重力推進システムの技術者として働いた：新型航空機の飛行シミュレーター――そして実際の空飛ぶ円盤。彼はこう証言する。彼らが試験した最初の円盤は，1953 年にアリゾナ州キングマンで墜落した ET 宇宙機を再設計したものだった。さらに彼は，ET たちは米国政府に 1 機の宇宙機を提供したと証言する；この宇宙機は当時建設中だったエリア 51 に運ばれ，その宇宙機に搭乗していた四人の ET たちはロスアラモスに連れていかれた。ユーハウスの専門は操縦室とその機器類だった――彼は重力場というものと，反重力を経験するために必要な訓練は何かを理解した。彼は実際に，宇宙機を設計する物理学者と技術者を援助していた一人の ET に数回会った。

私は 10 年間を海兵隊で過ごし，その後の 4 年間を民間人として空軍に勤務した。空軍では海兵隊以来の仕事である航空機の飛行試験に関わった。私は現役のパイロットだった。それも戦闘機乗りだった；私が戦ったのは……第二次大戦の後半と朝鮮戦争での兵役後に，私は海兵隊大尉として除隊になった。

私が初めて飛行シミュレーターに取り組んだのは，1954 年 9 月頃だった。海兵隊を辞めた後，私はライト–パターソン空軍基地の空軍で仕事を見つけ，そこで航空機の様々な改良型に対する飛行試験を行なった。

私がライト–パターソン空軍基地にいたとき，ある人物が私に近づいてきた。彼は――名前は言いたくない――私が新しい独創的な装置に関係する分野で働きたいかどうかを知りたがっていた。よろしいか？　それはある種の空飛ぶ円盤シミュレーターだった。彼らがしたことは何か：彼らは我々数人を選び，私をシミュレーター製造会社のA–リンク・アビエーション社に再配属した。その当時同社ではC-11Bと彼らが呼ぶ装置，F-102（*迎撃戦闘機）シミュレーター，B-47（*亜音速爆撃機）シミュレーター，その他を製造していた。彼らは我々が実際に空飛ぶ円盤シミュレーターに取り組み始める前に経験を積ませたかったのだ。私はこれ（*空飛ぶ円盤シミュレーター）に取り組んで30数年間を過ごした。

どの空飛ぶ円盤シミュレーターも1960年代初期になるまでは作動し始めなかったと思う――1962年か1963年頃だ。私がそう言うのは，シミュレーターは1958年頃までは実際に機能しなかったからだ。彼らが使ったシミュレーターは，彼らが持っていた地球外宇宙機用のものだった。その宇宙機は1953年か1952年にアリゾナ州キングマンで墜落したもので，直径が30メートルあった。彼らが初めて試験飛行に持ち出したのはそれだった。

そのET宇宙機は，異星人たちが我々の政府――アメリカ合衆国――に提供しようとした一つの限定条件付きの機体だった。それはかつて陸軍飛行場だった場所から約15マイルの地点に着陸した。その陸軍基地は現在閉鎖されている。その特別な宇宙機だが，幾つか問題があった：最初の問題はエリア51まで運ぶために運搬用平台に載せることだった。道路事情のため，彼らはそれをダムを渡って輸送することができなかった。当時はそれを荷船に載せてコロラド川を渡る必要があり，それから国道93号線を経由してエリア51に着いた。当時そこは建設の最中だった。この機体には四人の異星人が搭乗していた。彼らは試験のためにロスアラモスに行った。これらの異星人のために，彼らはロスアラモスに特別区を建設し，ある種の人々を異星人たちと共にそこに配置した――天体物理学者と一般科学者たちだ――異星人に質問するためだった。私が聞いた話の内容は次のとおりだ：その施設に配置された科学者と話す異星人は一人しかいなかった。他の異星人は誰とも話さなかったし，会話を持とうとさえしなかった。最初彼らは，会話はすべてESP（超感覚的知覚）またはテレパシーだと考えた。しかし，私にとってはその多くは一種のジョークだ。なぜなら，異星人たちは実際に話すからだ――我々のようではないだろうが――彼らは実際に話し，会話をする。しかし，それをするのは［ロスアラモスでは］ただ一人だった。

この円盤と彼らがそれまでに見ていた他の円盤との相違は，これがとても簡単な構造を持っているということだった。

円盤シミュレーターには動力部がなかった。[しかし] 我々はその内部に動力部に見える空間を設けた。そこにシミュレーターを作動させる装置はなかった。我々は，それぞれ100万ボルトで蓄電された6個の大きなコンデンサーでそれを作動させた。だから，それらのコンデンサーには600万ボルトが蓄電されていたことになる。これまでに製造された最大のコンデンサーだった。これらの特別なコンデンサーは30分間持続したので，我々はその中に入り，実際に制御装置を動かし，そのシミュレーター，その円盤を作動させるために必要なことを行なうことができた。

だから，それはそれほど簡単なことではなかった。我々には30分間しかなかったからだ。シミュレーターの中にはシートベルトがないことに気付くはずだ。それは実物の宇宙機と同じだった――シートベルトはどこにもない。シートベルトは不要なのだ。なぜなら，これらの1機を逆さまに飛ばしたとすると，普通の航空機の中のように逆さまにはならない――そのようには感じない。その説明は簡単だ：機体内部にはそれ自体の重力場があり，外部から見て逆さまになって飛んでいても，内部では搭乗者にとっての上が上になる。それを見れば実に簡単なことだ。私は始動のために，実際の異星人宇宙機の内部に入った……

窓は一つもなかった。何らかの視界を得る唯一の方法は，カメラまたはビデオ装置だった。

[マーク・マキャンドリッシュの証言を見よ。SG]

私の専門は操縦室とその機器類だった。私は重力場というものと，人々を訓練するために何が必要かを知った。

円盤はそれ自体の重力場を持つので，それに搭乗し，その出力が上がった後の約2分間は気分が悪くなり，方向感覚がおかしくなる。それに慣れるには相当の時間が必要だ。その内部は狭いので，手を挙げることさえ面倒になる。我々には訓練が必要だ――頭を訓練し，実際に感じたり経験したりすることを受け入れなければならない。

動き回ること自体が難しい。しかし，しばらくするとそれに慣れてできるようになる――それは単純なことだ。物がどこにあるかを知らなければならないし，体に何が起きているかも理解しなければならない。航空機を操縦しているとき，または潜水から戻ってGの力を受けるときと変わりはない。それはまったく新しい状況だ。

設計に携わった技術者たちの誰もが，始動乗組員の一員だった。我々は，自分たちが取り付けたすべての装置を検証しなければならなかった――それがちゃんと設計どおりに機能するか，等々を確かめるのだ。

我々の乗組員たちは，これらの宇宙機で宇宙まで行った。私はそれを確信している。私が言っているのは，そのために彼らは十分な時間をかけ，必要な訓練を行なったはずだということだ。円盤に関する全体的な問題は，その設計などがきわめて厳格だということにある。爆弾を落としたり，翼に機関銃を取り付けたりといった，今日我々が航空機を使うような使い方はできない。

その設計は厳格で，何も追加することができない――過不足があってはならない。どこに何を付けるかという設計上の大きな問題がある。たとえば，航空機の機体の中心はどこにあるか，そのような類のことだ。さらに事実を言えば，背の高い人間が入れるように，我々はそれを3フィート高くした――実際の機体は最初の形態に立ち戻って拡大された。ともかく，それを高くする必要があった。

我々は幾度も会合を持った。結局私は，ある会合で一人の異星人と同席することになった。私は彼をジェイ・ロッド（J-ROD）と呼んだ――もちろん，それは皆がそう呼んでいたからだ。それが彼の実際の名前かどうかは知らない。しかし，それは言語学者が彼に与えた名前だった。私は別れる前に，会合の中で彼をスケッチした。私はそれを何人かの人に提供したが，それは私が見た彼の印象だった。

その異星人は，よくテラー［エドワード博士］（*水爆の父）と一緒に現れた。他の人と一緒のときもたまにあった。それは我々が直面するかもしれない諸問題に対処するためだった。よろしいか？　しかし，そのどれもがそのグループに固有の事柄だったことをあなたは理解する必要がある。そのグループに固有でない事柄を話すことはできなかった。その原則は，知る必要性（need-to-know）というものだった。［そのETだが］彼は話した。彼は話したが，それは相手が話すように声を発するというものだった――彼は我々と同じように発声した。つまり，彼はオウムのようだったが，相手の質問に答えようと努力した。彼は理解するために何度も困難に直面した。なぜなら，相手がそれを紙に書いて自ら説明しなかった場合，2回に1回は適切な答えを与えられなかったからだ。

この異星人に会う前に我々がした準備とは，基本的に世界中のすべての異なる民族をくまなく調べ上げることだった。次に動物やその類型に至るまで，他の形態の生命体に目を転じた。そして……このジェイ・ロッドだが——彼の皮膚はピンク色で，やや粗かった——そんな感じだった；恐ろしくは見えなかっただろう——というか，私にとっては彼の外見は恐ろしくなかった。

私が属していたこのグループの何人かだが——彼らはそれにうまく対処できなかった。心理学的な質問をされると，私は感じたままを答えた。それで何も問題がなかった。それが，彼らが知りたがっていたことだった——取り乱すことはないか——しかし私はそれが気にならなかった。それが精神的負担になることはなかった。

こうして，基本的にその異星人は技術的な助言と科学的な助言のみを提供していた。たとえば，私は計算を行なったが，さらに援助を必要とした……私はある本について話した——いや，それは本ではない；それは重力制御を行なうための様々な部分を持つ，ある大きな組み立て部品だった。主要な要素はそこにあったが，すべての情報はそこにはなかった。我々の最高の数学者でさえ，この問題の一部を解明することができなかった。そのとき，この異星人が援助した。

時々我々は，どれほどあがいても抜け出せない問題に行き当たり，それが機能しないことがあった。彼［その異星人］が現れるのはこのときだ。我々は彼にこれを見せ，我々がしたことのどこが悪かったのかを調べてくれと言った。

この40年ほどの間，シミュレーターは数えないで——私は実際の宇宙機について話している——我々が建造したものはおそらく20機から30数機だろう。様々な大きさのものがあった。

ここに持ち込まれた［ET］宇宙機について，私はあまりよく知らない。キングマンから運ばれたもの［宇宙機］のことは知っているが，まあその程度だ。それを現場から運んだ会社を私は知っている——それは今ここにある会社だ——しかし……しかし，ある種の化学物質で作動するものがある。

人々が見ているこれらの三角形は，2機または3機の30メートル宇宙機だと思う。それはその［三角形の］中心にある。その外周部——そこには設計条件に適合するものなら何でも望みのものを置くことができる。そうするとそれらは作動する。

秘密には何かの理由があった。私が理解できたのはこういうことだ；それは彼らが製造した最初の原子爆弾と異なるところはなかった。しかし彼らは航空機の設計に関して，今や長足の進歩を遂げつつある。そして，前にあなた方に言ったように——2003年までには，この秘密の大部分はあらゆる人の前に姿を現すだろう。人々が考えるような方法ではないかもしれないが，彼らが決める何らかの方法……あらゆる人に見せるのにふさわしい方法で。それは人々を大いに驚かすだろう。

私がそう言う理由は，私が署名した書類は2003年に失効し，しかもそれらの書類に署名した人間は私だけではないからだ。

しかし，あの重力マニュアル——もし仮にあなたがこれらの大量の書類の一部でも入手したなら，あなたは世界の頂点に立つだろう。あなたはあらゆることを知ることになるだろう。

［人類が建造した反重力宇宙機と，窓の代わりにカメラを用いて映像を得る方法について立証するマーク・マキャンドリッシュの証言を見よ。SG］

Testimony of Lt. Colonel John Williams, US Air Force

米国空軍中佐
ジョン・ウィリアムズの証言

2000年9月

ウィリアムズ中佐は1964年に空軍に入り，ベトナムで救難ヘリコプターのパイロットになった。彼は電気工学の学位を持ち，軍事空輸軍団（MAC）のためのあらゆる建設プロジェクトを担当した。彼は軍に在籍中，カリフォルニア州ノートン空軍基地内に誰にも知られることのない施設があるのを知った。聞いたところでは，そこには1機のUFOが格納されており，ボブ・ドールを含む一部の上院議員たちがその施設を訪れたという。ウィリアムズ中佐はまた，父から聞かされたもう一つの話を明らかにする：彼の父はある夕食会に参加し，ランド研究所の高位職員と会話を持った。この高位職員は彼の父にこう語ったという。政府は，この国の歴史にあるどのプロジェクトよりも多額の予算を，反重力装置の開発に費やしている。

JW：ジョン・ウィリアムズ中佐／SG：スティーブン・グリア博士

JW：私は空軍中佐ジョン・ウィリアムズだ。空軍に入ったのは1964年で，パイロットをしていた。私は電気工学の学位も持っていたので，技術分野にも関わっていた。軍事空輸軍団のあらゆる建設プロジェクトは，私が担当したものだ。

…　…　…

私はノートン空軍基地について説明することができる。というのは，私は軍事空輸軍団のすべての基地を担当していたからだ［私はこの基地のことを知っていた］。ノートン空軍基地にはある施設があったが，そこはごく限られた関係者だけのための厳重機密区域だった——そこの航空団指揮官でさえ，何が行なわれているのかを知ることができなかった。その頃パイロットたちの間では，そこに1機のUFOが格納されていると常に噂されていた。なぜこの場所なのか。その理由は，人々が出かけてきてノートンに着陸し，ゴルフをしたりゴルフトーナメントに参加したりして，その途中でこの施設に立ち寄り，実際にUFOを見ることができるからだということだった。しかし，私がノートン空軍基地にいた間は，その区域に立ち入ることは許されなかった。

[このノートン空軍基地の施設には実際に1機のUFOが格納されていたと確証するマーク・マキャンドリッシュの証言を見よ。SG]

私はこれをベトナムで救難ヘリコプターのパイロットをしているときに聞いた。我々はいつもクラブなどに一緒に出入りしていたし，仲間もごく限られていた——多くのことがこの時期に明るみに出始めた。私がこの話を様々なパイロットたちから聞いたのは，そこにいたときだ。それはとても厳重に機密化されていたため，知られていたことは，その施設に1機のUFOが格納されているという事実だけだった。私がこの話を始めて聞いたのは1969年か1970年で，その施設が実在することを確かめたのは1982年頃だ。

SG：その施設が実在することをあなたは確認することができたのですね？

JW：そのとおり。なぜなら，1981年から1982年の間，私はあの基地の施設を任されていたからだ。

SG：そこに入り，おそらくUFOを見て出てきた要人とは，どういった種類の人たちでしたか？

JW：上院議員たちだったと思う。もっと言えば，ボブ・ドールがあの施設に行ったと私は理解している。さらに1950年代初期に遡れば，あのアイゼンハワーが実際にあの施設を訪れた可能性がある。

もう一つ別の話をしよう。1950年代の中頃に，父は私に次のような話を聞かせてくれた。その前に，父のことを少し話そう。第二次大戦中，父は西海岸全域の陸軍通信軍団作戦を担当していた。父は電子工学に通じていた。というのは，第二次大戦の初めの頃，彼はそれを教えていたからだ。さて，とても親しい友人同士の夕食会に，一人のランド（RAND）研究所職員が招かれた。ここはベンチュラ地区（*カリフォルニア州）で，彼らのランド調査地域に近かった。そのときの話は父をとても驚かせたため，父は私にそれを何度となく話して聞かせた。父が言うには，少し飲んだ後のその夕食会で，このランド研究所職員はこう言ったという。政府は，この国の歴史にあるどのプロジェクトよりも多額の予算を，反重力に費やしている。これを聞いた父は，我々が使用可能な反重力システムを実際に開発してしまっていると信じた。その予算支出は，おそらく第二次大戦直後から始まったものだろうと思う。これは何年にもわたり継続された取り組みだったと思う。

この情報を伝えた人物は，ランド研究所の高い地位にいたと私は理解している。夕食会を開いたこの家族ぐるみの友人は，その近隣ではとても裕福な有力者だった――彼女は共和党全国委員会ベンチュラ地区の責任者だった。だから，彼女はいつも上層部の人々をパーティーに招いていた。

Testimony of Mr. Don Johnson

ドン・ジョンソン氏の証言

2000年12月

ジョンソン氏は1971年か1972年に，センチュリー・グラフィックス社で働きながら自力で大学に通っていた。その仕事の一部に，大型印刷機による設計図の印刷があった。センチュリー・グラフィックス社はロッキード，リットン，ヒューズ，RCAといった様々な軍事電子企業から仕事を受けていた。彼は低い機密取扱許可しか持っていなかったが，最高機密資料のために彼の手伝いが必要になったことが何度かあった。たとえば，彼は米国とロシアのすべての潜水艦ルートのリトグラフ陰画に取り組んだことがあった。彼は証言の中で，ヒューズ-スンマ社から受注した巨大な電子回路図に取り組んだこともあったと述べる。その回路図の中央には1個の大きな長方形があり，そこに‘反重力室（antigravity chamber）’と書かれていた。彼は自分の仕事をやり終え，その言葉を指し示しながら指導係の方を向いた。すると，その指導係は彼にこう言った。君はそれを扱うことになっていない。それを元に戻して忘れるのが身のためだ。

DJ：ドン・ジョンソン氏／SG：スティーブン・グリア博士

DJ：私は1971年か1972年に，センチュリー・グラフィックス社という所で働いていた。大学に通いながらだったので，仕事は夜勤だった。私の仕事の一部に，大型印刷機による設計図の印刷があった。

我々はロッキード，リットン，ヒューズ，RCAといった，当時のあらゆる軍事電子企業から仕事を受注していた。そのため，仕事は回路設計図や地図のようなものが多かった。私の機密取扱許可はかなり低かったが，時々彼らは私に権限を超えた仕事を手伝わせた。たとえば，あるとき私は大きな太平洋のリトグラフ陰画に取り組んでいた。それには米国とロシアのすべての潜水艦ルートが描かれていた。このように，人手が足りなくなると，私は自分の機密取扱許可を超えたものであっても，それに取り組まなければならなかった。これから述べるこの設計図も，そうしたものの一つだった。

私は印刷機の端にいて，印刷物が出てくるのを待っていた。私の役目はそれを畳んだり，裁断したり，積み重ねたりすることだった。こうしてこの印刷物を押しやったとき，私はそれが巨大な電子回路図であることに気付いた。この回路図の中央に大きな長方形があり，その真ん中には‘反重力室’と書かれていた。この図はヒューズ-スンマ社から来たものだった――それはスンマ社のものだったと思う。図面の一番下の隅に小さな昆虫のロゴがあった。私はそれを畳んでこの年配の作業員に引き渡した。彼は私の指導係で，一緒にいて私から図面を受け取るのが仕事だった。彼の名前は覚えていないが，そのとき私は彼にこう言った。見てください，見てください，この反重力室を。すると彼はこう言った。君はそれを扱うことになっていない。元に戻せ。それについては何も話すな。そうしないと面倒なことになる。そう言われて，私はそのとおりにした――それについては何も話さなかった。しかし，そこには間違いなく反重力室と書かれていた。

SG：センチュリー・グラフィックス社は最高機密の仕事を扱っていたのですか？

DJ：あの太平洋の潜水艦ルート図は最高機密だった。だから，そのとおりということになる。この反重力室の図面は機密だった。なぜなら，私がそれを彼に指摘したとき，彼は私を叱ったからだ。

［ジョンソン氏は，ヒューズ社が反重力推進研究に深く関わっていたとする他の証人の証言を裏付ける。B博士，マーク・マキャンドリッシュ，ドン・フィリップス，その他の証言を見よ。SG］

Testimony of A.H., Boeing Aerospace

ボーイング・エアロスペース社
A・Hの証言

2000年12月

A・Hは米国政府，軍，民間のUFO地球外知性体グループの内部から重大な情報を得てきた人物だ。彼はNSA（国家安全保障局），CIA（中央情報局），NASA（航空宇宙局），JPL（ジェット推進研究所），ONI（海軍情報局），NRO（国家偵察局），エリア51，空軍，ノースロップ社，ボーイング社，等々に友人がいる。彼は地上技術者としてボーイング社で働いていた。彼は四つ星将軍カーチス・ルメイに紹介され，ある日カリフォルニア州ニューポートビーチにあるルメイの自宅を訪ねて，この問題について話し合った。ルメイはロズウェルでのET宇宙機墜落を認めた。NSAにいたA・Hの接触者は，ヘンリー・キッシンジャー，ジョージ・ブッシュ，ロナルド・レーガン，ミハイル・ゴルバチョフのすべてがETの問題については知っていたと語った。また，CIAにいた彼の接触者は，米国空軍はこれらの宇宙機の一部を撃墜したと語った。ボーイング社で働いていたA・Hの友人は，墜落機の回収に関わり，運ばれたETの遺体を自分の目で見たという。A・Hはこう述べる。レーダー試験がETV（地球外輸送機）の一部に干渉を引き起こしていたことを発見したのはFBI（連邦捜査局）のグループで，これが多くの墜落を引き起こした原因だった。さらに彼は，地球外技術を試験し，維持している地下基地があると言う。それらはユタ州（飛行機でしか行けない場所），カリフォルニア州エンゾー（Enzo），カリフォルニア州ランカスター／パームデール地区，カリフォルニア州エドワーズ空軍基地，カリフォルニア州マーチ空軍基地，フロリダ州エグリン空軍基地，英国ロンドン，その他の多くの場所にある。

AH：A・H／SG：スティーブン・グリア博士

AH：私はカリフォルニア州ロングビーチにあるボーイング航空機会社で働いた。ボーイング（元のマクドネル・ダグラス航空機会社）の商業部門と軍事部門の両方で，地上技術者として働いた。

私はアマチュア無線のつながりで，カーチス・ルメイ将軍を知ることになった——四つ星将軍の空軍参謀総長だ。

私は彼が住むニューポートビーチまで車を飛ばし，ドアのベルを鳴らした。ヘレン夫人が招き入れてくれた。玄関のドアを入るとすぐに，空軍参謀総長の姿をしたカーチス・ルメイの大きな胸像があった。我々は彼の書斎に腰をすえ，じっくり話し合った。彼は空軍雑誌の置かれたコーヒーテーブルに足を投げ出した。我々のすぐ左には彼の写真が飾ってあったが，それはホワイトハウスでケネディ大統領と一緒に撮ったものだった。カーチス・ルメイは完全正装だった。

私はカーチス・ルメイにこう訊いた。カート，あなたが空軍にいたとき，空軍に報告された［UFO］目撃のうち，どれくらいの割合が確認できないままでしたか？　彼は，確認できなかったのは35パーセントにすぎなかったと言った。それで私は，なぜ確認できなかったのかと訊いた。そうしたら彼は，ヤツらはあまりにも速過ぎるんだと言った。我々は彼らを捕まえられない。実際，彼は口汚い言葉を使ってそれを説明した。

次に私はロズウェル墜落事件について，本当にあったのかと訊いた。彼は私の方を見て，そうだと頷いた。それは確かに起きた。それで私は，内部で見つかった奇妙な文字に特に興味があると言い，それが解読されたかと訊いた。彼は，自分の在職期間中，知る限りではそれらは解読されなかったと言った。

［これはスティーブン・ラブキン弁護士により裏付けられている。SG］

次に私は，これらの物体がどこから来たのか，その起源を知っていたかと訊いた。彼は再び私の方を見てこう言った。CIAには何も渡すな。彼らは何にでも手を突っ込む。いつでも何にでも手を突っ込み，それを持ち逃げする。それで私は，FBIはどうかと訊いた。すると彼はこう言った。いや，彼らは中央情報局（CIA）に完全に抱き込まれている。だから，CIAがそれを取り上げる。そう言いながら彼は怒っていた。彼はこのことに腹を立てていた。それどころか，彼は怒りのあまり咳き込み，痛み出したのか胃を揉んだ。

カーチス・ルメイについて私がとても興味深く思ったのは，バリー・ゴールドウォーター上院議員が真実に迫ろうとしたときの彼の反応だ。(* ディスクロージャー・プロジェクトのニューズレターによると，ゴールドウォーター上院議員が仲の良い友人であったカーチス・ルメイ将軍に話をし，ライト - パターソン空軍基地の‘ブルールーム’にアクセスしようと試みたことがあった。このときカーチス・ルメイはゴールドウォーター上院議員に，そのエリアに立ち入ることはできないと言ったのみならず，もし上院議員が再びその要請を持ち出すなら，上院議員を軍法会議にかけるとまではっきり言ったという）私がカーチス・ルメイと話すために座ったとき，彼は何を訊かれるかと心配げだった。

私は彼の心を開かせるために，ロサンゼルス FBI の元主任捜査官リチャード・ブレッツィングと会ったことを話した。しかしルメイは彼を知らなかった。次に私は CIA 工作員のブレット・メリルのことを話した。彼は今は亡いが，しばらくロングビーチに住んでいた。その後ユタ州レイトンに引っ越し，癌で亡くなった。ルメイはこの人物も知らなかったが，彼らが何を私に教えたかを話すと次第に打ち解け，ロズウェルで起きた墜落事件について話し始めた。彼はこう言った。それが我々の物体でないことは知っていた。軍のものではなかった。空軍のものでも，陸軍のものでも，海軍のものでもなかった。墜落した機体はまったく未知のものだった。ルメイはネイサン・トワイニング将軍の跡を継いだが，トワイニングは彼に何も教えなかった。ルメイはトワイニングがマジェスティック 12（MJ-12）［第二次大戦後の間もない時期に UFO/ET 問題を統制していたとされる極秘グループ］に関与していたことを知らなかったらしい。

ところで，マジェスティック 12 の話は本当だ。MJ-12 は確かに存在した。だが今日それは存在しない。名前が変わったのだ。その地位は今でも変わっていない。ヘンリー・キッシンジャーは進行していることについてとても精通していた。ヘンリー・キッシンジャーはそのグループに入っていた。私はそう告げられた。

SG：それをあなたに告げたのは誰ですか？

AH：NSA（国家安全保障局）で働いていた私の友人がそう言った。彼は文書の中でヘンリー・キッシンジャーの名前を見た。彼はその文書の幾つかにジョージ・ブッシュの名前も見た。彼は何が起きているのかについて気付かされた。1978 年頃，レーガンは異星人の存在について完全な説明を受けた。レーガンはロシアのミハイル・ゴルバチョフに，起きていることの75パーセントを語った。それからゴルバチョフは，我々と大変親しくなった。私にはそれがとても不思議だった。

ワシントンD.C.のあるCNN記者が，ゴルバチョフが2度目にアメリカに来たときに，ゴルバチョフとその夫人にインタビューをすることができた。彼らは通りに出てきてその警護特務隊をイライラさせた。CNN記者がゴルバチョフに“核兵器を全廃すべきだと思いますか？”と質問した。そうしたら夫人が進み出て，“いいえ，異星人の宇宙船がいるから，私たちの核兵器をすべて廃棄すべきだとは思わないわ”こう言ったのだ。

さあ，この話をCNNはヘッドラインニュースで半時間にわたり放送した。私はこれを聞いて飛び上がり，次の半時間を記録するために空のテープを入れた。ところが何と，この話は消えてしまったのだ。誰が妨害したか，あなたはご存じだ。それに関与したのはCIAだった。なぜなら，彼らはCNNと全世界のヘッドラインをそのとき監視していたからだ。彼らはそれを踏みつぶした。しかし私はそれを聞いていた。これで私は，NSAの情報源から入手したロナルド・レーガンに関する情報が正しかったことを知った。私に言わせれば，この秘密保持のやり方はまったくの行き過ぎだ。議会はこの情報について知る必要がある。

報道機関は本当の情報を流さない。なぜなら，彼らはまだそれを取り上げるに値しないものと考えているからだ。

あのFBI捜査官リチャード・ブレッツィングは今，ユタ州ソルトレイク市にあるモルモン教会の警備責任者をしている。彼は私に米国空軍ロサンゼルス事務所を紹介してくれた。そこはロサンゼルス空港に近く，エルセグンド大通りと高速405号線から少し外れたところにある。彼らはこうした物体の近接目撃や着陸の報告を聞きたがっているということだった。カーチス・ルメイはこれに頷いた。

CIA工作員のブレット・メリルは，彼ら（異星人）が我々の領空に侵入した場合，これらを撃墜するためのミサイルの使用に関して合衆国空軍を相手にしたことがあったと語った。彼は，その状況と極度の機密性について知っていたが，何が行なわれているかは知っていたと言った。彼は国家情報工作員だった。我々はネバダ州のイーリー上空とニューメキシコ州のアルバカーキ近くで，それらの何機かを攻撃した。

SG：これらの事件が起きたのはいつ頃だと彼は言いましたか？

AH：これは1960年代終わりと1970年代だった。

SG：あなたがボーイング社で働いていたとき，他にこの問題に対処している人に会ったことがありましたか？

AH：一人の陸軍将校に会った。彼はCID（犯罪捜査部）にいたとき，何度か墜落機の回収に関わった。彼が1947年に米国陸軍で兵役に就いていたとき，彼の友人の何人かがCIC（陸軍防諜部隊）にいた。彼らは互いにとても親しくなった。彼はロングビーチのボーイング航空機会社で働いていた私の友人を慎重に選び，ニューメキシコ州北部でET墜落機の回収に当たらせた。
　彼は何人かの異星人を見た。墜落した円盤も目の当たりにした。墜落機の警備に就いていた彼はM1カービング・ライフルを渡され，許可なくそれに近づく者は誰でも撃てと命令された。彼は他の回収にも何度か呼び出された。そのときは，窓を隠した飛行機に乗せられて墜落現場に行った。

SG：これはあなたが知っている人でしたか？

AH：そうだ，私は彼を個人的に知っている。彼は今も存命だ。

SG：彼は今も働いていますか，それとも引退していますか？

AH：いや，彼は引退している。

SG：彼の名前をご存じですか？

AH：知っている。

SG：それを教えていただけませんか？

AH：今は教えたくない。

[このような証人を議会は召喚することができるし，そうすべきだ。調査報道機関および国民は，このような証人が公開された場で安全に証言することができるように，議会による審問を要求する必要がある。SG]

SG：こうした墜落事件はどこで起きましたか？

AH：彼によれば，ニューメキシコ州北部の砂漠で1回起きた。ネバダ州でも1回起きた。同州イーリーの近くだ。さらにもう1回あった――全部で3回だ。彼はその場所を知らない。誰もそれについては話したがらないからだ。彼らの全員が，これについては何も話すなと命令された。

SG：そうすると，彼は窓を隠した飛行機に乗せられて墜落現場に行ったので，現場に着いても自分のいる場所が分からなかったと？

AH：そのとおりだ。彼らは幾つかの墜落現場まで飛行機で連れていかれ，そこからはジープに乗せられた。ジープの中では，外を見ないで一点だけを見るように命令された。彼らは誰にも何も話すなと命令された。実際に，ある現場で軍将校の一人はこう言った。“諸君，我々はハリウッドの映画セットにいるのではない。これは高度に機密化された任務だ。君たちはこれについて家族にさえも話してはならない”彼らは連れていかれた墜落現場に関して，50年間は沈黙を守るという機密保全誓約書に署名しなければならなかった。

私の友人は自分の目で異星人の遺体を見ていた。彼らは黒いアーモンドの形をした目を持っていた。やや大きな頭部――人間の頭部よりも少し大きかった。身体はほぼ9歳くらいの子供の大きさだった。彼らには4本の指があった。親指はなかった。彼らはすべて一つの鋳型から出てきたようだった。なぜなら，彼らはすべて同じに見えたからだ。口はただの小さな細長い切れ目だった。

彼らにはちゃんとした小さな耳があったが，頭髪はなく，その姿はとても異様に見えた。彼の頭に浮かんだのは，彼らはおそらく遺伝子操作によってつくられたのではないかということだった。しかし，宇宙機の内部で見た技術は人間の手によるものではあり得なかった。なぜなら，内部にはファイバー光学が使われていたからだ。また，内部にあったスライドスイッチの幾つかは我々が持っていなかったものだった。地球にあの種の技術を持つ者はいないだろう。

これが始まったのは1947年だ。しかし，墜落はロズウェルの他にもあった。一般に知られていないのは，1948年にも1回あり，1949年にも1回あったということだ。1949年の墜落はやや大きな宇宙機で，搭乗していた人々は少し背が高かった。彼らは約5フィート8インチの身長があった。そしてパレスチナ周辺の古代民族に似た外見をしていた。おそらく紀元前3,000年頃のだ。

彼はこれらの異星人の一人を持ち上げ，ジープの台に乗せた。その重さはせいぜい約45ポンド，多分40ポンドくらいだった。彼らは遺体袋に入れられ，当時はライト-パターソン空軍基地に運ばれた。後になって彼らの一部はコロラド州やニューメキシコ州北部に移送され，1960年代終わりにはエリア51に運び込まれた。すべての墜落残骸や技術，異星人に結びついた現象に関わるすべてのものは，それ以後エリア51に行った。

これらの宇宙機は円形をしていた。その材質は実に奇妙な金属だった。彼は手でそれを擦ってみたが，磨き布で磨いたように滑らかだった。

SG：これらの墜落がどのようにして起きたのか，それについて彼は何か言っていましたか？　よく言われていることは，こうした進歩した宇宙機がなぜ墜落し続けたかということです。彼らの宇宙機がなぜ不能になったのか，彼は何か言っていましたか？

AH：彼はこう言っていた。友人たちから聞き集めた情報によれば，CIC（陸軍防諜部隊），FBI（連邦捜査局）もその調査をしていたと。

[高出力レーダーシステムがどのように地球外輸送機の一部に干渉を引き起こし，墜落に至らしめるかを述べたFBI文書を見よ。SG]

彼らは，なぜこうした宇宙機が墜落するのかについて関心があった。ついに彼らは，ニューメキシコ州でのレーダー試験が，異星人の宇宙機を多く墜落させた原因だと気付いた。宇宙機が高出力発信装置に近づき過ぎたとき，その誘導制御装置がそれと干渉し，墜落した。他の墜落した宇宙機は，我々が軍の兵器で撃墜したものだ。

これは彼が私に言ったことの一つでよく覚えているのだが，我々にとてもよく似た別の異星人グループがいる。彼らはオレンジ（Orange）と呼ばれている。

私はボーイング航空機会社にいた母（今は亡い）を通じて，母の友人の一人と知り合いになった。この人も今は亡い――だから，今こうして話すことができる。私の母はマクドネル航空機会社にいた一人の管曲げ工に出会った。マクドネルは今ボーイングになっている。その管曲げ工の親しい友人がノースロップ社で働いていた。当時はそこでステルス計画（* レーダーに探知されにくい航空機の開発計画）に取り組んでいた。彼の手にかかれば多くの問題が解決され，間違いは修正され，あらゆる物事が正常に機能するようになる。この男は数学的頭脳を持つ天才だった。

ノースロップ社の上層部はこの男の才能に驚き，彼にネバダ州エリア 51 のプロジェクトで働くことを勧めた。彼はそこで少なくとも 5 年間は働いていたらしい。その後，彼らは彼を異星人関連のプロジェクトに引き入れた。彼の仕事は，特にその技術に取り組み，これらの物体がどのようにして作動するのかを解明すること，つまり逆行分析（back engineering）だった。

私は彼に，彼ら［ET］はどこから来ているのかと訊いた。彼は，それには答えられないと言った――それほど厳重な機密だった。これらの物体の起源に関して彼が答えなかった別の理由は，彼の息子が関連プロジェクトの内部で今も働いているため，それについては話したくないということだった。

しかし彼は，逆行分析をするためにその宇宙機に取り組んだとはっきり言った。彼は異星人がいることを知っているし，私が空軍参謀総長のルメイ将軍に会ったことも知っている。彼はエリア 51 で行なわれた試験について何度か私に話してくれた。そのうちの何機かは山の背後から姿を現し，突然消える。それから約 20 秒以内に 15 マイルから 20 マイル離れた場所に再び現れる。このようにして行ったり来たりを繰り返す……

SG：これらは人間がつくったものですか？

AH：いや，これらは本物の物体で，彼が取り組んでいた宇宙機だ。我々の軍がこれらのET宇宙機をエリア51で試験しているのだ。

私は彼に，エリア51で働きたいが，仕事の空きはないかと訊いたことがある。すると彼はこう言った。君はボーイング社にいる方がいい。そこは働くにはきわめて制約が多く，管理の厳しい場所だ。エリア51の防護——そこでは防護の中に防護があり，常に見張られている。そのため，彼らは気が狂いそうになる——従業員は発狂寸前になる。

[これを裏付けるドン・フィリップスの証言を見よ。SG]

そこで働く従業員の一部が集団で逃げ出すのはそのためだ。彼らはその環境に耐えられない。なぜなら，何もできないし，誰にも話しかけられないからだ。そこは働くには恐ろしい場所だ。それは共産ロシアだった頃のロシアで働くようなものだ。

SG：この証人はエリア51で誰のために働いていたのですか？

AH：彼はノースロップ社のために働いていた。直接にノースロップ社のためにだ。彼は軍のために働いていたのではない。彼は給料をノースロップ社から受け取っていた。

SG：そうすると，ノースロップ社はエリア51に関わっているのですか？

AH：そのとおりだ。ロッキード・マーチン社，ボーイング社も同様だ。ボーイング社は間違いなくエリア51のためにトラック輸送をしている。ヒューズ社も関わっている。国防関連契約企業の大部分は，エリア51と何らかの関係を持っている。私はボーイング社がエリア51のためにトラック輸送をしていることを確かに知っている。ボーイング社にいる友人がそれを教えてくれた。彼らは幾つかの軍事拠点への輸送のためにボーイング社をそこで使っていた。この友人自身がエリア 51 に行った。彼は主要高速道路から護衛されてエリア 51 に行った。

この証人は今も存命だ。実際，彼は異星人たちがどこから来たのかを知っている。彼が理解する限りでは，エリア 51 には地下区域があり，大量の地球外宇宙機の残骸が地下の，ある種の封じ込め区域に格納されている。彼はエリア 51 の中で歩き回って誰かと話している地球外知性体を見たことはない。しかし，宇宙機とその技術だけは確かに見た。彼らはその技術をこれらの輸送機から抽出しようと試みている。それを我々の戦闘機や宇宙計画の一部に組み込むためだ。

彼らはこれらの ET 宇宙機を調べることによって，レーザー技術と音波防衛手段を開発した。彼らは音波によって戦車や建物を吹き飛ばすことができる。レーザー技術の幾つかは，彼が私に話した宇宙機から獲得したものだ。また，私が知ったことだが，彼らは多数の従業員，幾つかの装置，地球外技術装置の一部，および宇宙機を，ユタ州の基地に移動している。

[私が他の深部の事情通から聞いたところでは，これは本当のことで，今では最も重要な地球外技術研究施設はすべて地下にあり，飛行機でしか行けないユタ州にある。SG]

彼はこうも述べた。ここカリフォルニア州のエンゾー（Enzo）（* 地名と思われるが場所不明）近くに基地が一つある。砂漠にも一つある……彼はタコーン（Tacone）かタホーン（Tahone）と言ったと思う。ランカスター／パームデール地区のノースロップ社の近くにも一つあるが，それは地下基地だ。

[私はこれを裏付ける複数の深部の事情通と話をした。彼らは独立して以下のことを確証した。ノースロップ社もロッキード社も，パームデール地区の近く，およびエドワーズ空軍基地複合施設内に施設を持っている。これらの施設の一部では ARV（Alien Reproduction Vehicle）が建造されており，それらは完全に作動可能な状態にある。マーク・マキャンドリッシュの証言を見よ。SG]

しかし，彼の話は特にカリフォルニア州エンゾーに集中した。マーチ空軍基地には幾つかの地下区域があり，そこではレッドライト計画によりこの技術の一部が研究されている。

SG：レッドライト計画とは何ですか？

AH：レッドライト計画は，これらの宇宙機を試験しながら，できるだけ多くの情報を異星人関連プロジェクトから引き出し，これらの物体がどのようにして作動するのかを解明するためのものだ。彼らはできるだけ多くの情報を得て，それを我々の戦闘機や爆撃機，さらに宇宙関連計画に応用したいと思っている。私は陸軍や空軍にいた人々，エリア51で働いていた人々からいろいろ教えてもらったが，彼らの全員がレッドライト計画で行なわれていることを証言している。レッドライト計画は今日このときもまだ継続されている。

こうして，ノースロップ社は彼をエリア51に送り込んだ。これらの物体がどのようにして作動するのか，それを解明するのがエリア51での彼らの目的だったからだ。彼がエリア51に行ったのは1980年だったと思う。そして1997年頃に彼はそこを去った。

ところで，レッドライト計画とグラッジ計画だが，それらはすべて入り混じっている。ブルーブック計画の責任者ロバート・フレンドが私にそう語った。彼はレッドライト計画のことを完全に知っていた。グラッジ／ブルーブック報告書No.13は彼によって書かれたのだ。ロバート・フレンドは以前，レドンドビーチ（*カリフォルニア州ロサンゼルス）のアビエーション大通りとローズクランス大通りに面したフェアチャイルド社で働いていた。我々は電話で約1時間話した――彼もまた，私がルメイ将軍，そしてもちろんCIAとFBIの工作員に会ったと話すまでは，そのことについて話したがらなかった。

こうして彼は打ち解け，私にUFOのことを話し始めた。私は彼に，ロズウェル墜落事件の後でライト-パターソン空軍基地に運ばれた幾つかの墜落残骸について訊いた。彼は，そうだ，残骸の一部と遺体はオハイオ州デイトンのライト-パターソン空軍基地に運ばれ，その他の一部はフロリダ州のある基地に運ばれた，と私に語った。私はフロリダ州にある基地については何も聞いたことがなかったので，驚いた。

［エグリン空軍基地がフロリダ州にある重要施設であることを認めた複数の情報源を私は確認している。SG］

私は，あなた［ロバート・フレンド］がグラッジ／ブルーブック報告書No.13を書いたのだと理解していると言った。彼は，そのとおりだと言った。そこで私は，これらの宇宙機はどこから来ているのかと訊いた。彼は，それがどこから来ているのかは知らないと言った。彼が知っていたのは，異星人はいるということだけだった。彼は異星人が地球に来ていること，彼らが我々の空域に侵入していることを知っていた。彼が言うには，目撃を最小限に減らし，メディアと目撃情報をメディアに報告してくる目撃者を抑えるために，彼らはこれに蓋をしようとしている。空軍はこのことを絨毯の下に押し込み，研究を続けてそれをまさに掌握したいと考えている。彼は次のことを認めた。空軍は，これらの目撃が大学生のいたずら，気球，気象現象などによるものだという馬鹿げた考えにメディアを誘導しようとしている。ロバート・フレンドはこうも言った。プロジェクト全体が情報を可能な限り収集するためにある。その情報のかなりの部分はCIA，NSA（国家安全保障局），ONI（海軍情報局）により抜き取られる。

フレンドによれば，この問題に対する統制権を強く要求する機関が他にもあり，実際に彼らはその権限を手に入れるために直接大統領に働きかけている。

機密の保全に関して彼はこう言った。もし軍関係者がこれについて喋ったら，その者は軍法会議にかけられるか，少なくともそのようになると脅される。別の脅迫は，給料小切手を取り消すか，アラスカのような大抵の人間が行きたがらない基地に転勤させるといったものになるだろう。

NSAにいる私の接触者は陸軍にいた。NSAは陸軍の一部で，彼は高度な機密情報収集に当たっていた。彼は最高機密取扱許可アンブラ（UMBRA）を持ち，NSAとメリーランド州フォートミードで訓練を受けた。それから衛星監視局に移り，そこで国防総省や，ETV［地球外輸送機］を追跡する他のNSA衛星監視局から発信された幾つかの通信を受信した。これ（*ETV）はNSA内部で使われる専門用語だ。彼らはこの言葉を使って通信のやりとりをする。別の軍組織はそれをボギー（Bogie）と言ったり，ずっと以前にはUFOと言ったりした。彼によれば，NSAは異星人が存在することを完全に知っている。我々は1960年代に彼らの信号の多くを傍受した。

［これを裏付けるハーランド・ベントレーおよびジョン・メイナードの証言を見よ。SG］

我々は彼らの送信を妨害したり，彼らと交信したりするために，送信試験を行なっていた。コロラド州の最高機密基地がその状況を監視していたが，彼はそれらの基地のことを知っていた。

やはり異星人に関する状況をMI5とMI6（英国軍情報部第5課，第6課）を介して監視していた別の基地がロンドンにもあった。米国大統領ジミー・カーターは，海外で起きていた幾つかの出来事を知らされていた。このNSAの証人はその送信を直接担当した。イランやイラクで起きていた幾つかの異常接近事件について，カーターには滞りなく情報が送られていた。イランでは，数機の戦闘機――我々が彼らに売った米国軍の航空機だ――がこれらの宇宙機を追跡したところ，その計器が暴走した；そのうちの1機は危うく墜落しそうになった。パイロットはその物体――円形をした巨大物体だった――から離脱し，何とか機体を立て直した。この証人はその情報を直接担当し，NSAを経由して国防総省に送った。情報はすべて暗号化されていた。

カーターはほとんど蚊帳の外に置かれた――統制グループはある理由で彼を信用しなかった。彼は出てきて，報道機関に対して無分別な発言をするのではないか。彼らはそれを恐れて彼を信用しなかった。彼らはカーターを蚊帳の外に置いた。しかし彼は，イランとイラクで起きている出来事を統合参謀本部から知らされていた。ETたちは我々の戦争努力，特に核爆弾等の実験を監視していた。

このNSAの証人は1974年に軍に入り，1985年頃に辞めた。つまりNSAを去った。彼によれば，ヘンリー・キッシンジャーは1950年代に遡ってこの研究グループに関わっていた。その目的は，この情報の波及効果を研究し，信頼できる筋からこの情報を流した場合に何が起きるかを明らかにすることだった。彼らはこれを行なうために，ランド研究所やその類のシンクタンク等，ある種の外部研究グループに機密情報を流し，肩代わりさせた。

基本的に，これらのプロジェクトはMJ-12（マジェスティック12）グループにより統制されていた。もうこれはMJ-12とは呼ばれていない。私はこの組織の新しい名前を見つけようとしている。エリア51で働いていた私の接触者はこの組織の名前を知っているが，それを私に言うのを拒んでいる。要するに，これはワシントンD.C.の国家安全保障会議および国家安全保障企画グループと交じり合った一つの統制組織だ。あらゆることの管理統制を行なう国家安全保障企画グループと呼ばれるグループがある。MJ-12はこれらの人々，国家安全保障企画グループと交じり合っている。

彼らは完全な統制力を持っている。彼らは今起きていることを大統領に知らせる。すると大統領はそれを認可するか，単に“やってくれ”と言うだけだ。彼らは完全な統制力を持っている。彼らに議会の監視はまったく及ばない。彼らは誰に対しても答えない，米国大統領以外には。しかし，私が理解したところでは，その大統領をさえも締め出そうとしている。

大統領は，もはやこれらのグループに対してそれほどの統制力を持たない。それはまるで別の組織だ。彼らはどのようにして資金を得ているのか。私にはそれを知る術がない。私はそれを見つけたいと思っている。というのは，何が行なわれているのかを会計検査院が知らないからだ。彼らは金がどこに流れているのか，その行き先を知らない。このグループが何をしているのか，何を研究しているのか，それを会計検査院は知らない。このグループはすべてを極秘プロジェクト作戦の中に隠す。彼らは，アヒルはどうしてあまり空を飛ばないのかを研究している，とでも言うかもしれない。そしてそれを最高機密プログラムの中に隠す。このようにして，大統領は統制力を失いつつある。彼は間違いなくこの問題に対して統制力を失い始めている。カーターが蚊帳の内に置かれなかった理由もそれだ。

彼らは異星人がどこから来ているのかに関して，情報を公開することを望んでいない。しかし，その場所の幾つかは地球にある。この地球には異星人たちにより建設された地下基地がある。私が理解したところでは，彼らはそれを，コロンブスがアメリカを発見するよりも前の遙か昔に建設した。この情報は大騒動を引き起こすだろう。

NSA（国家安全保障局）が公開を恐れているのはこの種の情報なのだ。

NSA は，追跡と迎撃に関して NORAD（北米航空宇宙防衛司令部），空軍，陸軍と共に，NRO（国家偵察局）とも行き来しながら協力している。彼らはこの行動に関してはすべて一体だ。そして，そのすべてが MAJI 統制と呼ばれる最高機密グループに結びついている。

SG：MAJI 統制と，それがどのように機能しているのかについて，彼は何を語りましたか？

AH：MAJI 統制は ONI（海軍情報局）により支配されている。それは CIA（中央情報局）や NSA（国家安全保障局）のような，最高機密収集グループだ。実際に，ONI は CIA と同じようなものだ。それは海軍内部の最高機密組織で，NSA や CID（犯罪捜査部）と似ている。情報はすべて暗号化されている。彼らはちょうど CIA のように，外で情報収集をする工作員たちを抱えている。それはすべてきわめて厳重な最高機密だ。

[主要な統制グループとして MAJI 統制の名を挙げた別の情報源を我々は持っている。政府文書を見よ。SG]

私が知ることになったもう一つのプロジェクトは，ルッキンググラス作戦（Operation Looking Glass）だ。それはエリア 51 で進められている最高機密プロジェクトで，未来を見ようというものだ。タイムトラベルを使って未来を予知し，未来を覗き込む。これはレッドライト計画に関連して現在もエリア 51 で進められている。

SG：そのプロジェクトをあなたに教えたのは誰でしたか？

AH：CIA の友人から聞いた。ユタ州で癌で亡くなったあの CIA の友人，ブレット・メリルだ。彼によれば，それ（*タイムトラベル）は異星人の技術に基づくものだという。それがどのようなものなのか，どれほどの規模なのか，そのような話を彼は一切しなかった。しかし，それはまさしく異星人の技術から来た。異星人たちは何年も先の未来に入り込み，何が起きることになっているのかを知る。彼らは過去に行くこともできる。

[これはいかにも非現実的な話に聞こえる。しかし私は，このプロジェクトの存在を確証する何人かの人にインタビューをした。彼らは，闇のプロジェクトが時空の改変を可能にする途方もない技術を持っていることを確証した。SG]

宇宙機の大部分は，反重力と電気重力推進によって作動する。我々は，今まさに反重力に関して結論を得るところまで来ている。私はそれをおそらく約15年後と見ている。そのとき我々は，この種の技術を利用した浮揚する車を持つことになるだろう。我々は今それをエリア51で行なっている。それこそが，私の友人がノースロップ社の一員としてエリア51で取り組んでいたことの一部だ。彼は今ネバダ州パーランプに住んでいる。我々はまさに今，反重力輸送機をそこで，またユタ州で飛ばしている。

彼らには最高機密取扱許可カーブ（CARVE）が与えられていた。ボブ・ラザールならおそらくそれを認めるだろう。

ボーイング社は今，ユタ州ソルトレイク市である事業を行なっている。だから，ボーイング社を引き入れることについては政府として何の問題もないだろう。彼らは設備の大半――エリア51の少なくとも35パーセントから40パーセント――をユタ州に移動した。ロッキード社とノースロップ社はこれに深く関わっている。

私はこれまで多くの接触者から様々な情報を得てきた。そこから導き出した私の最終的結論は，次のとおりだ。この（*UFO/ET）情報の公開を政府が恐れる理由は，宗教的なものだ。おそらく，これは我々自身に対する我々の見方，我々は何者かという観念を破壊する。

たとえば，火星の人面岩に関して我々が収集し得た情報，私はそれを確かな事実として知っているが，これは大きな衝撃を与えるだろう。これまで話に出さなかったが，私にはNASA（航空宇宙局）のJPL（ジェット推進研究所）に別の接触者がいる。私はそれについてあまり話せない。というのは，彼はまだそこで働いているからだ。私が知るこの人物は，NASAでとても高い役職にある。彼は，それが紛れもない顔であることを彼らは知っていると言った。それが，我々ではない何者かによって彫刻されたものであることを，彼らは知っている。画像分析により，彼らは火星の人面岩が事実であり，嵐による浸食や光のいたずらによるものではないことを知っている。彼らは，火星の人面岩が，この地球に紀元前4万5,000年頃にやってきた地球外種族によりつくられたことを，事実として知っている。彼らはこの地球に文明を築いた。彼らは我々の惑星地球と火星の間を往来しながら，我々に知識を与え，彼らがつくった種族すなわち我々の進化を促した。この事実は一般大衆に衝撃を与えるだろう。私の考えでは，これこそが，NASAと諸政府——特に合衆国政府——がこの情報の公開を拒んでいる大きな理由だ。なぜなら，一つの事実から別の事実が導かれ，いずれは誰かが，我々は地球外種族によりつくられたという結論に到達するだろうからだ。これはこの地球上の誰にとっても衝撃的なことだろう。だから，彼らはそれを恐れて公開を拒んでいるのだ。それが，この調査と異星人は何者かということについての，私の最終的結論だ。私は，惑星火星にいた異星人が地球に来て，今日我々が知る文明を築いたのだと心から信じている。そして彼らは，これらのグレイと呼ばれる地球外生命体をつくり，我々が彼らの創造物と彼らの惑星を吹き飛ばしてしまわないかを監視させているのだと思う……

Testimony of British Police Officer Alan Godfry

英国警察官
アラン・ゴッドフリーの証言

2000年9月

アラン・ゴッドフリーは退職警察官で，1975年から1984年まで英国ウェストヨークシャー州都市警察に勤務した。1980年11月28日，彼を含め六人の警察官がUFOを目撃した。彼が見たのは約75フィート離れた場所に浮かぶ，ダイヤモンドの形をした1個の物体だった。物体は地面から5フィートの高さに浮揚しており，幅約20フィート，高さ約14フィートと推定された。その下半分は回転しているように見えたが，上部は静止していた。物体は無音だった。この事件を報告して数箇月後，彼は嫌がらせを受け始めた。彼は50マイル離れた職場に転勤させられ，ついには彼がいた警察署に入ることも禁じられた。彼のロッカーには密輸麻薬が置かれた。

AG：アラン・ゴッドフリー／SG：スティーブン・グリア博士

AG：私の名前はアラン・ゴッドフリーだ。私は退職警察官で，英国ウェストヨークシャー州都市警察に1975年から1984年まで勤務した。1984年に退職せざるを得なかったのは，勤務中に負った怪我のためだった。

その遭遇は1980年11月28日に起きた。私を含め六人の警察官がUFOを目撃した。そのうちの三人はウェストヨークシャー州ハリファックス，二人はグレーターマンチェスター州のリトルボローという町，私はやはりウェストヨークシャー州にあるトッドモーデンという町に勤務していた。

事件はその日の朝5時から5時15分の間頃に起きた。ハリファックスにいた三人の警察官はハワード・ターンペニー巡査，ジョン・ポーター巡査，婦人警察官のジュリー・バクスターだった。ジョン・ポーターが警察犬を連れ，三人は盗難オートバイを捜してハリファックスを見下ろす荒野（ムーア）に来ていた。

荒野にいる間に，低く厚い雲を伴った前線が近づいてきた。彼らはその雲よりも低い位置に，青い光を点滅させる大きな球体を見た。それは奇妙な動きをしていた。ヘリコプターとも飛行機とも異なる動き方だった。その動きがあまりにも異常だったので，婦人警察官のジュリー・バクスターは気が動転し，パトロールカーの中に戻った。ジョン・ポーターが連れていた犬は，この物体に向かってうるさく吠え始めた。そのとき物体は下降してブーンという音を発し，彼らの頭上をかすめてトッドモーデンの方角へ飛び去った。

それから約5分後，二人の警察官はブラックショーヘッドにいた。そこは荒野道路で，彼らはホワイトハウスと呼ばれる宿泊所の駐車場にいた。そこで彼らはリトルボローやロッチデールの街を見下ろしていたが，そのとき二つの塔の間に1個の物体が浮かんでいるのに気付いた。二人は呆然とそれを見つめた。彼らはこの事件を指令室に報告し，そのうちの一人は目撃した物体をスケッチした。物体はそこに数分間留まった後，打ち出されたようにして飛び去った。向かった方角はやはりトッドモーデンだった。

それから約5分後，つまり5時10分頃ということになるが，私はパトロールカーに乗ってA646号線をバーンリーに向かっていた。道路の前方を見ていた私は，正面のおよそ150ヤード先に1個の物体を認めた。最初に頭に浮かんだのは，2階建てバスが停まっているということだった。そんな状況だったが，私はこの物体に向かっていった。私がその物体に近づいたとき――物体から約25ヤード以内の距離――目に入ったものは私を困惑させた。

私はまず，熱気球の一つが降下したのだと考えた。次に，今は朝の5時だと考えた。そうこうしている間に，私はこの物体が地面から浮揚しているのに気付いた；パトロールカーに乗っていて，物体の下を通して向こうが見えたのだ。それは地面から約5フィートの高さに浮揚していた。物体は前方の道路の大部分を隠していたので，その横幅は約20フィートだった。というのは，道路はそこでかなり狭くなっていたからだ。また，道路照明がその頂部の上に見えていたことから，物体の高さは約14フィートと推定された。

私はそれを眺めながら，約25ヤード離れて車を停めた。次に，パトロールカーのブルーライト，ヘッドライト，ハザードライトなど，考えられる限りのライトを点灯した。これで道路が完全に封鎖された。物体はダイヤモンドの形をしており，二つの部分が結合しているように見えた。その下半分は回転しているように見え，上半分は静止しているようだった。また，その周囲を黒い窓かパネルが取り巻いているように見えた。

私は完全にショックを受けていた。道路を縁取っている茂みや樹木は，まるで強風が吹いているように激しく揺れていた。しかし私の車は，見たところ静止していた。車の中では何の振動も感じなかったし，何の物音も聞こえなかった。物体は私に聞こえるどんな音も発していなかった。

私はUHFパーソナル無線を試してみた。これは警察官なら誰でも携行している。次にVHFを利用するカーラジオも試してみた。しかし，どちらの周波数帯も作動しなかった。

[きわめて近い接近遭遇の場合，このような電磁気的干渉は珍しいことではない。海軍中佐ベスーン，その他の証言を見よ。SG]

次に何をしたらよいかと考えていた私は，メモ帳を取り出し，それを描くことにした。それを描き始めたところまでは確かに覚えている。しかし，いつそれを終えたかは思い出せない。なぜなら，そのとき大きくて強烈な閃光が見えたからだ。まるで1,000人の写真家が一度にフラッシュを焚いたような，恐ろしいほど強烈な光だった。その数秒後，私は約40ヤードから50ヤード先に進み，パトロールカーを運転していた。私の記憶が正しければ，車のブルーライトもハザードライトも点滅していなかった。ヘッドライトも点灯していなかった。

私は車の向きを変え，この物体があった場所まで戻った。というのは，物体は飛び去っていたからだ。雨が終夜降っていて，路面は完全に濡れていた。しかし，この物体があった場所――そこだけは渦巻き状に乾いていた。

私は，あの大きな閃光が発生したとき，自分の人生の一部が完全に失われていることに気付いた。つまり，説明のつかない時間だ。

20年前の私は，UFOや地球外生命体といった類のことは考えることすらなかった。そのとき私がもっと心配したのは――信じようと信じまいと――物体が道路を塞いでいるということだった。それが私の一番の関心事だった――それが間の抜けた考えだったことは，今ならよく分かる。しかし，私が実際に目撃を経験したときの状況はそういうものだった。私は，おお！ これが空飛ぶ円盤か！とか，どこから来たのか？とは思わず，この物体は道路を塞いで一体何をしているんだ？と思ったのだ。

それはまったく航空機に似ていなかった。ご存じのとおり，航空機は飛ぶものだ。垂直離着陸ジェットでない限りは。この物体は浮揚し，動いていた。私はこれが典型的なUFO，未確認飛行物体の状況ではないかと思う。

その後私は，他の警察官たちの目撃について知るようになった。私にとっては大きな救いだった。それが私にとりどれほど大きな救いだったか，あなたには想像できないだろう。なぜなら，一人の警察官が，あの小さな共同体の中で同僚たちから受けた扱いがどんなものだったのか，あなたには理解できるはずがないからだ。

しかし，私がハリファックスの三人の警察官のことを知り，それからまた数箇月経ってグレーターマンチェスター州の二人の警察官のことを知ったとき，それは大きな救いになった。私の頭はおかしくなかった；私の目撃は間違いではなかった。

信じようと信じまいと，我々の警察署には，国防省にUFO目撃を報告するためのある書式があった。それを，当時あったテレプリンターで送信する。こうして私の報告書は，ハリファックスの三人の警察官——同じ警察組織の同じ課——の報告書と共に，24時間から48時間以内に国防省に送られた。私はその夜の勤務で陳述をしなければならなかった。同じ時刻に他の警察官たちもそうしたはずだ。私は彼らも確かに陳述をしたことを知っている。というのは，私は彼らと話したからだ。

その事件から15年か18年近く経って，国防省はあの報告書を受け取ったことを否定した。私がそれを知っているのは，本を書いていたあるジャーナリストが国防省に手紙を書き，これらの警察官の報告書を再調査することが可能かを問い合わせたからだった。国防省からジャーナリストに送られた手紙には，アラン・ゴッドフリーの遭遇およびウェストヨークシャー州の警察官云々に関しては，報告を受理した記録がないと書かれていた！

事件の後で起きたことに，私は本当に驚いた。私の人生はあっという間にひっくり返ってしまった。のんきな男が6箇月の間に地獄を経験させられ，想像もできないような惨めな人間になってしまった。その原因は他でもない，嫌がらせ，圧力，虐待，ありとあらゆるものだ。私は実際にそれを経験したのだ。

最初それは何気ない風にして始まり，次第に激しくなった。ある日職場に着くと，私に50マイル離れたウェイクフィールドへの転勤命令が出ていた。私は自分の家を持ち，結婚もしていた。子供が三人いたが，真ん中の子供は腰に先天性疾患があり，3箇月から4箇月の入院を終えて車椅子の生活だった。また，妻は三人目を産んだばかりだった。私は行きたくなかった。

次の嫌がらせは，私が休暇で帰宅したときに起きた。私は異動になっていた。その日の9時から，今度はウェイクフィールドではなくハリファックスだった。これはひどく不便な場所だった。まず第一に，私は車を持っていなかった。さらに，その警察署の勤務表にあるように，朝5時45分のパレード任務に間に合うように出勤することは事実上不可能だった。始発バスは朝5時45分までにそこに着けなかったからだ。言っていることがお分かりだろうか？それでも私は行かなければならなかったので，とにかく行った。私がハリファックスに着くと，すぐに人々と接する仕事から外された。一般市民と交わることはできないということだった。

[ここで述べている扱いが，米国軍のファイラー少佐，その他の証言内容と類似していることに留意されたい。重大な事件の後では関係者の突然の異動が行なわれる。SG]

その後，私は病院に行って検査を受けるように言われた。我々がスタンリー王立病院に行ったところ，何とそこは一般の病院ではなく，精神科病院だった。このとき私は心底不安になった。不安のあまり，私は同僚に，何があっても私をここに置いていかないでくれと頼んだ。もし私が面接を受けることになったら，君も一緒に来てくれと。彼は実に申し分のない男だった。彼は完全に分かっていた――我々は前の職場で同僚同士だった。我々は診察室に入った。二人の精神科医が正面に座り，一人の女性が脇でメモを取った。彼らはありきたりな話から始めた。子供の頃のこととか，そんな話だ。間もなく，私も同僚もここで進行していることが何なのかをはっきりと知ることになった。彼らはこう言った。“あなたたちは幻覚を見ていたのだと思う”私――“なんだって？”精神科医――“私たちの理解では，あなたたちは幻覚を見ていて，緑の小人と空飛ぶ円盤を目撃したのだと思う”
それを聞いて私は怒りがこみ上げた。同僚は“ちょっと，ちょっと。言わせてくれ。私もそれを目撃したし，アランの同僚も大勢それを目撃したんだ”と言い，何人かの名前を挙げた。彼らは呆れた様子でそこに座っていた。
私がここに来たのはこの怪我の検査のためなんだなと思っていた。私はその怪我のことを彼らに話した。ここ［頭部］はおかしくなっていない，この事故は2年前に起きたものだと言い，そのときの状況も簡単に説明した。私は昨日も仕事をしていた。しかし，精神科医たちの言い分はこうだった。あなたたちは正常じゃないと思われている。我々はあなたたちの精神状態を検査するように言われた。それを聞いて私は，ちょっと，私にも言わせてくれと言った：もしあなたが今夜自宅に帰り，車の中から私が見たような物体に遭遇したなら，どうするだろうか？　おそらくあなたは警察に電話をするだろう。私がその，あなたが頼りにする警察官だったのだ。そのとき私には，それを証明してくれる人がいなかった――そんな状況でこの事件が起きたのだ。
後日，私は以前勤めていた警察署に行った。誰かが，アラン，君は警察署に出入り禁止になっているぞと言った。私は，何があったんだ？と訊いた（彼らは私が知っていると思っていた）。それで私は言った。何を知っているって？　何が起きているんだ？　そうしたら彼らはこう言った。今日の午後，6-2当番と2-10当番の間，全員によるパレードが行なわれた。二つの当番が合同でだ。夜のパレードでもその命令が読み上げられることになっている。その内容はこうだ。巡査アラン・ゴッドフリーはトッドモーデン警察署に出入り禁止になった。よって公務以外でここに入ることは許可されない。もしここにいた場合にはその間ずっと付き添いが監視する。その理由を問うと，彼らはこう告げられた。“物が紛失しているからだ”
しかし，私は異動になってからトッドモーデン警察署に来たことはなかった。ただし，自分が関わった訴訟事件のことで1度だけ戻った。
私の怒りは頂点に達した。翌日部長に面会を要求し，あなたはこのことを知っているかと訊いた。彼は，正式には聞いていないと言った。そこで私はこう言った。はっきりさせてほしい：今あなたは部長の立場で聞いていないと言った。部下の一人が，あなたの管轄下にある警察署の一つに，あなたの部下の命令により出入り禁止になった。それをあなたはまったく知らない。あなたはそれについて，昨日のゴルフコースで耳にした以上のことを何も知らない。誰がこの部を任されているのか？

私は，弁護士に令状を書かせると脅した。私は今あなたに警告した。今から反撃する，いつまでも泣き寝入りはしない。私はあなたから命じられたことはすべてやってきた。UFOや私が署名した文書について報道機関に話したことはない。私は誰にも話していない。それでもあなたたちは私を執拗に苦しめている。私に気違いの烙印を押そうとさえした。

後日，私は巡査部長と一緒に自分のロッカーに行った。鍵を挿そうとしたが，後ろのロック機構は床に落ちていた。我々がその扉を開けると，私の帽子があったところには密輸麻薬が置かれていた。それは警察署にあるはずのない物だったので，私のロッカーにあるとは思いもしなかった。もっとも，それが麻薬だったというのは私の推測にすぎない。なぜなら，私はそれをやったことがないからだ。とにかく私はそれを出してしまいたかった。そして当然そうした。その物は私のロッカーから出され，トイレで処分された。

精神的動揺，恐怖――私が経験したことを言い表す言葉は見つからない。信じてほしい，私は恐ろしさのあまり汗をかいたのだ。私は巡査部長にこう言った。ジム，あなたは私の証人にならなければならない，私の証人だ。あなたは私のロッカーを10時に覗いたが，そこには何もなかった。彼は少しうろたえ，こう言った；アラン，気をつけろ。

とにかく，我々はその夜の勤務を何とか終え，朝の6時に帰宅した。我々が同じ日の夜の勤務に戻ったとき，私は隅に呼ばれた。我々の内部調査室の人間だった。彼らは私のロッカーの中を見たいと言った。何のためか？と私は訊いた。彼らは，そんなことは気にしなくてよい，とにかく君の立ち会いで君のロッカーを見たいのだと言った。君さえよければ，誰か他の人間を一緒に連れてきてもよい。それで私はジムに，一緒に来てくれるかと頼んだ。こうして我々はロッカールームに降りていった。もちろん，ロックはすでに床に落ちていた――私がそのままにしておいたのだ。そこで私は驚いたふりをして，ロックが壊れていると言った。

中には私の制服以外に何もなかった。彼らは動揺した――彼らは案の定，動揺した。彼らは青ざめていた。私は，どうしたのか？と訊いた。あなたたちは何を捜しているのか？　私が何かこの中に隠し持っているとでも？

SG：彼らはあなたを陥れようとしていた可能性があるということですね？

AG：可能性ではない。それは実際に起きたことなのだ。

[ゴッドフリー氏は幸運にも仕掛けられた麻薬を内部調査官が来る前に発見した。私はそれほど幸運ではなかった人々のことを知っている。あまりにも知り過ぎた人々は，罠にかけられ，不当に投獄される——または証人としての信用を破壊される。こうして彼らは，口を封じられ，人目に触れない所に追いやられるのだ。SG]

Testimony of Mr. Gordon Creighton, Former British Foreign Service Official

元英国外務省
ゴードン・クレイトン氏の証言

2000 年 9 月

クレイトン氏は多年にわたり英国外務省に勤務した。彼は中国で 10 年間を過ごしたが，1941 年に大使館にいるとき，1 機の UFO を目撃した。白昼に見たその UFO は円盤型の無音の物体だった。頂部に青白色の照明を付け，高速で飛行していた。彼は 1953 年にホワイトホールにある国防省にしばらく滞在し，UFO を扱う航空技術部の下のフロアで働いた。イングランド南部サウサンプトン近くのマウントバッテン卿の地所に，1 機の UFO が着陸したと彼は言う。

GC：ゴードン・クレイトン氏／ SG：スティーブン・グリア博士

GC：私の名前はゴードン・クレイトンだ。私は多年にわたり英国外務省に勤務した。外務省では極東部に所属していたため，中国専門家になった。ケンブリッジですでにロシア語を学んでいた私は，こうして二つの言語を習得することになり，当然そのことがこの仕事をしていく上で大いに役立った。私は中国で 10 年間を過ごしたが，1941 年に大使館にいるとき，我々が UFO と呼ぶ現象を目撃した。

それは高速で飛行する，白っぽい円盤型の物体で，完全に無音だった。その頂部，つまり先端には青みがかった照明が付いていた。照明はアーク溶接の炎の色をし，規則的に点滅していた。それは決して忘れられない経験だった。今でも私の心の奥底に焼き付いている。

SG：これは昼間でしたか，それとも夜間でしたか？

GC：もちろん，昼間だった。白昼だ。しかもその飛行高度は高くなかった。

それは雲の下を飛んでいた。本当に速かった。我々はそれを白昼に見たことがあるから言えるが，あの有名な日本の戦闘機零戦よりも遙かに速かった。
その後，私はホワイトホールにある国防省に出向した。そこは外務省のすぐ近くで，私は情報将校として働いた。それは私のロシア語と中国語の知識を買われてのことで，当然私の仕事はこれらの二つの国の諜報事案に取り組むことだった。実を言えば，私はUFOを扱うこの部と隣り合わせのフロア，その下の階で働いていたのだ。結局，私は中国で何かを見ていた。さらに，私は今その同じ物体を扱う部の下の階にいる。この二つの条件から，私はすでにUFOが疑う余地のない現実であると考えていた。

SG：それは何年のことでしたか？

GC：1953年だったと思う。

SG：UFO問題を扱うこの部は何と呼ばれていたかご存じですか？

GC：それは航空技術部（Air Technical）だったと思う。確かにそう呼ばれていた。私は，UFOはひょっとしたらいるかもしれないと信じている人間ではなかった——私はその存在を確信していた。
私はそれを目撃したドイツ人に会ったことがある。ドイツ人パイロットだ。私は間違いなくそれを目撃した英国空軍（RAF）の人々と話をしたこともある。

SG：第二次大戦中に目撃されたフー・ファイターズについては，どのように説明されていましたか？

GC：私が聞いた説明では，それは常に小さく，球形で，銀色か金色または燃えるような赤，幅は1フィートか2フィートだった。私の想像だが，それはある種の遠隔測定装置だ。私の理解では，とても興味深いことがドイツで起きた。戦争終結後，連合軍がドイツを占領していたときのことだ。我々の爆撃機が1機ドイツ上空を飛行していた。当然，低高度飛行だった。与圧はなく，胴体ハッチが開いたままだった。そのとき，これらの物体の一つが機内に侵入したようだった。それは機内をあちこち動き回った。当然，八人ほどいた乗組員の全員がそれを見た。それはしばらく動き回った後，再び機外に飛び出した。おそらく物体は，乗組員全員の個人データを読み取っていたのだ。つまり，その容貌，血圧，精神の発達状況など，すべてだ。そして出ていった。それから何年かして私はブラジルに行ったが，そこではこれらの物体の一つが墜落した。ウバツバという場所だ。そこから少量の破片が回収された。結局それは米国の手に渡ったが，成分のほとんどがマグネシウムだったという。

その後，我々はフライイング・ソーサー・レビュー（Flying Saucer Review）という雑誌を創刊した（*ゴードン・クレイトン氏はこの雑誌の編集者だった)。我々が最初に受けた二つの購読申し込みは，エディンバラ公と彼の叔父マウントバッテン伯爵からのものだった。興味深いことに，この同じ年の1954年にエディンバラ公は，英国国防省に対して同省が持っているあらゆるUFO報告のコピーを提供するように求めた。これは公爵がきわめて早い時期からUFOに関心を持っていたことを示すものだ。当然，我々の雑誌はそれ以来公爵に送られており，今なおそれが続いている。実を言えば，私はチャールズ皇太子にもそれを送った。そしてもちろん，雑誌は公爵の叔父マウントバッテン卿にも，彼が暗殺されるまで送られ続けた。

記者のドロシー・キルガレン（*米国のジャーナリスト）がロンドンにいて報告を行なっていた。彼女はこう言った。“昨夜，私は夫と一緒にあるカクテルパーティーに行き，一人の人物に会いました。彼の名前は米国人なら誰でも知っています。彼は私たちに，小さな搭乗者たちを乗せて墜落した宇宙機の話をしてくれました”私はそれを聞き，墜落が英国内で起きたのかと思った。それがロズウェルのことだとは知らなかったのだ。

しかし，我々は興味深い事実を知っている。イングランド南部サウサンプトン近くのマウントバッテン卿の地所に，1機のUFOが着陸したという事件だ。1960年代初期，卿はその地所の手入れを任せる一人の男を雇っていた――つまり管理人だ。ある朝――季節は冬で，地面には雪があった――この管理人は1機のUFOが空中に浮かんでいるのを目撃した。そしてUFOは着陸した。彼は気が動転し，館に駆け込んだ。男の名前はブリッジェズといい，英国陸軍にいて戦争の経験もあった。彼らはこの男をマウントバッテン卿に会わせた。卿は事の次第をこの男に語らせた。それから引き出しを開け，様々なタイプのUFO が写っている写真の束を取り出した。マウントバッテン卿はその写真を1枚ずつこの男に見せ，質問した。見たのはこれだったか？　この種類だったか？　ブリッジェズは，それに近い写真を1枚指さしたらしい。すると彼らは秘書の女性を呼び，ブリッジェズの話を書き取らせた。彼らはそのコピーを6部つくり，ブリッジェズはその全部に署名した。卿はそのうちの1部を，保存しておくようにと言って彼に渡し，残りの5部を引き出しにしまった。お聞きのとおりだ。マウントバッテン卿の地所で UFO の着陸事件が起きていたのだ。そして UFO はマウントバッテン卿の大きな関心事だった。

今我々は，スターリンが米国人よりも早く行動に移したことを知っている。スターリンはニューメキシコにおける UFO 墜落の後，1947 年というとても早い時期にこの問題を知るようになった。スターリンはあらゆる場所から報告を集めていた。ある日，スターリンは彼らの最高の天文学者を呼び，これらの報告書のすべてを見せた。スターリンはこう言った。そこに座ってそれを見たまえ。君はそれをどう思うか？　その天文学者はこう言ったという。家に持ち帰って見てもよろしいですか？　するとスターリンはこう言った。だめだ。君から返事が聞けるまで，君はこのクレムリンのここに座り続けることになる。その天文学者はこう答えたという。確かに，それはこの世界のものではありません。それはこの地球のものではなく，地球外のものです。スターリンは彼を UFO 研究の責任者にしたかったようだ。しかし，彼はこう言った。私は天文学者であり，数学者です――私は UFO 研究をしたいとは少しも思いません。そしてもちろん，彼はその後，ソ連のロケット計画全般の責任者になった（*証言ビデオによると，この‘天文学者’とは当時のソ連の指導的ロケット技術者，セルゲイ・コロリョフのことだという）。

もちろん米国からすれば，それはきわめて重要な，最高機密にしておくべき事柄だった。

この秘密の終わりは，ソ連帝国の崩壊と共にやってきた。なぜなら，その危険はもはや存在しないからだ。

この国では秘密の漏洩がほとんど起きなかった。あなたの国（*米国）で起きたよりも遙かに少なかった。英国ではこの秘密が実によく守られてきた。

J・アレン・ハイネックは私のよき友人だった。私は彼にこう訊いたことがある。これらのUFO事件が始まった原因は一体何だと思うか？　彼らはずっとそこにいたはずなのに，1947年以後の彼らのこの大きな関心は何が原因だと思うか？　私の記憶によれば，彼は少し考えてこう言った。原子爆弾だということは明白だ。もしあなたが多次元理論というものを考え，それを受け入れるなら，我々がとんでもない大被害を引き起こしてしまったことは大いにあり得る。我々はある領域において，この世界で与えたよりもさらに大きな被害を与えたかもしれない。もしあなたがミツバチの巣を蹴ったなら，ミツバチが出てきてあなたを見ても驚くには当たらないだろう。もしあなたが彼らを傷つけたなら，彼らはあなたを刺すことさえするだろう。だから，これはとてつもなく複雑な問題だというのが私の答えだ。

人類が今のまま振る舞い続けるなら，自滅するだろう。人類は弓と矢で永遠に生き続けることもできた。今のこの技術では永遠に生存することはないだろう。どちらか一方だ。

あまりにも知り過ぎて，厄介になったり不都合になったりした人々を始末するために，諸機関は様々な手を打ってきたと私は確信している。

私の推測では，これは少なくともフライイング・ソーサー・レビュー誌の編集者の一人に起きた。米国のM.K.ジェサップ（*UFO研究家）にも同じことが起きた。ジェームズ・マクドナルドの場合はその可能性がきわめて高いと思う。

[ロバート・ウッド博士の証言を見よ。マクドナルドはUFOが実在することを知っていた尊敬すべき科学者で，1960年代終わりにデータに基づき議会で証言した。SG]

完璧なほどに幸せな生活を送っていたあのマクドナルドが，なぜあれほど恐ろしい方法で自ら命を絶ったのか，また絶たなければならなかったのか，私には理解できないのだ。

ケネディは，UFOの問題についてもっと多くの情報を得ようとし，CIAとの間でちょっとした闘争を行なっていたかもしれない。彼はそれをロシアと一緒に取り上げて検討すべきだと考えていたらしい。もし彼がそれをロシアと一緒に取り上げるつもりだったとしたら，CIAはそれを時期尚早で非常に危険な行為と思ったかもしれない。そう考えると彼の抹殺の説明がつくだろう。

米国では確かにこれまで（*UFO の）墜落が起きてきた。私は米国当局がその遺体を保存していると確信している。それもかなりの数を。他にも持っている国があるのではないか。おそらくロシアは持っていると思う。

Testimony of Sergeant Karl Wolfe, US Air Force

米国空軍軍曹
カール・ウォルフの証言

2000年9月

カール・ウォルフは1964年1月から4年半空軍に勤務した。彼は最高機密取扱許可クリプトを持ち，バージニア州ラングレー空軍基地の戦術航空軍団（TAC）で働いた。彼はNSA（国家安全保障局）施設で働いていたとき，ルナー・オービターが撮った月面写真を見せられた。そこには細部まで分かる人工構造物が写っていた。これらの写真は1969年のアポロ月着陸以前に撮られたものだった。

私は1964年1月18日から1968年10月18日まで米国空軍に勤務した。4箇月早く空軍を辞めたのは，基本的には復学するためだった。空軍を去るとき階級は軍曹で，最高機密取扱許可クリプトを持っていた。私が勤務した部隊は，バージニア州ラングレー空軍基地，戦術航空軍団第4444偵察技術群だった。

私がいた部隊は写真偵察に関わっていた。彼らは，誰にもその存在が知られていない時期からU-2（*高々度偵察機）やスパイ衛星を使っていた。当時は，我々がスパイ写真やスパイ衛星写真を撮っていることを誰も知らなかった。当然ながら，我々がU-2計画を実行していることなど誰も知らなかったし，その計画の能力についても同様だった。我々はまた，C-130（*ハーキュリーズ）など，戦場に投入するあらゆる種類の航空機を使い，ガンカメラ映像や偵察映像も撮っていた。我々の仕事は偵察のための映像処理をすることだった。

それは1965年のことだった――1965年の6月か7月か，その時期のことだったと思う。私は電子工学の知識を持つ写真技術者だった。

私がいた部署は新しくできたばかりの施設だった。そこはベトナム戦争の激化に対処するために設置された施設で，設備は何もかも新しかった。私はその施設の立ち上げのために1965年1月からそこに来ていた。我々が関わったことの一つに，自動地形検出というものがあった。そこには地形を再現するシミュレーターがあった――その装置に巨大な地形図を読み取らせるのだ。次にその地形の上をカメラでスキャンし，地形をフィルムに記録する。その記録フィルムを飛行機に搭載すると，飛行機はレーダー網をかいくぐって地上すれすれに飛行することができた。それはATRAN（自動地形認識航行）と呼ばれていた。当時はこの技術のことも誰も知らなかった。我々はそのために必要な設備をすべて揃えていた。

それはともかく，ある日私はカラー現像所にいた。上司のテイラー軍曹がやってきて，基地にある装置の一部に問題が生じていると言った。それは最初のルナー・オービター計画のもので，彼らは1969年の最初の月面着陸のために着陸候補地を探す任務を負っていた。その装置の一部に問題が生じているということだった。その装置は我々のものに似ていた――コンピューター化された密着焼付装置だった。軍曹は“行ってそれを見てくれないか？　そこはNSAの施設だ”と言った。当時私はNSAのことを知らなかった――それほど純真だった。私は彼がNASAと言ったと思ったのだ。だから私は長い間，自分が行ったその場所はNASAの施設だと思い込んでいた。しかし思い返すと，彼はNSAと言った。それが私の心の中でNASAに変わっていたのだった。

NSAは国家安全保障局だ。私は10年か15年前まで，国家安全保障局のことはよく知らなかった。

こうして私は，ラングレー空軍基地にあるこの施設まで行くように言われた。そこではNSAがルナー・オービターからの情報を収集していた。私は道具を幾つか詰め込んでその施設に向かった。二人の将校が私を巨大な格納庫の中に連れていった。私が入っていくと，そこには他国から来た人々，私服を着た大勢の外国人がいた。彼らは通訳を伴っており，首には立入許可証を下げていた。

[ペルーの基地の国際性について述べたジョン・ウェイガントの証言を見よ。彼はET宇宙機が撃墜されたときそこに駐在していた。SG]

最初に私の頭に浮かんだのは，もしこれがNASAなら，これらの外国人はここで何をしているのかということだった。なぜ彼らは別の言葉で話しているのか？　私にはさっぱり分からなかった。しかしその光景は私に強い印象を与えた。一体彼らはここで何をしているんだ？　彼らはとても物静かで，控えめだった。その頭上を奇妙な幕が覆っていた。彼らはとても心配そうな表情をしていた。

私はこの現像所に入り，装置を見た。そこには空軍二等兵が一人いた――私も空軍二等兵だった。彼は装置のスイッチを入れ，動作を確かめた。やはり正常ではなかった――それで私はその原因を調べた。私は彼にこう言った。“装置を現像所の外に出さなければならない。暗い中では原因を調べることができない”彼は誰かを呼び，装置を移動するために何人か必要だと言った。装置は家庭用小型冷蔵庫くらいの大きさがあり，容易には動かせなかった。

こうして，その施設つまり暗室には，この空軍二等兵と私だけが残った。我々はそこで，この装置の移動を手伝ってくれる人々が来るのを待っていた。待つ間に，私は彼にこう訊いた。“ここで行なわれている作業には本当に驚いたよ。彼らはどのようにしてルナー・オービターの画像をこの現像所に取り込んでいるんだい？”彼は丁寧に説明した。世界中の様々な電波望遠鏡が接続されており，データはすべて通信回線経由でラングレーフィールドに収集される。当時私は，この暗室，この活動，この施設の本当の目的が何なのかを知らなかった。私はこの施設を，データを収集して画像に加工し，一般に公開する場所だと思っていた。この施設が別の問題に関わっているとはまったく思いもしなかったのだ。

彼はこのようにして，この情報のすべてを話し始めた。ただし，私はこれだけは知っていた。我々が行なっている作業は機密扱いであること，我々の仕事は区画化されているために，彼が私に話すことができるのは私に関係のある部分だけであること，などだ。とにかく彼は，デジタルデータとして受信された情報を写真画像に変換する装置を見せながら，物事がどのように進んでいくのかを一つ一つ説明してくれた。当時，彼らは35ミリフィルムに帯状画像を再現し，それを並べて横18インチ，縦11インチのモザイクにしていた。彼らはそれをそう呼んでいた。それぞれの35ミリ帯状画像は月を周回しながら連続的に撮影されたもので，フィルムにはデジタル符号とグレースケールも記録されていた。彼らは月面のある区域を撮影し，次にまた別の区域を撮影し，それを繰り返していってそれらをつなぎ合わせ，大きな画像を構成していた。こうしてでき上がったモザイクは密着焼付装置にかけられ，焼き付けられた。
彼はこの作業が行なわれていく様子を説明しながら，私を部屋の一方の壁際まで連れていった。そしてこう言った。“ところで，我々は月の裏側に基地を一つ発見したんだ”私は，誰の？と訊いた。どういうことだ，誰の基地？すると彼はこう言った。“そうとも，我々は月の裏側に基地を一つ発見したんだ”それを聞いて私は驚き，少し恐怖を覚えた。もし今誰か部屋に入ってきたらどうしようかと，私は密かに考えた。我々は危険に曝されている，面倒なことになっている。なぜなら，彼は私にこの情報を話してはならなかったからだ。
私はそれに興味をかき立てられた。しかし，彼が越えてはならない限度を踏み越えていることも知っていた。次に彼は，これらの一連の連続写真から1枚を取り出し，月面上のこの基地を指し示した。それは幾何学的形状をしていた――塔，球形の建物，とても高い塔，レーダーアンテナに似た物体などがあったが，それらは巨大な建造物だった。

[ラリー・ウォーレンの証言を見よ。SG]

私はもう彼に何も言わなかった。なぜなら，繰り返すが，今にも誰かが入ってきて我々の会話を聞いてしまうのではないかという心配があったからだ。そうなったら，我々は本当に厄介なことになる。彼は話せる相手がいなかったから，この情報を私に話していたのだ。多分あの現像所では，彼は数少ない下士官の一人で，働きバチだったのだと思う。彼は明らかに高いレベルの機密取扱許可を持っていた。しかし，その情報を他の誰とも共有することができなかった。もちろん，当時の我々はそういうことはしなかった。機密取扱許可を与えられるというのは重大なことだったのだ。我々はそのように教育され，その誓約を守っていた。
だから，彼のように行動する者は珍しかった。この同僚と私は同じ階級だった。彼はとても気が沈んでいる様子で，部屋の外の科学者たちと同じように青ざめた表情をしていた。科学者たちも彼と同様に心配そうな様子だった。彼はこれを誰かに話さずにはいられなかったのだ。
その話はそこで終わり，私はそれ以上この話題には触れなかった。私はそれを自分の中にしまい込み，やるべきことに取りかかった。おかしな話だが，私は毎日帰宅するたびに，この話題をニュースが取り上げないかと密かに期待していた。私はよくテレビをつけ，ニュースを見た。月の裏側に基地が発見されたと報じているのではないか――本当に無邪気で単純だった。あれから三十数年経ったが，もちろん今でもそれについて聞くことはない。

あれらの写真がどの程度の解像度を持っていたかは知らない。しかし，我々の施設で作成していた衛星写真を使えば，あの時点でさえ車のナンバーを読み取ることができただろう。それほどの技術を我々は持っていた。それがルナー・オービターに搭載されていたかどうかは知らない。これについて私がいつも疑問に思うことは，火星やその他の宇宙探査で得られた写真が，なぜあれほど低解像度なのかということだ。我々は1960年代初めには，もっと高い解像度を得る技術を持っていた。そのことから考えると，それらの写真の解像度は低過ぎる。なぜなのかは分からない。私はいつもそれを不思議に思っている。

[これは重要な点である：一般に公開される画像は，こうした物体やET施設のような証拠を除去するために不都合な部分が削除され，改変される。ドナ・ヘアの証言を見よ。SG]

それを今私が見ているものと比較するなら，それらの建造物は巨大だった。なぜなら，私はそのときに見たものとよく似た人工物が写っている写真を実際に持っているからだ（*ウォルフ氏が装置を復旧させたので，プロジェクト責任者のコリー博士は喜び，最初の月面写真の数枚を署名入りでウォルフ氏にプレゼントした）。建造物の幾つかは半マイルの大きさがあった。つまり，巨大建造物だ。その大きさは写っている写真ごとに様々だった。先に述べたように，形状の幾つか――建造物の幾つかはとても高く，細かった。高さは分からないが，とても高かったはずだ。写真は斜めから撮ったもので，影があった。球形やドーム形のとても大きな建物があり，ひときわ目立っていた；大きな物体だった。本当に興味深かった。なぜなら，私はそれらを心の中で地球上の建造物と対比させていたからだ。しかし，それらは大きさと構造において，地球上で我々が見る何物とも比較にならないものだった。建造物の質感はかなり似ていた。私はそれを金属構造物に見立ててみたが，金属的な鮮明さはなかった。むしろ石の構造物のように見えた。それも人造の石だ。

建造物の幾つかはとても反射性の高い表面を持ち，二つほどは発電所の冷却塔のような形をしていた。また，それらの一部は直線的で高く，平らな頂部を持っていた。中には丸いものもあり，クォンセット・ハット（かまぼこ型プレハブ）に似たものもあった。それらにはドームがあり，温室のような外観をしていた。

私が見たその写真には，ある地形，かなり大きな地形上に寄り集まる一群の建造物があった。そのうちの一つには皿形の構造物が付いていた。しかしそれはとても大きかった。それはレーダーアンテナの形をしていたが，建物だった。その近くには別の建物があり，その頂部は斜めに切り取られたような形をしていた。

私はそれ以上それを見たくなかった。命が危険に曝されていると感じたからだ。言っていることがお分かりか？　本当はそれをもっと見たかったし，それをコピーしたかった。それについてもっと話し，議論をしたかったが，それはできないと分かっていた。これを私に話していた若い同僚は，完全にその時点での限度を踏み越えていた。

彼は誰かに話さずにはいられなかっただけだと思う。彼はそれについて議論しなかったし，できなかった。彼がそうしたのは，このことの重圧を受けて苦しんでいたからで，それ以外に何の意図もなかったと思う。

[これはおなじみのテーマである：秘密の重圧は巨大で，精神に大きな負担を強いる。これまで400人を超える証人からこの秘密の問題について機密情報を得，それを見てきた私は，こうした事柄を知ることがどれほど大きな精神の負担になり得るかを確証することができる。特に，これほど重大な問題について騙され続けている世界の中では，そのような知識を持つことの重圧は実に筆舌に尽くしがたい。SG]

私の場合，最終的にはクリプトロジック機密取扱許可を与えられた。この機密取扱許可を得たとき，私はU-2写真から衛星写真まですべての画像を見ることができるようになった。我々が行なっているあらゆる物事を知ることのできる資格だ。電子工学技術者である私は，施設のあらゆる区域に入っていかなければならなかった。これは面白かった。私はSAC，戦略空軍の戦略室にも入り込み，そこにある装置の保守をしなければならなかった。

こうして私は，自分と同じ階級の者なら普通見ることのない様々なデータを見るようになった。通常は，何か自分の仕事をする場合，その小さな一つの仕事だけをする。写真解析者なら，写真解析だけをする。それについて他人と話し合うことはない。U-2画像に取り組めば，U-2画像だけに取り組む。衛星画像に取り組めば，衛星画像だけに取り組む。しかし自分の仕事について他の誰かと話し合うことはない。あなたはその仕事をするだけだ。だから，もしあなたが写真処理員なら写真処理だけをし，その画像で見たことについて他の誰かと話し合うことは許されない。我々はこの区画化（compartmentalization）がどういうものであるかを徹底的に教え込まれた。自分がしていることについては，誰とも会話を交わしてはならなかった。

私は仕事として，こうした施設の様々な区域に出入りし，そこで行なわれていることを見て歩かなければならなかった。中には自分たちがしていることを教えてくれる人々もいた。彼らは，発見したミサイル発射台の写真を机の上に置いていたりした。ロシアの空母が甲板上にミサイルを据え付けている写真もあった。また，たとえばシナイ半島にあるミサイル発射台を撮った様々な衛星写真などもあった。当時，我々の部署の一部屋には，衛星写真を使って制作されたシナイ半島の地図があった。それはモザイクで，高さ60フィート，幅60フィートの巨大なものだった。きわめて詳細な地図で，見とれるほどの出来映えだった。私はこの衛星写真の中に車が写っているのを見たが，そのナンバーを読み取ることができそうだった。彼らは実際にそれを私に見せてくれた。だから，そのようなことは本当に行なわれているのだ。

さて，区画化の話に戻ろう。私は様々な区域への出入りを許可されていたが，それは私が区域を渡り歩きながら仕事をする技術者だという，それだけの理由によるものだった。私以外に様々な区域に出入りする資格を持っていたのは，高いレベルの機密取扱許可と知る必要性（need-to-know）を持つ一人の将校だけだった。結論を言えば，知る必要性を持たない限り，それについて知っていることを他の誰かと話すことは決してできなかった。たとえ誰かに訊かれても，話すことはできなかった。

誰もが特定色の立入許可証を身に着けていた。もちろん，その色は機密取扱許可のレベルに対応している。だから，ある部署内を区域から区域へと移動する場合，次第に高いレベルの保安区域に入り込むことになる。まずゲートを通り抜け，保安区域に入る。するとそこでは，身に着けていた立入許可証をさらにレベルの高いものと交換する。次に，その仕事に応じて他人と交わすことのできる会話のレベルを指示される。私が言われたのは，質問をするな，話し合うな，黙って入って修理にかかれ，だった。

我々は保安将校と一緒に座る。彼はあらためてこう訊く：仕事の内容は何だったか，何をしていたか，許可されていたことは何か。彼は，何を見たかとは訊かなかった。なぜなら，彼は私の機密取扱許可を知っており，私が何を見ていたかは知っていたからだ。私は，基地を離れたら用心深くなれと言われた。酒を飲むな。酒に酔うな。麻薬をやるな。友達になった相手には油断をするな。基地の周辺にはこの種の情報を集めている人間がいるし，スパイも大勢いる。軍事スパイや外国人スパイだ。とにかく自分の写真は撮らせるな。旅行するときには行く場所を慎重に選べ。私は軍を辞めてから少なくとも5年間は，行き先がどこであれ，その居場所を国務省に知らせずに出かけることはできなかった。

[これと同様の制限を受けていたメルル・シェーン・マクダウ，その他の証言を見よ。SG]

旅行するときには，いつも届け出て許可を得なければならなかった。米国内でさえそうだった。私がどこにいるか，常時彼らは知っている必要があった。たとえば，もし我々がベトナムに行ったとすれば，いつも銃を持った何者かが我々と一緒にいる。もし我々が敵の手に落ちるようなことになれば，彼らは基本的に我々を消す。彼らは敵が我々を捕まえることを望まない；その代わりに我々を殺すのだ。

我々はこのような条件下で作戦に従事していた。もし悪いヤツらの手に落ちたらと，我々の命は常に危険に曝されていた。そのことを我々は認識していた。私は軍を辞めるとき，こう言われた。私が政府のためにならない何かおかしな活動に関わっていないかを確かめるために，定期的な調査が行なわれると。

私の機密取扱許可が切れたのは——1998年の10月か1月だったと思う。私が自分の見てきたことについて実際に妹（姉）と話し合ったのは1998年頃だった。というのは，彼女はUFO現象に興味を持っていたからだ。

私はコーソ大佐の本，ザ・デイ・アフター・ロズウェル（The Day After Roswell）を読んだ。彼は本の中で，信じられないようなことを数多く述べていたが，最後の辺りで，月の裏側には基地があるとも述べていた。私はそれを読んで，そのとおりだ！ と言った。そして，彼が述べていることはすべて真実だと思うようになった。彼はロズウェル墜落事件，異星人の技術などについて，実に深遠な事柄を多く述べていたし，彼自身が責任者をしていた外来技術部により，それらの技術がどのように社会に還元されていったかについても述べていた。だから，彼はおそらく真実を語っていたのだと思う。彼の本が私にそう言っていた。なぜなら，私自身がそれを経験し，それが真実であることを知っているからだ。

政府が長い間これらのすべてについて嘘をつき，それを隠蔽してきたことに，私は少し苛立ちを覚えた。その囲いから抜け出すときが来たというのが私の思いだった。この問題は私が思っているよりも遙かに重要視されている。私が思っているよりも遙かに周到な隠蔽，私が思っているよりも遙かに深い偽装が進行している。

Testimony of Donna Hare, Former NASA contractor employee

元NASA契約業者従業員 ドナ・ヘアの証言

2000年11月

ドナ・ヘアはNASA契約業者のフィリコ・フォード社で働いていたとき，ある種の機密取扱許可を持っていた。彼女は紛れもないUFOの写真を見せられたと証言する。彼女の同僚は，写真が一般に公開される前にエアブラシでUFOの証拠を消すのが仕事だと説明した。彼女はまた，ジョンソン宇宙センターの別の従業員たちから次のようなことも聞いた。一部の宇宙飛行士は地球外宇宙機を見ていた。そのうちの何人かがこれについて話そうとしたとき，彼らは脅迫された。

私の名前はドナ・ヘア。私は1970年と1971年に，契約業者であるフィリコ・フォード社の従業員としてNASA（*ジョンソン宇宙センター）第8号館で働いた。この会社は何度か社名を変えたが，私は長年にわたり同社の施設や社外の施設で，暗室作業その他に従事した。

正確な日付は覚えていないが，1970年代のある日，私はその暗室，制限区域の一つに入っていった——私にはある種の機密取扱許可が与えられていた。私は自分の会社のものではない，ある制限区域に入っていった——そこはNASAの暗室だった。そこでは月面写真や衛星写真が現像されていた。その作業のすべてがNASAの手で行なわれていた。

そこにいた一人の従業員——かつての友人で，今でもたまに話をするが——彼が私の注意をこのモザイクのある区域に向けた。それは何枚かの写真をつなげて1枚の大きな写真にしたものだった。私はそれを衛星写真だと思ったが，確信はない。それらは空中から下を見たものだった。私は，本当に興味深いわねと言った。

彼はすべてを説明してくれた。彼は笑みを浮かべ，そこを見なさいと言った。そう言われて私は見た。私が見た写真パネルの1枚に，1個の丸い白点があった。そのときの画面はとても鮮明で，くっきりとした輪郭が見られた。私は，それは何なの？ と訊いた。それは感光膜のシミかしら？　すると彼はニヤリと笑い，感光膜のシミが地面に丸い影を落とすことはないと言ったのだ。なるほど，そこには丸い影があり，それは樹木の上で輝く太陽の入射光に対して正確な角度で写っていた。私は驚いて彼の顔を見た。なぜなら，私はそこで数年間働いてきて，これまでこのようなものを見たことも聞いたこともなかったからだ。私は，これはUFOなの？ と訊いた。すると彼は私に笑顔を向け，君にそれを教えることはできないと言った。君にそれを教えることはできないと。私が理解した彼の言葉は，そうだ［UFOだ］，しかしそれを私に教えることはできないということだった。それで私はこう訊いた。あなたたちはこの情報をどうするつもりなの？　すると彼はこう言った。我々はこれらを一般に売り出す前に，必ずエアブラシを吹きつけて消去しなければならない。私はそれを聞き，これらの写真からUFOを除くために実施されている手順があることに驚いた。

… … …

［ここでヘア氏は，アポロ計画や宇宙飛行士についてジョンソン宇宙センターの別の従業員たちと話をしたときの様子を述べる。SG］

彼ら［宇宙飛行士］は，予防措置としてしばらくの間隔離される。この人物は宇宙飛行士たちと一緒に隔離され，訊問を受けた。彼によれば，宇宙飛行士の多くがこれらの宇宙機を目撃した経験について語ったという。彼らが着陸したとき，そこには3機の宇宙機がいた。最も私の記憶に残ったのは，こうした宇宙機を指す暗語がサンタクロースだったということだ。

［ハーランド・ベントレーはカリフォルニア州で最高機密の特殊任務に就いていたとき，これとよく似た出来事を傍受した。彼の証言を見よ。SG］

彼は，［宇宙飛行士の］何人かが語ろうとして脅迫されたと言った。彼らは口外しないという誓約書に署名する。彼らに引退は許されない。その情報に私はショックを受け，聞き取りを始めた。私が知っていたある人たちは，組織の重要な地位にいた。私は彼らを外に連れ出すことにし，昼食を共にしながら話しかけた。彼らは一人になると，いろいろなことを語った。そして，きっぱりとこう言った。もし私が彼らから聞いたと言った場合には，彼らは私が嘘をついていると言うつもりだと。私がよく知っているある従業員は，宇宙飛行士たちと一緒に隔離されていた。彼は，月に行った者のほぼ全員が物体を見ていると言った。実際にある宇宙飛行士は，着陸のときに宇宙機が月面にいたと言った。しかし，この人物は地球上から姿を消した。私は彼を見つけ出そうとしているが，名前以外に知っていることはない。私はその名前をグリア博士に伝えている。

私は大量の UFO 写真を焼却させられた保安兵にも会った。彼は私の部屋に来たとき，とても怯えていた。彼はこう言った。ドナ，君がこの問題に興味を持っていると聞いたんだ。そしてこう続けた。自分はあそこで働いたことがある。ある日兵士が何人か軍服でやってきて，私に写真を焼却させた。自分はそれらを焼いたが，見てはならないと言われた。しかし誘惑に負け，そのうちの1枚を見た。そこには地上に降り立っている1機の UFO が写っていた。彼はその直後に銃の台尻で頭を殴られた。その傷は今も彼の額に残っている。この保安兵は怯え，恐怖で気が動転していた。彼はこうも言った。その写真には小さな隆起を持つ1機の UFO が写っていた。それは今着陸したばかりのように見えた。

これについて知ることはとても大変なことだ。しかし繰り返すが，それについて知っている人は知っている。まるで小さなアングラの世界だ。彼らは私の所にやってきて，こっそりと話す。しかし彼らは恐れている。彼らのほとんどはとても恐れている。私は恐れていない。なぜなら，私は訊問されていないからだ。何人かの男が私の前に姿を現し，これについて話しては駄目だと告げたときがあった。彼らは殺すとは言わなかったけれど，これについて話してはいけないというメッセージだと私は理解した。しかし私はそのときにはもうあちこちで話していたので，もはや何の意味もなかった。私が［1997年のCSETI］議会説明会で話したように，この話題はまるでセックスと同じだと感じ始めていた。誰もが知っているけれど，男女同席では誰も口にしない。私は安全な議会公聴会が開催されればもっと話す用意ができている。私はグリア博士を信用している。これまで博士は，身の安全や私が話した秘密に関する限り，すると言ったことは全部してきた。必要で適当な時期にそれが明るみに出て，何かの役に立つことを私は望んでいる。うろつき回ってこれらの人々を排除したり，傷つけたり，身柄を拘束したり，脅して引っ越しさせるようなことをしないでほしい。私が知っているこの人物は，この地球上から姿を消した。その人は消えた。私はそういうことにだけはなりたくない。

私が憤慨していることの一つは，善良な人々が違法な行為を強いられていることだ。この情報はアメリカ［国民］に提供されなければならないと思う。

Testimony of Mr. John Maynard, Defense Intelligence Agency

国防情報局
ジョン・メイナード氏の証言

2000年10月

ジョン・メイナードは国防情報局（DIA）の軍事情報分析官だった。彼は21年間の経歴の中で，軍が様々な形でUFOに関心を持っていた証拠を見た：地球から発信されたものではない電子通信；軍によるUFO写真。彼は国防情報局にいる間に，秘密保持のための区画化についてよく知るようになった。彼は鮮明なUFOが写っている偵察写真を見た。

JM：ジョン・メイナード氏／SG：スティーブン・グリア博士

JM：私の名前はジョン・メイナードだ。私は1980年に退職した軍事情報分析官だ。私は軍に21年間いたが，最初は陸軍情報保安庁の分析官だった。そこから幾つかの軍の組織を渡り歩き，最後はDIA（国防情報局）で勤務を終えた。そこでは要求と評価部（Requirements and Evaluation Division）のための大部分の文書に責任を持つ管理官を務めた。

情報の世界で地球外知性体とUFOについて何かに気付いていたかだが，これは私の経歴の早い段階，1960年代初めにやってきた。私は陸軍情報保安庁で無線通信を分析していたのだが，その一部が通常考えられるものとはやや異なっていた。私がこれに強い関心を持ち始めたとき，彼らは私をその部署から外すことを決めたのだと思う。

私はそこから，UFOに関して進行している物事の様々な側面を研究し始めた。私がヨーロッパに行ったとき，そこの防諜関係者が何人か接近してきた。彼らは分析に関する私の経歴を知っていた。私は軍内部で麻薬のやりとりをする現場を調査する仕事に関わることになった。またそれと同じ時期に，ヨーロッパの人々が経験していたUFO問題——特に目撃事件に偶然関わることになった。私はこれらの人々に対して予備調査を行ない，彼らが何を言っているのか，何が起きているのかについて，報告書を提出した。

私の最初のUFO経験に話を戻そう――それは沖縄での勤務と関係している。そこで我々は，あの時期の中国の通信パターン［電子通信］を分析していた。時々私は，我々の軍事通信網で知られている通信パターンには絶対にない異常に出会った。

私がこれについて疑問を発しても，彼らは常にそれを無視し，こう言った。“いいかい，君はそんなことを心配しなくてもいい”しかし私は放っておけなかった――今でもそうだ。私は問題を起こさずに可能な限りそれを追求する。しかし，そのときは問題を起こしてしまった。私は通常の通信とは異なるものがあることを見つけた。それは基本的に地球から出ているものではなかった［地球から来ているものではなかった］。

その通信は調べれば調べるほど，送信されている通常の通信には属さないことがいよいよ明らかになった。私はその発信源を特定できなかったので，それがどこから来るのかに強い関心を持った。私は通信部で働く何人かの友人に，それがどこから来ているのか，助言を求めた。それが私の失敗だったようだ。なぜなら，彼らは考えていたようなよき友人ではなかったからだ。

SG：あなたはそのことから何を知りましたか？

JM：要するに，その通信は中国国内から来ているものではなかった――それらは他の場所から来ていたが，彼らはそれを実際に明かそうとはしなかった。友人の一人が脇の方で私に合図をし，親指を上に向けた。私は“それはグッドサインか，それとも？”と言った。そうしたら彼は“そうじゃない”と言った。内密な，とても内密な会話で，彼はそれらが地球の信号ではないと認めたのだ。

この問題の時期に，我々にはあの種の通信を交わす宇宙計画がなかったし，通信システムと衛星もなかったのは事実だ……私は1950年代終わりから1960年代初めのことを言っている。だから，時期という点に関する限り，その発信源はまさに我々の近くにいた別の何かであったはずなのだ。スプートニクはあれほど長く飛んでいなかったし，アメリカの衛星ならなおさらだった。

あれが私の排除された原因だったと思う――私はそれが地球外のものであることを知った――それで彼らは私を取り除くことにし，首尾よくそれを実行した。

ともあれ，私はヨーロッパにいる間にこれらのUFO報告を調査し，かなり多くの目撃情報を入手した。我々は，宇宙機が着陸しているか否かにかかわらず，またその中に搭乗者――地球外知性体やその類のもの――が見えたか否かにかかわらず，見たものを描いた絵を入手しようとした。こうして私は心躍る2年間を彼の地で過ごした。

SG：この期間にあなたが報告書を提出した相手は誰でしたか？

JM：基本的にそれらはCIA（中央情報局）に行ったが，DIA（国防情報局）や空軍のOSI――特別捜査局に行ったものもあった。彼らがその情報を何に使ったかは知らない。

私がトルコにいる間に偶然出会った様々な計画がある。1970年代中頃――1976年，1977年，そして私がそこを去った1978年初めのことだ。私はNATO（北大西洋条約機構）南欧司令本部の管理官だった。

私はトルコ軍の友人数名と一緒に調査をし，結局一人の将軍を見つけ出した。彼はトルコのこの地域でUFO活動があることを認め，こう言った。“そのとおり，そこは重要な場所だ。UFOが見たければ，いつか君をそこに連れていってやろう”

私はペンタゴン（国防総省）にいたとき，コーソ大佐からファイルを幾つか入手してくるように言い付かったことがあった。そのとき彼は，あの時代としては実に奇妙なことを言った。私は後年になるまでそれを何事とも結びつけて考えなかった。彼はこう言った。“我々がしようとしていることを君は想像できるかい？”私は“いいえ，できません”と返答した。すると彼はこう言った。“よろしい。いつの日か完全に逆行分析（back engineering）された技術が世の中に出てくるだろう”そのとき彼の言葉は私の頭上を素通りしていった。私はただ，はい，大佐，と答え，行儀のよい一兵卒のようにしてそこを去った。私は大佐が言ったことを誰にも言わず，それを自分の心にしまっておいた。私を使いに出した上司に対しては，コーソ大佐は自分をすぐに追い払い，自分はそのまま戻ったと復命した。

そのようなことはペンタゴンでは四六時中起きていた。資料はその所有者が厳重に保持している。後年，私はDIA（国防情報局）にいたとき，地球外知性体に関係する幾つかの文書を見たことがあった。それらは暗語で書かれていた。普通の人はそれを読んでも気付かないかもしれない――まさに頭上を素通りするだろう。これらは最高機密文書だった。その大部分は今でも機密なのではないかと思う。その多くはソルト1，ソルト2に関するものだった――ロシアとの間の戦略兵器制限条約（SALT）だ。

私はUFO写真も何枚か見たことがある。それらは国立情報写真センター［NIPC］――そう呼ばれていたと思う――から出たものだった。時々そこにあるはずのない異常なものが写真に写っていることがあった――丸い物体，三角形の物体。それらは何かの場所を示すために写真に付けられた目印ではなかった。これらは地面から浮いていた。こうした異常はDIAの我々の事務所が受け取った一部の写真などに現れていた。それらはNIPCから送られたもので，我々はいつもそれを興味深く思っていた。NIPCはアーリントン（*バージニア州）のヘイズ通りに面した国立情報写真センターだったと思う。

もちろん，それらは写真に付けられた何かの目印の一部ではなかったし，通常の物体でもなかった。特に長方形，円形，三角形――三角形物体はその末端部が丸くなっていて面白かった。これらはほとんどがタレントキーホール（TK）衛星によって撮影されたものだ。それらの中にこうした物体――UFO――が写っていた。TK11，TK12による撮影だった。時々我々は，それが［空中を］移動したときの写真を一枚一枚見ることで，実際にそれを追跡することができた――つまり，それは動いていた。

私にはちょっと面白い経験がある。私が所属していたDIAの中ではなく，DIAでの私の所管区域内にあったある事務所で起きたことだ。そこは私の保安区域内だったので，私はそこに入る暗号名を受け取り，その事務所を見てくるように言われた。それはオムニ計画と呼ばれていた……それはレーダー衛星を扱っていた。私は中の小さな展示室でそこの軍曹の一人と話していた。私は衛星の姿勢に注目し，こう言った。“さて，これは地球上のレーダー異常を追跡するためのシステムだ。そうだね？”彼は“そうです。そのためのものです”と言った。それで私はこう訊いた。“では，どうしてその半分が月や何もない宇宙空間，つまり外側の宇宙を向いているんだい？　あなた方がそこに打ち上げた衛星の少なくとも半分は地球を見ていない――一体何を見ているんだい？”すると彼はこう答えた。“それを知るためには，それを知る必要性（need-to-know）を持っている必要があります”それで私は言った。“分かった。では誰が地球に向かっているのかね？”彼は“我々には分かりません”と言った。彼らは外側の宇宙から来る何かを追跡していた。それは随分奇妙なことだと私は思った。

私はキャンプデービッド合意とSR-71ブラックバード（*長距離偵察機）によるシナイ半島への偵察任務にも関わった。この時期に，何か地球のものではない物体がブラックバードに付き添って飛行したとの報告が幾つかあった。シナイ半島の写真には地形の一部でも，人間活動の一部でも，大気現象の一部でもない異常が写っていた。

情報の分野では，区画化（compartmentalization）ということが多分すべてだ。一般社会は，機密分類に関して実に大きな間違いをしている。基本的には三つの機密分類があるにすぎない：部外秘（confidential），機密（secret），最高機密（top secret）だ。それがすべてだ。最高機密より上はない。彼らは近づいてきて，アンブラ（UMBRA）やこの計画，オムニについて訊いてくる。彼らはTK，つまりタレントキーホールやその類の他の計画について訊いてきた。ここで人々が知らなければならないのは，次のことだ。私はアンブラ文書（UMBRA documents）を持っていたが，それはただの機密だった。最高機密ではなかった。それは別のものだった。

情報機関が物事を行なう実態，つまり彼らがいかにして物事を分解するかについて話そう。彼らは大体どの組織も他から孤立させておく。計画の中では複数の部門にまたがる仕組みはつくらない。たとえば，私はアンブラ機密取扱許可を持っている。さて，人々はそれが最高機密よりも高い機密だという。違う，そうではない。それは一つの区画なのだ――厳密な意味での区画だ――それ以上ではない。最高機密とは分類にすぎない。ウルトラ（ULTRA）はまた別の区画を意味する。それはまったく異なるもので，基本的に大統領に関係している。だから，それを不注意に扱うことはできない。そういうことなのだ。皆それ自体孤立している。それぞれがそれ特有の形の分析を行なう。

私はDIAで要求と評価と呼ばれる仕事をしていた。我々の仕事はワロップス島かどこか別の場所から飛翔体を飛ばす決定をすること――つまり衛星を打ち上げることだった。

我々はDC3だった。DC4，DC5もあった。それぞれの正確な名前を言うためには，実際に私の背景報告書を丹念に調べる必要がある――これが区画化の行なわれる方法なのだ。

その中の一つは分析だけを行なった――それが彼らの行なったすべてで，彼らはそれを我々の要求部に送った。しかし，我々は実際に彼らが行なったすべてを見なかったし，彼らが作成した資料のすべてを見たわけでもなかった。彼らは我々に最終製品を渡し，我々はその最終製品を見て，そこから我々が何をするかを決定した。それが基本的な仕組みだ。オムニ計画は，これはレーダー衛星だったが――それ自体孤立していた。身に着けている立入許可証にオムニのスタンプがなければ，その事務所に入れなかった――以上，それでおしまい。同じことはタレントキーホールなど，他の多くについても言える――アンブラ，ウルトラ――すべて同じだ。

NRO，国家偵察局は基本的に空軍により運営されている。退役後にこれまで私が接触した人々から聞いて理解したところでは，偵察局はさらに多くの責任を引き受けるようになっている――特にUFOと地球外知性体の活動への対処だ。

彼らはブルーブックが下車した場所から乗車したと言ってよい。ブルーブックは基本的にそれ自体空軍の計画だった。しかし，その活動は最終的に国家偵察局の管轄下に入った。

現在それは基本的に共同部局だが，空軍と統合参謀本部により運営されている。彼らはとても忌まわしい仕事を持っている。彼らが実際に何をしているかはあまり多く知られていない。しかし彼らはSR-71の後継機を運用している。それはロサンゼルスとロンドンの間を約18分で飛行する能力を持つ，デルタ翼航空機だと考えられている――だからそれは宇宙空間に近い所を飛行する。非常に高速だ。衛星画像の役割はかなり補助的なものになってしまった。タレントキーホールは依然としてある。オムニもまだある。私はもはやその暗号名すら知らないが，他にも数機打ち上がっている。しかし，偵察のほとんどは航空機によって行なわれている。

反重力に関して言えば，彼らはそれに長い長い間取り組んでいる――私はそれを知っている――しかし基本的に私が見てきたのは磁気パルスエンジンだ。それは飛ぶときにとても変わった痕跡を残す。それは通常の燃料を使うが，それに磁気パルスエンジンが付いている。その痕跡は，背後にできる，紐状につながった石鹸のような飛行機雲だ。

誰でも知っているように，政府というものの影響は広範囲だ。それは皆のポケットに入っているし，あらゆる場所のあらゆる人々の生活にも入り込んでいる。同じことがUFO/ETの問題についても当てはまる。しかし，きわめて少数の人間だけが，何が起きているかについて完全に知っている。それは闇の秘密活動の中に堅固に保持されている。その背景に近づいてよく見ようと思うなら，NSA（国家安全保障局）の外側にある民間組織に行けばよい。彼らはNSAの直接の契約業者たちだ――ドライドン・インダストリーズはその一つだ。彼らはなぜ海軍のパイロットたちを使い，偵察にSR-71を飛ばしているのか？　彼らは何を見ているのか？　そのことを考えるなら，NSAは何を見ているのか？　なぜ彼らはこんなことをしているのか？　彼らは訓練のためにそれを使っているのではない。それはある一つのことのためだ。

組織内の幹部レベルでは，国家安全保障顧問が取締役となる場合，内情に通じたNSAトップの出身者として厚遇されると言ってよい。

彼が知っている範囲は限られている。というのは，彼はただ指名された者にすぎないからだ。その点に関して言えば，CIAで新しく指名された者も同様だ。彼らには知らされるだろうが，それはごく限られた知識だ。闇の秘密領域にいる一部の人々だけが，何が行なわれているかについて本当の情報を知ることになる。

しかし，NRO（国家偵察局）についてはあまり多くのことが知られていない――それは実に目立たない組織の一つだ……この質問が上がるたびに，それは厳密な意味で偵察を行なう空軍の一組織だ，それでおしまい，となる。これでは多くの疑問が残されたままだ。しかし，UFO，機密情報，地球外知性体問題に関する限り，この組織はまさしく頂点にある――私は敢えて言うが，大統領はそれについて限られたことしか知らない。私はカーターが何の知識も持っていなかったことを知っている。私はまさにその政権，カーター大統領の政権組織で働いていた。彼らはそれを堅い秘密にしていた。

SG：それがそれほど秘密にされていたのはなぜだと思いますか？

JM：彼らがロズウェルで失敗したからだと私は考えている。彼らはそれを認めるよりも隠蔽した。彼らがそれを隠蔽した理由は，UFOと地球外知性体の活動が，この政府が認めることになるよりも遙かに長期間続いているからだった。ブッシュ（大統領）――ジョージ・W――がこう言いながらチェイニー（副大統領）のコートにボールを放り込んだのは滑稽だった。誰よりもこれについてよく知っている者がいるとすれば，それはチェイニーだろう。彼は何かとても興味深いことを知っている……

この問題に関与している企業の中で，アトランティック・リサーチ社は主要なものの一つだ。だから，これについてはあまり頻繁には聞かれない。その目立たない存在をそう呼びたければ，これは内部にいる環状道路沿いの悪党（beltway bandit）だ。その仕事の大部分を情報機関の内部で行なう。TRW，ジョンソン・コントロール，ハネウェル。これらのすべてがどこかの時点で情報分野に関わるようになった。ある種の仕事，活動は彼らに請け負わされた。アトランティック・リサーチはずっと以前からその一つだった。これらは‘環状道路沿いの悪党’になるためにペンタゴン（国防総省）の人々によってつくられた組織で，ある極秘の区画化されたプロジェクトを実行するために，プロジェクト，助成金，資金を受け取っていた。あまりにも秘密で区画化されていたために，何が行なわれているかを知る人間は四人ほどにすぎなかっただろう。それほど，それは厳重に統制されていた。

軍を退役した人々により始められた企業に目を向けるべきだろう。カリフォルニア州にいるボビー・インマンと彼が監督する小グループ［SAIC］（サイク社）がその一例だ。似たような企業が他にも幾つかある。そこで我々はこう質問する。誰が実際にJPL（ジェット推進研究所）を支配しているのか？　なぜJPLが組織されたのか？　他にもある：エイムズ研究所，フォートデトリック研究所だ。フォートデトリック研究所からは非常に興味を引く研究成果が発表される。そしてハリーダイアモンド研究所……これはとても長い間活動している。彼らのことはあまり耳にしない。なぜなら，彼らは基本的にすべて軍と契約しており，ある特定の専門性を持っているからだ。

あなたが逆行分析（back engineering）記録を見たことがあるかどうかは知

らない――その仕組みなどの記録だ。とても変わっている。仕組みを教えてくれる技術者を一人と目的の仕様を準備する。そうすると，その誰かが残した記録から望みの装置を組み立てることができる――逆行分析記録があればそれが可能になる。それがどのように機能するかを知るためには，それを分解する必要があるのだ。

私はロズウェルから得たものを幾つか思い出すことができる。1950年代中頃にカナダでも墜落事件が一つあったが，それは厳重な極秘になった。それらの物体を使った幾つかの技術計画が間違いなく存在した。

兵器と宇宙について：我々は，月面に降り立った宇宙飛行士が発したある言葉に遡ることができると思う。それは最初の飛行で，彼らがそこに到着した翌日のことだった。彼はこう言う。“君の言うとおりだ，彼らはすでにここにいる”それは無線から聞こえてきた。私の知る限り，それを記録した人々も何人かいた。しかし，その発言はとても尋常ではなかった。なぜなら，それは公共放送された他のすべてのテープから素早く削除されたからだ。宇宙における兵器は今なお大きな謎だ。基本的に闇の秘密計画は，常にそのようなことをやろうとしてきた。スターウォーズ計画は無用の長物だ。その大部分は存在しなかった。それはすべて紙に書かれただけのものだった。レーザー兵器……これはまったく別の話だ。レーザー分野ではまったく新しい技術の急速な進歩がある。切断に使われるだけではない。パルスレーザーはそれを照射することで基本的に何でも破壊する。

SG：あなたは我々が宇宙に兵器を置いていると思いますか？

JM：我々が宇宙に兵器を置いていることを私は確信している。おそらく私の気持ちの中には何の疑いもない。彼らはスターウォーズ計画が始まるずっと前から，それらを開発しようとしていた。それは1960年代終わりから1970年代初めの頃だ。

ニクソンは宇宙兵器を建造するために，その方針に沿って何かをしたかった。そしてその計画が始まった。（ニクソン個人ではなく，その政権だ）人々はそれを望んだ。そのときから，そこには何かしらの恐怖が存在することになった。最初に地球に衝突する小惑星の話が出てきたのはそのときだ。実際，それはごく最近になるまで大きな計画になることはなかった。しかし，そのとき我々はかなり危機的な状況に直面していたらしい――今日彼らが騒ぎ立てるよりもさらに差し迫っていた。こうして，それは大きな関心事となった――小惑星，UFO，他の場所からやってくる人々。

［キャロル・ロジン博士の証言を見よ］

基本方針があった。構想があった。妄想もまた政府部内にはあった。ある段階で人々はそれを感じ取ることができた。それが起きていたことを人々は知った。彼らはその真実を語るだろうか？　私には疑問だ。多分いつかはそうなるだろう。多分あなたのプロジェクト（*ディスクロージャー・プロジェクト）が彼らに告げることになるだろう。英国と合衆国とカナダが，これらの秘密の最大の加担者だ。後になって彼らはオーストラリアをも巻き込んだ。

報道ということになると，メディアはとても片寄っている。論議を呼ぶ事柄になると，彼らは相手の感情を損ねることはしない――UFOや地球外知性体のような事柄だ。主要メディアに衝撃を与える目撃がこれまであまりにも多く発生している。だが彼らは素早く死んだふりをする。なぜ彼らは死んだふりをするのか？　メディアが追求すべきより大きな関心事が進行していた。しかし彼らはそれをすることをすげなく拒絶した。なぜ彼らはそうしたのか？　彼らは背後から糸で操られていたのか？　それは分からない。私はそれについて言えない。彼らもまた言わない……

これらの環状道路沿いの悪党たちにも，まさに同じことが言える。彼らに何か話をさせることができるか？　ノーだ。それこそ彼らの生きる道だからだ。彼らは自分自身の足を踏むことはしないし，自分に一発食らわすこともしない。

彼らは長年にわたり，我々からUFOや地球外知性体のような事柄を隠蔽してきている。それが真実だ。現在だけではなく1900年代より以前からだ。だから，それはそこにあるのだ。彼らが人前に出てきて，おいみんな，これが真実だと言う。もうそうしてもよい頃だ。

Testimony of Mr. Harland Bentley

ハーランド・ベントレー氏の証言

2000年8月

ベントレー氏はNASA（航空宇宙局）やDOE（エネルギー省）を含む幾つかの政府機関において機密プロジェクトに関わってきた。彼は電気工学の理学士号を持ち，原子核工学の分野で広範な訓練を受けている。ベントレー氏は，メリーランド州のあるナイキ・エイジャックス・ミサイル施設で1機のUFOが墜落したのを直に目撃した。また，レーダーに映った一群のUFOが空中静止した後，時速1万7,000マイルと算出された速度で飛び去ったとき，当事者として現場にいた。彼はこれらの経験を詳細に語る。彼はまた，1967年か1968年に起きた事件についても語る。そのとき彼は，ヒューストン管制センターと飛行中の宇宙飛行士たちとの間で交わされた会話を耳にした。その内容は，彼らがUFOとの衝突を回避し，我々の宇宙飛行士たちがUFOの入り口を通して，何体かの生命体が動き回るのを実際に見たというものだった。

HB：ハーランド・ベントレー氏／SG：スティーブン・グリア博士

HB：私は召集を受けて米国陸軍に2年間在籍した。兵役終了後は大学に入り，1963年に電気工学の理学士号を得て卒業した。その後大学院に進み，原子核工学を学んだ。また，医学進学課程を履修し，1963年よりNASA，エネルギー省，ワシントンD.C.地区の幾つかの電子関連企業で契約業者として働いている。

私は1957年から1959年までワシントンD.C.の北方，メリーランド州オルニー近くにあるナイキ・エイジャックス・ミサイル施設にいた。私はレーダー操作員だった。1958年5月，午前6時頃に私は最初の音を聞いた。それは振動する変圧器のような音だった。私は窓の外を見，野原を見渡した。そのとき，この［円盤型］物体が地面に向かって突進し，墜落するのが見えた。それは破片を飛び散らしたが，その後再び離陸して飛び去った。私はすぐに上着を着てレーダーのある丘に登り，レーダーアンテナの方角を合わせるときに使う北極星観測用の望遠鏡を手に取った。それから座ってそれをレーダーに据え付け，野原に散らばっている破片を見た。私が見た最も大きな破片は白熱しており，おそらく洗濯機くらいの大きさがあった。

それから間もなく空軍の隊員が到着し，辺りを歩き回りながら破片を回収し始めた。彼らはその最も大きな破片を回収するために，長い棒，とても長い棒を使っていた。次に，彼らはそれを鉛ライニングの施されたトラックに乗せ，別の長い棒を使ってそれをトラックの内部に押し込んだ。別の隊員たちは，辺りに散らばった他の破片を回収していた。

ところで，原子核工学の知識を持つ私の目から見て興味深かったのは，これらの隊員が放射能防護服を着ていたことだ。こうして彼らはその回収物質を持ち去った。それがどこに行ったのか，私にはまったく分からない。その宇宙機が墜落後に再び離陸したとき，それは木立の中を通ったが，太さ 3 インチ，4 インチ，5 インチの大枝を，ナイフかマシェティ（* さとうきび伐採用なた）のようにただの一撃で刈り払った。

[1997 年にペルーでこれに類似した地球外宇宙機の墜落が起きた。海兵隊上等兵ジョン・ウェイガントの証言を見よ。SG]

さて，本当に驚くべき部分はそこではない。本当に驚くべき部分は，私が任務に就いていた翌日の晩に起きた。時刻は夜中の 10 時か 11 時頃だった。私はゲイサーズバーグ施設から連絡を受けた。その内容は，12 機ないし 15 機の UFO が 50 フィートから 100 フィートの高さに見えているというものだった。私は無線交信の相手に“UFO はどんな音を出しているのか？”と訊いた。彼はヘッドマイクを外し，それをトラックの窓から外に突きだした。そうしたら，あの振動音が再び聞こえた。しかし今度はさらに大きかった。彼は UFO が様々な形をしていると説明していた。

私はレーダー，M-33 走査レーダーのスイッチを入れた。そして，ゲイサーズバーグ施設がある場所の地面反射の隣にブリップ（* レーダー画面上の輝点）を見つけた。そこはこれらの宇宙機がいた場所だった。そのときまったく突然に，それらは同時に飛び去った。私のレーダースコープでは，1 回走査する間にそれが起きた。走査速度は毎分33と1/3回転だ。だから，その中心から最初の走査で次に輝点を見た位置までの距離を移動するためには，一定速度だとすると時速1万7,000マイルでなければならなかった。我々のアナログ計算機による数値だ。

［このような速度と運動性に関して，グラハム・ベスーン，メルル・シェーン・マクダウ，マイケル・スミス，ドゥイン・アーネソン，その他の多数の証言の中にきわめて類似した説明があることに留意されたい。SG］

それ［墜落した円盤］はおそらく直径で30フィートを超えていた。外縁には複数の球体があり，頂部にはケーキの形をした部分が載っているように見えた。

［ソレンソンとマーク・マキャンドリッシュが描写しているノートン空軍基地のARVとの類似性に留意されたい。SG］

それらは様々な色をしていた。オレンジ，赤，幾種類かの黄色だ。しかしすべて脈動していたため，それがふらつきながら地面に激突した光景はまさに壮観だった。しかもそのときの速度は相当なものだった。

SG：その場所はどれくらい離れていましたか？

HB：それは兵舎の上空を通過して落下した。だから，墜落地点の付近では衝突による飛散の先端が見えた――約2,000ヤードの距離だった。そう判断したのは，その場所が2,000ヤード離れた発射台とほぼ同距離にあったからだ。その様子を目撃した勤務中の警備員が一人いた。警備小屋は兵舎からほんの数ヤードしか離れていなかった。彼は，円盤が現れてから落下し，墜落するまでの一部始終を目撃していた。

円盤はこの農場主のトウモロコシ畑に落下した。彼は畑で立って手を洗いながら，円盤が墜落し，再び離陸するのを見ていた。

これが起きたのはメリーランド州マウントザイオン（*オルニーの東側にあるマ

ウントザイオン合同メソジスト教会のことかと思われる）の近くで，東に行ってマウントザイオンを挟んだ反対側だった。翌日，［この事件の］記事がニューヨークタイムズ紙に掲載されたことは確かだ。

SG：この事件が起きたのはいつでしたか？

HB：1958年5月だった。このことを誰にも話すなとの命令が上から来たが，もちろん，このときまでにはそれが新聞に出てしまっていた。それで起きたことは何かと言えば，翌日の夜に離陸していったあれらの宇宙機を私が追跡していたとき，あの正体は何だということになった。そうしたらその将軍が戻ってきて，こう言ったんだ。あれらはヘリコプターで，海軍か陸軍か空軍が何かの演習をしていたのだ。それを聞き，我々は皆で大笑いした。それがつくり話をするときの常套句だった。他の人々もレーダーのスイッチを入れ，それらの物体が飛び去っていくのを実際に見ていたのは明らかだ。

［当局から出されるこの馬鹿げた，信じがたいつくり話のパターンに留意されたい。この中には，ロズウェルで回収されたETの遺体を説明するために，1990年代中頃に空軍によりでっち上げられた墜落のつくり話も含まれる。SG］

私には，あまり多くは述べられないが，別の経験がある。その場所がどこかは言えない。私はカリフォルニア州のある施設にいた。私が言えるのはそれだけだ。そこで特殊な機密任務に就いていた。その出来事は，我々の宇宙飛行士たちが月を周回して再び帰還する飛行任務中に起きた。彼らが月に向かう途中，11時の方角に1個のボギー（未知の目標を表す言葉で，しばしばUFOを言い表すのに用いられる）が現れるのを見た，と彼らが話すのを私は聞いた。

その特別な言葉をよく知っていた私は，耳をそばだてて聞き始めた。そしてヒューストンと宇宙飛行士たちが，衝突について会話をやりとりしていることを知った。宇宙飛行士たちは衝突回避の許可を求めており，ヒューストンは最終的にその行動を許可した。後で宇宙飛行士たちは“それは必要ない。彼らは我々の航路と平行に飛んでいる”と言い，その航路と平行に飛んでいるものが何かについての議論があった。

それは別の種類の宇宙船だった。そこには入り口があり，その内部を見ることができた。そこにはある種の生命体がいた。彼らはこれらの生命体について説明せず，ただ写真を撮った。しばらくして，つまり数千マイル飛行した後で，彼ら［ボギー］は接近した宇宙船から離れ，飛び去った。宇宙飛行士たちは，それを円盤型の宇宙機だと言った。それは彼らの宇宙船と平行に飛んでいた。彼らはそれが動くのを見た。彼らはその内部で何物か，または誰かが動いているのを見た。これが起きたのは月面着陸の前だ。おそらく1968年か1967年か，その頃のことだったと思う。そして彼らはこう言った。“彼らは立ち去る”彼らの会話から私が聞き取ったところでは，彼ら［ボギー］はほとんど瞬時に視界から消えた。この出来事は，私がいた場所［交信を聞く秘密の部署］のゆえに，編集されることはなかった。

それは厳重な機密通信チャンネルだった。実を言うと，私はNASAで仕事をしているときにNASA図書館に行き，そのテープを探したことがあった。しかし見つけ出すことはできなかった。これが起きたとき，私と一緒にいた人間は一人だけだった。彼はこんなことを言った。“君は何も聞かなかった”それで私はこう言った。“何を聞いたというんですか？”事件についてはそれっきりだった。実際，彼は私がそこにいてこれを聞いたことにとても動揺していた。この出来事が起きたとき，宇宙飛行士たちは月までの距離の約半分の所にいた。

SG：宇宙飛行士たちの反応はどのようなものでしたか？

HB：彼らの反応は冷静で，大騒ぎをするようなことはなかった。彼らは“おい，あれを見ろよ。あそこにいるあの物体を見ろよ”などとは言わなかった。そんな雰囲気ではまったくなかった。彼らはただこう言った。ボギーが我々と並んで飛行している。彼らにとっては当たり前のことで，何の驚きでもなかった。彼らが具体的にどのような計器を積んでいたのかは知らないが，そのままの飛行コースでは衝突することを彼らは知っていた。そのことに疑問はない。だから，衝突することを教えてくれる何らかの装置を彼らは持っていたはずなのだ。私の想像だが，宇宙空間の中でそれが一目瞭然だったのだと思う。

Testimony of Dr. Robert Wood, McDonnell Douglas Aerospace Engineer

マクドネル・ダグラス・エアロスペース技術者
ロバート・ウッド博士の証言

2000年9月

ロバート・ウッド博士は43年間にわたる経歴の全期間を，マクドネル・ダグラス社の上級航空宇宙技術者として働いた。彼は証言の中で，マクドネル・ダグラス社のある特別計画に関わり，UFOの推進システムを研究したと述べる。さらに彼は，航空宇宙業界には他にも幾つかの計画があると確証する。彼の評価によれば，この問題（*航空宇宙業界にある諸計画）は現実であるのみならず，地球外技術に関係している。ウッド博士はまた，この問題を取り巻く極度の秘密についても確証する。

RW：ロバート・ウッド博士／SG：スティーブン・グリア博士

RW：私の名前はロバート・N・ウッドだ。私はコロラド大学から航空工学の学位を得，その後コーネル大学から物理学の博士号を得た。私は若い技術者としてマクドネル・ダグラス社に入り，そこで43年間を過ごした。その間に様々な管理業務を経験し，また同社の研究開発の様々な側面にも担当者として関与した。その最後のものが宇宙ステーション計画だった。以上が私の背景だ。

私がマクドネル・ダグラス社にいた1960年代の終わり頃，かなり多くのUFO関連情報が一般に知られていた。ある日，私は上司の補佐をしながら通常の仕事をこなしていた。そのとき，上司がこう言った。“知っていると思うが，シュリーバー将軍がもうすぐ引退する”シュリーバー将軍はICBM（大陸間弾道ミサイル）の生みの親だ。空軍は彼のためにシンポジウムのようなものを開きたかった。そこで我々を含むそれぞれの契約業者に，次の10年間に何が優勢になるかを将来予測させることにした。我々の分担は宇宙との往還について話すことだった。

私は上司が原子力推進志向であることを知っていた。だから，私が何も言わなければ，彼は原子力推進について話すつもりでいた——しかし原子力推進については皆が聞き飽きていた。それで私はこう言った。“レイ，こういうのはどうだろうか？　‘UFO はいかにしてそれを行なっているか’”彼は“それは素晴らしい考えだ；その方向でやってみてくれないか？”と言った。それで私はまず最初の本を読んだ。ドナルド・メンツェルの本だった。それを読み終えた後で，私は妻にこう言った。“この著者は科学者ということになっている。しかし論理的に述べていない——彼はデータを無視している”

こうして私は次を読み始め，間もなく 50 冊ほどの本を読み終えた。その頃私は様々な雑誌を購読したくなり，結局はジム・マクドナルド（*物理学者，UFO 研究家）を知ることになった。

ジム・マクドナルドとの出会いから生じた二つの興味深い側面があった。その一つは，私には経営陣に対して進言できることがあると，彼のおかげで確信できたことだ。なぜなら，私は UFO が現実であると結論していたからだ。ある日私は車で職場に向かいながら，自分にこう言い聞かせた。“他に解決策はない。それ（*UFO）は疑いもなく現実だ；それは明らかに地球外のものだ；それは何らかの方法で作動する。我々はその仕組みを解明すべきだ。なぜなら，我々は重力制御法を発見する最後の航空宇宙会社にはなりたくないからだ。我々がその最初になるべきだ”

私は会社の経営陣に対して説明会を開いた。この時期の経営陣は，斬新なアイデアに対してとても理解があった——彼らは基礎的な研究計画を持っていなかった。私はこの問題を調査するためのきわめて控えめな計画を提案し，強力な磁場により光速を変えることができるか，といったような実験を幾つかやった。

このプロジェクトが進行していたとき，ジム・マクドナルドはボストンで UFO シンポジウムが開かれるとの情報をつかんだ。それはフィリップ・モリソンとカール・セーガンが主催するものだった。彼はこう言ってセーガンの耳に我々のことを吹き込んだらしい。“マクドネル・ダグラス社には UFO 研究グループがあります——彼らに電話して，参加できるか聞いてみてはどうですか？”

私はカール・セーガンの素晴らしい本を読み終えたばかりだった。1966年頃に書かれたインテリジェント・ライフ・イン・ザ・ユニバース（Intelligent Life in the Universe；宇宙の知的生命体）だ。彼はその本の中で述べた発想により大変な尊敬を集めていた。そこでは，地球外生命体についての真面目な考察もなされていた。

カールはある日私に電話をよこし，自己紹介をした。もちろん私は光栄だった。なぜなら，当時彼はその道の専門家として私の遙か先を行っていたからだ。彼はこう言った。“あなたが何か研究していると私は理解しています。もし論文を書くように頼まれたら何を書きますか？”私はこう答えた。“カール，私がやりたくない一つのことは，おそらく他の誰もがやるだろうと思われることです——つまり，彼らが実在することの証明です。それが地球外のものであることは，これを研究する者なら誰でも知っています。最も重要なことは，それがどのような仕組みで作動するかを解明することです”こう言って私は，それが作動する仕組みを解明するために役立つ，別の視点からの論文を書くことなら引き受けると告げた。電話の向こうで長い沈黙があり，結局その話は立ち消えになった。ともあれ，私はその会合に参加して皆の話を聴いた。そしてこう自問し始めた。“この一連の事柄を制御している何かの計画があるのではないか？”

以上が，私の経歴に関係する二つの物語だ。さて，私の経歴に関係する，さらに微妙な3番目の物語がある。それは機密扱いの研究に関係していた。私が取り組んでいたその機密計画は暗語レベルで，ごく手短に言えば弾道ミサイル防衛計画に関係していた。CIA（中央情報局）のような情報機関が特定分野の専門契約業者に対して，その分野での敵の能力を探ってくれと頼むのはごく普通のことだ——だから，この計画はソ連の弾道ミサイル防衛計画を研究することだった。私の考えでは，そのこと自体は機密ではない。しかし，それに関連する計画の名前は機密扱いになるかもしれない。

私はその計画に慣れるにつれて面白くなった。ご存じかもしれないが，これらの機密計画の一つに接近を許されると，特別なバッジをつけ，その部屋にいる誰とでも大変率直に話ができるようになる。そして心のつながりを持ったグループの一員のように感じる——そこには大きな仲間意識が形成されている。こうして，その特別な資料庫を利用することが可能になった。そこで我々にできることの一つは，空軍が運営する資料庫に行って，いわば遠慮なく極秘資料を渉猟することだ。私はUFOに関心があったので，やるべき通常の仕事があったときにはついでに彼らの資料庫を覗き，彼らがUFOについてどんな資料を持っているのかを知ろうとした。約1年の間に，私は様々な報告書の中にこの問題に関する相当数の資料を見つけ出していた。そうしたら，まったく突然にその問題の全資料が消えてしまった。その問題の分類全体がまさに消えたのだ。一緒に働いていた我々のグループの資料庫係は，この資料庫に20年間いるが何事も正常だったと言った。そしてこう言った。“これは異例のことだ！　こんなことは初めてだ。君は一つのテーマをまるまる失った。それは君を逃れて消えたのだ。君は何かを探り当てた”

SG：それが起きたのは何年のことでしたか？

RW：1982年だった――この年のどこかだった。私はコンドン委員会（*正式名称はコロラド大学UFOプロジェクト）にも行って，我々のしていることを話すように勧められた。

[米国空軍はコロラド大学に資金を与えてコンドン委員会を設置させた。この委員会は基本的にUFOの問題は誤りであるとした。SG]

だから，私はそのようにした――私はコンドン委員会宛に丁寧な手紙を書いた。我々の会社はUFOの問題を研究している，そのことについて話を聴くつもりがあるかという内容だった。コンドン（*エドワード・コンドン博士，核物理学者）から丁重な招待状が返ってきた。我々は説明資料を準備した。それは超伝導物質のループを使って一方向に強力な磁場を形成し，同時にそれを帯電させることにより，地球静電場の中でそれを浮揚させる方法の説明だった。

我々の結論は，これを実現するのに必要な超伝導電流があと10分の1ほど不足しているというものだった。もちろん，我々のチームはこう考えていた。“なんだ，たったの10分の1じゃないか――あと2年もすれば達成できるだろう”

この問題についてのコンドンの無関心さは，委員たちのそれとは際立って対照的だった。彼は委員会を招集した。委員たちはぐるりと取り囲んで私たちの説明を聴いた。コンドンがこう言った。“そうすると，あなたたちにはできないということだ”委員たちは驚いて彼を見，口々にこう言った。“しかし，たったの10分の1じゃないか”こうして私は彼らのうちの何人かと仲良しになった：ロイ・クレイグと他の数人だ。これ［コンドン委員会］は客観的な研究グループではなかった。それが私の結論だった。

私はコンドンに手紙を書き，委員会を二つのグループに分けるのが望ましいと提案した。つまり，一方は信じる派，他方は信じない派で，その双方にそれぞれの視点から研究させるのだ。私はこう書いた。“失礼ながら，この手紙のコピーをすべての委員に送ります”宛先は委員たちから密かに教えてもらっていた。コンドンはそれに激怒した。彼はジェームズ・S・マクドネル――ダグラス社とマクドネル社が合併してできた新会社の当時の会長だった――に電話をかけ，私をクビにしようとしたのだ。嘘ではない。

私はそのことを上司から3年後に聞いた。上司によれば，マクドネルはこう言ったという。“私の仕事に他人から口出しされたくない”会長の口からそれを聞けたのはよいことだった。会長は私の上司に事の発端についての質問をした。“彼は何をしたのかね？”答えは“彼は手紙を書きました”だった。彼は手紙を書きました。それは私がしていたことですから，もちろん私も了承していました。こうして，会社の経営陣は私を援護してくれた――彼は私を援護してくれた。しかし，そのことを私は3年後まで知らなかった――そのとき私の現役生活は実質的に終わっていた。

SG：そうすると，空軍のコンドン委員会はあなたをクビにしようと働きかけたのですね？

RW：コンドン個人だ。そのとおりだ。

そうこうしている間に，もう一つ別のことが起きた。それはジム・マクドナルドとの付き合いから生じた。私はヤツが好きだった。彼は実に精力的な物理学者で，何事にも躊躇しなかった。彼はある事実をつかむと，何としても専門家の学会で圧倒的に説得力のある話をしようとした。彼は，米国航空宇宙航行学会と米国物理学会でよく話したものだ。私はたまたま両方の会員だったので，彼が町に滞在しているときにはいつも車で迎えにいって付き添い，彼が歓迎されていると感じられるようにしてやった。

あるとき私は，旅行で彼の住んでいたツーソンを通りかかった折にそこに立ち寄った。私には2時間の飛行機の待ち時間があった。彼は空港に出てきて私とビールを飲んだ。私は“何か新しいことはないかい，ジム？”と言った。彼は“どうやらつかんだらしい”と言った。私が“何をつかんだんだい？”と訊いたら，彼は“答えをつかんだようだ”と言うじゃないか。だから私は“それは何だい？”と訊いた。彼は“まだ君には話せない，確かにつかんだんだ”と言ったのだ。彼が拳銃自殺を図ったのはそれから6週間後だった。数箇月後，彼はとうとう亡くなった。

我々の防諜活動員が用いる技法について，私には今思い当たることがある。ジムに自殺を決心させる能力を，彼らは持っていたのだ。それが事の真相だったに違いない……

UFO研究の最初に行なうことの一つは，誰にとっても当たり前の疑問に答えることだ。彼らはどこからやってくるのか。それはすべて現実か。もしそれが本当なら，その作動原理は何か。証拠は何か。だから，私が早い段階で行なったことの一つは，まず文献を読んでデータを収集することと，特定事例を取り上げ，何か手掛かりがないかを調べることだった。たとえば，ポール・ヒル（*NASAの指導的空気力学者）の目撃事件がある。このとき2機のUFOが，既知の雲量のもと，一定の距離を保ちながら互いの周りを回った。その加速度は135G（*重力加速度の135倍）と推定された。

彼らは実によい数値を得た。同じ方法を使えば，地平線に消える時間からG（*重力加速度の何倍か）を計算することもできる。こうして私は，知り得た数値の範囲を技術的概要としてまとめた。次に，物理的証拠に関連した事柄がある——鉄道の枕木に残された圧痕の深さと直径から，平方センチメートル当たりの圧力を求めることができる。その結果は，機体の重量がどれくらいだったかの推定値を与える。

私はこうした作業を，自分の思考を展開する過程の中でいわば無意識に行なった。そうして得た私の結論は，そこには紛れもなく現実の物体があり，それがある仕組みで作動しているというものだった——分からないのはその仕組みだった。そこに魔法はなかった；賢い頭脳ならその方程式を解明する。そこには秘密などない。しかし我々はその段階になかった。

我々はこのプロジェクトを会社の資金で行なった。1968 年から 1970 年までの間に使った総額は 50 万ドルだった。さて，我々が研究していたのは，地球よりも千年先行しているかもしれない技術だ。我々には材料も，方法も，何もなかった。だから，プロジェクトは打ち切るのが当然だった。

私が文献についてよく知るようになると，また別の側面が見えてきた。私はある考えを次第に持ち始めていた。それは精神的な意思疎通が常に手掛かりになるという考えだった。というのは，現象にはいつもそれが伴っていたからだ。私が特に印象深く覚えているのは，メキシコで起きた事件だ。ハイキングをしていた一人の男が道の角を曲がったとき，大きな異星人に出会った。異星人はベルトの周りにある装置を付けていた。男はそのベルトに触り，つまみを回した。するとまったく突然に，男は異星人の考えていることが分かるようになった。心に直接入ってくるような，そんな感じだった。私は自分にこう言い聞かせた。“我々に必要なのはそのような装置だ――やるべきことは，その仕組みを解明することだ。それが分かれば，我々の意思疎通は直接的になるに違いない”

私はマクドネル・ダグラス社でジャック・フックという人物と一緒に仕事をしていた。彼は心に関係する特異現象を研究することに大変な興味を持っていた。そのため，遠隔視（リモートビューイング）に注目し，ジョン・アレキサンダー大佐（* 超常現象の軍事応用を主張した陸軍将校）と一緒に研究をしていた。大佐のことはご存じかもしれない。私はジャックのおかげで，遠隔視についてもっと知りたいと思うようになった。そしてハル・パソフ（* 物理学者，超心理学者）に会った。彼がスタンフォード研究所にいたときだ。ハルは彼らの研究を私に教えてくれた。それがきっかけとなり，我々は遠隔視について自分たちだけの小さな共同研究を行なった。

そのことがマクドネル氏の知るところとなった――我々が社内でこの研究をしていること――または少なくともそれを計画していることに彼は気付いた。私が仕事でセントルイスの本社に来ていたある日，マクドネル氏が執務室に私を呼んだ。私はきっと叱られるに違いないと覚悟したが，何と彼は 2 時間も私と語り合ったのだ。そして，この問題に興味を持つ人間がいることを知ってとてもうれしいと言った――なぜなら，彼はこれらの能力の存在を信じており，自社の飛行機にファントムやブードゥー（*ブードゥー教。ハイチなどで行なわれている民間信仰）といった名前を付けていたからだ。こうして彼は，社内でこっそり行なうこの共同遠隔視研究に2万ドルを出してくれた。

この共同研究の最終結果として，私は特異現象のもう一つの部分に精通することになった――つまり，精神の分野だ。私は気付かずに，UFO について知っている事柄と精神の分野の事柄をいわば足し合わせて考えることにより，それらがすべて互いに結びついていることを理解した。だから，もしここで一組の方程式が得られるなら，もう一方の組の方程式も得られるだろう。ハル・パソフと私はその点で意見が一致した。私はハルが考えもしない革新的なことをしていたので，我々はとてもよい関係を築いた。

私は早くから，地球外生命体が地球を訪問している証拠は確かであると結論していた――あまりにも確かなので，論じる必要もないほどだ。私は，特にジム・マクドナルドとの会話を通じて，UFO 関連の計画について次第に詳しくなったが，最初は彼と同様の考えを持っていた――それは隠蔽されているか，それとも隠蔽に失敗しているかという点に関してだ。彼は，隠蔽に失敗しているという考えに大きく傾いていた。確かに，ブルーブック関係者による隠蔽失敗を裏付ける十分な証拠もあった。

しかし，私がジムと交わした最後の会話を振り返るなら，彼は隠蔽が存在する事実をつかんでいたのだと思う――おそらく彼は，墜落機回収の話に偶然行き当たった。そして，私に話す前にその絶対的な証拠をつかもうとしていたのだ。

だから，それ以来私はどんな可能性に対しても心を閉ざしてこなかった――我々が宇宙機の逆行分析にどの程度成功しているか，ということもその一つだ。精神の分野においてもそれと同じことが行なわれている可能性がある――つまり，我々の諜報および防諜組織が，ほぼ不可能なことはないまでに洗練されている可能性だ。

想像できることだが――これは今の私の仕事から来るものでもあるが――我々が調査しているあのマジェスティック文書――あの1952年の文書は，基本的にこう述べている。最も重要な問題は報道機関の制御である。おそらく1949年頃，このようなことを考える一団の人々がいた。“我々はどうしたらこれを一般大衆から隠しておくことができるか？”それは難しい課題だった——一般大衆に決して真実を知られないようにする方法を考えるのは，面白いプロジェクトだった。その結果，もしこれが起きたらこうする，あれが起きたらこうすると，あらゆる種類の対策が準備されただろう。

私の考えだが，それが誰であろうとその制御を行なっている者は，今やこうした種類のあらゆる計画を完成させ，私のような者があちこちで何を話して歩き回っても，彼らにとっては何の問題にもならないのだろう。なぜなら，彼らはそれが起きることを常に想定しているからだ。彼らは，いずれ誰かが文書を外部に流出させることを想定していた；彼らは，流出文書が明らかに本物であると判明することを想定していた。しかしその一方で，彼らは小さな部隊を送り出し，可能な限りその情報を潰そうとした——だから，私を批判した評論家の何人かは，気付かずにそれを秘密にしておきたい者たちの手先になっていたかもしれない。

この問題を効果的に制御しようとしたら，あらゆる段階でそれを行なう必要があるのは明らかだ。最もはっきりしている段階はメディア（情報媒体）だ。だから，あらゆる種類のメディアに目を配る必要がある——映画，雑誌などだ。言うまでもなく，初期の頃は新聞，映画，雑誌がすべてだった。今や我々はインターネットやビデオなど，他のあらゆる種類の媒体を持っている。しかし，これらの分野の技術が進歩するのに伴い，この制御を心配する者たちが，媒体と共にまさにこの分野に入り込んできている。こうして，新しい媒体が出現するたびに，彼らはそれに対応する新しい制御手段を持つのだ。

我々が回収した文書を見れば，興味深いことに彼らのうちの何人かが，これを秘密にする理由を論じている。それらの理由の一部は，当時としてはきわめて正当なものだった。例を挙げると，我々が入手した最初の文書［の一部］は——実は数週間前に手にしたばかりだが——ロサンゼルス空襲（*1942年2月24日に起きた，いわゆるロサンゼルスの戦い）に触れていた。その空襲では，見たところ2機の墜落が起きた——1機は海で回収され，もう1機はサンバーナーディーノ山地に落ちた。

［これを裏付けるクリフォード・ストーンの証言を見よ。SG］

陸軍参謀総長のジョージ・マーシャルはフランクリン・D・ルーズベルト大統領に手紙を書き，こう述べた。“この事件が起きたので，我々は惑星間現象調査部隊を組織し，この問題を調査します”こうして最初の活動が第二次大戦中に始まった。だから，ロズウェル墜落事件が起きたとき，我々のチームは万全の態勢で対応することができ，しかもそれは大したことではなかった。おそらく彼らは，そのときまでに何度か出動していたのだ。

私の理解では，秘密の理由は50年前に遡る。A：ドイツとの戦争に勝たねばならない。B：その技術がロシアとソ連に渡らないように管理を確実にしなければならない。それらの理由はきわめて重要で，実際的で，現実的だ。今日でさえ，私はサダム・フセインがこの高度な技術を持つのを見たくはない。彼は常軌を逸している。だから，信用できない人間からこの技術を守るのは，ある程度今でも必要なことなのだ。

そして問題が起きるのはその部分だ。なぜなら，当時と同じように今日でも，それを悪い人間から隠すためには，善い人間からも隠さなければならないからだ。もし公衆の前でそれを話すとすると，彼らの一部は悪い人間だと思わなければならない。彼らはそこを飛び出し，その技術を持って走り回るかもしれない——爆弾をつくったり，ビルを破壊したりする輩のように。

しかし今日，秘密の理由は違うものになってきている——幾つかの物事が変わったからだ。一つ，それを秘密にしておく重大な宗教的理由は，おそらくない。当時彼らは本当に何も知らなかった。最初のUFO墜落が起きたとき，ラジオドラマ‘宇宙戦争’は3年か4年前に放送されたばかりだった。裏庭に火星人が着陸したと知って一般大衆がどれほど混乱したか，人々はよく覚えていた。

それはもはや問題ではないと思う。政治的理由も同じだろう。権力を握り，それを手放したくない人々がいる。秘密の解除が彼らの権力維持に有利だと思えない限り，彼らがそれをする理由はない。

私が思うに，この情報を人々に公開する本当の理由は，我々の税金がそれに使われているということだ。これらの闇の計画は，GNP（国民総生産）の何割かに相当する巨額の資金を納税者に負わせている。その額は300億ドルから500億ドルと言われているが，私の考えではそれ以上だ。我々は，よく知られた秘密計画を持っているだけではない。スティーブン・グリアの言葉を借りるなら，我々は‘認められざる秘密計画（Unacknowledged Black Program）’を持っている。基本的に民主主義においては，人の金を盗むのは悪いことだ。

聞くところでは，1970年かその頃にすべてが電子化されたらしい。それは私が見ていた事柄とよく整合するように思われる。本当に安全な計画を持つなら，こうしたくなるだろう——それを電子化せよ。そうでなければ口伝えにし，紙にはほとんど何も書くな。書けば流出する。今日ほとんど流出がない理由はそれかもしれない。

核心的な問題は，何が推進源かということだ。私は航空宇宙会社の立場から，最初にこの問題に取り組んだ。ここからそこへ，どのようにして移動するのか。その答えの一部は，推進システムを動かすエネルギーを得ることにある。なぜなら，明らかにそれは，通常我々が行なうように後ろから小さな粒子を飛ばして推力を得ているのではないからだ。だから私の結論は，その推進源が何であれ，そのエネルギーを得ることと重力制御は同等だということだ。一度それが分かると，もう一方も分かるだろう。それと同時に，おそらく精神の分野の事柄についても，それが機能する仕組みについてよいヒントが得られるだろう。それらの物事は，最も深いレベルの領域においては互いに結びついているのだ。

Testimony of Dr. Alfred Webre, Senior Policy Analyst

スタンフォード研究所上級政策分析官
アルフレッド・ウェーバー博士の証言

2000年8月

アルフレッド・ウェーバー博士はエール大学から理学士号と法律の学位を，またテキサス大学からカウンセリング修士号を取得している。彼はスタンフォード研究所社会政策研究センターの上級政策分析官だった。彼は1977年にSRI（スタンフォード研究所）を通じてカーター政権の地球外通信計画に取り組んだ。その目的は，この問題についての知識を集め，政策提言をまとめることだった。この計画にはNASA長官のジェームズ・フレッチャーと国立科学財団が関係していた。計画はすでにホワイトハウスの国内政策部により承認されていたにもかかわらず，それに違反する形で開始早々に打ち切られた。

私は1964年にエール大学から理学士号を，また1967年に同大学法律大学院から法律の学位を取得した。その後1997年には，ブラウンズビルにあるテキサス大学からカウンセリング修士号を取得した。現在はコロンビア特別区弁護士会に所属している。私は1977年に，カリフォルニア州メンロパークにあるスタンフォード研究所社会政策研究センターの上級政策分析官になった。現在のSRIインターナショナルだ。

私は1977年にカーター政権の地球外通信計画に取り組んだ。1970年代の初めに私はコンテキスト・コミュニケーション・セオリー・オブ・エクストラテレストリアルズ（Context Communication Theory of Extraterrestrials；地球外知性体の象徴通信理論）という本を書いたが，それは地球外現象がある種の法則により解釈できると述べたものだ。地球外現象は人類に対する周辺手がかり提示（peripheral cueing）のようなものと言ってよい。だから，ジミー・カーターがこれに興味を持ち，おそらくは何らかの高次元知性体との直接接触を経験しただろうとの記述を見たとき，我々は非常な関心を持った。

彼［カーター］が1977年1月にホワイトハウス入りしたとき，私もまたSRI（スタンフォード研究所）社会政策研究センターに入った。私は面接において，このセンターで地球外通信計画をやりたいとはっきり宣言した。その計画に明確な同意が得られたため，私はホワイトハウスで誰がこの問題に関心を持っているかを訊いて回った。私はその人物に接触し，地球外計画の基本的な概要を打ち合わせるために面会の約束を取り付けた。

だから，これは公然と始められた計画であり，透明性のある文民的性格を持つものだった——秘密めいた側面はどこにもなかった。それはスタンフォード研究所の私の研究室で始まった。私は未来研究所（IFTF）のジャック・バレー（* 天文学者，UFO研究家）を顧問にした。そして彼と共同で方法論を開発し，予備提案の幾つかをまとめた。

その当時，私はパロアルト（* カリフォルニア州）とワシントンD.C.の間を2週間か3週間ごとに行ったり来たりした。つまり，2週間か3週間ごとに行政府ビルにいるホワイトハウスの人々と会合を持った。私は認証を受けてビルに入り，提案について担当の職員と打ち合わせた後，また認証を受けてビルを出た。我々の提案の骨子は，あくまでホワイトハウスがこの研究提案の総合政策担当者であり，約3年間継続するというものだった。だから，その提案のもとで最終報告書が発表されていれば，それはホワイトハウス文書となり，ホワイトハウスの政策提言となっていたはずだ。

NASAは我々が契約により連携しようとした機関の一つだった。当時のNASA職員から直接聞いた話だが，その提案書はジェームズ・フレッチャー長官の執務室にあった。つまり，そのとき彼は我々の提案書を握っていた。また，その研究を科学審議会と顧問会議が厳しく吟味するという形で，国立科学財団もその提案に加わることになっていた。

管理者側全員と研究所側は，その提案についてSRI社会政策研究センターで心得顔に署名し，契約を締結した。センターの統括者だったトム・トーマスがそれに署名した。ピーター・シュワルツは私と共に上級政策分析官であり，その提案の助言者でもあったが，彼はこのことを完全に承知していた。彼は現在グローバル・ビジネス・ネットワークの会長だ。

今は亡きウィリス・ハーマンもこの提案のことはよく知っていた。彼は後に意識科学研究所（Institute of Noetic Sciences；IONS）の一員になった。後で述べるように，その提案が違法に打ち切られたとき，この事案は上級管理職の所管になっていた。

この計画は，ホワイトハウスとの最初の接触が行なわれた1977年5月から，同年9月にペンタゴン（国防総省）の介入により打ち切られるまで続いた。

研究の目的は，この問題についての知識の空白を埋め，将来のための政策提言をまとめることだった。研究は3段階に分けられていた。第1段階はデータベースの構築で，それぞれ独立した管理下にある中央データベースと地域データベースが必要だった。その内容はUFOとEBEについてのデータだ——EBEつまり地球外生命体については多くの目撃情報があった。だから，対象はUFOとEBEの両方だった。データベースには米国内および海外の，個人および非営利組織が収集したあらゆる事例データが収められることになっていた。その入手先も，可能な限り多くの国とされていた。フランス政府，ソ連政府，中国政府は，国立科学財団の後援により，中央データベースを構築するための国際的な取り組みを行なっていた。

以上が第1段階だ。第2段階は科学顧問による評価だった。彼らはまず，こうした現象と証拠類が何を意味するかについて，代替モデルを構築する。地球外現象も次元間現象も含むが，それだけに限らない様々な代替モデルを自由に提示するのだ。この段階の目的は，米国を含む世界中の国々から一流の科学的頭脳を動員し，妥当な一連のモデルを導き出すことだった。

最後の段階は，最終報告書の作成と必要な政策提言だ。この段階では少なくともUFOとEBEの遭遇事例を収めた，恒久的，開放的，かつ独立管理の地球規模データベースが構築されるはずだった。それと同時に，UFOとEBEのデータが民間，科学界，一般社会に自由に流通することを妨げる，情報機関と軍の秘密保持規定を無効にする提言もここに含まれることになっていた。もし承認されていれば，それは一方では，遭遇するかもしれない知的存在者に向けた人類からの非敵対的かつ開放的な通信を確立する，地球外通信計画とも呼べる権威ある政策提言になっていたはずだ。

最終的には，地球の統合——もし本当にそうなるのであれば——それに向けた地球規模の権威機関を創設するある種の決定がなされていただろう。

だから，これは最近発表されたフランスのCOMETA（Committee for in-depth studies；綿密研究委員会）報告の趣旨に沿う，優れた研究になっていたはずなのだ。このCOMETA報告の執筆陣にはフランスのNASA（*国立宇宙研究センター；CNES）長官，フランス空軍の将軍が名を連ねている。

その提案はホワイトハウスの国内政策部内で知られており，承認もされていた。また，ホワイトハウス科学諮問局にも回報されていた。それらは提案書に名前が載っていた機関だ。我々が最初の接触を持ったのは，スチュワート・アイゼンシュタットが率いるホワイトハウス国内政策部を通してだった。

私は1977年5月から9月まで，その提案を単独供給契約の段階まで発展させるために，カーターのホワイトハウスを20日ごとに訪れ，ホワイトハウスの担当者と2週間か3週間ごとに会った。私の会合は，ホワイトハウスの行政府ビルでホワイトハウスの国内政策部担当者と行なわれた。

我々は1977年9月頃までに，それを提案の段階にまで持っていった。提案は熱烈に歓迎され，我々はNASAと国立科学財団の担当部局に申し入れを行なうように指示された。彼らはその提案に対する実際の資金提供者であり，完全にホワイトハウスの指揮下にあった。

私はこの最終承認が与えられたホワイトハウスでの会合から飛行機で戻った。私がSRIの研究室に着くと，SRIの上級役員が私を執務室に呼んだ。彼はアフリカ系アメリカ人だった。私は宣誓陳述書の中で彼をジョン・ドゥーという名前で言及した。この準備会合に加わったもう一人はピーター・シュワルツだ。彼は私と同じ研究室を本拠地にしており，計画の助言者だった。そのSRIの上級役員は私にこう言った。数分したらもう一人，SRIのペンタゴン（国防総省）担当役員が来る。

その計画は打ち切られることになった。彼らはペンタゴンから直接に，もし計画を先に進めるならペンタゴンと結んでいるSRIの契約はすべて破棄されると連絡を受けていた。これらの契約は，研究，資金，ミサイル研究契約，その他の契約を含むという意味で，当時のSRI事業の実質的な部分を占めていた。その上級役員は私に，彼の言葉を引用するなら“偽装しろ”と忠告した。私がそれに従うふりをしろと――そうしたら私は仕事を続けられる。彼はそうほのめかしていた。

そのSRIのペンタゴン担当役員が入ってきた。私は宣誓陳述書の中で，彼のことをジョン・ドゥー2という名前で言及している。彼は，この計画を止めなければペンタゴンとSRIの契約研究は破棄されることになると明言した。次に彼は，我々の計画が打ち切られたとはっきり言った。ホワイトハウスにより承認されたばかりの計画が打ち切られたのだ。彼の言葉を引用するなら，“UFOなどどこにもいない”からだった。事ここに至って，私は声を大にして異議を唱えた。私はUFOが実在することを示す基本データを列挙した。しかしそれは無駄だった。その上級役員はペンタゴン担当役員の側に付いた。そして計画は打ち切られた。

私が知る限り，SRIはホワイトハウスにより承認された計画を取り消す習慣を——したがってその実例を——持たない。それどころか，彼らは研究資金に極端に飢えている。ホワイトハウスがある計画を承認すると，それは系列機関からの資金確保がほぼ確実であることを意味する。彼らはそれを追いかけて突進する。

私はSRIに裏切られた気がした。なぜなら，彼らはその計画に署名していたからだ——私を監督する立場の者は全員署名した——それにもかかわらず，計画を完遂することはなかった。ホワイトハウスが承認した決定を彼らが取り消した。私はこの事実を受け入れることを拒否した。彼らはペンタゴン側の幻惑情報，偽情報だったかもしれないこうした脅しに抵抗しようとしなかった。そのことに私は失望した。計画の打ち切りは，UFOは存在しないという偽情報を根拠にしていた。私の考えでは，あのペンタゴン担当役員はまったくの無知だったか，そうでなければ偽情報工作を行なっていた。なぜなら，言うまでもなくペンタゴンは，UFOの存在については誰よりもよく知っているからだ。だから，その計画の完全な取り消しは，それ自体が一つの秘密工作だったように私には思われた。

私はその後も，別の計画でワシントン通いを続けた。その一つに，技術移転に関する科学審議会（NSB）との契約研究計画があった。この少し前にはMKウルトラ計画の公聴会が開かれていた（*1977年8月3日上院情報特別委員会等）。MKウルトラは，米国内の一般市民，特に反対を唱える者に対して非致死性兵器を使用した。だから，この研究の抑圧に異議を唱えていた私には，十分にその資格があったということだ。

私はこの非致死性兵器による攻撃を少なくとも3回経験している。それは私の人格を標的にした電子的または化学的攻撃だった。それは意図した侵入だった。

ここで私は，一般にマインドコントロールと呼ばれる兵器について述べている。これらは一般市民を標的にする電磁気的な性質を持つ兵器だ。失神させたり，思いとどまらせたり，さらにはパニックや妄想といった様々な状態に標的を誘導する。

それらは通常，現場要員との協調作戦として実行される。たとえばこうだ。もしあなたが政府内で反対を唱えたり，彼らが秘密にしておきたいことを知っていたりすると，彼らはあなたの経歴を標的にする。彼らはある種の電磁気兵器を用いてあなたの心に影響を与える。その一方で，あなたに被害妄想を起こさせるために，工作員の外見をした現場要員があなたを取り囲む。

そのような攻撃を加え続ければ，人に経済的な不安を起こさせたり，健康のことで心を動揺させたりすることができる。私はこの計画の打ち切りがあってから，別々のときに3回これを経験した。その最初は，私がある契約研究提案のためにペンタゴン（国防総省）に出向いたときに起きた。私は次官補レベルの人物に会うために同省を訪れ，案内されて次官補の控え室で待っていた。私は専門家としてそこにいた。

私の向かいに一人の女性が座っていた。彼女が何者だったかは知らない。秘書か何かだったのか。そのときまったく突然に，彼女は大きなプラカードを取り出し，それをこのように高々と掲げたのだ。そのプラカードには，マインドコントロール技法で計算されたある言葉が書かれていた。標的に心の動揺，いわゆる‘認知的不協和（cognitive dissonance）’を起こさせる言葉だ。プラカードには大きな文字で‘S-E-X’と書かれていた。

この分野の研究を長年続けていた私は，何が起きているかを正確に理解した。私はマインドコントロールに遠隔誘導されていた。私の心に動揺が起きると，次官補と面会したときにはそれがさらに大きくなる。その場で私がこのことを話しでもしたなら，たちまち私の人格が疑われることになる。なぜって，ペンタゴンの一室でそんなことが起きるなんてあり得ないだろう？

幸いに，私は研究のおかげで起きていることを正確に理解し，パニックにはならなかった。私はそこに座り続け，この出来事に耐え抜いた。次に起きた出来事は，さらに深刻だった。私はパロアルトに戻る途中，ニューオーリンズで降りた。弟（兄）に会うためだったが，また下院暗殺問題特別委員会に関わる問題でジム・ガリソン判事とも会う約束をしていた。委員長のヘンリー・B・ゴンザレスが私を一般監視人の一人に指名していたからだ。

判事に会うのは，ニューオーリンズ・アスレチッククラブで日曜日の午前ということになっていた。その前日の土曜日，私は弟（兄）と一緒にツタンカーメン展（*ニューオーリンズ美術館）に行った。そうしたら，突然に身体の具合がおかしくなったのだ。私は激しい幻覚症状に襲われ，混乱した。そのため予定を変更せざるを得ず，判事に会うことはできなかった。私は日曜日の夜に，やっとの思いでパロアルト行きの飛行機に戻ることができた。私が空港に着くと，正体不明の現場要員たちが私を取り囲んだ。彼らは工作員のようにスーツに身を包み，全員が望遠鏡付きライフルのネクタイピンを着けていた。

私はマインドコントロールの分野を専門的に研究していたので，彼らがその現場要員であることを知っていた。彼らは標的に妄想や動揺を起こさせるために，それが弱っているときを狙って現れたのだった。幸いに，私は研究のおかげでパロアルトまで旅を続け，この経験を何とか切り抜けることができた。しかし大変な試練だった。

私はペンタゴンに行き，そこで攻撃された。次にニューオーリンズ行きの飛行機に乗り，再び攻撃された。最後にスタンフォード研究所に戻ったとき，そこでも攻撃された。まるであの提案が取り消された後，私を排除する命令が出されていたかのようだった。

その3回目の出来事のとき，私はスタンフォード研究所の警備員に常時監視された。彼らは私服のときも制服のときもあったが，監視されていることを私に分からせるようなやり方でそれをした。これは私の仕事を邪魔し，私をSRIから去らせるための行動だった。こうしたことのために，私は数週間のうちに健康を害してしまった。私は入院し，3箇月間休んだ。その後職場に戻ったが，状況は同じだった。私は工作員たちに尾行された——私はそれを‘群がり’と呼んだ。その後間もなく，私はSRIを辞めた。

これらの出来事がすべて終わったある時期に，それまでSRIの重要な研究部門であり，彼らにとってはきわめて儲けの大きかった社会政策研究センターは解体された。

もし我々が1947年（*ロズウェル墜落事件）以来の50年間を眺め，グラッジ計画に始まりブルーブック計画を経て強化されてきた秘密，UFOと地球外生命体の問題を取り巻くあらゆる極秘作戦を振り返るなら，この研究はそれに真っ向から立ち向かい，その問題に透明性，公開性，科学性を持って取り組むものだった。その研究は秘密保持規定の必要性を正面から問題にした。興味深いのは，私が経験したマインドコントロール，非致死性兵器については，米国議会のチャーチ委員会（上院情報特別委員会）や他の上院委員会でも説明が行なわれたということだ。あのMKウルトラ計画——MKとはナチスのマインドコントロール計画に倣ってつけられたMind Kontrol（‘K’を使ったcontrol）を表している。

興味深かったのは，MKウルトラ計画が米国中央情報局（CIA）の計画だったことだ。だから，あの計画を終わらせるために，もし実際にMKウルトラの工作員たちが私に差し向けられたのだとすれば，その計画を懸念する勢力，つまり米国CIAがそれに関与していた可能性がある。

ここにUFO問題を公開すると約束して政権についた米国大統領がいる；そのホワイトハウスで公然と始められた研究，それが潰されたのだ。

私は反証可能な推定（rebuttable presumption）を生じる宣誓陳述書を準備した——これは法律学の一技法だ。私は2000年8月30日にカリフォルニア州サクラメントで宣誓陳述を行なった。それには研究の概要と共に，その関係者全員の名前，さらに研究が打ち切られた経緯が述べられている。

私が心から願うのは，この文書が政府内でも民間でも広く人々に知られることだ。この問題を公開し，地球外知性体との交流を始めるための，知的な研究計画を持つときが来たと思う。必要であれば，最終的には地球を統合し，宇宙社会に移行する計画を持つときが。

我々がこれをしている数日間に，NASAで大変重要な地位にある同僚が名乗り出，進んで情報を寄せてくれた。彼はNASA長官がこの提案を再検討していたと確証した。これは裏付けとなるものだ。これには複数の証人がいる。

[クリフォード・ストーン，ジョン・メイナード，その他の証言を見よ。彼らは皆，カーター大統領がUFOの問題を扱うプロジェクトから締め出されていたと述べている。SG]

STATE OF CALIFORNIA

Affidavit of
Alfred Lambremont Webre

SWORN AFFIDAVIT

I, Alfred Lambremont Webre, do affirm and swear the following to be true and factual:

1. My name is Alfred Lambremont Webre. I was born May 24, 1942 at the US Naval Air Base, Pensacola, Florida. My present address is 1512 West 40 Avenue, Vancouver, BC V6M 1V8. I hold a Bachelor of Science degree from Yale University, 1964. I hold a Juris Doctor degree from Yale Law School, 1967. I hold a Master of Education in Counseling from the University of Texas at Brownsville, 1997. I am a member of the Bar of the District of Columbia.

2. 1977 Carter White House Extraterrestrial Communication Study - As Senior Policy Analyst at the Center for the Study of Social Policy at Stanford Research Institute (now "SRI International", Menlo Park, California), I was Principal Investigator for a proposed civilian scientific study of Extraterrestrial communication. This Study presented to and approved by appropriate White House staff of President Jimmy Carter, during the period May 1977 until its unlawful termination of contract research on or about September 1977.

3. At the time of such unlawful termination, the Proposal for the 1977 Carter White House Extraterrestrial Communication Study had been approved for implementation by the management of Stanford Research Institute, and by appropriate White House Domestic Policy staff. On information and belief, the 1977 Carter White House Extraterrestrial Communication Study was also pending review by James Fletcher, the Administrator of NASA in or about September 1977.

PERSONS WITH DIRECT AND PERSONAL KNOWLEDGE OF THE 1977 CARTER WHITE HOUSE EXTRATERRESTRIAL COMMUNICATION STUDY

4. On information and belief, the persons, together with their then positions, having direct personal knowledge of the 1977 Carter White House Extraterrestrial Communication Study include at least the following:

1

NATIONAL INVESTIGATIONS COMMITTEE ON AERIAL PHENOMENA (NICAP)®
3535 University Blvd. West
Kensington, Maryland 20795
301-949-1267

REPORT ON UNIDENTIFIED FLYING OBJECT(S)

This form includes questions asked by the United States Air Force and by other Armed Forces' investigating agencies, and additional questions to which answers are needed for full evaluation by NICAP.

After all the information has been fully studied, the conclusion of our Evaluation Panel will be published by NICAP in its regularly issued magazine or in another publication. Please try to answer as many questions as possible. Should you need additional room, please use another sheet of paper. Please print or typewrite. Your assistance is of great value and is genuinely appreciated. Thank you.

1. Name Jimmy Carter
   Address State Capitol Atlanta
   Telephone (404) 656-1776
   Place of Employment
   Occupation Governor
   Date of birth
   Education Graduate
   Special Training Nuclear Physics
   Military Service U.S. Navy
2. Date of Observation October 1969 Time AM PM 7:15 Time Zone EST
3. Locality of Observation Leary, Georgia
4. How long did you see the object? ______ Hours 10-12 Minutes ______ Seconds
5. Please describe weather conditions and the type of sky; i.e., bright daylight, nighttime, dusk, etc. Shortly after dark.
6. Position of the Sun or Moon in relation to the object and to you. Not in sight.
7. If seen at night, twilight, or dawn, were the stars or moon visible? Stars.
8. Were there more than one object? No. If so, please tell how many, and draw a sketch of what you saw, indicating direction of movement, if any.

000846

9. Please describe the object(s) in detail. For instance, did it (they) appear solid, or only as a source of light; was it revolving, etc.? Please use additional sheets of paper, if necessary.

10. Was the object(s) brighter than the background of the sky? Yes.

11. If so, compare the brightness with the Sun, Moon, headlights, etc. At one time, as bright as the moon.

(Please elaborate, if you can give details.)

12. Did the object(s) —

a. Appear to stand still at any time? yes
b. Suddenly speed up and rush away at any time?
c. Break up into parts or explode?
d. Give off smoke?
e. Leave any visible trail?
f. Drop anything?
g. Change brightness? yes
h. Change shape? size
i. Change color? yes

Seemed to move toward us from a distance, stopped-moved partially away—returned, then departed. Bluish at first, then reddish, luminous, not solid.

13. Did object(s) at any time pass in front of, or behind of, anything? If so, please elaborate giving distance, size, etc, if possible. no.

14. Was there any wind? no. If so, please give direction and speed.

15. Did you observe the object(s) through an optical instrument or other aid, windshield, windowpane, storm window, screening, etc? What? no.

16. Did the object(s) have any sound? no What kind? How loud?

17. Please tell if the object(s) was (were) —

a. Fuzzy or blurred. b. Like a bright star. c. Sharply outlined. X

18. Was the object — a. Self-luminous? x b. Dull finish? c. Reflecting? d. Transparent?

19. Did the object(s) rise or fall while in motion? came close, moved away-came close then moved away.

20. Tell the apparent size of the object(s) when compared with the following held at arm's length:

a. Pinhead
b. Pea
c. Dime
d. Nickel
e. Half dollar
f. Silver dollar
g. Orange
h. Grapefruit
i. Larger

Or, if easier, give apparent size in inches on a ruler held at arm's length. About the same as moon, maybe a little smaller. Varied from brighter/larger than planet to apparent size of moon.

21. How did you happen to notice the object(s)? 10-12 men all watched it. Brightness attracted us.

22. Where were you and what were you doing at the time? Outdoors waiting for a meeting to begin at 7:30pm

23. How did the object(s) disappear from view? Moved to distance then disappeared

24. Compare the speed of the object(s) with a piston or jet aircraft at the same apparent altitude. Not pertinent

25. Were there any conventional aircraft in the location at the time or immediately afterwards? If so, please elaborate. no.

26. Please estimate the distance of the object(s). Difficult. Maybe 300-1000 yards.

27. What was the elevation of the object(s) in the sky? Please mark on this hemisphere sketch.
About 30° above horizon.

28. Names and addresses of other witnesses, if any.

Ten members of Leary Georgia Lions Club

29. What do you think you saw?

a. Extraterrestrial device?
b. UFO?
c. Planet or star?
d. Aircraft?
e. Satellite?
f. Hoax?
g. Other? (Please specify).

000847

30. Please describe your feelings and reactions during the sighting. Were you calm, nervous, frightened, apprehensive, awed, etc.? If you wish your answer to this question to remain confidential, please indicate with a check mark. (Use a separate sheet if necessary)

31. Please draw a map of the locality of the observation showing North; your position; the direction from which the object(s) appeared and disappeared from view; the direction of its course over the area; roads, towns, villages, railroads, and other landmarks within a mile.

Appeared from West--About 30° up.

32. Is there an airport, military, governmental, or research installation in the area? No

33. Have you seen other objects of an unidentified nature? If so, please describe these observations, using a separate sheet of paper. No

34. Please enclose photographs, motion pictures, news clippings, notes of radio or television programs (include time, station and date, if possible) regarding this or similar observations, or any other background material. We will return the material to you if requested. None.

35. Were you interrogated by Air Force investigators? By any other federal, state, county, or local officials? If so, please state the name and rank or title of the agent, his office, and details as to where and when the questioning took place.

Were you asked or told not to reveal or discuss the incident? If so, were any reasons or official orders mentioned? Please elaborate carefully. No.

36. We should like permission to quote your name in connection with this report. This action will encourage other responsible citizens to report similar observations to NICAP. However, if you prefer, we will keep your name confidential. Please note your choice by checking the proper statement below. In any case, please fill in all parts of the form, for our own confidential files. Thank you for your cooperation.

You may use my name. (x)　　Please keep my name confidential. ( )

37. Date of filling out this report　　Signature:

9-18-73　　Jimmy Carter

Testimony of Denise McKenzie, former SAIC employee

元 SAIC 従業員
デニス・マッケンジーの証言

2001 年 3 月

デニス・マッケンジーは大手の国防関連契約業者であるサンディエゴの SAIC 社（Science Applications International Corporation）に雇われた。この会社に勤務しているとき，彼女は次のことに気付いた。SAIC には数百万ドルもの発注があったが，ほとんどの場合，これらの契約のどれに関しても同社が活動したようには思えなかった。一見合法的に見える計画の中にどのようにして‘闇の’予算が隠されるのか，それを彼女は明らかにする。ある上司の前にこの問題を持ち出してから，性的嫌がらせのあるパターンが始まった。

DM：デニス・マッケンジー／ SG：スティーブン・グリア博士

DM：SAIC（サイク）社のソフィア・ホッファーがやってきて，私に SAIC に来て働いてくれないかと頼んだ。私はサンディエゴで生まれ育ったにもかかわらず，その会社のことは本当によく知らなかった。私は面接を受けてみようと思い，中に入った。そこでは書類手続きなど何もなく，言ってしまえば彼女にこう言われただけだった。“あなたは採用されました。ここで働いてもらいます。ここがあなたの事務室，ここがあなたの机，私の席はここです。あなたには私が指示します。上司は七人です”その時点で，私はそこが何をする部署なのかさえ知らなかったし，知っていることは本当にほとんどなかった。

私はそこに入っていった——私は巨大な建造物が建ち並ぶこの複合施設に連れてこられていた。これほど大きな施設で働いたことがなかったので，私はやや圧倒されていた。そしてこう思った。“大丈夫よ，彼女が何もかも教えてくれるわ”こうして私は翌日から仕事に就いた。しかし彼女は約 2 週間姿を見せなかった——ほとんど 3 週間だった……私がいた部署は軍担当部だった。

彼らはここで軍事用品の製造を請け負っていた。

私はこう思った。“おやおや，何かおかしなことになっている”間もなく人事部の誰かが上がってきて，こう言った。“下に降りてきてください。あなたのバッジ用の写真を撮ります。バッジを着けなければこの部に立ち入ることができません”私は“私がいる部は何部ですか？”と訊いた。彼から返ってきた答えが，つまり軍担当部だった。ここではすべての建物で，きわめて機密性の高い仕事が行なわれていた。

上司は七人いたが，彼らは少しも忙しくはなかった。私が彼らの事務室に入ったとき，彼らはコンピューターゲームをして遊んでいた。机の上には何もなかった。彼らが何をしていたのか，私には知る由もない。彼らは会議にさえ顔を出さなかった。

一人の上司がやってきて，これに返事を出しておいてくれと言って私に手紙を幾つか渡した。これらの手紙は，SAIC が軍や様々な航空会社と結んでいる契約の更新を求めるものだった。私はどう返事を書けばよいのか分からず，その上司に訊いた。“どのように書けばよろしいでしょうか？　契約更新の依頼です”すると彼はこう言った。“ああ，そうだったね。何か文字をつなげて手紙にして送っておいてくれればいい。ただこう書けばいいんだ。‘これは継続中，かくかくしかじか’”それで私はそのようにしようと思ったが，そんな大まかな返事を書くなんて私にはできなかった。それは私の性分ではなかった。私はいわば分析好きだったので，その返事を裏打ちする何らかの情報が必要だった。そこで私はこう考えた。“ここにはすべてのディスクが揃っている”そしてファイルの保管場所に行き，手紙に関係しているファイルを幾つか見つけ出した。私はそれらを引き抜き，自分の事務室に持ち帰った。次に，このコンピューターディスクの中身をすべて読み出し，これらの契約に関係のあるデータを調べ始めた。私はこう考えていた。上々だ。これで私は以前の手紙を見つけて読むことができる。それらを全部読めば，何が新しくなったのかを見つけ，契約のどの部分を更新すればよいのかが分かる。そうすれば，気の利いた返事を出すことの半分は終わったようなものだ。上司たちには悪く思われたくなかった。私はその仕事が初めてだったので，こう思った。“これはちゃんとやっておかなきゃ”

さて，私がそのファイルを開いたところ，そこには定型書簡のみがおそらく

2 種類か 3 種類あった。しかもこれらの契約は数年前の古いものだった。その中にあった幾つかの手紙は数年前に日付が遡っていたが，まったく同じ文面だった：“これは継続中，かくかくしかじか”それには，ときに数百万ドルの契約であることが書かれていた。契約額はすべて 6 桁以上の数字で，その内容は飛行機の精密部分またはシステムに関するものだった。

それはまったく同じ文面で，日付だけが異なっていた。署名のあるものもあったが，ないものもあった。その幾つかには在職中の上司の署名があったが，幾つかは知らない名前だった。それを見て私はこう思った。“まあ，彼らが私にしてほしかったのはこれだったんだわ。これとまったく同じ文面で，今日の日付にして，そのまま発送するだけ”私は嫌な気分になった。“それじゃ私は何？　私は新米だから型どおりにしていればいいっていうの？”私が持っていたのは，これらの契約の唯一のファイルだった。私は全部調べた。そのファイル保管庫は縦横が 14 フィートに 12 フィートもあり，ファイルキャビネットが何列もあった。しかし何もなかった。私は書庫も調べてみた。あらゆる場所を調べてみたが，本当に何もなかった。

そこにあったこれらの契約はすべて更新されるべきものに思えたが，それを裏付けるものは何もなかった。それに関しては何の活動も行なわれていなかったし，何の活動も行なわれてこなかったように思えた。そのことに私はとても奇妙な印象を持った。というか，それはあり得ない話だった。そうこうしている間に，ようやくソフィアが戻ってきた。私は彼女に質問をした。“ソフィア，私はこの仕事をするように言われました。そして処理すべき――返事を書いて送るべきこれらの手紙のファイルを見つけました。私は書類フォルダーも，書庫も，何もかも全部調べたんです。私はディスクも調べました。ディスクに入っていたのは，ページを繰っても繰ってもこれらの定型書簡のみで，他には何もありませんでした。ですから，これにどう返事を書けばよいのか，私には分かりません”そうしたら，彼女は私をひどく怒り，罵声を浴びせたのだ。“一体あなたは何てことをしたの！　ファイルもデータも全部調べたですって？”それを聞いて私は“ああ，何かまずいことをしてしまった”と思い，こう言い訳をした。“ソフィア，私はただよい仕事をしようとしただけです。この手紙をよく書こうと思っただけです”ところで，ソフィアの立場は主任科学者の一人ということになっていた。私はこれに興味を持った。なぜなら，彼女が生地販売店で働いていたのを私は見たことがあったからだ。これは実に奇妙なことだった。

私がコンピューターディスクとファイルを全部調べたことに，彼女はとてもとても腹を立てていた。“あなたが持っているものを全部持ってきなさい。それを私の机の上に置き，そのことは忘れてしまいなさい。あなたはこれに触ってはいけません。今後は私がこれを処理します――それについてはもう一言も聞きたくありません。以上。あなたがこんな心配をする必要はありません”彼女は怒り狂っていた。

私はこう思った。“こんなおかしな会社，今まで見たこともないわ。どうやって商売しているのかしら？　こんなでたらめなやり方で，誰も何もしないで，どうしてこんな何百万ドルもの契約を受注できるのかしら”――そして“ここに実体のあるものは何もないんじゃないかしら”と思った。そこは，まるで四方を壁に囲まれたような不可解な場所だった。私たちはこうして大変豪華で経費のかかる建物にいる。私には何もすることがない。私は鉛筆を削ることさえしない。これは正気じゃない。私が何かを始めようとすると，これらのファイルには何もない。彼らは何もしないで多額のお金を手にしている。そのお金はどこに流れているのか。それは隠れみの，何かの隠れみののようだった。つまり，ここは資金を隠したり，通過させたりする場所で，それを何かそれらしい名前で呼んでいただけだった：‘ジョーズ・マーケット（Joe’s Market）’（*米国ロサンゼルス郡を本拠とする食料品スーパーマーケットのチェーン，トレーダー・ジョーズのこと）みたいな。それはジョーズ・マーケットの巨大スケール版のようなものだった。しかし私に何ができただろうか？　私はそれについてほとんど何も言えず，何もできなかった。私はそこに長くいなかった。このことがあってすぐに，上司の一人が私に対してまったく不愉快な行動に出たからだ。だから，その後間もなく私は辞めた。

SG：何があったのですか？

DM：実際には，それは性的嫌がらせだった。しかし彼は，このことが起きる前は決してそんなことはしなかったし，七人の中では最上位の上司だった。彼の名前？　スタンリー・スチュワートだ。ソフィアと彼がどういう身分関係にあったかは知らない。しかし私は彼女の所に行き，事務室で仕事中に彼に忍び寄られたことを告げた。彼の事務室はちょうど私の真向かいにあった。

SG：ファイルの事件があってから，この嫌がらせが起きたと？

DM：事件の直後だった！　私が一人でそこにいるとき，彼は一度も私に仕事を頼んだことがなかった。その彼が，私に超過勤務をさせようとし始めたのだ。そのため，私は不安を感じるようになった。なぜなら，先に述べたように，この区域に立ち入るためには特別なバッジを着けなければならないからだ。誰であろうと出入不可，つまり施錠されている状態だ。バッジを着けていなければ，エレベーターでその階に上がってくることさえできない。

私はこう思った。“もし彼が私に何かしようとしたら，私はそれから簡単には逃れられない”私はこの状況にすっかり動揺し，緊張した――彼と口論した後，私は喉がカラカラに渇いた。ひどく動転し，食べていた物を喉に詰まらせた。声も出なかったし，息もできなかった。事務室の窓から見える場所に病院があったが，彼らはこの緊急状態にある私を病院に行かせようともしなかった。私はその場で死ぬかと思ったほどだ。誰も救急車を呼ばなかったし，まったく何もしなかった。だから私はこう思った。“ここで何が行なわれているにせよ，私はここにはいられない。まるで常軌を逸している。ここにあるのは理解できないことばかりだ。道理に適っていることは何一つない”彼女は私が余計なことに首を突っ込んだと言った。私は彼女を質問攻めにした。なぜなら，それが私の性分だからだ。

後日，私は彼女の姓をコンピューターに入力し，検索をかけてみた。そうしてこのDEA（麻薬取締局）サイトに行き着いた。そこには，姓は同じで名の異なる彼女の写真があった。しかしこれによれば――ここはDEAやCIA（中央情報局）の死亡職員サイトだったのだ。私はショックを受けた。そのショックがあまりにも大きかったので，私はその写真をこの小売店で働いていた友人に送った。そこはソフィアがやってきて私をSAICに採用した場所だ。私は彼女に“これを見て！”と言った。彼女はそれを信じることができず，唖然としていた。私はこう言った。“この人は何年も前に死亡したことになっているわ”……

SG：はっきりさせたいのですが，ソフィアに関するこの死亡ファイルには，あなたがSAICで彼女を知る前に彼女は死亡したと記載されていたのですね？

DM：死亡年は確か1987年で，私が彼女に会ったのは1992年だった。それはSAICで経験した奇妙な状況を考えれば，十分あり得ることだ。私があの性的嫌がらせについて提訴したとき，SAICの幹部がサンディエゴ・ユニオン・トリビューン（San Diego Union Tribune）紙にこういう意見を載せていた。女性は基本的に‘家にいてたくさん子供を産め’であるべきだと。この人物はSAICの副社長か社長だったと思う。これを読んで私は“これでは当然だ”と思った。人事部は私にこう言った。“あなたに起きたことは全然大したことじゃありませんよ。この会社には事務室で従業員をレイプした男がいるんです。彼はまだここで働いています。我々は彼に2週間休みを取るように言いました”それを聞き，私は思わずこう言った。“何ですって！”さらには，私の前に同じ原因でそこを辞めた三人の女性がいることも知った。だから，私は彼女たち全員の味方になった。さて，私が辞めてから最近になって，このブラジル出身の女の子がそこで働き始めた。その上司は彼女をもつけ回し始めた。しかし，彼は間もなく早期退職を言い渡されたと聞いた。SAICはあらゆることに名を借りて，自分たちがやりたい研究を何でも行なう完全な体制を持っている——彼らはそれを何かそれらしい名前で呼ぶ。彼らは決して単独では物事を行なわない。彼らは，言うところの複合企業体だ。SAICという組織がある。でもそれは多数からなる個別の企業集団だ……彼らは選り抜きの天才を何人か抱え，様々な最先端研究を行なっている。そこに何百万ドルもの資金が注ぎ込まれる。それは個人所有の企業であるため，彼らが報告すべき相手は彼らと一緒に事業を行ない，契約している人たちだけだ。だから，契約している人たちが誰にとっても利益になりそうにない何かをやろうとしても，誰もそれについて知ることはない。何もかもが組織の中で進行する：資金調達，資金供給，契約。ファイルがあるはずだ。どの計画にも，文書とまともなスケジュールがあるはずだ。しかし，そんなものはどこにもなかった。もし私が軍担当部で働き，ファイルのすべてを扱えるなら，この文書類はどこにあったのかしら？
だから私は，これらのお金のすべてがどこに流れるのか，不審に思った。ここには科学者と名乗る人間のグループがおり，こうしたすべての資金が流れ込んでいた。しかし彼らは，これらの巨額な，きわめて巨額な契約に対してさえ，関心ない，気にしない，問題ないの態度だった。だから，これはとても正気の沙汰とは思えなかった。

[この憂慮すべき軍と産業の契約の世界を垣間見た経験は私にもある。これはUSAPS（認められざる特殊接近プロジェクト）がいかにして偽装した計画の中に資金を隠すかを明らかにする。実際の資金は議会にも，大統領にも，米国民にも知られないままに，極秘プロジェクトへと流用される。彼女は私が話をした，このような仕組みを知る唯一の証人ではない。1994年に，当時バード上院議員が委員長をしていた上院歳出委員会の主席弁護士ディック・ダマトが直接私に語ったところでは，400億ドルから800億ドルの資金が，彼らが分け入ることのできないプロジェクトに流れていた――最高機密取扱許可と上院召喚権限をもってしても分け入ることができないプロジェクト。資金は間違いなくUFOに関係したプロジェクトに流れているが，誰もそれに入り込めない，そう彼は言った。私は彼がこう言ったのを覚えている。“スティーブン・グリア，あなたは闇のプロジェクトすべての代表チームを相手にしている――幸運を祈る”

デニス・マッケンジーが述べている奇妙な雰囲気と性的虐待についても言及しておこう：これはこのような活動に共通しており，稀なことではない。彼女が言っているように，それはある非現実的な感じを伴っている。彼女の採用係／上司が別の名（ファーストネーム）で数年前に死んだことになっているといった話さえも共通のパターンだ。人々は死んだとされて一つのプロジェクトから姿を消す。そしてB博士が彼の証言の中で指摘しているように，別の超機密活動に別の姓名，または少なくとも別の名（ファーストネーム）を持って再び現れる。本質的にSAICは超機密プロジェクトの世界における優良企業の一つなのだ。そしてUFO技術と隠れた資金調達に結びついている。前NSA（国家安全保障局）長官のボビー・インマン提督は深くSAICに関わっている。これは留意すべきことだ。ここでもまた我々は，ロジン博士が述べた軍と企業プロジェクトの間に存在する転身の実例を見る。私は1994年にバリー・ゴールドウォーター上院議員と会ったが，その後で上院議員に，インマン提督を公開に協力させるようにお願いした。あのとき彼（インマン）はゴールドウォーター上院議員の要請を断固として拒絶した。彼や他の人々が真実を携えて早く名乗り出ることを願う。SG]

Testimony of Mr. Paul H. Utz

ポール・H・ウッツ氏の証言

2000年

ポール・H・ウッツは父ポール・A・ウッツについて語る。彼の父はエリア51で上級技術者として働き，'Q' 取扱許可を持っていた。父はいつも，自分はエリア51で働く光学技術者だと言っていた。しかし，米国を離れて会ったあるとき，父は息子に，自分は実際には新しい種類のエネルギー源に取り組んでいたと語った。この証言を含めたのは，一つには秘密が個人とその家族に及ぼす影響の深刻さを示すためである。

PU：ポール・ウッツ氏／SG：スティーブン・グリア博士

PU：私の名前はポール・H・ウッツで，父の名前はポール・A・ウッツだ。私は5歳から7年生まで，南太平洋のマーシャル諸島で育った。父はそこの施設からネリス空軍基地に異動し，勤め上げるまでそこで働いた。父はいつも家族にはこう言っていた：自分は光学技術者で，レンジ61とレンジ62で働いている。そこはネバダ州トノパの北（* 実際にはトノパの南東，ラスベガスの北）にある非保護実験場（non-secure range；公開されている実験場）だ。父は毎朝4時半か4時45分頃には家を出て，夜には7時半か8時頃のかなり遅い時刻に帰宅した。だから実のところ，子供の頃の私は父とはあまり関わりを持たなかった。

我々はラスベガス地区の空港のすぐ近くに住んでいた。父は（* ボーイング）737型航空機に乗って出かけたものだ――その機体には何の標識もなく，どのような認識番号も書かれていなかった。その航空隊には同型機が数機，多分5機か6機はあった。父は毎朝この航空機でラスベガスを飛び立ち，ドリームランドの名でも知られるエリア51に向かった。その同じ航空機群は現在も使われている。また，父と関わりを持つ人々が何人かいた。そのうちの一人は父の上司で，名前はトム・ハミルトンといった。

父は元来とても保守的だ。私は共和党員として育てられた。私は子供の頃，

LDS 教会ではとても活動的だった――モルモン教会または末日聖徒教会のことで，きわめて保守的［な教会］だ。大抵の場合，その教会にいる人々の大部分は共和党系だ。

この話の一部始終は，父の退職と共に始まる。それは 1993 年のことだった。私はある輸出会社で働いていたので，サンフランシスコ地区とドイツのミュンヘンの間を行き来していた。だから，父と私はミュンヘンで会った。それは私が実際に父と関わりを持ち，会話を交わし始めた頃のことだった。我々はミュンヘンのビアガーデンに入った。父は途方もない量の真実を内に抱えた人だったが，子供の頃の私にはほとんど構ってこなかったと感じていたので，この機会に自分自身のこと，また自分が何者かということを，少しだけ私に話すつもりになった。

父は私に，ある保護施設（secure installation；警備厳重な非公開施設）で働いていたと言った。私がさらに訊ねると，父は様々な技術を与えられたこと，それらが大学から来たことを語った。それが父の説明だった。父たちのチームの仕事は，それらの技術を再現するか，何らかの形で使えるようにすることだった。父が取り組んだプロジェクトだが，父はそれに 5 年か，6 年か，7 年か，とにかく何年間も取り組んでいた。

そのプロジェクトは，新しい種類のエネルギー源になるはずだったある装置を父たちが試験したときに結末を迎えた。彼らはそれを実験場に引き出し，始動させようとした。彼らが作動スイッチを入れたとき，何とそれは爆発してしまったのだ。父が興味深く思ったことの一つは，その材料構造の中に大量の有機組成物があったことだった。

父はこれまで秘密の人生を送っている。これは私にとり，感情的な問題というだけにとどまらない。なぜなら，私の人生を通して父はずっと本当の父ではなかったからだ。私の両親は 28 年間結婚生活を送った。しかし，これらの問題が原因で離婚した。よく覚えているが，私が高校生のとき，父は機密取扱許可を取得しようとしていた。父は家族会議を開き，君たちは調査されることになると言った。自分は目下身元調査を受けているので，君たちの周りを人がうろつくかもしれない，ということだった。

父は私に‘Q’取扱許可を取得するつもりだと言った。父は GS-16 の位を持つ高級政府職員だった。ホワイトサンズ・ミサイル実験場で初めて職に就き，その後ずっと同じ分野を歩み続けた。母はその当時弁護士秘書をしていたが，我々を家から尾行する人たちがいた。彼らはそれを隠そうともしなかった。彼らは標識のない警察車両やその類の車に乗っていた。このようなことが起きるぞと父が言っていたので，我々はそれを何とも思わなかった。普段と少しだけ違うことといえば，そんなことだった。

その後，トム・ハミルトンに関係する別の出来事があった。私は高校生だったが，そのときはちょうど野球の試合を終えるところだった。父が立ち寄り，これから友人に会いに行くと言った。我々はバーに入ったが，私が店の中に入ると，そこにトム・ハミルトンがいた。彼を見たのは私が5歳か6歳の頃以来だった。トムが依然として父の上司だったことを，私はこのとき初めて知った。トムは重度の飲酒問題を抱えており，アルコール依存症だった。私は子供ながらにそれを覚えていた。このことがきっかけで，私は物事の全体像を考え始めた。父の仕事は何だ？　父は飛行機に乗って出かけるが，何をしているんだ？　父が家に持ち帰る機器，あれはどういう装置なんだ？

はっきりと覚えているが，いつだったか父がドリームランドで使っていた機器をたくさん持ち帰り，苛立っているときがあった。私が父から聞いた規則の一つは，何物もそこから持ち出すことはできないということだった。父はこう言っていた：そこに入った物は，がらくたであれ何であれ，すべてそこにとどまる。

父はよくユタ州のダグウェイ試験場や方々の基地に出かけていった。

父が取り組んだこの新しいエネルギー源の一部には，有機物成分が使われていた――まるで意識を持っているようだった。父に与えられたのは装置全体ではなく，その一部のみだった。だから，同じ装置の別の部分に取り組む別のチームもあった。それは，物事を細分化しておくという機密保全手順の一部だった――知る必要性（need-to-know）の原則のようなものだ。父がもし酔っていなかったなら，私にこのようなことは話さなかったと思う。私は，老いた父をとても惨めな人間だと思っている。もはや家族が誰もいないからだ。父は引退しており，大変に裕福だ。父がどこからその金を得ているのか，我々にはまったく理解できない。我々は中流の上の階級で育ったが，余裕はなかった。

現在父は人生に退屈し，満たされぬ魂を抱えて世界中のクラブメッド（地中海クラブ）を巡り歩いている。私が思うに，父がこの分野で取り組んだことにはあまりにも秘密が多いため，それが父の物事を見る目を曇らせているのだ。

もちろん，政府が多くの秘密を持つことは私も知っている。あるとき，我々はテレビを観ていた。それは，ステルス爆撃機が明らかになったときのことだった。父は椅子から立ち上がり，誰かに電話をした。それから数分後，父は数日後には戻ると言い残し，家の前から迎えの車に乗り込んだ。

父は我々にそう言って家を出た。父は家に戻ったときこう言った：カーター大統領がステルス技術に関する高度な機密情報の一部を入手し，彼自身と他の人々の政治課題をつくり出すために，それを報道機関に公表した。しかし起きたことは，情報漏洩がどこで起きたかを彼らが突き止めようとしたことだ。私の父がその容疑者の一人だった。このとき私は11年生だったが，とてもとても興味深い出来事だった。

我々は家族として暮らしていなかった。我々が感じていたことを率直に言うなら，そういうことだ。あらゆることが秘密だった。母でさえ，そうだった。だから，それは我々の人間性にも影響を及ぼした。学校を卒業したとき，私は人と付き合うのがとても大変だった。というのは，多くの不一致が世の中にはあると感じていたからだ。つまり，何が本当で，何が嘘で，それらはどこで一緒になるのか，というようなことだ。

だから，私はそのことについて多くの問題を抱えていた。我々は本当に何年もの間，互いによそよそしかった。ドイツで父が私に少しだけ心を開くまでそうだった。

私がこれらの名前の幾つかを覚えているのには驚くが，トム・ハミルトンもその一人だ。トムはいつも飲んでいた。その苦しみをごまかしていた。今になって私はそう考えるのだ。こうしたことのすべてに関与している苦しみ，息子のティモシーのこと，それを酒でまぎらわせていたように思われる。多くの秘密が多くの別離を生んでいた。

しかし，父はたくさんの機密取扱許可を持っていた。私は父と一緒にレンジ61の保護地区に出かけたことを覚えている。レンジ61はトノパのちょうど東にあり，ほとんどトノパの東側全体を占めている。父はあらゆる鍵やコードや特別なバッジを持っていた。我々は鍵のかかった防犯ゲートを通り抜け，政府のトラックや車に乗った。私は驚いてばかりいた。なぜなら，軍人ではない父が明らかに軍をさげすみ，上級将校たちにも敬意を払わなかったからだ。文民と軍はいつも競り合っていた。

SG：あなたのお父さんは，正確には誰のために働いていたのですか？

PU：空軍省のために働いていた。そのことを理解したのは，父が私に，本当はそれまで言っていたような光学技術者ではないと話し始めたときだ。父は，他の様々な科学者たちと関わりを持ち，新しいエネルギー源をつくるチームの一員として働いた。父は写真入りのバッジを持っていたが，それにはたくさんの升目があった。何年もの間，わずかの升目が埋まっているだけだったが，父がQ取扱許可を取得すると，ほんの少しを残して，他は全部埋まった。

Testimony of Colonel Philip J. Corso, Sr., US Army

米国陸軍大佐 フィリップ・J・コーソ・シニアの証言

[このインタビューを我々に提供してくれたジェームズ・フォックスに深甚なる謝意を表する。SG]

フィリップ・コーソ・シニア大佐は，アイゼンハワー政権で国家安全保障会議のスタッフを務めた陸軍情報将校だ。彼は21年間の軍勤務の後，軍事分析官になった。コーソ大佐は，1947年のロズウェル墜落による地球外生命体の遺体と1機のUFOをある空軍基地で直に見た。彼はまた，UFOがレーダー上を時速4,000マイルで飛行するのを見たことがある。彼が研究開発プロジェクトにいたとき，方々で起きた墜落から回収された地球外技術の破片を受け取った。彼の仕事は，これらの技術がどこか地球上のものだと言って，それを産業界に植え付けることだった。

これらのETは別の知性体だ。彼らは我々よりも進歩していることを証明している——一つのことを見ただけで分かる——彼らは宇宙空間を飛び回ることができ，我々にはそれができない。簡単に言えばそういうことだ。我々はいかにしてそれを克服するか？　我々はそれについて何も知らない。だから知っていることから始める必要がある。そのわずかに知っていることとは，彼らが我々に与えてくれた偉大な贈り物だ——単なる機械装置ではない地球外物体。

その宇宙機は，ある空軍基地にあった。それがどこなのか，言うつもりはない。だがそれはそこにあり，それは本物だった。私はその内部に入らなかった。内部に何があるのか，私は多くを知っていた。内部に入ってそれを見ても，私が得るものは何もなかった。私は内部の様子を描いた絵を持っていたので，そこに何があるのかは知っていた。実際に内部に入ったとすれば，それは好奇心だっただろうが，当時の私には好奇心を満たす時間などなかった。

その地球外生命体だが，少し変わっていた。それはある意味では，人間もそうであるように，細胞でできていた。またその宇宙機は，実際のところほとんど生物的な構造を持っていた。というのは，その地球外生命体はそれにはめ込まれていたからだ。これらの生命体をつくった者たちは，それらを何のどこにはめ込むかを考えてつくった。その宇宙船それ自体が生物的な構造を持っていた……

さて，この生命体が地球に来るときには衣服を着る——皮膚に密着する衣服だ。我々はそれを発見した。その皮膚は原子レベルで調節されており，衣服もまた原子レベルで調節されている。これは放射線や有害な作用を防ぐためだ——宇宙線をさえも防ぐ。その生命体は空気を呼吸しないので，生きてこの地球に来るものはある種のヘルメットを着けることになる。それは言葉を発しないので声帯を持たず，交信ができるように意志の伝達を増幅する何かを持つことになる。

…　…　…

私はこれからその話をしよう。私は1947年にはロズウェルにいなかった。私はこの年，情報保安責任者をしていたイタリアのローマから戻ったばかりだった。情報分野の仕事では英国人から訓練を受けていたため，MI19（英国軍情報部第19課）に所属していた。私は帰国するとすぐにカンザス州フォートライリーに行き，そこで勤務した。私は情報学校の教官で，そこには攻撃部隊があった。ある夜，私は第1当直士官に就いた。第1当直士官とは，その夜の管理責任者は私だったということだ。それで私はすべての警護地点と保安区域を見回った——私はすべての持ち場を見回った。

こうして私は獣医区域（* フォートライリーには1947年3月まで戦術騎兵隊があった）に行ったが，私がとてもよく知っている軍曹がその夜の警護軍曹だった。私は彼に声をかけた。“やあ軍曹，この辺りは何もなかったかい？”彼——“はい，異常ありません”私——“この区域を見回るときは注意しろと皆が言っている。君が何か機密物を警護しているからだと言うんだ”彼——“少佐はそれを見たいですか？”私——“ああ”彼——“見に行きましょう”私はその軍曹（曹長）を知っていた。

私が来た道を戻ると，そこには5個の木箱があった。5個か6個，私は5個だったと思う。私はその一つの蓋の端を持ち上げた。そこには液体に浮かんでこの遺体があったのだ。私はそれを10秒から15秒間見た。それ以上は見なかった。私は蓋を元に戻してこう言った。“軍曹，今すぐにここを出るんだ，君をトラブルに巻き込みたくない。私は当直士官だからここを歩き回れる。しかし君はここから戻ったら困ったことになる。私と一緒に来るんだ”我々はそこを飛び出した。私——“あの箱はどこから来たんだ，軍曹？”彼——“はい，5台のトラックがニューメキシコからここまで走り通して来ています。彼らはライト-パターソン空軍基地に向かっています”

さて，当時高速40号線はほぼ唯一の大陸横断道路だった。彼らがとった経路は，カンザス州フォートライリーを通り，次にライト-パターソン空軍基地に向かう，高速40号線だった。私は彼に言った。“それに近づくなよ，軍曹。君にはどんなトラブルにも巻き込まれてほしくない。私なら歩き回れる”それから私は考え始めた。あれは何だったのか？　最初，私はそれを子供だと思った。なぜなら，それは小さかったからだ。次にはその頭部を見，さらに全身を見た。これはほんの数秒のうちに起きたことだ。それから蓋を元に戻した。その頭部は変わっていたし，腕は細く，身体は灰色だった。その瞬間に，私はこう判断した——これは私の知らないものだ。こうして私は，情報分野の仕事の中でそのことを心の奥にしまい込み，将来それが何であるかを判断できる裏付けが現れるかどうかを待つことにした。それについて私はすぐに忘れてしまった。

その10年後，私はニューメキシコ州ホワイトサンズ陸軍ミサイル実験場の中の指揮所にいた（*ミサイル大隊長としてレッドキャニオン・レンジ・キャンプで最新型レーダー装置の訓練をしていた）。そこはトリニティサイト（*最初の核実験が行なわれた場所）の近くだ。私は自らのレーダーにより，この地区を時速3,000マイルから4,000マイルで動く物体を捉え始めた。私の部隊のレーダーは目標を自動追跡するペンシルビーム型で，隊員たちによれば，これらの物体は時速3,000マイルから4,000マイルで動いていた。

私は一度だけ司令部に通報したが，彼らはこう言った。“忘れろ——我々はそんなものに興味はない”だから私は，今後彼らには何も言わないのがよいのだと思った。この現象が起きるたびに，私は隊員たちに言った。“そのテープを私に持ってきてくれ”部隊のすべてのコンピューターにはテープがあった。それには射撃の全経過が記録されたので，我々は何か不具合がなかったかを調べることができた。私は皆に言った。“そのテープを私に直接渡してくれ”

それから私はそこを去り，ドイツに行った。そしてドイツでも我々は同じ現象を捉え始めた——ドイツ上空を時速3,000マイルから4,000マイルで飛ぶ物体。ここでもまた，ペンシルビーム型レーダーが自動追跡すると，自動追跡されたすべてのUFOがそれを逃れようとした。

その後私は4年間ホワイトハウスに勤務した。私は報告書を受け取り続けたが，それらはただの報告書だった。私はあらゆる機密取扱許可を持っていたので，暗号報告書をさえも受け取った。あるとき私が受け取った報告書には，NSA（国家安全保障局）が宇宙からの信号を受信していると書かれていた。その信号は宇宙雑音でも，解読された信号でも，判読できない何かでもなかった——実に完璧な信号で，何者かが本当のメッセージを伝えようとしているように見えた。しかし我々はそれを解読することができなかった。これは大変組織化されたメッセージだった。それは宇宙雑音でもなく，わけの分からない言葉の類でもなく，ただの雑音が入ってきたのでもなかった。

[ジョン・メイナードとA・Hの証言を見よ。SG]

それはあるパターンだった。下された評価は，それが大気圏外の存在者から来ているに違いないというものだった。私はその報告書をホワイトハウスで受け取った。なぜなら，私はNSAを含めてあらゆる機密取扱許可を持っていたからだ。私が（*1960年にアメリカ欧州陸軍の監察官の任務から）戻ると，トルドー将軍が私を部屋に入れた。彼はある研究開発プロジェクトを組織していた……私は特別助手として初出勤した。それから約1週間後，彼は外来技術部を設け，私をその責任者に据えた。そこで私はETの検視解剖報告書，さらに他で起きた墜落報告書とその墜落から回収された人工物を受け取り始めた。私はこの場所［ニューメキシコ州ロズウェルの近く］を2，3回訪れた。

… … …

研究開発プロジェクトに入ったとき，私はこれらの人工物のすべてと，ウォルターリード病院からの検視解剖報告書を引き継いだ。現在ウォルターリード病院には研究室があるが，そこは我々が資金提供をした我々の研究室だった。つまり，彼らは我々のために検視解剖を行なった。しかし我々はそこにコピーを何も残さなかった。そこは我々の研究室だったので，すべてのコピーは我々の手元に戻る必要があったからだ——その資金はすべて我々が出した。こうして，我々は墜落が実際にここで起きた証拠を入手し始めた。
言うまでもなく，私はそれについて35年間沈黙していた。私は将軍に誓約しており，人々の名前は明かさなかった。私の息子はこう言った。“お父さんは35年間秘密を守り，家族にさえも話さなかった”私は考えたものだ。“私が他人に話すことなどあろうか？”さて将軍は私にこう言った。“これは秘密にしておこう。だが，私が死んだら私との誓約からは解放してやろう”

3年前に将軍が亡くなったので，私はこのすべてを紙に書き始めた。私の孫が言った。“おじい様は戦争の間何をしていたの？”私は彼らに遺産を残すのがよいと考えた。軍にいるとき，私は本を書くつもりがなかった。しかし結局，その気持ちが変化して私は徐々に書き始め，こういうことになった。これが私の背景だ。またすでに述べたように，私はここで墜落が確かに起きた証拠を手に入れた。
ウィルバート・スミスは天才だったが，彼に対する政府の態度は実によくなかった。私は彼と一緒に彼の研究室に行くことになっていた。というのは，将軍が彼にこう言ったからだ。“スミス君，君と中佐には話し合うことがたくさんある。私はオンタリオ湖に面した君の研究室まで中佐を行かせるつもりだ”しかし私はその訪問を遅らせ，1962年になって行く決心をした。私は電話をした。すると彼らは，スミス氏が癌で死亡したと告げたのだ。だから私は彼の研究室に行ったことはなかった。彼は我々に，ある空飛ぶ円盤から取った金属片を提供した。

［スミスのメモ，およびB博士を含む他の証言を見よ。SG］

我々は［墜落したUFOからの］金属サンプルを交換した。彼は我々のものを後で返却した。
議会に対して私はこう言う。“それは実際に起きた”そしてこう付け加える。“この情報を世界中の若者たちに与えよ——彼らはそれを聞きたがっている。彼らは望んでいる。それを彼らに与えよ。隠さず，嘘をつかず，つくり話をするな。彼らは愚かではない。彼らはパニックを起こす若者たちではない”実は私の甥はデコ（DECO）社［綴り不明］の研究部長をしている。彼が私に電話をしてきて，こう言う。“フィルおじさん，どうして彼らは我々に真実を語らないのだろうか？　我々はパニックにならないし，髪の毛を掻きむしることもしない”

私がいつも言うことだが，若者たちがそれを望んでおり，パニックにならないことを証明するよい例がある：私はいつもこんなふうにしてそれを証明する――私は1,500人の大隊を指揮した。ある戦闘大隊で，兵士の平均年齢は19歳だった。ある日私は幹部クラスに言った。“大変だ，我々は赤ん坊を戦闘に送ろうとしている”これらの青二才たちは世界で最も手強い敵と戦った。彼らは逃げなかった。彼らはパニックにならなかった。彼らはそこに立ちはだかって闘った。彼らがパニックになるとなぜ考えるのか？　彼らはこの情報を望んでおり，その資格がある。それは彼らの情報だ。それは陸軍や国防総省のものではない――それは彼らのものだ。もしそれが機密なら，その機密を外し，彼らに与えよ。

私はいつもこう言う――政府は巨大かつ広大だ。だから，放っておくとそれ自身を覆い隠してしまうだろう。私が戦争捕虜・行方不明者特別委員会，議会，上院，また比較的最近では下院で証言したとき，人々は私にこれと同じような質問をした。私は人々に言った。“もしスコウクロフト将軍とキッシンジャーがここに来て皆さんの前に姿を現し，何の情報も持っていないなどと言ったら，とんでもない話だ。私自身が2年間にわたり東京から電話会議でそれを送ったのだ（*コーソ氏は朝鮮戦争当時，北朝鮮の収容所にいる戦争捕虜・行方不明者の情報を収集する責任者だった）。彼らはそれに何と答えるだろうか？”すべての家族がそこに座ってこれを聞きたがっていた。後で我々は調査してそれを知ったのだ。それは無視されてしまった。政治家たちは気にかけなかった。彼らにはそれぞれの小さな自尊心があり，新聞に載るための小さな仕事を持っている。一人の戦争捕虜が家族の元からいなくなっても彼らは気にかけない。こうして，時々誰も何もしないことによるもみ消しが起きる――私が述べたように，それは自らをもみ消し，姿を隠す。

我々はCIAを信用したことはなかった。その理由だが，私が若い頃，スターリンが彼の一流科学者と工作員の何人かに，ロズウェルから出てきた情報を入手するように命じた。その命令は実行に移された。特殊情報部（私はペンタゴンにいた）の中でKGB（ソビエト連邦国家保安委員会）がその情報に侵入を試みたが，できなかった。スターリンがこの辺りの隅々にまで工作員を送り，ロズウェルの情報を得ようとしていたとき，我々は間抜けのように尻込みし，それは存在しないと言っていた――我々はそれを気象観測気球だと言った。しかし彼らはそれを気象観測気球だとは考えなかった。なぜなら，彼らはこの事件が起きていたことを示す何かを持っていたからだ。

［ゴードン・クレイトンの証言を見よ。SG］

ヨーロッパの国々は，これをとても真剣に受け取っている。彼らは我々のようではない。彼らは空から何か模型が降りてきたとか，これらの人々は酔っぱらっていたとか，そうは考えない。彼らはこのことについては我々よりも真剣だ。しかしここ（*米国）では，人々がどんな反応を示しても私は驚かない。私のような者もいるが，彼らは決してこのようには名乗り出ない。彼らは軍を退役した後，人々の前に出てインタビューを受けたり，本を書いたりはしない。

我々はETの技術について情報を与え，彼ら［企業］が是非特許を取るように言ってきた。しかし同時に我々は少し注文もつけた：陸軍が持つその優位な技術を我々に還元してほしい――特許を取れ，利益を上げろ。だがそれを米国民に還元せよ，それを世界に還元せよ。

日本人が私にインタビューをした。私は彼らにこう言った。“我々が集積回路を製造したときには，皆さんにもそれを提供しよう”私はこれまで六つの議会委員会で証言してきた。もし私に証言させようと思うなら，彼らが真剣で，それを資料保管庫にしまったり片づけたりしないことが条件だ……私は上院議員や下院議員の当選を手助けするためにそこに行くつもりはない。

よく聞いてほしい。多くの愚かしさが付いて回っている――それに立ち向かおうではないか。私の些細な愚かしさは，長い間沈黙していたことだ。しかし私は将軍が3年前に亡くなるまで語ることはしないと誓約していた。他にも関わった人々はいたが，前にも言ったように，私は彼らが進んで名乗り出るまではそれを明かさない。しかし，我々はもっと多くのことをすべきだった。

［ETの］頭部は実際にはそんなに大きくなかった。しかしその小さな身体に比べたら大きく見えた。その後，私はその検視解剖報告書を1961年にウォルターリード病院から入手した。外来技術部の責任者をしていたときだ。私はそ

こからすべてをつなぎ合わせる作業を開始した。身体内部の性質は，その検視解剖報告書に書かれていた。彼らは検視解剖を行ない，脳とすべての部分を切開した。脳は変わっていた。身体の大部分も変わっていた——鼻はなし，口もなし，耳もなし。声帯も消化器官も，生殖器官もなかった。だから我々が到達した結論は，それは人間の形をしたクローン（複製生物）だというものだった。すでに述べたように，私がその遺体を見たとき，考えを先に進めることができなかった。時が経ち，私は専門家たちが行なったその検視解剖報告書を入手した。我々が用意した専門家たちだ。

しかし，我々はそれを我々のうちに留めた——限られた人々だけがそれを知った。頭から頭へ，頭脳から頭脳へ，文書に残さずに。我々は何かを成し遂げることができた。そして［第二次大戦後にペーパークリップ作戦で連れてこられた］ドイツ人科学者たちと議論した。

トルドー将軍がある日私に言った。“誰かが始めたトランジスターを完璧に発展させ，集積回路を完成させるのに5年かかった。もし我々がヘルマン・オーベルトやウィルバート・スミスや進化した人々の援助がなければ，それには250年かかっていただろう”私の本の中にある私の好きなメッセージは，若い世代がこれを見て我々がやったことを理解し，我々が大気圏外からの援助を受けたこと，これらの生命体が実在することを理解することだ。それが君たちがこれから見てその中で暮らすことになる未来だ，そう若い人々に知らせようではないか。

それが本に込められたメッセージであり，私が望んでいることだ：若い人々にそれを与えよ……我々は老いている，我々は間もなくこの世を去る，これらの若者たちに知らせよ……彼らにはこの援助が必要だ。彼らこそがこれを引き継いでいく者たちだ。

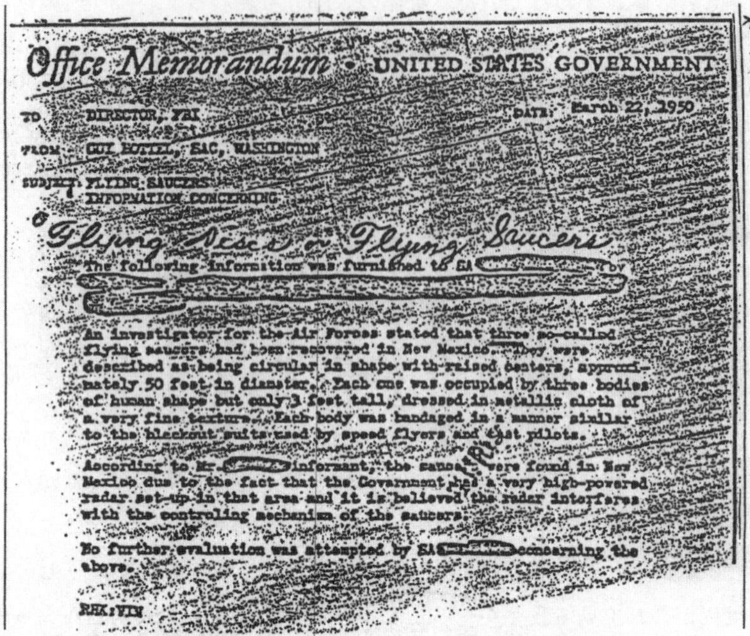

Office Memorandum • UNITED STATES GOVERNMENT

TO: DIRECTOR, FBI DATE: March 22, 1950

FROM: GUI HOTTEL, SAC, WASHINGTON

SUBJECT: FLYING SAUCERS
INFORMATION CONCERNING

Flying Discs or Flying Saucers

The following information was furnished to SA

An investigator for the Air Forces stated that three so-called flying saucers had been recovered in New Mexico. They were described as being circular in shape with raised centers, approximately 50 feet in diameter. Each one was occupied by three bodies of human shape but only 3 feet tall, dressed in metallic cloth of a very fine texture. Each body was bandaged in a manner similar to the blackout suits used by speed flyers and test pilots.

According to Mr. informant, the saucers were found in New Mexico due to the fact that the Government has a very high-powered radar set-up in that area and it is believed the radar interferes with the controling mechanism of the saucers.

No further evaluation was attempted by SA concerning the above.

RHK:VIN

[Retyped for clarity] DATE: March 22, 1950
TO: DIRECTOR, FBI
FROM: GUI HOTTEL, SAC, WASHINGTON

SUBJECT: FLYING SAUCERS
INFORMATION CONCERNING
The following information was furnished to _ A. ___________

An investigator for the Air Force stated that three so-called flying saucers had been recovered in New Mexico. They were described as being circular in shape with raised centers, approximately 50 feet in diameter. Each one was occupied by three bodies of human shape but only three feet tall, dressed in metallic cloth of a very fine texture. Each body was bandaged in a manner similar to the blackout suits used by speed fliers and test pilots.

According to Mr. ___ informant, the saucers were found in New Mexico due to the fact that the Government has a very high powered radar set up in that area and it is believed the radar interferes with the controlling mechanism of the saucers.

No further evaluation was attempted by _ A concerning the above.

RHK:VIN

WASHINGTON INSTITUTE OF TECHNOLOGY

OCEANOGRAPHIC AND PHYSICAL SCIENCES

DR. ROBERT I. SARBACHER
PRESIDENT AND CHAIRMAN OF BOARD

November 29, 1983

02

Mr. William Steinman
15043 Rosalita Drive
La Mirada, California 90638

Dear Mr. Steinman:

I am sorry I have taken so long in answering your letters. However, I have moved my office and have had to make a number of extended trips.

To answer your last question in your letter of October 14, 1983, there is no particular reason I feel I shouldn't or couldn't answer any or all of your questions. I am delighted to answer all of the[illegible] the best of my ability.

You listed some of your questions in your letter of September 12th. I will attempt to answer them as you had listed them.

1. Relating to my own experience regarding recovered flying saucers, I had no association with any of the people involved in the recovery and have no knowledge regarding the dates of the recoveries. If I had I would send it to you.

2. Regarding verification that persons you list were involved, I can only say this:

John von Neuman was definitely involved. Dr. Vannever Bush was definitely involved, and I think Dr. Robert Oppenheimer also.

My association with the Research and Development Board under Doctor Compton during the Eisenhower administration was rather limited so that although I had been invited to participate in several discussions associated withthe reported recoveries, I could not personally attend the meetings. I am sure thatthey would have asked Dr. von Braun, and the others that you listed were probably asked and may or may not have attended. This is all I know for sure.

300 BRAZILIAN AVENUE PALM BEACH, FLORIDA 33480 305-835-1116

Mr. William Steinman
November 29, 1983 - Page 2

3. I did receive some official reports when I was in my office at the Pentagon but all of these were left there as at the time we were never supposed to take them out of the office.

4. I do not recall receiving any photographs such as you request so I am not in a position to answer.

5. I have to make the same reply as on No. 4.

I recall the interview with Dr. Brenner of the Canadian Embassy. I think the answers I gave him were the ones you listed. Naturally, I was more familiar with the subject matter under discussion, at that time. Actually, I would have been able to give more specific answers had I attended the meetings concerning the subject. You must understand that I took this assignment as a private contribution. We were called "dollar-a-year men." My first responsibility was the maintenance of my own business activity so that my participation was limited.

About the only thing I remember at this time is that certain materials reported to have come from flying saucer crashes were extremely light and very tough. I am sure our laboratories analyzed them very carefully.

There were reports that instruments or people operating these machines were also of very light weight, sufficient to withstand the tremendous deceleration and acceleration associated with their machinery. I remember in talking with some of the people at the office that I got the impression these "aliens" were constructed like certain insects we have observed on earth, wherein because of the low mass the inertial forces involved in operation of these instruments would be quite low.

I still do not know why the high order of classification has been given and why the denial of the existence of these devices.

I am sorry it has taken me so long to reply but I suggest you get in touch with the others who may be directly involved in this program.

Sincerely yours,

Dr. Robert I. Sarbacher

P. S. It occurs to me that Dr. Bush's name is inccorrect as you have it. Please check the spelling.

send as I cannot it.

Testimony of Mr. Philip Corso, Jr.

フィリップ・コーソ・ジュニア氏の証言

2000 年 10 月

フィリップ・コーソ・ジュニア氏はフィリップ・コーソ大佐の子息だ。コーソ・ジュニア氏は証言の中で父から聞いた情報を明らかにする。コーソ大佐がミサイル大隊を指揮していたとき，ニューメキシコ州レッドキャニオンで地球外生命体と遭遇したこともその一つだ。コーソ大佐はET問題について，アイゼンハワー大統領，ストローム・サーモンド（*政治家），FBI長官のJ・エドガー・フーバー，CIAの指導者たち，統合参謀本部のメンバーといった人々と議論した。コーソ大佐は，この情報の多くがカーターを含む何人かの大統領の目から隠されてきたと語る。

PC：フィリップ・コーソ・ジュニア氏／SG：スティーブン・グリア博士

PC：父は1957年に第552ミサイル大隊を指揮していたとき，砂漠で幾つかの出来事を経験した。その一つは，兵士たちが砂漠の中の涼しい場所だと教えてくれたある洞窟で起きた。レッドキャニオン［ニューメキシコ州ホワイトサンズの近くで，この出来事が起きた場所］はとても隔絶した場所だということを，皆さんは理解する必要がある。父はこの洞窟（*金採掘跡の洞窟）に行き，その中にいたときに異星人と最初の遭遇をしたのだ。

父は仰向けのような格好でリラックスし，まどろんでいた。しかし不意に寝たまま体の向きを変え，銃を抜いた。そこでは非番の時でさえ，誰もが銃を携行していた。父は銃を抜き，この生命体に狙いを定めた。その生命体が何者か分からなかったため，父は“味方か？　それとも敵か？”と問うた。その生命体は“どちらでもない”と答えた。しかし，父はとてもとても動揺していた。なぜなら，そのメッセージは心に直接入ってきたからだ。父は，一体何が起きているんだ？ と考えた――これは何者で，ここで何をしているんだ？　その生命体は少しだけ動いた。それは一種のヘルメットを着けており，額の中央にはバンドで留めた石のようなものがあった。後で父はそれを画家に描かせた。

この生命体は，15 分間だけレーダーを止めてほしいと父に頼んだ。父はこう考えた。この者は，私がレーダーの停止を命じることのできる唯一の人間であると，なぜ知っているのか？　父はその生命体にこう訊いた。“なぜ私がそうしなければならないのか，私の方にはどんな利点があるのか？”その生命体はこう答えたという。“新しい世界だ，もしあなたたちがそれを手にすることができれば”その言葉は，そのときの父にとりほとんど何の意味も持たなかった――後日ようやくそれが確かな意味を持つようになった。しかし，父はその洞窟を出て無線でレックス軍曹を呼び，レーダーを停止するように命じた。父が洞窟を去るとき，その生命体が洞窟の入り口に立っているのが見えた。生命体は手である種の仕草をした。それは敬礼でも，別れの手振りでも，他の何でもなかったが，父は敬礼でそれに応えた。そこでの遭遇はそのようにして終わった。

しかし同じ 1957 年の後日，父のレーダーは時速 3,000 マイル超で大気中を移動する宇宙機を捉えた。それはレッドキャニオンの近くに落ちた。当時父は軽飛行機を持っていたので，パイロットと一緒に飛び立ち，周囲を捜し回った。そして，地上に輝く物体があるのを見た。父は自分でもっと近くからそれを調査しようと思い，一度戻った。今度は隊員の古い車を駆って一人で砂漠に向かい，そこで 1 機の宇宙機を見つけた。

その機体は完全に滑らかだった。それは楕円形をしており，円盤というよりはむしろ葉巻に似ていた。それは道脇に突っ込み，岩に寄りかかるようにして横向きに止まっていた。父によれば，機体は次第に見えなくなったり，また見えるようになったりしていた。“自分は幻覚を起こしているのではないか”父は何が起きているのか分からず，死ぬほど怖かったらしい。しかし何とか回転草（* 秋に地面から根が離れ，風に吹かれて地面をコロコロ転がる植物の総称。米国の西部ではよく見られる）を取り，それを機体が見えなくなったときにその下に放り込んだ。それが幻覚なのか現実なのかを確かめるためだった。それが再び見えるようになったとき，父はそれに触った。その側面はひんやりしていた。父によれば，その機体が消えたり戻ったりしたとき，回転草は潰れた。だからそれは物理的な現実だった。父は，機体の周囲に足跡があったと言った。

私がいつも感じていることだが，そこには父が語っていない何かがもっとあったかもしれない――私の個人的な感じだが。なぜなら，2回目の遭遇をすることなしには，機体の近くに足跡ができるはずはないからだ。しかしもちろん，それは私だけの考えだ。その宇宙機は振動し始めた。父は怖くなり，乗ってきた車に飛び込んだ。ギヤを後退に入れて急発進したが，途中でエンジンが止まった。その物体が浮揚し，向きを変え，大気中へ上昇するのが見えた。それから物体は，いわば何かの覆いに潜り込むかのように不意に姿を消した。後日，父はそのことを自身の科学者チームにいたウェルナー・フォン・ブラウンやヘルマン・オーベルトに話した。父は彼らを知っていた。なぜなら，父はアイゼンハワー大統領のペーパークリップ作戦を統轄していたからだ。

[ペーパークリップ作戦は，第二次大戦後に重要な情報を持つナチスの一流科学者たちを米国に連れてくる極秘作戦だった。SG]

だから，ここでは信用資格を持つ人物がこのような話を語っているのだ。私は父についてこのことを言っておかなければならない。映像を見れば分かるが，父はたとえ相手がほんの数分前に会ったばかりの人だったとしても，決して話の内容を変えなかったし，誇張もしなかった。父は誰の前であろうとそれを語った。人々を分け隔てすることはなかった――信頼できるかとか，信用資格があるかとか，そのようなことは気にかけなかった。

この科学者チームはホワイトハウスのために仕事をした――彼らはペーパークリップ作戦の一部だった。もし彼らが行なった研究の一部を知りたいなら，父はホライゾン計画の機密解除将校（*機密文書を再調査し，解除を決定する将校）だった。ケネディ大統領は1969年の終わりまでに月に着陸すると言ったが，本当はそれほど偉大なことをしたわけではなかった。実際には，そのすべてがホライゾン計画で提案されていたのだ。

おそらく大統領は当然それを知っていただろう。なぜなら，当時それは機密事項だったからだ。父はそれに関する機密解除将校だったため，その内容を知っていた……私は子供のときに偶然それを見たことを覚えている。ある日私は，父の机からそれを持ち出した。それは1インチほどの厚さがあり，中にあった写真はすべてカラーだった。私は“うわー，すごい宇宙の本だ”と声を上げたものだ。もちろん，私はそれがただの物語なのか，他の何なのかは分からなかったが，それを見たことだけははっきりと覚えている。

父はウィルバート・スミスという名前の人物について語っている。彼はUFO現象の偉大な研究者で，磁気［推進］のための装置を数多く開発した。スミスはカナダ人だった。父は1960年代に，彼と［ET宇宙機に由来する］金属片を交換した。

もちろん，父は多くの政治家とこの（*UFO）問題を議論してきた。その中にはストローム・サーモンドやFBI長官のJ・エドガー・フーバーなどがいる……

父はCIAの指導者たちともこの問題を議論したし，すべての行政部門と情報機関にも話した。さらには，何人かの統合参謀本部メンバーにも説明した。彼らはその情報を何人かの大統領の目から隠した。なぜなら，それらの大統領が説明を受ける資質を欠いていると思われたからだ。そのうちの一人がカーターだった――彼には決して知らされなかったと父は言った。実際には約30人の将軍と軍，議会の重要人物からなるグループがあった。下院議長のジョン・マコーマックもその一人だった。私は一時期マコーマックの世話になったことがある――私は連邦議会で議会警察や議員奉仕係として働いていた。父はこれらの人々に説明した。父はまた，とても親しかったオハイオ州選出の下院議員ジョン・フィーント（John Fient）［綴り不明］（* カリフォルニア州選出の下院議員John Finleyの誤りか）にも説明した。

なぜ彼らはこうした特定の人々にだけ説明したのか？　当時の父たちの計略は，知識を秘密にしておき，特定分野にだけそれを流すというもので，これは多かれ少なかれ友人つながりのグループだった。これには多くの将軍が関与しており，彼らの決めごとは，最後に生き残った者がそれを話すことができるというものだった。さて，もちろんその最後の生き残りがトルドー将軍だ。だから父は，彼の死後にすべてを語ったのだ。1992年より前には一言も話されなかったことに気付くはずだ。

父は国家安全保障会議のメンバーではなく，［アイゼンハワー］大統領顧問の一員として会議に関与した。つまり，会議に出席する多くの顧問の一人だった。彼らは後ろの方に坐り，ノートをとったり，それを大統領に渡したりする。アイゼンハワーは父に，これらの生命体はどこから来たのかと訊いたという。私はロズウェルのことを言っている。父は“我々には分かりません”と答えた。大統領は“彼らの望みは何か？”と訊いた。父は“我々にはそれも分かりません”と答えた。するとアイク（大統領）はこう言った。“ではコーソ，君の意見を聞かせてくれないか？　我々はそれについて何を言うべきか”父からアイクへの答えはこうだった。“閣下，我々は老いた軍人です。何も言わないでおきましょう。しかしそれは米国の空域に侵入したのですから，敵として扱うべきです”

それを隠蔽と呼ぼうが何と呼ぼうが，このようにしてそれは始まったのだ……しかし父によれば，政府がそれを隠蔽する必要はない。それは非効率だ。それ自身が自らを隠蔽する。

父が1960年に外来技術の研究開発プロジェクトに任命されたことは，単なる偶然ではなかった。理解されると思うが，アイゼンハワーはもう一つの意味でも重要な大統領だった。彼はこの情報を握り，それについて知っていた。

SG：しかしジャック・ケネディがいます。ケネディ大統領は何を知っていましたか？

PC：父によれば，彼はこの情報を知っていた。

SG：どういう種類の技術があり，それらはどのようにして移転されたのですか？

PC：父がファイルを引き継いだ時点に戻ろう。父がその仕事に就くとすぐに，トルドー将軍がファイルを持ってきた。それはペンタゴン（国防総省）の地下から持ってきたもので，中には物質が入っていた——その中には機密ファイルや，フィラデルフィア実験のファイルや，ロズウェルを含む重要事件のファイルが多数あったが，それと共に幾つかの人工物が確かに入っていた。

ファイルはその人工物が採取された場所を説明していたが，まさしくそれは1947年7月4日のロズウェルだった。父はロズウェルに由来するこれらの三つの人工物を，机の上に三角形に置いた。そこへトルドー将軍がこう言いながら入ってきた。“君の机にあるそのがらくたは何だね？”父は“これらは世界を変えるかもしれない物です”と言った。すると将軍はこう言った。“そのとおりだ，知っているよ。我々の後に続く人々が，これらを利用する方法を学ぶことを願っている”最初の人工物は金属だったが，これは変わっていた。それは突き刺すことも，折り曲げることも，折り目をつけることも，刻印することもできなかった。彼らはそれをある研究室に送った。私は父がこう言っていたのを覚えている。彼らはそれにある周波数の電流を加えた。するとそれは透明になり，エネルギーを通過させるようになった。また切断したり破壊したりすることもできるようになった。

父が持っていたもう一つの人工物は，最初の集積回路だ――実際には集積回路以上のものだったが。それは中央にある種の窓を持つ積層ウエハーで，片側が一部焦げていた。これは興味深い部品だった：父によれば，これに集中して取り組んだ結果，それを光らせることができた。それは青い光を発した。その中にはファイバー光学の光源もあったが，彼らはこれらの物が何なのかを理解することができなかった。ある種のケーブルだろうとは推測したが，どのように作動させるのかは分からなかった。

これらの最初のファイバー光学には，我々がまだ実現していない興味深い性質がある。父もまたそれらを手に取り，その周りを手のひらで包み込んだ。しかしそれでもファイバーの端は光っていたという。これはそれ自体の中にエネルギー源があることを意味している。どういう仕組みで物質が原子配列を変え，不透明化するのか。我々はまだそれを理解する段階に達していない。

父は他の回収物についても語った。人体の表面を移動させて使う装置があったが，ジョンズホプキンス病院かウォルターリード病院に送られた。父は再びそれを見たことはない。その装置も中を開けることができなかった。父は最初のレーザーを手にしていたが，彼らはそれが何なのか分からなかった。映像の中で語っているように，父はそれをバッテリーの切れたフラッシュライトだと考えたが，何なのかはまったく分からなかった。しかしそれをフォートベルボア（*陸軍工兵学校）に送り，エネルギーを加えたり，電流を流したり，いろいろなことをした結果，最初のレーザーが姿を現した。しかし父によれば，このレーザーの特性は今日我々が持っているものとはまったく異なっていた。それは微小サイズのレーザーだった。

父は本を書いたことを悔いていた。父は家族を嘲笑や訴訟の対象にしてしまったことを悔いていた。それは我々家族全員にとってつらいことだった。父は我々にこれらの問題を残したまま死にたくなかった。しかし幸運なことに，我々は天使を見つけた。ケント氏だ。彼がいなかったなら，私は今こうしてカメラの前に座っていない。私が心から願うのは，あなたや私のようなこれからの人間が，父が明るみに出したこの種の知識を利用する方法を学ぶことだ。

父は高い地位にあって名乗り出た最初の人間だ。おそらくこれに続く人々も増えてくるだろう。私は必ずそうなってほしい。そうなれば，父はきっと上から我々を見下ろし，誇らしく思うだろう。

SG：どのような会社が，これらの技術開発に関与しているのですか？

PC：もちろん，最重要な会社はベル研究所だ。ここで記録として残すために，幾つか明確にしておきたい。トランジスターは地球で発明されたものだ。人々はこう言う。それは1948年に現れ，その後に研究が始まった，等々。

それが半導体であり，技術がそこから始まったという以外に，トランジスターと集積回路の接点はない。彼らは，暗視技術など，この技術の一部を産業界に植え付けようとしたとき，既存の研究分野――すでに取り組まれている分野に対してそれを行なおうとした。たとえば，フォートベルボアにはドイツから来た赤外線暗視装置やその類のものがあった。だから，そこは地球外生命体の目から取り出したレンズを研究させるのに最適な場所だった。父によれば，彼らが廊下でレンズをかざすと，（*暗闇の中でも）動いている兵士や人々，物の輪郭などが見えたという。つまり，これもそれ自体の中にエネルギー源を持っていた――今日でも我々はそのようなものを持っていない。

このように，彼らはこれらの研究開発プロジェクトを，既存の研究分野に植え付けた。しかし回収物そのものは与えなかった。ここにも大きな誤解がある。彼らは資金と開発目標を与えた。そこに彼ら自身の研究室が持っているある種の知識を注入し，開発が正しい道に向かうようにした。ただし，最終成果を得るために必要な場合には，それ（*回収物）を使った。これらの技術移転は善意で行なわれたわけではない。それは他組織や敵などに対する陸軍の優位性を高めるために行なわれたのだ。人々はこの恩恵を受けるべきだとか，親切心とか，そのような理由ではなかった――それは厳密な意味で軍の作戦だった。

父によれば，空軍はロズウェルから回収したこれらの物質を持っていた。しかし宇宙機はエドワーズ空軍基地にあった。彼ら［陸軍］が持っていたのはジープに放り込まれた物質だけだった。しかし宇宙機そのものはエドワーズ空軍基地にあった。ところで，父は死の床につくまでそのことを話さなかった。それは今でも機密になっているのではないかと思う。父は最高機密よりも9レベル上位の機密取扱許可を持っていた。父は死の直前になっても気持ちが揺れ動いていた……たとえば，父は鍵を見つけた。彼らは宇宙機を開けることができなかった。父は後々までこれに関わっていたが，その理由がこれだ。彼らは依然として宇宙機を調査することができないでいたが，それは宇宙機を開けることができなかったからだ。父は最初の心臓発作を起こした後で，鍵があることを私に話してくれた。それを挿すと，あちこちに線が現れ，彼らは機内に入ることができた。

さて，それらの地球外生命体がどのようなものだったかという話に入ろう。その生命体の解剖映像を観たことはおありか？　父はよく，それは本当の映像かと訊かれた。そのとき父はこう答えた。それが本当かどうか私には証明できないが，これだけは言うことができる。情報将校の見地から，もしそれが捏造なら，その捏造者が知り得ないことが三つある。その一つ目はリンパ管がなかったことだ。二つ目は脳が二つ，脳葉が四つあったことだ。一方の脳にはIC［集積回路］が混じっていた。もちろん，それは映像にはなかった……三つ目はまぶたが3枚あったことだ。外側のものは取り外すことができた。それから薄膜があり，眼球があった。だから父はこう言う。もしそれが捏造なら，その捏造者は私がウォルターリード病院から手に入れた報告書と同じものを持っていたことになる。ところで，その解剖はウォルターリード病院で行なわれた。

父によれば，そのETは本当に機体の一部で，宇宙機に組み込まれていた。よい言葉が見当たらないが，それは推進システムだった。我々は宇宙機の移動原理を説明する科学を持っていない。しかし，そのETは宇宙船に組み込まれており，他の同乗者たちも同じように誘導システムなどの一部になっていた。この宇宙船もまた生命体だった。

SG：大佐はどのようにしてそれを知ったのですか？

PC：父はそれを報告書で知った。その宇宙船が死んだことを彼らは知っていた。それは水から出た魚のように，青色から茶色に変わって死んだ。搭乗者たちもまた，その直後に死んだ。さて，そのETについて言っておきたいことがある。父はよく，ペンタゴン（国防総省）内のある部屋のことを話した。そこには刑務所のようなドアがあり，それを引いて中に入る。その際，鉛筆，紙，記録装置などは一切持ち込めない——ただ文書を見，それを頭に入れて出てくる。一度か二度，私はこう考えたことがある。それらの部屋には，情報を提供する他の何かが隠されていたのではないか。父は衣服から取った糸状のものを持っていた。父によれば，船体表面，生命体の銀色の衣服，その皮膚はすべて似たような物質でできていた。

父は間違いなく他の墜落事件についても知っていた。父はドイツ人たちから，彼らもまた墜落の回収を行なったと教えられた。彼らの技術，進歩した物質，研究はそこから来たと。彼らは父と一緒に毎日働いていたチームの人々だ。父によれば，1957年にニューメキシコ州コロナで（*ロズウェルに）とてもよく似た宇宙船の墜落があった。

いずれの墜落地点もトリニティサイト［最初の核実験が行なわれた場所］に隣接していた。

この（*UFOの）秘密は，トルドー自身とこれを管理していた30人の将軍，アイゼンハワー大統領から始まった。彼らが恐れていたこと——彼らは何よりも，スターリンがあらゆる手を尽くしてロズウェルの技術を盗もうとしていたことを知っていた。だから彼らは，それを隠す作戦を開始したのだ。彼らはこう考えた。CIAには敵が潜入しているだろう。我々の行動を紙に書き残せば，資金は打ち切られ，この物質については何もなされなくなるだろう……

このことが明るみに出たとき，我々家族はショックを受けた。我々はまったく——我々は，父が何十年もの間この秘密を抱えてきたという事実を信じることができなかった。

母はその種のことに耳を傾けるような人ではなかった。父は母には話さなかったのではないかと思う。父は，いわゆる蚊帳の内にいる人々以外には，誰にも話さなかったはずだ。

この技術を管理する30人のグループだが，父によれば，彼らは書面にした規約などは持っていなかった。彼らは単に鍛錬された戦場の軍人だったので，互いに誓いを交わしていただけだった。明日は我が身——このような状況にある人間には，互いの誓いだけで十分だったのだろう。神にかけて誓うのと変わりがなかった。私は父が誰にも話さなかったことを知っている。私はそれを確信している。

父が繰り返し私に言ったことは，国境というものはなく，これまでもなかったということだ。父はよくこう言ったものだ。父も含めてこの技術を管理する人々は，我々（* 米国）が消費国になることを1983年には知っていた。我々は世界の物資の約90パーセントを消費する。我々は太った牛となり，消費を続ける。経済システムがそうなっているのだ。父は二人の教皇から金（マネー）の意味を教えられたと言った。それは，父が彼らと協力してやり遂げたある種の尽力に対するもてなしだった（* コーソ氏はローマ駐在中の1945年に，1万人のユダヤ難民をローマから脱出させることに尽力した)。オフラハーティ神父（* ヒュー・オフラハーティ）と二人の教皇が父に教えた……

父は本が世に出てから私にそれを語った。これは父が言った言葉だ。“バチカンは本当に物事に精通している”

行方不明兵（MIA）——父は朝鮮に残された行方不明兵のことを知っていた。また，彼らがなぜ，どのようにしてロシアに移送されたのかも知っていた。そして公開，非公開の上院委員会で証言した。父によれば，これが行なわれた主な原因は，もちろん我々の自由なものの見方だった。この時期の共産主義の浸透，脅し（政治的脅し，技術的脅し)，冷戦など，多くの理由を挙げることができるだろう。それはこの国にとり不名誉な時代だった。疑問の余地はない。今言ったように，父は敵側の捕虜1,000人から聞き取りを行なった。彼らはこれらの兵士がどこにいるのか，彼らに何が起きたのかなどを語った。我々が知らないということが問題にされることはなかった。しかし我々は知っていたのだ。

そのことを父は詳しく書き残している。

SG： そうすると，我々は何もしなかったと？

PC： 何もしなかった。

SG： なぜ何もしなかったのですか？

PC：政治的脅し，共産主義の浸透など，我々とは異なる課題がそこにあったし，重要でもなかった。応酬やある種の取引もあっただろう。これは知っておくべき政府の一面だ。私はこれらのことも公表したいと思う。二度と同じことが起きないように，若い人々もそれを知る必要がある。秘密の政府の内部にある秘密の政府――これこそが，父の論文の中で言及されている'秘密の政府(The Secret Government)'だ。父は多くの政権の舞台裏にいて，数々の重要な政策決定に参画した。父はケネディ大統領とボビー・ケネディ（*ロバート・ケネディ司法長官）に説明をし，こう言った。"あなた方は政策を決定していない" そして，今も機密になっているある文書を見せて，彼らにそのことを証明した。しかし私は偶然にそれを知っている――それはどこにあるのか，それは何なのか。これは重要な歴史的教訓だ……

ホワイトサンズでETが父に言ったことに話を戻そう。私の考えだが，それは言った言葉どおりの意味を持っている。それは新しい世界だ，もし我々がそれを実現することができれば。もし実現できなければ，それは我々の恥だ。言い換えれば，彼らはそれを皿に載せて我々に与えたり，差し出したりしようとは思っていない。我々はそれを手に入れ，それを使って何かをしなければならないのだ。現時点では，もう一度墜落が起きても，それに対処する組織がない。もし再び墜落が起きたなら，それは軍の手に渡るだけで，おそらくロズウェルと同じ状況になるだろう。時代が違っても，軍の行動計画には何の違いもないだろうからだ。それは国家安全保障のもとで管理され，それでおしまい，となるだろう。我々は行動を起こす必要がある。地球の民として，宇宙の一員として，もしここで宇宙船がもう一度墜落したなら――父はまた起きると言ったが――我々がそれに対処したらよい。我々にはその引き揚げ権がある。我々には地球規模の引き揚げ法（salvage law）が必要だ。

父は本を書いた後で，その研究室で開発された自動車に関する記録文書をジョン・グレン（*上院議員，元宇宙飛行士）に渡した。父によれば，それは流体増幅（fluid amplification）を利用していた。それにあるIC（集積回路）の配列を組み合わせると，それは実際に流体を増幅した。その車はフラッシュライトのバッテリーで実際に数年間作動したという。

さてジョン・グレンだが，父はそれについて彼に説明した。それは厚さが約

4分の1インチで，資金を与えたその研究室が開発したものだった。これもロズウェル墜落から生まれた技術の一つだ。今でもこの技術のことは，その秘密プロジェクトにいてそれを開発した人々以外には誰も知らない。しかし誰かがジョン・グレンに，父が訪ねていったことを覚えているかと聞くかもしれない。それは1998年のことだったと思う。

父はよく，エネルギーと汚染の問題には解決策があると言い，フットボール大の原子反応炉のことを話題にした。もっと言えば，我々が実際に小さな発電所を建設したことを述べた別の文書を持っていると言っていた。安全を考えてそれをアラスカの真ん中に置き，数年間稼働させた。それは数年間にわたり，何千ガロンもの水を生産したという。だから，間違いなく我々は技術を持っており，しかも長い間それを持ち続けている。私はそう確信している。

父は事あるごとに，カール・セーガンはCIAの雇われ者で，その職員名簿と身分証明書を実際に見たことがあると言っていた。父によれば，彼は雇われた暴き屋（デバンカー）だった。

[我々は，このことを確証するセーガンの同僚天文学者を二人知っている。SG]

父は1992年に本を書いたが（*1997年に出版されたThe Day After Roswellの元になった原稿Dawn of a New Ageを指していると思われる。ベストセラーとなった1997年出版の本に目を通していたコーソ大佐は，言っていないことや気に入らないことが沢山書かれていたため憤慨し，途中で読むのを止めてしまったという），その後で私に次のようなことを言った。SDI（戦略防衛構想）が始まったとき，それは実際には地球防衛システムで，当時はほとんどの指導者たちがそのことを知っていた。彼らはよくそれについて話した……よろしいか，冷戦は冷戦として語られていたが，指導者の多くにとっては別の意味を持っていたのだ。父は後になってそのことを私に話した。父によれば，それは宇宙戦争（*地球外生命体に対する戦争）だった。それは今日でも続いている。SDIは地球防衛システムだ。

SG：だから，それがここにあるのですね？

PC：そのとおりだ。実際に，レーガンはよく父に電話をしてきたものだ。父が電話で質問にそのように答えていたのを覚えている。それで私は，何かが起きているという感じを持ったのだ。そのときは，地球防衛システムが何を意味するのか理解できなかった。しかし，話の行間からその内容は想像することができた……

Testimony of Mr. Glen Dennis

ニューメキシコUFO墜落目撃者
グレン・デニス氏の証言

2000年9月

デニス氏はニューメキシコ州ロズウェルの葬儀社に勤めていた。あの有名なロズウェル墜落があった1947年7月，ロズウェル陸軍飛行場の遺体処置係から電話があった。密閉型の幼児用棺はないかということだったが，その理由は説明しなかった。その日，彼が救急搬送の仕事でその飛行場に着くと，そこには正体不明の残骸があった。知り合いの看護婦が，今基地で異星人の遺体を扱ってきたと彼に語った。

GD：グレン・デニス氏／RS：ラルフ・シュタイナー

GD：我々の葬儀社は，ロズウェル陸軍飛行場にあるすべての部署と契約していた。この人物が電話をしてきて，自分は基地の遺体処置係だが，少し情報が欲しいと言った。私は，どういうことでしょうか？ と訊いた。彼は，密閉型の幼児用棺が私の所に幾つあるか，3フィート半か4フィートの棺の在庫はあるか？ と言った。私は，在庫はないと言った。それを準備するのにどれくらいの時間がかかるか？　私は，午後の3時半までに電話をすれば，朝には用意できますと言った。私は，何があったのですか？ と訊いたが，それは重要なことじゃないと彼は言った。

彼は後でまた電話をよこし，もっと情報が欲しいと言った。彼は，組織や胃の内容物を変えてしまう死体防腐用薬剤は何か，数日間風雨に曝されていた遺体を保存するために，我々ならどうするかを知りたがっていた。それで私はこう言った。あなたは遺体処置係でしょう，それを私に訊くんですか？　私はこの電話の相手が誰かを知ろうとしていた。

その日，私には救急搬送の仕事が生じた（* オートバイで怪我をしたパイロットを基地の病院まで運ぶ仕事が生じた。霊柩車は赤いライトを付けて救急車も兼ねる)。私が基地に着くと，そこには3台の陸軍航空隊救急車が，後部を上にして傾斜路に停まっていた。我々はその傾斜路を歩いて登ったが，そこで私は（*後部ドアが開いていた救急車の中に）大量の残骸を見た。私は手続きをして中に入り，墜落があったようですね，こちらで準備する必要がありますか？と訊いた。すると彼は，一体お前は誰だ，ここで何をしている？と言ったのだ。私は，ええ，救急搬送で来ました，こちらのすべての部署と契約しています，墜落があったようですねと言った。彼はただこう言った。ここにいろ，動くな。それで私はそこから動かなかった。間もなく彼は二人の軍警察を連れて戻ってきて，こう言った。この男を基地から出せ，ここにいてはならないヤツだ。

何が起きたのかは知らなかったが，ここに勤務するすべての医者と看護婦に，出勤しないように命令が出されていた。ライト–パターソンから専門家たちがここに入り込んでいる，それが理由なのだと私は理解した。

こうして，明らかに私は関わるはずのない物事に巻き込まれた。

私はこの看護婦を知っていた。彼女は出勤するなという命令を受けていなかった。彼女はライト–パターソンから来ていた二人の病理学者に会った。彼らはそのロズウェル墜落と呼ばれるUFO墜落から回収されたものを調べていた。彼らは彼女に，少尉，もう少し手伝ってほしい，これを君にやってもらうつもりだと言った。彼らには彼女が必要だった。こうして彼らは［そのETから切り離した］1本の手を裏返し，彼女はそれを4本の細い指，長さはこれこれなどと言った。彼女はその中に長くて20分か30分以上はいなかったが，彼らの全員が目に焼けるような痛みを覚え，皮膚も熱くなった。彼らには，自分たちが何に曝されたのか思い当たることがなかった。その二人の病理学者は，解剖学書にこれと似た物は見当たらないと言った。どこの医学部にもそれと似た物はなかった。彼らはこのような物を見たことがなかった。そのすぐ後で，ETの遺体は袋に入れられた。

RS：その看護婦はそれらがどんな様子だったか，あなたに説明しましたか？

GD：軍警察が私を廊下の先まで連れてきたとき，彼女がタオルを顔に巻きながら物品室から出てきて，こう叫んだ。グレン，ここからすぐに出て。翌朝私は，会議室の中の将校クラブで彼女に会った。彼女が私に1枚の小さな絵図をくれたのはそのときだ。それには，そこで何が行なわれていたのか，それらがどんな様子だったのかが描かれていた。それは，現在我々が目にする小さな絵図の大部分に似ていた。つまり，4本の細い指と長い腕，大きな目だ。頭部はほぼ完全に損壊していたが，そこに二つの穴だけがあるのを彼らは見ることができた。それには耳たぶがなかった；二つの外耳道があった。口は約1インチしかなかった。それが，彼女が私に説明した内容だった。

私はその日の11時半まで彼女と一緒だった。同じ日の午後3時半に，彼女の上司が私に電話をしてきて，君の友人は転属になったと言った。私は彼女の隊員番号など何もかも知っていたが，現在に至るまで彼女を見つけられないでいる。彼女と連絡をとったこともない。彼女は修道院に入る考えを持っていた。だから私は，彼らが彼女を除隊させ，自由にさせたのではないかと考えている。そこは誰かを黙らせるにはよい場所だ。

[地球外事象を目撃した証人が突然別の部署に移され，他の証人たちから隔離されるという，繰り返しのパターンがここにある。SG]

軍警察の一人が私を脇に連れていき，はっきりとこう言った。いいかお前さん，ここを出ていって噂を広めるんじゃないぞ。ここでは何も起きなかった。もし何かしたら，分かっているだろうが，深刻なことになるぞ。そのとき私はやや憤慨していたので，こう言った。私は民間人だ（*手出しはできないはずだ），地獄に落ちろ。すると彼はこう言い放ったのだ。地獄に落ちるのはお前だ。もし話したら，誰かが砂の中からお前さんの骨を拾うことになるぞ。

私が見たその回収物は，アルミニウムにもステンレスにも似ていなかった。それに似ている物は，もちろん当時の我々にはなかった。それは実に明るい灰色で，ほとんど白色だった。その中の幾つかは実に黒かった。それはむしろ現在の繊維ガラスに似ており，へこんだりはしなかった。また，それは捩られたり切り刻まれたり，その種のあらゆる外力を受けたように見えたが，本当に鋭角的なへこみというものがなかった。私は実際に見て知っているが，それはきわめて薄かった。

そこにいた軍曹の一人がこう言った。さあ，ヤツを片づけよう。誰もヤツのことなんか信じない。誰もここで起きたことなんか信じない。

[実にこの問題に関する真実は，ほとんどの人々の現実の遙か外にあり，そのこと自体が最良の覆いになっている。真実は白日のもとに曝されても，それ自身を覆い隠す……SG]

Testimony of Lieutenant Walter Haut, US Army

米国陸軍中尉
ウォルター・ハウトの証言

2000年9月

ハウト中尉がニューメキシコ州ロズウェルにあるロズウェル陸軍航空基地の広報担当官だったとき，近くのコロナで1機の地球外輸送機が墜落した。彼は，そこで1機の空飛ぶ円盤が墜落したという最初の発表をした当人だった。その発表は翌日に撤回された。

WH：ウォルター・ハウト中尉／RS：ラルフ・シュタイナー

WH：私が発表した内容は実に簡単なものだった。それはブランチャード大佐が報道発表してほしいと言った内容で，大佐はそれを一人の中尉にほとんど一語一語そのまま伝えた。その中尉が何を理解するだろうか？　大佐に聞き返したり，こんなふうに言ったらどうかなどと言うはずがない。答えはもちろん，“はい大佐，分かりました”だった。

RS：それで，報道発表は正確にはどういう内容でしたか？

WH：とても簡単だった。その趣旨を言えばこうだ。我々は1機の空飛ぶ円盤を手に入れた。それはロズウェルの北にある農場で発見され，レイミー将軍の事務所に空輸された――そこは第2位の司令部，第8航空軍だ。以上。私が得た情報は，ブランチャード大佐からほとんど一語一語そのままの言葉で与えられたものだ。彼は目の前に置いたメモ帳をすらすらと読み上げ，私はそれを書き取った。それを終えたとき，私はいわば畏怖の念に打たれていた。大佐は，それを地元紙とラジオ局に急いで流してほしいと言った。

彼らが［墜落した地球外輸送機（ETV）から］大小あらゆる残骸を1機の航空機に積み込み，持ち去ったことを私は知った。しかし，［報道発表が行なわれた後］私にはひっきりなしに電話がかかってきた……

［隠蔽は］とてもよく組織化されていた。事件に対するその対処の仕方は，いろいろな経路を通ってワシントンから降りてきたのだと思う。我々は，発表はすべて間違いであり，それは気象観測気球だったと告げられた。我々が聞いた唯一の声明だ：それで話はおしまいだった。我々はそのことについては印刷を禁じられた。こうしたことは大勢の上官を経由して降りてきたもので，私はその階級の末端にいる一中尉にすぎなかった。

とにかく私は，こんなことを言っていたと思う。神様，なにとぞ我々のこと［隠蔽］がばれませんように。軍のこうした行動は収拾がつかなくなる。私は，うまい具合にこれが忘れ去られることを心から願っていた。

そこには実に多くの隠蔽があったと思う。物体は大気圏外から来た何かだというのが，私の偽らざる気持ちだ。軍は次のように決めつけた。何かが大気圏外からやってきて，我らの地球に衝突したことを，国民は快く受け入れないだろう。人々にそれを受け入れさせるのは少々難しい。

しかし今日では，それがありのままに詳しく公開されても，人々は，ああ，私はそれを見たことがある，それについては覚えていることがあると言い，受け入れるだろう。

Testimony of Buck Sergeant Leonard Pretko, US Air Force

米国空軍軍曹
レオナード・プレツコの証言

2000年11月

プレツコ軍曹は通信の訓練を受け，ハワイのヒッカムフィールドに勤務した。1950年代初め，250人以上がいた野外映画館で9個の銀色円盤が皆に目撃された。それらは真珠湾入り口の上空を不規則に動き回っていた。その現象は約10分間続いた。別のときに，彼はこんな話をした。彼はダグラス・マッカーサー将軍の警護隊員と親しくなったが，その警護隊員は，マッカーサーがロズウェル墜落から回収された宇宙機と地球外生命体の遺体を見たことがあったと語った。

私の名前はレオナード・プレツコだ。私はニュージャージー州ウォルドウイックの出身で，1949年8月23日，ジャージー市で双子の弟（兄）と一緒に軍に入った。入隊後は通信訓練のためラックランド空軍基地（*テキサス州）に行き，それからハワイのヒッカムフィールド（ヒッカム空軍基地）に送られた。ヒッカムフィールドには1950年5月4日に着き，そこを離れたのは1953年5月4日だった。当時私は最下級の軍曹で，通信と気象通報を担当していた。ヒッカムフィールドには二つの映画館があった。そのうちの一つは屋内映画館で，もう一つは真珠湾の入り口近く，ヒッカムフィールドの端にある野外映画館だった。ある夜，私はその野外映画館で映画を見ていた。そこには250人ほどの人々がいた。

もちろん，夏期のハワイで雨が降るのは山間部だけだ。だからその夜は快晴で，左肩越しに月が見えていた。私は右側中央部の席にいた。誰かが振り向いて，こう言った。“あれは一体何だ？”

皆が右方を向き，真珠湾入り口の上空に目を向けた。そこには9個の銀色円盤があった。我々が最初に見たとき，それは文字‘L’のように見えた。しかし瞬く間に，それらはあちらこちらと動き回り，あらゆる種類のマニューバを見せた。それは約10分間続いた。誰もがただ眺めていた。そこにいたある中佐が立ち上がり，“皆さん，心配しなくていい。あれは全部ただのスポットライトだ”と言った。

私は席から飛び上がり，間抜けのように“中佐，スポットライトだなんてどういうつもりですか？　どこにも雲なんかありません。光線などどこからも来ていません”と言った。彼は私に口をつぐめと言った。そのときその大佐が立ち上がった。名前はミラーだった。彼はこう言った。“中佐，君こそ口をつぐめ。ここにいる人々を馬鹿にするのは止めたまえ。ここにいるのはすべて軍人だ”それらの物体はそこで約10分間動き回り，飛び去った。

これらの物体だが，実に速かった。こうした物体を追跡した記事をホノルル新聞で読む機会がたびたびあったが，一度などはハワイから日本まで8分で移動した。

… … …

私は兵舎主任だったが，空軍では兵舎で武器を携行することが許されていなかった。ある日，この人物が入ってきた――陸軍の制服を着，脇に45口径を下げた小柄な軍曹――私は彼に，そこで何をしているかと訊いた。彼は，米国から短期任務で来ていると言った。私は“とにかく，ここで45口径は携行できない”と言った。彼は“いや，私は許されている”と言った。

皆はCQ（当直下士官）を呼んだ。CQがやってきてこう言った。“彼は45口径の携行を許されている；彼はダグラス・マッカーサー将軍の警護隊員だ”警護隊の軍曹は，それをロッカーにしまい，二重錠をかけると言った。そして実際にそうした。こうして，彼がそこに滞在中に我々はとても親しくなり，たまたま話があの野外映画館で見た光体群のことに及んだ。私は彼に，そこで目撃したUFO，つまり9個の円盤のことを話した。

彼は“ここでは話せないから，少し歩こう。道向こうの運動場なら辺りに人がいない”と言った。こうして我々がそこに行くと，彼は“いいかい，これから君にあることを話す。だが，もし君が私から聞いたと言うなら，私はそれを断固として否定するつもりだ”と言った。私は“分かっている”と言った。

彼はこう言った。“私がダグラス・マッカーサー将軍の警護隊員だということは知っているだろう。私はこれから米国に戻る。ダグラス・マッカーサー将軍は，ロズウェル事件のことをとても詳しく知っていた。墜落した残骸物とその遺体についてもだ。なぜなら，彼自身がそれらを見ていたからだ。彼が私にそう語ったのだ。その日から5年間，私は一言も話さないできた”

軍隊では人を馬鹿にすることがよくあり，私はこれらのUFO事件で何度か馬鹿にされた。私が言われたのは，もしこのくだらないことをまた言いだすなら，決して曹長にはなれないということだった。私の上司はこう言った。“もし君がこの馬鹿げたことにいつまでも拘るなら，君は曹長に昇進できない。君は技能軍曹にはなるだろうが，曹長にはなれない。君は軍隊から追い出されるだろう”

Testimony of Mr. Dan Willis, US Navy

米国海軍
ダン・ウィリス氏の証言

2001年3月

ダン・ウィリス氏は最高機密取扱許可クリプトのレベル14を持ち，1968年から1971年まで海軍に勤務した。その後はサンディエゴの海軍電子通信工学センターで13年間働いた。彼はアラスカ近海の商船から送信された，実に異常な信号を受信したときのことを語る。その内容は，赤味がかったオレンジ色に輝く，直径約70フィートの楕円型物体が海から現れ，急上昇で上空に飛び去ったというものだった。それが時速7,000マイルで移動する様子をレーダーが捉えていた。何年も経ってから，ウィリス氏はこの話をNORAD（北米防空軍）で働いたことのある知人に語った。するとその知人はこんな話をした。NORADのレーダーが，測定範囲を超えるほどの速さで移動する物体を追跡したことがたびたびあった。そんなあるとき，年配の上司がいつものことのようにこう言った。“我々の小さな友人の一人が来ていたのさ”

私の名前はダン・ウィリスだ。私は軍務中に経験したある出来事を記録のために述べておきたい。それは1969年に起きた。私は1968年から1971年まで海軍におり，その間に2度の勤務期間を経験した：サンフランシスコの海軍通信局，それにベトナムだ。ベトナムでは，メコン川下流で川船の修理バージ（はしけ）に乗っていた。戦功メダルも持っている。私は高いレベルの機密取扱許可，具体的には超機密資料への接近権限を持つ最高機密取扱許可クリプトのレベル14を持っていた。これは父が職業海兵隊員だったおかげだと思う。

私はサンフランシスコの海軍通信局にいたとき，秘密の複合施設で働いた。その建物はブロックハウスと呼ばれていた。全員に立入許可証が渡され，その許可証は立ち入る様々な区画化区域に応じて色分けされていた。その頃は，船と陸の間の主な通信手段はテレタイプで，信号は暗号化されていた――暗号機とモールス信号。信号変換回路は，基本的に大気の状態が交信に適さないときに使われた。モールス信号は通信の最後の頼みの綱だった。

ある日私は，アラスカ近海の船から送信された実に異常な信号を受信した。このメッセージを送ったのは商船だった。そのコールサインを聞いた私は，席に着き，ヘッドホンを着け，この船に応答した。船からの信号は優先メッセージで，機密扱いだった。

そのメッセージの内容は，次のようなものだった。私はその船の名前，緯度経度などは何も覚えていないが，メッセージの内容だけはとても鮮明に覚えている。それは海から現れた。船のすぐ近く，左舷船首，赤味がかったオレンジ色に輝く 1 個の楕円型物体，直径約 70 フィート，水面から飛び出し，急上昇で上空に飛び去った。船のレーダーがそれを追跡した。その速度は時速 7,000 マイルを超えていた。この内容のすべてが，今日まで私の心から離れなかった。

私は軍を辞めた後，サンディエゴの海軍電子通信工学センターで 13 年間働いた。そこでは，NORAD で働いたことのある何人かの職員と一緒だった。我々はそのとき，UFO を話題にしていた。彼はこんなことを言った。“私が NORAD で働き始めの頃，全土のレーダー監視スクリーンがあった。突然何かがそのスクリーンを横切った。そして測定範囲——この物体の速度表示値が指示範囲を超えた”そのとき年配の上司が，いつものことのようにこう言ったという。“なーに，我々の小さな友人の一人が来ていたのさ”

Testimony of Dr. Roberto Pinotti

ロベルト・ピノッティ博士の証言

2000年9月

ピノッティ氏は証言の中で，イタリア空軍のファイルにある215例の不可解なUFO事件について語る。彼は1930年代に遡るイタリアの公式文書，具体的には当時のファシスト政府がUFO目撃に対処し，記録に残した1936年の文書を入手した。ムッソリーニは，これらの説明できない航空機に深い懸念を抱いていた。なぜなら，それらはイタリア空軍に影響を与える可能性があったからだ。その文書には，空飛ぶ円盤型の小さなUFOを吐き出す長い航空機のことが述べられている。目撃の一つはベニス上空で起きた。空軍はこれらの航空機を迎撃しようとしたが，それらがあまりにも速過ぎたために成功しなかった。最近，イタリア空軍情報局長のオリベロ将軍が，この問題についてこう言及した。UFO問題は現実のことで，空軍は1978年以来これに対処している。ナポリの近くのカンパーニャには，二つの着陸痕さえあった。その地面は，周波数の高い強力なマイクロ波で照射されていた。空軍のサルバトーレ・マルチェレッティ将軍により記録された，別の重要な事件が1976年にあった。彼はリエーティで飛行中，緑色をした1個の巨大物体と遭遇した。それは彼の飛行機の上方に現れた。程なく，そのUFOは途方もない速度で飛び去った。

RP：ロベルト・ピノッティ博士／SG：スティーブン・グリア博士

RP：今日，イタリア空軍は215例の不可解なUFO事件ファイルを持っている。これは，その現象が存在することを認めているという意味で重要だ。その問題を扱う彼らの態度は，ある種の注意を払いながらも，否定はしないというものだ。これはきわめて肯定的な態度といってよい。

もう一つ興味深いことは，我々が幾つかの古い文書を入手したことだ。それらは1930年代の文書で，主に1936年の目撃に関係している。文書は，当時のファシスト政府がUFO問題に対処していたことを示している。

ことの次第はこうだ：我々は匿名の情報源からこれらの文書を受け取った。

我々は歴史の観点から，それにあらゆる検証を加える必要があった。何よりも化学的かつ歴史的な観点からの分析が必要だった。その結果は，文書が本物であることを完璧に証明していた。さらに我々は，これらの文書をイタリア空軍に渡し，その意見を聞くと共に，これについて彼らがもっと知っていることがあるかどうかを確かめた。その結果，彼らがそれ以上に知っていることは何もなかった。しかしとにかく，それは正真正銘の文書だった。

得られた結論はこうだった。イタリアでは1930年代に，正体不明の航空機がしばしば目撃された。ムッソリーニはこれに深い懸念を抱いた。なぜなら，彼の計画においてイタリア空軍はきわめて重要な位置を占めており，こうした出来事は彼の外交政策を変える可能性があったからだ。ムッソリーニは当然ながら，これらの未知の航空機が英国かフランスのものかもしれないと恐れた——しかしそうではなかった。

[この反応が後の冷戦時のそれと類似していることに留意せよ。米国とNATO（北大西洋条約機構）の部隊は，これらの物体がソ連の秘密航空機ではないかと懸念した——ソ連もまた，それらが米国とNATOの航空機だと考えた。我々の戦争を引き起こす能力に対して，ETたちが絶えざる関心を示していることにも留意されたい。彼らは多くの人間のすることを知っているのだ：ある段階に到達した技術の進歩はあまりにも速いため，我々が平和に生きることを学ばない限り，また少なくとも相互の違いを非暴力的に解決する術を学ばない限り，我々は自らの世界を——そしておそらくは彼ら（ET）の世界をも——破壊してしまう。SG]

今日のUFO目撃事例にも見られるように，いわゆる空飛ぶ円盤型の小さなUFOを吐き出す，長い物体の目撃事例があった。これは，たとえばベニス上空で起きた。そのとき，王立イタリア空軍は2機の戦闘機を発進させ，迎撃を試みた。もちろん，それは成功しなかった。しかしこれが重要なのは，我々が常に考えていたことを証明しているからだ：UFO目撃は1947年よりも遙か以前に始まり，しかも世界中で起きていた。

我々は1978年に初めてイタリア空軍の公式事件記録を入手した。ある手続きに従った請求だったが，容易ではなかった。その空軍文書は，目撃の性質という観点から，我々が紛れもない現実の物体に直面していること，これらの物体がレーダーで探知されることを示している。イタリア軍のパイロットは，米国などとまったく同様に，イタリアの空で遭遇していた。イタリア空軍が215例の不可解な事例ファイルを持っていると言うとき，これは未知の性質を持つUFOの目撃を意味している。たとえば，イタリア上空で軍用機がこれらの物体を迎撃しようとした事例が幾つかある。しかし，これらの物体は迎撃の可能性すら与えずに飛び去る。

SG：これらのUFOが着陸した事件はありましたか？

RP：確かにあった。着陸もあったし，その証拠となる着陸痕もあった。しかし，これはかなり注意を要する問題だ。というのは，これに関して軍はほんの数例しか認めていないからだ。しかし，UFO目撃に関する軍の記録様式を見れば，そこには着陸の詳細や他の物理的詳細を記入する欄がある。これは，着陸が起きることを軍は知っており，彼らはその証拠を探していることを物語っている。そうでなければ，詳細な記入欄を様式に加えることはないだろう。時に文書は自らを語る。

最近，あるイタリア空軍将校が，制服を着て公式にUFO問題に言及した。その話し手はオリベロ将軍だった。彼はイタリア空軍の情報局長で，UFO事例を追跡する責任者だ。彼は，UFO問題は現実のことで，空軍は1978年以来この困難な問題に対処していると語った。また，軍のファイルには少なくとも215のUFO事例があり，不可解な事例が現実にあるとも語った。将軍は報道機関から公式に個人見解を求められ，こう答えた。自分はパイロットであり，UFOと遭遇したと語る真面目な同僚，真面目なパイロットを知っている。彼らは信頼できる人々だ。

1990年代にイタリアで二つの着陸事例があった。いずれもカンパーニャで起きた――カンパーニャはナポリの近くだ。これらの別々の物体が残した着陸痕は，我々の専門家により研究室で分析された。我々は特異な結果を得た。その物体は，着陸後に周波数の高い強力なマイクロ波で地面を照射していた。我々はその効果を検証し，明確にすることができた。次に我々は，これらの結果を世界的に有名なフランスのトランザンプロバンス事例と比較した。トランザンプロバンス事例は1981年に起きた，この観点からの典型的な事例だ。この比較はとても重要だった。なぜなら，我々がツールーズに行ったときに見た事例データが，その効果という点で我々の場合にとてもよく似ていたからだ。

これはとてもとても重要だった。我々は，フランスでUFO問題を調査しているフランス政府機関とよい関係を持っている。ベラスコ氏がフランスでUFO問題を研究する政府組織の責任者だ。

[COMETA報告（*1999年にフランスで発表されたUFO研究報告書；UFOs and Defense: What must we be prepared for——；原題：Les Ovni Et La Defense: A quoi doit-on se preparer——）を読まれたい。これにはフランスで起きた多くのUFO事例が収録されており，その中にここで言及されている着陸事例も含まれている。SG]

フランス人は，この問題が現実であり，我々は現実の現象，未知の技術的現象に直面していると考えている。フランス人の態度はきわめて開放的で，現実的だ。

UFOの能力は，我々が考えるよりも遙かに優れている。おそらく，未確認飛行物体が飛ぶという言い方は正しくない。飛ぶとはどういう意味なのか？飛行機は飛ぶ。しかし，UFOは別の種類の推進を利用する。彼らにとり，水のような液体中を進むのも，地球の大気中を進むのも，他の惑星の大気中を進むのも，さらに宇宙空間の真空中を進むのも，まったく同じだ。彼らは別の種類の推進を利用しているのだ。

イタリアでは民間パイロットも軍のパイロットも，数多くの遭遇を経験している。たとえば，1973年にはとても有名な事例が発生した。トリノ空港上空で3機の飛行機が関係した事例だ。現時点で三人のパイロットのうちの一人が生存している。彼はサンマリノのシンポジウムにゲストとして招かれた。この物体は3機の飛行機の他に，トリノ空港の管制塔からも目撃された。また，レーダーにも捉えられた。これはとても重要な事例だ。

もう一つの重要な事例は，1976年に起きたサルバトーレ・マルチェレッティ将軍——彼は退役している——の事件だ。彼はリエーティにあるイタリア空軍飛行学校の主任だったときに，飛行中偶然に1個の巨大物体と遭遇した。

彼が飛行していたとき，突然上方にこの緑色の物体が見えた――操縦席の上だった。何かものすごい，巨大なものが飛行機に覆い被さっていた。

彼には為す術がなかった。数秒が経過し，数分が経過した――この状況がいつまで続くのか，彼には分からなかった――すると突然，この塊は途方もない速度で飛び去った。彼はイタリア空軍を去ってから初めてこの事件を語った。

[我々はオリベロ将軍の証言も，マルチェレッティ将軍の証言も持っている。これを書いている時点でそれらは翻訳されるのを待っている。SG]

このすべてを具体的に言い表すなら，地球外生命体仮説が，起きている物事を最もよく説明するように思われる。繰り返される出来事と証拠の考察から，我々は次の結論に至る。人間に似た，起源不明の未知の生命体が我々を訪れている――それも 1946 年よりも遙か以前から。

論理的な観点から，我々に何か恐れるものがあるとは私には思えない。なぜなら，もし我々が敵対的な相手に直面しているとすれば，とうの昔に間違いなく彼らは我々を征服しているか，信じがたい事態を引き起こしていたはずだからだ――彼らには実際にそれが可能だった。もしそれが起きていないなら，間違いなくそれは我々に恐れることは何もないということだ。

おそらく世界中の至る所に，この秘密を隠している見えざる組織と繋がる，見えざる鎖の輪がある。彼らはこの問題に研究の観点から取り組んでいる。その目的は，利益を上げ，様々な分野に応用する技術を獲得することだ。UFO 問題は科学の問題であるだけではない，諜報の問題でもあるのだ。

これは UFO を取り巻く現実の重要なもう一つの側面だ。これを理解し始めると，多くのことが理解できるようになるだろう。なぜなら，このすべては権力に関係しているからだ。あらゆる権力，あらゆる国の，あらゆる政府の，あらゆる状況の権力だ。

000120

DEC 10 1952

MEMORANDUM FOR: The Director of Central Intelligence

THROUGH: Deputy Director (Intelligence)

SUBJECT: Unidentified Flying Objects

REFERENCE: Request of the Director of 10 December 1952

1. The following is a summary of the current situation with respect to the investigation of unidentified flying objects. Recent incidents include:

a. Movies of ten (10) unidentified flying objects (unexplained on the basis of natural phenomena or known types of aircraft), near Tremonton, Utah, on 2 July 1952.

b. A very brilliant unidentified light over the coast of Maine for about four hours on the night of 10-11 October at a height computed to be two or three times that which can be sustained by any known device.

c. Alleged contact with a device on the ground in Florida late this summer which left some presently unexplained after-effects.

d. Numerous other sightings of lights or objects which either in configuration or performance do not resemble any known aerial vehicle or explainable natural phenomena.

2. In furtherance of the IAC action on 4 December, O/SI has been working with Dr. H. P. Robertson, consultant (former Director of Research, WSEG), toward establishing a panel of top scientists and engineers in the fields of astrophysics, nuclear energy, electronics, etc., to review this situation. Wholehearted cooperation has been assured by DI/USAF and ATIC, and a visit by AD/SI, Dr. Robertson, and Mr. Durant of SI to ATIC is planned for Friday. It is hoped to organize the panel and undertake substantive scientific review of this subject within the next two to three weeks.

H. MARSHALL CHADWELL
Assistant Director
Scientific Intelligence

Distribution:
DD/I - 1
Opns/SI - 1
Prod/SI - 1
AD/SI - 2

OSI:RLC/mtw (10Dec52)

3c

PERTINENT PARTS RETYPED FOR READABILITY

000112

MEMORANDUM FOR: The Director of Central Intelligence

[illegible]: Deputy Director (Intelligence)

SUBJECT: Unidentified Flying Objects

[illegible]: Request of the Director of 10 December 1952

1. The following is a summary of the current situation with respect to the investigation of unidentified flying objects. Recent incidents include:

a. Movies of ten (10) unidentified flying objects (unexplained on the basis of natural phenomena or known types of aircraft), near Trementon, Utah on 2 July 1952.

b. A very brilliant unidentified light over the coast of Maine for about four hours on the night of 10-11 October at a height computed to be two or three times that which can be sustained by any known device.

c. Alleged contact with a device left on the ground in Florida late this summer which left some presently unexplained after-effects.

d. Numerous other sightings of lights or objects which either in configuration or performance do not resemble any known aerial vehicle or explainable natural phenomena.

2. In furtherance of the I/C action on 4 December, O/SI has been working with Dr. H.P. Robertson, consultant (former Director of Research, [illegible] establishing a panel of top scientists and engineers in the fields of astrophysics, nuclear energy, electronics, etc., to review this situation. [illegible] cooperation has been secured by DI/USAF and ATIC, and a [illegible], Dr. Robertson, and Mr. Durant of SI to ATIC is planned for Friday. It is hoped to organize the panel and undertake substantive scientific review of this subject within the next two to three weeks.

H. MARSHALL CHADWELL
Assistant Director
Scientific Intelligence

[omitted]

第五部

技術／科学

●序文——新エネルギー革命の国家安全保障と環境に対する意味
●米国空軍　マーク・マキャンドリッシュ氏の証言／関連文書
●ポール・シス教授の証言／関連文書
●ハル・パソフ博士の証言
●米国エネルギー省　デービッド・ハミルトンの証言
●米国陸軍中佐　トーマス・E・ビールデンの証言
●ユージン・マローブ博士の証言
●ポール・ラビオレット博士の証言
●カナダ空軍　フレッド・スレルフォール氏の証言
●テッド・ローダー博士の証言

序　文

新エネルギー革命の国家安全保障と環境に対する意味

国家安全保障の根本は，今日の世界が直面する切迫した環境危機と密接に結びついている：人類が進歩した技術文明の中で存続できるかどうかという問題である。

化石燃料と内燃機関は，環境と経済の両面で持続可能ではない――そして，この両面に対処する代替物はすでに存在している。問題は，我々が新しい脱化石燃料経済に移行するかどうかではなく，いつ，どのようにして，ということである。この問題に関連する環境，経済，地政学，国家安全保障，および軍事の問題は深遠であり，相互に密接不可分である。

このような新しいエネルギー技術の公開は，人間社会のあらゆる局面に広範囲の影響を及ぼすだろう。このような事態に備えるときがすでに来ている。なぜなら，たとえそのような技術が今日発表されたとしても，それらの広範囲に及ぶ応用が効果を上げるためには，少なくとも10年から20年かかると思われるからである。つまり，石油の需要が供給を遙かに超え，環境破壊が急激かつ破滅的に進み，世界経済の混沌が始まるまでにどれくらいの時間が我々にあるかということなのである。

我々は化石燃料の使用に代わる技術が存在すること，それほど遠くない将来に起きる深刻な世界経済，地政学，および環境の危機を回避するために，直ちにそれを開発し応用する必要があることを知っている。

要約すると，これらの技術は以下の分類に大別される：

◆量子真空／ゼロポイント・エネルギー利用システムとそれに関連する電磁気理論および応用；

◆電気重力および磁気重力のエネルギーと推進；

◆常温核反応効果；

◆電気化学とその内燃システムへの応用。これは汚染排出量をほぼゼロにし，きわめて高い効率を実現する。

このような技術を使った幾つかの実用的応用技術が，過去数十年間に開発されてきた。しかしこれらの大飛躍は，その斬新さゆえに無視されてきた——または国家安全保障，軍事の利害関係者，および‘特別’利益団体のために秘密にされ，抑圧されてきた。

明確にしておこう：問題は，このようなシステムが存在し，化石燃料の実現可能な代替物になり得るかではない。問題は，世界中にこのようなエネルギーシステムの転換が起きるのを許容する勇気が我々にあるかということである。

このような技術——特に石油や石炭などの外部燃料源を必要としない技術——は，人類に疑う余地のない有益な効果をもたらすだろう。これらの技術は，高価な燃料の代わりに遍在する量子空間エネルギーを利用するため，世界経済と社会秩序に革命がもたらされるだろう。その影響は以下のとおりである：

◆エネルギー発生に関係するすべての空気汚染源が除去されるだろう。その中には発電所，自動車，トラック，航空機，および製造業が含まれる；

◆すべての製造過程を排出量ゼロに近づけることが可能になるだろう。なぜなら，それに必要なエネルギーを得るための燃料代が不要になるからである。これらの技術の応用により，大煙突からの排出の除去，排水路からの固形廃棄物の除去が可能になるだろう。現在その実行を妨げている要因は，それに莫大なエネルギー費用がかかること，またそのエネルギー消費量——化石燃料が基本である——が環境への逆効果となるときがすぐにやってくることである；

◆環境への影響をほぼゼロにし，なおかつ地球上に高度な技術文明を維持することが現実に達成されるだろう。これは人類文明の長期的持続可能性を保証する；

◆発電，ガス，石油，石炭，原子力エネルギーのために現在使われている数兆ドルは不要になり，それは社会全体および個人により，さらに創造的で環境に無害な活動に使われるだろう；

◆地球上の未開発地域は貧困を脱出し，1世代のうちに先進的技術世界に参入するだろう――それでも関連する構造基盤経費，および従来のようなエネルギー発生と推進による環境への影響は生じない。これらの新システムは空間の量子エネルギー状態からエネルギーを発生するため，集中化した発電と送電に要する数兆ドルの構造基盤投資は不要になるだろう。遠隔地の村や町は，製造，電化，浄水などのために燃料を買ったり，大規模な送電線と電力網を建設したりすることなしに，エネルギーを発生させる能力を持つようになるだろう；

◆資源と物質のほぼ完全な再利用が可能になるだろう。なぜなら，そのためのエネルギー費用――現在の主な阻害要因である――は取るに足りない程度にまで減少することになるからである；

◆富める国と貧しい国の間の大きな格差は急速に消失するだろう――それにより，多くの社会的，政治的，国際的な不安定要因の根元にあるゼロサムゲームの考え方も，その多くが同じく消失するだろう。有り余る低価格エネルギーを持つ世界にあっては，貧困，搾取，憤慨，暴力の循環を生じさせる苦悩が，社会の動力学から除去されるだろう。思想，文化，宗教の違いは存続するだろうが，不当な経済格差と闘争はかなり急速に方程式から除去されるだろう；

◆電気重力／反重力のエネルギーと推進システムが現在の地上輸送システムに取って代わるのに伴い，地上の道路――したがってまた大部分の道路建造物――は不要になるだろう；

◆地球規模の貿易，発展，および進歩した技術を使ったエネルギーと推進の装置が世界中で必要とされるのに伴い，世界経済は劇的に拡大し，米国やヨーロッパのような進んだ経済が計り知れない利益をもたらすだろう。このような世界エネルギー革命は，世界経済の拡大を引き起こし，現在のようなコンピューターとインターネットによる経済を些末なものにしてしまうだろう。これはまさしくすべての船を持ち上げるうねりになるだろう；

◆長い間に社会は無尽蔵の豊かさを実感する段階（psychology of abundance）へと発展し，それは人類全体に及ぶ利益，平和的な文明，破壊と暴力の活動ではない創造性の追求に益々重点を置く社会となって現れるだろう。

これらのすべてが幻想だと思われないために，このような技術の進歩は可能であるばかりか，それらは‘すでに存在している’ということを肝に銘じてほしい。足りないのはそれを賢明に応用しようとする全体の意志，創造力，勇気である。そして問題はそこにある。

私は救急外傷医として，何事も善悪両方に使えることを知っている。ナイフはパンにバターを塗ることに使える――また喉を切り裂くことにも使える。どんな技術であれ，利益を生むことにも害を及ぼすことにも応用することができる。

その後者の応用が，このような技術に対する国家安全保障と軍事の深刻な懸念の一部を説明する。何十年もの間，経済と軍事の観点からそれを我々の安全保障に対する脅威と見なすある種の勢力により，これらの進歩したエネルギーと推進の技術が獲得され，抑圧され，‘機密’にされてきた。短期的には，こうした懸念には十分な根拠があった：数兆ドルの経済である石油，ガス，石炭，内燃機関，および関連する輸送部門に事実上終止符を打つ技術を流出させることにより，なぜ世界経済という船を暗礁に乗り上げさせるのか？　また，これほどの技術の飛躍が確実に兵器へと応用される不安定で危険な世界へ，なぜそれを解き放つのか？　これを考えると，現状維持が適切のようだ。

しかし，それは短期的にということにすぎない。実際に，このような国家安全保障と軍事の政策――産業界と国家の中にいる巨大な特別利益団体により牛耳られている――は，世界の大部分を貧困化し，富める国と貧しい国の間のゼロサムゲームという考え方をさらに強めることで，全世界の地政学的緊張を激化させ，我々に世界のエネルギー危機と差し迫った環境危機をもたらした。そして今，我々にはその状況を解消するためのわずかな時間しか残されていない。このような思考法は過去に追いやらなければならない。

それというのも，あらゆる国が限られた資源を求めて闘争し，エネルギー不足と地球規模の混沌から我々の文明全体が崩壊するという，この不安以上に大きな国家安全保障上の脅威があるだろうか？　現在の産業構造基盤を化石燃料依存から転換するのに要する長い先行期間を考えると，今我々は国家安全保障上の緊急事態に直面している。しかし，そのことを語る者はほとんどいない。これは危険なことだ。

また，米国などの国々では深刻な憲法上の危機が生じている。そこでは国民を代表しない組織，区画化された軍と企業の極秘プロジェクトが，この問題とそれに関連する諸問題について，国家および世界の政策を決定し始めた――すべてが国民による議論の外側にあり，大部分は議会の同意も大統領の同意も得ていない。

実にこの危機は，米国などの国々で民主主義を蝕んでいる。私はこの問題とそれに関連する諸問題について，米国およびヨーロッパの政治，軍，情報機関の高官たちに直接背景説明を行なうという，気の進まない仕事をしてきた。これらの高官たちは，ある種のプロジェクト内部で区画化された情報に接近することを拒絶されてきた。はっきり言えば，それは認められざる領域（いわゆる‘闇の’プロジェクト）である。これらの高官たちには，下院議員および上院議員，クリントン政権の最初の中央情報局長官，国防情報局長官，統合参謀幹部，その他が含まれる。通常，このようなプロジェクトと技術について高官たちが持っている情報は，皆無かそれに近い――彼らがそのことについて質問すると，何も説明されないか，‘知る必要性（need-to-know）’を持っていないからと拒絶される。

これはさらに別の問題を提起する：これらの技術は永久に抑圧されてはいないだろう。たとえば，我々のグループは，きわめて近い将来にこれらの技術を公開することを計画しているが，その口を封じることはできないだろう。このような公開が行なわれるとき，米国政府は準備ができているだろうか？　公開により米国政府と諸国の政府は，真実を知らされると共に，我々の社会を化石燃料から新しいエネルギーと推進システムへと転換するための計画を持つことを余儀なくされる。

実に大きな危険は，我々の指導者たちがこうした科学的大躍進に無知なこと——またそのような公開に対処する術を知らないことだ。世界の先進諸国は，このようなエネルギーと推進技術の進歩が平和的にのみ利用されることを確実にするため，システムの適切な管理に備える必要がある。経済と産業の利害関係者たちは，負の影響を受けることになる経済の諸局面（商品，石油，ガス，石炭，公共施設，エンジン製造，その他）が，急激な逆転の衝撃から保護されるように，また新しいエネルギー構造基盤への投資と支援により経済的に‘防御’されるように，備えなければならない。

将来に向けた創造的な物の見方——このような技術に対する恐れや抑圧ではなく——が求められている。それも今すぐに必要である。もし我々がさらに10年から20年待つとすれば，必要な変革が間に合わず，世界的な石油不足，法外な価格，資源を求める地政学的争いにより，世界経済と政治機構は崩壊するだろう。

あらゆる体制は恒常性に向かう傾向がある。現状維持は心地よく安心だ。変化は恐ろしい。しかしこの場合，国家安全保障にとり最も危険な針路は無為である。我々はエネルギー不足，急騰する価格，そして経済の崩壊に関係する来るべき動乱に備えなければならない。最良の備えは石油と化石燃料への依存を転換することであろう。我々にはその代替物がある。しかし，これらの新しいエネルギーシステムの公開には，それ自体が内包する利益，危険，および困難が同時に伴う。米国政府と議会は，この大きな難問に賢明に対処する準備をしておかなければならない。

議会に対する提言：

◆これらの新しい技術を，一般の民間人が現在持っている情報源と，軍，情報機関，企業の契約分野にある区画化プロジェクトとの両面から，徹底的に調査する；

◆この問題に関わる区画化プロジェクトが保持する情報の秘密解除と公開を承認する；

◆このような技術の押収もしくは抑圧を明確に禁止する；

◆民間の科学者と技術者による基礎研究と開発のために十分な予算を承認し，この研究を国民と主流派科学者が利用できるようにする；

◆このような技術の公開に対処し，脱化石燃料経済への転換を促す諸計画を策定する。これらの計画には，とりわけ以下のことが含まれるべきである：軍事と国家安全保障の計画；戦略的な経済計画と準備；民間部門への支援と連携；地政学的計画，特にその経済を石油の輸出と価格に大きく依存しているOPEC（石油輸出国機構）諸国と地域に配慮した計画；国際的な連携と安全保障。

私個人としては，これらの新しいエネルギー源の利用促進に役立つなら，議会に対してどんな協力でもする用意ができている。私はこの問題とそれに関連する機密事項に10年以上関わってきた立場から，議会に召喚されてこのような技術について証言することのできる多数の人々と共に，政府の秘密作戦内部にあってこれらの問題にすでに取り組んでいる‘認められざる特殊接近プロジェクト（USAPS）’について情報を持つ人々を推薦することができる。

もし我々がこれらの難問に勇気と英知を持って立ち向かうなら，我々は子供たちのために，貧困にも環境破壊にも無縁な，新しい持続可能な世界を確実に手にすることができる。我々はこの難課題に必ずや立ち向かえるだろう。なぜなら，そうする以外にないからだ。

Testimony of Mr. Mark McCandlish, US Air Force

米国空軍
マーク・マキャンドリッシュ氏の証言

2000 年 12 月

マーク・マキャンドリッシュは熟達した航空宇宙イラストレーターで，米国の多くの一流航空宇宙企業のために働いてきた。一緒に学んだ彼の同僚ブラッド・ソレンソンは，ノートン空軍基地の施設内部にいたことがあり，そこで複製された異星人の輸送機（Alien Reproduction Vehicle）すなわち ARV を目撃した。それは完全に作動し，空中に静止していた。我々は彼の証言から，米国が作動する反重力装置を持っているのみならず，それを何年も何年も前から持っていること，またそれらは一つには地球外輸送機の研究を通して，過去 50 年間にわたり進歩を遂げてきたことを知るだろう。我々は，航空宇宙発明家ブラッド・ソレンソンが見た装置の絵と，これらの複製された異星人の輸送機の一つを描いた図を持っている——素晴らしく詳細な絵だ。

私は基本的にコンセプチュアル・アーティストとして働いている。私の顧客の大部分は国防関連企業にいる。私は直接軍のために仕事をすることもあるが，ほとんどの場合は民間企業が相手だ。彼らは国防関連契約業者であり，兵器システムや軍用品を製造する。これまで私は主要なあらゆる国防関連契約業者のために働いてきた：ゼネラル・ダイナミックス社，ロッキード社，ノースロップ社，マクドネル・ダグラス社，ボーイング社，ロックウェル・インターナショナル社，ハネウェル社，そしてアライドシグナル社だ。

私がウェストーバー空軍基地（* マサチューセッツ州）にいた 1967 年のことだ。ある夜床に就く前に，私はこの光体が空を横切って移動するのを見た；次にそれは前触れもなく停止した。物音は何もしなかった。私は犬を家の中に入れ，望遠鏡を持ち出した。そして望遠鏡でこの物体を約 10 分間じっと観察した。実を言うと，それは核兵器が貯蔵されている施設の真上に空中静止していた——ウェストーバー空軍基地の緊急格納庫近くの貯蔵施設だ。それはそこを離れ始め，ゆっくりと離れて空中をどこともなく動き回った。そして突然飛び去った。まるで銃から発射されたようだった。それはものの1，2秒で視界から消えた。

さて，私がイントロビジョン社で働いていたときに，すべてが一緒に現れ始めた。ジョン・エッポリトが，ある人物と行なった対談について語った。この人物は，何かの理由で，ある空軍基地の，ある地区の，ある格納庫まで歩いていく羽目になった。彼はその格納庫で1機の空飛ぶ円盤を見た。そして拘束され，この種の仕打ちを受けた――しょっ引かれ，目隠しされ，訊問された。それから私はこの人物，マーク・スタンボーが，一種の空中浮揚を可能にしたある実験を行なっていたことを知った。それは一部の関係者の間で電気重力浮揚または反重力と呼ばれている。

彼が行なっていたのは，どうやら高電圧電源を得ることだったらしい――つまりDC（直流）電源だ――彼は直径約1フィート，厚さ4分の1インチの銅板を使った。それぞれの上部と底部の中央部からはリード線が出ていた。次に彼は，基本的にそれらをポリカーボネイトまたはプレキシガラスのような一種のプラスチック樹脂に埋め込んだ。または他の種類の透明な樹脂に埋め，その銅板や物質が見えるようにした。彼はそこから気泡などをすべて追い出すために，あらゆることをしたようだ。そうすれば，電気がその物質を突き破って通過する経路をなくすことができる。実験は，このような仕組みを施されたキャパシター――サブプレート・キャパシター――にどれだけ電圧をかけられるかを見ることだった；その絶縁物質が突き破られるまでに，どれだけの電圧をかけられるか？

さて，彼は約100万ボルトまでの電圧を実現した。そしてその物体が浮揚し始めた。それは今を遡る1950年代終わりか1960年代初めに，トーマス・タウンゼント・ブラウンという人物により出願された，ある特許に述べられていた原理に従って浮揚した。その原理はブラウンともう一人の人物，ビーフェルド博士により発見された。それでこの効果はビーフェルド-ブラウン効果として知られるようになった。つまり，スタンボーはビーフェルドとブラウンにより行なわれた実験を再現したものらしい。この仕組みについて彼らが発見した現象は，浮揚または移動が正に帯電した板に向かって発生することだった。だから，もしここに2枚の板があると，直流電流システムにより一方は負に帯電し，もう一方は正に帯電する。もし正に帯電した板を上に置くと，それはその向きに動く。もしそれを振り子に付けると，正に帯電した板が向く方向に沿って，常に振れ続ける。

後日，学校で一緒に学んだ友人から私に電話がかかってきた。ブラッド・ソレンソンという名前だった。彼は［私がある雑誌のためにした仕事から］私の名前を見つけ，そのアート・ディレクターに連絡して私の電話番号を聞き出し，電話をしてきたようだった。分かったのは，彼はカリフォルニア州グレンデール／パサデナ地区にあるデザイン会社に入り，結局この会社の顧客の大部分を獲得するようになったということだった。

いつの間にか，彼は様々な顧客のためにコンセプチュアル・デザインと製品開発をするという仕事のやり方を軌道に乗せた。彼の仕事の進め方はこうだった。もし彼が何か今までにない新しいデザインや，特許が取れる何かを考え出したとすると，顧客がその独占権を買うように手配する。その特許が彼の名前で付与されたなら，その顧客にだけ使用を許可することにし，顧客はその特許権使用料を彼に払う。こうして彼はこれらのすべての特許を顧客たちに買わせ，特許権使用料を払わせた。そのため，彼は 30 歳を前にして大富豪だった。

というわけで，学校を出て 8 年後にブラッド・ソレンソンは再び私の所に戻ってきたのだった。我々は話し込み，彼はこうしたすべての興味深い物語を私に語ったのだ。ノートン空軍基地で近く行なわれる航空ショーがあった。そこはカリフォルニア州南部サンバーナーディーノの東端に位置する，当時はまだ運用中の空軍基地だった（*1995 年に閉鎖）。

私は彼に，一緒にこの航空ショーに行こうと持ちかけた。そこでは SR-71 ブラックバードによる接近通過（実演飛行の一つ）があると聞いていたからだ。彼もそのことはよく知っていたようだった。それで私は，よし，見に行こうじゃないかと言ったのだ。ところが，そうしているうちにポピュラーサイエンス誌がまたやってきて，本当に差し迫った別のイラストの仕事があると言った。そして，私がそれを週末にかけて仕上げられるかどうかを知りたがった。私は言い訳してこの航空ショーを断るしかなかった。

ブラッドはすでに行く準備をしており，彼の顧客の一人を連れていくことにしていた。その顧客は背が高くて痩せ型の，眼鏡をかけた白髪の人物で，姓にイタリア語の響きがあることを私は知った。彼は自分自身の才覚によりすでに大富豪であり，国防長官か国防次官を務めた後，再び民間人として暮らしていた。ブラッドは私をこの紳士に会わせたがっていた。だから，そのとき私がこのことを知っていたなら，おそらく私は雑誌社に待ってくれと言ったはずだ。しかし，そのときの私には，自分が何を見逃すことになるのかということなど，知る由もなかったのだった。

正直なところ，私はその後ずっと後悔した。なぜなら，翌週ブラッドは帰宅してから私に電話をよこし，航空ショーについて話したからだ。彼はそこで何を見たかを話した：空軍の実演飛行チーム，サンダーバードが実演を始めようとしていたとき，ブラッドと一緒のこの紳士がこう言ったらしい。“私についてきなさい”彼らは群衆がいる場所から離れて飛行場の反対側に行き，ノートン空軍基地にあるこの巨大格納庫まで行った。その建物番号を私は覚えていないが，とにかくその空軍基地にあるとても大きな格納庫だった。

実際，基地ではその格納庫は大格納庫と呼ばれていた。それは四つの巨大なクォンセット型格納庫がすべて中央で連結されたような外観だった。それぞれの端の周囲には店や仕事場があり，中央部には一種の隔壁があった。

[ジョン・ウィリアムズ中佐の証言を見よ。SG]

この紳士はブラッドをここまで連れてきて，こう言った。“この展示責任者に会いたい”警備員は中に入り，三つ揃いを着た一人の人物を連れて出てきた。彼はブラッドと一緒のこの紳士にすぐ気が付いた：この紳士とはたぶんフランク・カールッチではなかったかと私は推測する。彼らは中に入った。ドアの内側に入ると，すぐにこの紳士は，この格納庫で行なわれている展示を管理しているこの人物に，ブラッドが自分の側近であると思わせたようだった。この展示は高い機密取扱許可を持つ一部の地元政治家と一部の地元将校のためのものだった。

さて，彼らが奥に向かって歩き始めると，すぐにブラッドは連れ立っている紳士からこう言われた。“この中には，彼らが展示するだろうとは私が予期しなかった多くの物がある――たぶん君が見るべきでない物だ。だから，誰にも話すな，何も質問するな，口を開いてはいけない，ただ笑って頷け，だが何も言うな――ただ展示を楽しむんだ。我々はできるだけ早くここを出るつもりだ”

その案内者，すなわちこの展示責任者は，ブラッドと一緒の紳士にとても熱心に対応した。そして彼らを中へ案内し，すべてを見せた。そこにはB-2ステルス爆撃機の開発競争に負けた試作機があったし，オーロラの愛称で知られるロッキード・パルサーと呼ばれる航空機もあった。

これらの航空機は121発の核弾頭――おそらく10メガトンから15メガトン――を積み，発進後30分で世界中どこにでも到達する性能を持っていた――戦術核の再突入体だ。

ノートン空軍基地でのブラッドの話に戻ろう：彼らはこれらのすべての航空機を見せられた後で，その格納庫を二つの区域に分割している大きな黒いカーテンの前に来た。これらのカーテンの裏側には別の広大な区域があり，その内部の明かりはすべて消されていた；彼らは中に足を踏み入れ，明かりをつけた。ここには床から浮揚した3機の空飛ぶ円盤があった――それらを吊り下げている天井からのケーブルはなく，下に着陸ギヤもない――まさしく床の上に浮揚し，空中静止していた。そこにはビデオテープを回している小さな展示があった。映っていたのは3機のうちの最小機が砂漠，おそらくは乾燥湖の上に置かれている光景だった――エリア51に似たどこかだった。映像ではこの円盤が小さな素早い跳躍を3回行なった；それから真っ直ぐ上方に加速し，視界から消えた。ほんの2，3秒で完全に見えなくなった――音を出さず，衝撃音もなく――無音だった。

彼らは1枚の切断図を持っていた。私がこれからあなたにお見せするものとほとんど同じだが，それはこの円盤内部にどんな構成部分があるかを示していた。その図では幾つかのパネルを取り外しているので，中を覗くことができる。そこには酸素タンク，円盤の側面から外に突き出してサンプルや物体を集めることができる1本の小さなロボットアームが見える。つまり，明らかにこれは大気中を飛び回るだけでなく，宇宙に飛び出してサンプルを収集する能力を持つ円盤だ。これは音を発しない性質の推進システムを用いている。彼が見た限り，それは可動部分を持たず，排気ガスを出さず，消費する燃料も持っていなかった――ただそこに空中静止していた。

こうして彼は一心に耳を傾け，できる限り多くの情報を集めた。そして帰ってきてから，そのときの様子を私に語ったのだ。彼は1988年11月12日に

——その日は土曜日だった——ノートン空軍基地のこの格納庫で，これら3機の空飛ぶ円盤を見た。その最小のものは幾分鐘の形に似ていた。それらは形と寸法の比率がすべて同じだった。ただ違うのはその大きさだった。最小機の最も幅のある部分は，鐘の形に広がった平たい底だった。また最上部には1個のドームすなわち半球があった。側面は垂直から約35度傾斜していた。

彼の説明はとても具体的だった。裾まわりのパネルは取り外されていて，その内部にこれらの大きな酸素タンクの一つが見えた。その酸素タンクは直径が約16インチから18インチ，長さ約6フィートで，車輪のスポークのようにすべて放射状に置かれていた。最上部に見えたこのドームは，実際には円盤の中央にある1個の大きな球状の乗組員区画の上半分だった。この円盤の中央を取り巻いて，1個の大きなプラスチックの一体成型物があり，その中にこの大きな銅コイルが埋まっていた。それは上面の幅が約18インチ，厚さは約8インチから9インチあった。その内部には，おそらく15層から20層に積み重なった銅コイルがあった。

その円盤の底部はおよそ11インチか12インチの厚さがあった。中央を取り巻くコイルも底部にあるこの大きな円板も，プラスチックの大きな一体成型物のようだった——緑がかった青の透明なプラスチック，あるいはガラスだったかもしれない。コンセプチュアル・アーティストとしての経験から，私はそこに細切りにしたピザパイのような区画が正確に48あると断定した。この一体成型物の内部のそれぞれの区画は，おそらく4トンから5トンの重さがあっただろう。その厚さと直径から割り出した値だ。それは重さにおいては怪物に違いなかった。それには半インチの厚さの銅板が詰まっており，48区画のどれにも8枚の銅板があった。

ここで再び我々は，プレート・キャパシターとビーフェルド-ブラウン効果を利用する場合の方法に戻ってきた——キャパシターに充電すると正側の板に向かって持ち上がるという，この浮揚効果だ。さて，8枚の積み重なった銅板をその中に入れると，それは交互になる。こうだ：上昇するときは負の次に正，負，正，負，正——4回繰り返し，結局正の板が常に負の板より上にくる。

乗組員区画の内側には，中央部を貫いて下に向かう1本の大きな円柱があった。この円柱の上半分には背中合わせに四つの射出座席があった。次に，この円柱の中央部には，ある種の大きな回転円板が1個あった。

この機体は複製された異星人の輸送機（ARV）と呼ばれていた；それはフラックス・ライナーという愛称でも呼ばれていた。この反重力推進システム――空飛ぶ円盤――は，ノートン空軍基地の格納庫にあった3機のうちの1機だった。その合成視覚システムには，アパッチ・ヘリコプターの砲撃制御システムと同種の技術が使われていた：もしパイロットが背後を見たいと思ったら，その方角の画面を選べばよい。そうするとカメラが対になって回転する。パイロットはヘルメットの正面に小さなスクリーンを持っており，それがパイロットに交互に切り替わる映像を見せる。パイロットは小さな眼鏡をかけており――実際に，我々はこれと同じことをするビデオカメラ用完全立体映像システムを今買うことができる――周りを見たときに外部の完全な立体映像が見える。だが窓はない。では，なぜ窓がないのか？　我々が話しているこのシステムの電圧が50万ボルトから100万ボルトになるというのが，おそらくその理由だ。

さて，彼は3機の円盤があったと言った。最初のもの――最小で，部分的に分解され，1988年11月12日にこの格納庫で展示されたビデオに映っていた円盤――これは最も幅の広い底部で直径が約24フィートあった。次に大きいのは底部の直径が約60フィートあった。

この物体の構造を眺め始めた私は，見ているものが巨大なテスラコイルだと思い当たった。それは一種の屋外変圧器のようなものだ。もしこの大きな直径を持つコイルに電気を通すと，それは場を発生する。

このシステムが行なっていることはそれだ：2個の大きな24ボルト船舶用バッテリーを用いて電気を得る。基本的にはこれを利用して，これらの巻き線の中に何らかの方法で交流電流を流す。その次には2次コイルによりその電圧を上げる。2次コイルは中央部の円柱に取り付けられており，そこでこの超高電圧を得る。これらのキャパシター48区画のどれにその電圧をかけるかは自由だ。

では，そんなことをするのは何のためか？　もし通常のテスラコイルを使っているなら，システム全体で1個か2個のキャパシターしか使わないだろう。だがここで取り上げているのは別の種類のキャパシターだ――ここでは板でできているキャパシターを取り上げている――その板は細くて長い三角形だ。そして車輪のスポークのように，ちょうど酸素タンクがそうであるように，またその大きな直径のコイルから出ている場の力線のように，すべて放射状に配置されている。このシステムを眺めたとき，もしあなたが電気技術者であるか，テスラコイルとその組み立て方について少しでも知っているなら，実に構成部分の向きこそがシステムを機能させるための鍵だと気付くだろう。

異なるキャパシター区画がなぜこんなにも多く必要か？　マーク・スタンボーがアリゾナ大学で実験を行なったように，1個の大きな円板を用いたらどうなのか——ついでだが，その装置は政府から来たと名乗る男たちにより，国家安全保障条例による権利の行使を名目に押収された。彼らはこれらの物をすべて持ち去った。その実験を見た者は全員訊問され，そのことについては口を閉ざし，何も語るなと告げられた。しかし私は，何が起きたかを知っている彼の同室者からそのことを聞いた。［いずれにせよ］その事例では，浮揚は実現したが制御はできない。この物体をあちこち浮遊させることはできるが，物体はそれ自体の場の上に浮かんでいるだけだ。制御は何もできない。

では，どうするか？　我々はこの円板を異なる48区画に分割する。そうすると，こちら側とかあちら側とか，どれだけの電気を与えるかを思いのままに決めることができる。電気量を制御することで，推力とその方向を制御することができる。それを真っ直ぐに上昇させたり，傾けたり，方向転換をさせたり，上下動をさせたり——思いのままだ。それらの48区画に与える電気量を制御することにより，それが可能になる。もし仮に円を持ってきてそれを48の等しい部分に分けたとすると，それらは実に小さく細い区画になることが分かるだろう。こうして，我々はここに48個の独立したキャパシターと1個の大きなテスラコイルを持つことになる。また，車の分配器（ディストリビュータ）のような，ある種の回転スパークギャップが必要になる。それは区画のそれぞれに電気を送り出す。次に，これらのそれぞれにどれだけ電気を与えるかを制御する，何らかの方法がなければならない。

［このような円盤型の機体は全方向性を持った運動をする——それは機首と尾部を持つジェット機のように一方向への運動だけに限定されない。LW（リンダ・ウィリッツ），マキャンドリッシュとの対話の後で］

さて，ブラッドはその制御システムを説明したとき，一方の側に1個の大きな高電圧分圧器があったと言った――それは加減抵抗器に似た大きな制御装置だった。そのレバーを押すことにより，システムに注入する電気量を次第に増加させることができる。制御システムのもう一方の側には，コウノトリの首に似た一種の金属棒が出ていた。その先端には，金属製に見える一種の球体が付いていた。その球体に付着して一種のボール（鉢）があったが，それはあたかも球体の底に磁石でぶら下がっているように見えた。彼によれば，すべてがその場所を動かず，まるで大きな船が海に面した港で錨を降ろし，水面に浮かんでいるように，前後左右に傾きながらゆっくりと揺れていた。それは文字どおり，エネルギーの海に浮かんでいた。

ヘンリー・モレー博士は別の種類のエネルギーで実験した――それは何らかのスカラー・エネルギーだったかもしれない――1920年代の初期か1930年代だったと思う。彼はザ・シー・オブ・エナジー（The Sea of Energy；エネルギーの海）と題する本を書いた。彼はその中でこの種のエネルギーについて述べている。ブラッドは，この物体が動き回っていたとき，そのシステムは完全にはエネルギーで満たされておらず，船体内部の構成部分はまだ幾らか重力の影響下にあったと言った。それがある方向に傾きかけたとき，そのボール（鉢）が重力の影響で同じ方向に振れた。つまり，それが傾き始めると，ボールは滑りながら動いてシステムの同じ側のパワーを上げる。そうすると，物体はそれ自体でまた元の正しい姿勢に戻る。完全に無人でありながら，物体はその場所を動くことなく，それ自体で姿勢を修正する。

それはすべてファイバー光学的に連結されていた。さて，なぜそれが意味を持つのか？　なぜシステムをすべてファイバー光学的に連結しようとするのか？　理由はこうだ。もし重力を制御する方法が見つかれば，その質量を減少させることができる。それができた場合の別の利点は何か？　もしどうにかしてこのスカラー場，このゼロポイント・エネルギーを利用する方法を見つけたとしたらどうだろうか？　科学者が考えていることが本当なら，ゼロポイント・エネルギーこそが，万物の原子構造において電子をその周囲に保持している実際の力だ。それは電子にエネルギーを与えている――それはこの世界のあらゆる原子核の周りにある様々な電子雲の中で，この小さな電子に回転を与えている。それは電子を回転させ続け，地球を回る衛星が引力に引っ張られるようにその原子核に向かって潰れていくことから防いでいる。もしその相互作用，電子によるゼロポイント・エネルギーの吸収に干渉する方法があれば，電子は減速する。

宇宙のすべての原子は，まさに小さなジャイロスコープのようなものだ：それ（* ゼロポイント・エネルギー）はこれらの電子を原子核の周りに回転させる。するとそれはジャイロスコープと同じ効果を現す。我々が慣性および質量と呼ぶ効果だ。陽子，中性子，そのように回転している電子をそれぞれ 1 個ずつ持つ原子核がある――水素だ：それほど大きな質量も慣性も持たない。別々の電子雲の中で回転する 235 個の電子を持つウラニウム 235 の場合は，大きな質量と慣性を持つ。ある意味で，それはより大きなジャイロスコープのようなものだからだ。いずれにせよ，私は類推としてこの話をしている。だが，もしゼロポイント・エネルギーの吸収に干渉する方法があれば，それらの電子はエネルギーを失い，減速する。その慣性の効果，ジャイロスコープとしての効果が弱まり始め，その結果，質量も減少する。その一方で原子構造には何の変化もない；それは依然としてそこにある――それはウラニウムのままだが，それほど重くはない。

アインシュタインが言ったことの一つは，どんな物体でも光速以上には加速できないということだ。もし光速まで加速するなら，それは宇宙の全エネルギーを使う必要があるだろう。なぜなら，宇宙空間を加速して進行するのに伴い，質量が増加するからだ。この概念を示す古い映画がある。列車が光速に向かってどんどん速度を上げるが，車体もどんどん大きくなり，ついにエンジンがそれを牽引できなくなる。だから，それは決して光速を超えることはできない。

しかし，ゼロポイント・エネルギーを吸収し，それが機体の原子構造と相互作用することを妨害するシステム，装置があったらどうなるだろうか？　そのような装置があれば，それは同時にキャパシターに新たなパワーを供給する――この電気システム現象のすべてがあの円盤の中で進行しており，稼働している。実際には，速ければ速いほど速度を上げることが容易になり，光速に達し，それを超える。

ブラッドによれば，ノートン空軍基地のこの展示会で，ある三つ星将軍がこう言ったという。これらの円盤は光速かそれ以上の速度を出すことができる。言い忘れたが，最大の円盤は直径が約 120 フィートから 130 フィートあった。

つまりそれは重いということだ——まさに巨大物体だ。

ユタ州にモレー・B・キングという名前の科学者がいる——彼はタッピング・ザ・ゼロポイント・エナジー（Tapping the Zero Point Energy；ゼロポイント・エネルギーの取り出し）という本を書いた。彼の主張はこうだ。このエネルギーは我々を取り巻く時空間に埋め込まれている；それは我々が見るあらゆるものの中にある。さて，何もない空間自体の中に，このフラックス，この電荷が満ち満ちていると推測したのは，ジェームズ・クラーク・マクスウェルだったと思う。彼はこう考えた。もしほんの1立方ヤードの中に埋め込まれているエネルギーを全部捕捉できるなら，全世界の海を沸騰させるのに十分なエネルギーを手に入れるだろう。開発されるのを待ってそこに存在しているエネルギーの量が，いかに巨大かということだ。さて，モレー・B・キングが述べたことの一つは，そのエネルギーを捕捉する最良の方法は，その平衡状態に歪みを起こすことだった。それは箱の中に詰められたタバコの煙のようなものだ。もし何らかの方法でそれに衝撃波を送り込むと，力が得られる——その中に波紋が生じる。その反対側でそのエネルギーを収集する方法を持っていれば，それを捕捉して利用することができる。

この複製された異星人の輸送機（Alien Reproduction Vehicle），フラックス・ライナー（Flux Liner）は，それを何か電子的な方法で行なう仕組みを持っている。さて，ブラッドはこの中央の円柱が一種の真空室を持っていると述べた。この真空室は，こうしたすべての科学者たちが自ら製作したオーバーユニティ（over-unity）やフリーエネルギー装置の中で述べているものの一つだ。これらの装置のすべてに，ある種の真空管，真空技術が使われている。

中央の円柱にあるこの大きな真空室，これはすべての部分の内側にある——回転円板の内側，テスラコイルの2次コイル内側，乗組員区画の内側——その真空室の中には水銀蒸気があるとブラッドは主張した。水銀蒸気は電気を通すが，あらゆる種類のイオン化現象をも発生させる。これらの小さな水銀分子は異常な電荷の帯び方をする。だから，不完全真空の中にある水銀蒸気に途方もない量の電流を流すと，何か特別な，異常な現象が発生する。

モレー［キング］が，真空中のエネルギーに対して何らかの衝撃波を与え，その平衡状態に歪みを起こすと述べたが，それがこの現象だと思う。

さて，ここでもう一つ起きていると私が思うことは，このシステムがゼロポイント・エネルギーに分け入り，それを局所空間から抽出し始めると，機体全体の重量が軽くなるということだ——言うなれば，それは部分的な質量消滅だ。キャパシターのわずかなエネルギーが，機体をどこにでも弾き飛ばしてしまう理由の一つがこれだ。

起きていると思われる現象の一つだが，このようなシステムを手に入れ，それを始動させると，そのシステム内のあらゆるものが質量を失い始める。システムを流れている電子もまた質量を消滅させる。このことは何を意味するか？

そのシステムとその大きなテスラコイルを流れているすべての電子が質量を失うと，それはまた完全な超伝導体になる。これにより，このシステムの効率は際限なく向上し，ここに飛躍的な効率が得られることになる。あたかもこのシステム全体が液体窒素に浸かるか，ある温度では完全な伝導体となる純粋の銀あるいは純粋の金でつくられたようなものだ——それは軽くなり，信じられないほどの速度に加速される。

[その速度が大きければ大きいほどそれは軽くなり，さらに速度を増す。LW（リンダ・ウィリッツ），マキャンドリッシュとの対話の後で]

私は，1992年にエドワーズで行なわれた航空ショーで，ケント・セレンという名前の人物に会った。そして分かったのは，ケント・セレンと私は共通の友人を持っていたということだ：ビル・スコットまたはウィリアム・スコットという男だ。彼はアビエーション・ウィーク・アンド・スペース・テクノロジー（Aviation Week and Space Technology）という，ある業界誌の地元編集者をしていた。

ビル・スコットは，かつて1970年代初めにエドワーズ空軍基地でテストパイロットをしており，ケント・セレンはビル・スコットが操縦する飛行機の機付長をしていた。それで私はケント・セレンにこの話をした。そうしたら彼は首を振って頷き，満面の笑みを浮かべた。そして目配せしてこんなことを言ったのだ。“うん，君の言っていることは知っている”君はどうして私が言っていることを知っているんだい？と私は訊いた。すると彼はこう言った。“私は1機見たのだ”その瞬間に私の記憶は，イントロビジョンのジョン・エッポリトが，ある格納庫にあった何かについて語った話に焦点を結んだ——誰かが格納庫で何かを見た話だ。

それで私は彼，ケントに，こう訊ねた。それは底が平らだったか，側壁は傾斜していたか，頂部にドームがあったか，小さなカメラらしきものがあったか？　すると彼はこう言った。“そのとおりだ。君はそれを見たのかい？”私は，ペンを貸してくれと言った。私は小さな紙切れを取り出し，略図を描いた。そして，それはこんな様子だったかい？と訊いた。彼は“そうだ，これだ――その形はこのようだった”と言った。私はさらに，いつこれを見たのか？と訊いた。彼は“1973年だ”と言った。私は，どこでどういうときにそれを見たのか？と訊いた。それに対して彼はこう答えた。“私は機付長だった。ビル・スコットがテストパイロットだったとき，私は彼の飛行機を担当していた”

彼の話は以下のようなものだった。ある夜，当直長が彼にこう言った。“北基地まで行ってくれ――航空機用の地上電源車に，漏電か故障か分からないが何かトラブルが起きた。君にそこまで牽引車を持っていってもらう必要がある。行ってそれを受け取り，持ち帰って修理倉庫に入れてくれ；それで君は帰宅してよろしい。他の仕事は全部片づけた”さて，ケント・セレンは北基地正門まで続く大きな周辺道路を回っていく代わりに，エドワーズの乾燥湖を横切り，その北基地の施設まで真っ直ぐに車を走らせた。彼は乾燥湖を走り抜けて舗装道路に乗り入れ，これらの格納庫が建ち並ぶ区域まで行った――当時格納庫はすべてクォンセット型だった。彼は扉に隙間が開いていた最初の格納庫の前に車を止めた。問題の故障した地上電源車がそこにあるのではないかと思ったのだ。彼は何を見たか？　彼は格納庫の中にこの空飛ぶ円盤を見た。それは地面の上に空中静止していた。

彼に会ったときのこの話は，ジョン・エッポリトが語った内容を私に思い出させた。それは1982年より前に，ある格納庫で1機のUFOを見た人物の話だった。私は，それでどうした？と訊いた。彼はこう言った。“この物体は底が平らだった。側壁は傾斜しており，小さなプラスチックドームに入った小型カメラがあちこちに付いていた。ドアが一つ側面にあった。私はそこに15秒はいなかった。私に向かって走ってくる足音が聞こえたと思ったら，振り向く間もなく，私の喉には自動小銃の銃身が押しつけられていた”しゃがれ声がこう言った。“目を閉じて地面に這いつくばれ。でないとお前の頭を吹き飛ばすぞ”

彼は頭に覆いをかぶせられ，目隠しをされ，しょっ引かれた。彼らは18時間をかけて彼を訊問し，その間にこの輸送機について，私の友人ブラッドも知らないいろいろなことを語った。

ブラッドは，そのシステムの構成部分はすべて既製品ばかりだったと語っていた――つまり，誰でも在庫品リストの中から見つけられるものだ。彼らは自前の酸素供給を行なっていた。ブラッドによれば，彼らは一度1万5,000フィートより低い高度で機外に脱出した。個々の座席は，ちょうど軌道車のように一組のレール上を降下し，この中央円柱から離れた。それは一つまた一つと脱出し，パラシュートが開き，機体から離れた。

私はブラッドから得たこのすべての情報を眺めた。そして，機体の側壁に開いた小さな跳ね上げドアから突き出すことのできる1本のアームがあることに気付いた。これらの物体で宇宙旅行ができることは明らかだった。10年か15年前になるが，私はスカラー効果についてトム・ビールデンと話していた。その中で，彼はふと思い付いたかのように，こう言った。“NASAの予算がこれほど大幅に削減されたのはなぜか，君はそのことを疑問に思わなかったかい？　彼らは遙かに優れ，遙かに高速な，こうしたすべての異種技術を手に入れたのだ。それらは太陽系の外縁部まで何箇月も，ときには何年もかかるロケット推進宇宙船よりも遙かに優れている。結局は科学者のための公共事業にしかならない計画に，何百万ドルもの金を注ぎ込もうと思うかい？　国家安全保障局，CIA，空軍情報局などが独占的に利用している，この秘密にされた技術があるときに，なぜこの膨大な資金を注ぎ込む必要があるのだ？　それは太陽系のどこへでも数時間で到達する。数箇月や数年ではない。今すぐにでもそこに行けるものを持っているときに，どうしてNASAに金をかけるか？”

人々が月の裏側に有人基地があるのではないか，火星に基地があるのではないかと推測するなら，それは十分にあり得ることだと私は言える。実を言えば，私はそれを確信している。

これらの事柄を知っているもう一人の人物に私は会った。彼はこう言った。“私はパームデール／ランカスター地区（*カリフォルニア州）のプラント42にあるB-2爆撃機施設で働いている。B-2爆撃機の大きな建造施設からその南西端まで横切る対角線地帯は，ロッキード・スカンクワークスだ――それは巨大な複合施設だ”私は，そのとおりだ，そこにあるのはよく知っていると言った。彼は続けた。“1992年の夏，私は夜の10時半頃外にいた。というのは，私は深夜勤務で，そのときタバコを吸っていたからだ。そのとき私は，副保安官たちがプラント42を取り巻くすべての通りを封鎖しているのに気付いた。プラント42に秘密の航空機がやってきて着陸するとき，またはそこから発進するとき，彼らはいつでもそうする”

彼はさらに続けた。“私は封鎖されているすべての通りに注意を向けた。この格納庫の前には輪になった車両の編隊があった——しかしそれらは実に奇妙な車両だった。それらは塔を付けた小さなトラクターのようだった。その塔からは大きな1本のアームが伸びており，アームの先端には1個の籠があった。それは架線作業員が高圧電線を張るときに使う車両に似ていた。しかしその籠はすべて高々と上げられていた。この大きな輪のそれぞれの籠からは，大きな黒幕が吊り下がっていた。そしてそれらを全部結びつけている1本のロープがあった”

“私はその車両編隊の上を見上げた。すると約500フィート上空に，この大きくて黒い，レンズ型の空飛ぶ円盤があったのだ。車両編隊のちょうど上だった。この車両編隊の中央に，大きな青緑色の携帯フラッシュライトを持った男が現れた。彼は円盤に向かってそれを掲げ，3回点滅させた。その円盤の下には青緑色の照明が3個あり，彼らも彼に3回点滅を返した”

“それからこの物体は車両編隊の中へ降りた。すべてのアームが輪の中心まで伸び，その幕でこの機体をすっぽりと覆った——そうして，それらのすべてが車輪を転がしながら格納庫に入っていった。扉が閉まり，明かりがついた。そして副保安官たちはいなくなった”それがあった翌週，彼はやたらとタバコを吸いながら，何かを待った。1週間後に彼の我慢が報われた。あの夜に見た光景が，すべて逆向きに進行したのだ。明かりが消え，扉が開き，この車両編隊が出てきた。そのアームはすべて高く立てられていた。しばらくすると，この物体が車両編隊の上空約500フィートに音もなく上昇した。その男がフラッシュライトを持って現れ，3回点滅させた。その物体もまた彼に向けて照明を3回点滅させた。

続けて彼はこう言った。この物体は滑走路の端から端までを使って離陸した。そこはB-2建造施設に隣接している。それは彼の目の前を通り過ぎ，2秒もしないうちに闇に消え去った——この輸送機は音も，超音速衝撃波も，衝撃音波も，何も出さずにそれを行なった——まるで大砲から打ち出されたかのようだった。これは自分の人生を変えたと彼は言った。それは彼の物の見方をすべて変えた。なぜなら，そのとき彼は，彼らが反重力——無質量推進技術を持っていることを知ったからだ。彼らの技術は，未知の場所——どこか他の太陽系——からやってきた，ある種の宇宙機から回収されたものかもしれない——しかし，彼らがそれを持っていたのは事実だと彼は言った。

我々はジェームズ・キング・ジュニアにより出願された特許を発見した。この特許はこのシステムに実によく似ている。違う点は，乗組員区画用ドームの代わりに，中央に1個の円柱を持つことだ。それは同じ形をしている。平たい底，傾斜した側壁。外周にコイルがあり，放射状に配列されたキャパシター・プレートがある。この特許は1960年に初めて出願され，1967年に付与された——ユタ州プロボの近くでこの機体にそっくりな写真が撮られた年だった。

決め手はタウンゼント・ブラウンと共にその特許を出願した人物だ。タウンゼント・ブラウンはニュージャージー州プリンストンの近くのある研究所で働いていた。バーンソン研究所のアグニュー・バーンソンという科学者と一緒だった。彼らは，電気重力推進と彼らが呼ぶすべての実験を行なった。ここに1本のビデオがある。アグニュー・バーンソンの娘が撮影した16ミリフィルムから変換されたものだ。もともとそれは‘お父さんの実験室’と呼ばれていた。そのビデオには，バーンソンとトーマス・タウンゼント・ブラウンが，彼らの助手ジェームズ・キング［J・フランク・キング］と共に行なったすべての実験が映っている。ジェームズ・キングこそがその特許を出願した人物だ。そのフィルムには，浮揚して火花を放っている幾つかの小さな円板が映っている。こうして，いわば輪が完全につながった。

今や，彼らはその技術を持っているだけではなく，その技術を実際に展開していることが理解されると思う。それは飛行するだけではない。それは今から遡って1960年代に出願された特許に酷似している——エリア51の近くで一連の写真が撮られた年だ——エリア51とユタ州プロボの間で軍のパイロットにより撮影された。それはまったく同じ特徴を示し，まったく同じ形をしている。だから，私の結論はこうだ。人々がこの技術のすべてを細部まで理解するかどうかにかかわらず，この技術は現実に存在し，それを見た人々がいる。私自身がこれらの物体を見ているのだ。だから，彼らがこの技術を闇の中から取り出し，汚染を伴わないエネルギー生産などのためにそれを開放するのは，まったく時間の問題のように思われる。おそらく人々は，その空飛ぶ円盤に似たものを幾つか持ってきてクランク軸の周辺に取り付け，それを使ってエンジンを駆動させる。汚染は発生せず——燃料も不要だ。

さて，もう一つだけ私に言えることがある。私はファイバー光学制御システムについて述べていたが，それはやはり最初のロズウェル報告書にまで遡る物事の一つだった。そこには光を通す細かなファイバーが巡らされていた。彼らはそれが何なのかを説明することができなかった。では，なぜ宇宙船にはファイバー光学システムが必要なのか？　もし突然に機体の中のあらゆるものが質量を消滅させ，電子さえも質量を消滅させたなら，システムを貫いているすべての制御系はおかしくなるだろう。システムは突然に相変化を通過し，あらゆるものが超伝導になる。だから，スパークギャップの制御を同一レベルに維持するための何らかの方法が必要になる——キャパシターから供給する電気量の制御——制御棒を動かしたときに，たとえ質量消滅または部分質量消滅の状態に移行したとしても，システムの中に依然として同じ量の動きと偏位を起こすことができるようにするためだ。なぜなら，電子もまた質量を消滅させるため，電子回路は超伝導回路になるからだ。

なぜファイバー光学を用いるのか？　光子は質量を持たないため，影響を受けないからだ。つまり，コンピューターに出入りさせるどのような情報，どのような制御信号もそこに届く。超伝導状態でコンピューターが機能するかという心配は不要だ。なぜなら，それはただ速くなり，効率が向上し，高性能になるだけだからだ。航空機が墜落しないような制御を望むなら，最良の方法は何か？　それはファイバー光学システムだ。

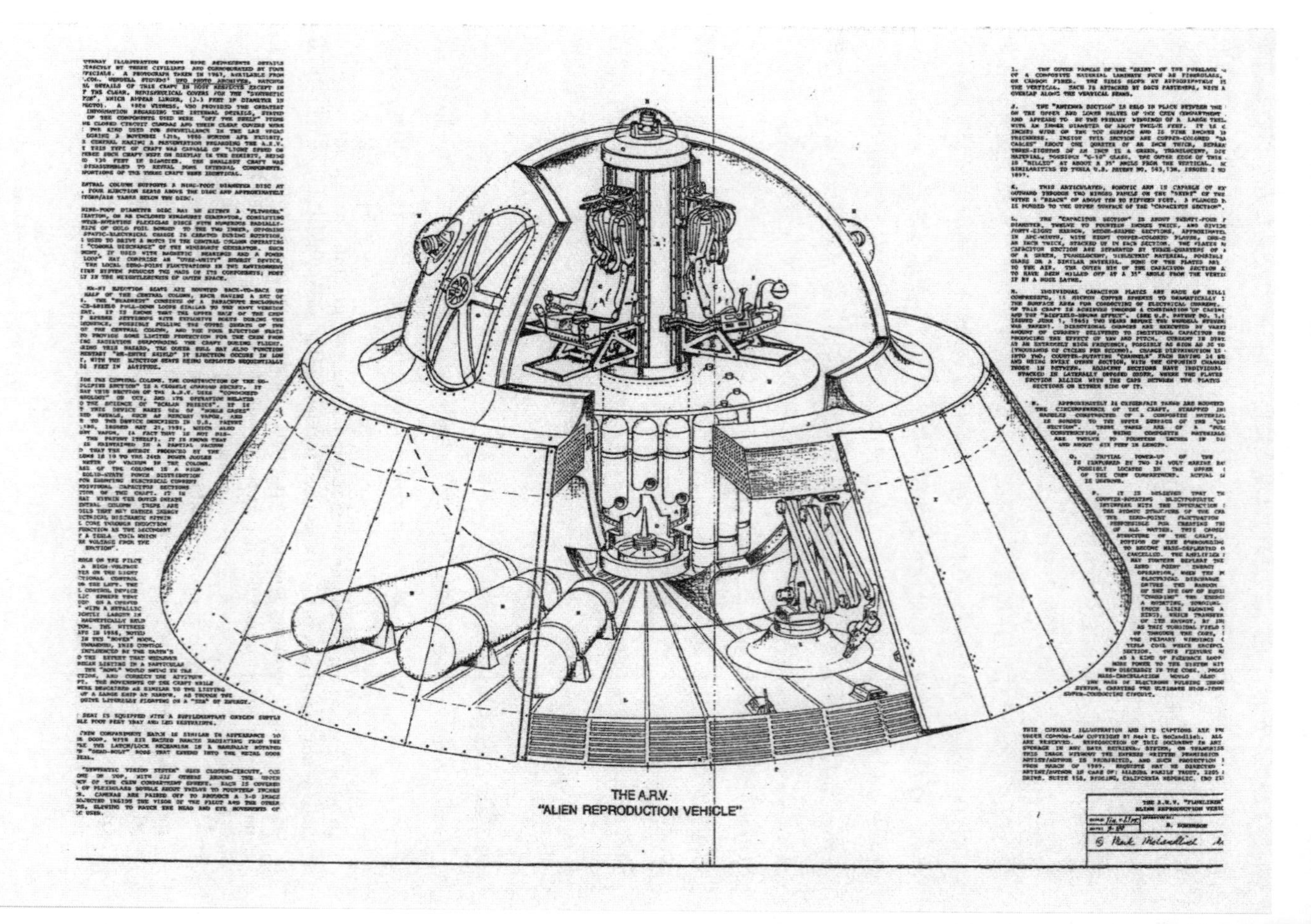
THE A.R.V.
"ALIEN REPRODUCTION VEHICLE"

Testimony of Professor Paul Czysz

ポール・シス教授の証言

2000 年 11 月

ポール・シス博士はセントルイスにあるパークス大学の航空工学教授だ。彼はライト-パターソン空軍基地の空軍で 8 年間，その後マクドネル・ダグラス社の外来技術部門で 30 年間を過ごした。ライト-パターソン空軍基地にいたときには，ミズーリ州，オハイオ州，ミシガン州の上空にかけて起きた UFO 追跡事件に関わった。これらの UFO は多くの人々に目撃された：軍，地元警察，一般市民。それらが並外れた無音のマニューバを見せたとき，その速度は時速約 2 万マイルと計測された。シス博士はその経歴の半分以上を，マクドネル・ダグラス社の機密区画化プロジェクトで過ごした。彼はこれらのプロジェクトの秘密性が保たれる方法について証言する。彼はまた，我々が行なっている宇宙の軍事化が地球のテロリストの脅威に向けられたものではないことを指摘し，どんな新しい技術をも兵器化する人間の性癖に対して警告を発する。そして，これらの兵器を地球外の標的に使用する考えは自殺行為だと警告する。

PC：ポール・シス教授／I：取材記者

PC：私はパークス大学の卒業生だ。私の経歴はライト-パターソン空軍基地の空軍で始まった。私は空軍に 2 年間，その後さらに研究部門に 6 年間勤務した。それからマクドネル・ダグラス社に入り，そこに 30 年間勤務した。最後は寄付講座教授として再びパークス大学に戻った。

私はマクドネル・ダグラス社にいたとき，高速に関して多くの仕事をした——つまり極超音速だ。我々はマッハ 4 からマッハ 12 で飛ぶ物体に取り組み，マッハ 12 で世界中を飛び回る幾つかの飛行機を持っていた。我々はほとんどそれを建造しかけていた。

私がライト-パターソンで経験したとても興味深い夜の一つは，パターソン・フィールドで主任当直士官の補佐をしたときだった。我々は未確認飛行物体に関する151回の電話を受けた。それは高速40号線上をコロンバスまで移動し，そこで向きを変え，デトロイトへと北上した。電話は州警察と何人かの深夜勤務医を含む，あらゆる種類の人々からだった。彼らはこれを見たと報告していた。我々はそれをレーダーで追跡し，定期航空便からもそれを見たという電話が入った。それはとてもとても興味深いものだった。これらの人々は自分が見たものについて大変明確な説明をした。

さて，私の経歴のおそらく半分以上は機密化または区画化されたプロジェクトの中でのものだ。

I：それらがどのようにして進められるのか，説明していただけますか？

PC：一般論だが，その区画化のレベルと秘密性のレベルに応じて，我々の身元調査が行なわれる。これはかなり重要だ。身元調査には6箇月から1年を要する。それにパスして一員になるとき，もしそれがきわめて機密性の高いものなら，誓約書に署名し，プロジェクトの存在を漏らさないように，また訊かれてもプロジェクトの存在を認めるような発言をしないように求められる。それは知る必要性（need-to-know）の制約などではない；自分たちが取り組んでいるものが何か，誰がそのプロジェクトに直接加わっているか，これだけを知らされる人々により進められる。だから，それはきわめて念入りに封じ込められた事柄なのだ。

ある秘密プロジェクトがあると，その資金は様々な政府筋から流れ込んでくる。プロジェクトに従事する者には資金源など分からない。どれほどの高官がそれに関与していたとしても——彼らでさえその資金の出所を知らないだろう。米国政府と契約を結びさえすれば，資金は必要な場所に必要なときに現れる。

もし情報が地球外からもたらされたものだとしても，設計や分析を行なっている人々がその起源を知ることは決してないだろう。彼らにできることはロシアに出かけていき，彼らがどのようにしてそれを行なったかを調べることぐらいだ。彼らはどのプロジェクトも，私がサイロと呼んでいた区画に分割する。彼らは大佐または将軍をプロジェクトの責任者にする。彼らは文字どおりそのサイロの外の誰とも話をすることができない。もし助けが必要になった場合，然るべき人物がそこに派遣される。彼は机に座り，一片の紙切れを眺め，こう言う。“なるほど，問題が何かは分かった。それに対する答えはこうだ”そして立ち去る。彼は自分が対処した事柄が何だったのかを知ることはない。

パームデール上空に現れるその巨大な三角形は，とてもゆっくり移動する——とても大きく，とても緩慢な動きをする。私が思うに，それはベルギー全土の上空に現れる動きの速いものとは別のものだ。

人々はそれを既成物理学では説明することができない。既成物理学というとき，私は今日我々が知るエンジン，ジェットエンジン，ロケットモーター，推進システムなどを指している。燃料を入れ何かを燃焼させる。するとそれは推力を発生し，物体を加速する。既成物理学では人間が生きている間に我々の小さな太陽系の縁を越え，遙か遠くまで航行する方法を説明することができない。

つまり，既成概念ではとてもそれを説明することができない。それは量子物理学に関連付けられなければならない。そこでは物体がほぼ同時に2箇所に現れることが可能であり，一部の高エネルギー粒子衝突器の中で陽子や電子が振る舞うように，現れては消え，また現れる。それは空間に充満しているエネルギーがその装置とある種の相互作用（coupling）を起こした結果だ。テスラが次のように言ったとき，おそらく彼はそのことに近づいていた。もし適切なエネルギーシステムと適切な電磁波スペクトルがあれば，地球から火星上の有人基地に何の損失も伴わずにエネルギーを供給することができる。量子物理学とゼロポイント・エネルギーの中ではそれが可能になる。

サハロフたちはこれに取り組み，とても説得力のある議論をしていた。それは空間組織は海，エネルギーの海のようなもので，その中に固体エネルギーが漂っている，そして固体エネルギーは質量だというものだった。もしそれが本当なら重力波は存在し，実にすべてがヘビサイド方程式に立ち戻る。そこでは量子は今や質量ではなく時間だ。もしそれが本当なら全宇宙は違った様相を見せ，多くの物事が可能になる。それらは時間，空間，推力，力について我々が現在持っている理解の中では不可能と考えられている事柄だ。

もしこれらのUFOが宇宙の他の場所から来るのだとしたら，それはこのような何かに関係しているに違いない。我々の銀河系でさえ横切るのに約10万光年かかる。我々が想像するどんな既成の推力と力の仕組みも，人間の時間枠を考えたら役に立たない。もし他文明からの人々がここに来ているとしたら，彼らは量子物理学の細部まで理解している。

私がライト-パターソンにいたとき，時速約2万マイルに相当する速度でコロンバスからデトロイトまで移動する空飛ぶ円盤に遭遇した。当時通常の航空宇宙業界に身を置く誰かが，今でこそ我々が知っている量子物理学やワームホールなどについて少しでも知っていたとは私には思われない。しかし今CERN（セルン；ヨーロッパ合同原子核共同機関）に行き，そこの粒子物理学者たちに話をしたら，彼らは確実にこの幾つかは可能だと言うだろう。なぜなら，彼らは年中それを見ているからだ。彼らが質量を見ていると考える場所で，彼らは実際には時間量子の中で凍結されたエネルギーを見ている。彼らが見ているのは実に凍結されたエネルギー束なのだ。それはほとんど何の制限も受けずにあちらこちらと移動する。

UFOは人々の想像にすぎない現象ではなかった。彼らが見たものは現実だった；それがどうして現実になったのか，何がそれを現実にしたのか，私には説明できない。だが，人々は見えたものを見たのだ。

セントルイスの近くでかなり大きな三角形物体が目撃された。それはサウスセントルイスまで移動した。何人かの目撃者によれば，それは比較的穏やかに移動していたが，次の瞬間，文字どおり2，3秒の間に約20マイルを跳躍した。私は地元の新聞社やテレビ局から多くの電話を受けた。どうしてあんなことができるのかという問い合わせだった。私はこう答えた。どうしてそれが可能なのか，私にも分からない。時空旅行を可能にする空間，時間，その関係についての量子物理学を使った説明でもしない限り無理だと。それ以外では説明する方法がない。この物体はまったくの無音だった。それは空中静止の状態から発進し，文字どおりほとんど姿を消し，ここにひょいと現れる――それはマンガのようにヒューと飛ぶのではない。これは何人かの警察官による描写だが，それはほとんど消えたようになり，次にこちらに姿を現す。

難しいのは物理的にそれを行なう方法を見つけることだ。何年もの間，ゼロポイント・エネルギーの実験を行なったり，それを開発しようと試みたりしている人々がいる。時折誰かが偶然それに成功する。彼らはそれを常温核融合と呼ぼうとする。しかし私はそれが常温核融合だとは思わない；私はそれこそがゼロポイント・エネルギーの取り出し口だと思う。私が知っている三人以外にそれを制御できた者はいない。それが起きるのは短時間であり，しかもほとんどの場合は破壊的だ。それはまるでグランドクーリーダム（*米国ワシントン州コロンビア川中流域にある重力式の多目的ダム）の底にドリルで穴を開けるようなものだ。そんなことをしたら突然に水が噴出し，その力はあなたを真っ二つに切断するだろう。それに弁を付けない限り止めることはできない。

私の友人がある人物に会うためにミシガン州アナーバーを訪れた。彼は数学の天才と言ってよい男で，実際にそのエネルギーを制御する方法を見つけた。彼はこのエネルギーに関する知識と，それを思いのままに取り出し制御する能力を持つ自分を誰かが殺しにくると恐れていた。我々は彼を5年間見ていないし，彼がどこにいるのかも知らない。

今日我々は石油価格というエネルギー問題を抱えている。もし今このゼロポイント・エネルギーを取り出す方法を発表したなら，何が起きるだろうか？ゼロポイント・エネルギーは1立方インチあたり40メガワットから50メガワットの電力に相当する。これは莫大な電力だ。もしそれを思いどおりに取り出すことができれば，もはや誰もガソリンや石油を売る必要がなくなる。人々はただそれを利用すればよい。それはあたかも五大湖まで行って水を一滴すくい，利用するようなものだ——無くなることなど考えられない。それは全宇宙に満ちており，物質–反物質の相互作用として絶えず変動しているため，静かな湖のようではない。それは宇宙の大きさを持つ貯水池だ。だから，我々がそれをどんな目的に使おうともそれは決して無くならない。

この研究者はこう主張したものだ。もしこのエネルギーを汲み上げ，他の場所に持っていってそれを放出したなら，局所空間の時間領域に裂け目をつくることになる。それは問題を引き起こす。彼はそれをしたと主張し，再びそれをしようとはしない。

また，それは従来のジェットエンジンでは利用することができない。利用するためには実際にゼロポイント・エンジンを新しく開発する必要がある。ミシガン州アナーバーのこの研究者はそれを1台所有し，地下室で動かしていた。それは何のエネルギー源にも接続されず，テーブルの真ん中に置かれたまま1年間動いていた。

しかし，これらの研究者の誰もが，フットボール競技場大の船をつくり，それをセントルイスの近くに現れた物体が見せたような速度で動かす方法には言及していないようだ。速度とは間違った言葉だ。なぜなら，従来の考えではこれは空間を疾走することを意味するからだ。しかし，それが現実にCERNの高エネルギー粒子のように振る舞うとしたらどうか？　粒子はエネルギーに姿を変え，再びここに現れる。どこかに移動した質量はない——なぜなら，すべての質量は固体エネルギーだからだ。従来の知識では，人間のような複雑な有機体はエネルギーと固体の間を行ったり来たりすることはできない。しかし，それは我々が今までそれを見たことがないというにすぎない。

人間は固体エネルギーだ。我々は自分を固体だと考えている。本当にそうか？　実のところ，身体の中の原子間距離は太陽の周りを回る惑星のそれとほとんど同じ比率を持っている。だから，もし自分自身の個々の原子を眺めることができるなら，我々は98パーセント空間だと言える。もし我々が固められた原子核と電子だけからなる中性子星と同じだとすると，それは針の先に乗るだろう。実際に身体を構成する材料だけを考えたら，我々の全存在は針の先に乗る。

ジェームズ・S・マクドネルはマクドネル・ダグラス航空機会社を創設した人物だが，彼は超心理学の研究所を持っていた。彼の飛行機がバンシー（*Banshee アイルランド，スコットランド民話の妖精）やファントムと名付けられた理由がそれだ。彼は精神世界と超常現象に大変興味を持っていたアイルランド人で，研究部の一部に資金を与え，超常現象を研究させた。

［このことを確証するロバート・ウッド博士の証言を見よ。SG］

奇術師の‘偉大なランディ’が彼の組織に入り込み，彼を惑わすために約6箇月間にわたり奇術の実験を行なった。そこには本物も実際にあったと思われるが，その後ランディはその信憑性を失わせた——結局，その研究部長はこれに関係することについては何も語ろうとしなかった。

ゼロポイント・エネルギー装置を持っていたアナーバーのその人物が，実際にマクドネル・ダグラスにやってきた。彼は何人かの同伴者と一緒に入ってきて，持参したこの水素モーターについて話すつもりだった。私はその会合に呼ばれた。会合もほぼ半ばにきたとき，私ははっきりとこう言った。あなたたち，それはゼロポイント・エネルギー装置だ——あなたたちはどうしてそれを認めないのか？　ランディによって信用を落とされた研究部長は，その発明家たちが議論している間に嫌悪感を募らせた。彼は警備員を呼び，彼らを工場の外に送り出した。なぜなら，彼はまた同じことが起きるのではないかと恐れていたからだ——彼はそれを疑似科学だと考えた。私は彼にこう言った。それは疑似科学ではない；我々が今知っている事柄の向こうにあるものだ。

[ある研究分野に侵入し，その信用を失墜させたり，話を拵えたりする人々について，多くの報告がある。こうしてその研究分野は主流から外され，発展して人々に受け入れられる機会を失っている。SG]

超心理学——それをどのようにして評価したらよいだろうか？　私の理解では，それに近づいたのはロシアの超心理学研究所の人々だけだ。その大部分は今存在しない。彼らには一緒に実験を行なう大変興味深い数組の双子がいた：彼らは双子の間，彼らの頭脳の間に起きる何かを測定していた。こうして彼らは，双子のもう一方が考えていることを知ることができた。それはまったく驚くべきものだった——頭脳の中で電磁波スペクトルが発生していた。

ロシア人たちはスカラー波と呼ばれるもの，また頭脳の中の様々な電磁波スペクトルについて，多くを成し遂げた。起きていることを証明するために必要な測定とは何か，それを発見すれば超心理学は説明できる，彼らはそう確信していた。しかし，彼らはおそらく何かを測定する最先端に到達していたのだ。

それはすべて物理学に基づいている。もしそれがスカラー波なら，我々はまったく別の，大いに物議を醸す物理学の大通りにいる。テスラはその中に深く深く足を踏み入れていた。テスラの問題とは，彼が他界したときJ・エドガー・フーバーがやってきて，ほとんどあらゆるものを持ち去ったことだ。メイドが死んだ彼を発見したとき，そこにいたのは彼一人ではなかった——彼の部屋には五人のFBI工作員がいて，あらゆるものを盗み取っていた。テスラは死んでベッドに横たわっていた。彼の甥が米国政府を相手取って訴訟を起こし，名目上彼の全装置，実験結果，記録を勝ち取った。

[このインタビューの最後にある政府文書を見よ！　SG]

名目では記録などを収めた50箱があったが，彼らはそのうちの45箱だけをベオグラードで手に入れた。他の5箱は行方不明だ。非常に多くの物が失われたままだ。

我々は1917年か1918年に地中海にあった1隻の潜水艦についての記録も発見した。テスラはニュージャージー州にいて，これらのアンテナの一つを沖合に，もう一つを海岸に置いた。彼はその潜水艦の艦長と対話をしていた——ある人物が海軍の記録からその潜水艦の航海日誌を掘り起こした。それには基本的にこう書いてある：自分はニュージャージーにいると言い張る大馬鹿者が私に話しかけている；この男は頭がおかしいに違いない。なぜなら，私は100フィートの深さにいることを知っており，誰もニュージャージーから私に話しかけることなどできないからだ——彼はこれに符合する言葉をテスラの日誌にも見つけた。では，それは何だったのか？　人々はそれはあり得ないと言う——それは一つの偶然だった，それは偶然の一致だった，等々。しかし，人々が実際に成し遂げたことで我々が説明できない物事は多い。

私がマクドネル社の若い技術者だった1960年代に戻ろう。我々の日常業務は，空軍と海軍のためにマッハ4とマッハ6で飛ぶ飛行機を設計することだった。ベトナム戦争がその大きな妨げになったが，我々は容易にマッハ6を出すことのできるエンジンを作動させていた。我々はマッハ12の飛行機を飛ばすエンジンを試験した。事実，1966年にビル・エショルという名前の同僚が——彼はまだ存命で，ハンツビルのSAIC（サイク）で働いている——彼はあるエンジンを試験台に載せ，約20分間作動させた。それは約12万フィートの高度でマッハ8という予測性能の5パーセント以内だったが，そのとき我々は，これは建造可能だと確信した。私は2，3週間前にX-33（*宇宙往還実験機）を見る機会があった。これほど私の関心を引くものはなかった。彼らはこの飛躍的進歩を成し遂げた——熱を反射し，飛行機の内部を室温に保つことを可能にした新しい遮熱技術。我々は1965年にほとんど同じ構造を組み立て，マッハ12の条件で試験した。その実験機は我々のものより少し洗練されているが，今日ではより洗練された材料があるのだから当然だ。しかし我々は当時それが可能だと確信していた。人々は笑い，いや，君たちにそれはできないと言った。そうでなければ，いや，それは不可能だ，危険だから我々はやるつもりはないと言った。しかし，そうではない。それは危険ではなかった。それは可能だった。夢を追いかける者が物事を実現する。

もしライト兄弟の一人が弁護士で，一人が会計士だったなら，どういうことになっただろうか？　彼らはこう言ったかもしれない。“どうしてこんな馬鹿げた飛行機をつくる必要があるんだい？　一人しか運べないじゃないか。誰がそれを買うんだい；どれほどの利益が出るんだい？　自転車は40パーセントの利益を上げている；何のためにこんなことをするんだ？　借金のことを考えてみろ――みんなから訴えられるぞ。よくない考えだ；やめにしよう”我々がそういう発想をする限り，何もできない。言うべきことはこうだ：“おお，これはまだ誰もやったことがないようだ；やってみよう”

私が若い中尉として初めてUFOに出会って以来，今日までの期間を振り返るなら，米国ではこれまで誰も気付いていない多くの秘密プロジェクトが進行していると思う。もし人々がこれらの物体の幾つかを見たなら，それはおそらく彼らの目を釘付けにするだろう。それらの物体は人々が持つ飛行機という概念には適合しない――だから，人々にとりそれはUFOに見える。つまり，UFOと思われる物体の多くは我々か他の誰かが行なっている秘密プロジェクトの産物なのだ。それは地球の技術だ。もし人々がそれらの背後にあるものを本当に知ったなら，こう言うだろう。なるほど，それがどのように作動しているのか理解できる。

[人間がつくった反重力輸送機と，それが地球外輸送機と容易に見間違われることについて述べているマーク・マキャンドリッシュの証言を見よ。私が話した多くの部内者が明らかにしたように，我々は地球外輸送機と共に，地球製の異種輸送機を持っている――それらはすべてUFOと呼ばれている。SG]

それはブルーブック計画に似た状況だと思う：どうしても説明できないこの10パーセントから15パーセント，もしくは20パーセント。我々のよく知らない方法でUFOに乗った生命体が地球を訪れている。この事実以外にはどのような説明も当てはまらない――しかもそれは時空旅行だ。UFOの一部はそのようなものだと私は確信している。

我々が考えるほとんどあらゆるものは転用され，武器として使われる可能性がある。もし我々がこの種のエネルギー，そしてエネルギー–時間移行に足を踏み入れると，それらは地球上の全人口を消滅させるのに使われる可能性がある――また，それを使って我々を化石燃料への全面依存から解放することもできる。

[長期的持続可能性に必要な適切な技術を用い，人類が存続し続けるためには，平和こそが最も優先される条件であることに疑問の余地はない。明らかに我々は，これらの技術を戦争に用いる選択肢が我々の文明の終焉を意味する進化の段階にある。SG]

何よりも弾道ミサイル防衛システムは，その脅威がどこから来るのか知っていることを前提にしているという点で，おそらく非現実的だ。ロシアが敵だったとき，それがどこから来るのかは五分五分の確率で予想することができた。今日我々が無法国家を相手にしているとき，それはまったく馬鹿げている。脅威はブリーフケースを持って歩いて来る人間だ――1950年代に直径8インチの核弾頭がつくられたことを思い出してほしい。それは4分の1キロトンの兵器だった。それは考えられるどんなブリーフケースにも収納可能だろう。それを運んでいる人間は死ぬ。だが，どうせ彼は死ぬつもりだ。だからどこに違いがあるか？　私はその方を遙かに恐れる。もし地球外知性体が時空を旅することができるなら，我々が軌道に兵器として何かを置く行為はジンギスカーンに爆竹で刃向かうのと変わりがない。それは無意味だ。

[ここで彼は宇宙の軍事化についてとても重要な点を明らかにしている：地球のテロリストによる本当の脅威に対しては，このような兵器システムは対処できない。それを地球外の標的に対して用いる発想は，気でも狂っていない限り自殺と隣り合わせだ。ここで述べていることは次の考えをも支持する。つまり，もし地球外知性体が敵意を持っているなら（したがって宇宙兵器が必要になる），我々が最初の核兵器を爆発させた頃に地球の文明はわけもなく終焉させられていたかもしれない。我々が今もこうして生きていることは，ETの存在が脅威ではないという考えを強く支持しており，宇宙の軍事化を正当化する口実にはなり得ないものだ。SG]

我々がゼロポイント・エネルギーについて語るとき，それが意味するものは，すべてが静止しても依然としてエネルギーはそこにあるということだ。それは大海の水位に似ている。物質と反物質の間にはそれ自体の消滅と再創造に伴う一定のエネルギー流がある。それは恒星の中で起きる――それは絶え間のないエネルギー交換だ。平均はゼロだが，そのゼロは無に比べたらとても高いレベルにあるだろう。サハロフと一部の物理学者が言ったのは，宇宙が存在するための背景エネルギーを生み出すのはこのレベルだということだ。

私がサンディ・マクドナルドと共に再び宇宙に関係し，最終的には米国宇宙航空機計画（NASP）になった仕事を始めたとき，私は英国での会議でロシア人グループに出会った。そのうちの一人は地上のアンテナから軌道上の衛星へ，次に衛星からまた地上のモスクワへエネルギーを伝送することに関わっていた。それは約10パーセントから15パーセントの損失しか生じていなかった。彼はこう言った。我々にそれが可能なのは，それがスカラー波投射装置だからだ。ここにその装置がある――彼はルーズリーフ・バインダーを開き，“これを写真に撮ったり描き写したりしてはいけない；見るだけにしてくれ”と言った。

そうしたら，何とそこには私がユーゴスラビアで見たそのチューブがあったではないか。それはテスラがつくったものだ！　これはキャスパー・ワインバーガー（*レーガン政権の国防長官）がロシアの対弾道ミサイル兵器だと言っていたものだ。そのロシア人は，もしこのスカラー波装置が置かれている建物に入っても，見えるのは何本かのケーブルを引き込んだコンクリートの建物だけだろうと言った――なぜなら，それは対弾道ミサイルレーダーではなく，スカラー波電送装置だからだ。ようやく国防総省が現地入りしたとき，彼らは数本の金属線があるだけの空っぽのコンクリート構造物を見つけた。そしてこう言った。“なんてことだ，彼らはみんな持っていってしまった”しかし彼が言うには，そこにはもともと何もなかったのだ。彼はこの基地から衛星へ，さらにモスクワへと最大10メガワットまでの電力を伝送し，モスクワでは8.5メガワットから9メガワットを受信したと主張した。

[キャロル・ロジン博士もまた，米国がソ連の対弾道システムの脅威を誇張したと証言していることに留意されたい――米国は，ロシアが何も持っていな

いとき，彼らは‘キラー衛星’を持っていると主張していた。SG]

彼らはこうした既成概念を外れた物事がどうして可能なのか，それを今にも理解しようとしていた。しかし，そのすべてが今はない。彼はどこにいるのか。彼は仕事を失い，その研究所はなくなった。こうして，ソ連ではその仕事の多くが破綻した。

[ビールデン中佐とデービッド・ハミルトンの証言を見よ。SG]

それはテスラが火星――火星の表面――にエネルギーを伝送するために使えると言ったものと同じチューブだ――こうして有人基地にエネルギーを供給する。月の表面でも同じことができる。それが実際に可能になると，軌道上での燃料の問題は解消する：これらのチューブの一つを利用して適切なアンテナに直接エネルギーを発生させるのだ。そうすれば月まで飛んでいけるし，軌道まで飛んでいくこともできる。何でも思いのままだ。

これらの進歩したエネルギー技術を持つ人々はそれを公開する術を知らない。なぜなら，彼らは誰がそれを入手するのかと恐れているからだ。人類にとてつもない恩恵を与えるとはいえ，誰かがその同じエネルギー源を手に入れ，米国駆逐艦コールにしたのと同じことをする心配がある――舷側に穴を開ける代わりに艦船を丸ごと破壊する。

闇の予算の世界はあの親しげな幽霊キャスパーを描写するのに似ている。彼の漫画を見ることはできるが，それがどれくらい大きいのか，その資金がどこから来るのか，どれくらいの数があるのか，その区画化と守られる誓約のために知ることはできない。私がいた場所で働いていた人々の今を知っているが，もしあなたがそれについて彼らに訊いても――たとえインターネット上で論じられていたとしても――彼らは“知らない，あなたは何を言っているのか”と言うだろう。彼らは今70歳台だが，依然としてあなたが言っていることを知っているとさえ決して認めないだろう。あなたには見当もつかないことだが，たぶんそれはあなたが考えるよりも巨大だ。繰り返すが――それには理由がある：もし彼らが実際に大惨事を引き起こしているとしたなら，我々はその敵対する相手である彼らに我々ができることを知られたくない。もし彼らがそれを知ったなら，彼らがそれをするのを我々は止められない——彼らはそれを別のやり方でやるだけだ。

CONFIDENTIAL

OFFICE OF THE UNDER SECRETARY OF DEFENSE

WASHINGTON, D.C. 20301

RESEARCH AND ENGINEERING

FEDERAL GOVERNMENT

9 FEB 1981

B11

MEMORANDUM FOR THE DIRECTOR, FEDERAL BUREAU OF INVESTIGATION

SUBJECT: Papers Recovered on the Death of Nicola Tesla (U)

(U) We understand that the FBI may have possession of a number of papers found after the death of Nicola Tesla in 1943. Nicola Tesla was a brilliant electrical engineer (i.e. the Tesla Coil) who was a pioneer in various aspects of electrical transmission phenomena.

(C) We believe that certain of Tesla's papers may contain basic principles which would be of considerable value to certain ongoing research within the DoD. It would be very helpful to have access to his papers.

(U) Since we have really no idea of the possible volume of these papers, we would be happy to provide a researcher who could assist you in reducing the magnitude of the search. If there are further questions, I am the point of contact within the DoD and can be reached at 695-6364 or 695-7417.

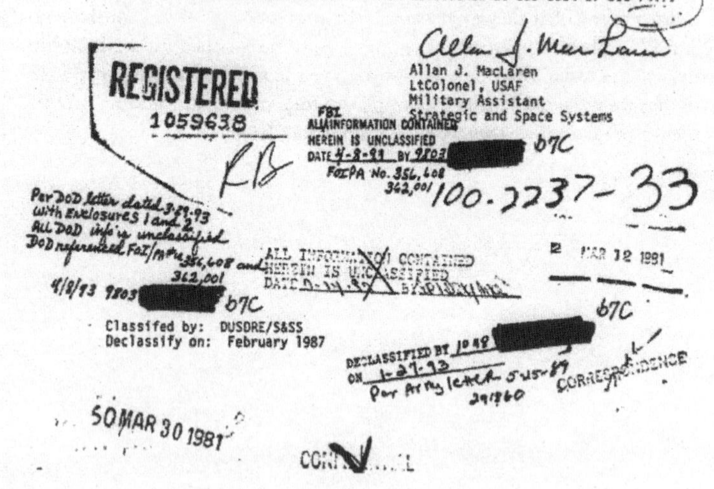

Allan J. MacLaren

Allan J. MacLaren
LtColonel, USAF
Military Assistant
Strategic and Space Systems

REGISTERED
1059638

FBI
ALL INFORMATION CONTAINED
HEREIN IS UNCLASSIFIED
DATE 4-8-93 BY 9803 b7C
FOIPA No. 356,608
362,001

100-2237-33

Per DoD letter dated 3-29-93
with Enclosures 1 and 2
All DoD info is unclassified
DoD referenced FOI/PA #s 356,608 and 362,001
4/8/93 9803 b7C

ALL INFORMATION CONTAINED
HEREIN IS UNCLASSIFIED

MAR 12 1981

b7C

Classifed by: DUSDRE/S&SS
Declassify on: February 1987

DECLASSIFIED BY 1048
ON 1-27-93
Per Army letter 5-25-89
29760

CORRESPONDENCE

50 MAR 30 1981

CONFIDENTIAL

FD-36 (Rev. 8-20-82)

FBI

TRANSMIT VIA:
- ☐ Teletype
- ☐ Facsimile
- ☒ AIRTEL

PRECEDENCE:
- ☐ Immediate
- ☐ Priority
- ☐ Routine

CLASSIFICATION:
- ☐ TOP SECRET
- ☐ SECRET
- ☐ CONFIDENTIAL
- ☐ UNCLAS E F T O
- ☐ UNCLAS

Date 8/18/83

SECRET

TO: DIRECTOR, FBI
ATTN: INTD, SUPERVISOR [redacted] SECRET

FROM: SAC, CINCINNATI [redacted] (P)

NIKOLA TESLA
[redacted]
(OO: CI)

This communication is classified "Secret" in its entirety.

Re telephone call of SA [redacted], Cincinnati Division, to Supervisor [redacted] FBIHQ, on 8/11/83.

Enclosed for the Bureau and New York is one copy each of pertinent pages from the 1981 book titled "Tesla: Man Out of Time" by Margaret Cheney, with important passages underlined.

For information of Bureau and New York, [redacted] at Wright-Patterson Air Force Base (WPAFB) and [redacted] also at WPAFB, have both been in contact with SA [redacted] at the Dayton, Ohio RA regarding possible FBI

SECRET

Classified by: 8262
Declassify on: OADR

Classified by
Declassify on: OADR

ENCLOSURE

100 — 2237 — 39

2 - Bureau (Enc. 1)
2 - New York (Enc. 1)
2 - Cincinnati
[redacted]
(6)

ALL INFORMATION CONTAINED HEREIN IS UNCLASSIFIED

AUG 22 1983

Approved: ______ Transmitted ______ (Number) (Time) Per ______

53 NOV 1983

CI [redacted] (S) (b)(1) SECRET

involvement in the seizing of Nikola Tesla's research papers and other documents and scientific instruments after his death on January 7, 1943.

They both explained that Tesla was a scientific genius and experimenter who was born in Yugoslavia of Serbian parents on 7/10/56, went to school later in Grats, Austria, Prague, Czechoslovakia and Paris, France. He immigrated to the U.S. in the early 1880's, worked for Thomas Edison's laborator for a couple of years, then started his own lab after being paid $1 million dollars for rights to his patents on his polyphase systems of alternating current dynamos, which lead to the harnessing of Niagra Falls for producing electricity and then the power system of the whole country. He was naturalize in 1889. He predicted wireless communication (radio). His later experiments in Colorado and elsewhere lead to his producing artificial lightning in the millions of volts. He also had patents on the concept of neon and flourescent lights, but he later made little money on his later inventions, although he continued to do experiments leading to devices of great potential worth, which he never patented. He became more reclusive in his later years, living in various hotels in New York City. In the 1930's he claimed he had developed the concept and method of building a "death ray", which could destroy planes at many miles distant, for defending America. Also, there are report of resonance machines or devices whereby he could shake one or many large city buildings from some distance away.

Both [redacted] and [redacted] said that Tesla donated "some" of his papers (or copies thereof) to the Tesla Institute in Belgrade, Yugoslavia; set up in the 1930's in his honor by their government. Biographies on Tesla claim that either the custodian of Alien Property and/or the FBI seized his papers and other personal effects, including a safe or safes, and other property immediately after his death in 1943. This is elaborated on in the enclosed copies of certain pages of Margaret Cheney's book, "Tesla: Man Out of Time".

[redacted] said that after World War II Tesla's papers were shipped to the Tesla Institute in Belgrade, Yugoslavia, by his nephew, Sava Kosanovic, who had become Tito's Ambassador to the U.S. There were reports that some microfilming of Tesla's papers by government agents while they were still in storage in New York under Kosanovic's custody.

-2-

SECRET

Testimony of Dr. Hal Puthoff

ハル・パソフ博士の証言

2000年11月

理論物理学者であり実験物理学者でもあるハル・パソフ博士は，スタンフォード大学の卒業生だ。彼は電子ビーム装置，レーザー，量子ゼロポイント・エネルギー効果の分野で40編以上の技術論文を発表し，レーザー，通信，エネルギー分野の特許を持っている。パソフ博士の経歴は多彩だ。ゼネラルエレクトリック社，スペリー社，国家安全保障局，スタンフォード大学，SRIインターナショナルでの30年以上にわたる研究に加え，1985年からはテキサス州オースチンの高等研究所長，アースティック・インターナショナル社の最高経営責任者を務めている。パソフ博士は証言の中で次のように指摘する。我々は宇宙旅行を可能にする技術を発見すると同時に，この行路の先を行く他文明の存在を考えなければならない。これはET地球訪問の可能性を開くものだ。我々の電磁技術の歴史が1世紀であることを思えば，次に我々が認識すべきことは，我々よりも数千年先を行く進んだ文明があるかもしれないということだ。彼らの技術は我々の想像を遙かに超えているだろう；だから，現代の科学者たちはET/UFO問題を真剣にとらえるべきなのだ。

現代量子物理学がもたらした発見の一つは，いわゆる空間とは本当に何もない空間，虚空ではないという事実だろう。空間はエネルギーに満ちている。それは何もない静かな湖ではなく，むしろ泡立つ滝つぼの底のようなものに似ている。このエネルギーは基本的に電磁気的であり，その密度はとても高い。実を言えば，このエネルギーは密度があまりにも高いため，それが初めて数学的に発見されたときには，ある種の数学的アーティファクト（人為的生成物）と見なされたほどだ。

時が経ち，ノーベル賞受賞実験においても，いわゆる空間が持つこのエネルギーの存在が示された。このエネルギーの分布は均質であるため，普段我々がそれに気付くことはない。しかし，ある種の環境下ではそれに乱れを起こすことができ，このエネルギーが作用を及ぼすようになる。

今述べたように，たとえば原子発光に及ぼすある種の影響が，結局はエール大学のウィリス・ラムにノーベル賞を与えることになった。それはラムシフトと呼ばれている。これはこのエネルギーが実際に原子に作用を及ぼしていることを認識させるものだ。原子は何もない空間に存在するのではない——原子はエネルギーの海の中に存在している。量子理論により空間エネルギーの存在が明らかになったので，次の問題はこれだった：それを取り出す方法はあるのか？　おそらくないだろうというのが当初の考えだった。

しかし，1984年頃にヒューズ研究所のロバート・フォワードという名前の研究者が，カシミール効果と呼ばれる注目すべき効果があることを示し，このエネルギーの取り出しが実際に可能であることを実証した。

さて，その数字を眺めてみると，コーヒーカップの底に世界中の海を蒸発させるのに十分なエネルギーがあることが分かる。もちろん，それを全部使うことができればの話だ。それを知った理論家たちは問題を提起した：我々はこのエネルギーをうまく扱うことができるだろうか；我々はそれを，たとえば宇宙旅行のために利用することができるだろうか？　進むべき方向は二つある——それを推進に使うことはできるか？　それをエネルギー源として使うことはできるか？　現代の理論家たちが目を向けているのはこうした分野だ。

さらに興味深いことの一つは，もしここからそこに行く道筋が実際にあると考えられるなら，それを通って我々のところに来ている他文明があるのではないかということだ。そうであれば，たとえば我々はET地球訪問の可能性を簡単には否定できなくなる。

我々がいつも聞かされるのは，アインシュタインが言ったとされるこの言葉だ：我々は光速を超える速さで移動することはできない。それは特殊相対性理論のことを述べているが，正確にはこうだ：我々は物体を加速して光速の壁を超えさせることはできない。なぜなら，それをするためには無限大のエネルギーが必要だからだ。だから，‘我々は光速を超える速さで移動することはできない’というのは間違った結論だ。

一般相対性理論の世界に入ると，我々には幾つかの選択肢がある。その選択肢は空間自体の性質を変える。そうすると，局所的には光速を通常値よりも速くすることができる。その最も分かり易い説明は，空間の引き伸ばしという考えだ——機体の一方の側の空間を引き伸ばし，他方の側の空間を縮める——

我々は空間の中を前進するが，空間自体もいわばゴムシートの上を移動するようにして前進する。我々はゴムシートをたぐり寄せると同時にそれを引き伸ばす。

こうして我々は外部環境に対して，たとえば光速でゴムシートの上を進むことができる。しかし，もしゴムシート自体が宇宙の他の部分に対して動いているとすると，結局その正味の動きは光速を超えることになる。

次に予想されることはこうだ。もし我々がゼロポイント・エネルギーを意のままに操作し，それをどかすことができれば，機体を加速するのは容易になる。機体の慣性がなくなるからだ。真空のゆらぎから生じるこの途方もない力——抵抗——の中を莫大なエネルギーを使って加速する代わりに，後から快速球を投げる。それだけで機体は銃から打ち出されたように発進するだろう。

実際に空軍がこれに大変な興味を示し，質量改変（Mass Modification）と呼ばれる計画を立ち上げた。彼らは私と同僚にインタビューし，原理的に操作可能な真空のゆらぎとしてモデル化された慣性について，その詳細をすべて聞き出した。その目的は，宇宙船の慣性を減じることが将来可能になるかどうかを知ることだった。そうすれば，比較的低エネルギーの通常の推進手段が使える。彼らは1年をかけて方々の大学や研究所を回り，我々のモデルが正しいのかどうかを判定する実験について情報を収集した。

繰り返すが——これらが空想科学小説にアイデアを与える非主流科学者だけのものではないことを示す別の例がある。基本的に，これらは物理学の主流学術誌に発表され，軍やNASAのような資金提供者が真剣にとらえている，かなり主流の考えなのだ。

我々の高等研究所の最大関心事の一つは，この真空のゆらぎエネルギーすなわちゼロポイント・エネルギーを取り出す方法を見つけることだ。我々がそれをゼロポイントと呼ぶのは，宇宙が凍り付き，すべてが絶対零度まで下がっても——ほとんどの運動が停止しても——このエネルギーは依然としてそこにあるからだ。それはとても基本的なエネルギーだ。我々はこのエネルギーを宇宙旅行のためだけでなく，様々な用途のために取り出すことができないかと考えている。得られる結果は壮大だ。我々は電動歯ブラシから航空母艦，自動車，住宅，宇宙旅行まで，あらゆるものに電力を供給することができる。

潜在的用途という意味で大きな関心を持たれていることの一つは，それが水の脱塩に使うきわめて廉価なエネルギー源になり得るということだ。

私は日常的に政府の様々な部門で発表したり，背景説明を行なったりしている。私は海軍の航空母艦に連れていかれ，もし我々が新しいエネルギー源を持った場合に何を取り替える必要があるかを示されたことがある。もちろん，NASAはこうした画期的な推進物理学の幾つかに資金を提供している。空軍の様々な研究所は，これらの異種技術について基礎研究を進めている。だから，政府がこれに大きな関心を持っているのだ。

現代の理論物理学者は，どんな可能性に対してもそれを排除することをひどく嫌う。我々は今，並行宇宙と次元の膜（メンブレーン）の話をしている。物理学はこれ以上ないほど大胆になり，今やそうしたあらゆる可能性の中でサンドイッチになっている。これらの概念の幾つかは実際に宇宙旅行に利用されている可能性がある。そこでは文明——将来の我々自身や，進歩した現在のET文明——が，おそらくは比較的短時間のうちに長い距離を移動しているのではないか。

［UFOに関して：］もちろん我々は，異常な振る舞いをしながら飛び回る，飛行機のようなものがあるようだという主張があることを知っている。それは一般の人々だけではなく，軍パイロットや信頼できる観測者——大体は軍人だが——そうした人々の間にある主張だ。

それらが持つと思われる幾つかの特徴やある種の物理学，さらにその物理学が向かっている先を考えたとき，我々はそれらの一部がどこか遠くの文明から来た，ある種の輸送機または探査機である可能性を排除することができない——おそらく輸送機よりは探査機である可能性が高い。

我々の電磁技術の歴史が1世紀にすぎないことを思えば，次に我々が認識すべきことは，我々よりも数千年先を行く進んだ文明があるかもしれないということだ。彼らはコンタクトを行なうための何か別の方法を持っているのか，それともワームホールのような方法を発見しているのか。我々にはそれを語る術がない。それは我々の想像を遙かに超えたものではないだろうか。

NORAD（北米航空宇宙防衛司令部）は彼らが説明できない‘無相関目標’（*追跡するための飛行データが予め登録されていない航空機）に遭遇している。衛星は時々早足（fast walkers）と呼ばれる物体を捉える。既存の飛行機などでは説明できない速さで移動するその様子は，エネルギー粒子の飛跡のようだ。

ある種の信用資格を持ちながら，冷笑されることを厭わずにこう言う人々がいる：“もっと真剣に考えるべき事柄がそこにはあると思う”今やそういう人々の時代が来ている，これはそのことを示すもう一つの兆候だろう。だから，我々はそれを真剣に考え始めるべきだ。現代の科学者はこの分野をタブーと考えるべきではない。

[コーソ大佐について：] 議会の委員会に姿を見せ，告発活動をしている人物がいる。彼の信頼性に疑問を感じた大勢の人々が，それとばかりに彼の話の嘘を暴き，信用を失墜させようとした。しかし彼らにはそれができなかった。こうして，突然我々の目の前に現れたのは，自ら進んで名乗り出る種類の人物だ。彼は自らの経験から，墜落機とその技術を回収した証拠があり，その技術の普及に直接関わったと述べているのだ。

そのような背景を持つ人物がなぜつくり話をするのか？　私はそれについて一度彼に訊く機会があった。彼はこう言った。“本の中に書かれている話は実際と少し違う。本当はこうだ。我々は米国の産業が通常の発展を遂げるまで待ち，その発展がさらに加速するように情報を与えたのだ。我々が持っていた情報から発展が始まったのではない。というのも，我々は持っている情報を誰にも知られたくなかったからだ”

我々は彼の話を簡単に退けることはできない。なぜなら，彼がそのようなつくり話をする理由が見当たらないからだ――彼はとても愛国心の強い人間だ。だから，その話は本当に謎めいている。

Testimony of David Hamilton

米国エネルギー省
デービッド・ハミルトンの証言

2000 年 10 月

デービッド・ハミルトンはエネルギー省の新世代電力システムの分野で働いている。彼は次のように説明する。我々は世界の化石燃料供給量をほぼ使い尽くしたが，今まさにアジアと中国が‘産業革命’の最中にあり，すでにそれを終えた‘第一世界’を凌ぐ化石燃料消費者になろうとしている。現在の地球環境汚染，地球温暖化，等々を軽減し，持続可能な技術社会として前進するためには，我々は古いパラダイム（物の考え方）に属しない技術を開発する必要がある。

私はエネルギー省のデービッド・ハミルトンだ。これまで原子力発電，燃料電池システム，電力システムに関わり，エネルギー省では主に新世代電力システムに取り組んでいる。

我々は石油に依存する世界の仕組みをつくり上げたが，その石油供給は益々制限されるようになっている。さて，その石油供給の実情を見てみると，我々は供給と需要が交差しかねない歴史上初めての状況に置かれている。あと 10 年もすれば，我々は供給と需要が交差する事態に直面し，供給は深刻な制限を受けることになるだろう。

その事態を悪化させる別の要因がある。我々は最近アジアの不況を経験した——これは世界的な‘小不況’を生み出した。米国はそれにほとんど影響されなかったが，今やアジアの経済は回復しつつあり，世界の石油価格は再び上昇し始めている。需要が急増しているからだ。

その状況はさらに悪化するだろう——それを如実に示す幾つかの曲線がある。アジアと中国の技術水準を米国や英国のそれと比較するなら，彼らがいるところは我々の 1920 年代の辺りだ。彼らが一人当たりの自動車保有台数を我々並みにしようとしてその曲線を登り始めると，石油の需要は桁外れになる。なぜなら，現時点で先進工業国は世界人口の20パーセントを占めるにすぎないからだ。

石油の先にある世界――新しい発想を生み出し，独創的な考えを持つ人々を支援するためには，政府からの資金援助が必要だ。

私には知っているけれど話せないことが幾つかある――しかし，とてつもない兵器システムとポテンシャルエネルギーシステムが［開発中で］あることは確かだ。私がそれらのシステムを研究したのは，まだそれが機密化される前だった。だから，私はその立場で幾つかの兵器システムについて多くを知るようになったのだ。それは私に量子力学の知識があったからだ。

文献から追うことのできる多くの技術がある。しかし，それらは突然掲載されなくなる――掲載記録をある時点まで辿ることはできるが，それはそこで姿を消す。人々の経歴を追跡して，その期間中に彼らが会社で働いたり，政府との契約のもとで働いたりしていたことを知ることもできるが，奇妙なことに，時折彼らは掲載されなくなる。

私はこの国で，またロシアでも，今までにない新種の技術を知り，困難に遭いながらもそれを発展させようと取り組んでいる相当数の人と話をしてきた。

歴史的に見れば，フリーエネルギー装置と呼ばれる技術がある――石油を使わず，高電圧などにより従来の方法よりも大きな出力を得る技術だ――それらは多くの困難に遭ってきた。ヘンリー・モレー博士のことはご存じかもしれない；彼が実験を行なったのは第一次大戦か第二次大戦の頃だ。私はその正確な時期を覚えていないが，その装置は破壊された；そのすべてが失われたが，彼の息子は父がしていたことを全部理解していたわけではなかった。だから，彼の仕事は今でも再現されていない。

［マーク・マキャンドリッシュの証言を見よ。彼は別の種類のエネルギーに取り組んだモレーの仕事について述べている。LW（リンダ・ウィリッツ）］

同様に，彼らはロシアの大学と共同で，これまでで最良の部類に入ると考えられる重力実験を行なった。それを行なったのはロシアの高温物質研究所だ。彼らはこの実験を所外施設で行ない，この装置が重力場を35パーセント減少させることを実証した。

我々はそれを見て強い感銘を受けた。私はエネルギー省で重力研究をしている上級研究員にそれを見せた。我々は皆それに関心を持ち，それを徹底追究するために別の種類の実験を行ないたいと考えた——十分に科学的であるためには複製可能で再現性がなければならない。しかし，これは大変な抵抗を受ける。ロシアではなおさらだ。彼らがこの所外実験室を去ったとき——私の理解ではそれは大学と通りを挟んだ向かい側にあった——そこは完全に荒らされていた。

すべての設備が無くなっていた。幸いなことに，彼らは記録，ビデオテープ，発表資料を残していて，その全部が無傷のままだった。しかし，装置はその実験を再現するために必要な多くの設備と共に行方不明だ。

これには何らかの利益が絡んでいたことを考えると，そこにはマフィアのような輩が関わっていた可能性がある。ロシア人の友人はこう言う。それと同じようなことをする政府の一部はマフィアと何ら変わらない。こうして問題が複雑になる。

[事情は米国とほとんど同じだ。有望な新技術は妨害される。チャールズ・ブラウン中佐の証言を見よ。SG]

結局のところ，我々は燃料としての石油から完全に離れなければならない。なぜなら，我々の後の世代にはそれが残っていないからだ。もし我々が一つの種族として人類を思いやるなら，それをしなければならない。

さて，私の理論物理学分野での仕事の経験から，あなたに言っておきたいことがある。アインシュタインは特殊相対性理論において一つ間違いを犯した。彼自身が気付いていない間違いだ。特殊相対性理論は，自然界で見られるほとんどの物事をとても簡単なやり方で説明している。なぜ簡単なのか——重力を説明していないからだ；それは変則的重力を説明していない；それは時空の曲率をまったく説明していない。

私の考えでは，一般相対性理論が決して解決を見ない理由はそれだ：重力を正確に説明するためには，もっと強力な図形的表現，もっと強力な代数的表現が必要だ。

現在我々はそれに取りかかっている——世界中の約150人の科学者が，重力を説明する高次元トポロジーと高次元トポロジー幾何学構造に取り組んでいる――彼らは実際に我々が今日経験する変則的重力の多くを説明している。

自然界をうまく再構築する，こうしたシステムから導かれるポテンシャルがある。ある人はそれを真空エネルギーと呼ぶ。しかし，エネルギーは我々の周囲の至る所にある：物質はエネルギーだ。この部屋にあるすべての物体が時空に曲率を与える。なぜなら，あらゆる物体はエネルギーから生まれるからだ――エネルギーが時空に曲率を与える。

アインシュタインが1917年に示したのは，惑星が時空に曲率を与えるということだ（*アインシュタイン方程式）。しかし我々は $E=mc^2$ の式から，エネルギーとの関係もあることを知っている。

もし我々にエネルギーが見えるなら――それは周囲の至る所にある。その多くはきわめて無秩序だ。我々はその方向を揃える必要がある。私には真空エネルギーがそうしろと言っているように感じられるのだ。そのエネルギーを捕捉し，我々が扱えるような形にし，必要とするあらゆるものに電力を供給するにはどうしたらよいか？　電磁場を使ってそのエネルギー場を調節し，我々を重力場から切り離したり，負の重力場を生み出したりすることができると想像してほしい。一部の天文学者はこう考えている。我々は宇宙の遠方からの負の重力場を観測しており，それが宇宙が収縮ではなく膨張していることの説明になるかもしれない。

繰り返すが，もし我々がこうした効果を局所的に利用することができ，しかもそれを莫大なエネルギーを使うことなしに――おそらくは初めに述べたフリーエネルギーの概念，真空エネルギーを使って――行なうことができるなら，物体をZ［鉛直］平面で効率的に動かす方法を持つことになる。しかも汚染は生じない。

人口増加に伴い，この小さな惑星はどんどん狭くなりつつある。ロサンゼルスは2050年の予測を発表した：5,000万人だ。彼らはどこへ行くつもりなのか？ と言わざるを得ない。我々は直面する深刻な問題を幾つか抱えている。

エネルギー問題のコインの裏側は，我々が大気中に放出する炭素の量だ。この重要な問題に関して，エネルギー省は様々な取り組みをしている：低汚染燃料を開発したり，EPA（環境保護庁）や他の人々と協力したりして，炭素量を減らす努力をしている。

記録的な量の氷が棚氷から崩落している。これが問題を引き起こす――海水面が100フィート上昇しても多くの人にとっては大した関心事ではないかもしれない。しかし，海抜100フィートより低い場所に住んでいる人にとっては大きな関心事だろう。

しかし，我々が米国内でしてきたことを見るなら，それは米国民のことだけを考えたものだった。ヨーロッパの人々がしていることも，彼らのことだけを考えたものだ。ここで，再び我々はこの問題に立ち戻る。我々は全人口の20パーセントを占めるにすぎない。我々はすでに確認埋蔵量の半分の石油を消費した。そして今や世界人口の残りの80パーセントが，そうした同じ技術を使い始めている。

これが原因で，我々は不可逆的な炭素濃度問題に足を踏み入れるかもしれない――それが起きる正確な時期を論じた相当数の論文が書かれている。移行は人々が思うように穏やかにではなく，破局的に起きるだろう。化石記録がそれを示している――滅亡期に穏やかな変化はなかった――変化は破局的に起き，多くの生物が死んだ。

これらの問題を避けるために全世界的努力が必要になると思う。すべての人を化石系の燃料から切り離す努力が必要になる。

それを実行するためには途方もない努力が必要だ。今，そのために国家が投資するのは悪いことではない――それは先端技術分野の雇用を生み出す。長い目で見れば，我々は多くの先端技術を持つことになる。それは世界にとり，人々にとり，人類にとってよいことだ。我々は手遅れになる前に今それを始める必要がある。

私の懸念は，もし我々が今すぐ何かをしなければ，資源に不自由し始めたいずれかの社会が，資源の不自由を引き起こしている原因を除去しにかかることだ。他の人々が我々を除去したいと考えるのか，それとも我々が自分たちの生き方を続けるために彼らを除去しなければならないのか。我々がそのような状況に陥るのを見たくはない。それこそ，我々が今始めなければならない理由だ。

Testimony of Lieutenant Colonel Thomas E. Bearden

米国陸軍中佐
トーマス・E・ビールデンの証言

2000年10月

ビールデン中佐は代替エネルギー技術，電磁気の生物学的作用，統一場理論構想，その他の関連分野における主導的な概念論者だ。彼は米国陸軍の退役中佐であり，博士号を持ち，ジョージア工科大学から原子核工学の修士号を取得している。彼は現在CTEC社の最高経営責任者，米国著名科学者協会長，アルファ財団高等研究所名誉研究員の肩書きを持つ。ビールデン中佐は証言の中で，現在知られているどの物理法則にも違反せずに，真空から利用可能なエネルギーを取り出す方法について詳しく語る。ビールデン中佐のグループはそれを実証する電気機械的装置を製作した。彼はまた，ある勢力がこの技術の存在を少数の闇の勢力以外の人々から隠すために何をしているかについても説明する。しかし残された時間は少ない。なぜなら，地球の石油と石炭の埋蔵量は今の世代が使うにも十分ではないからだ。彼はこう説明する。我々の最高の頭脳を持つ人々と科学者がまずこのことを認識し，このエネルギー問題を解決する取り組みに結集しなければならない。それも2004年になる前に。

TB：トーマス・ビールデン中佐／SG：スティーブン・グリア博士

TB：私の名前はトム・ビールデンだ。私は退役した陸軍中佐で，軍では20年と少しの間現役勤務に就いた。その大部分は防空任務だったが，他の様々な任務も経験した。私は軍では基本的に研究開発に従事し，ミサイルシステム開発などのために方々の勤務地を回った。

私は約20年あるいはそれ以上の歳月の間，数人の仲間と共に真空からエネルギーを取り出す方法を研究してきた。ところで，我々はそれをいささかプレッシャーを感じながらやってきた。というのは，従来の電気力学モデルではこれが不可能だからだ。つまり，電気力学は我々が真空から余剰エネルギーを取り出し，それを負荷に供給することを許さない。それは別系統の電力供給システムが存在することを許さない。

そこで我々は，実験等で観測された幾つかの現象からこの問題に取り組み，それがあり得ることを確信した。その方法が見つけられるのなら，真空エネルギーを取り出せない物理学的理由など実際にはないように思われた。しかし我々には問題があった。なぜ電気力学ではそれが不可能なのか？　こうして我々は，同時に電気学と磁気学の基礎についても研究を始めた。我々は，いわば発電機の中でレスリングの大格闘をさせるために電力会社に金を払い，浪費しているのだ。

そこで我々が気付いた問題は，電気力学がまさに我々が実験室で観測した種類のシステムを投げ捨てるように改変されているということだった。

我々は熱力学に違反することなく，それ［真空からのエネルギーの取り出し］を行なうことができる。我々は物理学にも電磁気学にも違反することなく，それを行なうことができる。これは絶対に正しい事実だ。どれほど多くの人がその正否を調べようと私は気にしない。それは持ちこたえるだろう。それは間違いのない事実だ。これは我々の電磁気学の研究から立証された一つの成果だった。我々は電磁気システムが自ら電力を生み，それを負荷に供給するようにすることができる。外からエネルギーを与える必要はない。システムはエネルギーを真空，沸き立つ真空から取り出すのだ。

我々の技術者は，そうとは知らずに，真空から取り出して利用するエネルギーの約 10 兆倍（典型的な平均値として）を投げ捨てるように教えられる。彼らはそれをすべて投げ捨て，回路で捕捉するほんの少しだけを計算し，それを利用する。我々は分離している電荷，あらゆる双極子により真空から取り出されるこの莫大なエネルギーの投げ捨てを基礎として，科学全体を築き上げた。素粒子物理学者のウーらは 1950 年代に対称性の破れ（broken symmetry）を発見した。彼らは正負に電荷を分離するこの双極子のような過程が，どれほど基本的なものかを発見した。そして，たとえばT・D・リーはこの現象，物理学の四つの対称性などを調べ，そのことでノーベル賞を受賞した。あらゆる双極子は対称性の破れであり，真空とのすさまじいエネルギー交換は 3 次元対称性の破れだ。

これは何を意味するか？　難しい言葉を一切省き，思いっきり簡潔に言おう：自然界は3次元でのエネルギー保存を求めない。我々はそれを求める。というのは，我々の心は3次元的だからだ。観測自体が時間を消すために，我々が見るのは空間的なものだ。だから，我々は空間的に考えることを好む。我々は，世界が時間-空間ではなく，空間でできていると考えることを好む。しかし，自然界は4次元的に振る舞うことを好むのだ。エネルギー保存則は4次元で適用されなければならない，これが自然界の基本法則だ。それを打ち砕くことはできないだろう。しかし，それが同時に3次元でも適用されなければならないという法則はない。保存則を3次元に適用する何らかの仕組みをつくると，それは自然界が我々に与えるものに余計な制約を課すことになる。逆に言えば，我々はこの3次元的なエネルギー交換を必要とする物事をあちこちにつくって回らなければならない。

その結果，我々は恐ろしい状況に陥る。それはエントロピー操作と呼ばれる。我々は常にエントロピーを増やし続け，死に至る。石炭や石油を燃やして発電する場合の効率は30パーセント前後だ。

しかし，自然界は我々にそんなことは要求しない。エネルギー流が3次元で遮断されれば，もはや3次元でのエネルギー保存は不要になる。

基本となるエネルギー保存は4次元からの流入と3次元への流出だ；4次元からの流入が変換されて3次元に流出する。しかもそれは無料だ。巨大ネゲントロピー（負のエントロピー）は無料だ。自然界は我々のために使う真空全体の相当な割合を組み直し，それを光速でまき散らす。それは双極子が存在する限り続く。この世でネゲントロピーほど操作し易いものはない。逆にエントロピーはそうするのが難しい。しかし，今日我々はネゲントロピーを操作することはできないと言い，皆そのようにしている。

要点はこうだ：もし我々がここに負のエントロピーを持ってきて放っておくなら，あたかも地面に穴を開けて石油を噴出させたような状況になる。それに圧力を加える必要もなければ，石油を供給する必要もない。石油がやってくるのだ。実際に使える石油がやってくる。あらゆる電気回路に存在する双極子が，そのようにしてエネルギーを噴出させる。問題は，真空からどうやって莫大なエネルギーを取り出すかではない。その問題は［自然界により］完全に解決されている。それは実際には1903年に解決された。もし我々がホイッタカー（* 英国の数学者エドマンド・テイラー・ホイッタカー）の書いたものを理解できていたならばだ。我々は理解しなかった。しかし，今日では我々はそれをよく理解し，それが本当であることを数編のAIS論文により厳密に証明することができる。

目下の問題は，このエネルギーのかなりの部分をどのようにして捕捉し，利用するかだ。これを負荷に放り込んで電力を供給する一方，残りの半分にはその小さな双極子を壊させないようにしなければならない。

我々はそれに成功し，ちょうど2番目のモデルを組み立てたところだ。我々の最初のモデルは入力の5倍のエネルギーを出力した。我々は実質的にまったくエネルギーを使わずに，そのシステムに電力を供給する。エネルギーは永久磁石を使った双極子から流出する。永久磁石を使う理由はとても簡単だ。エネルギーの流路が永久磁石の中を通っても，その双極子は壊れないからだ。双極子は磁化した物質に固定される。我々は永久磁石を使うことにより，大きな問題の一つを回避することができる。もはや双極子を壊す必要はない。それは目的に近づくための一つの解決策だ。

もう一つの問題は，そのエネルギーをどうやって捕捉するかだ。ところで，これはかなり簡単であることが判明した。我々は，磁場をベクトルポテンシャルと呼ばれる量から分離するある物質を見つけ出した。ベクトルポテンシャルは磁石から絶え間なく流出する。それは今後150億年間にわたり流出し続ける。誰もその勢いを弱めることはできない。磁石がそこにある限りそれを変えることはできない。こうして我々は豊富なエネルギー流を手に入れる。問題はその利用方法だ。我々はそれを‘分水（diversion）’して利用する。この流れは川のように補充されると考えられる。とてつもなく巨大な流れだ。我々が幾らかのエネルギーを汲み上げたとしても，そこに開いたエネルギーの穴は光速で補充される。

我々は何度でも汲み上げることができる。我々は汲み上げ続けるが，それと同じ速さで水がその穴を補充する。次に我々は他の場所に行き，その汲み上げた水が何かと相互作用をするようにしながら，水をそこに放出する。すると，汲み上げに使うよりも遥かに多くのエネルギーを得ることができるのだ。我々はそれに注目し，水の汲み上げの一部を行なう物質を見つけた。それは磁場をベクトルポテンシャルから分離する（* この説明だけではよく分からないが，トム・ビールデンのウェブサイト http://cheniere.org には，真空からエネルギーを引き出す方法について多くの論文が掲載されている。ここでは，ある物理系がその外部のベクトルポテンシャルに擾乱を与えると，その時間変化率に等しい電場エネルギーがその物理系に流入するという現象を，無限の流量を持つ大河からの水汲みに例えている)。

オーバーユニティ (over-unity)・システム (*入力に対する出力の比，つまり性能係数〔COP〕が1を超えるシステム) には長い歴史がある。

SG： それらのシステムに何が起きたのですか？

TB： ニコラ・テスラが一つ持っていた。彼がロングアイランド (*ニューヨーク州) に持っていた巨大な拡大送信機は，基本的にオーバーユニティ・システムの一つだった。その装置は地球を丸ごと共鳴させるものだったらしい。地球の地殻はきわめて非線形性の強い物質でできているため，位相共役が起きる。最終的にそれが行なうことはこうだ：彼が地球内部にエネルギーを送信すると，送信波にエネルギーが供給され始める。彼はこの共鳴効果により，送信したよりも遙かに多くのエネルギーを得ることができる。そのエネルギーは外部，つまり地球内部の環境から供給される。テスラがとてつもないエネルギー波を受信したのはそういう仕組みだ。世界中のどこにいてもそのエネルギー源に蛇口を取り付け，無料でそれを取り出す。それがテスラの考えだった。

もちろん，J・P・モーガン (*テスラに資金を提供した金融資本家) の考えは違っていた：それにメーターを取り付けられないのは馬鹿げている。テスラの運命が大きく変わったのは，彼の意図が無料エネルギーの生産にあることをモーガンが知ったときだ。中心位置では少し費用がかかるが，それ以外の場所では誰でも無料でそれを取り出すことができた。それで今日の世界をすべて賄うことはできなかっただろうが，当時の世界の大部分を賄うことはできただろう。テスラはまた，ほぼ間違いなくオーバーユニティ・システムを自動車に組み込み，それを走らせたはずだ。そのエンジンはガソリンも電力も使わなかったが，テスラが始動させた後は回り続けた。我々はそれが完全に可能であることを知っている。テスラはこのどこにでもある巨大ネゲントロピーの利用方法を知っていたようだ。エネルギーは，そこがどこであろうと，真空から取り出す限り無料だ。我々はそれを利用することを学ばなければならない。

これまで幾つかの飛躍的発明が意図的に抑圧されてきた。その一つ二つの例を挙げよう：T・ヘンリー・モレーは当然テスラの仕事に触発されていた。彼は多数の科学者，技術者，専門的知識を持つ人々を前に，何度も何度も実演をして見せた。T・ヘンリー・モレーが55ポンド（*約25キログラム）の箱から約50キロワットの電力を生み出すシステムを持っていたことは，絶対に間違いのない事実だ。このことは，彼が行なったあらゆる証明済み試験の当時の報告書等を調べることにより確証することができる。この分野にはあらゆる種類の不正行為がつきものだが，T・ヘンリー・モレーが一度でもそのような堕落の道に走ったことがあったとは，私には考えられない。ロシア人たちは一度彼を誘拐しようとさえした。まるでジェームズ・ボンドの映画のようだが，本当のことだ。それは実際にこの米国で起きた。

これは戦前，1930年代のことだ。ほぼ同じ頃，きわめて傑出した電磁気科学者の一人にガブリエル・クロンがいた。彼は米国海軍との契約でスタンフォード大学にいたとき，真の負抵抗体を発明した。彼は負抵抗体の正確な製造方法を公開することは許されなかったが，このように述べている。我々は負抵抗体を開発した。ネットワークアナライザーは中に負抵抗体を組み込んでいるので，電源は不要だ。なぜなら，負抵抗体が回路に電力を供給するからだ。

この負抵抗体は抑圧された。それに何が起きたのかは知らないが，結局この技術は姿を消した。ガブリエル・クロンは，回路の任意の2点を接続する，この開路（open path）と自ら呼んだ概念の秘密を明らかにすることはなかった。しかし，それは文献として残っており，十分な説明も与えられている。なぜなら，彼はおそらく当時の米国随一の電磁気科学者だったからだ。

世に出なかった発明が他にもある。長年にわたり様々な人が思いがけない発見をしてきた。推測では，おそらく50人の発明家が何らかの発明をしている。彼らは，たとえそれを理解しなかったとしても，オーバーユニティを実現した。しかしほとんどの場合，彼らは科学界の嘲笑を浴び，ときには執拗な嫌がらせを受けた。

おそらく科学的に最もよく実証されたオーバーユニティ・システム（自己稼働，自己出力）は，第二次大戦前にロシア人が開発したものだろう。それはフランスとロシアの科学文献に掲載されている。その論文がそこにある。私は自分の論文の多くにそれを引用しているので，誰でも調べることができる。そこにそのシステムの理論があり，これに関して多くの論文が発表されている。彼らは当時としては相当な性能を達成した：50キロワットと100キロワットの装置だ。

この分野で起きた抑圧には様々な形態がある。私もかなりの抑圧を受けてきた。この分野の正当な研究者ならなおさらそうだろう。私にできることは，自分の経験から得た考えを示し，それが何なのか，どこから来たのかを皆さんに伝えることだけだ。今日我々は王国を持たない。その代わりに巨大な経済計画を持っている：基本的にそれは企業連合（カルテル）だ。一つの分野があれば，そこにはあらゆる種類の企業連合がある。互いに連動する企業群だ。そしてその背後には，その企業連合を所有するきわめて富裕な少数の人々がいる。それを帝国と呼ぼう。それは一連の企業群からなる企業帝国であり，帝国群だ。

歴史を遡るなら，いつの時代にも企業連合はあった。この世界には常に強力な企業連合，つまり多くの物事を支配する一群の人々がいた。彼らはその支配力，資金力，権力を変えてしまうあらゆる手段に抵抗する。当然，誰もが大きなサルになろうと躍起になっている。それは実に単純なことなのだ。だから，当局機関が強力になればなるほど，そのグループが強力になればなるほど，その企業連合が強力になればなるほど，彼らはその競争相手を抑圧するために合法的手段のみならず，非合法的手段にまで頼ろうとする。たとえば，世界最大のスパイ組織は，互いに相手企業をスパイする米国の産業スパイだ。彼らはあらゆるスパイを雇い，情報機関顔負けの不気味な装置を使う。

それがこの世界の一面だ。エネルギー分野には産業と経済の巨大な企業連合が存在する。それは単一の企業連合ではない。エネルギー分野には実に多くのグループがあり，それぞれがそれ自身の分野でとても強力になっている。彼らは簡単で小さな電気蛇口が真空から莫大なエネルギーを取り出すのを見たくはない。それよりも彼らは，人々がもっと多くの石油を燃やすのを見たい。

私の考えでは，そのような種類の人々によるきわめて能動的な抑圧活動が存在する。その一部はとても変わっている。ただ単に撃たれるというようなことではない。そういう場合もあるが，主な抑圧方法の一つは心理的なものだ。彼らは抑圧したい相手，つまり標的の深層心理的特性を利用する。彼らは，逃れられないあらゆる種類の困難な状況に標的を巻き込もうとする。そして，人を操作しようとする者にとり，人間的特性はとても有益な特性だ。

たとえば，あなたが話し易い人だとする。それは脆弱性の一つ，とても重大な脆弱性の一つだ。あなたの深層心理的特性は，その道の専門家により徹底的に調査される。たとえばこうだ：国際金融をご存じか？　あなたは資金洗浄の企みに簡単に巻き込まれる。それが何かも知らずにだ。とにかく，あなたがそれについてあまり知らないか，ある種の脆弱性を持つ場合，彼らは映画のシナリオを書くようにしてお膳立てをする。実際に，彼らはそれをコンピューターで行なう。シナリオはコンピューター化されているのだ。このシナリオの中でまさにこの脆弱性が悪用され，標的は無害化される。

彼らはよい仕事をしている多くの人々について，膨大な心理的特性データを持っている。そうした人々は，いわばお決まりの反応を示す人であったり，急進的であったり，普段とまったく異なる何かに関わりたいという強い願望を持っていたりする。すべては一本の電話から始まり，行動が誘導されていく。制御グループはくつろぎながらゲームの進行を眺める。それはゲームだが，映画のシナリオを見るようでもある。いずれ我々はゲームについて，ゲームがどのように進められ，主にどのような種類のゲームが使われるのかについて，本を書くことになるだろう。

それにしても，これらのゲームは実に効果的だ。ゲームは様々な職業，様々な人々から仕掛けられる。彼らは弁舌巧みで魅力的な人々だ。彼らが手先だとは誰も信じない。彼らは集団で標的に襲いかかり，通常はそれを葬り去る。彼らはそれを法廷で葬る。標的を計略にかけ，違法行為をするように仕向けるのだ。違法行為をしない標的，犯罪者ではない標的を，彼らはどのようにして罠にかけるのか？　簡単だ。

例を挙げよう。一人の男が入ってきて，大口の融資がどうしても必要だと言う。発明家は資金不足で，誰もが悪戦苦闘している。これらの装置を完成させるためには1万ドル，1万5,000ドル，2万ドルが必要だが，誰もそれを持っていない。だから，皆が資金を求めてあがいている。そこにある人物がやってきて，株式会社を興すつもりだと言う。我々はあなたのためになることなら何でもしようと。彼はあなたの知らないうちに証券取引委員会や財務省に出向き，こう言う。私はたまたま窃盗団と知り合いになった。もちろん，今や彼の肩書きはCEO（最高経営責任者）だ。なぜなら，この種の物事を知っているからにはそうでなければならないからだ。

彼はこれらの政府機関にこう言う。もし私に刑事免責を与えてくれたなら，これらの悪党を捕まえる手助けをしよう。彼らはこれまでにないほど大規模な資金洗浄（マネーロンダリング）をしようとしている。資金はこれらの外国の一つから入ってきて洗浄される。それは麻薬資金だ，等々。さて，あなたはこんなことが進行中であることをまったく知らない。政府はこの好機に飛び付き，彼に刑事免責を与える。それが彼らの常套手口なのだ。こうして彼は立ち去る。すべてはお膳立てされ，あなたは騙されたことを知らないままだ。

もし［融資取引が］完了すれば，あなたは鉄格子の中で約20年間を過ごすことになる。資金洗浄などしていないのに，どうして自分はここにいるのかと考えながら。あなたをこの状況に陥れたのは，あらゆる手はずを整え，刑事免責を与えられ，あなたに対して不利な証言をするその人物だ。これが標準的なゲームの一つだ。マキャベリアンは死んでいない。彼は今も生きている。だから，こうしたゲームが行なわれるのだ。このゲームは，特にオーバーユニティ・システムを開発しようとしている人々に対して行なわれ，それらの一部を阻止するためにきわめて効果的に機能してきた。

SG：致死的な手段が使われてきたと思いますか？

TB：致死的な手段が使われている。たとえば，私は大変有名な発明家，スパーキー・スウィートと一緒に働いた。彼は約300ヤードの距離から狙撃ライフルで銃撃された。彼の命が救われたただ一つの理由は，彼が高齢でとても弱っていたということだった。彼は階段を昇っているときによろめき，倒れた。彼の頭が前のめりになったとき，銃弾がまさに彼の頭があった場所を通過した。もちろん，その暗殺者は見つからなかった。

そのような事例は多くあり，何人かは命を奪われた。マリノフ（*ブルガリアの物理学者ステファン・マリノフ）はその一人だと思う。彼の遺体があった場所を訪れたという人々の話を信じるなら，その舗道は蛍光を発していた。人を殺し，その遺体の下のセメントを発光させる兵器は，この地球上に一つしかない。縦波銃（longitudinal wave shooter）と呼ばれるものだ。おそらく彼はKGB（ソビエト連邦国家保安委員会）か，鉄のカーテンのどこかの国からやってきた工作員に殺されたものだろう。彼は銃で殺され，自殺に見せかけるために建物の屋上から投げ落とされた。

このような奇妙なことが，一部の人々に確かに起きているのだ。いつも言うように，私はそれについてあれこれ考えようとは思わない。私はできる限りそれをうまく切り抜け，科学についてじっくりと考えたい。

我々がこうしたことに打ち勝つ唯一の方法は，ここに本当の科学があることを科学界に確信させることだ。

発電機は外部回路に電力を供給する［と以前には考えられていた］。そうではない。それはまったくの誤解だ。我々がクランクを回しシャフトを回転させると，発電機の内部に磁場が生じる。その磁場エネルギーは，内部の正電荷を一方向に，負電荷を逆方向に引き離し，双極子をつくることに費やされる。発電機がしていることはそれだけだ。発電機は送電線に1ワットたりとも電力を供給しない。すべての石炭，すべての石油，これまで建設されたダム，これまでに消費された原子力発電の燃料棒のどれもが，1ワットの電力も送電線に供給してこなかった。それらがしてきたことは，双極子を再生させることのみだった。我々が設計した電気回路は，負荷に電力を供給するよりも速く双極子を壊してしまう。こうして我々は地球を汚染し，生物種を殺し，我々自身の肺と生存環境を毒している。我々はそんなことをする必要はないのだ。

しかし［現体制を維持しているのは］巨大企業連合と巨大金融からなる一連の帝国群だ。我々が科学界の目をこの問題に向けさせない限り，彼らはこの現状を維持し続けるだろう。こうした新エネルギーシステムの開発を促進する何らかの法的措置が必要だ。我々がそれらを開発し，使用し始めた暁には，放射性廃棄物を持つ必要はなくなる。原子力発電所を建設するのにどれほどの経費と長い期間がかかり，どれほどの放射性廃棄物が生じるかということだ。彼らは使用済み燃料棒をいまだに貯蔵している。どう処理してよいかも分からずに。それらをどこに持って行くかという一連の計画はすべてできている。しかし率直に言えば，現在はそれを現場，原子力発電所に貯蔵しているというのが真相だ。

もう一つ言っておこう。我々はこれらの炭化水素の副産物で，今のように生物圏全体を汚染する必要はない。我々は双極子をつくるだけのために，これらの物質を燃やす必要はない。［我々の従来の電気回路で］双極子を壊すことを止めればよいのだ。そうすれば，それを再生する必要がなくなる。

もし我々が真空からエネルギーを取り出すこのシステムを使うなら，この生物圏を浄化することができる。我々が直面しているきわめて重大かつ危機的な状況は，安価な石油の供給は今が絶頂期にあるということだ。それは紛れもない現実だ。このことは何を意味するか。我々が今後もある程度の石油を手に入れることは確かだろう。しかし，その価格は年々際限なく上昇する。一方，電力の需要は世界中の至る所で高まり，それがまた石油価格を押し上げる。こうして我々は，典型的な価格急騰の事態を迎える。需要は増加し，供給は減少する。供給は需要を満たすために益々費用がかかるものとなり，価格は際限なく上昇し続ける。

さて，何が起きるか？　私が状況を見て予想するところでは，2008年前後のどこかで，我々は世界経済の崩壊を経験する。経済は予想されるこの需要の増加に対処することができない。もし中東で戦争でも起きたらどうなるか。しかし，2008年までには世界経済が崩壊すると私は見ている。そのほぼ1年前になると経済が破綻し，あらゆる民族，あらゆる指導者，あらゆる国民の上にのしかかる圧迫が強まる状況下で，死に物狂いの人々はどんなことでもするだろう。追い詰められた指導者，特に狂信的な指導者は手段を選ばないだろう。

紛争が頻発すると共に激しさを増し，彼らの持つ兵器が紛争に使われ始めるだろう。国防長官によれば，およそ25の国が大量破壊兵器を持っている。たとえば核兵器だ。もし核兵器を持っていなくても，彼らはロシア製のプルトニウムを少し手に入れたかもしれない。ニューヨークの上水道に少量のプルトニウムを混入したら何が起きるか。核兵器を持てない貧しい国は生物兵器を持っている。およそ25の国が大量破壊兵器を持ち，その数は絶えず増加しているのだ。

ところで，それらの兵器はすでに我々の人口密集地に置かれている。ルネフ大佐（ルネフ大佐はGRU，ロシア連邦軍参謀本部情報総局から米国に亡命した最高位の将校で，彼の著書はCIAの認可を受けている）の著書を調べてみれば，ロシア人がどのようにして［米国の都市に］密かに核兵器を持ち込んだかが分かる。彼らの工作員が米国に入り，核兵器を隠した。彼は著書の中で，それがどのようにしてなされたのかを書いている。だから，彼の本を読んでほしい。私に言わせれば，米国のすべての大都市，人口密集地には，すでに大量破壊兵器が隠されている。我々はそれを‘死人の引き金（dead man fusing)’と呼んだものだ。すべての国家はあれこれ手を尽くし，互いに‘死人の引き金’を仕掛けている。大きな紛争の中で敵意がむき出しになり，皆が核兵器や大量破壊兵器を爆発させ始めるなら，恐ろしい状況になるだろう。あらゆる歴史がそれを証明している。

誰にも防御手段はない。我々には防御手段がないので，唯一できることはフェンシングの決闘のようなことだ。やられる前にやらなければならない。相手を破壊しなければ自分が破壊される。相互確証破壊（mutual assured destruction）とはおかしな言葉だ。そこでは破壊が相互に行なわれるか，一方的に行なわれるかだけが議論される。実際に起きることは，敵が攻撃の態勢にあることを察知したなら，直ちに皆が攻撃を始めるということだ。誰もがあらゆる兵器を可能な限り素早く，可能な限り大規模に相手に打ち込み，敵を破壊しなければならない。そうしないと，自分が生き残れる見込みはない。こうして我々が迎えるのは，誰もが恐れるアルマゲドン（終末戦争）だ。私の見るところ，今進行しているエネルギー危機は，おそらく大規模なアルマゲドンを引き起こすだろう。もし我々がエネルギー危機を解決できない場合，それは2007年頃に起きると誰もが長い間恐れてきた。それから逆算すると，時期は2004年の第1四半期だ。これらの新しいエネルギー装置は，ソーセージのように組み立てラインから次々と出てくるのがよい。そうでないと，人々はそれを忘れて家に帰ってしまうだろう。それでは状況を変えるには手遅れだ。つまり，我々に残された時間がいかに少ないかということだ。

私はこれを米国に対する，また実に文明の存続に対する，私の生涯における最大の戦略的脅威だと見ている。誤解しないでほしいが，もちろん愚か者たちは別の動機で世界を吹き飛ばす可能性もある。しかし，彼らはこれ（*エネルギー危機）が原因で世界を吹き飛ばすだろう。私はそれをほとんど確信している。だから，それを止めさせるために，私はできることは何でもしなければならない。我々に必要なのは，大規模なマンハッタン計画（*第二次大戦中の原子爆弾開発計画）だ。我々にはそれが可能だ。それは実行可能だ。我々はその原理と，巨大ネゲントロピーを利用する方法を知っている。有能な科学者もいるし，頭の切れる若い大学院生，ポスドクもいる。しかし，彼らはこの種の仕事に取り組むことを許されていない。

第二次大戦中のマンハッタン計画のように，とにかく彼らを結集しようではないか。我々は無から始めて4年のうちに使用できる爆弾をつくった。ここで同じことをしようではないか。なぜなら，我々の生存のみならず，文明の生存がそれにかかっているからだ。

私にはとても親しく一緒に働いた友人がいた。彼は実用的なエネルギー発生装置を製作した人物だ。彼はある会議で8キロワットシステムを実演した。その後，不思議なことに彼とその家族全員が姿を消した。しかし，我々は彼がそのとき以来今なお健在で，裕福に暮らしていることを知った。彼はとても高価な衣服を身にまとい，素敵な車に乗っていた。彼とその家族は，そのとき姿を消したにもかかわらず，元気に暮らしている。

しかし，彼は完成されたユニットを持っていた。それが地球上から見事に消えてしまった。それを消失させたのは強大な金融帝国か，何らかの闇のプロジェクトだ。彼らはそれを機密にした。それが何であるにせよ，今や人類と文明の存続は危機に瀕している。

私は心からこう思う。我々は自分自身と地球を救うために，米国政府の主導のもとに［これらの技術を］公開しなければならない。もし我々がそれを秘密にしておくか，制御グループの手に握らせたままにしておくなら，我々は2007年頃にすべて忘却の淵に沈む。

私は成功した反重力システムの報告論文や文献の共著者だ。私は再び実験しようとは思わないし，それに参加するつもりもない。私はそれに関わらない。誰でもそれぞれ異なった事情を持っている。私の場合は，生きて健康を維持し，無事に暮らしていくためにはある種の分野を避けなければならない。その一つが反重力だ。しかし，エネルギー分野は構わない。

［ビールデン中佐は反重力推進に関して広範な知識を持っている。しかし彼の場合，この分野の研究を続けることは自らの命を危険に曝すことを意味する。彼はこれ以上反重力に関して述べることを拒否した。マーク・ビーン，マーク・マキャンドリッシュ，その他の証言を見よ。SG］

我々は早急に科学界を何とかする必要がある。彼らは目の前で世界が爆発するというのに，これを止めるために役立つことを何もしていない。風車もよいだろう。オイルクリーナーを燃やすのもよいだろう。生物圏をあまり破壊しないなら，ダムをもう少し増やすのもよい。しかし，それでは解決にならないのだ。問題は，まさに我々が第二次大戦で抱えたものと同じだ。我々は問題を抱えている。それは実行可能だ。それはきわめて短時間で解決することができる。なぜなら，我々はその最初の半分をすでに解決しているからだ。それは，真空からエネルギーを取り出す方法だ。

だから，問題の半分はすでに解決されている。しかし，我々はそれに向けて科学界を動かすことができていない。若い大学院生，若いポスドクに自由な研究の機会を与えることもできていない。大学の教授は囚われの身だ。彼は完全に囚われている。大学はどこも貪欲だ。彼らは経常費を必要としている。教授は資金を集め，特許を取らなければならない。もちろん，自ら論文も発表しなければならない。こうして彼は，一括提案を競う一連の仕事にはまり込む。それらはまとめて競争にかけられる。もし彼が一括提案を得られず，競争に勝てなければ，大学院生に資金を出すことも経常費を賄うこともできない。そうなったら，彼は物理学者を辞めて雑貨店の店員にでもなれれば幸いだ。こうして彼は争奪戦に身を置き，踏車を回し続けようとする。だから，我々は科学界全体を‘間違った問題’に取り組ませなければならないのだ。

SG：それに関して米国政府ができることは何ですか？

TB：我々にできるのは，マンハッタン計画でやったのと同じことだ。科学界に命令し，それをやらせる。彼らが望むと望まないとにかかわらずだ。彼らの上から下まですべてに責任を負わせる。核兵器関連の国立研究所にどれほど金が注ぎ込まれているか？　我々は少なくともその10パーセントをかき集め，この問題のために使おうとは思わないのか？　他方は我々を破滅に導き，この技術は我々を救う。

当然，我々はそう思うべきだ。思うべきどころではない。我々の一流の科学者，優秀な大学院生，気鋭のポスドクに，この問題を研究する自由を与えるべきなのだ。つまり，資金を提供するということだ。そして，科学者たちにこの分野を研究しようとする人々を誹謗中傷させないことだ。今はほとんどの科学者が思うがままにそれをしている。私のことがどのように書かれているかを見てほしい。しかし本当の問題は，科学界が変化に抵抗し，旧態依然の営業を続けていることにある。私の結論はこうだ。立法部門と行政部門が共に科学界をこの問題に取り組ませ，それを解決しなければならない。そうしないと，彼らはローマが燃えている間にも時を空費し，火を勢いづかせるようなことさえするだろう。

こうしている間にも政府は動かず，科学界も動いていない。私はこの状況が変わってほしいと思う。私はそれを変えようとしている。そして民間産業――そこには何でもありだ。まず，民間産業で何かをしようとすると，その瞬間にあらゆるゲームが無防備なあなたに襲いかかる。たとえば，1件の訴訟だけでもあなたを15年間拘束することができる。訴訟が正当なものである必要はない。十分な金があり，宣誓することを厭わなければ，誰に対しても何に対しても訴訟を起こすことができる。

気が付くと，あなたは20年間出廷している。こうしたことが全部あなたに襲いかかる。これは遅延作戦の一部だ。これは権力を手放したくない人々の仕業で，その間に我々は皆破滅していく。彼らの主な活動領域は民間部門だ。

だから［もしあなたが民間産業でそれをしようとすると］あなたは自動的に，本当の野獣どもがいつも後をつけ回す世界に入り込むことになる。［ベンチャーキャピタリスト（投資家）の］会計士と一緒にこの事業をやろうとすると，計画は始まる前に潰される。だから，唯一の選択肢は疫病のようにベンチャーキャピタリストを避け，技術供与の道に進むことだ。それは，初期段階の研究を行なう重荷があなたとあなたの資金に降りかかることを意味する。あなたは蓄えのすべてを使い切らなければならない。そうしないと，どのみちあなたは特許を取ることができない。これまで幾つの本物［のオーバーユニティ・システム装置］がベンチャーキャピタルに向かったのか？　そのうちの幾つが成功したのか？　私は三つか四つの本物を挙げることができる。しかし，それらは世に出ていないし，出ることもないだろう。つまり，葬り去られたのだ。

あなたは特許を取らなければならないので，特許局に行く。特許局はこう言う。オーバーユニティ・システムは不可能だ。今度は米国物理学協会（AIP）がやってきてこう言う。これは自然法則に完全に違反している。違反はしていないのだ。彼らはこの問題を研究したこともなく，古典熱力学を知っているだけの人々だ。古典熱力学ではこうした装置をつくることができない。それをつくるためには，別の種類の熱力学が必要になる。

次の相手は科学界全体だ。常温核融合に何が起きたかを見てほしい。常温核融合は本当にある。よろしいか，何と600例の実験がそれを示しているのだ。

［ユージン・マローブ博士の証言を参照されたい。SG］

だから，科学界はどこもかしこもあなたに反対する。ところで，何事も分布曲線だ。科学者は常に優しく，善良で，分別のある人々だという古い思い込みから離れよ。それは真実ではない。彼らのうちの10パーセントは悪魔だ。別の10パーセントは天使で，彼らは報われてよい。しかし，彼らの10パーセントは何の倫理観も持たず，ただ金と権力を追いかけている。彼らは間違いなく，この分野におけるあなたの最大の敵だ。狼の群れは兎を求めてうろつき回っている。あなたが兎で，彼らが狼だ。こうして，次にあなたはその10パーセントの科学者による大きな狼と兎のゲームに巻き込まれる。

特許局に話を戻そう。あなたは特許局からこう言われる。一体あなたは何を見ているのか？　これは不可能だ。これは永久機関だ。あなたはこう反論する。いや，原子はこれを150億年間行なっている。それは永久機関ではなく，ただ長く続いているだけだ。しかし，彼らはあくまでそれを永久機関と呼ぶ。もちろん，そこには永久機関は絶対に認可されず，検討もされないという不文律があるのだ。特許局は，あなたの装置に対して真面目な考察さえ行なわない。私はこの分野の特許申請を行なった一人の経験者としてこれを話している。ここで話していることは，私が実際に知っていることだ。私はそのうちのいくつかを守りおおせた。

だから，我々を取り巻く状況を言えば，科学の全体系，産業，科学機関，特許局はすでにあなたの反対者だということだ。特許を取れなければ，使用許可を与えることもできない。これは実に巧妙な仕組みだ。つまり，ニワトリと卵の状況といってよい。もし私がニワトリを持っていれば，幾つかの卵を得ることができる。もし私が卵を持っていれば，何羽かのニワトリを得ることができる。この状況はニワトリも卵も決して得られないように意図されたものだ（*オーバーユニティ・システムというものを世に出さない仕組みになっている）。だから，あなたにできることは首をうなだれ，情報交換を続けることだけだ。幸いに我々にはインターネットがある。もちろん，そこには間違った情報も溢れているが，正しい情報もたくさんある。あなたはそれを見分けなければならない。

だから，わずかなチャンスでもつかもうと思うなら，他にあなたがしなければならないことは，情報交換，情報交換，情報交換，さらに情報交換だ。我々はそれを合法的かつ特許を失わない範囲で徹底的に行なう。

しかし，もし我々が政府を動かすことができれば，政府はただ命令を出すだけで，そうした厄介なことを一切省くことができる。起こりそうなことはそれだ。

一つ予想をしよう。もし政府が動かなければ，75 パーセントから 80 パーセントの確率で我々は失敗する。我々は［化石燃料を実用的なエネルギー装置で置き換える事業が］2004 年の第 1 四半期には必ず始まるようにしたい。もしこの 2004 年の第 1 四半期を逃したら，我々は皆家に帰り，吹き飛ぼうとしている束の間の残された時間を家族と共に楽しむのがよさそうだ。効果はあまりにも小さく，時期はあまりにも遅い。愚か者が 2006 年にやってきて，世界が吹き飛び始めたのを見てこう言うかもしれない。皆さん，これを試してみないか？　ご免だ。私は残された時間を家族と共に楽しむ。あなたは世界を 2000 年か 2001 年に吹き飛ばしたのだ。あなたはそのときに世界を吹き飛ばすことを決めたのだ。だから，それは自分の責任だ。もし我々が日程を決めなければ，我々にできることはそれだけだ。

誰でも現代的な生活を望む。人々はぬかるみや汚れた場所から抜け出て，照明や電力で動くものを持ちたい。そして産業を興し，仕事を持ち，家や学校を建てる。それは人間の本性から来る当たり前の行為だ。それを今のやり方で続けようとすれば，我々はこの地球を破壊し，否応なく互いを滅ぼす。我々はもう少し賢くなるべきだ。

Testimony of Dr. Eugene Mallove

ユージン・マローブ博士の証言

2000年10月

ユージン・マローブ博士は現在インフィニット・エナジー（Infinite Energy）誌の編集長であり，またニューハンプシャー州の新エネルギー研究所長だ。彼はMIT（マサチューセッツ工科大学）から航空工学–宇宙航行学の学位を，またハーバード大学から環境衛生科学（環境汚染制御工学）の博士号を取得した。彼はヒューズ研究所，TASC（The Analytic Science Corporation）といった企業やMITリンカーン研究所で先端技術工学に関わった豊富な経験を持っている。マローブ博士は，1989年3月に起きた常温核融合論争のとき，MITの科学記事執筆主幹だった。彼はMITで改ざんされた常温核融合データ（これは問題全体の信憑性を失わせることに役立った）について調査を要求したが，適切に行なわれることはなかった。その後，1991年に彼は辞職した。科学界の常温核融合問題に対する故意の過小評価と，ET/UFO問題に対する過小評価の間には，強い類似性がある：両方とも冷笑され，誹謗されている。なぜなら，それらは既成のパラダイム（物の考え方）を壊すからだ。マローブ博士はインタビューの中ではっきりとこう述べる。“特に学界の物理学者，また学界一般に対して，次のように示唆することほど忌み嫌われることはない。あなたたちはただ間違っているだけではない；どうしようもないほど間違っている，破滅的なまでに間違っている”マローブ博士は自身の雑誌の中で，我々にマイケル・ファラデーのこの言葉を思い出すように忠告している：“真実であることよりも素晴らしいものはない”

私の名前はユージン・マローブだ。私は現在，科学とエネルギーの雑誌インフィニット・エナジー（Infinite Energy）の編集長をしている。これはニューハンプシャー州で発行され，38箇国に配布されている国際誌だ。私はまた，新エネルギー研究所の所長でもある。私はMITから二つの学位を取得した：航空工学–宇宙航行学の理学士号を1969年に，同じくその修士号を1970年に取得した。また，1975年にはハーバード公衆衛生大学院から環境衛生科学の工学博士号を取得した。

ユタ州で1989年3月23日に起きた常温核融合論争のとき，私はMITの科学記事執筆主幹だった。ポンス博士とフライシュマン博士は，ユタ大学（*が開いた記者会見）で次の声明を発表した：我々は重水を入れた容器から，使ったよりも多くのエネルギーを得た。我々はエネルギー源を開発した。その発熱量の多さから，エネルギー源は核反応以外にないというのが彼らの考えだった。二人は卓越した世界レベルの化学者だった。彼らは，その発熱量の多さと核反応を思わせる幾つかの副産物以外に確たる証拠を持たなかったが，核反応以外の説明を考えることはできなかった。

以上が論争が始まった経緯だ。ところで，私はいつも好んでこの話をするのだが，これが起きたのはエクソンバルディーズ号がアラスカ沖で原油流出事故を起こすわずか12時間前のことだ――幾つかの点できわめて重要な，宇宙的意味合いを持つ偶然だった。歴史はそのことを書きとどめるだろう。

我々が実際に手にしていたのは，科学の支配層に脅威を与えるものだった。たとえその発見が最初は間違いだと思われたとしても，それは本物であることを暗示していたし，そうなれば物理学者たちが好む研究計画の資金は別の方面に転用されることになる。だから，その脅威は危険だった。

しかし，常温核融合効果は本当であったことが明らかになる。それは100パーセントの事実だった。それどころか，ポンスとフライシュマンの発見は氷山の一角にすぎなかった。これは今の時代に起き，映像その他の現代的メディア，書籍等で数多く取り上げられている科学史上の巨大論争であり，最大規模の，おそらくは最も激しい論争だ。支持者により発表された膨大な量の技術文献がある一方で，それよりも遙かに少ない，いわゆる否定的結果を得た人々の報告がある。この論争の激しさは，間違いなく過去のガリレオ論争にも匹敵する。

常温核融合論争が展開していた間に，MITではきわめて劇的な二つの事件が起きた。声明の発表から数週間以内に，彼らの間違いを証明しようとする高温核融合派の行動が秘密裏に始まっていた。ある日，私はMITで何気なしに幾つかの資料の山に目を通していた。それらは，ポンス-フライシュマン実験における熱量測定の検証を試みていた人々が，これまた何気なしに私に提供してくれたものだった。私は自分の研究室で机に向かっていた。見ていたのは2枚の資料で，そのうちの1枚は1989年7月10日の日付，もう1枚は7月13

日の日付だった。両者には3日間の隔たりがあった。私がこのときのことをはっきりと思い出すのは，実に驚くべきものを見たからだ。

私は7月10日と7月13日の違いに目を見張った。私の最初の反応はこうだった：なるほど，これは7月10日の軽水を使った対照実験だ。重水——実際のポンス-フライシュマン実験——の場合は生データが異常な高温を示している。それはグラフを見れば分かる。それが正確かどうかは重要ではない。グラフは高温であることを顕著に示していた。しかし，7月13日のデータではその位置が完全に移動していた。それは改ざんされていた。彼らは時間領域で標準的な平均化を行なっていた。そのこと自体は適切だったが，信号のレベルが完全に変えられていた。私は驚き，自分の見ているものが信じられなかった。私にはインチキにしか思えなかったが，まさにそうだったことが判明した。それはMITプラズマ核融合センターの下級研究員だった。エネルギー省との契約のもとでまとめられた研究論文の16人の著者の一人で，彼がデータを改ざんしていた。私に言わせれば，そのデータは科学的不正行為そのものだ。誰が見てもそう言うだろう。実験結果は肯定的だったにもかかわらず，それは否定的であることを示していた。改ざんされたデータを使って否定的であることを示すのは，完全な詐欺行為であり，論外だ。その不正データが政府内の諸機関に回されていた。

私はMITで再調査することを要求した。しかし，埒が明かなかった。もしこのような種類の不正操作が，癌研究，エイズ研究，地球温暖化研究など，研究に値すると認められた正統的な研究分野で行なわれていたなら，彼らは職を失い，今頃科学の世界にはいないだろう。

それにもかかわらず，今日でも彼らのデータは特許を拒絶するために使われている。もちろん，それが米国民や他国の人々から申請される常温核融合の特許を拒絶する唯一の理由ではない。しかし，そこにはあのMITのデータが掲げられているのだ。見事な茶番劇と言う他はない。

今日我々は，あの常温核融合という低エネルギー核反応が本物だったことを事実として知っている。それは熱を生成する安全な核反応の一種だが，また核変換をも伴う——大変有益で強力な反応だ。それは多くの企業の手中で商業化されつつある技術だ。難しい技術だが，適切な特許と資金を与えられた適切な環境下では，誰でも利用できるエネルギー源として浮上するだろう。これだけは言っておきたい。反応の少なくとも一つは確かに常温核融合だ——実際，2個の重水素原子核からヘリウム4ができる。この反応はMIT出身のレ・ケース博士により繰り返し実証され，さらにSRIインターナショナルでも再現された。

これについては何の疑念もない。それが意味するのはこういうことだ。1立方キロメートルの海水を汲み，その中の重水素——これは1立方キロメートルの海水の約0.015パーセントだ——をすべて融合させると，地球上にあるすべての石油資源を燃やしたときに匹敵するエネルギーが得られる。だから，山ほどの補強証拠に基づき慎重な科学的結論を述べるなら，このようになる。あらゆる実用目的のために，常温核融合を新しいエネルギー源とすることは原理的に可能であり，しかもその技術は商業化に近づいている。

常温核融合は，私の目をさらに別の可能性に向けさせてくれた。これらの可能性は，私がこれまで見たり調査したりしてきた幾つかの装置について，私自身が評価を下した結果に基づいている。装置の細部には触れないが，少数の例について私が言えるのは，それらは疑いもなくオーバーユニティ電磁気装置だということだ。つまり，入力したよりも多くの電気エネルギーが出力される。我々はもはや慣れ親しんだ従来の世界にいるのではない。これは目を見張るような新しい物理学だ。このことは，物理学の基礎に何か巨大な欠陥があることを示している。電磁気理論は根本的見直しが必要になるだろう。

常温核融合の問題に関しては，特許局とエネルギー省による異常なまでの基本的法的責任の放棄が行なわれてきた。常温核融合の特許は今も認可されていない。常温核融合に類似する特許の認可を受ける唯一の方法は，常温核融合またはそれに類する言葉を削除することだ。そのようにして成功した人々もいる。パターソン・パワーセルはその一例だ。それは年齢による審査迅速化条項（パターソン博士の年齢のため）が適用されたもので，それが彼に有利に働いた。彼は特許局の別の技術グループの審査を通過した。

しかしほとんどの場合，もしその特許が特許局のハーベイという名前の人物を通るとすれば，彼はそのような特許はすべて却下するだろう。そこを通過することはできない。米国民はこの特定事例（* 常温核融合）に関して憲法上の権利を否定されている。そのことに疑問の余地はない。我々はそれについての審査追跡記録を持っている。間違いなく，そこでは深刻な犯罪行為が進行している。常温核融合や新エネルギー革命が前進するためには，それらは最終的に根絶されなければならない。それが根絶されなければ，我々は商業化基盤を持てないだろう。

常温核融合の分野は，科学の支配層から故意に過小評価されてきた。彼らはある種の虚構をつくり上げることにより，そうしてきた。きわめて不適切で，実際に起きたこととはまったく関係のない用語が使われている。常温核融合は，病的科学，ニセ科学，奇妙な科学，おまじない科学，等々と呼ばれている。それは要するに悪口だ。彼らはもはやデータを見ない。もちろん，彼らは実際には一度もデータを見たことがない。

[常温核融合に対して投げかけられた嘲笑と罵り，UFO 問題全体が科学の支配層，政府，学界，報道機関から受けてきた仕打ち，これらの間には著しい類似性がある。SG]

その現象の仕組みは高温核融合のそれと似たものでなければならない，そう彼らは言った。しかし，これは固体内で起きるのだ。常温核融合が高温核融合と似た仕組みでなければならないと言うのは，トランジスターの仕組みが真空管のそれと似たものでなければならないと言うのと同じだ。愚かで，馬鹿げている。理に合わない。しかし，それが要求されたことだった。こうして彼らはわら人形論法（* 対抗する者の意見を正しく引用しなかったり，歪められた内容に基づいて反論すること）を繰り出した――この生成物があるはずだ，この放射線が出るはずだ――そうでなければ我々は信じない。

ご存じのように，ライト兄弟の飛行機が空を飛んだ後でいろいろなことが起きた。それについての大論争が 1903 年から 1908 年まで続いたのだ。批判者の一人だった著名な天文学者サイモン・ニューカムはこう言った。それは決して飛ばない。それは決して実現せず，実現させることもできない。しかし，実際にそれが空を飛ぶと彼はこう言った。“ああ，彼らは確かにそれを飛ばしたようだね。しかし客を運ぶことはできないし，使い物にはならないだろう”等々。

これと同じことが，他の論争でも幾度となく繰り返されてきた。しかし，今回の論争の激しさは特別だ。なぜなら，それが学問的常識を脅かしているからだ。私が気付いたことだが，特に学界の物理学者，また学界一般に対して，次のように示唆することほど忌み嫌われることはない。あなたたちはただ間違っているだけではない；どうしようもないほど間違っている，破滅的なまでに間違っている。

Testimony of Dr. Paul LaViolette

ポール・ラビオレット博士の証言

2000年10月

ポール・ラビオレット博士は4冊の本を書き，物理学，天文学，気候学，システム理論，心理学に関する多数の独創的論文を発表している。彼はジョンズホプキンス大学から物理学士号を，シカゴ大学から経営学修士号を，またポートランド州立大学から博士号を取得し，現在は学際的な科学研究所であるスターバースト財団理事長をしている。彼は超量子力学（subquantum kinetics）を開発した。これは電気力，磁気力，重力，核力を統一的に説明し，年来の物理学上の諸問題を解決する微視的物理学への新しい取り組みだ。彼はこの理論の予想に基づき，ビッグバン（宇宙大爆発）理論に事実上取って代わる別の宇宙論を展開した。ラビオレット博士はまた，深刻な欠陥を抱えている一般相対性理論に代わる重力の新理論を開発した。超量子力学の予想によれば，タウンゼント・ブラウンが発見した電気重力結合現象は説明がつき，またB-2爆撃機に応用されている進歩した航空宇宙推進技術も説明されるかもしれない。彼はUFO，闇の予算による推進システム，物質化と非物質化についての理解に加え，米国特許局の内部事情についても深い知識を持っている。インタビューの中で彼はこう述べる。現在，もしある発明が既成物理学の理論に合わない場合には，特許審査官はそれが理論に違反するので間違っているに違いないと考え，それを直ちに却下する。実際に新エネルギー技術は犠牲になっている：それらは現在のパラダイム（現代において支配的な物の考え方）に属しないので，必要な財政的支援の対象外であり，特許も拒絶される——特許局は法律に違反してまでそうする。現在の地球の環境汚染，地球温暖化，等々を軽減し，持続可能な技術社会として前進するためには，我々は古いパラダイムに属しない技術を開発する必要がある。

私はジョンズホプキンス大学で物理学を学び，学士号を取得した。それからシカゴ大学に行き，経営学修士号を取得した。その後，ポートランド州立大学からシステム科学の博士号を取得したが，これは学際的なプログラムだった。

私がタウンゼント・ブラウンの電気重力に関心を持ち始めたのは1985年のことだ。関心を持ったのは，私の取り組んでいた物理学の分野が電気と重力の結合を予想しており，それをまさにブラウンが実験で明らかにしていたからだ。さて，今の我々の重力理論は一般相対性理論だ。そのような標準的な物理学理論の中では，重力の極性は一つしかない。だから，質量はただ引き合うのみで，反発重力すなわち反重力が存在する可能性はない。物理学者は，高エネルギーの世界では電気と重力の間に何らかの結合があるかもしれないと言ってきた。彼らが巨大な粒子衝突型加速器を建設している理由がそれだ――彼らはこの結合を発見したいと思っているのだ。しかし，もし彼らが目の前の実験的証拠に目を留めるなら，すでにその結合は存在している。しかも，誰でもつくれる実験室の通常電圧のもとで存在している。

ブラウンは2枚の円板を持つメイポール（* 支柱にワイヤーで繋がれた円板が回転ブランコのように支柱の周りを回転する仕組み）をつくった。彼はその2枚の円板を帯電させ，それぞれの円板の前縁部に正イオンを放出する金属線を取り付けた。その一方で，円板の本体を負に帯電させた。彼はそれに5万ボルトの電圧をかけた。消費電力は約50ワットだった。そして，円板がポールの周りを時速約12マイルで飛び始めた。伝えられるところでは，彼はさらに大きな直径50フィートのコースを使い，15万ボルトの電圧で円板を飛ばした――円板は時速数百マイルの速度に達した。

これは1953年頃に真珠湾で行なわれた。彼はそれを軍の高官たちのために実演し，彼らに深い感銘を与えた。この問題はその後機密扱いになったと報告されている。

これをイオン推進だという人々がいる：機体前部から飛び出すイオンが何らかの仕組みで機体を吹き動かし，それに運動を与えるというのだ。そうではないことを示す実験が行なわれている。ブラウンはこれを真空中で行ない，イオン推進の可能性を排除した。むしろこの効果は，真空中でより顕著だった。

私がこれに関心を持ったのは，電気重力を私の理論で説明することができたからだ。基本的に，正電荷は重力の窪みをつくる。今の重力理論でいう，質量の大きい物体の周りにできる重力の窪みのようなものだ；それに対して電子は逆のことをする：電子は重力の岡をつくる。人はそれを反発重力と呼ぶだろう。さて，ここで私の理論に照らしてブラウンの円板を眺めるなら，そこには負電荷を帯びた機体の端に向かって重力ポテンシャルの岡（G-hill）があり，正電荷を帯びた機体の端に向かって重力ポテンシャルの窪み（G-well）がある。そうすると，そこには円板を前へ押し出す重力の勾配が存在するだろう。
私の知るところでは，ブラウンは1952年にそれを海軍研究事務所（ONR）の人々に実演して見せた。

[米国海軍研究事務所による政府文書を見よ。それに，この研究の進展状況がある程度報告されている。SG]

重力効果を生み出す方法は幾通りもあると思う。ブラウンは高電圧帯電を利用した。その技術はどうやらB-2爆撃機に使われているようだ。

[マーク・マキャンドリッシュ，B博士，その他の証言を見よ。SG]

一つの方法はメーザー（分子増幅器）を利用するもので，おそらくブラウンの電気重力とは別物だ。これは離れた場所にある物体を動かすのにマイクロ波を使う（*マイクロ波共鳴反重力と呼ばれる技術のことかと思われる）。
メーザーはUFOの推進に利用されているため，その使用はきわめて厳重な機密になっている。この方法の素晴らしい点は，マイクロ波が広がらず，ビームのまま存在することだ。それがメーザーの性質だ――エネルギーを加えてビームを増強しても，それが絡み合うことはない。エネルギーを管に押し込むようなものだ――共鳴する管だ。だから，機体は立っている柱の上に乗る［ような］状態になる。実際に，メーザービームは機体と地面の間に置いた固い柱のようになる。たとえば，あのTR3B（*三角形をした米国空軍の戦術偵察機）がどのように反重力技術を利用し，なぜ機体の底部に三つのスラスター（推進装置）を持っているかという理由がこれだ。もちろん，あのスラスターはメーザーだ。
これまで［地球人がつくった］三角形UFOが目撃されてきた。そして，TR3Bは我々がよく耳にする三角形UFOの中の一つだ。
UFOには異星人がつくったものもあるが，我々地球人がこの技術を使ってつくったものもあるだろう。UFO目撃報告には，しばしば底部に3個のドームを持つ物体が出てくる。これらは実際にはマイクロ波のビーム送信部だと思う。

航空宇宙企業がこの反重力研究にかなり真剣に取り組んでいるという事実を私が初めて知ったのは，エレクトログラビティック・システムズ（Electrogravitic Systems；電気重力システム）という報告書からだ。これはとても示唆に富む報告書だった。

この報告書に出会った経緯はこうだ。私は米国議会図書館で電気重力に少しでも関係のありそうな資料はないかと探していた。そのとき，1985年だったが，私はタウンゼント・ブラウンが書いた数編の論文を通してこの報告書の存在を知った。このテーマに近いカードは全目録の中に1枚しかなかった。それがこの報告書だった。興味深いことに，その報告書は書庫から紛失していた。図書館の職員がコンピューターで検索し，同じ報告書がどこかにないか探し回った。その職員はこう言った。“これはとてもめずらしい報告書に違いありません；全米の図書館で他には1箇所あるのみです”それはどこか？と私は訊いた。職員はこう答えた。“ライト–パターソン空軍基地です”

それで私は，図書館相互貸借を利用してその借用を申し込んだ。驚いたことに，彼らは本当にそれを私に送ってよこした。

この報告書を作成したのはアビエーション・スタディーズ・インターナショナル（Aviation Studies International）というグループだった。機密報告書を手掛けるロンドンのシンクタンクだ。彼らは今も活動しており，この報告書は1956年に作成された。報告書は，航空機業界がタウンゼント・ブラウンの電気重力技術を発展させることを奨励しており，マッハ3の戦闘機や，ジェット機よりも遙かに速い電気重力機の商業化などを提案していた。

彼らは航空機業界の調査を行ない，この分野に関わっている主要な航空機会社名を幾つか挙げた。その中にグレン・マーチン社（マーチン・マリエッタ社の旧社名。現在はロッキード・マーチン社になっている）がある。報告書はグレン・マーチン社についてこう述べている。同社は統一場の分野で何が可能になるか，等々を研究している。彼らは今や，それについて公表する準備ができていると感じている。

電気重力の研究を行なっている会社名には次のものがあった：グレン・マーチン社，コンベア社，スペリー・ランド社，シコルスキー社，ベル社，リア社，クラーク・エレクトロニクス社，ロッキード社，ダグラス社，ヒラー社。

この報告書は，電気重力が我々の航空技術のすべてを変えることになると主張し，その発展のためにマンハッタン計画型のプロジェクトを始めることを提唱していた。その後，ビジネスウィーク誌に重力研究を支持する会社と研究所の見事な一覧表が掲載された。これは1950年代だった。そこにはマーチン社，グラマン社，ロッキード社，スペリー・ランド社，ヒューズ・エアクラフト社などの名前があった。

[これらの報告や提案は1950年代の資料にある——半世紀近くも前だ。我々の知るところでは，重力研究は当時行なわれていたし，今日も続けられている。その結果，闇のプロジェクトは反重力効果とそれに関連する推進システムをすでに習得している。マーク・マキャンドリッシュ，ジョン・ウィリアムズ中佐，B博士，その他の証言を見よ。SG]

現時点で，我々は太陽系内を容易に航行することのできる技術を持っている。私はそれを確信している。我々が火星や月に基地を持ち，こうした種類の宇宙機に乗って往来していると聞いても，私は驚かないだろう。我々はその能力を持っているのだ。

例を挙げればロズウェル墜落があり，これをすべて秘密にしておくために国家安全保障局（NSA）がつくられた。さて，そのような出来事は我々の政府当局者の一部にとり，大変な動揺を引き起こす経験だ。地球外知性体が存在し，彼らはこの進歩した技術を持っている。何かにとても動揺したとき，起きる反応の一つはそれを隠すことだ。そして，それを我々自身のためにどのように利用することができるかを考える——我々は他国より一歩先んじなければならない。当時我々はソ連との冷戦の最中にあった。だから，その理由付けは軍事目的への応用だった。

自動車が開発された100年前に同じことが起きたとしたらどうだろうか？間違いなく，我々は今でも馬車に乗っていただろう。なぜなら，自動車は戦争というものを変える恐れがあったからだ。それは移動を遙かに高速にする。だから，これを秘密にしなければならないのは当然だ。その当時は使える手段がなかった；我々にはNSA（国家安全保障局）がなかったし，この進歩した技術を閉じ込める主要な計画もなかった。

我々は，科学は観測に基づいており，変化に対しては寛容だと思っている。

だが，科学と科学者自身についてもっとよく知れば，それがどれほど宗教に近いものかがよく分かる。それはとても閉鎖的で，その基本原理を変えることに強く抵抗する。

たとえば，特許審査官だ。我々のエネルギー危機を解決することに役立つ新しい装置がある。しかし，それは審査官が理解できないところからエネルギーを引き出している。審査官は即座にこう考える。“これは熱力学の第一法則に違反している”審査官は未発見のエネルギー源があるかもしれないとは考えない。

今のところ，それは必ずしも物理学の枠組みに適合しない。しかし，彼らはそう考える代わりに，この男は詐欺師だ，測定が間違っている，などと考え，即座に拒絶する。それはほとんど宗教に近い。審査官はある種の信念体系を持っている；彼らはそれに楯突く物事が存在することを認めない。

あるカナダ人の事例だが，彼は靴箱とほぼ同じ大きさの物体から，一軒の家を十分に賄う量の電力を発生させる技術を開発した。それは何かを新しい配線方法で繋ぐもの――ある種の非線形装置だった。彼は何の隠し立てもせず，その装置を公表した。ある日，彼の家が特別機動隊に包囲され，すべての装置類が押収された。彼は，テロリストの技術か武器を秘匿していたという理由で逮捕された。そして，今後この分野での研究をしないことを誓約した書類に署名し，やっと釈放された。現在，彼は生活のために芝刈りをしている。

これは，この種の物事を抑圧するためのきわめて下手な言い訳だ。私の考えだが，もし彼らがこうした新技術を本当にそのような理由で恐れるなら，それを認可制にして監視したらよい。ラジオ局がそうであるように。今進行中のエネルギー危機は重大なので，彼らがしてもよいことはせいぜいそれくらいだ。世界を救おうとしている人々を逮捕してはならない。

B-2［爆撃機］にタウンゼント・ブラウンの電気重力技術が利用されているかもしれない，そう私が考えたのは，アビエーション・ウィーク・アンド・スペース・テクノロジー（Aviation Week and Space Technology）誌に発表されたある論文を読んだからだ。闇のプロジェクトに関わる何人かの技術者が，この雑誌の編集者に闇の技術の一部を漏らした。彼らはこう言った。B-2は翼の前縁部を高電圧帯電させ，排気を逆の電荷で高電圧帯電させる。

翼の前縁部を帯電させるとなぜ衝撃波を弱めることができるのか，彼らはそれについて少し説明した。実を言えば，それはブラウンが語っていたことの一つだ。彼らはまた，こうするとなぜ排気温度を下げ，赤外線シグネチャー（痕跡）を低下させせることができるのかも説明した。これらはすべて事実だ。しかし，彼らはそれと電気重力の結びつきについてまでは説明はしなかった。私がつくったコネではそこまでだった。

[B博士，マーク・マキャンドリッシュ，その他の証言を見よ。SG]

これは実質的にタウンゼント・ブラウンが1962年に特許を取得した装置そのものだと私は気付いた——彼の電気力学の特許だ。事実上，排気ジェットは発電機になる。もっと言えば，それは高電圧発電機だ。その電力により航空機の前部に正電荷を集め，推力を得る——ちょうど彼が小さな円板を帯電させ，時速数百マイルで回転させたように。ここで違うのは，ただその現象の規模が大きいということだけだ。

超量子力学と呼ぶ私の理論では，物質化と非物質化が可能になる。

[フレッド・スレルフォールの証言も見よ。SG]

さて，宇宙機の技術に関して，それが視覚的に非物質化する仕組みを説明しよう。私の理論によれば，彼らは宇宙機の重力場に影響を及ぼすことにより，この現象を起こすことができる。機体を実質的に軽くし，そこに重力ポテンシャルの岡（G-hill）をつくるのだ。こうすると，粒子を形成する波動が小さくなり，真空状態に近づく。その結果，機体は消えたように見える。

これまで幾度となく，技術が物理学理論を発展させてきた。物理学理論は技術の発達を抑える傾向がある。なぜなら，我々が思い付くことはすべて理論が予想することになりがちだからだ。そうなると，我々の技術の発達は遅れ，ついには止まってしまう。幸いなことに，我々の特許制度は［物理学的に説明できなくても］それが正しく作動するものである限り，物理法則の範囲外にあることを許容する。

だから，特許局の今の姿勢は実際には法律に違反している。それは米国物理学会（APS）に所属する物理学者を安泰にしようとするものだ——彼らの考え方にいわば権力を与え，エネルギー危機のような，我々が直面する諸問題の解決に役立つ優れた発明を国民が利用することを妨げている。特許局全体を貫いているのはこの姿勢だ。私は体験からそのことを知っている。なぜなら，私は約１年間特許局にいたことがあり，そこの職員も何人か知っているし，行なわれていることの一部も知っているからだ。たとえば，私が知っている審査官は，光よりも速く信号を送るある方法について特許を認可した。すると，ロバート・パーク（*物理学者）は彼のウェブサイト上でこれを物笑いの種にした。彼らの世界では，これがその年の最も馬鹿げた特許賞であると紹介された――こんなことが行なわれているのだ。

実際に，彼らは特許局を狼狽させた。この困った公告がなされた直後に，特許局長官は当の審査官とその上司を懲戒処分にし，上司に対しては免職にすると脅した。その上司は，特許局に対して不当な影響力を行使するこの圧力団体に逆らわないように努めていた。それは絶対に許されることではなかった。人は言いたいことは何でも言える；それは言論の自由だ。しかし，特許局では法律を守る代わりに彼らの命令に従う――それは違法行為だ。

彼らは，それが何であろうと，彼らの信念体系に楯突くものを妨害しようとする。それが社会の役に立つかどうかなんて気にしない。自分たちの理論に合うかどうかだけが彼らの頭にある。それは利己主義だ――自分以外はどうでもよい――地球温暖化なんか放っておけ。物理学書に合わないならお気の毒さまだ。

こうした新エネルギー技術は犠牲になっている。それらの技術は，現在教えられ信じられているパラダイムに属しないため，必要な財政的支援の対象外であり，特許も拒絶される――彼らは法律に違反してまで特許を拒絶する。特許が認可されなければ，発明家はどのようにして会社の資金を賄うというのか？我々は特許局に対して大規模な教育プログラムを始める必要がある。法律違反をせず，法律を守る特許局にしなければならない。また，これらの分野に資金を提供する，国立科学財団やエネルギー省のような機関も必要だ。

我々は北極の融解，気温上昇，地球温暖化の話を聞く。これらの現象は実際に起きているのだ。本当に我々は，この計画（*新エネルギー技術の開発）を即刻始めなければならない。これこそが連邦議会の主要な関心事であるべきだ。我々の現在のパラダイムは，これまでよいものであったし，うまく機能してきた。しかし，今我々はそれを超えていく必要がある。我々は古いパラダイムに属しない技術を開発する必要がある。

Testimony of Mr. Fred Threlfall

カナダ空軍
フレッド・スレルフォール氏の証言

2000年9月

スレルフォール氏は1953年にカナダ空軍トロント駐屯地の通信教官だった。彼はそのとき，物体の非物質化と再物質化を成功させたある実験を目撃した。彼は最高機密取扱許可を持っていたため，基地の資料庫から第二次大戦中に飛行機のガンカメラで撮影されたフィルムの原版を借り出すことができた。彼はこれらのフィルムを見ながら，その中に写っているUFOに何度も気付いた――様々な姿勢，様々な形だったが，間違いなくUFOだった。スレルフォール氏は，空中でUFOが飛行するのを自分自身でも目撃した。

FT：フレッド・スレルフォール氏／SG：スティーブン・グリア博士

FT：私は1950年代の初め，カナダ空軍にいた。私は通信教官だったため，方々の通信学校を渡り歩いた。

私が1953年に教官としてトロントに駐在していたとき，ある異常な実験を目撃した。私は実験を終えたばかりで，自分の教室に戻る途中だった。そこでこの実験が行なわれていたのだ。この部屋には約4×4（*単位不明）の密閉されたガラス囲いがあった。その中に置かれた飾り棚の上に大きなガラスの灰皿があった。私は，何をしているんだい？と訊いた。[彼らはこう答えた]“今，ある実験の最中だ。別の部屋に灰皿のない同様の装置がある”我々はそんな話をしていた。そのとき，科学者の一人が“さあ，やってくれ”と言った。次に起きたことは何か。その灰皿はそこになかった。皆は次の部屋に入っていき，この上なく興奮していた。なぜなら，その灰皿はそこにあったからだ――だから，それは非物質化し，再物質化したのだ――これは当時はやりの実験だった！

それは，当時の私の電子工学——今と比べたらまだまだ未発達だった——の知識をもってしても，とてもワクワクするような経験だった。言っておくが，これがあったのは 1953 年のことだ。

SG：この実験が行なわれたとき，あなたはどこの部署にいましたか？

FT：トロント駐屯地だ。そこは古い狩猟クラブで，カナダ空軍トロント駐屯地だった。

SG：その科学者が“やってくれ”と言ったとき，誰かスイッチを操作しましたか？　あるいは，この物体を非物質化し再物質化するために，誰か何かをしましたか？

FT：脇の方に計器盤があった。［そこに誰がいたにせよ］スイッチを入れる必要があった。彼らの装置が何であったにせよ，その現象を起こすために装置にエネルギーを注入する必要があった。そうしたら，それが忽然と消えたのだ——完全にだ。物体はそこに 1 分間存在し，次に——ブーン——1 秒後に消えてしまった。我々が別の部屋に行くと，物体はそこに鎮座していた。

SG：その物体は同一物体でしたか？

FT：同一物体だった。何が起きたかを見るために，皆がもう一方の部屋に駆け込んだ。そうしたら，それがそこにあったのだ。誰かが私に“君はここで何をしている？”と問いただした。私はこう答えた。“私はちょうど実験を終わり，戻る途中でした。友達が何人かいたので，ここで話していたところです”彼は“君はこれを見てはいけない”と言った。私は，分かりましたと答え，自分の教室に戻った。私はそれを見てはならなかった。なぜなら，私はその研究チームの一員ではなかったし，科学者でもなかったからだ。しかし，電子工学の教官だった私は，最高機密取扱許可を持って実験のためにその施設にいたのだ。

私はその駐屯地で，UFO に関してもう一つの経験をした。私は機密取扱許可を持っていたため，基地の資料庫から映写機とフィルムを借り出すことができた。私はよくそれらのフィルムを映して見たものだが，それは第二次大戦中に戦闘機のガンカメラで撮影された映像だった。戦闘機はスピットファイヤー，ハリケーン，ムスタングなど，いろいろだった。

飛行機が飛んでいる，彼らはそのドイツ軍機を追っている，曳光弾が次々に飛び出す，そのドイツ軍機が炎に包まれて墜落していく，ただそれだけの映像だった。画面の隅に奇妙な小物体が写っていることがあり，それが私の注意を引いた。それは多くのフィルムに写っていた――様々な形，様々な姿勢だった。私はUFOとの関連で，これに興味をそそられた。ニューメキシコでのUFO墜落を耳にしていたからだ。私はUFOが飛んでいるのを実際に見たことがある。それは猛スピードで直角に方向転換をした。

SG：UFOが写っていたガンカメラ映像は，1本だけではなかったのですね？

FT：そのとおりだ――何本も，何本もあった。資料庫から借り出した別々のフィルムにそれが写っていた――だから，1本だけではない――何度もそれを見た。

［ニック・ポープの証言を見よ。この中で，国防省での彼の前任者だったラルフ・ノイズが，英国のガンカメラ映像でUFOを見たことが述べられている。SG］

そうとも，私が見た物体はUFOだった――私にはそれがはっきりと分かった。それらは様々な形をしていた：そのうちの幾つかは丸かった；また幾つかは楕円形をしていた。写っている距離も様々だった。だから，そのうちの幾つかは他よりも少しだけ詳しく見ることができた。

SG：これらは確かに構造を持つ物体で，フィルムの傷などではないとあなたは確信しているのですね？

FT：間違いない。そのとおりだ。私はUFOが写っている20本，30本のフィルムを見たのだ。

Testimony of Dr. Ted Loder

テッド・ローダー博士の証言

2000 年 10 月

テッド・ローダー博士は尊敬すべき科学者で，ニューハンプシャー大学の海洋学教授だ。彼はいとこのスティーブン・ラブキン弁護士から，ET/UFO の問題は現実であるのみならず，地球環境を保護し，持続可能な地球社会へと発展することを可能にする技術への鍵だと教えられた。それ以後，彼はこの問題を取り巻く秘密を終わらせる必要性を説く積極的な唱道者となった。この 4 年間，テッド・ローダー博士は学生，他の科学者，国会議員たちに，人類は宇宙で孤独ではないこと，地球と人類の生存のためには ET との平和的交流が必要であることを紹介する活動をしている。

私の名前はテッド・ローダーだ。私はニューハンプシャー大学地球海洋宇宙空間研究所の地球科学教授で，1972 年からこの大学にいる。専門は海洋学だ。

4 年前，私はノースカロライナ州で弁護士をしているいとこのスティーブン・ラブキンと話していた。彼は私に，西海岸で何人かの宇宙飛行士やロシア人宇宙飛行士も出席したある会合に参加していたと語った。

[これは 1995 年 6 月にカリフォルニア州で開催した，UFO/ET 事象に関する軍と政府の証人による最初の CSETI 会合のことを述べている。SG]

私は“スティーブ，君が話をした宇宙飛行士というのは誰のこと？”と訊いた。彼はあるロシア人宇宙飛行士の名刺――片面は英語，もう一方の面はロシア語だった――をテーブルの上でひっくり返し，私を見てこう言った。“テッド，君はロズウェル事件の話を聞いたことがあるかい？”私は“もちろん，ロズウェルのことは誰でも知っている”と言った。“あれは実際に起きたことだ”と彼は言った。それで私は“やはり本当のことなんだ！　もっと教えてくれないか”と言った。こうして我々は，それからの3日間を真剣な会話の中で過ごした。実を言えば，私は夜もほとんど眠れなかった。

スティーブは，彼がアイゼンハワー政権下のホワイトハウスにいたときに知った事柄や，話をした人々について語った。彼は暗号技術を学んでおり，最高機密取扱許可を持っていた。彼はロズウェル墜落から回収された物質を見た。彼には私に嘘をつく理由などまったくなかった――彼は私のいとこであり，我々は子供の頃は互いに無二の親友だった。

この情報が本当であると私に教えていたのは，一人の部内者だった。私は数時間もしないうちに，彼が話していることは［真実だと］完全に確信した。私は冷静にならなければならなかった。正直に言うと，私は最初の数夜ベッドで横になりながら，こんな言葉を繰り返していた。“なんてことだ，これは本当のことだったんだ”では，これに何の意味があるのか？　私はそのときでさえ，このことだけは理解していた。もしこれが本当なら，それは今日の地球で唯一最大の重要事項だ。

その後私は，我々がすでにUFOの作動原理を知っていること，しかしこの情報を社会が利用できるようにはなっていないことを知った。我々が化石燃料を動力とする飛行機を飛ばし始めてから，間もなく100年になろうとしている。しかし，今なら私も知っているが，化石燃料に取って代わる技術はほぼ50年間存在し続けてきたのだ。

私は海洋学者であり，環境問題に広く関わっている。また，環境問題の様々な側面について教室で教えてもいる。私はどれほど大規模な環境破壊が進行中であるかを知っているし，それが避け得るものであることも知っている。ET宇宙機から得られた技術の一部は我々の役に立つのだから，それを隠しておくのは馬鹿げている。

最も重要な知識は，我々が宇宙で孤独ではないということだ。我々は実際には，宇宙に遍く存在する人々の，その大きな家族の一員だ。我々が孤独ではない［という事実］は素晴らしいことではないか。その認識は，地球に住む我々の我々自身に対する見方を今後永久に変えるだろう。

人々はこれに対処できないという議論がある――まったく受け入れられない。私はこれについて多くの人々に話してきた。しかし，私の知っていることを彼らに話しても，取り乱す人は一人もいなかった。

私はスティーブと話した後でさえ，こう心に決めた。何かが私の目の前に現れ，それを複数の証人が目撃し，議論の余地がなくなるまで，これを人前で話すことはしまい，と。それが私に起きたのは，1997年の秋にジョシュアツリー国立公園にいたときだった。

私はグリア博士が率いるCSETIトレーニング・グループに参加していた。我々は何らかのET宇宙機が目撃されないかと，野外で調査活動をしていた。その晩はたまたま満月だった。月は私の右肩越しに見えていた。突然，月の下に球体のような物体が1個現れた――大きさは月の直径の3分の1から半分ほどだった。それは月の下の左側に現れ，月の端からもう一方の端まで移動した。そして，突然消えた！　それはまるで誰かが月の一方の端で電球を点け，それを持って月の下を横切ったような光景だった。それを目撃した私の興奮は大変なものだった！　私は，誰か見た人はいませんか？と訊いた。私は小躍りしていた。なぜなら，それはとてもはっきりしていて，私にとっては疑う余地のないものだったからだ。幸運なことに，グリア博士がその方角を見ていた。だから，彼はその物体を見ていた。私は，誰か他に見た人はいませんか？と訊いた。すると，そのグループの五人か六人が，見たと言った。

これらのUFOの背後にある技術は，もしそれが平和的に利用されるなら，我々の地球文明に大きな利益をもたらす。彼らはこの遠大な距離をこのような速度で移動するエネルギーを，どこから得ているのか？　我々がこの分野を研究し始めてすぐに気付くことは，彼らは地球に来るためにジェット燃料も石炭も使っていないということだ。彼らが利用している技術は，その辺りを歩いている平均的な人間――または，大学にいる平均的な物理学者――の誰もが，何の手がかりも持っていないものだ。それでも，その技術は厳然としてそこにある。その意味は，我々が石炭や石油をエネルギー源とする世界の向こうにある，新しい地球社会を本当に創造することができるということだ。

実際，これは私がこれまで見たり話したりしてきた重大問題の中の一つだ。この惑星は，我々が新エネルギーを開発するまでに，事実上100年から150年の期間しか許していない。我々はそのきわめて短い期間内に，森を燃やし，石油や石炭を燃やし，核エネルギーから［さらに前進して］持続可能なエネルギーにまでたどり着かなければならない。もし我々が責任のある行動をとらずにしくじれば，我々は破滅する。

私はニューハンプシャー州知事から任命されて，CSETI が開催した非公開の議会説明会に参加した。そこには，この問題の現実性について講演した［宇宙飛行士の］エドガー・ミッチェルのような人もいた。私の同僚科学者はこれに様々な反応を示した。

NASA の多くの委員会に籍を置くある科学者は，初めはとても友好的だった。なぜなら，我々は皆互いによく知った間柄だったからだ。しかし，私が［この話題について］さらに話し始めると，彼は次第に冷淡になった。後日，私は彼の態度が急変した理由をはっきりと理解した。彼は深刻な脅威を感じていたのだ。地球外知性体が宇宙空間を旅行する能力を獲得し，すでに地球を訪れている，等々の知識が広まったなら，彼が NASA で取り組んでいる仕事そのものが危うくなる。彼はとても奇妙なことを言った：“たとえそれが事実だったとしても，私はそれを信じません”それは，彼から送られた電子メールに書かれていた言葉だ――“たとえそれが事実だったとしても，私はこれを信じない”しかし，彼はこうも書いていた。“でも，もしこれについてさらに何か分かったことがあれば，私にお知らせください”これは，科学者と大学が大きな問題を抱えていることを示している。彼らにとり，教育を受けたパラダイム（物の考え方）の外にある物事を受け入れるのは，重大問題なのだ。それは大学が抱える大きな問題だ。しかし，私が講義している学生たちは，教授たちよりも遙かに偏見のない心を持っている――私はその教授の一人であり，四六時中こうした人々を相手にしている。

［もう一つ］我々が留意すべきことは，1940 年代終わりにニューメキシコ州で起きたロズウェルや同様の出来事のおかげで，政府のある部分が墜落した地球外宇宙機を回収することができたということだ。それから 50 数年が経ち，闇のプロジェクトは反重力，宇宙旅行といった地球外起源の技術の逆行分析（reverse engineering）に数千億ドルの資金を注ぎ込んできた。さて，もし我々が何かに数千億ドルの資金を注ぎ込んだなら，そこから何の成果も得ていないなどということはあり得ない。聞くところでは，［闇のプロジェクトは］1950 年代半ばから反重力に巨額の資金を投じた。私が別々の筋から聞いたところでは，我々は反重力の技術を持っており，実際に円盤に組み込んで飛ばしている。実際に，これは私が幾つかの情報源から聞いて理解していることだが，米国や世界の他の地域の人々が目撃する“地球外宇宙機”は，その大部分が地球

外宇宙機ではない。それらは実際には，軍や闇のプロジェクトが飛ばしている反重力機だ。時にはARVすなわち複製された異星人の輸送機（Alien Reproduction Vehicle）とも呼ばれる物体を，私も見たことがある。これらは逆行分析によりつくられた輸送機だ。数年前，私はV字型をしてサンタバーバラ海峡（*カリフォルニア州南部近海）を通過していた輸送機を1機目撃した。［私ともう一人が］これを目撃した。我々は二人とも第3世代の暗視スコープを持っていた。この輸送機は時速4,000マイルから5,000マイルの移動速度でサンタバーバラ海峡を通過していた。これは［人間がつくったもの］だったのかもしれない。

私は2年前，CSETI調査団の人々と一緒にセドナ（*アリゾナ州）にいた。我々はそこで，ジェット機に護衛された1機のARVを目撃した。これらのジェット機は米国機で，ジェット機とは完全に異なる動きを見せる，無音の円盤型物体と一緒に飛行していた。

この問題が現実であることを知る一人の科学者として，私は国会議員たちに語りかけてきた。また，私のクラスや学生たちにも語りかけてきた。個人的な考えだが，この問題が現実であることを知る人々が名乗り出て堂々と話すことができるのは，それを歓迎する我々の社会と地球があればこそだ。私には30歳を少し過ぎた息子が二人いる。だから，この地球で生きる我々の未来がよいものであってほしい。私が生きた世界と同じか，それよりもよい世界であってほしい。私が理解しているのは，この問題が公にならない限り，そうはならないということだ。汚染という観点，民主主義社会の崩壊という観点からすると，我々の未来は悪い方向に進むだろう。

私はこの問題を研究している何人かの人々と話し合ってきた。彼らは，この50年間続いてきた隠蔽が，我々の民主主義社会に対するおそらく唯一最大の脅威，この国が1776年に建国されて以来最大の脅威だと感じている。我々は今，この社会と政府がどのように機能するかという最大の岐路にいる。なぜなら，この問題の管理が我々の選ばれた政府になく，我々の司法機関にもないからだ。その管理は別の人々にある。彼らの一部は我々の政府の構成員であり，一部は軍産複合体の構成員だ。彼らがこの問題を管理している――今日のこの惑星で唯一最大の問題だ。長い目で見れば，これは我々の社会と国民にとり健全なことではない。

長い間，我々はロシアの脅威，冷戦の脅威を経験してきた。だから，我々はロシア人がこの技術に気付くことを望まなかった。それは“ロシア人に知られないように”人々から隠されてきた。もちろん，ロシア人は何が進行しているかを知っていた。なぜなら，彼らはスパイをしていたからだ。だから，本当はそれは人々から隠されていたのだ。ロシア人からではない。

しかし，その時代は過ぎ去った。冷戦はそれなりに終わった。もはや我々に脅威はない。だから，秘密の継続を支持する議論は過去のものになった。しかし，問題がある。それは，これ（*UFO/ET の問題）について知る人々が，恐れてなかなか堂々と語ろうとしないことだ。この秘密は長く続き過ぎたと，信念を持って発言する勇気のある人はごく少数だ。今やこの情報は，世界中の人々に知られなければならない。今やこの技術情報は，我々の社会の利益のために，この惑星の経済システムのために，明るみに出されなければならない。しかし，この問題のために立ち上がり，行動を起こす人はほとんどいない。

弁解，弁解，どこもかしこも弁解だらけだ。我々は上院議員にも下院議員にも相談した。しかし，彼らはこの問題に取り組むことを避けるため，本の中でも何らかの弁解をする。この秘密は我々を抑圧し，我々が惑星社会として前進することを妨げている。

最も憂慮すべきことは，闇のプログラムが地球外宇宙機を標的にし撃墜するために，こうした先進技術を用いていると報告されていることだ。我々にはそれを証言する多数の証人がいる。彼らはこの計画の存在を知ったり，実際にそれを目撃したりしている人々だ。このことは，地球外知性体に対してまさに宣戦布告をしている小さなグループが，この惑星上にいることを意味する。地球外知性体は人類を観察し，最終的には援助するために来ているのだ。この惑星の人々にとり，これは放置できない事態だ。私を含め，この事実を知っているすべての人にとり，これはきわめて憂慮すべきことだ。それだけでも，この情報を公開し，人々の関心を呼び起こす十分な理由になる。

結　論

なぜUFOは秘密にされるのか

過去数年間，私の仕事は米国と海外の両方で，政府および科学界の指導者たちにUFO／地球外知性体についての背景説明を行なうことであった。

この問題についての証拠は明白で確実なものだ。UFOの実在そのものを示す，否定し得ない事例を挙げるのは困難ではなかった。それよりも難しいのは，UFOに関係した秘密の構造を解明することである（本著者による“Unacknowledged［認められざるもの］”と題された論説にある，この問題の解説をみよ）。しかし最大の困難は，‘なぜ’を説明することである。なぜ，すべてが秘密なのか？　なぜ，政府の内部に‘闇の’，または認められていない政府があるのか？　UFO/ET問題が国民の目から隠蔽されるのはなぜなのか？

‘何が’，つまり証拠は，複雑ではあるが何とか対処することができる。‘いかにして’，つまり秘密計画の性格は，さらに難しく複雑で入り組んでいる。しかし，‘なぜ’——秘密の背後にある理由——こそは，最も困難な問題である。この問いにただ一つの答えはない。それどころか，このような桁外れの秘密には相互に関連した数多くの理由があるのである。我々の調査と，このような計画の内部にいた数十人に上る極秘の証人への面接取材により，秘密の背後にある理由を理解できるようになった。それらは，かなり明白で単純なものから，実に異様なものまで多岐にわたる。ここで私は，この秘密についての幾つかの要点を共有したいと思う。なぜ秘密が保たれてこなければならなかったのか，秘密計画の内部にいる統制組織にとり，その方針を変えて公開を許すことが困難なのはなぜか？

ことの始まり

ET/UFO現象の初期には軍，情報機関，および産業界が，この現象の性質について関心を持った。それは我々の敵対者による人類起源のものなのか，またそれが地球外起源と断定されたら，国民はどう反応するか。

1930年代と1940年代，これは小さな問題ではなかった。もし，これらのUFOが地球起源だとしたなら，それらは米国の航空機よりも遙かに進歩した機械装置を持つ敵であることの証拠となるだろう。そして，それが地球外のものと断定されるや（幾つかの部局は，第二次大戦終了前にこれを知っていた），答えよりもさらに多くの疑問が生じた。すなわち，なぜETはここにいたのか？　彼らの意図は何か？　これらの装置はいかにしてこのような驚異的な速度で飛行し，広大な宇宙空間を航行することができるのか？　これらの技術をどうしたら人間に応用できるか——戦時と平和時の両方に？　国民がこれを知ったならどう反応するか？　これらの事実の公開が人間の信仰に与える影響はどうか？　政治的および社会的なシステムについてはどうか？

1940年代終わりから1950年代初めにかけて，これらの宇宙機の背後にある基本的な科学と技術を解明するために，まずニューメキシコ州などから回収された地球外物体の直接調査と逆行分析（reverse engineering）による，組織的な取り組みが行なわれた。直ちに，これらの物体が内燃機関，真空管などといったものより遙かに進歩した物理法則と応用技術を使っていることが明らかになった。冷戦のただ中にあり，わずかな技術的優位性が核軍備競争における軍事バランスを危うくする世界にあって，この問題は小さくなかった。

実際，この地政学的秩序の不安定化という問題は，UFOに関係する秘密の一つの特徴として繰り返し現れる——それは今日この時点まで続いている。これについては後でさらに述べる。

ウィルバート・スミスによる1950年のカナダ政府最高機密文書から，この問題が水爆の開発よりも大きな秘密として保持されてきたことを我々は知る。1940年代終わりには，地球外物体についての研究，それがどのように機能するかの解明，またそのような発見が人間のためにどう応用されるかの予測に，多大な努力が払われていた。そのときでさえ，この問題を扱うプロジェクトはとてつもない秘密であった。

1950年代初めに，ET宇宙機のエネルギーと推進システムの背後にある幾つかの基本的な物理学について実質的な進展がみられ，秘密の傾向はさらに強まった。我々に推定できる限り，このプロジェクト全体が次第に闇の中に消え，認められざるものになっていったのはこのときである。

これらの秘密プロジェクトが実際に手に入れたものが何であるかが理解された1950年代初めまでに，UFOを扱うプロジェクトの区画化が急速に進行した：もし公開されたなら地球上の生活を永久に変えてしまうであろう，物理学とエネルギーシステムを示す装置類。

アイゼンハワーの時代，UFO/ETプロジェクトは，合法的な監督と統制の指揮系統を離れ，益々区画化された。このことは——証人の証言から，我々はアイゼンハワーがET宇宙機について知っていたことを知っているが——大統領(および英国などの同様の指導者たち）が次第に蚊帳の外に置かれていったことを意味する。このような，選挙で選ばれ任命された高い地位にある指導者たちは，彼らの統制と監督がいよいよ届かない，迷路のように区画化されたプロジェクトを持つ，（アイゼンハワーがそう呼んだ）複雑な軍産複合体に直面することになった。証人による直接の証言から，我々はアイゼンハワー，ケネディ，カーター，そしてクリントンが，このようなプロジェクトの内部に立ち入ろうとして挫折したことを知っている。

このことは，議会や捜査当局の高官たち，外国や国連の指導者たちについても同様である。実にこれは，機会均等な排斥プロジェクトである——官職や位がどんなに高くとも無関係である。もしあなたがプロジェクトに不要と見なされれば，あなたはそれについて知ることはない。以上。

一般に流布している俗説と異なり，我々が宇宙で孤独ではないという事実に直面したときに社会に起きる，ある種のパニックへの懸念は，1960年代以来秘密の主たる理由ではなかった。内情に通じる人々は——UFO団体やXファイルの中では奇怪な話がつくられているが——敵意あるETという恐怖もまた，重要な要因ではなかったと理解している。ET現象の背後にある究極の目的について，幾つかの秘密の集団内では依然混乱があるものの，ETを敵対的な脅威と見なす部内者は一人もいないことを，我々は知っている。

1960年代までには——そして1990年代までには確実に——世界は宇宙旅行の概念を熟知するようになり，人気の空想科学産業は，遙か遠くからETがやってくるかもしれないという考えを，大衆に徹底的に吹き込んだ。だとすると，なぜ秘密が続いているのか？

冷戦は終わった。我々が宇宙で孤独ではないと知って，人々が動揺することはほとんどないだろう（多数の人々はすでにこれを信じている――実際には大部分の人々が，UFO が現実であることを信じている)。さらに言えば，20 世紀後半を全世界の主要都市に向けられた数千の水爆と共に生き抜く以上に衝撃的なことが，あり得るだろうか。もしこれに対処できるなら，間違いなく我々は，ET が現実であるという考えに対処できる。

恐怖，パニック，動揺などといった安易な説明では，大統領や CIA 長官でさえその情報に接近することを拒否されるほどの深い秘密性を正当化するには，不十分だ。

推測される現状

そうすると，UFO 問題が今でも秘密にされているのは，基本的な世界の権力力学，そしてこのような秘密の公開がそれらに与える影響の大きさに対する，現在も続いている懸念に関係しているに違いない。

すなわち，UFO/ET 現象に関係した知識は，どんな犠牲を払ってでもそれを抑圧し続けることが絶対に必要だと考えられるほど，現体制を変える大きな潜在力を持っているに違いない。

遡って 1950 年代初め，これらの ET 宇宙機の背後にある基本的な技術と物理学が，きわめて集中的な逆行分析（reverse engineering）プロジェクトにより発見されたことを，我々は知った。秘密性をかつてないレベル――我々が知るように，本質的に政府の通常の指揮系統による統制から外す――まで引き上げる決定がなされたのは，まさにこのときである。なぜか？

冷戦時代にこのような知識が米国／英国の敵対者によって使われる可能性があったことはさておき，これらの装置類が‘お父さんのオールズモビル’ではないことは直ちに理解された。エネルギー発生と推進システムの背後にある基本的な物理学は，地球上にあるすべての既存のエネルギー発生と推進システムに容易に取って代わり得るほどのものであった。それにより，すべての地政学的および経済的秩序もまた，同じ運命を辿る。

1950 年代，地球温暖化，生態系破壊，オゾン層破壊，熱帯雨林消失，生物多様性の荒廃などには，大きな関心が払われなかった。第二次大戦後，必要なことは世界経済，技術，および地政学的秩序の新たな動乱ではなく，安定であった。覚えておいてほしい：支配者は支配者のままでいたがる。彼らは危険回避者であり，重大な変化を嫌い，支配や権力を容易に放棄しない。

ETの存在を公開すると，不可避的にこれらの新技術に関連する公開がすぐその後に続き，世界を永久に変えてしまうだろう——それを彼らは知っていた。こんなことはあらゆる犠牲を払ってでも回避しなければならない。さらに当時は，“GM（*ゼネラルモーターズ）にとってよいことは米国にとってよいことだ”の時代であった。同じことは，大手石油資本，大手石炭資本などについても言えただろう。

否定できない事実はこうである：ET存在の公開は，それと共にこれらの技術の確実な解放をもたらすだろう——その解放は，この惑星上のあらゆる技術基盤を洗い流す。変化は途方もないものになるだろう——そしてそれは突然だ。

50年後の今，このことは当時よりもさらに真実である。なぜか？　1950年代の問題回避により——当時は都合がよかったが——今やさらに危険な綱渡りの状況を招来している。例を挙げれば，世界が石油と内燃機関技術に依存する度合いは，1955年よりも今の方が大きい。また，世界経済は今の方が桁違いに大きい。だから，どんな変化も飛躍的に大きなものとなり——さらに大きな混乱を起こす可能性を秘めている。

こうして，これは難題になった：その時々の時代と世代がこの問題を次の世代に先送りすることにより，継続される秘密は一時代ごとにその不安定さを増す以外になくなった。狂気じみた秘密のグループ，公開の遅れ，増大する世界の複雑さと我々の時代遅れのエネルギーシステムへの依存の中で，それぞれの世代は前の世代よりもさらに大きな圧迫を受けてきた。1950年代に公開することは困難であっただろうが，今公開することはさらに困難である。その結末は世界を揺るがすことになるだろう。

地球外宇宙機の逆行分析によりもたらされた1950年代の技術的発見は，我々が世界の経済，社会，技術，環境等の現状を完全に変革することを可能にしたはずであった。このような進歩が一般に公開されないできたことは，その時点の統制階級が変化を嫌う本性を持っていたことに関係している——それは今も続いている。

だから，間違いなく変化は途方もないものになるだろう。

考えてみよ：いわゆるゼロポイント場からエネルギーを取り出すことを可能にし，すべての家庭，事業所，工場，乗り物がそれ自体の動力源を持つことを可能にする技術――外部からの燃料源を使わずに。永久に。石油，ガス，石炭，原子力発電所，内燃機関のどれも不要。しかも環境汚染は皆無。以上。

考えてみよ：地表面上を浮遊しながらの輸送を可能にする，電気重力装置を利用した技術――輸送は地表面上を浮遊して行なわれるため，肥沃な農地を覆う道路はもはや不要。

素晴らしいことだ。だが，1950年代は石油が豊富で，誰も汚染を心配せず，地球温暖化には関心のかけらもなく，世界の大国には安定こそが求められていた。現体制の維持である。その上，なぜこのような公開による構造変革の危険性を冒すのか？　後の世代に任せようではないか。

しかし今，我々がその後の世代である。そして，2001年は1949年ではない。地球はそのすべてが車，電気，テレビといったものを求める増大する人口――現在は60億人――の重荷に歪んでいる。石油がさらに50年もたないことは誰でも知っている――仮にもったとしても，地球の生態系はこのような酷使にさらに50年は耐えられないだろう。公開による危険は，今や秘密による危険よりもよほど小さい。もし秘密がさらに続くなら，地球の生態系は崩壊する。まさに，大きな変化と地球規模の不安定とはこのことだ……

多くの人は，このような公開の技術的および経済的影響が，継続する秘密を正当化する主要部分だと考えるだろう。つまるところ，我々は毎年数兆ドルの経済的変化について語っているのだ。経済のエネルギーと輸送の全領域は，大変革させられるだろう。エネルギー部門――再生不能な燃料が購入され，燃やされ，再び補給される部分――は完全に消滅するだろう。だから，他の産業部門が繁栄していくことになる一方で，このような数兆ドルの経済部門が消えていく影響の大きさを無視することは，愚か者でもない限りできないだろう。

石油，ガス，石炭，内燃機関，および公益事業に関係した産業基盤につながる‘既得権益’が，この世界において小さな勢力でないことは確かである。

しかし，UFOの秘密を理解するためには，その金（マネー）というものが本当は何を意味するのか，考えなければならない。権力である。巨大な地政学的権力である。

インド（アフリカ，南米，中国でもよい）のすべての村が，汚染を伴わず，燃料のための莫大なエネルギーも費やさずに，大量の電力を発生する装置を持ったなら何が起きるか，考えなければならない。全世界はかつてない勢いで発展することができるだろう――汚染もなく，発電所，送電線，燃料に巨額の資金を使うこともなく。持たざる者が持てる者に変わるだろう。

多くの人は，これをよいことだと考えるだろう：結局，世界の不安定要因の多く，戦争などといったものは，大きな富を持つ世界の中での，気の遠くなるような貧困と経済的悪行に関係がある。社会的不公正と極端な経済格差が，世界に混沌と苦悩を生んでいる。これらの分散的な，汚染を生じない技術は，それを永久に変えるだろう。砂漠にさえも花が咲くだろう……

しかし，地政学的権力は，技術的および経済的能力から生じることを覚えておかなければならない。インドは10億を超える人口を擁し，米国はその約4分の1であるが，どちらがより大きな地政学的権力を持っているだろうか？

これらの新エネルギーシステムが拡散するにつれて，いわゆる第三世界は急速にヨーロッパ，米国，日本などの工業先進世界と肩を並べることになる。これは，大規模な地政学的権力の移行を引き起こす。そのとき，工業先進世界は，今虐げられている第三世界と実際に権力を共有しなければならないことに気付くだろう。

現在（1950年においても）権力の座にある者たちは，こんなことをすることに何の興味もない。我々が国連の中で権力を支持したり共有したりすることは，ほとんど不可能である。

UFO/ET問題の情報公開により，新エネルギーシステムは全世界に拡散し，世界の権力は急速に均等化されるだろう。米国とヨーロッパには6億の人々がいる。これは世界人口のたった10パーセントにすぎない。残る90パーセントの技術的および経済的地位が上がるや，地政学的権力がその方に向かって移行――または均等化――することは明白である。権力は共有されるべきものになるだろう。本当の地球規模での集団安全保障が必然となるだろう。それは我々が知っている世界の終わりである。

経済的および技術的影響と地政学的影響を合わせたとき，終焉する秘密によってもたらされる変化が真に構造的であることは明らかである――大規模で，世界を包囲する，革新的なもの。それは容易なことではない。

だが，世界がこれらの新技術を獲得したはずのときから50年――それは生態系の荒廃，社会的および経済的な混乱と格差の長い50年でもあった――経って，我々はUFOの秘密として知られる宇宙的難問を先送りしてきた，長い行列の最後の世代であると気付いている。

こうして，我々はこの難問を抱えてここに立っている。しかし何を為すべきか？

秘密の終焉は，人類生存の事実上あらゆる側面における，甚大で深遠な変化を意味する――経済，社会，技術，哲学，地政学，等々。しかし，秘密の継続とこれらの新エネルギーおよび推進技術の抑圧は，遙かに不安定な何物かを意味する：我々が依存する地球生態系の崩壊と化石燃料の確実な枯渇。満たされた尊厳ある生活を必要以上に奪われている持たざる者の怒りの増大。この宇宙的難問を引き渡せる次の世代は，我々にはもういない：我々はこれに対処し，1950年に行なわれているべきだったことをしなければならない。

我らが織りなす蜘蛛の糸

前述のことが秘密と言うには不十分だと思うなら，この秘密を維持するために驚くべきことが行なわれてきたことを思い起こしてほしい。秘密を維持し，大統領，CIA長官，高い地位にある議会指導者，ヨーロッパの国々の国家元首といった人々を欺くことができるまでそのレベルを拡張するのに必要な構造基盤は，相当なものである――そして違法である。明確にしておきたいが，UFO問題とそれに関係した技術を統制する組織は，世界のどの一国の政府または知られている世界の指導者の誰よりも，強力な力を持っている。

このような事態になるかもしれないことは，アイゼンハワー大統領が1961年1月に，増大する“軍産複合体”に関して我々に警戒を喚起したときに，予め警告されていた。これは，彼が大統領として世界に発した最後の演説だった――彼は，彼自身が知っていた驚愕すべき状況について，直接我々に警告を発していたのである。というのも，アイゼンハワーはET宇宙機とETの遺体を見ていたからである。アイゼンハワーは，この事態に対処した秘密計画について知っていた。しかしまた，彼がこれらのプロジェクトに対する統制を失ってしまったことも，そして彼らがその研究開発の範囲と全容について彼に嘘をついていることも知っていた。

実に，秘密維持の現在の最新技法は，複合型，準政府，準民間の国際的な活動である——これはいかなる単独の機関または一国の政府の権限も及ばないところで行なわれる。‘政府’——あなたや私やトーマス・ジェファーソンが考えるような——は本当にまったく蚊帳の外である。そうではなく，選り抜きの，厳重に管理され区画化された，‘闇の’または認められざるプロジェクトが，これらの問題を統制している。近づくためには組織の一員になるしかない。そうでなかったなら，CIA 長官，大統領，上院外交委員会議長，または国連事務総長の誰であろうと，あなたはこれらのプロジェクトについて知ることも近づくこともできない，というだけのことだ。

私が背景説明を行なったことのある国防総省統合参謀本部の高官たちが，このようなプロジェクトに一般市民より以上に接近できない状況は，実に尋常ではない——何かの理由で彼らが‘内部’にいない限り。だがこれは稀だ。

このような権力を獲得し維持するために，あらゆる種類のことが行なわれてきた。これは我々に‘我らが織りなす蜘蛛の糸……’(*スコットランドの詩人ウォルター・スコットが 1808 年に発表した叙事詩 Marmion の中の一節）と述べているあの詩を想い起こさせる。しかし，このような組織がどうやってこの秘密，欺き，虚言，反抗の蜘蛛の糸から抜け出すというのか？

はっきり言えば，このグループは法的に認められない権力と権利を不正使用しているのである。それは米国，英国，および世界中の他の国々で憲法を超えたところにある。

私は，次の可能性を認めよう。少なくとも最初この秘密活動は，秘密を維持し不安定を回避するためにあった。だが，不注意による秘密漏洩の危険——または国や世界の指導者が合法的に秘密を公開すべきときであると決意する危険——から，益々大きな秘密と非合法活動の蜘蛛の糸を織ることが最重要になった。そして今，その蜘蛛の糸は活動そのものを包囲してしまった。

つまり，区画化されたプロジェクトの複雑さ，違憲で不当な活動の度合い，連携する企業（軍産複合体の‘産’の部分）による先端技術の‘民営化’（または盗用)，合法的に選出され任命された指導者と社会に対するこれまでの虚言——これらのすべてとそれ以上のことが，隠し続ける心理を助長してきた——なぜなら，公開により歴史上最大のスキャンダルが暴露されるからだ。

たとえば，汚染による地球全体の生態系荒廃と，今や絶滅した数千もの回復できない動植物種の損失が，まったく不要であった――そして1950年代にこの情報の公開が正直に行なわれていたなら，回避されていたはずだ――という事実に，国民はどう反応するだろうか？

認められざる違憲プロジェクトに，長年にわたり数兆ドルもの資金が使われてきたと知ったなら，社会はどう反応するだろうか？　そして，これら納税者の税金が，この秘密の中で軍産複合体の企業によりET物体研究に基づく副次的技術開発のために使われ，さらにその技術は，後に特許として大きな利益を生む技術の中で使われているとしたら？　納税者は詐欺行為を受けているだけではない。彼らの税金で賄われた研究開発の成果である画期的技術に割増料金まで支払っているのだ！　ETから獲得したこのような技術の知的所有権の不正使用ということに，何らの考慮も払われていない。基本的なエネルギー発生と推進の技術が公表されないできた一方で，これらの企業は，電子技術，小型化技術，および関連領域での他の画期的な技術と便益により，大きな収益を上げてきた。このような秘密の技術移転は，実は社会の共有財産となるべき技術の，数兆ドルもの盗用に相当する。なぜなら，納税者がそれを賄ってきたからである。

また，内燃ロケットなどを使った数十億ドルの宇宙計画が，原始的で不必要な実験だったと知ったなら，国民はどう反応するだろうか？　なぜなら，これより遙かに進んだ技術と推進システムが，我々がかつて月に行った以前に存在していたからだ。NASAと関連機関の大部分は，このことを知らなかった政府の人々および国民と同様に，この秘密の犠牲者である。NASA職員のうちごく少数の，厳重に区画化された部分のみが，これらのプロジェクトの中で隠し通されてきた実際のET技術を知っている。私のおじは，ニール・アームストロングを月に運んだ月着陸船の設計に携わっていたが，これらの画期的技術に接近することを拒まれていたという点で，確かに他の犠牲者と変わるところがなかった。彼は他の皆と同じように，古い物理学と古い内燃ジェット推進技術に頼らざるを得なかった。何という恥辱か。

否定できない事実はこうである。この秘密プロジェクトは，最初の意図がいかに善意であったにせよ，それ自体の秘密権力により押し流されてしまった。秘密プロジェクトはその権力を誤用した。それは，我々の未来を50年間奪い続けている。

実際，1940 年代終わりと 1950 年代初めに行なわれた静かなクーデターがひとたび暴露されれば，今日の世界に本当の不安定さをもたらすことだろう。

しかし，状況は実のところこれよりさらに悪い。これまで述べたすべては，さらに大きな問題の前では小さく見える。UFO に関係したこれらの闇のプロジェクトを運営している秘密グループは，初期段階にある地球外文明と人類の交渉を独占的に支配してきた。そして，悲劇的に間違った対応がとられてきた――真の地球破滅になりかねないほどの。

というのは，選ばれてもいない，任命されてもいない，自らを選んだ，軍事指向のグループが単独で，人類と ET の間の異種族間交渉をしなければならないとしたら，何が起きるか？　何でもそうだが，バラ色の眼鏡をかけたら全世界は赤く見えるものだ。だから，もしあなたが軍事眼鏡をかけたら，すべての新しい制御できない現象は潜在的または現実の軍事的脅威に見えるだろう。

このようなグループ――異常な統制下にあり，かつ排他的な――の本性は，均質な世界観と発想である。権力と統制はきわめて顕著なその特徴である。このような極度の秘密性は，抑制と均衡，妥協を完全に欠いた，きわめて危険な環境を生む。そして，そのような環境の中では意見の反映，議論，必要な展望の洞察などが適切に行なわれないまま否応なしに排除され，きわめて危険な決定が行なわれる可能性がある。

このような極度の秘密性，軍事主義，および被害妄想の環境の中で，とてつもなく危険な行動が ET に対してとられてきたことを我々は知った。実際に我々には複数の内部事情通がおり，彼らが語るところでは，地球外物体を追跡し，標的にし，破壊する，益々進歩した技術が使われてきた。もしこれが真実だという 10 パーセントの可能性でもあれば（私は 100 パーセント正確だと確信しているが），完全に我々の統制外にあり，しかも惑星全体を危険にする，地球規模の外交的および社会的危機に直面していることになる。

覚えておいてほしい。秘密の逆行分析（reverse engineering）プロジェクトは，技術の飛躍的進歩をもたらした。それはひとたび軍事システムに応用されれば，平和的にここにいるであろう ET に対する，真の脅威になり得る。宇宙空間を急速に軍事化する企ては，おそらく地球外知性体のプロジェクトと意図に対する，近視眼的，軍事主義的，被害妄想的な見方によるものだ。それが抑制されないままだと，結果は破滅でしかない。

実際，このグループは，その意図がいかに善意から出たものであろうと，直ちに白日のもとに曝され，新しい視野を持った全世界の政治家たちが，この状況の仲裁に乗り出せるようにする必要がある。ET文明が敵対的である証拠を我々はまったく持っていないが，彼らの活動への野放図で増大する干渉を，彼らが許すことはないこともまた明らかだ。自己防衛は普遍的なものだろう。ETはこれまで驚異的な自制を示してきたが，もし人類の秘密の技術が彼らのそれに肩を並べ始め，そのような先端技術を人類が敵対的な方法で用いようとしたら，宇宙の仕掛け線を踏むことになるのではないか？　その考えは我々を粛然とさせる。

我々はジミー・カーター，ダライ・ラマ，その他の国際的な政治家たちを，この巨大な問題に関与させる必要がある。しかし，接近が拒否され――またこの問題が公開されず，全世界のレーダー画面の外にあるなら――選ばれてもいない少数者に我々の運命を預け，我々の代表として行動することを許すことになる。これは変えなければならない，それも直ちに。

結果的に，UFOとETに関係したこのような公開に伴う変化は大規模で，地球生命のあらゆる側面に深遠な実質的影響を与えるだろうが，それでもそれを行なうことは正しい。秘密は一人歩きしてきた――それは増殖する癌であり，それが地球の命とその上に棲むすべてのものを破壊する前に治療されなければならない。

秘密の理由は明白である。地球規模の権力，経済的および技術的な支配，地政学的な現体制維持，このようなプロジェクトと彼らの行動の露顕が巻き起こすスキャンダルへの恐怖，などである。

しかし，公開よりも危険なことは，秘密を隠し続けることである。地球は死にかけている。我々が殺しているのだ。世界の上位250人とその一族が持つ資産は，最貧25億人のそれに等しい。人類と他の惑星の人々との前途有望な関係は，完全な秘密の中で行なわれている間違った思考と間違った計画により，軍事化され，歪んでいる。

公開による短期的な不安定と変化のすべてを考えると気も遠くなるが，秘密を続けることは，我々の愚行と貪欲により地球を破壊することを意味する。人類の未来，それは過去50年間遅らされ奪われ続けているが，さらに50年間奪われ続けることはできない。なぜなら，我々はさらに50年間の時間は持っていないからだ――地球の生態系は，その前に崩壊するだろう。
安易な選択はない。だが正しい選択が一つある。その実現に力を貸していただけるだろうか？

証人索引

アラン・ゴッドフリー　Alan Godfry ……… 504
アルフレッド・ウェーバー　Alfred Webre ……… 557
ウォルター・ハウト　Walter Haut ……… 609
エドガー・ミッチェル　Edgar Mitchell ……… 79
エンリケ・コルベック　Enrique Kolbeck ……… 157
A・H　A.H. ……… 487
カール・ウォルフ　Karl Wolfe ……… 518
キャロル・ロジン　Carol Rosin ……… 312
グラハム・ベスーン　Graham Bethune ……… 138
クリフォード・ストーン　Clifford Stone ……… 404
グレン・デニス　Glen Dennis ……… 605
ゴードン・クーパー　Gordon Cooper ……… 273
ゴードン・クレイトン　Gordon Creighton ……… 512
コラード・バルドゥッツィ　Corrado Balducci ……… 84
ジェームズ・コップ　James Kopf ……… 249
ジョー・ウォイテッキ　Joe Wojtecki ……… 255
ジョージ・A・ファイラー三世　George A. Filer III ……… 350
ジョナサン・ウェイガント　Jonathan Weygandt ……… 338
ジョン・ウィリアムズ　John Williams ……… 482
ジョン・キャラハン　John Callahan ……… 98
ジョン・メイナード　John Maynard ……… 531
スティーブン・ラブキン　Stephen Lovekin ……… 280
ストーニー・キャンベル　Stoney Campbell ……… 261
ダン・ウィリス　Dan Willis ……… 614
ダン・モリス　Dan Morris ……… 441
チャック・ソレルス　Chuck Sorrells ……… 116
チャールズ・ブラウン　Charles Brown ……… 301

テッド・ローダー　Ted Loder ……… 710
デニス・マッケンジー　Denise McKenzie ……… 569
デービッド・ハミルトン　David Hamilton ……… 670
ドナ・ヘア　Donna Hare ……… 527
トーマス・E・ビールデン　Thomas E. Bearden ……… 675
ドゥイン・アーネソン　Dwynne Arneson ……… 217
ドン・ジョンソン　Don Johnson ……… 485
ドン・フィリップス　Don Phillips ……… 463
ドン・ボッケルマン　Don Bockelman ……… 193
ニック・ポープ　Nick Pope ……… 357
ニール・ダニエルズ　Neil Daniels ……… 177
ハーランド・ベントレー　Harland Bentley ……… 541
ハリー・アレン・ジョーダン　Harry Allen Jordan ……… 242
ハル・パソフ　Hal Puthoff ……… 665
ヒル-ノートン卿　Lord Hill-Norton ……… 375
ビル・ユーハウス　Bill Uhouse ……… 476
フィリップ・コーソ・ジュニア　Philip Corso, Jr. ……… 592
フィリップ・J・コーソ・シニア　Philip J. Corso, Sr. ……… 582
フランクリン・カーター　Franklin Carter ……… 170
フレデリック・マーシャル・フォックス　Frederick Marshall Fox ……… 182
フレッド・スレルフォール　Fred Threlfall ……… 707
ボブ・ウォーカー　Bob Walker ……… 188
ポール・シス　Paul Czysz ……… 649
ポール・H・ウッツ　Paul H. Utz ……… 577
ポール・ラビオレット　Paul LaViolette ……… 698
“B博士”　Dr. B ……… 321
マイケル・W・スミス　Michael W. Smith ……… 132
マーク・マキャンドリッシュ　Mark McCandlish ……… 631
マッシモ・ポッジ　Massimo Poggi ……… 186
メルル・シェーン・マクダウ　Merle Shane McDow ……… 290
ユージン・マローブ　Eugene Mallove ……… 692

ラリー・ウォーレン　Larry Warren ……… 379
リチャード・ヘインズ　Richard Haines ……… 161
レオナード・プレツコ　Leonard Pretko ……… 611
ロス・デッドリクソン　Ross Dedrickson ……… 235
ロバート・ウッド　Robert Wood ……… 546
ロバート・サラス　Robert Salas ……… 206
ロバート・ジェイコブズ　Robert Jacobs ……… 225
ロベルト・ピノッティ　Roberto Pinotti ……… 616
ロバート・ブラツィナ　Robert Blazina ……… 180
ローリ・レーフェルト　Lori Rehfeldt ……… 401
ワシリー・アレキセイエフ　Vasily Alexeyev ……… 428

訳者あとがき

本書はスティーブン・M・グリアが著した5冊の書のうちの1冊，DISCLOSURE：Military and Government Witnesses Reveal the Greatest Secrets in Modern History（ディスクロージャー：軍と政府の証人たちにより暴露された現代史における最大の秘密）の全訳である。ここにはディスクロージャー・プロジェクト（以後，公開プロジェクトと呼ぶことにする）で確認された，UFO（未確認飛行物体）／ET（地球外知性体）事象およびその関連技術を証言する直接証人69名のインタビューが収められている。

今から16年前の2001年5月9日，ワシントンD.C.のナショナル・プレスクラブにおいてスティーブン・グリア主催の歴史的記者会見が開催された。有名な出来事なのでご存じの方も多いと思う。そのための背景情報資料として準備されたのが‘Disclosure Project Briefing Document（公開プロジェクトの摘要書）’である。報道機関，米国政府，米国科学界に向けたA4版490頁余の膨大な資料だが，本書はその書籍版に当たる。ただし，両者の内容は同じではない。摘要書に収録されているのは67証言であり，そのうちの40証言は本書の証言の抜粋版となっている。その代わり摘要書には，歴史的事件やフリーエネルギー／反重力関係の論説，各界に向けた行動提言等，本書にはない重要な資料が多数盛り込まれている。一方，本書は証言に重点を置いている。いずれも，UFO/ET事象の現実性とその重大な意味を余すところなく伝えるべく周到な構成になっている。読者は目次を眺めるだけでそのことを理解されるのではないか。さらに，摘要書の要約版ともいうべき‘Disclosure Project Executive Summary（ディスクロージャー・エグゼクティブ・サマリー）’もある。また，インタビュー・ビデオにも2時間版と4時間版があり，これらはすべて後述するシリウス・ディスクロージャーのウェブサイトから入手することができる。‘公開プロジェクトの摘要書’の邦訳版（仮訳）は訳者のウェブサイトに掲載されており，‘ディスクロージャー・エグゼクティブ・サマリー’は，ナショナル・プレスクラブにおける記者会見のビデオ翻訳と共に，舘野洋一郎氏のウェブサイトで公開されている。是非，本書と併せてご覧いただきたい。

では，スティーブン・グリアとはどのような人物で，公開プロジェクトとは何かということになるが，それを簡潔に紹介した一文がある。以下は，2013年4月24日にUFOドキュメンタリー映画‘シリウス’が劇場初公開されたときの報道発表資料である（訳文は訳者による）。

公開プロジェクトについて：公開プロジェクトは，UFO，地球外知性体，秘密にされている先進的エネルギーおよび推進システムについての事実を全面公開するために活動している研究プロジェクトです。公開プロジェクトには，UFO，地球外知性体，地球外技術，およびこの情報を秘密にしている隠蔽工作について，直接に目撃または関与した経験を証言する，政府，軍，情報機関の100人を超える証人の供述書ファイルがあります。同様の出来事を目撃した証人の数はさらに数百人に上ります。

スティーブン・グリアについて：スティーブン・グリア博士（医師）は，公開プロジェクト，地球外知性体研究センター（CSETI），およびオリオン・プロジェクトの創始者です。グリア博士は公開運動の創始者として，2001年5月にナショナル・プレスクラブにおいて衝撃的な記者会見を主催しました。そこでは20人を超える軍，政府，情報機関，および企業の証人たちが，地球を訪れている地球外知性体の存在，これらの宇宙機のエネルギーおよび推進システムの逆行分析（リバース・エンジニアリング）について，説得力のある証言をしました。この記者会見の模様はウェブ放送され，その後BBC，CNN，CNNワールドワイド，ボイス・オブ・アメリカ，プラウダ，中国メディア，および中南米諸国のメディア支局により報道され，10億人を超える人々が視聴しました。ウェブ放送では25万人が順番待ちをしました——当時のナショナル・プレスクラブの歴史上，最大のウェブ放送でした。

全米で最も権威のある医学協会アルファ・オメガ・アルファの終身会員であるグリア博士は，CSETI，公開プロジェクト，オリオン・プロジェクトに専心するため，現在は救急医の職を辞しています。博士はその経歴の中で，ノースカロライナ州カルドウェル・メモリアル病院の救急医療長を務めました。

グリア博士は，UFO/ET の問題を扱った洞察に富む 4 冊の本，および多数の DVD の著者です。博士は世界中のグループに，地球外文明と平和的にコンタクトする方法を指導すると共に，真の代替エネルギー源を一般社会に普及させる研究を続けています。博士はサンスクリットのヴェーダを広く学び，30 年以上にわたりマントラ瞑想を教えています。博士はまた，映画‘古代の宇宙人’および‘スライブ’にも出演しています。

グリア博士はこれまで CBS，BBC，ディスカバリーチャンネル，ヒストリーチャンネル，その他多くのニュース番組に出演し，世界中の数百万人の人々により視聴されてきました。

スティーブン・グリアの活動の目的を端的に述べるなら，“世界に脱石油のフリーエネルギー技術を普及させ，それにより生態系の崩壊を阻止すると共に，今の悪しきマクロ経済から人々を解放し，ET たちが実現している平和な惑星社会に移行する”ということになるだろうか。グリアはこの目標を‘生涯のうちに’達成するために，世界中の人々に UFO/ET の真実を知らせる草の根運動を展開する一方，政財界の上層部，国会議員，政府や国連の高官，さらには政権中枢にまで働きかけを行なってきた。その経緯を記した自叙伝‘Hidden Truth, Forbidden Knowledge’が出版されている（その邦訳‘UFO テクノロジー隠蔽工作／前田樹子訳’がめるくまーる社から出版されている)。これを読めば，スティーブン・グリアの出自，生い立ちを含む 2006 年頃までの事績と，その活動の意味を詳しく知ることができる。

グリアの活動は，その後も時々に戦術を変えながら精力的に続けられている。2008 年 8 月のニューズレターで協力要請が行なわれた‘スタン・メイヤーの水燃料技術’獲得キャンペーンのことは，今でも鮮明に記憶に残っている。2009 年 1 月のオバマ政権発足直後に行なわれた‘SPECIAL PRESIDENTIAL BRIEFING FOR PRESIDENT BARACK OBAMA（バラク・オバマ大統領に対する特別背景説明)’は，大きな期待を持って見守った出来事だった（大統領補佐官のジョン・ポデスタから資料の提供を要請されたという。その訳文が訳者のウェブサイトに掲載されている)。この文書を読むと，グリアの活動の主眼がフリーエネルギーにあることをはっきりと理解することができる。

また，2012 年 5 月には‘グリア博士のブログ’が開設され，新たな公開運動として，UFOドキュメンタリー映画‘シリウス’制作のためのクラウド・ファンディングが始まった。この頃から，グリアの運動はいわゆる主流の人々を意識的に巻き込む傾向が顕著になってきたように思われる（スティーブン・グリア自身がすでに超有名人である）。映画‘シリウス’の中で取り上げられている‘アタカマ・ヒューマノイド’の調査をスタンフォード大学の世界的遺伝学者ギャリー・ノーランに依頼したり，映画制作をエミー賞受賞監督アマーディープ・カレカと共同で行なったり，そのナレーションに映画俳優トーマス・ジェーンを起用したりしている。

2014年の春からは，ワシントンD.C.における特別ワークショップが始まった。2015年には，フィクション作家スティーブ・アルテンの小説‘VOSTOK（ボストーク湖）’の中に自らの活動の情報を織り込んだ。これは小説という‘トロイの木馬’に‘禁断の知識’を詰め込み，大衆に送り届ける試みだったという。さらに2016年4月には，クラウド・ファンディング映画の第二弾‘Unacknowledged（認められざるもの）’のための募金キャンペーンが開始された。実はスティーブン・グリアは2014年10月10日付のニューズレターで，5冊目の著書となる‘Disclosure 2.0’の構想に触れていた。資金難のゆえに延期されたままになっていた多部構成暴露ドキュメンタリーの制作が，映画‘シリウス’の成功を弾みにして始まっていたのだろうか。そしてスティーブ・アルテンが‘Unacknowledged’のシナリオを書き上げたのが2015年4月である。この‘Disclosure 2.0’ともいうべきドキュメンタリー映画‘Unacknowledged’は，2017年4月24日にロサンゼルスで初演を迎え，映画‘シリウス’と同様に大成功を収めた。現在この映画は，スティーブ・アルテンが編集した同名の著書と共に，DVDやダウンロード等により一般に提供されている。新著‘Unacknowledged’は5部構成となっており，その中には本書の証人30名の証言も含まれている。

さて，スティーブン・グリアの活動は，‘隠された真実を暴き，禁断の知識を人々の手に取り戻す’闘いでもあるが，隠された真実は，私たちの身近にある何気ない宇宙情報の中にも見ることができる。たとえば，火星の表面気圧を宇宙開発関連の広報資料で見ると，地球の約150分の1にすぎない。これは地球でいうと高度35キロメートル付近に相当し，見上げる空はほとんど暗黒に近いはずである。しかしその説明の傍らには，地球の地上と何ら変わらない明るい空の風景‘写真’が掲載されている。こうした一見矛盾するように思われる事柄はどのように説明されているのだろうか。インターネットに掲載されている火星の写真を見ると，空は地球によく似た青みを帯びているし，中にはまるで地球上のどこかの砂漠かと思われるような風景もある。岩石の色合い，風化の程度，砂丘の盛り上がり具合，植生と思われる模様等々，地球と同じように見えるということは環境も似ていると考えるのが自然だろう。

月の場合はどうか。一般に流布されている教科書的な値では，月の大気圧は地球の100兆分の1以下である。それが本当なら，ほぼ完全な真空であり，死の世界といってよい。これはアポロ有人月探査により実証された，不動の事実だと世間は思い込まされている。それなら読者は，グーグル・ムーンに貼り付けられている日本の月探査衛星‘かぐや’の画像をご覧になるとよい。‘モスクワの海（MARE MOSCOVIENSE）’の西端に，人工物以外には考えられない白く輝く物体（建造物か）の密集域が連綿と広がっている。‘かぐや，月面写真’のキーワードでインターネット検索をしてみてほしい。詳細な解説を行なっているウェブサイトが見つかる。グーグル・ムーンの画面が表示されたら検索ボックスに，たとえば‘30.17N,142.75E’と位置情報を打ち込み，表示される画像の倍率をいろいろ変えてみてほしい。月が死の世界ではないことがはっきりと実感されると思う。

しかし，このような宇宙情報の隠蔽または矛盾は，実はかなり前からすでに暴かれていた。ダニエル・ロス著‘UFOs and the Complete Evidence from Space：The Truth About Venus, Mars and the Moon’もその一つである（この邦訳‘UFO――宇宙からの完全な証拠――金星・火星・月に関する真相／久保田八郎訳’が中央アート出版社から1991年に出版されている）。それによると，火星の引力と大気の密度は地球のそれの約80パーセントないし85パーセントで，空気の組成にほとんど差はない。月の大気も濃密で，水と植物の存在を示す証拠が確認されている。金星も地球とよく似た温暖な環境であることが示唆されている。この‘宇宙からの完全な証拠……’には，水をたたえる湖にしか見えないツィオルコフスキー・クレーターの驚くべき近接カラー写真が掲載されており，群葉と白雲に覆われた火星のオリンポス山の写真もある。この書は緻密な論証で貫かれており，隠蔽の実態とその理由も述べられている。偽情報を駆逐するために，このような真実の情報は人々に知られ，拡散されなければならないだろう。それにしても驚くのは，真実が明らかにされてきたにもかかわらず，こうした露骨な隠蔽，露骨な矛盾がなぜこうも長く続き得るのかということである。UFO 情報，宇宙情報，フリーエネルギー情報のすべてに同じことが言える。偽看板が掛け替えられない原因は何なのか。

UFO/ET の問題について，スティーブン・グリアはよくこのような言い方をする。“ことはあなたの財布の問題なのだ，小さな緑の小人のことではない”この問題が私たちの日常生活のあらゆる側面に密接に関係していることを述べたものだ。この問題の真実を人々から隠蔽しなければならない理由が存在し，その工作は今この瞬間にも様々な形で執拗に実行されている。そのことが，人類を苦しめている貧困，病気，戦争，環境破壊の原因と何の関係があるのか。さらに言えば，そのことが雇用や福祉といった私たちの身近で切実な問題となぜ結びつくのか。これを明快かつインパクトのある言葉で人々に説き続けているのがスティーブン・グリアである（たとえば，ブログ‘モツの侵略！’を読まれたい）。では，それを知った私たちには何ができるのか。まずは知った事実を周囲に広めていくことではないだろうか。そしてインターネット等を介して，自分が知っているということを発信していくことではないだろうか。“秘密の暗黒が耐えられないものは，その真上に照射されるスポットライトである。そのライトを持っている人々が多ければ多いほどよい”（論説‘公開が秘密に仕えるとき’より）グリアが唱道する全世界公開運動（Global Disclosure Movement）である。

あとがきもそろそろ終わりにしよう。スティーブン・グリアの自叙伝には，幼少時から経験してきた様々な超常体験や，ET とのコンタクトのことが述べられている。まさに今この時代の地球に，この活動をするために遣わされた特別な人なのだろうと思う。アリゾナ州フェニックスで 1997 年 3 月 13 日に起きた，有名な UFO 乱舞事件があった。いわゆるフェニックス・ライツである。自叙伝によれば，これはスティーブン・グリアの要請に応じて ET たちが現出させた壮大な CE-5（第五種接近遭遇）であったという。

以下は，訳者の思い入れも込めた妄想にすぎない。旧約聖書の出エジプト記を描いた‘十戒（原題は The Ten Commandments）’という映画がある。チャールトン・ヘストンがモーゼを演じる 1956 年のアメリカ映画だが，今でも時々テレビ放映される。訳者はこの映画が好きで，これまで十回以上は観ているが，後半にモーゼが虐げられていた同胞を引き連れてファラオの都を出て行く場面がある。スティーブン・グリアの活動を見ていると，どうしてもこの映画の中のモーゼを思い出してしまうのである。このときの画面にUFOが写っているという話は割とよく知られている。奇しくもこのときグリアは誕生して間もない。本書のアルフレッド・ウェーバー博士の証言には，UFOは何かを象徴的に暗示するような現れ方をする，という意味のことが述べられていたと思う。モーゼに率いられた大群衆の上空に一瞬現れ，祝福するかのように舞うあの白い物体は，もしやモーゼのような働きをする指導者がすでにこの世に生まれていることを伝えるメッセージだったのではないか。

最後に，訳出に関する技術的事項について少し述べる。スティーブン・グリアが本書の中でも述べているように，この証言集はほとんどグリア個人の超人的努力で編集されたものと理解している。したがって，本書には編集上の誤りと思われる箇所が少なくなかった。地名や人名など，固有名詞の誤りが多かったが，正しい情報を探り当てるのに少なからぬ時間を費やした。関連情報から十分裏付けが取れた場合には，特に訳註を付けずに修正したが，そうでない場合には（* ）の形で適宜訳註を付した。中には証言者自身の言い間違いと思われる箇所もあったが，その場合にも同じく（* ）により適宜コメントを付した。また，この証言集はインタビューテープを編集して作成されているため，各段落間の背景やつながりが分かりにくい箇所があった。そのような部分にもやはり（* ）により適宜情報を補い，理解し易くなるように努めた。

関連するウェブサイトを以下に紹介する。

シリウス・ディスクロージャーのウェブサイト（英語）：
http://www.siriusdisclosure.com
スティーブン・グリアの活動の最新情報，文書など，豊富な関連資料が無償公開されている。登録すればニューズレターが送られてくる。

舘野洋一郎氏のウェブサイト（UFOの真実）：
http://ettechnology.web.fc2.com
公開プロジェクトについて日本で初めて本格的な資料を公開したサイト

である。これにより日本人は公開プロジェクトの全容と意味を知ることができた。ナショナル・プレスクラブでの歴史的記者会見のビデオ翻訳，2010年8月にスティーブン・グリアが出演したインターネット・ラジオ Truth Frequency でのインタビュー翻訳は特に素晴らしい。

訳者のウェブサイト（公開プロジェクトの摘要書）：
http://www.peopleknow.org/ds08pro

スティーブン・グリアのウェブサイトにある資料，ニューズレター等を日本語に翻訳して公開している。UFO問題をさらに深く論じたグリアの論説等も多数掲載されているので，是非一度訪れてほしい。

直接証人による迫真の証言と共に，UFO問題の本質を解き明かしたスティーブン・グリアの不朽の論説を多くの人に読んでいただきたい。

本書を世に送り出してくださったナチュラルスピリット社の今井社長，諏訪しげ氏，美山きよみ氏，貴重な助言の数々を賜った編集者の髙取隆喜氏，本書のレイアウト（DTP）を担当された山中央氏に深く感謝を申し上げる。

2017年7月

廣瀬保雄

✣訳者紹介

廣瀬保雄（ひろせ・やすお）

1951年2月，秋田県に生まれる。1976年3月，政府系の大学校を卒業。以後，政府職員として主に計測分野の技術開発に携わる。2008年4月，退職。2009年6月，国立研究開発法人関連の職を得て現在に至る。

スティーブン・グリアの活動を知るや，その哲学，理念，強烈なビジョン，運動論に深く共鳴。生涯にわたるディスクロージャー支持者の一人としてグリア博士の論説等を日本語訳（仮訳）し，自身のウェブサイト上で公開している。

ディスクロージャー
軍と政府の証人たちにより暴露された
現代史における最大の秘密

●

2017 年 10 月 10 日　初版発行
2020 年 11 月 8 日　第 2 刷発行

編著者／スティーブン・M・グリア
訳者／廣瀬保雄

装幀／鈴木 衛（東京図鑑）
本文デザイン・DTP ／山中 央
編集／髙取隆喜

発行者／今井博揮
発行所／株式会社ナチュラルスピリット
〒101-0051 東京都千代田区神田神保町 3-2　高橋ビル 2 階
TEL 03-6450-5938 FAX 03-6450-5978
E-mail info@naturalspirit.co.jp
ホームページ　https://www.naturalspirit.co.jp/

印刷所／創栄図書印刷株式会社

ISBN978-4-86451-251-0　C0011